시대에듀

신재생에너지발전설비기능사(태양광)
필기 한권으로 끝내기

Always with you

사람이 길에서 우연하게 만나거나 함께 살아가는 것만이 인연은 아니라고 생각합니다.
책을 펴내는 출판사와 그 책을 읽는 독자의 만남도 소중한 인연입니다.
시대에듀는 항상 독자의 마음을 헤아리기 위해 노력하고 있습니다.
늘 독자와 함께하겠습니다.

머리말

'시간을 덜 들이면서도 시험을 좀 더 효율적으로 대비하는 방법은 없을까?'
'짧은 시간 안에 시험을 준비할 수 있는 방법은 없을까?'

자격증 시험을 앞둔 수험생들이라면 누구나 한 번쯤 들었을 법한 생각이다. 실제로도 많은 자격증 관련 카페에서도 빈번하게 올라오는 질문이기도 하다. 이런 질문들에 대해 대체적으로 기출문제 분석 - 출제 경향 파악 - 이론 요약 - 관련 문제 반복 및 숙지의 과정을 거쳐 시험을 대비하라는 답변이 꾸준히 올라오고 있다.

이 도서는 위와 같은 질문과 답변을 바탕으로 기획되어 발간되었다. 시험에 나올 만한 이론들과 적중예상문제, 과년도+최근 기출(복원)문제 및 해설로 구성되어 있다. 우선 시험에 나올 만한 이론들로 구성된 핵심이론을 공부한 후에는 이와 관련된 적중예상문제를 풀어보면서 복습할 수 있도록 하였다.

이 시험은 2013년 첫 시행된 시험으로 최근에 시행된 시험을 철저히 분석하여 기존 이론 설명에 보충하였고 기출문제에는 수험생들이 이해하기 쉽도록 자세한 해설까지 첨부하였다.

국내외적으로 신재생에너지 관련 시장의 급속한 성장과 신재생에너지 발전 사업이 세계 시장에서 경쟁력 확보를 위한 전문가 육성이 필요한 만큼 태양광발전 및 관련 분야의 취업을 위한 첫 단계가 바로 이 자격증 취득일 것이다.

신재생에너지발전설비기능사(태양광)를 준비하는 모든 수험생들에게 이 도서가 많은 도움이 되기를 바란다.
앞으로도 꾸준히 내용을 연구하고 보완할 것이다.
수험생 여러분들의 건승을 기원한다.

편저자 씀

시험안내 INFORMATION

신재생에너지란?

신재생에너지는 기존의 화석연료를 변화시켜서 이를 이용하거나 햇빛이나 물, 지열, 생물유기체 등을 포함해서 재생 가능한 에너지를 변환해서 이용하는 에너지로 지속 가능한 에너지 공급체계를 위해서 미래 에너지원으로 각광받고 있다. 신재생에너지는 유가 불안정과 기후변화협약의 규제에 대응하기 위해 그 중요성이 점점 커져가고 있으며 현재 우리나라에서는 총 11개의 분야를 신재생에너지로 지정하여 육성하고 있다.

진로 및 전망

국내외 신재생에너지 관련 시장의 급속한 성장과 신재생에너지 발전 사업이 국내 및 세계 시장에서의 경쟁력 확보를 위한 전문가 육성의 필요성이 대두되고 있다. 이와 같은 분위기에 힘입어 이 자격증은 태양광발전 및 관련 분야의 취업을 위한 첫 단계라고 할 수 있다.
앞으로는 정부 주도하에 태양광 사업에 참여하기 위해서는 반드시 신재생에너지발전설비 자격증을 취득하여야 한다. 또한 각 발전회사에서도 신재생에너지 공급의무화제도에 따라 발전량의 일정량을 신재생에너지원으로 발전해야 한다.

개 요

신재생에너지발전설비기능사는 태양광, 풍력, 수력, 연료전지의 신재생에너지발전설비시스템에 대한 숙련기능을 가지고 독립적인 신재생에너지 발전소 및 건축물과 시설 등을 시공, 운영, 유지 및 보수하는 직무이다.

수행직무

신재생에너지 발전소나 모든 건물 및 시설의 신재생에너지발전시스템 설계 및 인허가, 신재생에너지발전설비 시공 및 감독, 신재생에너지발전시스템의 시공 및 작동상태를 감리, 신재생에너지발전설비의 효율적 운영을 위한 유지보수 및 안전관리 업무 등을 수행한다.

시험일정

구 분	필기원서접수 (인터넷)	필기시험	필기합격 (예정자)발표	실기원서접수	실기시험	최종합격자 발표일
제2회	3.17 ~ 3.21	4.5 ~ 4.10	4.16	4.21 ~ 4.24	5.31 ~ 6.15	1차 : 6.27 2차 : 7.4
제3회	6.9 ~ 6.12	6.28 ~ 7.3	7.16	7.28 ~ 7.31	8.30 ~ 9.17	1차 : 9.26 2차 : 9.30
제4회	8.25 ~ 8.28	9.20 ~ 9.25	10.15	10.20 ~ 10.23	11.22 ~ 12.10	1차 : 12.19 2차 : 12.24

※ 상기 시험일정은 시행처의 사정에 따라 변경될 수 있으니, www.q-net.or.kr에서 확인하시기 바랍니다.

시험요강

❶ 시행처 : 한국산업인력공단(www.q-net.or.kr)

❷ 시험과목

㉠ 필기 : 태양광발전 구성, 시공, 운영 및 보수

㉡ 실기 : 태양광발전설비 실무

❸ 검정방법

㉠ 필기 : 객관식 4지 택일형(60문항)

㉡ 실기 : 필답형(1시간 30분 정도)

❹ 합격기준

㉠ 필기 : 100점을 만점으로 하여 60점 이상

㉡ 실기 : 100점을 만점으로 하여 60점 이상

출제기준(필기)

필기 과목명	주요항목	세부항목
태양광발전 구성, 시공, 운영 및 보수	신재생에너지 개요	• 신재생에너지 원리와 특징 • 전기, 전자 기초이론
	태양광발전 주요장치 준비	• 태양광발전 모듈 준비 • 태양광발전용 인버터 준비 • 태양광발전용 접속함 준비
	태양광발전 연계장치 준비	• 태양광발전 수배전반 준비 • 태양광발전 주변기기 준비
	태양광발전 토목공사	• 태양광발전 토목공사 수행
	태양광발전 구조물 시공	• 태양광발전 구조물 기초 공사 수행 • 태양광발전 구조물 시공
	태양광발전 전기시설 공사	• 태양광발전 어레이 시공 • 태양광발전 계통연계장치 시공 • 배관배선 시공
	태양광발전장치 준공검사	• 태양광발전 정밀 안전 진단 • 태양광발전 사용 전 검사
	태양광발전시스템 운영	• 태양광발전 사업개시 신고 • 태양광발전설비 설치 확인 • 태양광발전시스템 운영
	태양광발전시스템 유지와 보수	• 유지보수 개요 • 유지보수 세부내용 • 태양광발전 준공 후 점검 • 태양광발전 점검 • 태양광발전시스템 보수 • 유지보수 매뉴얼 점검
	태양광발전시스템 안전관리	• 태양광발전 전기적 안전 확인 • 태양광발전 시공상 안전 확인 • 태양광발전 설비상 안전 확인 • 태양광발전 구조상 안전 확인 • 안전관리 장비

출제기준(실기)

실기 과목명	주요항목	세부항목
태양광발전 설비 실무	태양광발전 주요장치 준비	• 태양광발전 모듈 준비하기 • 태양광 인버터 준비하기
	태양광발전시스템 운영	• 태양광발전 사업개시 신고하기 • 태양광발전설비 설치 확인하기 • 태양광발전시스템 운영하기
	태양광발전 연계장치 준비	• 태양광발전 수배전반 준비 • 태양광발전 주변기기 준비하기
	태양광발전 토목공사	• 태양광발전 토목공사 수행하기
	태양광발전 구조물 시공	• 태양광발전 구조물 기초공사 수행하기 • 태양광발전 구조물 시공하기
	태양광발전 전기시설 공사	• 태양광발전 어레이 시공하기 • 태양광발전 계통연계장치 시공하기
	태양광발전 전기설비 시공	• 수배전반 설치하기 • 배관배선 시공하기
	태양광발전시스템 유지	• 태양광발전 준공 후 점검하기 • 태양광발전 일상 점검하기 • 태양광발전 정기 점검하기
	태양광발전시스템 보수	• 태양광발전시스템 보수하기 • 태양광발전 특별 점검하기
	태양광발전 설비 안전 조사	• 구조적 안전 조사하기 • 전기적 안전 조사하기
	태양광발전시스템 유지보수 점검	• 예비준공 점검하기 • 유지보수 매뉴얼 점검하기
	태양광발전장치 준공검사	• 태양광발전 정밀 안전 진단하기 • 태양광발전 사용 전 검사하기
	태양광발전시스템 안전관리	• 태양광발전 시공상 안전 확인하기 • 태양광발전 설비상 안전 확인하기 • 태양광발전 구조상 안전 확인하기

목 차 CONTENTS

빨리보는 간단한 키워드

#합격비법 핵심 요약집 #최다 빈출키워드 #시험장 필수 아이템

■ 신재생에너지의 종류

- 신에너지 : 수소에너지, 연료전지, 석탄을 액화·가스화한 에너지 및 중질잔사유를 가스화한 에너지
- 재생에너지 : 태양에너지, 풍력, 수력, 해양에너지, 지열에너지, 바이오에너지, 폐기물에너지, 수열에너지

■ 신재생에너지의 특징

- 환경친화적 청정에너지 : 화석연료 사용에 의한 이산화탄소 발생이 거의 없다.
- 기술에너지 : 연구개발에 의해 에너지 자원 확보가 가능하다.
- 비고갈성 에너지 : 재생가능 에너지원이다.
- 공공미래에너지

■ 태양광발전의 특징

장점	단점
• 햇빛이 있는 곳이면 어느 곳이나 간단히 설치할 수 있다. • 유지 비용이 거의 들지 않는다. • 수명이 20년 이상으로 길다. • 무소음, 무진동으로 환경오염을 일으키지 않는다.	• 낮은 에너지 밀도로 넓은 공간이 필요하다. • 초기 설치비용이 많이 든다. • 지역에 따른 일사량에 따라 발전량의 편차가 크다.

■ 전압강하

태양전지판에서 인버터 입력단 또는 인버터 출력단과 계통연계점 간의 전압강하는 3%를 초과하여서는 안 된다(단, 전선의 길이가 60m를 초과할 경우).

전선길이에 따라 다음과 같이 분류할 수 있다.

120m 이하	200m 이하	200m 초과
5%	6%	7%

■ 태양광발전시스템의 구성요소

- 태양전지 모듈과 어레이(PV array)
- 직류전력 조절장치(DC power conditioner)
- 축전지(battery storage)
- 인버터(inverter) : 직류 → 교류 변환
- 계통연계제어

■ 광전효과의 종류

빛의 진동수가 어떤 한계 진동수보다 높게 금속에 흡수되면 전자가 생성되는 현상이다.

■ 태양전지

- 원리 : 금속과 반도체의 접촉면 또는 반도체의 PN 접합면에 빛을 비추면 광전효과에 의해 광기전력이 일어나는 것을 이용
- 구조 : 태양전지는 실리콘(Si)에 5가 원소를 도핑시킨 N형 반도체와 3가 원소를 도핑한 P형 반도체로 이루어진 PN 접합구조

• 진성 반도체 : 실리콘(Si), 게르마늄(Ge), 전기가 통하지 않음
• N형 반도체 : 인(P), 비소(As), 안티몬(Sb) 등 5가 원소 첨가하며, 이러한 불순물 원자를 도너(donor)라 한다.
• P형 반도체 : 붕소(B), 갈륨(Ga), 알루미늄(Al) 등 3가 원소 첨가하며, 이러한 불순물 원자를 억셉터(accept)라 한다.
• 도핑(doping) : 실리콘이나 게르마늄에 불순물을 첨가하여 저항을 감소시키는 것

■ **남중고도** : 태양의 고도가 가장 높을 때의 고도

■ **경사각** : 태양전지모듈과 수평지면이 이루는 각도

■ 발전사업자 신재생 에너지 의무 공급 제도(RPS) 2012년 도입, 발전차액보존제도(FIT) 2012년 폐지

■ **빛의 스펙트럼**
• 자외선 : 380nm 이하, 가시광선 : 380~780nm, 적외선 : 780nm 이상
• 파장이 짧은 빛일수록 큰 에너지를 가진다.

■ **표준시험조건인 STC(Standard Test Condition)**
에너지 밀도는 $1m^2$당 1,000W, 온도는 25℃, 대기질량정수(AM)는 1.5

■ **대기질량정수(AM ; Air Mass)** : 태양복사강도는 무엇보다도 태양고도각(θ)에 따라 달라진다.
• AM0 : 대기권 밖의 스펙트럼
• AM1 : 태양이 중천(적도)에 있을 때 스펙트럼
• AM1.5 : 지상의 누적 평균일조량에 적합하며 우리나라와 같은 중위도 지역의 태양전지 기준 값
• 우리나라의 스펙트럼 분포는 AM1.5이다. $AM = 1/\cos\theta$
θ는 지표면에서 연직인 가상선과 태양이 이루는 각도

■ **파워컨디셔너 시스템(PCS)**
• 직류를 교류로 변환하는 인버터
• 계통연계 보호장치
• 최대전력추종(MPPT) 및 자동운전을 위한 제어회로
• 단독운전 방지기능
• 전압전류 제어기능

■ **태양전지의 원리**
빛에너지 흡수 → 전하생성 → 전하분리 → 전하수집

■ 태양전지의 종류

- 소재와 제조기술 : 실리콘계 태양전지, 화합물 반도체 태양전지로 분류
- 결정질 실리콘 태양전지(기판형)
  - 단결정 실리콘 태양전지 15~21%, 폴리실리콘 → 잉곳(원통) → 웨이퍼 → 태양전지
  - 다결정 실리콘 태양전지 13~17%, 잉곳(직육면체)
- 박막형 태양전지
  - 비정질 실리콘 태양전지(10%)
  - 화합물 박막형 태양전지 : CdTe(카드뮴, 텔루라이드)계, CIGS(구리, 인듐, 갈륨, 셀렌)
- 차세대 태양전지
  - 염료감응형 태양전지
  - 유기물 태양전지 : 실리콘 태양전지에 비해 가격 경쟁력이 우위에 있으며, 예상 효율은 10%

■ 태양전지 변환효율

$$변환효율 = \frac{P_{\max}}{S \times E} \times 100\,\%$$

여기서, $P_{\max}$: 최대출력(W), S : 모듈 전체면적(m^2), E : 일사량(1,000W/m^2)

■ 충진율(FF)

개방전압과 단락전류의 곱에 대한 최대출력의 비로 나타낸다. 통상 0.7~0.8이다.

■ 태양전지 어레이의 전기적 구성

- 태양전지 모듈의 직렬 집합체로서의 스트링, 역류방지 다이오드, 바이패스 다이오드, 서지보호장치(SPD), 직류차단기, 접속함 등으로 구성된다.
- 스트링이란 모듈의 개방전압(V_{oc})을 기준하여 파워컨디셔너의 입력전압 범위 내에서 결정되는 모듈의 직렬회로 집합이다.
- 각 스트링에는 스트링 간의 전압차로 인한 역류를 방지하기 위한 목적의 역류방지 다이오드를 설치한다.
- 모듈의 셀 일부분에 음영이 발생한 경우 전류 집중으로 인한 열점(hot spot)으로 셀의 소손이 발생할 수 있다. 이를 방지하기 위하여 바이패스 다이오드를 설치한다.

■ 파워컨디셔너의 기능

- 전압·전류 제어기능
- 최대전력 추종(MPPT)기능
- 계통연계 보호기능
- 단독운전 검출기능

■ **인버터의 주요 고장 원인 소자**

- 콘덴서
- 스위칭소자
- 냉각팬
- 파워서플라이

■ **계통투입 조건** : 전압, 주파수, 위상

■ **모니터링 시스템의 기능**

- 운전감시기능
- 기록, 통계기능
- 경보기능
- 정보분석기능

■ **축전지 수명의 결정** : 온도, 방전심도, 방전횟수

■ **태양전지 모듈의 $I-V$ 특성곡선**

태양전지 모듈(PV module)에 입사된 빛에너지를 전기적 에너지로 변환하는 출력특성을 태양전지 전류-전압 특성곡선이라 한다.

- 최대출력($P_{\max}$) : 최대출력 동작전압($V_{\max}$)$\times$최대출력 동작전류($I_{\max}$)
- 개방전압(V_{oc}) : 태양전지 양극 간을 개방한 상태의 전압
- 단락전류(I_{sc}) : 태양전지 양극 간을 단락한 상태에서 흐르는 전류
- 최대출력 동작전압($V_{\max}$)
- 최대출력 동작전류($I_{\max}$)

■ **태양전지 모듈의 출력**

입사하는 빛의 강도(방사조도, W/m^2)와 태양전지의 표면온도(℃)에 따라 좌우된다.

■ **태양전지 어레이의 설치**

- 경사 지붕형
- 평 지붕형
- 벽 일체형
- 고정 차양형
- 가동 차양형
- 아트리움 지붕 및 천장

■ **태양전지 모듈 설치 후 출력 확인사항**

- 전압 측정 및 극성 확인
- 단락전류 측정
- 비접지 확인

■ **개방전압 측정목적** : 동작 불량 모듈이나 스트링 검출, 직렬접속선 결선 누락 사고 검출

■ **개방전압 측정순서**

출력개폐기 개방 → 각 스트링단위 스위치 개방 → 모듈 음영확인 → 측정 스트링 투입 → 전압 측정

■ **개방전압 측정 시 유의사항** : 어레이 표면 청소, 안정된 일사강도, 맑은 날(남중고도) 1시간 내 실시

■ **태양광발전시스템의 단독운전 방지 방식**

- 수동적 방식
  - 전압위상 도약검출방식
  - 제3고조파 전압급증 검출방식
  - 주파수 변화율 검출방식
- 능동적 방식
  - 무효전력 변동방식
  - 주파수 시프트 방식
  - 유효전력 변동방식
  - 부하 변동방식

■ **태양광 인버터의 회로방식(절연방법에 따른 분류)**

- 상용주파 절연방식
  - 내뢰성과 노이즈 차단이 뛰어나다.
  - 상용주파 변압기를 이용하기 때문에 중량이 무겁다.
  - 인버터 사이즈가 커지고, 변압기에 의한 효율이 떨어진다.
- 고주파 절연방식
  - 태양전지의 직류출력을 고주파 교류로 변환한 후, 소형 고주파 변압기로 절연하고, 그 후 직류로 변환하고, 다시 상용주파수의 교류로 변환한다.
  - 소형, 경량이고, 회로가 복잡하고, 가격이 고가이다.
- 트랜스리스방식
  - 2차 회로에 변압기를 사용하지 않는 방식이다.
  - 소형, 경량으로 가격적인 측면에서 유리하며, 신뢰성이 우수하다.
  - 상용전원과 비절연되어 서지에 약하다.

■ **접속함 구성**

- 태양전지 어레이 측 개폐기
- 주개폐기
- 서지보호 장치(SPD)
- 역류방지 소자
- 단자대

■ 태양광 발전설비 차단과 복귀 절차

접속함 내부 DC차단기 개방 → AC차단기 개방 → 인버터 정지 후 점검 → AC차단기 투입 → DC 차단기 투입

■ 특고압 배전선로의 계통 분리개소

- COS(컷 아웃 스위치 : 책임분계점)
- LBS(부하개폐기)
- VCB(진공차단기)

■ 활선 송전선에 허용접근거리 공식

$D = A + bF$

여기서, A : 최대동작범위, b : 안전계수, F : 섬락거리

■ 계통연계 시스템용 축전지

- 방재 대응형
- 부하 평준화 대응형(peak shift형, 야간전력 저장형)

■ 축전지 용량

$$C = \frac{1\text{일 소비전력량} \times \text{부조일수}}{\text{보수율} \times \text{방전심도} \times \text{방전종지전압}} \text{(Ah)}$$

■ 축전지 설비의 설치 기준

이격거리를 확보해야 할 부분	이격거리(m)	이격거리를 확보해야 할 부분	이격거리(m)
큐비클 이외 발전설비와의 사이	1.0	전면 또는 조작면	1.0
큐비클 이외 발전설비와의 거리	1.0	점검면	0.6
옥외에 설치할 경우 건물과의 사이	2.0	환기면	0.2

■ 낙뢰대책 피뢰소자

- 어레스터 : 낙뢰에 의한 충격성 과전압에 대하여 전기설비의 단자전압을 규정치 이내로 저감시켜 정전을 일으키지 않고 원상태로 회귀하는 장치
- 서지업서버 : 전선로에 침입하는 이상 전압의 높이를 완화하고 파고치를 저하시키는 장치
- 내뢰 트랜스

■ 태양광발전시스템의 시공절차

지반공사 및 구조물시공 → 반입자재검수 → 태양광기기 설치공사 → 전기배선공사 → 점검 및 검사

■ **태양광발전시스템 시공안전 대책**

- 작업자의 복장 : 안전모, 안전대, 안전화, 안전허리띠 착용
- 감전방지 대책
  - 모듈에 차광막을 씌워 태양광을 차폐
  - 저압 절연장갑을 착용
  - 절연공구 사용
  - 강우 시에는 작업금지

■ **회로의 전기방식에 따른 전압강하와 전선의 단면적**

구분	전압강하	전선의 단면적
직류 2선식 교류 2선식	$e=\dfrac{35.6\times L\times I}{1,000\times A}$	$A=\dfrac{35.6\times L\times I}{1,000\times e}$
3상 3선식	$e=\dfrac{30.8\times L\times I}{1,000\times A}$	$A=\dfrac{30.8\times L\times I}{1,000\times e}$

■ 모듈에서 인버터에 이르는 배선에 사용되는 케이블은 모듈 전용선 또는 단심(1C) 난연성 케이블(TFR-CV, F-CV, FR-CV 등)을 사용하여야 한다.

■ 케이블은 내후성이 약하므로, 비닐시스가 벗겨져 절연체가 노출된 채로 장기간 사용하면 절연불량을 야기하는 원인이 되므로 자기융착테이프 및 보호테이프를 절연체에 감아 내후성을 향상시킨다.

■ 자기융착테이프는 시공 시 테이프 폭이 3/4으로부터 2/3 정도로 중첩해 감아놓으면 시간이 지남에 따라 융착하여 일체화된다.

■ **전압범위(KEC 규정)**

크기 \ 종류	교류	직류
저압	1kV 이하	1.5kV 이하
고압	1kV 초과 7kV 이하	1.5kV 초과 7kV 이하
특고압	7kV 초과	

■ **전선의 색상**

상(문자)	색상
L1	갈색
L2	검은색
L3	회색
N	파란색
보호도체	녹색-노란색

■ 절연저항 측정기준

사용전압(V)	DC시험전압(V)	절연저항(MΩ)
SELV 및 PELV	250	0.5
FELV, 500V 이하	500	1.0
500V 초과	1,000	1.0

※ 특별저압(Extra Low Voltage : 2차 전압이 AC 50V, DC 120V 이하)으로 SELV(비접지회로 구성) 및 PELV(접지회로 구성)는 1차와 2차가 전기적으로 절연된 회로, FELV는 1차와 2차가 전기적으로 절연되지 않은 회로

■ 피뢰설비

낙뢰 우려가 있는 건축물 또는 높이 20m 이상의 건축물에는 피뢰설비를 설치한다.

■ 발전전력 거래

- 1,000kW 이하 : 전기판매업자(한전)나 전력시장(한국전력거래소)
- 1,000kW 초과 : 전력시장(한국전력거래소)

■ 안전관리자 선임

- 전기사업자나 자가용전기설비의 소유자 또는 점유자는 산업통상자원부령으로 정하는 바에 따라 국가기술자격법에 따른 전기·기계·토목 분야의 기술자격을 취득한 전기안전관리자 선임(1,000kW 이상은 상주 안전관리자 선임)
- 안전관리업무 대행 자격요건
  - 산업통상자원부령 규모 이하의 전기설비 소유, 점유자는 대행업자에게 대행가능
  - 안전공사 및 대행사업자 : 용량 1,000kW 미만
  - 장비보유 자격개인대행자 : 250kW 미만

■ 태양광발전시스템의 점검은 준공 시의 점검, 일상점검, 정기점검의 3가지이다.

■ 용량별 점검 횟수

용량(kW)	300kW 미만	500kW 미만	700kW 미만	1,000kW 미만
횟수(월)	1회	2회	3회	4회

■ 전기발전사업허가

- 3,000kW 초과 설비 : 산업통상자원부장관
- 3,000kW 이하 : 특별시장, 광역시장, 특별자치시장, 도지사, 특별자치도지사

■ 태양전지 모듈 곡면을 감싸고 있는 금속 프레임과의 절연성능을 시험

- 0.1m^2 이하에서는 100MΩ 이상
- 0.1m^2 이상에서는 측정값과 면적의 곱이 40MΩ · m^2 이상일 때 합격

■ 유지보수 관점에서 점검의 종류

일상점검, 정기점검, 임시점검

■ 시스템 준공 시의 점검

육안점검 외에 태양전지 어레이의 개방전압 측정, 각 부의 절연저항 측정, 접지저항 측정

설비	점검항목		점검요령
태양전지 어레이	육안점검	표면의 오염 및 파손	오염 및 파손의 유무
		프레임 파손 및 변형	파손 및 두드러진 변형이 없을 것
		가대의 부식 및 녹 발생	부식 및 녹이 없을 것
		가대의 고정	볼트 및 너트의 풀림이 없을 것
		가대접지	배선공사 및 접지접속이 확실할 것
		코킹	코킹의 망가짐 및 불량이 없을 것
		지붕재의 파손	지붕재의 파손, 어긋남, 뒤틀림, 균열이 없을 것
	측정	접지저항	보호접지
중간 단자함 (접속함)	육안점검	외함의 부식 및 파손	부식 및 파손이 없을 것
		방수처리	전선 인입구를 실리콘 등으로 방수처리
		배선의 극성	태양전지에서 배선의 극성이 바뀌어 있지 않을 것
		단자대 나사의 풀림	확실하게 취부되고 나사의 풀림이 없을 것
	측정	절연저항(태양전지 – 접지선)	0.2MΩ 이상 측정전압 DC 500V 메거 사용
		절연저항(각 출력단자 – 접지 간)	1MΩ 이상 측정전압 DC 500V 메거 사용
		개방전압 및 극성	규정의 전압이어야 하고 극성이 올바를 것
인버터	육안점검	외함의 부식 및 파손	부식 및 파손이 없을 것
		취부	견고하게 고정되어 있을 것
		배선의 극성	P는 태양전지(+), N은 태양전지(−)
		단자대 나사의 풀림	확실하게 취부되고 나사의 풀림이 없을 것
		접지단자와의 접속	접지봉 및 인버터 접지단자와 접속
	측정	절연저항(인버터 입출력단자 – 접지 간)	1MΩ 이상 측정전압 DC 500V
		접지저항	보호접지
		수전전압	주회로 단자대 U–O, O–W 간은 AC 200±13V일 것

※ 보호접지 : 고장 시 감전에 대한 보호를 목적으로 기기의 한 점 또는 여러 점을 접지하는 것

■ 온도에 따른 저항변화

- 부(−)특성 온도계수 : 반도체, 서미스터, 전해질, 방전관, 탄소
- 정(+)특성 온도계수 : 도체, 즉 금속

일반 금속도체는 온도가 높아지면 저항이 증가하여 전도율이 작아지고,
반도체에서는 반대로 온도가 높아지면 저항이 감소하여 전도율이 커지는 경향이 있다.

■ 전압과 전류 측정

- 전압계 : 부하 또는 전원과 병렬로 연결
- 전류계 : 부하 또는 전원과 직렬로 연결

■ 저항의 Y-△ 변환

$$R_Y = \frac{R_\triangle}{3}$$

■ 전선의 저항

$$R = \rho \frac{l}{A}$$

여기서, ρ : 물체의 고유저항, l : 길이, A : 단면적

■ 휘트스톤 브리지

미지의 저항 $X = \frac{P}{Q} R\,(\Omega)$

■ 그리드 패리티(grid parity)

신재생 에너지를 포함한 발전 단가가 기존 화석연료 기반 전력 공급의 단가와 같아지는 지점을 의미한다.

■ 신재생에너지 공급의무화제도 RPS(Renewable Portfolio Standard)

총 설비 용량이 500MW 이상의 발전회사에게 신재생에너지 비율을 의무적으로 할당하여 전력 생산의 일부를 신재생에너지로 충당하도록 하는 제도이다.

■ 신재생에너지인증서 REC(Renewable Energy Certificate)

신재생에너지 발전사업자가 신재생에너지를 이용하여 전력을 생산하면, 그에 상응하는 REC를 발급받는다. 1REC=1MWh

■ 절연저항 측정기준

- 태양전지 모듈 – 접지선 : 0.2MΩ 이상, 측정전압 직류 500V
- 출력단자 – 접지 간 : 1MΩ 이상, 측정전압 직류 500V

■ 측정기의 정확도

파형 기록장치를 제외하고 0.5급 이상으로 한다. 파형 기록장치는 1급 이상으로 한다.

■ 정밀도에 따른 분류

0.2, 0.5, 1.0, 1.5, 2.5급으로 나뉜다.

급의 수치는 최댓값에 대한 허용차의 한계를 %로 나타낸 것이다. 1.0급은 허용차 1.0%를 뜻한다.

■ NOCT 측정 조건

- 일조량 : 800W/m^2
- 풍속 : 1m/s
- 공기온도(ambient temperature) : 20℃
- 모듈의 뒷면이 열려있는 상태

NOCT는 태양광발전 모듈의 일반적인 작동조건을 반영하여, 모듈의 성능을 평가하는 데 중요한 지표로 사용된다.

■ 계전기

- OCR(Over Current Rela, 과전류 계전기) : 일정한 값 이상의 전류가 흐를 때 작동하여 부하를 차단하는 계전기
- OVR(Over Voltage Relay, 과전압 계전기) : 지정된 전압 이상으로 전압이 상승하는 경우 작동하는 계전기
- GR(Ground Relay, 지락 계전기) : 접지(지락) 결함이 발생한 경우 작동하는 계전기
- UVR(Under Voltage Relay, 부족전압 계전기) : 지정된 전압 이하로 전압이 감소하는 경우 작동하는 계전기

■ 태양전지 가대의 설치 시 고려해야 할 하중(상정하중)

구분		내용
수직하중	고정하중	어레이 + 프레임 + 서포트 하중
	적설하중	경사계수 및 눈의 단위 질량 고려
	활하중	건축물 및 공작물을 점유 시 발생 하중
수평하중	풍하중	어레이에 가한 풍압과 지지물에 가한 풍압 하중 풍력계수, 환경계수, 용도계수, 가스트계수 고려
	지진하중	지지층의 전단력 계수 고려

■ 장애물과 이격거리

$$\tan\beta = \frac{h}{d}$$

$$\therefore\ d = \frac{h}{\tan\beta}$$

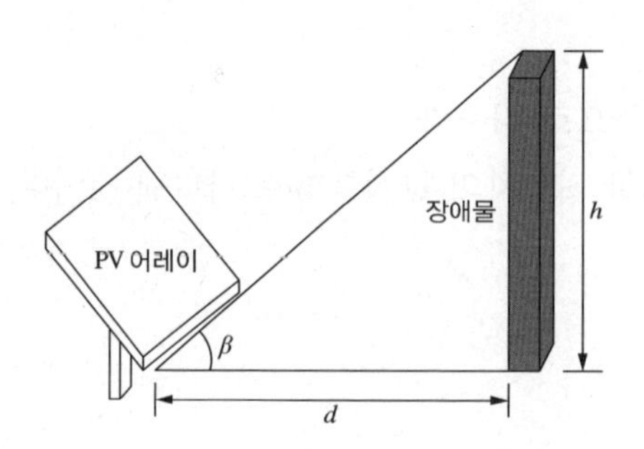

■ 지지대, 연결부, 기초(용접부위 포함)

지지대 간 연결 및 모듈-지지대 연결은 가능한 볼트로 체결하되, 절단가공 및 용접부위(도금처리제품 한정)는 용융아연도금처리를 하거나 에폭시-아연페인트를 2회 이상 도포하여야 한다.

■ 역류방지 다이오드의 용량은 모듈의 단락전류의 1.4배 이상으로 하고, 퓨즈의 용량은 보통 정격전류의 1.2배 이하여야 한다.

■ 인버터에 연결된 모듈의 설치용량은 인버터의 설치용량 105% 이내이어야 한다.

■ 인버터의 표시사항

입력단(모듈출력) 전압, 전류, 전력과 출력단(인버터출력)의 전압, 전류, 전력, 주파수, 누적발전량, 최대출력량(peak)이 표시되어야 한다.

■ 태양전지 어레이를 지상에 설치하는 경우

- 지중배선 또는 지중배관인 경우, 중량물의 압력을 받을 우려가 없도록 하고 그 길이가 30m를 초과하는 경우는 중간개소에 지중함을 설치할 수 있다.
- 1.0m 이상(중량물의 압력을 받을 우려가 없는 곳은 0.6m 이상) 지중매설관은 배선용 탄소강관, 내충격성 경질 염화비닐관을 사용한다.

■ 접지도체 면적

KEC 접지/보호도체 최소단면적
선도체 단면적 S(mm^2)에 따라 선정 • $S \leq 16$: S • $16 < S \leq 35$: 16 • $35 < S$: $S/2$ 또는 차단시간 5초 이하의 경우 • $S = \sqrt{I^2 t} / k$

교육은 우리 자신의 무지를 점차 발견해 가는 과정이다.

– 윌 듀란트 –

PART 01

태양광발전 기초이론

CHAPTER 01 신재생에너지의 개요

01 | 신재생에너지 원리 및 특징

신재생에너지는 기존의 화석연료를 변환시켜 이용하는 새로운 에너지원인 신에너지와 햇빛, 물, 지열, 강수, 생물유기체 등을 포함하는 재생 가능한 에너지를 변환시켜 이용하는 재생에너지로 11개 분야가 지정되어 있다.

(1) 신에너지(3개 분야)

수소에너지, 연료전지, 석탄을 액화·가스화한 에너지 및 중질잔사유를 가스화한 에너지

(2) 재생에너지(8개 분야)

태양에너지(태양광, 태양열), 풍력, 수력, 해양에너지(조력, 파력, 조류, 온도차), 지열에너지, 바이오에너지, 폐기물에너지, 수열에너지

(3) 신재생에너지의 특징

① 환경친화적 청정에너지 : 이산화탄소(CO_2) 발생이 거의 없음

② 비고갈성 에너지 : 태양광, 풍력, 수력 등 재생 가능한 에너지원으로 구성

③ 연구·기술개발 및 보급에 많은 비용과 오랜 시간 필요

④ 화석연료의 고갈로 유가의 불안정과 기후변화협약(교토의정서) 규제 대응

1.1 태양광발전(photovoltaic)

- 태양의 빛에너지를 전기에너지로 변환시켜 전기를 생산하는 기술
- 빛을 받으면 광전효과에 의해 전기를 발생하는 태양전지를 이용

(1) 태양광발전의 원리

① 태양전지(solar cell)

㉠ 태양에너지를 전기에너지로 변환할 목적으로 제작된 광전지

㉡ 금속과 반도체의 접촉면 또는 반도체의 PN 접합면에 빛을 비추면 광전효과에 의해 광기전력이 일어나는 것을 이용

㉢ 광전효과 : 한계 진동수보다 높은 진동수를 가진 빛이 금속에 흡수될 때 전자가 생성되는 현상

㉣ 금속과 반도체의 접촉을 이용 : 셀렌광전지, 아황산구리광전지

㉤ 반도체 PN 접합을 사용 : 태양전지로 이용되고 있는 실리콘광전지

② PN 접합에 의한 발전원리

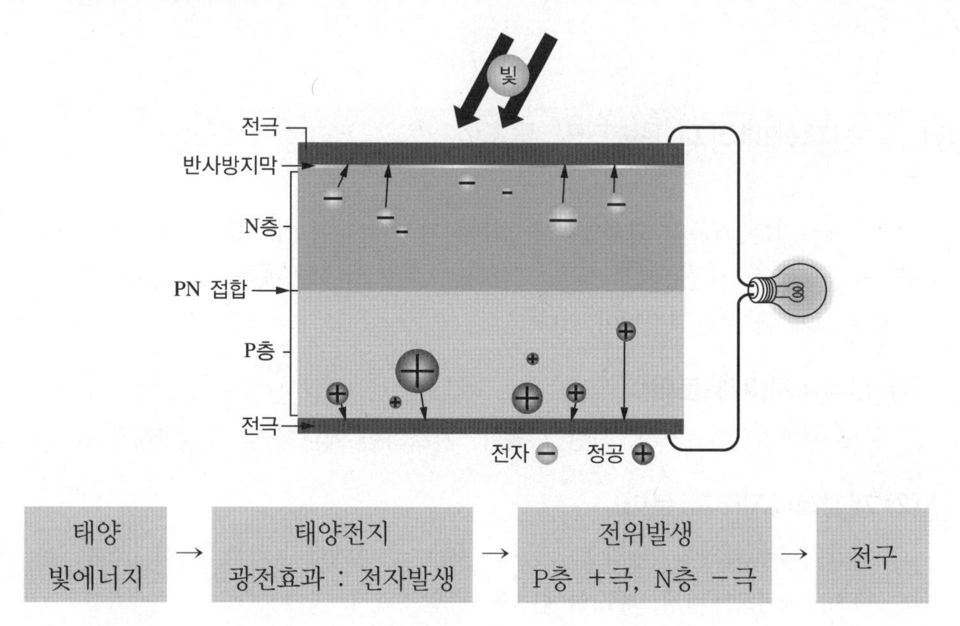

태양 빛에너지	→	태양전지 광전효과 : 전자발생	→	전위발생 P층 +극, N층 −극	→	전구

㉠ 태양전지는 전기적 성질이 다른 P(positive)형의 반도체와 N(negative)형의 반도체를 접합시킨 구조를 하고 있으며 2개의 반도체 경계 부분을 PN 접합(PN−junction)이라 한다.

㉡ 태양전지에 태양빛이 닿으면 태양빛은 태양전지 속으로 흡수되며, 흡수된 태양빛이 가지고 있는 에너지에 의해 반도체 내에서 정공(hole)(+)과 전자(electron)(−)의 전기를 갖는 입자(정공, 전자)가 발생한다.

㉢ 정공(+)은 P형 반도체, 전자(−)는 N형 반도체 쪽으로 모이게 되어 전위가 발생한다.

㉣ P극(+)과 N극(−)에 전구나 모터와 같은 부하를 연결하게 되면 전류가 흘러 동작이 된다.

(2) 태양광발전의 특징

장점	단점
• 에너지원이 깨끗하고, 무한하다. • 유지보수가 쉽고, 유지비용이 거의 들지 않는다. • 무인화가 가능하다. • 수명이 길다(20년 이상).	• 전기생산량이 일사량에 의존한다. • 에너지밀도가 낮아 큰 설치면적이 필요하다. • 설치장소가 한정적이고 제한적이다. • 비싼 반도체를 이용한 태양전지를 사용한다. • 초기투자비가 많이 들어 발전단가가 높다.

1.2 풍력발전

바람으로 풍차를 돌리고, 이것을 기어 등을 이용하여 속도를 높여 발전기를 돌려 전기를 생산하는 방식이다.

(1) 풍력발전기의 원리

① 풍력발전기는 바람의 에너지를 전기에너지로 바꿔주는 장치이다.

② 풍력발전기의 날개를 회전시켜 이때 생긴 날개의 회전력으로 전기를 생산한다.

③ 풍력발전기는 날개, 변속장치, 발전기로 구성된다.

④ 풍력발전기는 풍속이 세고, 풍차가 클수록 더 많은 풍력에너지를 생산할 수 있기 때문에 풍력발전기의 발전량은 바람의 세기와 풍차의 크기에 의존하고 있다.

⑤ 높이가 높아질수록 바람이 세게 불기 때문에 높은 곳의 발전기가 낮은 곳의 발전기보다 크고 발전량도 많다.

⑥ 발전 풍속(수평식)

㉠ 발전 가능한 평균 풍속 3m/s 이상

㉡ 발전의 최적 속도 풍속 13~15m/s

㉢ 발전 한계 속도 풍속 25m/s 이상 시

⑦ 풍차의 날개는 이론상 바람에너지의 59.3%를 전기에너지로 바꿀 수 있다.

⑧ 날개의 형상에 따른 효율, 기계적인 마찰 손실, 발전기의 효율 등으로 실질적인 효율은 20~40% 정도이다.

(2) 풍력발전의 구성 및 동작

① 풍력발전기는 크게 타워, 날개(회전자), 발전기통(nacelle)으로 구성된다.

㉠ 타워는 상부에 설치될 날개와 발전기통을 지지하는 지지대 역할을 하며, 동시에 타워의 내부는 고장 및 유지관리를 위한 통로이기도 하다. 이를 위해 타워 내부에는 계단 또는 엘리베이터가 설치되어 있다.

㉡ 발전기의 날개는 대개 3개로 되어 있고 그 형태도 바람을 잘 받을 수 있도록 특수하게 휘어져 있다. 가동 중에도 바람의 데이터를 실시간으로 모니터하는 풍속계와 풍향계가 발전기 통 뒤쪽에 피뢰침과 함께 붙어있다. 이곳에서 측정된 풍력 자료를 통 속의 컴퓨터가 읽은 다음 날개의 방향을 조정한다.

㉢ 발전 가능한 풍속은 최저 3m/s(시동속도)에서부터 시작하여 13~15m/s일 때 최적(정격)이다. 바람이 초속 25m/s를 넘으면 날개는 자동으로 정지하는데 이는 강풍에 날개를 방치할 경우 날개가 쉽게 부러지기 때문이다.

㉣ 정지 원리는 일정 풍속을 초과하면 날개의 각도가 바람과 수평이 되도록 조정하여 일시에 날개가 받는 풍하중을 제거하는 방식이다.

(3) 풍력발전의 상세 장치 및 시스템

① 기계장치부

㉠ 회전날개(blade) : 바람으로부터 회전력을 생산

㉡ 회전자(rotor) : 회전날개와 회전축(shaft)을 포함

㉢ 증속기(gearbox) : 적정 속도로 변환

㉣ 제어장치 : 기동·제동 및 운용 효율성 향상

② 전기장치부 : 발전기 및 기타 안정된 전력을 공급하도록 하는 전력안정화장치로 구성

③ 제어장치부

㉠ 풍력발전기가 무인 운전이 가능토록 설정, 운전하는 컨트롤시스템 및 yawing & pitching 컨트롤러와 원격지 제어 및 지상에서 시스템 상태 판별을 가능하게 하는 모니터링 시스템으로 구성된다.

㉡ yaw control : 바람 방향으로 향하도록 블레이드의 방향조절

㉢ 풍력발전 출력제어방식

- pitch control : 날개의 경사각(pitch) 조절로 출력을 능동적 제어
- stall control : 한계풍속 이상이 될 때 양력이 회전날개에 작용하지 못하도록 날개의 공기역학적 형상에 의한 제어

④ 풍력발전기 구조(geared type)

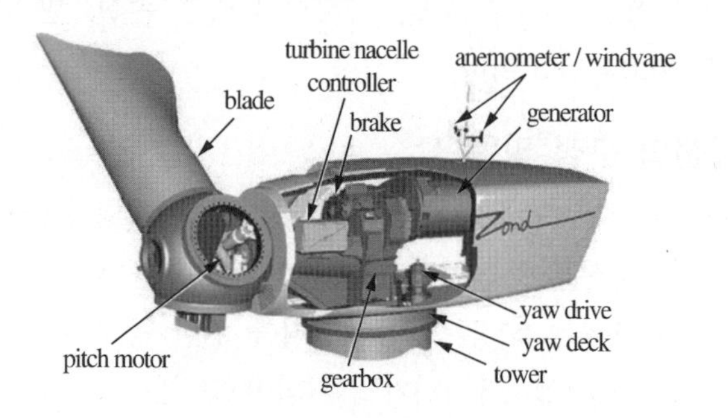

⑤ 풍력발전기의 분류

분구조상 분류 (회전축 방향)	수평축 풍력시스템(HAWT) : 프로펠러형
	수직축 풍력시스템(VAWT) : 다리우스형, 사보니우스형
운전방식	정속운전 : 통상 geared형
	가변속운전 : 통상 gearless형
출력제어방식	pitch(날개각) control
	stall control
전력사용방식	계통연계(유도발전기, 동기발전기)
	독립전원(동기발전기, 직류발전기)

[수직축 발전기]

[수평축 발전기]

㉠ 수직축은 바람의 방향과 관계없어 사막이나 평원 등에 설치하여 이용이 가능하지만 소재가 비싸고 수평축 풍차에 비해 효율이 떨어지는 단점이 있다.

㉡ 수평축은 간단한 구조로 이루어져 있어 설치하기 편리하나 바람의 방향에 영향을 받는다.

㉢ 프로펠러 형식의 풍력발전시스템의 날개의 수를 3개로 하는 이유는 진동이 적고, 하중의 균등 배분, 경제성을 고려한 것이다.

㉣ 중대형급 이상은 수평축을 사용하고, 100kW급 이하 소형은 수직축도 사용된다.

[geared형 풍력발전시스템]

[gearless형 풍력발전시스템]

[운전방식에 따른 분류(기어의 유무 : 정속도, 가변속)]

1.3 수력발전

- 수력발전은 물의 유동 및 위치에너지를 이용하여 발전
- 05년 이전에는 시설용량 10MW 이하를 소수력으로 규정하였으나, 새롭게 만들어진 신에너지 및 재생에너지 개발・이용・보급 촉진법에서는 소수력을 포함한 수력 전체를 신재생에너지로 정의
- 국내에서는 보통 3,000kW 미만의 발전소들이 운영됨

(1) 수력발전의 원리

① 수력발전의 구성도

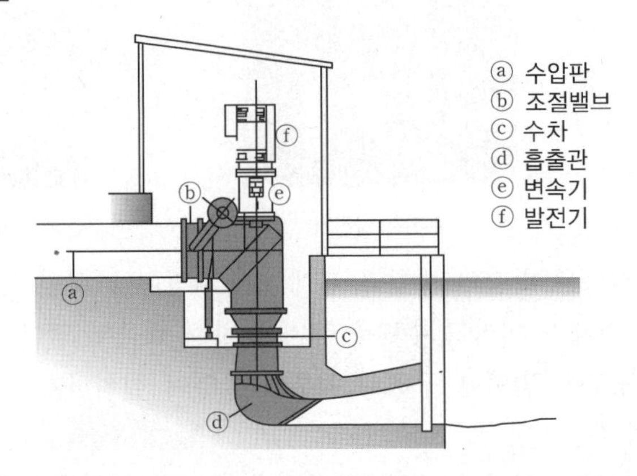

㉠ 수압판과 수차, 흡출관 부분으로 연결되는 곳에 조절밸브가 있고 그 윗부분으로 연관되어 있는 구조에는 변속기와 발전기가 설치되어 있다.

㉡ 수면 아래로는 수차와 흡출관 부분이 자리 잡고 있다.

㉢ 흡출관 : 반동형 수압 터빈의 날개 출구와 방수로를 연결하는 나팔 모양의 관

② **수력발전시스템** : 댐, 취수구, 수로, 수압관로, 수차발전기를 거쳐 전기가 만들어지고, 만들어진 전기는 변압기에서 승압시켜 한전 계통선을 통해 수요자에 이른다.

③ **수차의 종류 및 특징** : 수력발전은 하천이나 저수지의 물을 낙차에 의한 위치에너지를 이용하여 수차의 회전력을 발생시키고, 수차와 직결되어 있는 발전기에 의해서 전기에너지를 생산하는 방식으로 설비용량, 낙차 및 발전방식에 따라 분류할 수 있다.

㉠ 수차의 종류

수차의 종류			특징
충동수차	펠턴(pelton)수차 튜고(turgo)수차 오스버그(ossberger)수차		• 노즐에서 분출된 물을 수차의 물통에 충돌시켜서 회전하는 수차 • 수차가 물에 완전히 잠기지 않는다. • 물은 수차의 일부 방향에서만 공급되며, 운동에너지만을 전환한다.
반동수차	프란시스(francis)수차		수차가 물에 완전히 잠긴다.
	프로펠러수차	카플란(kaplan)수차 튜뷸러(tubular)수차 벌브(bulb)수차 림(rim)수차	• 물의 운동에너지와 압력에너지를 이용하여 회전시킬 수 있는 수차를 통틀어 이르는 말 • 수차의 원주방향에서 물이 공급된다. • 동압(dynamic pressure) 및 정압(static pressure)이 전환된다.

㉡ 낙차별 분류

- 저낙차 : 2~20m(카플란, 프란시스, 튜뷸러수차)
- 중낙차 : 20~150m(프로펠러, 카플란, 프란시스수차)
- 고낙차 : 150m 이상(프란시스, 펠턴수차)

㉢ 발전방식의 분류

- 수로식 : 하천경사가 급한 중·상류지역
- 댐식 : 하천경사가 작고 유량이 큰 지점
- 터널식 : 하천의 형태가 오메가(Ω)인 지점

㉣ 수력발전의 출력

$P_m = 9.8QH\eta_t\eta_G$ (kW)

여기서, Q : 유량

H : 낙차(높이)

η_t : 수차효율

η_G : 발전기효율

1.4 연료전지

연료전지는 수소와 산소의 화학반응으로 생기는 화학에너지를 직접 전기에너지로 변환시키는 기술이다. 발전효율은 전기에너지 30~40%, 열효율 40% 이상으로 총 70~80%의 효율을 갖는 신에너지 기술이다.

(1) 연료전지의 원리

연료전지에 수소와 공기 중 산소가 전기 화학 반응에 의해 직접 전기를 생산한다.

① 연료 극에는 수소가 공급되어 수소이온과 전자로 분리된다.

② 이 수소이온은 전해질 층을 통해 공기 극으로 이동하고, 전자는 외부회로를 통해 공기 극으로 이동한다.

③ 공기 극, 즉 산소가 공급되는 쪽에서 산소이온과 수소이온이 만나 반응생성물인 물을 생성하면서 전기와 열이 발생한다.

$$H_2(수소) + \frac{1}{2}O_2(산소) \rightarrow H_2O(물) + 전기,\ 열$$

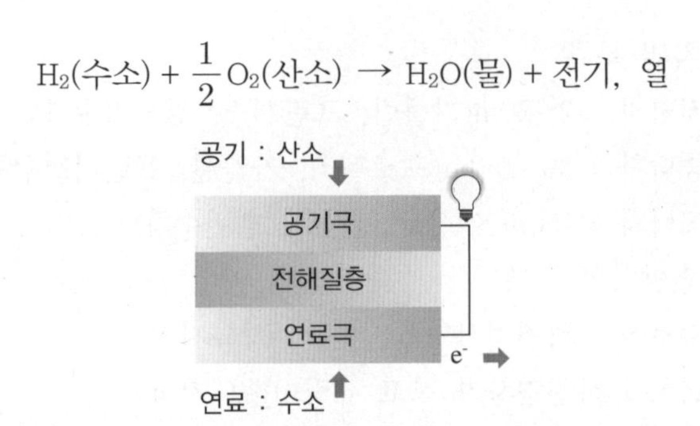

(2) 연료전지의 종류와 특징

① 전해질 종류에 따라 연료전지를 구분

구분	알칼리 (AFC)	인산형 (PAFC)	용융탄산염형 (MCFC)	고체산화물형 (SOFC)	고분자전해질형 (PEMFC)	직접메탄올 (DMFC)
전해질	알칼리	인산염	탄산염	세라믹	이온교환막	이온교환막
동작온도 (℃)	120 이하	250 이하	700 이하	1,200 이하	100 이하	100 이하
효율(%)	85	70	80	85	75	40
용도	우주발사체 전원	중형건물 (200kW)	중 · 대형건물 (100kW~MW)	소 · 중 · 대용량 발전(1kW~MW)	가정 · 상업용 (1~10kW)	소형이동 (1kW 이하)
특징	–	내구성, 열병합대응 가능	발전효율 높음, 내부개질 가능, 열병합대응 가능	발전효율 높음, 내부개질 가능, 복합발전 가능	저온작동 고출력밀도	저온작동 고출력밀도

② 연료전지 발전시스템 구성도

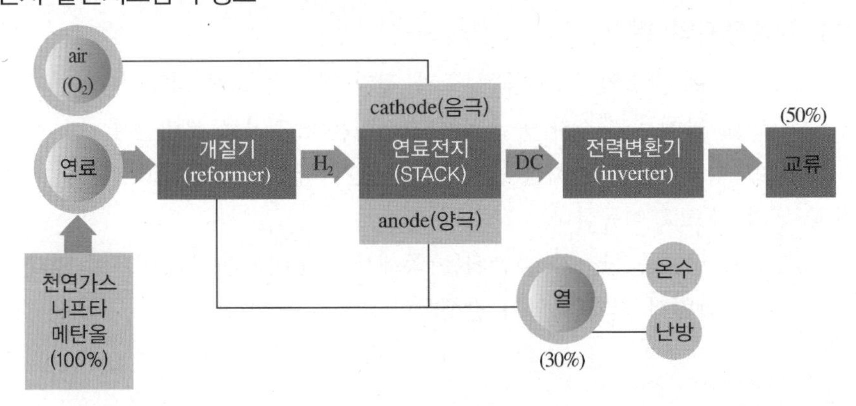

㉠ 화석연료에서 수소가 발생하여 공기 중 산소와 연료전지를 통해 반응, 30%의 열이 발생하고 온수와 난방에 이용되고, 전력변환장치를 통해 직류를 교류로 변환한다.

㉡ 개질기(reformer) : 화석연료(천연가스, 메탄올, 석유 등)로부터 수소를 발생시키는 장치

㉢ 스택(stack) : 원하는 전기출력을 얻기 위해 단위전지를 수십장, 수백장 직렬로 쌓아 올린 본체

㉣ 전력변환기(inverter) : 연료전지에서 나오는 직류(DC)를 우리가 사용하는 교류(AC)로 변환시키는 장치

㉤ 주변보조기기(BOP ; Balance of Plant) : 연료, 공기, 열회수 등을 위한 펌프류, 송풍기(blower), 센서 등을 말한다.

③ 연료전지의 특징

㉠ 장점

- 발전효율이 높다.
- 공해물질의 배출이 없고, 소음도 매우 적어 친환경적이다.
- 다양한 연료(석탄, 천연가스, 석유 등)로 사용 가능하다.
- 휴대용, 발전용 등 다양한 분야에 적용한다.
- 도심부근에 설치 가능 → 송배전 설비 및 전력손실이 적다.

㉡ 단점

- 발전소 건설비용이 높다.
- 연료전지의 수명과 신뢰성 향상의 기술적 개발이 필요하다.

④ 연료전지 발전현황

㉠ 알칼리형(AFC ; Alkaline Fuel Cell)

- 1960년대 군사용(우주선 : 아폴로 11호)으로 개발
- 순 수소 및 순 산소를 사용

㉡ 인산형(PAFC ; Phosphoric Acid Fuel Cell)

- 1970년대 민간차원에서 처음으로 기술 개발된 1세대 연료전지로 병원, 호텔, 건물 등 분산형 전원으로 이용한다.
- 현재 가장 앞선 기술로 미국, 일본에서 실용화 단계에 있다.

㉢ 용융 탄산염형(MCFC ; Molten Carbonate Fuel Cell)

- 1980년대에 기술 개발된 2세대 연료전지로 대형발전소, 아파트단지, 대형건물의 분산형 전원으로 이용
- 미국, 일본에서 기술개발을 완료하고 성능평가 진행 중(250kW 상용화, 2MW 실증)

㉣ 고체산화물형(SOFC ; Solid Oxide Fuel Cell)

- 1980년대에 본격적으로 기술 개발된 3세대 연료전지로서, MCFC보다 효율이 우수하며 대형발전소, 아파트단지 및 대형건물의 분산형 전원으로 이용
- 최근 선진국에서는 가정용, 자동차용 등으로도 연구를 진행하고 있으나 우리나라는 다른 연료전지에 비해 기술력이 가장 낮음

㉤ 고분자 전해질형(PEMFC ; Polymer Electrolyte Membrane Fuel Cell)

- 1990년대에 기술 개발된 4세대 연료전지로 가정용, 자동차용, 이동용 전원으로 이용
- 가장 활발하게 연구되는 분야이며, 실용화 및 상용화도 타 연료전지보다 빠르게 진행되고 있음

㉥ 직접메탄올연료전지(DMFC ; Direct Methanol Fuel Cell)

- 1990년대 말부터 기술 개발된 연료전지로 이동용(핸드폰, 노트북 등) 전원으로 이용
- 고분자 전해질형 연료전지와 함께 가장 활발하게 연구되는 분야임

1.5 기타 에너지

(1) 태양열

태양광선의 파동성질을 이용하는 태양에너지 광열학적 이용분야로 태양열의 흡수·저장·열변환 등을 통하여 건물의 냉난방 및 급탕 등에 활용하는 기술이다.

① 태양열시스템의 원리

㉠ 태양열시스템은 열매체의 구동장치 유무에 따라서 자연형(passive) 시스템과 설비형(active) 시스템으로 구분된다.

- 자연형 시스템 : 온실, 트롬월과 같이 남측의 창문이나 벽면 등 주로 건물 구조물을 활용하여 태양열을 집열하는 장치이다.
- 설비형 시스템 : 집열기를 별도 설치해서 펌프와 같은 열매체 구동장치를 활용하여 태양열을 집열하는 시스템으로 이 시스템을 흔히 태양열시스템이라 한다.

㉡ 이용분야를 중심으로 분류하면 태양열 온수급탕시스템, 태양열 냉난방시스템, 태양열 산업 공정열 시스템, 태양열발전시스템 등이 있다.

② 태양열시스템의 구성

㉠ 집열부 : 태양열의 집열이 이루어지는 부분으로 집열온도는 집열기의 열손실율과 집광장치의 유무에 따라 결정된다.

㉡ 축열부 : 열 시점과 집열량이 이용시점과 부하량에 일치하지 않기 때문에 필요한 일종의 버퍼(buffer) 역할을 할 수 있는 열저장 탱크이다.

㉢ 이용부 : 태양열 축열조에 저장된 태양열을 효과적으로 공급하고 부족할 경우 보조열원에 의해 공급된다.

㉣ 제어장치 : 태양열을 효과적으로 집열 및 축열하고 공급, 태양열시스템의 성능 및 신뢰성 등에 중요한 역할을 해주는 장치이다.

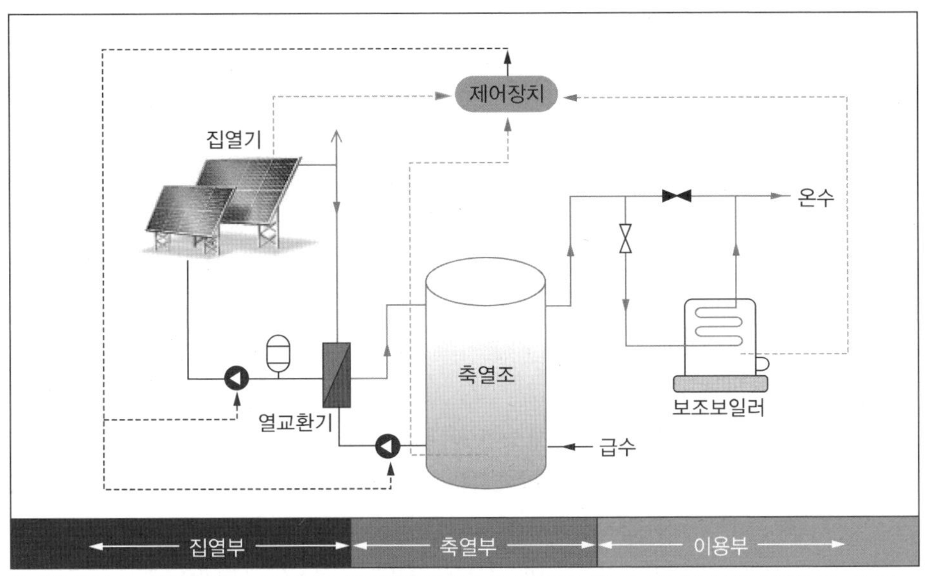

※ 태양열에너지는 에너지밀도가 낮고 계절별, 시간별 변화가 심한 에너지이므로 집열과 축열기술이 가장 기본이 되는 기술임

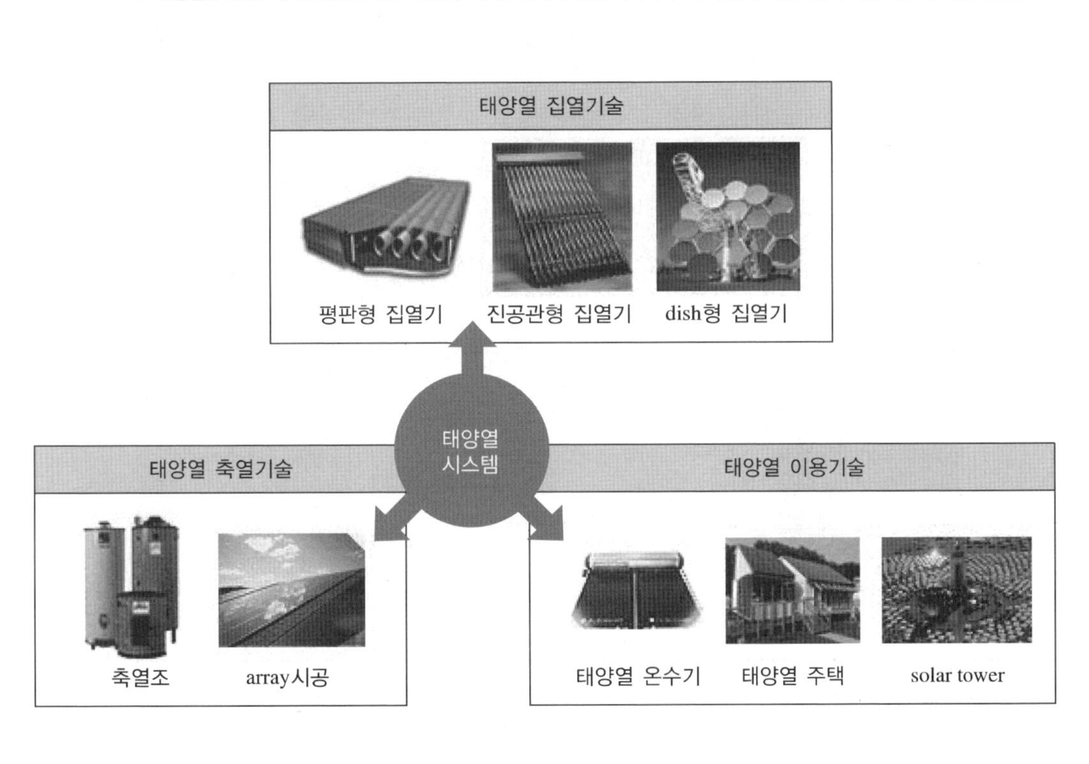

(2) 수소에너지

수소에너지란 수소를 연소시켜서 얻는 에너지로, 수소를 태우면 같은 무게의 가솔린보다 4배나 많은 에너지를 방출한다. 수소는 연소 시 산소와 결합하여 다시 물로 환원되므로 배기가스로 인한 환경오염이 없다. 앞으로 화석연료인 석유의 고갈로 수소가 차세대 에너지원으로 주목받고 있다.

① 수소에너지 특징

㉠ 수소에너지기술은 물, 유기물, 화석연료 등의 화합물 형태로 존재하는 수소를 분리, 생산해서 이용하는 기술이다.

㉡ 수소는 물의 전기분해로 가장 쉽게 제조할 수 있으나 입력에너지(전기에너지)에 비해 수소에너지의 경제성이 너무 낮으므로 대체전원 또는 촉매를 이용한 제조기술의 계속적인 연구가 필요하다.

※ 에너지보존법칙상 전기분해에 필요한 입력에너지가 생산된 수소의 출력에너지보다 크다는 근본적인 문제가 있다.

㉢ 수소는 가스나 액체로 수송할 수 있으며 고압가스, 액체수소, 금속수소화합물 등의 다양한 형태로 저장이 가능하다.

㉣ 현재 수소는 기체 상태로 저장하고 있으나 단위 부피당 수소 저장밀도가 너무 낮아 경제성과 안정성이 부족하여 액체 및 고체저장법을 연구 중이다.

② 수소에너지시스템

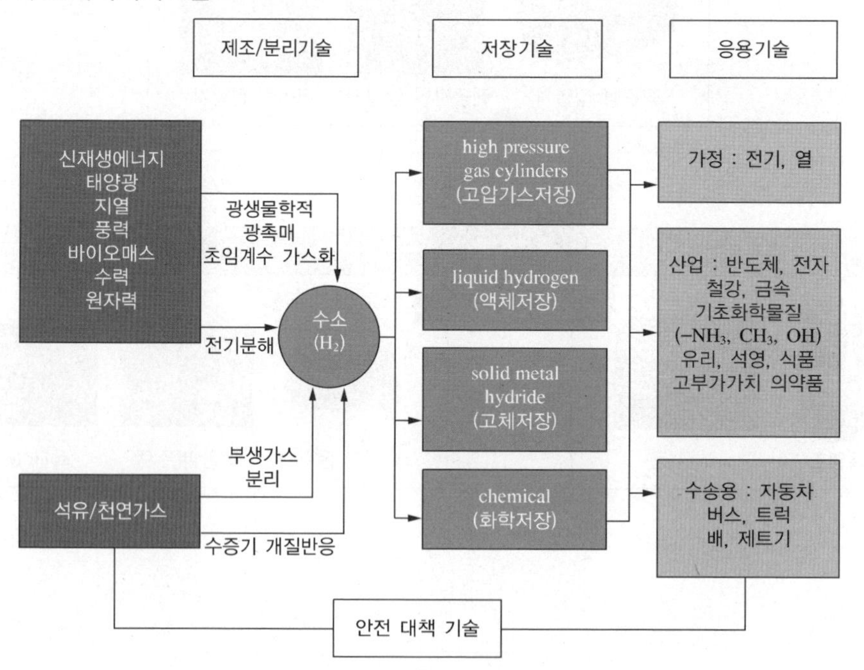

㉠ 제조·분리기술 : 신재생에너지, 태양광, 지열, 풍력, 바이오매스, 수력, 원자력에서 광생물학적 광촉매를 이용하거나 초임계수 가스화, 석유, 천연가스에서 부생가스분리 또는 수증기 개질반응, 물의 전기분해

㉡ 저장기술

- 고압가스저장 : 150~200기압으로 압축한 수소가스를 두꺼운 연강제의 원통형 용기에 충전하는 방법이 가장 널리 사용된다.
- 액체저장 : 수소를 −25℃의 극저온에서 액화시켜 저장하는 방법으로 압축 수소보다 부피가 작고 질량에너지와 밀도가 높다. 우주 개발용 로켓의 연료나 공업용 수소가스로 사용한다.
- 고체저장(수소저장합금저장) : 금속을 수소와 반응시켜 금속수소화합물 상태로 수소를 저장하는 것으로 금속에 일정한 압력을 가하면 금속에 수소가 흡수되고 압력을 줄이면 수소가 방출된다. 단위 체적당 약 1,000배의 수소를 저장할 수 있으므로 고압 봄베나 액체수소보다도 높은 밀도로 수소를 저장할 수 있으며, 내고압 용기를 필요로 하지 않고, 장시간 안전한 저장이 가능하다.
- 화학저장 : 앞으로 실용화 가능한 기술로 암모니아, 메탄올, 시클로헥산 등의 화합물에 의한 저장기술이 있다.

㉢ 응용기술

- 가정 : 전기, 열
- 산업 : 반도체, 전자, 철강, 금속 기초화학물질($-NH_3$, CH_3, OH), 유리, 석영, 식품, 고부가가치 의약품
- 수송용 : 자동차, 버스, 트럭, 배, 제트기 등의 수송과정에서 안전 대책 기술도 요구됨

(3) 석탄 액화 가스화 및 중질잔사유 가스화

석탄, 중질잔사유 등 저급원료를 고온고압의 가스화 장치에서 수증기와 함께 한정된 산소로 불완전연소 및 가스화시켜 일산화탄소와 수소가 주성분인 합성가스를 만들어 정제된 가스를 사용하여 발전을 하고 수소 및 액화연료를 생산할 수 있다.

① **가스화 복합발전기술(IGCC ; Integrated Gasification Combined Cycle)**
석탄과 중질잔사유 등을 가지고 고온고압의 가스화 장치에서 정제된 가스를 만들어 1차로 가스터빈을 돌려 발전하고, 배기가스 열을 이용하여 보일러로 증기를 발생시켜 증기터빈을 돌려 발전하는 방식의 기술이다.

㉠ 석탄·중질잔사유 가스화기술

- 석탄과 중질잔사유를 고온고압 상태의 가스화 장치에서 한정된 산소와 함께 불완전연소시켜 일산화탄소(CO)와 수소(H_2)가 주성분인 합성가스를 생성하는 기술

• 전체 시스템 중 가장 중요한 부분으로 석탄 종류 및 반응조건에 따라 생성가스의 성분과 성질이 달라지며 건식가스화기술과 습식가스화기술이 있다.

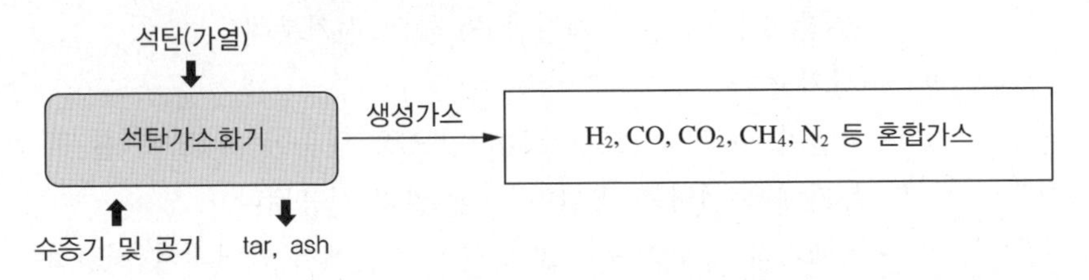

• 석탄가스화기에서 석탄을 가열하고 수증기와 공기가 반응하여 H_2, CO, CO_2, CH_4, N_2 등 혼합가스가 생성된다. 이 과정에서 타르(tar)와 재(ash)가 배출된다.

㉡ 수소 및 액화연료 생산기술 : 연료전지의 원료로 사용할 수 있도록 석탄·중질잔사유 가스화기술로 만들어진 합성가스로부터 수소를 분리하고 생성된 합성가스의 촉매 반응을 통해 액체연료인 합성석유를 생산한다.

㉢ 석탄 액화기술 : 고체 연료인 석탄을 휘발유 및 디젤유 등의 액체연료로 전환시키는 기술로 고온고압의 상태에서 용매를 사용하여 전환시키는 직접 액화 방식과, 석탄가스화 후 촉매상에서 액체연료로 전환시키는 간접 액화 방식 두 가지가 있다.

② 석탄 액화 가스화 및 중질잔사유 가스화 특징

장점	단점
• 고효율 발전 • SO_x를 95% 이상, NO_x를 90% 이상 저감하는 환경친화적 기술 • 다양한 저급연료(석탄, 중질잔사유, 폐기물 등)를 활용한 전기생산 가능, 화학플랜트 활용, 액화연료 생산 등 다양한 형태의 고부가가치의 에너지화	• 소요 면적이 넓은 대형 장치산업으로 시스템 비용이 고가이므로 초기 투자비용이 높음 • 복합설비로 전체 설비의 구성과 제어가 복잡하여 연계시스템의 최적화, 시스템 고효율화, 운영 안정화 및 저비용화가 요구됨

③ 시스템 구성도

㉠ 석탄이용기술은 가스화부, 가스정제부, 발전부 등 3가지 주요 block과 활용 에너지의 다변화를 위해 추가되는 수소 및 액화연료부 등으로 구성된다.

㉡ 가스화부 : 석탄, 잔사유, 코크스, 바이오매스, 폐기물을 가스화하고 고체폐기물을 배출한다.

㉢ 정제부 : 합성가스를 정제하여 이산화탄소를 분리하고 황을 회수하여 배출한다.

㉣ 발전부 : 연소기, 가스터빈, 배기가스, 열회수 증기발생기, 증기터빈시설, 연료전지가 있고 이산화탄소와 폐수를 분리한다. 전력으로 이어진다.

㉤ 수소 및 액화연료부 : 수성가스 변위 반응으로 합성가스를 전환하여 합성연료와 화학연료를 생성한다.

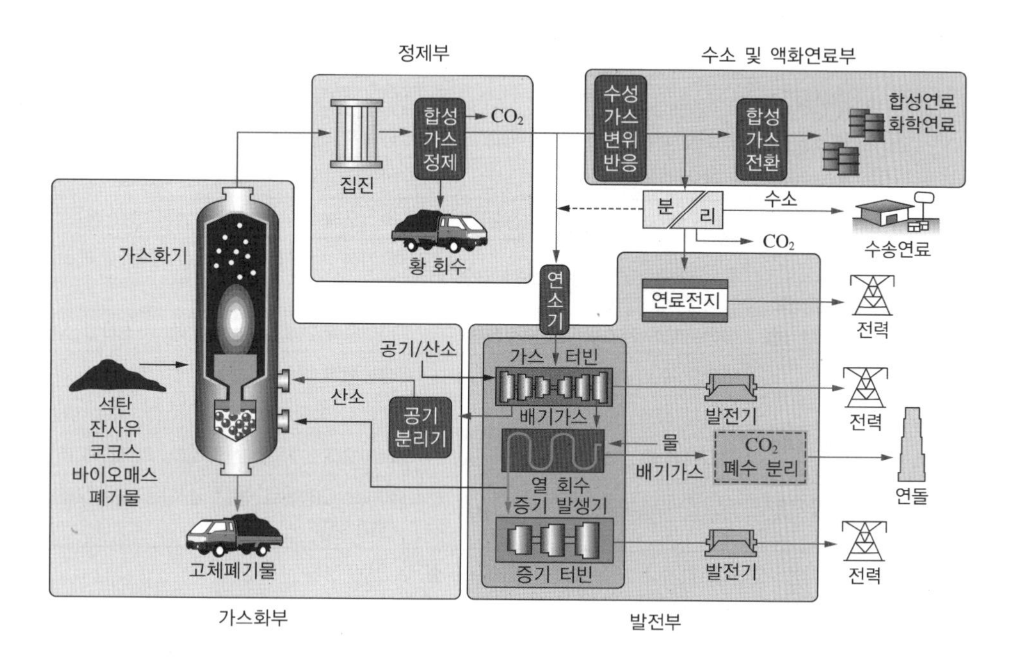

(4) 바이오에너지

바이오에너지 이용기술이란 바이오매스(biomass, 유기성 생물체를 총칭)를 직접 또는 생·화학적, 물리적 변환과정을 통해 액체, 가스, 고체연료나 전기·열에너지 형태로 이용되는 에너지원을 일컫는다.

※ 바이오매스(biomass)란 태양에너지를 받은 식물과 미생물의 광합성에 의해 생성되는 식물체·균체와 이를 먹고 살아가는 동물체를 포함하는 생물 유기체를 말한다.

① 바이오에너지의 특징

㉠ 장점

- 에너지를 저장할 수 있다.
- 나무와 식물이 다시 자라는 것보다 더 빨리 베어내지 않는 한 바이오매스는 재생에너지원이다.
- 최소의 자본으로 이용기술의 개발이 가능하다.
- 석탄과 비교하여 훨씬 적은 아황산가스와 이산화질소를 배출한다.

㉡ 단점

- 바이오매스 생산에 넓은 면적의 토지가 필요하다.
- 토지 이용면에서 농업과 겹친다.
- 넓은 산림이나 자연 목초지를 단일 종의 바이오매스 농장으로 만드는 것은 생물다양성의 감소를 가져온다.

② 바이오에너지기술의 분류

대분류	중분류	내용
바이오 액체연료 생산기술	연료용 바이오에탄올 생산기술	당질계, 전분질계, 목질계
	바이오디젤 생산기술	바이오디젤 전환 및 엔신석용기술
	바이오매스 액화기술(열적전환)	바이오매스 액화, 연소, 엔진이용기술
바이오매스 가스화기술	혐기소화에 의한 메탄가스화 기술	유기성 폐수의 메탄가스화 기술 및 매립지 가스 이용기술(LFG)
	바이오매스 가스화기술(열적전환)	바이오매스 열분해, 가스화, 가스화발전기술
	바이오 수소 생산기술	생물학적 바이오 수소 생산기술
바이오매스 생산, 가공기술	에너지 작물기술	에너지 작물 재배, 육종, 수집, 운반, 가공기술
	생물학적 CO_2 고정화기술	바이오매스 재배, 산림녹화, 미세조류 배양기술
	바이오 고형연료 생산, 이용기술	바이오 고형연료 생산 및 이용기술[왕겨탄, 칩, RDF(폐기물연료) 등]

※ 혐기성 : 산소가 없거나 아주 희박한 곳에서도 살 수 있는 성질

③ 바이오에너지 변환

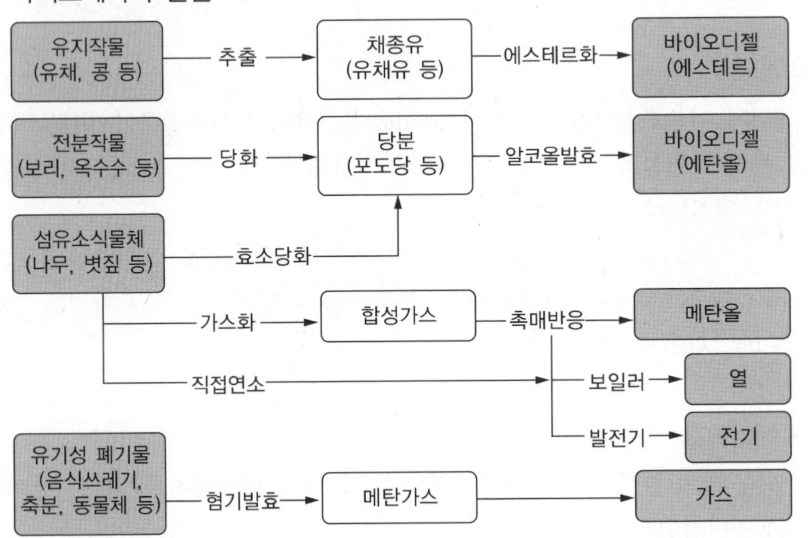

※ 에스테르 : 산과 알코올로부터 물이 빠져 생성하는 화합물을 말한다. 따라서 산이 에스테르 화합물로 변환하는 것을 에스테르화(반응)라고 한다.

(5) 지열에너지

① 개요

㉠ 지구 내핵의 온도는 3,900℃이고 외핵은 2,500℃이며 맨틀은 2,000℃이다.

㉡ 맨틀의 바깥쪽에는 지각이 있다. 지각에는 우라늄이나 토륨과 같은 방사성 동위원소들의 붕괴로 끊임없이 열이 생성되고 있고, 지각의 얇은 곳에서 화산이나 뜨거운 노천온천의 형태로 열을 분출한다.

㉢ 태양열의 약 47%가 지표면을 통해 지하에 저장된다.

㉣ 일반적으로 땅속의 온도는 100m 깊어질 때마다 대략 2.5℃씩 증가한다고 한다.

㉤ 고온증기(180℃ 이상)를 풍부하게 얻을 수 있는 화산지대에서는 천연증기로 직접 터빈을 돌리는 직접 지열발전방식이 있고 열교환기를 통한 간접식의 발전방식이 있다.

㉥ 우리나라에서는 주로 물, 지하수 및 지하의 열 등의 온도차를 이용하여 냉・난방에 활용되고 있다.

㉦ 태양열을 흡수한 땅속의 온도는 지형에 따라 다르지만 지표면 가까운 땅속의 온도는 개략 10~20℃ 정도 유지되어 열펌프를 이용하는 냉난방시스템에 이용된다.

㉧ 우리나라 일부지역의 심부(지중 1~2km) 지중온도는 80℃ 정도로 직접 냉난방에도 이용 가능하다.

② 지열의 이용

㉠ 건축물의 내부에 설치된 배관은 건축물 외부의 히트펌프와 연결되어 있고, 이는 지상에 설치된 열교환기를 통해 지하의 지열루프파이프와 연결된다.

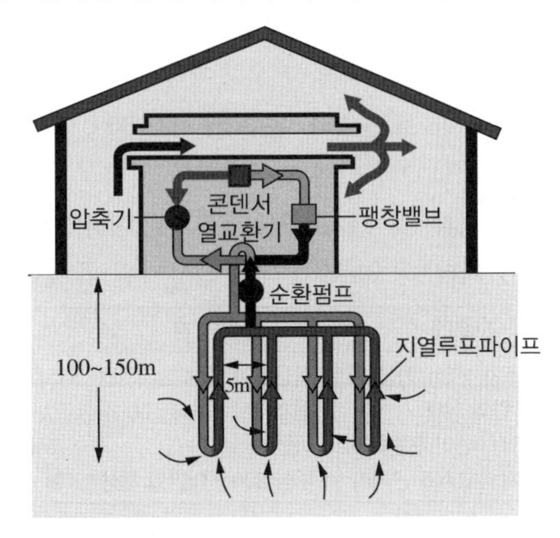

㉡ 지열시스템의 종류는 대표적으로 지열을 회수하는 파이프(열교환기) 회로구성에 따라 폐회로(closed loop)와 개방회로(open loop)로 구분된다.

㉢ 폐회로시스템(폐쇄형)은 루프의 형태에 따라 수직, 수평루프시스템으로 구분되는데 수직으로 100~150m, 수평으로는 1.2~1.8m 정도의 깊이로 묻히게 되며 상대적으로 냉난방부하가 적은 곳에 쓰인다.

㉣ 개방회로는 온천수, 지하수에서 공급받은 물을 운반하는 파이프가 개방되어 있는 것으로 풍부한 수원지가 있는 곳에서 적용될 수 있다.

㉤ 폐회로가 파이프 내의 열매(물 또는 부동액)와 지열에너지가 열교환되는 것에 비해 개방회로는 파이프 내로 직접 지열에너지가 회수되므로 열전달효과가 높고 설치비용이 저렴한 장점이 있으나 폐회로에 비해 보수가 필요한 단점이 있다.

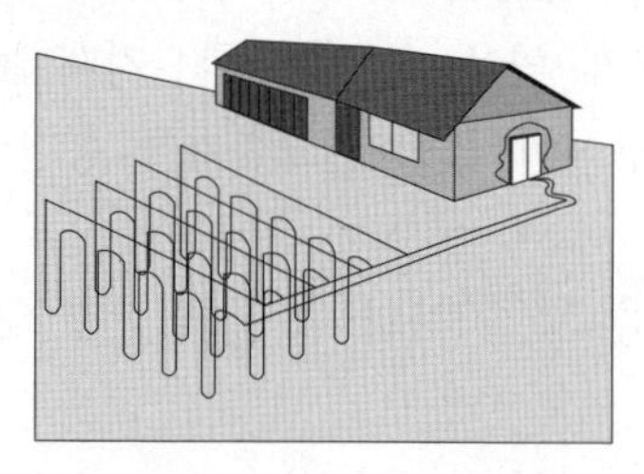

[폐쇄형 지열원 열교환장치]

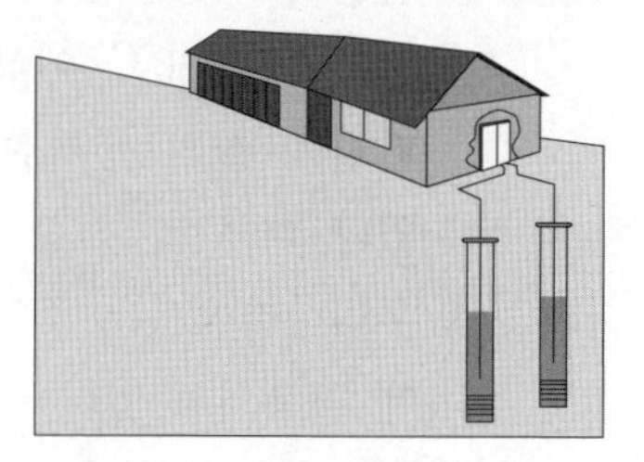

[개방형 지열원 열교환장치]

(6) 해양에너지

해양에너지는 해양의 조수・파도・해류・온도차 등을 변환하여 전기 또는 열을 생산하는 기술로서 전기를 생산하는 방식은 조력・파력・조류・온도차발전 등이 있다.

① **조력발전** : 조석간만의 차를 동력원으로 해수면의 상승하강운동을 이용하여 전기를 생산하는 기술이다.

② **파력발전** : 연안 또는 심해의 파랑에너지를 이용하여 전기를 생산하는 기술이다.

③ **조류발전** : 해수의 유동에 의한 운동에너지를 이용하여 전기를 생산하는 발전기술이다.

④ **온도차발전** : 해양 표면층의 온수(예 25~30℃)와 심해 500~1,000m 정도의 냉수(예 5~7℃)의 온도차를 이용하여 열에너지를 기계적 에너지로 변환시켜 발전하는 기술이다.

⑤ **해양에너지의 종류 및 입지조건** : 에너지 이용방식에 따라 조력, 파력, 온도차발전으로 구분되며, 기타 해류발전, 해양 생물자원의 에너지화 및 염도차발전 등이 있다.

구분	조력발전	파력발전	조류발전	온도차발전
입지조건	• 평균조차 : 3m 이상 폐쇄된 만의 형태 • 해저의 지반이 단단하고 에너지 수요처와 근거리	• 자원량이 풍부한 연안 육지에서 거리 30km 미만 • 수심 300m 미만의 해상	• 조류의 흐름이 2m/s 이상인 곳 • 조류흐름의 특징이 분명한 곳	연중 표・심층수와 온도차가 17℃ 이상인 기간이 많을 것

(7) 폐기물에너지

사업장 또는 가정에서 발생되는 가연성 폐기물 중 에너지 함량이 높은 폐기물을 열분해에 의한 오일화, 성형고체 연료의 제조기술, 가스화에 의한 가연성 가스 제조기술 및 소각에 의한 열회수 기술 등의 가공·처리 방법을 통해 고체 연료, 액체 연료, 가스 연료, 폐열 등을 생산하고, 이를 산업 생산활동에 필요한 에너지로 이용하는 재생에너지원의 하나로 우리나라 신재생에너지발전량의 80% 정도를 차지하고 있다.

① 폐기물에너지의 종류

㉠ 성형고체연료(RDF ; Refuse Derived Fuel) : 종이, 나무, 플라스틱 등의 가연성 폐기물을 파쇄, 분리, 건조, 성형 등의 공정을 거쳐 제조된 고체연료를 성형고체연료라고 한다.

㉡ 폐유 정제유 : 자동차 폐윤활유 등의 폐유를 이온정제법, 열분해정제법, 감압증류법 등의 공정으로 정제하여 생산된 재생유

㉢ 플라스틱 열분해 연료유 : 플라스틱, 합성수지, 고무, 타이어 등의 고분자 폐기물을 열분해하여 생산되는 청정 연료유

㉣ 폐기물 소각열 : 가연성 폐기물 소각열 회수에 의한 스팀생산 및 발전, 시멘트 킬른 및 철광석소성로 등의 열원으로 이용

(8) 수열에너지

① 해수의 표층의 열을 히트펌프를 이용하여 냉·난방에 활용하는 기술이다.

② 온배수열을 시설원예 또는 양식장 등의 난방열원으로 공급하여 생물성장을 촉진하고 화훼, 열대과일 등 고부가 작물 생산에 이용되고 있다.

③ 온배수열은 발전소의 발전기를 냉각하는 동안 데워진 물(해수)이 온도가 상승된 상태에서 보유하고 있는 열에너지(Δt : 7~8℃)

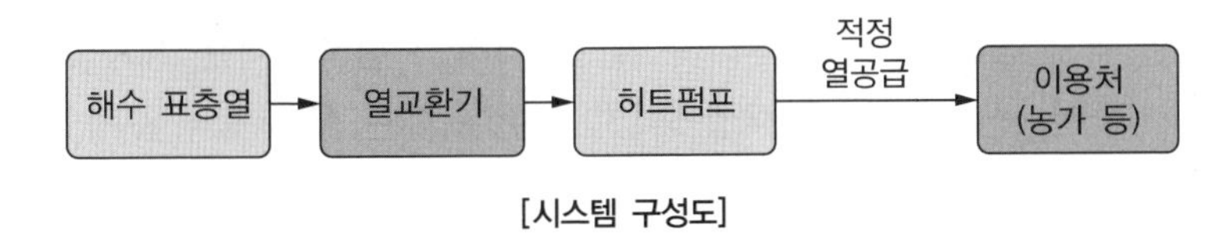

[시스템 구성도]

(9) 분산형전원(DG ; Distributed Generation)

중앙급전전원과 구분되는 것으로 전기를 사용하는 지역 부근에서 분산하여 배치 가능한 전원(상용전원의 정전 시에만 사용하는 비상용 예비전원을 제외한다)을 말하며, 신재생에너지발전설비, 전기저장장치 등을 모두 포함한다.

02 | 신재생에너지 관련 법

1.1 신에너지 및 재생에너지 개발 · 이용 · 보급 촉진법

신재생에너지 관련 법규는 주로 신에너지 및 재생에너지 개발·이용·보급 촉진법에 의해 규제된다. 이 법은 신에너지 및 재생에너지의 기술 개발, 이용, 보급을 촉진하고, 신에너지 및 재생에너지 산업의 활성화를 통해 에너지원을 다양화하고, 에너지의 안정적인 공급, 환경 보호, 국가 경제의 건전한 발전 및 국민 복지 증진을 목적으로 한다.

(1) 주요내용

① **신에너지 및 재생에너지의 정의** : 기존의 화석연료를 변환시켜 이용하거나 수소, 연료전지, 태양광, 풍력, 지열, 해양에너지 등 재생 가능한 에너지를 이용하는 에너지를 말한다.

② **기술 개발 및 보급 촉진** : 정부는 신에너지 및 재생에너지의 기술 개발 및 보급을 촉진하기 위한 정책을 수립하고, 이를 지원한다. 이를 위해 다음과 같은 조치를 취하고 있다.

㉠ 연구개발 지원 : 신에너지 및 재생에너지 기술 개발을 위한 연구개발(R&D) 지원을 강화한다.

㉡ 기술 이전 및 상용화 : 개발된 기술의 이전 및 상용화를 촉진하기 위한 제도적 지원을 제공한다.

㉢ 인력 양성 : 신에너지 및 재생에너지 분야의 전문 인력을 양성하기 위한 교육 및 훈련 프로그램을 운영한다.

③ **지원 및 혜택** : 신에너지 및 재생에너지 사업자에게는 세제 혜택, 금융 지원, 기술 지원 등이 제공된다.

㉠ 세제 혜택 : 신에너지 및 재생에너지 사업자에게는 세제 혜택이 제공된다. 예를 들어, 신에너지 및 재생에너지 설비에 대한 투자세액 공제, 감가상각비 특례 등이 있다.

㉡ 금융 지원 : 신에너지 및 재생에너지 사업자에게는 저리의 융자, 보조금, 투자 지원 등이 제공된다.

㉢ 기술 지원 : 신에너지 및 재생에너지 기술 개발 및 보급을 위한 기술 지원이 제공된다. 예 기술 컨설팅, 기술 이전, 기술 교육 등

④ **환경 보호** : 신에너지 및 재생에너지의 이용을 통해 온실가스 배출을 줄이고, 환경 보호에 기여한다.

㉠ 온실가스 감축 목표 설정 : 정부는 온실가스 감축 목표를 설정하고, 이를 달성하기 위한 정책을 수립한다.

㉡ 환경 영향 평가 : 신에너지 및 재생에너지 사업은 환경 영향 평가를 통해 환경에 미치는 영향을 최소화한다.

㉢ 친환경 기술 개발 : 신에너지 및 재생에너지 기술 개발 과정에서 친환경 기술을 우선적으로 개발하고, 이를 보급한다.

⑤ **신에너지 및 재생에너지 산업의 활성화** : 신에너지 및 재생에너지 산업의 활성화를 위해 다음과 같은 조치를 취하고 있다.

㉠ 산업 육성 정책 : 정부는 신에너지 및 재생에너지 산업 육성을 위한 정책을 수립하고, 이를 지원한다.

㉡ 시장 창출 : 신에너지 및 재생에너지 제품 및 서비스의 시장 창출을 위해 다양한 지원을 제공한다. 예 신에너지 및 재생에너지 제품의 구매 촉진, 신에너지 및 재생에너지 서비스의 이용 촉진 등

㉢ 국제 협력 : 신에너지 및 재생에너지 기술 개발 및 보급을 위해 국제 협력을 강화한다. 예 국제 공동 연구, 기술 이전, 정보 교류 등

⑥ **국민 참여 및 인식 제고** : 신에너지 및 재생에너지의 보급을 위해 국민 참여 및 인식을 제고하기 위한 다양한 활동을 전개하고 있다.

㉠ 홍보 및 교육 : 신에너지 및 재생에너지의 중요성을 알리기 위한 홍보 및 교육 활동을 전개한다.

㉡ 참여 프로그램 : 국민이 신에너지 및 재생에너지 사업에 참여할 수 있는 프로그램을 운영한다. 예 신에너지 및 재생에너지 체험 프로그램, 신에너지 및 재생에너지 관련 공모전 등

㉢ 인식 제고 캠페인 : 신에너지 및 재생에너지의 중요성을 알리기 위한 인식 제고 캠페인을 전개한다.

이 법은 신에너지 및 재생에너지의 발전과 보급을 촉진하기 위해 다양한 지원과 혜택을 제공하며, 환경 보호와 국가 경제의 지속 가능한 발전을 목표로 하고 있다.

1.2 신에너지 및 재생에너지 기술개발 및 이용·보급 기본계획

기술개발 및 이용·보급 기본계획은 신에너지 및 재생에너지의 기술 개발, 이용, 보급을 촉진하기 위해 수립된 계획이다. 이 계획은 5년 주기로 수립되며, 10년 이상의 계획 기간을 가지고 있다. 주요 내용은 다음과 같다.

(1) 기술개발 및 이용·보급 목표

기술개발 및 이용·보급 기본계획은 신에너지 및 재생에너지의 기술 개발, 이용, 보급을 촉진하기 위한 목표를 설정한다. 이 목표는 다음과 같은 요소를 포함한다.

① 기술 개발 목표 : 신에너지 및 재생에너지 기술의 연구개발(R&D) 목표를 설정한다.
② 이용 목표 : 신에너지 및 재생에너지의 이용 확대를 위한 목표를 설정한다.
③ 보급 목표 : 신에너지 및 재생에너지의 보급을 촉진하기 위한 목표를 설정한다.

(2) 발전량 비중

기술개발 및 이용·보급 기본계획은 신에너지 및 재생에너지의 발전량 비중을 설정한다. 이 비중은 다음과 같은 요소를 포함한다.

① 신에너지 발전량 비중 : 신에너지의 발전량 비중을 설정한다.
② 재생에너지 발전량 비중 : 재생에너지의 발전량 비중을 설정한다.
③ 전체 발전량 비중 : 신에너지 및 재생에너지의 전체 발전량 비중을 설정한다.

(3) 추진방법

기술개발 및 이용·보급 기본계획은 신에너지 및 재생에너지의 기술 개발, 이용, 보급을 촉진하기 위한 추진방법을 제시한다. 이 추진방법은 다음과 같은 요소를 포함한다.

① 연구개발 지원 : 신에너지 및 재생에너지 기술 개발을 위한 연구개발(R&D) 지원을 강화한다.
② 기술 이전 및 상용화 : 개발된 기술의 이전 및 상용화를 촉진하기 위한 제도적 지원을 제공한다.
③ 인력 양성 : 신에너지 및 재생에너지 분야의 전문 인력을 양성하기 위한 교육 및 훈련 프로그램을 운영한다.
④ 세제 혜택 : 신에너지 및 재생에너지 사업자에게 세제 혜택을 제공한다.
⑤ 금융 지원 : 신에너지 및 재생에너지 사업자에게 저리의 융자, 보조금, 투자 지원 등을 제공한다.
⑥ 기술 지원 : 신에너지 및 재생에너지 기술 개발 및 보급을 위한 기술 지원을 제공한다.

이 계획은 신에너지 및 재생에너지의 발전과 보급을 촉진하기 위해 다양한 지원과 혜택을 제공하며, 환경 보호와 국가 경제의 지속 가능한 발전을 목표로 하고 있다. 이를 통해 신에너지 및 재생에너지 산업의 활성화와 국민 복지 증진에 기여하고 있다.

1.3 신에너지 및 재생에너지의 발전량 비중

(1) 연도별 데이터

연도별	2020년	2021년	2022년
신에너지 발전량 비중	0.74%	0.85%	1.18%
재생에너지 발전량 비중	8.49%	8.05%	8.49%
신재생에너지 발전량 비중	9.23%	8.90%	9.67%

이 데이터는 신에너지 및 재생에너지의 발전량 비중이 점진적으로 증가하고 있음을 보여준다. 신에너지와 재생에너지의 발전량 비중을 높이기 위한 다양한 정책과 기술개발이 점진적으로 이루어지고 있다.

1.4 제11차 전력수급기본계획

전력수급기본계획은 2년 주기로 수립된다. 각 계획은 15년 이상의 장기적인 전력 수급을 계획하며, 국가의 에너지 정책과 관련된 다양한 요소를 반영하여 설정된다.

(1) 주요 수치

① 전력소비량 : 2038년까지 연평균 1.6% 증가하여 730.5TWh에 도달할 것으로 예상된다.

② 최대전력 : 연평균 2.3% 증가하여 2038년에는 140.2GW에 도달할 것으로 예상된다.

③ 발전설비 용량 : 2024년 기준 총 140GW에서 2038년까지 48% 증가하여 207GW에 도달할 것으로 예상된다.

④ 발전설비의 비중

종류	LNG	석탄	신재생에너지	원자력	기타
발전설비용량	30%	28%	22%	18%	2%
실제 발전생산량 (2023)	26.8%	31.4%	10.2%	30.7%	0.9%

03 | 전기, 전자기초 이론

1.1 전기기초

(1) 물질과 전기의 발생

① 원자와 분자

㉠ 원자 : 원소의 화학적 상태를 특징짓는 최소 기본 단위

㉡ 분자 : 물질의 성질을 가진 최소 단위

② 물질의 구성

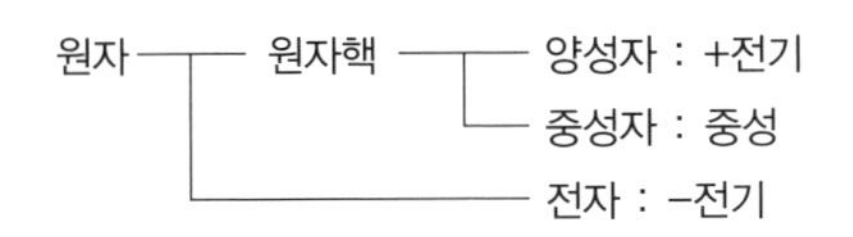

㉠ 원자 내 양성자수와 전자수는 같다.

㉡ 양성자 수는 모든 화학 원소를 구분하는 요소로 원자 번호를 결정한다.

㉢ 전자는 음전하를 띠고 있으며, 원자핵 주위를 다양한 에너지 준위나 궤도로 회전한다.

㉣ 전자의 무게는 양성자나 중성자에 비해 매우 가볍다(1,840배).

③ 전기의 발생

㉠ 자유전자 : 원자핵의 구속에서 쉽게 벗어나 자유로이 이동할 수 있는 전자

㉡ 자유전자의 이동으로 전기가 발생한다.

㉢ 대전 : 어떤 물질이 중성 상태에서 외부의 영향(마찰)으로 전자가 이동하여, 부족하거나 남은 상태에서 양전기나 음전기를 띠는 현상

④ 전하

㉠ 물체가 대전될 때 물체가 가지고 있는 전기

㉡ 전하의 성질 : 같은 종류의 전하는 서로 반발하고 다른 종류의 전하는 서로 흡인한다.

㉢ 전하량 : 단위 시간에 흐른 전류의 양, 전하가 가지고 있는 전기의 양

- 전기량의 기호와 단위 : Q(C)(coulomb, 쿨롬)
- 전기량은 $Q = I \cdot t$(C)
- 1C은 $1/1.60219 \times 10^{-19} = 6.24 \times 10^{18}$개의 전자의 과부족으로 생기는 전기량

(2) 전기회로 구성요소

① 전원 : 전기의 공급원

② 부하 : 전원으로부터 전기를 공급받고 있는 것

③ 전류(I) : 전하의 흐름

④ 전압(V) : 전위차로 생긴 전기적 압력

⑤ 저항(R) : 전기의 흐름을 방해하는 정도

(3) 전류(I)

① 어떤 도체의 단면을 단위 시간 1s에 이동하는 전하(Q)의 양

$$I = \frac{Q}{t}\text{(C/s)}$$

② 전류의 기호와 단위 : I(A)(ampere, 암페어)

㉠ 전류는 양극에서 음극으로 흐름

㉡ 전류가 흐르는 방향과 전자의 흐르는 방향은 반대

③ 전류의 작용

㉠ 발열작용(줄의 법칙, 전열기, 백열등)

㉡ 자기작용(전동기, 스피커, 전자석)

㉢ 화학작용(전기분해, 건전지, 축전지, 전기도금)

④ 전류의 종류

㉠ 직류(DC) : 전류의 크기와 방향이 일정하다.

㉡ 교류(AC) : 전류의 크기가 시간에 따라 주기적으로 변한다.

• 주파수 : 1초 동안에 일정한 모양의 파형(주기)이 반복되는 횟수

주파수 $f = \frac{1}{T}$(Hz) T : 주기

(4) 전압(V)

① 두 점 사이의 전위의 차

② 어떤 도체에 1C의 전기량(Q)이 이동하여 할 수 있는 일(W)의 양

③ 전압의 기호와 단위 : V(V)(volt, 볼트)

$$V = \frac{W}{Q}\text{(J/C)}$$

(5) 저항(R)

① 전류의 흐름을 방해하는 정도를 나타내는 상수

② 저항의 기호와 단위 : R(Ω)(ohm, 옴)

$R = \rho\frac{l}{A}$(Ω) (ρ : 물체의 고유저항, A : 단면적, l : 길이)

③ 1Ω : 1V의 전압을 가할 때 1A의 전류가 흐르는 저항

$$R = \frac{V}{I}(\Omega)$$

④ 저항의 접속

㉠ 직렬접속

$$R = R_1 + R_2(\Omega)$$

㉡ 병렬접속

$$\frac{1}{R} = \frac{1}{R_1} + \frac{1}{R_2}(\mho)$$

$$R = \frac{R_1 R_2}{R_1 + R_2}(\Omega)$$

㉢ 같은 저항(R_1) n개가 병렬접속된 경우 합성 저항

$$R = \frac{R_1}{n}(\Omega)$$

(6) 옴의 법칙

① 도체에 흐르는 전류는 전압에 비례하고 저항에 반비례한다.

전압 $V = I \times R$(V), 전류 $I = \frac{V}{R}$(A), 저항 $R = \frac{V}{I}$(Ω)

② 전압강하

㉠ 직렬저항 회로에서는 각 저항에 걸리는 전압은 저항에 비례, 저항에 흐르는 전류는 일정하다.

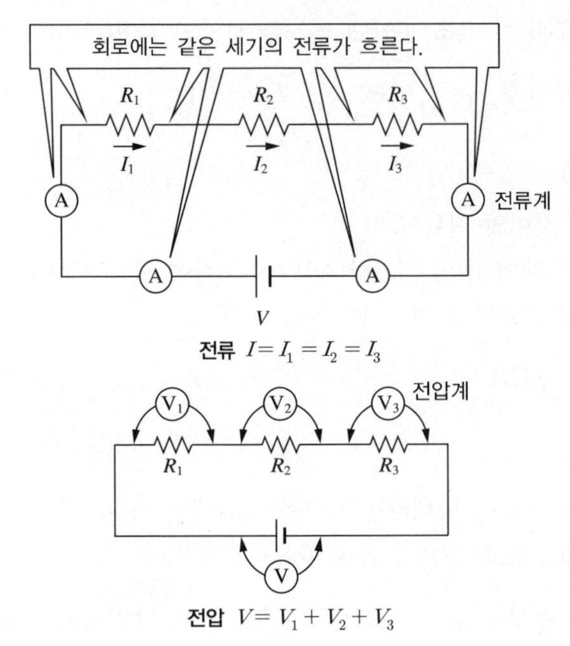

㉡ 병렬저항 회로에서는 각 저항에 걸리는 전압은 저항에 관계없이 일정, 전류는 저항에 반비례한다.

$$I_1 = \frac{V}{R_1} = \frac{R_2}{R_1 + R_2} I, \ I_2 = \frac{V}{R_2} = \frac{R_1}{R_1 + R_2} I$$

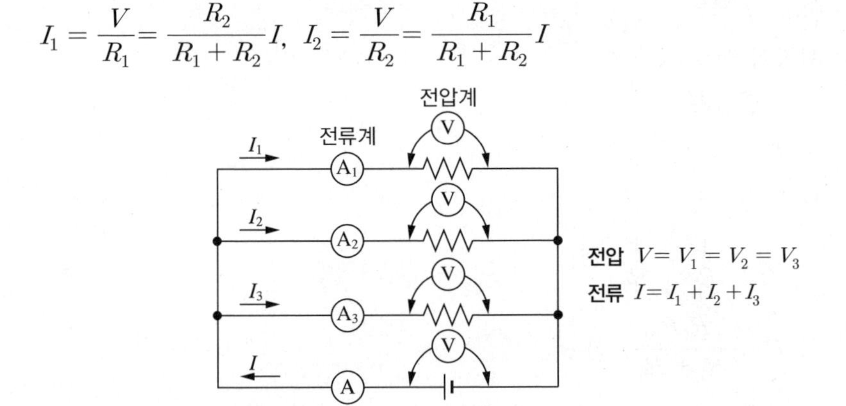

(7) 키르히호프의 법칙(Kirchhoff's Law)

① 제1법칙(전류의 법칙 : KCL)

회로의 한 점에서 볼 때 : Σ 유입전류 = Σ 유출전류 $I_1 + I_2 + I_3 + \cdots + I_n = 0$

② 제2법칙(전압의 법칙 : KVL)

임의의 폐회로에서 기전력 총합은 회로소자에서 발생하는 전압강하의 총합과 같다.

Σ 기전력 = Σ 전압강하

(8) 전압, 전류 측정

① 전압과 전류 측정 시

㉠ 전압계 : 부하 또는 전원과 병렬로 연결

㉡ 전류계 : 부하 또는 전원과 직렬로 연결

② 전위의 평형

㉠ 전위의 평형 : 전기회로에 전압이 공급되고 있는데도 전기회로의 두 점 사이 전위차가 0이 되는 경우

㉡ 휘트스톤 브리지

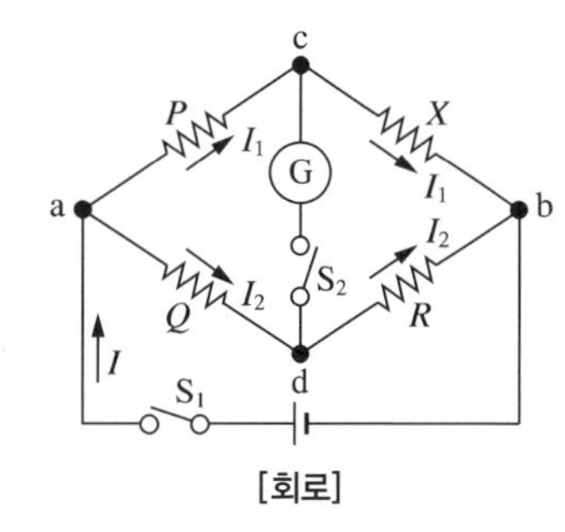

[회로]

• 평형조건은 검류계(G)의 전류가 흐르지 않을 때

$PR = QX$, 미지의 저항 $X = \frac{P}{Q}R$

(9) 전기저항

① 고유저항과 전기저항

㉠ 고유저항

고유저항 $\rho = R\frac{A}{l}(\Omega \cdot \text{m})$

여기서, ρ : 물체의 고유저항

A : 단면적

l : 길이

㉡ 전기저항 $R = \rho\frac{l}{A}(\Omega)$

(10) 콘덴서

① 콘덴서

㉠ 전하를 축적하는 것을 목적으로 만든 전기회로 소자로 커패시터(capacitor)라고도 한다.

㉡ 정전용량 : 콘덴서에 일정한 전위 V를 공급할 때 전하 Q를 저장하는 능력을 표시

$Q = C \cdot V(\text{C})$, $C = \frac{Q}{V}(\text{F})$

㉢ 콘덴서의 정전용량

$$C = \frac{\varepsilon A}{d}\,(\mathrm{F})$$

여기서, ε : 극판 간에 넣은 절연물의 유전율

A : 극판 면적

d : 극판 간의 간격

② 콘덴서의 직렬접속

㉠ 콘덴서에 전하 Q가 충전

$$Q = CV$$

㉡ 전체 전압 = 콘덴서에 걸리는 전압의 합

$$V = V_1 + V_2 + V_3$$

㉢ 합성정전용량은 각 콘덴서의 정전용량의 역수 총합의 역수

(11) 전류의 화학작용

① 전기분해 작용 : 전해액에 전류가 흘러서 전해액을 화학적으로 분해하는 현상

예 물의 전기분해 → 수소 + 산소, 전기도금

② 패러데이 법칙(Faraday's law)

㉠ 전해액에 흐르는 전류의 전기량(Q)은 전극에서 석출되는 물질의 양(W)과 비례

㉡ 전기량이 같을 때 석출되는 물질의 양은 그 물질의 전기 화학 당량(k)에 비례

- $W = kQ = kIt\,(\mathrm{g})$
- k : 화학 당량 $= \frac{\text{원자량}}{\text{원자가}}$

③ 전지(battery)

㉠ 1차 전지 : 재사용이 안 되는 전지 예 망간건전지, 수은건전지

㉡ 2차 전지 : 재사용할 수 있는 전지 예 알칼리축전지, 납축전지

㉢ 납축전지(lead storage battery)

$$\underset{\text{양극}}{PbO_2} + \underset{\text{전해액}}{2H_2SO_4} + \underset{\text{음극}}{Pb} \underset{\text{방전}}{\overset{\text{충전}}{\rightleftarrows}} \underset{\text{양극}}{PbSO_4} + \underset{\text{전해액}}{2H_2O} + \underset{\text{음극}}{PbSO_4}$$

(12) 전류의 열작용

① 줄의 법칙(Joule's law)

㉠ $R\,(\Omega)$의 저항에 $I(\mathrm{A})$의 전류를 t초 동안 흘릴 때 저항에서 소비되는 전력량(에너지)

$$W = Pt = I^2Rt\,(\mathrm{W})$$

㉡ 전부 열에너지

- $H = I^2 R t\,(\text{J}) = 0.24 I^2 R t\,(\text{cal})$
- 1cal = 4.186J ≒ 4.2J
- 1J ≒ 0.24cal

② **제베크효과** : 접속된 두 금속에 온도변화를 주면 기전력이 발생(열전온도계)

③ **펠티에효과** : 접속된 두 금속에 기전력을 가하면 온도변화가 발생(전자 냉동기)

(13) 전력과 전력량

① **전력**

㉠ 단위 시간당 전류가 할 수 있는 일의 양

㉡ 전력(P)의 단위로는 와트를 사용하고 W로 표시

- $P = VI = I^2 R = \dfrac{V^2}{R}\,(\text{W})$
- 1Wh = 3,600J

② 전력량 $W = Pt = VIt$

$= I^2 R t(\text{J}),\ (\text{W} \cdot \text{s})$

(14) 교류전력

① **전력** : 순시전력의 1주기 평균값을 전력이라 하며, 이는 교류회로에서의 소비전력을 의미하고 단순히 전력, 평균전력 또는 유효전력이라 한다.

② **피상전력(전기기기의 용량표시전력)** : 교류회로에서 위상을 고려하지 않고 단순히 전압과 전류의 실횻값을 곱한 값(단위 : VA)

$P = I^2 Z = VI = \dfrac{V^2}{Z} = YV^2\,(\text{VA})$

③ **유효전력(전기기기에 사용된 전력)** : 전원에서 부하로 전달되어 소비되는 전기에너지(단위 : W)

$P = I^2 R = VI\cos\theta\,(\text{W})$

④ **무효전력(전기기기 사용 시 손실된 전력)** : 부하에서 소모되지는 않고 전원에서 부하로, 또는 부하에서 전원으로 왕복 이동만 되는 에너지(단위 : Var)

$P_r = I^2 X = VI\sin\theta\ (\text{Var})$

⑤ **역률** : $\cos\theta = \dfrac{\text{유효전력}}{\text{피상전력}}$

1.2 전자기초이론

(1) 전기적인 물체의 성질

① **도체** : 전기가 잘 통하는 물체 예 금속, 흑연, 은(Ag), 구리(Cu), 금(Au), 알루미늄(Al)

② **부도체** : 전기가 통하지 않는 물체 예 페놀수지, 부틸고무, 운모, 수소, 헬륨, 석영, 유리

③ **반도체** : 전기가 잘 통하는 물체와 통하지 않는 물체의 중간 성질을 갖는 물체 예 실리콘(Si), 게르마늄(Ge), 셀렌(Se)

④ **에너지 대역**

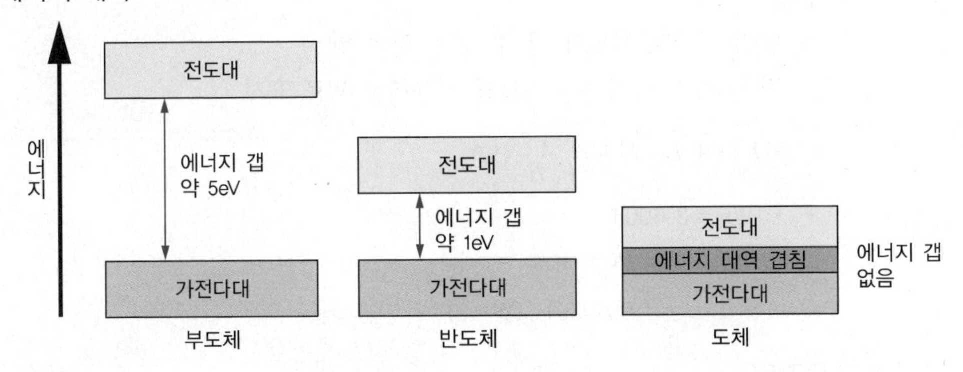

(2) 반도체의 성질

① **정(+) 온도계수** : 도체는 온도가 높아질수록 저항이 증가 예 구리, 은, 금, 알루미늄 등

② **부(−) 온도계수** : 반도체는 온도가 높아질수록 저항이 감소 예 실리콘, 게르마늄, 서미스터, 탄소 등

(3) 반도체의 종류

① **진성반도체**

㉠ 불순물이 첨가되지 않은 순수 반도체 예 4가 원소 실리콘(Si), 게르마늄(Ge)

㉡ 최외각 궤도에 4개의 가전자를 가진다.

㉢ 진성반도체는 외부에서 에너지 공급을 하지 않으면 전기적으로 부도체의 특성을 나타낸다.

② **진성반도체에 불순물의 첨가한 반도체**

㉠ N형 반도체 : 5가 원자를 갖는 비소(As), 인(P), 안티몬(Sb)을 첨가하며 이를 도너라고 한다.

㉡ P형 반도체 : 3가 원자를 갖는 붕소(B), 알루미늄(Al), 인듐(In), 갈륨(Ga)을 첨가하며 이를 억셉터라고 한다.

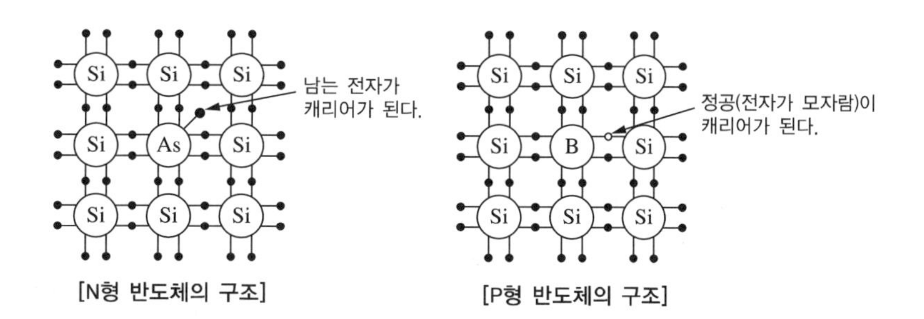

[N형 반도체의 구조] [P형 반도체의 구조]

(4) PN 접합 다이오드

① 반도체 소자의 한 종류로, 두 가지 서로 다른 반도체 재료, 즉 P형 반도체와 N형 반도체가 접합된 구조이다.

② 주요 특성

㉠ 정류 작용 : 전류가 한 방향으로만 흐르게 하는 역할을 한다.

㉡ 역전압 내성 : 일정한 역전압 아래에서도 파괴되지 않고 기능을 유지한다.

㉢ 전류-전압 특성 : 순방향 전압이 증가할수록 전류가 급격히 증가한다.

㉣ 공핍층에 발생된 내부전계로 P형과 N형 영역 사이에 접촉 전위라고 하는 정전 전위차가 약 0.6V 정도 발생한다.

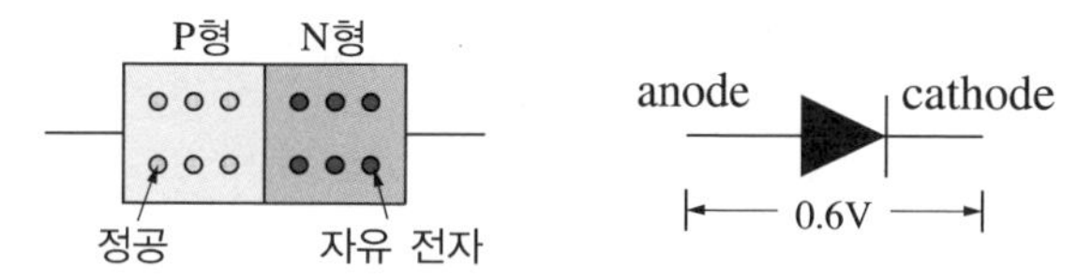

㉤ 순방향 바이어스(forward bias) : 순방향 전압(P형 쪽에 +극, N형 쪽에 -극)이 다이오드에 걸리면 전류가 급격히 증가한다.

㉥ 역방향 바이어스(reverse bias)

- 역방향 전압(P형 쪽에 -극, N형 쪽에 +극)이 걸리면, 소량의 역방향 전류가 흐르지만 대부분의 경우 거의 흐르지 않는다.
- 일정한 역방향 전압 이상이 되면 다이오드가 파괴되는데 이를 역방향 항복 전압이라고 한다.

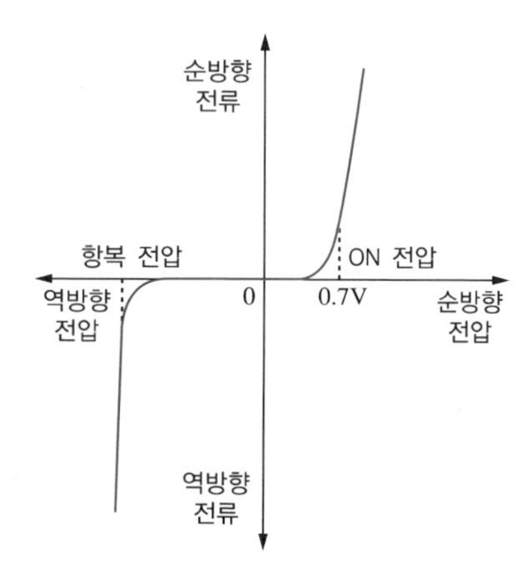

(5) 양극성 접합 트랜지스터(BJT)

반도체 소자의 한 종류로 두 개의 PN 접합을 가지고 있고, BJT는 크게 두 가지 유형으로 나뉜다.

① 구조 및 작동 원리

㉠ NPN형 트랜지스터

- 구조 : P형 베이스 층을 중심으로 두 개의 N형 영역(이미터와 컬렉터)이 배치된다.
- 작동 원리 : 베이스 전압이 증가하면 이미터에서 컬렉터로 전류가 흐른다.

㉡ PNP형 트랜지스터

- 구조 : N형 베이스 층을 중심으로 두 개의 P형 영역(이미터와 컬렉터)이 배치된다.
- 작동 원리 : 베이스 전압이 감소하면 이미터에서 컬렉터로 전류가 흐른다.

㉢ 주요 작용 : 증폭과 스위칭 작용

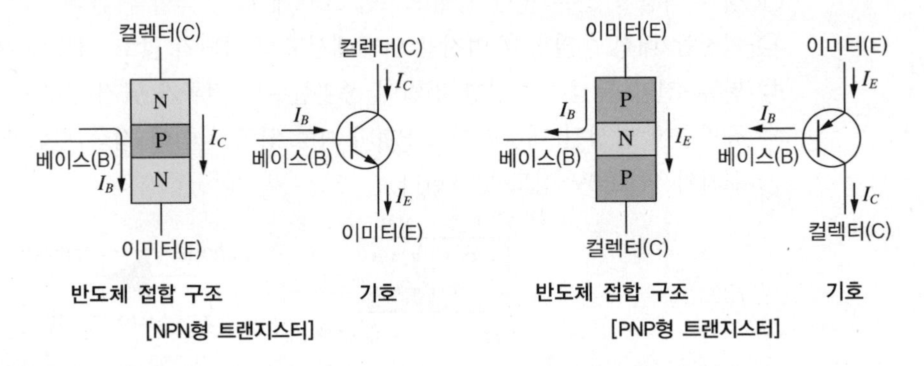

[NPN형 트랜지스터] [PNP형 트랜지스터]

(6) 전기장 효과 트랜지스터(FET)

전기장을 이용하여 전자의 움직임을 조절하는 반도체 장치로 이러한 트랜지스터는 전기장을 적용하면 반도체 내 전자들이 움직여 전도성을 조절하게 되어 전류를 통제한다.

① 전극 : 게이트(G), 소스(S), 드레인(D) 3개의 전극을 가진다.

② 게이트(G)에 가해지는 전압에 의해 채널에 흐르는 전류를 제어한다.

③ 종류

㉠ 접합형 효과 트랜지스터(JFET)

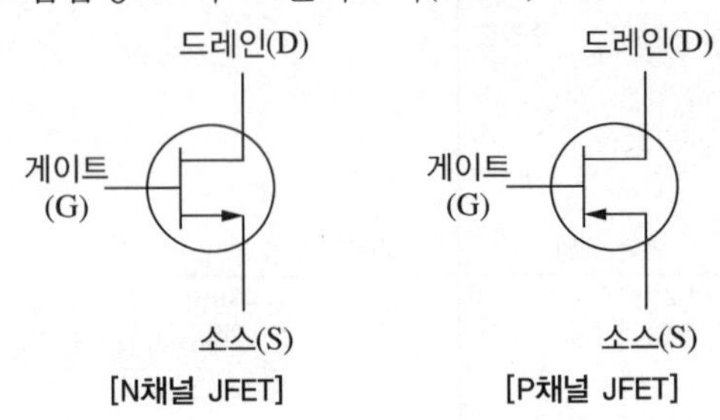

[N채널 JFET] [P채널 JFET]

㉡ 금속 산화물 반도체 FET(MOS-FET) : 공핍형(D형), 증가형(E형)

• 공핍형(D형) • 증가형(E형)

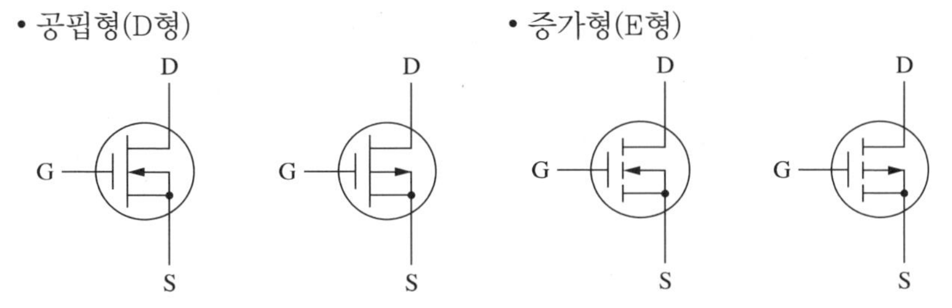

(7) 사이리스터(실리콘 제어 정류기 : SCR)

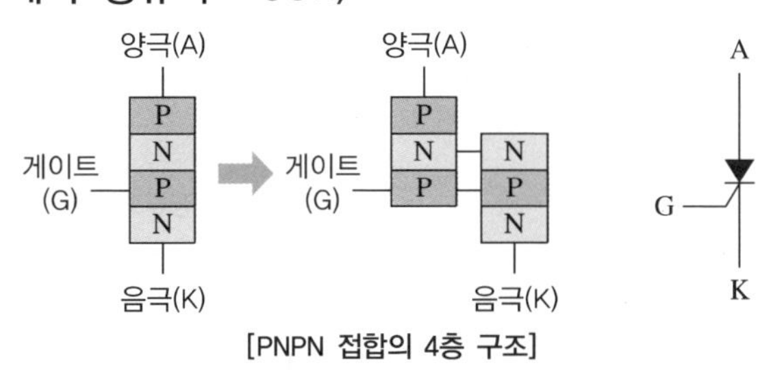

[PNPN 접합의 4층 구조]

① 기본적으로 PNPN 구조를 가지며, 게이트 신호를 통해 전류의 흐름을 제어할 수 있다.

② 소형이고 응답 속도가 빠르며, 대전력을 미소한 압력으로 제어할 수 있을 뿐 아니라 수명이 반영구적이고 견고하기 때문에 릴레이 장치, 조명, 조광 장치, 인버터, 펄스회로 등 대전력의 제어용으로 사용된다.

③ 트랜지스터로는 할 수 없는 대전류, 고전압의 스위칭 소자로서 사용된다.

(8) 광전 소자

① 광도전체

㉠ 어두운 곳에서는 부도체에 가깝고 빛이 닿을 때만 도전성을 나타내는 물질

㉡ 황화카드뮴(CdS) 계열의 반도체

㉢ 빛이 닿으면 전기 저항이 낮아져 전류가 쉽게 흐른다.

② 발광 다이오드(LED) : 갈륨비소(GaAs)와 갈륨인(GaP)을 적절한 비율로 혼합한 갈륨비소인(GaAsP) 화합물로 적색부터 녹색까지 빛을 낸다.

(9) 직류 전원회로

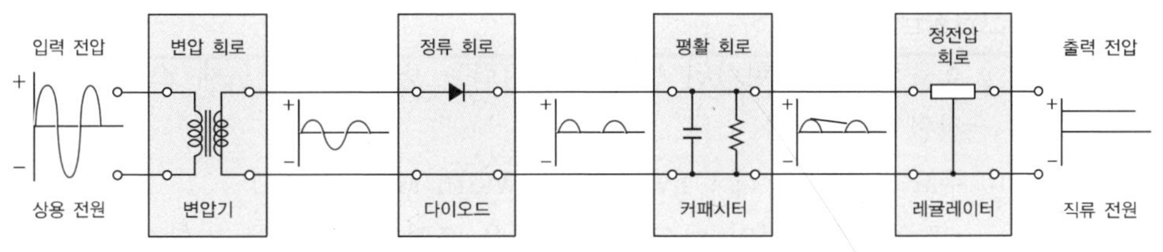

① 변압회로

㉠ 교류 전원을 변압기의 1, 2차 측 권선비를 조정하여 적당한 크기의 전압으로 변환한다.

㉡ 변압기의 1차 측과 2차 측을 전기적으로 절연한다.

② **정류회로** : 다이오드의 정류작용을 이용하여 교류 전기를 직류로 변환한다.

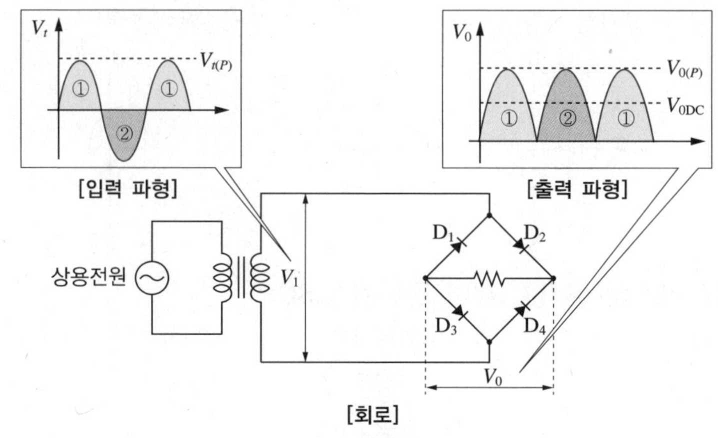

[브리지 정류회로]

③ **평활회로** : 정류회로를 거쳐서 만들어진 맥류를 직류로 만드는 동시에 맥류 속에 포함된 잡음을 제거하는 회로

㉠ 인덕터 입력형 LC 회로

- 인덕터(L)와 커패시터(C)를 사용하여 저역 통과 필터회로
- 인덕터(L)는 고주파를 차단하고 저주파는 통과시킴
- 커패시터(C)는 접지로 고주파를 통과시켜 출력은 직류 성분 및 저주파 성분만 출력
- 주로 필터나 증폭기 등에서 사용

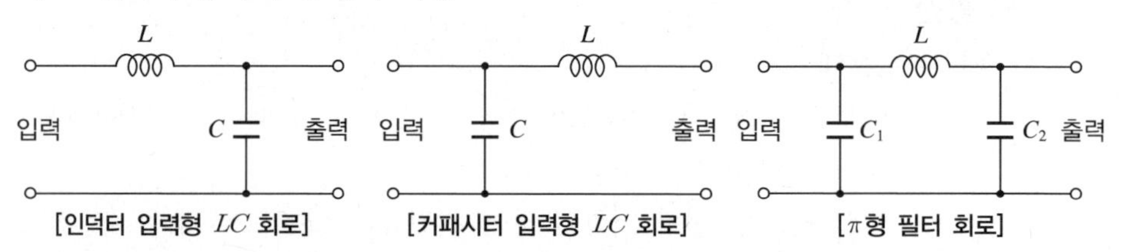

㉡ π형 필터 회로 : 회로가 복잡하나 평활 성능이 좋다.

④ **정전압 안정화 회로** : 교류 전원이 정류되고 평활 회로를 거친 출력 전압은 아직 전압 변동이 존재하므로 이를 평탄하게 만드는 회로

⑤ **전원공급장치(SMPS)**

㉠ 효율적이고 소형화된 방식으로 전력을 변환하는 반도체 스위칭 기술을 사용하는 전원 공급 장치

㉡ 주요 스위칭 방식 : PWM(Pulse Width Modulation)

- 정의 : 주기적인 펄스 신호의 폭을 조절하여 전력을 변환하는 방식
- 장점 : 높은 효율과 낮은 열 발생
- 적용 : 대부분의 SMPS에서 일반적으로 사용

(10) 연산 증폭기(OP-AMP)

기본적인 연산 증폭기는 두 개의 입력 단자와 한 개의 출력 단자를 가지고 있으며, 입력 단자 사이의 전압 차이에 비례하여 출력 신호를 생성한다. 전기 신호를 증폭하는 고이득 전자 증폭기로 다양한 전자 회로와 시스템에서 필수적인 요소로 사용되며, 주로 아날로그 신호 처리를 위해 설계된다.

① 연산 증폭기의 구성

㉠ 입력 단자(input terminals) : 반전 입력 단자(−)와 비반전 입력 단자(+)가 있다.

㉡ 출력 단자(output terminal) : 증폭된 신호가 출력된다.

㉢ 전원 공급 단자(power supply terminals) : 연산 증폭기가 작동하는 데 필요한 전압을 공급한다.

② 주요 특징

㉠ 고이득 : 아주 작은 입력 신호를 큰 출력 신호로 증폭한다.

㉡ 높은 입력 임피던스 : 입력 신호에 거의 영향을 미치지 않으면서 전압을 증폭한다.

㉢ 낮은 출력 임피던스 : 큰 전류를 출력한다.

㉣ 선형성 : 입력 신호와 출력 신호 간 관계가 선형이다.

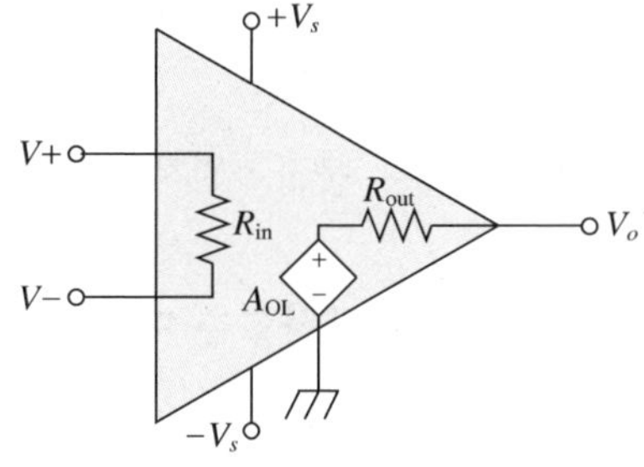

연산 증폭기 특징

- 개방 전압 이득(A_{OL}) : 무한대(∞)
- 입력 저항(R_{in}) : 무한대(∞)
- 출력 저항(R_{out}) : 0
- 주파수 대역폭 : 무한대(∞)
- 입력 바이어스 전류 : 0
- 입력 오프셋 전압 : 0

[이상적인 연산 증폭기의 내부 등가 회로]

③ 주요 용도

㉠ 전압 증폭기 : 약한 신호를 강하게 증폭한다.

㉡ 필터 : 특정 주파수를 선택적으로 통과시키거나 차단하는 회로로 사용한다.

㉢ 연산기 : 덧셈, 뺄셈, 적분, 미분 등 수학적 연산을 수행하는 데 사용한다.

㉣ 신호 조절기 : 센서로부터 신호를 처리하고 적절한 수준으로 조절한다.

④ 일반적인 구성 예시

㉠ 반전 증폭기 : 입력 신호를 반전시켜 증폭하는 회로

㉡ 비반전 증폭기 : 입력 신호를 그대로 증폭하는 회로

㉢ 적분기 : 입력 신호의 적분 값을 출력하는 회로

㉣ 미분기 : 입력 신호의 미분 값을 출력하는 회로

CHAPTER

02 태양광발전시스템의 개요

01 | 태양광발전 개요

1.1 태양광발전의 정의

(1) 태양광발전

① 태양전지를 이용하여 직류 전기에너지로 변환된 태양광에너지를 태양광발전이라고 한다.

② 태양광발전은 태양으로부터의 빛에너지를 직접 전기에너지로 바꾸어주는 발전방식이다.

③ 태양빛을 받아 열을 이용하여 에너지를 발생하는 태양열발전과 달리 태양광발전은 태양빛을 받아 반도체 물질로 이루어진 태양전지에서 바로 전기를 생성한다.

(2) 태양광발전 원리

① 광전효과는 '빛의 진동수가 어떤 한계 진동수보다 높은 빛이 금속에 흡수되어 전자가 생성되는 현상'으로 태양광발전의 기본원리이다.

㉠ X선이나 α선 등을 기체에 조사하면 기체의 분자·원자는 전자를 방출하여 양이온이 형성되는 현상을 "광이온화"라 한다.

㉡ 한계파장보다 짧은 파장의 빛을 고체 표면에 조사했을 때 외부에 자유전자를 방출하는 현상을 "외부 광전효과"라 한다.

㉢ 절연체, 반도체에 빛을 조사하면 충만대 또는 불순물 주위에 있는 전자가 광에너지를 흡수하여 전도대에 올라가 자유로이 움직일 수 있는 전자, 또는 정공(hole)이 생겨 전도도가 증가하는 현상을 "내부 광전효과"라 한다.

㉣ 일부의 반도체에 빛을 조사하면, 조사된 부분과 조사되지 않은 부분 사이에 전위차(광기전력)를 발생시키는 현상을 "광기전력 효과"라고 한다.

② 광기전력 효과

㉠ 광기전력 효과를 크게 하기 위해서는 장벽에서 전위(potential) 변화가 커야 한다.

㉡ 전하의 운반자(carrier)의 이동거리가 짧아야 한다.

㉢ 광기전력 효과의 반응시간은 광전자 방출처럼 순간적이지 않고 비교적 짧다.

㉣ 복사에너지를 비교적 높은 효율의 전류로 바꾼다.

③ 태양광발전의 과정(PN 접합 실리콘 태양전지의 경우)

㉠ 태양광 흡수 : 태양광이 태양전지 내부로 흡수

㉡ 전하 생성 : 태양광이 지닌 에너지에 의해 태양전지 내부에서 전자(electron)와 정공(hole)의 쌍이 생성된다.

㉢ 전하 수집 : 생성된 전자-정공 쌍은 PN 접합에서 발생한 전기장에 의해 전자는 N형 반도체로 이동하고 정공은 P형 반도체로 이동해서 각각의 표면에 있는 전극에서 수집된다.

㉣ 부하 연결 : 각각의 전극에서 수집된 전하의 외부 회로에 부하가 연결된 경우, 부하에 흐르는 전류로 부하를 동작시키는 에너지의 원천이 된다.

④ 태양전지 셀(solar cell)은 태양전지의 가장 기본 소자로 보통 실리콘 계열의 태양전지 셀 1개에서 약 0.5~0.6V의 전압과 4~8A의 전류를 생산한다.

⑤ 태양전지 모듈(PV module)은 태양전지 셀을 직·병렬로 연결하여 태양광 아래서 일정한 전압과 전류를 발생시키는 장치이다.

⑥ 태양전지 어레이(PV array)는 필요한 만큼의 전력을 얻기 위하여 1장 또는 여러 장의 태양전지 모듈을 최상의 조건(경사각, 방위각)을 고려하여 거치대를 설치하여 사용여건에 맞게 연결시켜 놓은 장치를 말한다.

(3) 태양광발전시스템의 구성

햇빛을 받아 직류 전기를 생성하는 태양전지 모듈과 이러한 전기를 제어하는 전력제어장치, 발생된 전력을 저장하는 축전지, 그리고 직류 전기를 교류로 바꾸는 인버터로 구성되어 있다.

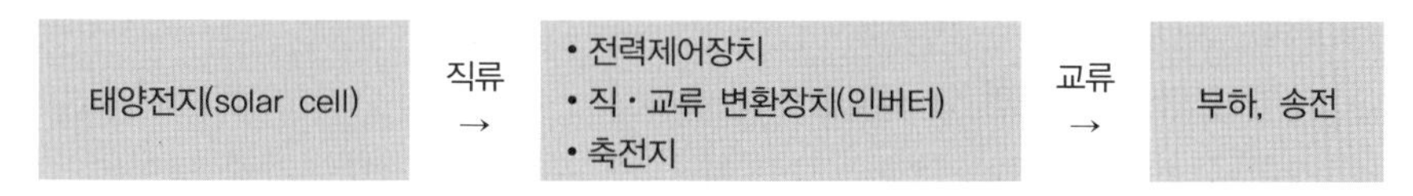

(4) 태양광발전의 핵심기술 요소

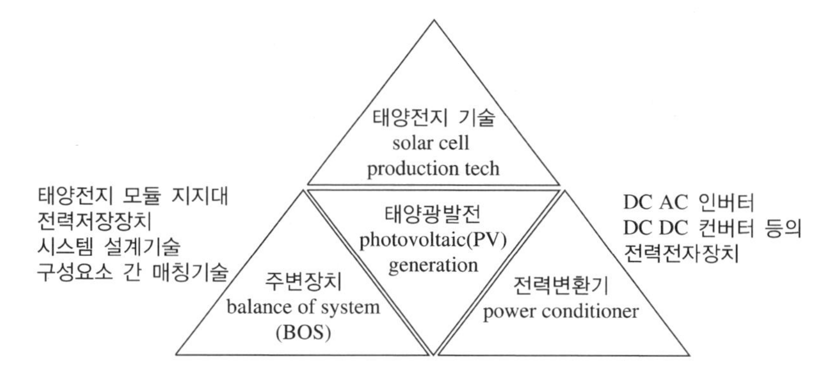

1.2 태양광발전의 역사

① 1839년 베크렐(프랑스)이 최초로 광전효과(photovoltaic effect)를 발견

② 1870년대 헤르츠의 Se의 광전효과연구 이후 효율 1~2%의 Se cell이 개발되어 사진기의 노출계에 사용

③ 1940년대~1950년대 초 초고순도 단결정실리콘을 제조할 수 있는 초크랄스키공정(Czochralski process)이 개발됨

④ 1954년 벨연구소에서 효율 4%의 실리콘 태양전지를 개발

⑤ 1958년 미국의 뱅가드(Vanguard) 위성에 최초로 태양전지를 탑재한 이후 모든 위성에 태양전지를 사용

⑥ 1970년대 오일 쇼크 이후 태양전지의 연구개발 및 상업화에 수십억 달러가 투자되면서 태양전지의 상업화가 급진전

⑦ 현재 태양전지효율 7~20%, 수명 20년 이상, 모듈가격 $0.4/W 내외, 발전단가 $0.1/kWh

1.3 태양광발전의 특징

(1) 태양과 태양에너지

① 태양

㉠ 지구로부터 1억 5천만km에 위치

㉡ 수명 약 50억년 예측 : 무한정한 에너지

㉢ 크기 : 지구의 109배

㉣ 질량 : 지구의 약 33만배

㉤ 수소 73%, 헬륨 24%, Na, Mg, Fe 등으로 구성된 기체 덩어리

㉥ 표면 온도 : 6,000℃

㉦ 중심부 온도 : 1,500만℃

② 태양 에너지

㉠ 초당 3.8×10^{23}kW의 에너지를 우주에 방출

㉡ 지표면 $1m^2$당 1,000W의 에너지를 지구로 방출

- 태양 자신이 방사하는 에너지양의 22억분의 1

㉢ 지구 표면에 방사하는 에너지양 : 1.2×10^{14}kW

- 전 인류의 에너지 소비량(1.2×10^{10}kW)의 1만배에 해당하는 양

(2) 태양에너지의 장단점

태양광발전은 신재생에너지 대부분이 그러하듯 연료비가 거의 들지 않고, 공해(이산화탄소)나 폐기물 발생이 없다는 것이 장점이다. 또한 기계적인 소음이나 진동이 없고, 수명도 20년 이상으로 길어 유지보수도 용이하다. 반면 단점은 일사량에 따라 발전량에 차이가 있고, 넓은 설치면적을 필요로 한다는 점과 초기 투자비 및 발전단가가 높다는 것이다. 태양열발전은 유지보수비가 적고, 다양한 적용(온수, 전기 등)이 가능하다.

1.4 태양광발전의 원리

태양전지는 실리콘으로 대표되는 반도체이며 반도체기술의 발달과 반도체 특성에 의해 자연스럽게 개발되었다.

(1) 태양전지의 발전원리

태양전지는 태양에너지를 전기에너지로 변환하는 반도체 소자로서 P형 반도체와 N형 반도체의 PN 접합 형태를 가진다(diode와 동일한 구조).

(2) 광기전력효과(photovoltaic effect)에 의해 전기 발생

① 외부에서 빛이 태양전지에 입사되면 P형 반도체 내부에 전자-정공 쌍이 생성

② 전자-정공이 전기장에 의해 전자는 N층으로, 정공은 P층으로 이동함

③ PN 접합 사이에 기전력이 발생하여 전기를 발생시킴

(3) PN 접합에 의한 상세 발전원리

① 대표적인 결정질 실리콘 태양전지는 실리콘에 붕소(B)를 첨가한 P형 실리콘반도체를 기본으로 하여 그 표면에 인(P)을 확산시켜 N형 실리콘반도체층을 형성함으로써 만들어진다(PN 접합에 의해 전계가 발생).

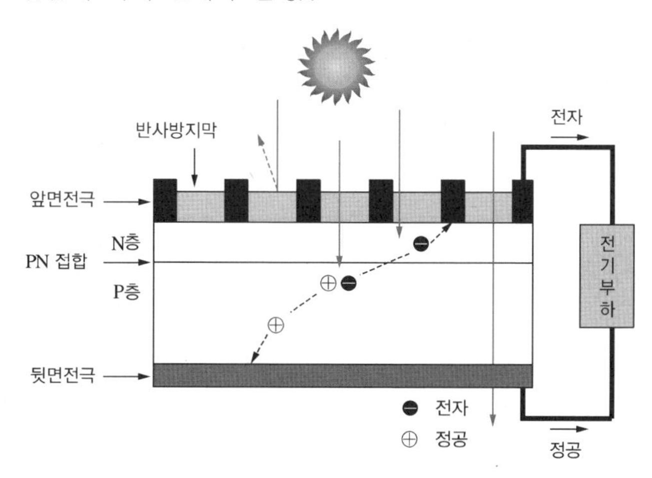

② 태양전지에 빛이 입사되면 반도체 내의 전자(−)와 정공(+)이 생성되어 반도체 내부를 자유로이 이동하는 상태가 된다.

③ 자유로이 이동하다가 PN 접합에 의해 생긴 전계에 들어오게 되면 전자(−)는 N형 반도체에, 정공(+)은 P형 반도체에 이르게 되고, P형 반도체와 N형 반도체 표면에 전극을 형성하여 전자를 외부 회로로 흐르게 하면 기전력이 발생한다.

④ **수집확률** : 태양전지의 각 영역에 흡수된 광에 의하여 생성된 캐리어가 PN 접합에 의하여 수집될 확률

㉠ 수집확률은 캐리어가 이동해야 할 거리가 클수록 감소한다.

㉡ 공핍층에서 생성된 캐리어는 바로 분리되어 수집되므로 수집확률은 1이 된다.

㉢ PN 접합 영역에서 멀어질수록 수집확률은 감소한다.

㉣ 높은 재결합률을 가지는 표면에서 생성되는 캐리어는 재결합하여 쉽게 소멸되므로 수집확률이 감소한다.

1.5 태양광발전 산업분야

(1) 태양광발전 산업

태양광발전 산업은 태양전지를 만들기 위한 재료 생산에서부터 태양광발전소를 건설하는 분야까지 여러 단계에 거쳐 만들어진다. 제품을 만들기 위한 이윤이나 가치를 공유하는 산업군을 가치사슬(value chain)이라고 한다.

① 폴리실리콘

㉠ 작은 실리콘결정체들로 이루어진 물질로, 일반 실리콘결정과 아모퍼스(비정질)실리콘의 중간 정도에 해당하는 물질이다.

㉡ 순도가 99.9999% 이상일 경우에는 반도체용으로 반도체 웨이퍼를 만드는 데 사용하며, 99.99%일 경우에는 태양전지용으로 솔라 셀(solar cell) 기판을 만드는 재료로서 사용된다. 입자크기는 보통 10nm에서 1μm 정도이다.

② 실리콘 잉곳

㉠ 잉곳은 분말 상태의 폴리실리콘을 화학적 처리를 통해 원통(또는 정육면체) 모양으로 만든 실리콘 덩어리이다.

㉡ 용도에 따라 크게 반도체용과 태양전지용으로 구분하며 제조공정에 따라 단결정 잉곳과 다결정 잉곳으로 구분한다.

㉢ 고온에서 녹인 실리콘으로 만들며, 대부분의 성분은 모래에서 추출한 규소이다.

③ 웨이퍼

㉠ 웨이퍼는 잉곳을 균일한 두께로 절단하여 가공한 둥글고 얇은 형태의 박판이다.

㉡ 실리콘은 고품질의 산화물 절연막을 쉽게 형성시킬 수 있고 게르마늄에 비해 넓은 밴드갭을 가지고 있어 높은 온도에서도 작동할 수 있고 지구상에서 두 번째로 풍부한 원소로 저렴하게 제조 가능하다.

㉢ 웨이퍼는 지름 100mm, 200mm, 300mm 제품이 주로 생산되고 있다.
㉣ 전하 생성에 필요한 실리콘 태양전지의 두께는 약 100μm로 충분하다.

④ 태양전지 셀(solar cell)
㉠ 셀은 태양전지의 가장 기본 소자이다.
㉡ 보통 실리콘 계열의 태양전지 셀 1개에서 약 0.5~0.6V의 전압과 4~8A의 전류를 생산한다.
㉢ 셀을 직렬로 연결시키면 전압이 올라가고 병렬로 연결시키면 전류가 증가한다.
㉣ 셀을 직·병렬로 조합하여 우리가 필요한 전압, 전류치를 가진 태양전지 모듈을 만들게 된다.

⑤ 태양전지 모듈(PV module)
㉠ 태양전지 모듈은 셀을 직·병렬로 연결하여 태양광 아래서 일정한 전압과 전류를 발생시키는 장치이다.
㉡ 결정질 실리콘 태양전지 모듈은 여러 개의 셀을 원상태 또는 잘라서 서로 직·병렬로 연결한다.
㉢ 셀 자체가 너무 얇아 파손되기 쉬우므로 외부충격이나 악천후로부터 보호하기 위하여 견고한 알루미늄 프레임 안에 표면유리, 충진재, 태양전지 셀, 충진재, 후면시트 등의 순서로 제작한 제품에 케이블과 배전반을 붙여 하나의 태양전지판 형태로 만든 제품을 태양전지 모듈이라고 한다.
㉣ 표면유리는 유리 자체의 반사 손실을 최대한 줄이기 위해 표면 반사율이 낮은 저철분 강화유리를 사용한다.
㉤ 충진재는 보통 EVA(Ethylene Vinyl Acetate)를 사용하는데 이 EVA이 깨지기 쉬운 셀을 보호하는 역할을 하기 때문이다.
※ RPS 제도 : 발전사업자를 대상으로 발전량의 일정비율을 신재생에너지로 발전하여 공급하게 하는 신재생에너지 공급의무화(RPS)제도를 말한다.
※ 발전차액지원제도(FIT) : 원별 기준가격과 계통한계가격(SMP)의 차이를 지원하여 중장기 경제성을 보장하고 투자의 확실성 및 단순성을 유지한다.

1.6 태양복사에너지

(1) 태양광 스펙트럼의 영역

① 태양의 빛을 분광기를 통해 보았을 때 생기는 빛깔의 띠를 스펙트럼이라고 한다.

② 태양광 스펙트럼의 파장대별 영역
㉠ 자외선 영역(0~380nm) : 에너지비율 5%
㉡ 가시광선 영역(380~760nm) : 에너지비율 46%
㉢ 적외선 영역(760nm 이상) : 에너지비율 49%

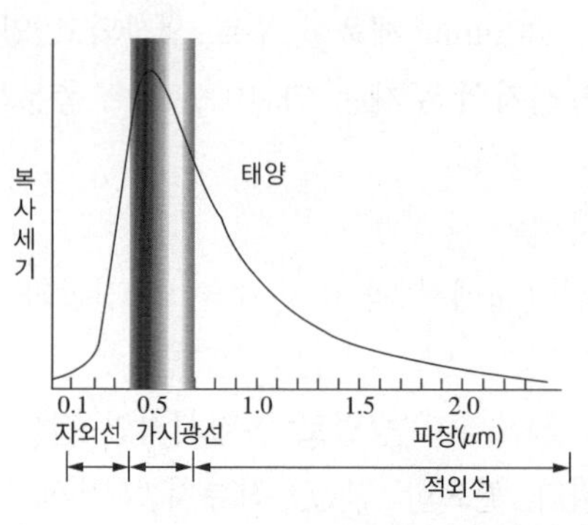

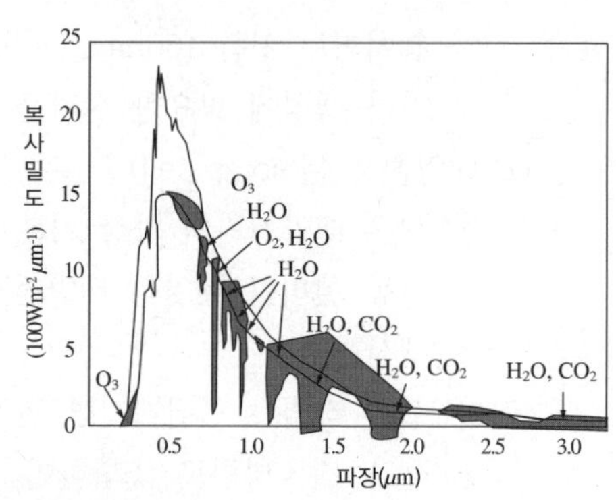

[태양 스펙트럼의 파장대별 에너지 밀도]

③ 태양광 스펙트럼 중 가시광선 영역이 에너지밀도가 높으므로 태양전지 설계에서 에너지로 변환하는 영역으로 사용된다. 때문에 태양광 스펙트럼 중 적외선(장파장)의 손실비중이 가장 크다.

④ 0.2~0.3μm, 즉 자외선 영역에서 대기외부와 지표상 스펙트럼이 차이 → 오존층(O_3)에 의해 단파장(자외선)이 흡수하기 때문이다.

⑤ 가시광선, 적외선 영역에서 대기외부와 지표상 스펙트럼이 차이 → 지구의 대기층에서 흡수하기 때문이다.

(2) 대기질량정수(AM ; Air Mass)

① 정의

㉠ 태양광선이 지구 대기를 지나오는 경로의 길이로서, 임의의 해수면상 관측점으로 햇빛이 지나가는 경로의 길이를 관측점 바로 위에 태양이 있을 때 햇빛이 지나오는 거리의 배수로 나타낸 것이다.

㉡ 태양광이 지구 대기를 통과하는 노정을 표준 상태의 대기압에 연직으로 입사되는 경우의 노정에 대한 비로 나타낸 것이며, AM으로 표시한다.

② **구분** : 대기질량정수는 AM0, AM1, AM1.5로 구분한다.

㉠ AM0 스펙트럼
- 대기 외부, 즉 우주에서의 태양 스펙트럼을 나타내는 조건
- 5,800K 흑체에 근사한 스펙트럼을 가짐
- 인공위성 또는 우주 비행체가 노출되는 환경

㉡ AM1 스펙트럼
- 태양이 천정에 위치할 때의 지표상의 스펙트럼
- 5,800K 흑체에 근사한 스펙트럼을 가짐

㉢ AM1.5 스펙트럼(우리나라 중위도에 위치)
- 지상의 누적 평균일조량에 적합
- 태양전지 개발 시 기준값으로 가장 많이 사용
- 강도는 100mW/cm^2

㉣ 지표면에서 태양을 올려 보는 각이 θ일 때

$$\mathrm{AM} = \frac{1}{\sin\theta}$$

㉤ 지표면에서 연직인 가상선과 태양이 이루는 각이 θ일 때

$$\mathrm{AM} = \frac{1}{\cos\theta}$$

▌참고

에너지밴드갭이란 반도체 원소의 최외각 전자가 취할 수 있는 두 개의 에너지 대역인 전도대와 가전자대 간의 에너지 차이를 말한다. 외부에서 에너지를 공급받은 최외각전자는 가전자대에서 전도대로 여기되고 가전자대에 정공(hole)을 남긴다. 전도대로 여기된 전자는 곧 가전자대의 정공과 재결합하게 되는데, 재결합 전후 전자가 갖고 있던 에너지의 차이, 즉 에너지밴드갭만큼의 에너지가 빛에너지로 바뀌어 외부에 방출된다. 방출되는 빛의 파장(nm) = 1.24/에너지밴드갭(eV)의 관계 $\left(h_v = \frac{1.24}{E_g}\right)$가 있다. 여기서 eV는 전자나 빛의 에너지 단위로서 1V의 전위차에 의해 가속된 전자 한 개가 갖는 에너지의 양을 말한다.

최외각전자, 즉 가전자로 형성된 낮은 에너지밴드를 가전자대, 4개의 비어 있는 전자궤도로 형성된 높은 에너지밴드를 전도대(conduction band)라 한다. 그리고 이 두 에너지밴드의 에너지 차이를 밴드갭에너지 E_g라 한다. 에너지밴드갭은 고속도로의 중앙분리대와 같이 전자의 진행이 허용되지 않는 에너지 영역을 일컫는다. 가전자대는 이 에너지밴드갭보다 낮은 에너지밴드이며, 전도대는 이보다 높은 에너지밴드이다. 일반적으로 전자는 물이 높은 데서 낮은 곳으로 흐르듯이 에너지가 낮은 곳으로 움직인다. 따라서 가전자대는 전자가 고여서 전자로 가득 차 있고 전도대는 텅 비어 있다. 결과적으로 가전자대는 전자로 빽빽하게 들어차 있어서 전자가 꼼짝달싹할 수 없다. 이 상태의 반도체는 절연체와 같은 특성을 갖는다. 만일 어떤 과정을 거쳐 가전자대에 있는 전자가 중앙분리대인 에너지밴드갭을 뛰어 넘어서 전도대로 들어가면 상황은 달라진다. 즉 전도대는 전자가 거의 없으므로 전도대로 올라간 전자는 자유롭게 움직일 수 있으며, 가전자대에 있는 전자도 전도대로 올라간 전자에 의해 생겨난 빈자리를 이용해 조금씩이나마 전자가 움직일 수 있게 된다. 이 상태의 반도체에 전압을 걸어주면 비로소 전류가 흐르고 도체와 같은 특성을 갖는다.

이와 같이 절연체였다가 도체가 될 수 있다는 연유에서 반도체라는 용어가 생겨났다.

※ 여기 : 원자나 분자 안에 있는 전자가 에너지가 낮은 상태에 있다가 외부의 자극에 의하여 일정한 에너지를 흡수하고 보다 높은 에너지로 이동한 상태

02 | 태양광발전시스템 정의 및 종류

2.1 태양광발전시스템의 정의

태양전지를 이용하여 전력을 생산, 이용, 계측, 감시, 보호, 유지관리 등을 수행하기 위해 구성된 시스템이다.

(1) 태양광발전시스템의 구성

① 태양전지 어레이
태양전지 모듈과 이것을 지지하는 구조물을 총칭하여 태양전지 어레이라 한다.

② 축전지 : 발전한 전기를 저장하는 전력저장장치

③ 직류 전력변환장치

④ 인버터 : 직류(DC)를 교류(AC)로 변환

⑤ 계통연계장치 : 태양광발전 계통연계장치는 태양광발전시스템을 전력망에 통합하는 장치이다.

㉠ 태양광 패널에서 생성된 전력을 전력망으로 안정적으로 전송하고, 필요시 전력을 저장하거나 다시 공급하는 역할을 한다.

㉡ 태양광발전시스템과 전력망을 연계하는 과정에서 중요한 요소는 변압기, 인버터, 보조 전원 시스템 등이 있다. 이러한 장치들은 전력의 품질을 유지하고, 안정적인 전력 공급을 보장하는 데 중요한 역할을 한다.

㉢ 주변 장치(BOS ; Balance Of System) : 시스템 구성기기 중에서 태양광발전 모듈을 제외한 가대, 개폐기, 축전지, 출력조절기, 계측기 등을 주변기기를 통틀어 부르는 말이다.

⑥ 전력변환장치(PCS ; Power Conditioning System) : 인버터

㉠ 태양광발전 어레이의 전기적 출력을 사용하기 적합한 형태의 전력으로 변환하는 데 사용하는 장치이다.

㉡ 태양광발전시스템의 중심이 되는 장치로서, 감시·제어 장치, 직류 조절기, 직류-교류 변환장치, 직류/직류 접속장치, 교류/교류 접속장치, 계통연계 보호장치 등의 일부 또는 모두로 구성되며, 태양전지 어레이의 출력을 원하는 형태의 전력으로 변환하는 기능을 가지고 있다.

2.2 태양광발전시스템의 종류

(1) 전력계통과 연계에 따른 분류

① 독립형 태양광발전시스템

㉠ 용도 : 전력회사의 전기를 공급받을 수 없는 도서지방, 등대, 깊은 산골, 섬 등 특수 지역, 또는 특수한 목적(교통정보 표지판, 독립형 가로등)

㉡ 설치 설비 : 태양전지 어레이, PCS, 축전지, 비상발전기
㉢ 특징 : 설비가격이 비싸며, 유지보수 비용이 높음(축전지의 교체 주기 2~3년)
㉣ 야간이나 태양이 적을 때를 대비하여 축전지를 설치하고, 태양이 장기간 적을 때나 태양광시스템의 고장을 대비하여 비상발전기(디젤발전기)를 설치

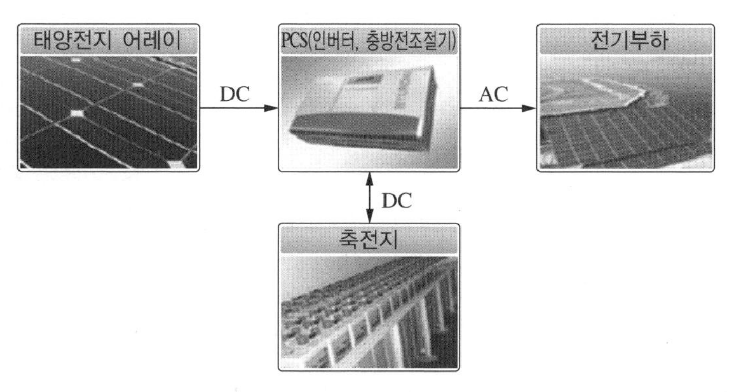

[독립형 시스템]

② 계통연계형 태양광발전시스템
㉠ 용도 : 대부분 전력망과 연계하여 전력 판매를 목적
㉡ 특징 : 설비가격이 비싸며, 유지보수 비용이 높음(축전지의 교체)
- 야간에도 발전량 저하를 고려할 필요가 없고 설비가 간단
- 일반적으로 태양광발전설비는 계통연계형을 채택
- 역송 가능 계통연계 : 발전용량이 부하설비용량보다 많을 때
- 역송 불가능 계통연계 : 발전용량이 부하설비용량보다 적을 때
- 설비용량에 따라 전력망에 영향을 주지 않도록 연계방식에 제약을 받음
- 역송 병렬운전 : 역송 가능 계통연계로 생산한 전기의 전부 또는 일부를 상용전원계통으로 송전가능
- 단순 병렬운전 : 역송 불가능 계통연계로 발전용량이 적을 때 적용
  - 발전량에 관계없이 한전계통으로 송전이 되지 않는다(역전력 계전기 설치).
  - 단, 50kW 이하의 소규모 분산형전원(전기사용부하의 수전계약전력이 분산형 전원 용량을 초과하는 경우)의 경우 단독운전방지기능을 가진 경우 역전력 계전기 설치를 생략할 수 있다.

연계구분	사용선로 및 연계설비 용량		전기방식
저압 배전선로	일반 또는 전용선로	100kW 미만	단상 220V 또는 380V
특별 고압 배전선로	일반 또는 전용선로	100kW 이상~ 20,000kW 미만	3상 22.9kV
송전선로	전용선로	20,000kW 이상	3상 154kV

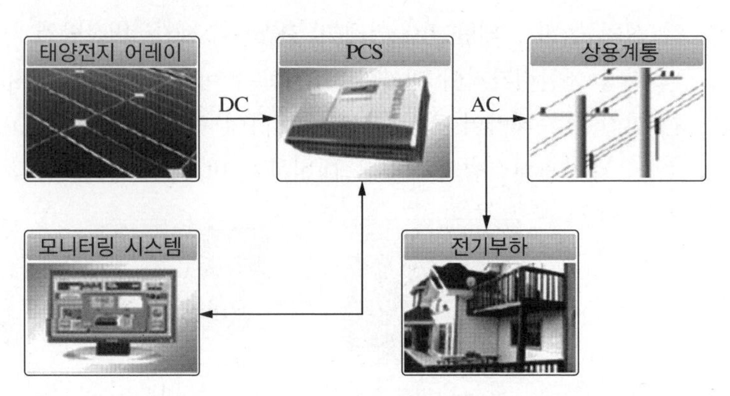

[계통연계형 태양광발전시스템]

③ 전력 계통과 연결되어 있으며 축전지(ESS)를 설치하여 생산된 전력을 저장해 두었다가 전력사업자에게 판매하는 시스템을 계통지원형 태양광발전시스템이라고 한다.

(2) 태양전지 어레이의 형태 따른 분류

태양광발전시스템의 경우 어레이의 고정 유무에 따라 고정식과 추적식으로 분류할 수 있다. 추적식은 고정식에 비해 약 30~40% 정도 높은 발전효율을 보이지만 설치비용적인 측면에서 고정식에 비해 단가가 높으므로, 사전에 발전량과 설치비용에 대한 검토 후 손익분기점을 계산하여 결정하여야 한다.

① 고정식 태양광발전시스템

㉠ 설치 방법 : 설치 경사각을 연평균 가장 발전효율이 높은 각으로 고정하여 설치

㉡ 설치 장소 : 설치면적의 제약이 없는 곳, 도서지역 등 풍속이 강한 곳

㉢ 특징 : 추적식이나 반고정식에 비해 발전효율은 낮은 반면에 초기 설치비가 적고, 설치면적이 추적식에 비해 좁고, 보수 관리가 용이하여 우리나라에서 많이 이용되는 방법이다.

㉣ 계절에 따라 어레이의 경사각을 조절할 수 있도록 설치한 방식을 반고정식 태양광발전시스템이라 한다.

② 추적식 태양광발전시스템

㉠ 태양의 직사광선이 항상 태양전지판의 전면에 수직으로 입사할 수 있도록 어레이의 경사각을 움직이는 방식을 말한다.

㉡ 설치 장소 : 설치면적이 고정식에 비해 많이 필요하고, 바람이 강한 지역 그리고 태풍이 자주 지나가는 지역은 설치를 피해야 한다.

㉢ 특징 : 고정식에 비해 30~40% 정도 발전량이 높으며 추적장치 및 설치면적 증대에 따른 초기 투자비용이 비싸다. 또한 추적장치 고장에 따른 유지보수 비용이 증가한다.

㉣ 추적방향에 따라 단방향(1축) 추적식과 양방향 추적식으로 구분한다.

㉢ 추적방식에 따라 감지식 추적방식과 프로그램 추적식, 혼합식으로 구분한다.

- 감지식 추적법(sensor tracking) : 센서를 이용하여 태양을 추적하는 방식으로 태양이 구름에 가리거나 부분 음영이 발생하는 경우 오차가 발생한다.
- 프로그램 추적법 : 태양의 연중 이동궤도를 추적하는 프로그램을 설치하여 연, 월, 일에 따라 태양의 위치를 추적하는 방식으로 비교적 안정하게 태양의 위치를 추적할 수 있다.
- 혼합식 추적법 : 주로 프로그램 추적법을 중심으로 운영되고, 설치 위치에 따라 발생하는 편차를 감지부를 이용하여 주기적으로 보정해 주는 방식이다.

03 | 태양전지

3.1 태양전지의 원리

태양전지의 종류는 정말 다양하다. 실리콘을 이용해 만들어지는 실리콘 태양전지, 실리콘 외에 다른 물질을 이용해서 만들어지는 화합물 반도체 태양전지, 빛을 흡수할 수 있는 염료를 이용한 염료 태양전지, 고분자의 물질을 이용해서 만드는 고분자 태양전지 등 정말 많은 종류들이 있다. 그렇지만 이들이 빛을 이용해서 전기를 생산하는 과정은 유사하다.

- 태양전지는 반도체 물질로 이루어져 있어서 태양빛이 태양전지 내에 흡수되면 태양전지 내부에서 전자(electron)와 정공(hole)의 쌍이 생성된다.
- 생성된 전자-정공 쌍은 PN 접합에서 발생한 전기장에 의해 전자는 N형 반도체로 이동하고 정공은 P형 반도체로 이동해서 각각의 표면에 있는 전극에서 수집된다.
- 각각의 전극에서 수집된 전하(charge)는 외부 회로에 부하가 연결된 경우, 부하에 흐르는 전류로서 부하를 동작시키는 에너지의 원천이 된다.

그런데 원리는 단순하지만 좋은 효율을 가지는 태양전지를 만드는 것은 생각보다 간단하지가 않다. 빛을 흡수하여서 전자를 내놓는 효율이 대부분 물질마다 다르고 좋은 효율을 가지는 물질을 찾기가 쉽지 않기 때문이다. 게다가 태양빛은 자외선, 가시광선, 적외선 등 많은 종류의 빛이 모두 섞여 있는데, 빛을 흡수하는 물질이 이러한 태양빛 중 아주 일부만 흡수할 수 있어서 효율이 떨어진다는 문제가 있다. 그래서 최근에는 태양빛 중에서 많은 부분을 흡수할 수 있고 전자를 만드는 효율이 좋은 태양전지를 개발하는 데에 많은 연구가 이루어지고 있다.

(1) 태양전지의 종류

① 태양전지의 소재의 형태에 따른 분류

㉠ 결정질 실리콘 태양전지(기판형)

- 태양전지 전체 시장의 80% 이상을 차지
- 결정질 실리콘 태양전지는 실리콘 덩어리(잉곳)를 얇은 기판으로 절단하여 제작
- 실리콘 덩어리의 제조 방법에 따라 단결정과 다결정으로 구분

㉡ 박막 태양전지

- 얇은 플라스틱이나 유리 기판에 막을 입히는 방식으로 제조
- 접합 구조에 따라 단일접합, 이중 또는 삼중의 다중접합 태양전지 등으로 구분할 수 있다.
- 박막의 종류에 따라 비정질 실리콘 태양전지, CIGS 태양전지, CdTe 태양전지, 염료감응 태양전지 등으로 분류

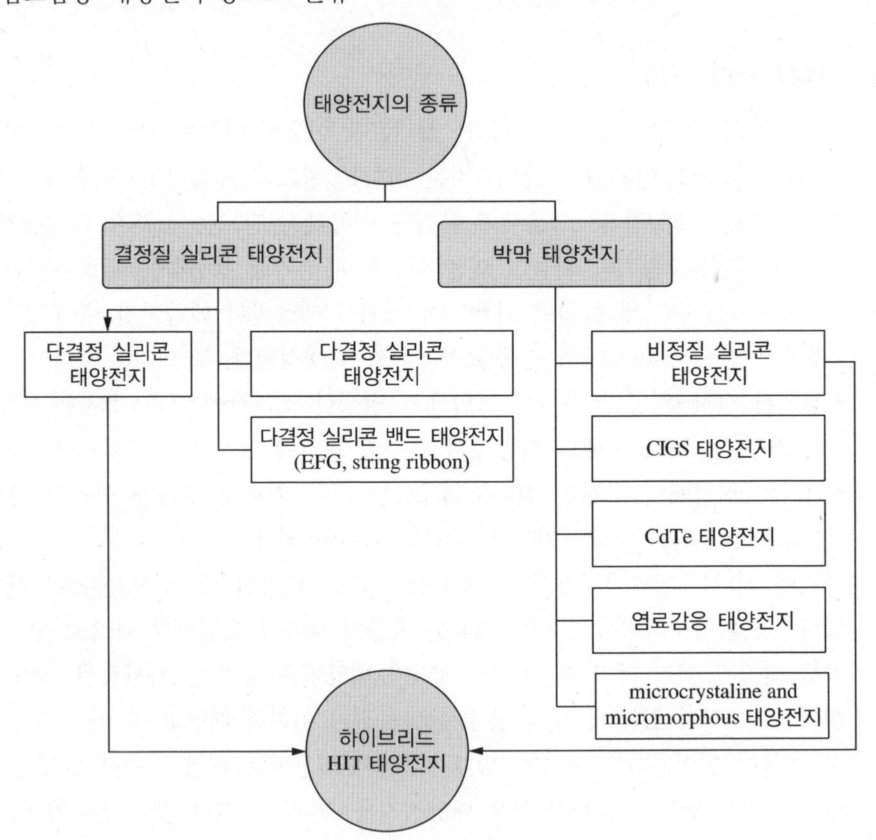

② 기술발전에 따른 분류

㉠ 1세대 : 실리콘계(단결정 single, 다결정 poly)

- 단결정
  - 실리콘 원자배열이 균질하고 일정하여 전자이동에 걸림돌이 없어서 변환효율이 다결정보다 높다.

- 모양새는 잉곳이 정사각형이 아니고 원주형으로 셀의 네 귀퉁이가 원형 형태로 되어 있다.
- 제조비용이 높다.

• 다결정
- 공정이 간단하여서 제조비용이 낮다.
- 변환효율이 단결정에 비하여 조금 낮다.
- 사각형 틀에 넣어서 잉곳을 만든다.
- 셀의 모양은 사각형이다.

• 결정질(단결정) 태양전지 제조 과정
광석(규석, 모래) → 폴리실리콘 → 잉곳(원통형 긴 덩어리) → 웨이퍼(원판형 얇은 판) → 셀(웨이퍼를 가공한 상태 모양) → 모듈(셀을 여러 개 배열해 결합한 상태 모양)

㉡ 2세대 : 박막형계(비정질 실리콘, CdTe / CIGS 화합물, 적층형)

• 아모퍼스(비결정성, 비정질)는 실리콘은 태양전지를 만들 때 사용하는 실리콘의 양을 약 1/100까지 줄일 수가 있어 제조비용이 결정질보다 적게 들어서 좋으나, 한편으로는 결정질보다 배열이 불규칙적으로 흩어져 있어 변환효율이 6~8% 수준밖에 되지 않는다. 그러나 현재는 기술력의 발달로 변환효율이 10%대 수준으로 높아졌다.
• 비정질 실리콘 태양전지를 이중, 삼중으로 적층하여 제조하는 다중접합 태양전지가 개발되고 있다.
• 단일접합 태양전지에 비하여 입사광의 넓은 파장범위를 효율적으로 사용하기 때문에 변환효율이 향상된다.
• CdTe(Cadmium Telluride)는 Cd(Ⅱ족), Te(Ⅵ족)이 결합된 직접 천이형 화합물 반도체로 높은 광흡수와 낮은 제조단가로 상용화에 유리하며 차세대 태양전지로 각광을 받고 있다.
• 가전대역에서 에너지 준위가 최고가 되는 운동량과 전도대역에서 에너지 준위가 최소가 되는 운동량이 일치하지 않는 밴드 구조를 갖는 반도체를 간접천이 반도체라 한다.
• GaAs의 경우와 같이 가전대역의 에너지가 최고가 되는 운동량과 전도대역의 에너지 준위가 최소가 되는 운동량의 값이 일치하는 반도체를 직접천이 반도체라고 한다.
• 일반적으로 Si, Ge과 같은 반도체는 간접천이형 밴드갭 물질이며, 직접천이형 밴드갭 물질로는 GaAs, InP, GaN 같은 화합물 반도체가 있다.

㉢ 3세대 : 염료감응형, 유기물, 나노구조

- 염료감응형 : 날씨가 흐려도 발전이 가능하며 빛의 투사 각도가 0도에 가까워도 전기가 생산이 되며 투명과 반투명으로 만들 수가 있고 유기염료의 종류에 따라서 노란색, 빨간색, 하늘색, 파란색 등 다양한 색상과 원하는 그림을 넣을 수가 있어서 특히 건물 인테리어와 잘 어울리게 된다.
- 유기물 : 식물의 광합성 작용 원리를 응용한 것으로 무기물 태양전지에 비해 값이 싸고 가벼우면서 제작공정은 간편하다. 또한 두께가 매우 얇아(100nm) 휘거나 접을 수 있어 휴대용 충전기나 창문에 얇게 코팅하는 태양 전지 등에 활용된다.

㉣ 제2세대와 3세대 박막형은 얇은 플라스틱처럼 휠 수가 있는 플렉시블 형태가 되어서 벽이나 기둥, 창문, 지붕 등에 다용도로 사용을 할 수가 있고 실리콘 결정질보다 가벼워서 건축물 지붕 등에 활용도가 더 높다고 볼 수가 있다.

※ 박막(thin film), 아모퍼스(amorphous, 비정질), CIGS(Cu, In, Ga, Se), 염료감응(dye-sensitized), 유기물(organic)

(2) 반도체의 개념

반도체(semiconductor)는 도체와 부도체의 중간 형태의 성격을 가진 물질이다. 반도체는 특정 조건(전압, 전류, 온도)에서 도체 혹은 부도체로서 역할을 하게 된다. 주로 가장 많이 사용되는 원소로는 실리콘(Si)과 게르마늄(Ge)이 있는데, 이와 같이 순도가 높은 반도체를 진성반도체라 한다. 실리콘과 게르마늄은 최외각 궤도에 4개의 전자를 가진다. 즉, 최외각 궤도의 4개의 전자가 각각 서로 다른 원자와 전자를 공유하는 결정구조이다. 이런 공유결합으로 인해 절연체가 되고 전기적으로 이용가치가 적어 단독으로는 반도체로 사용할 수 없다.

4가 원소인 실리콘(Si)에 5가 원소(인, 비소, 안티몬) 등을 첨가시킨 N형 반도체와 3가 원소(붕소, 갈륨, 알루미늄) 등을 첨가하여 만든 P형 반도체를 접합시켜 다이오드 형태의 PN 접합 태양전지를 만들 수 있다.

① 진성반도체

㉠ 불순물이 들어 있다고 하더라도 전기적 성질이 순수한 반도체를 진성반도체라고 한다.

㉡ 일반적으로, 반도체 재료(Ge, Si)의 원자 10^{10}개에 대하여 불순물 원자가 1개 이하인 고순도를 가진 반도체라면 진성반도체라고 할 수 있다(순도 99.9999% 정도).

② 실리콘의 결정구조와 캐리어

㉠ Si의 단결정에 열에너지나 빛(광)에너지가 가해지면 원자의 핵에 의하여 속박되어 있던 가전자가 이탈하여 자유전자가 되어 도전성을 갖게 되는 반도체의 성질을 나타낸다.

㉡ 이탈된 가전자가 자유전자로 되면, 자유전자의 수만큼 구멍(hole)이 생긴다. 이것을 정공 또는 홀(hole)이라고 한다.

㉢ 자유전자와 정공은 반도체 내에서 전하를 운반한다는 의미에서 캐리어(carrier)라고 한다.

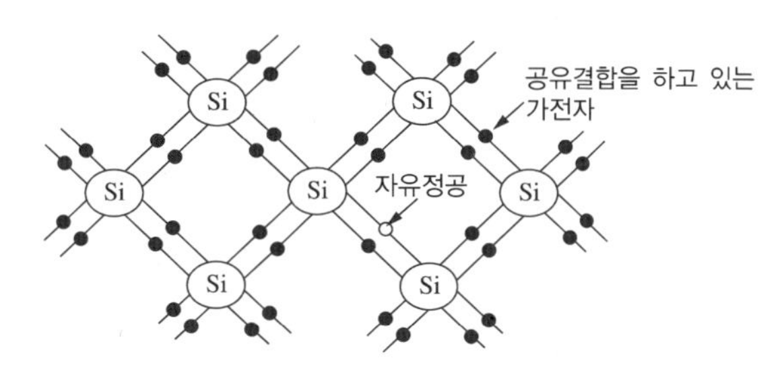

③ P형 반도체

㉠ 진성반도체에 3개의 가전자를 가진 물질(Ga : 갈륨, In : 인듐, B : 붕소)을 도핑(첨가)하여 만든다.

㉡ 실리콘은 4개의 외각 전자를 가지므로 둘이 결합되면 1개의 실리콘 원자는 전자를 공유하지 못하게 된다.

㉢ 이 빈 공간을 정공(hole)이라 하며 정공의 수를 증가시킴으로써 전도성을 높여 저항이 감소된다.

㉣ 전자가 부족해서 (+)의 전기를 띠기 때문에 P형(positive) 반도체라 한다.

㉤ 전압을 인가하면 주위의 정공을 채우면서 계속 이동하게 되므로 P형 반도체에서 전류는 정공에 의하여 흐른다고 한다(캐리어 : 정공).

㉥ 불순물을 억셉터라 한다.

㉦ 도핑(첨가) : 실리콘에 불순물을 첨가하여 저항을 감소시키는 것을 도핑이라 한다.

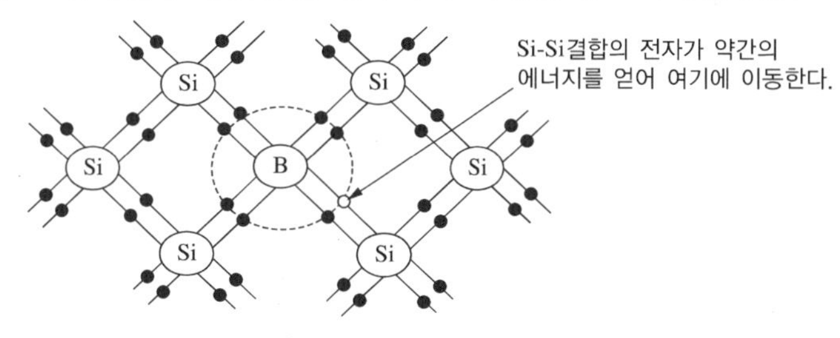

[P형 Si결정의 평면적 표시]

④ N형 반도체

㉠ 진성반도체에 5개의 외각 전자를 가진 물질(P : 인, As : 비소, Sb : 안티몬)을 도핑(첨가)하여 만든다.

㉡ 이러한 불순물(P : 인, As : 비소, Sb : 안티몬)을 도너라 한다.

㉢ 실리콘에 5가의 원소를 첨가, 결합시키면 하나의 전자가 남게 되는데 이 여분의 전자의 자유로운 활동으로 전기전도가 보다 쉽게 이루어진다.

㉣ 자유전자 밀도가 높아 (−)의 전기를 띠기 때문에 이를 N형(negative) 반도체라 한다.

㉤ 전류는 전자에 의하여 흐른다(캐리어 : 전자).

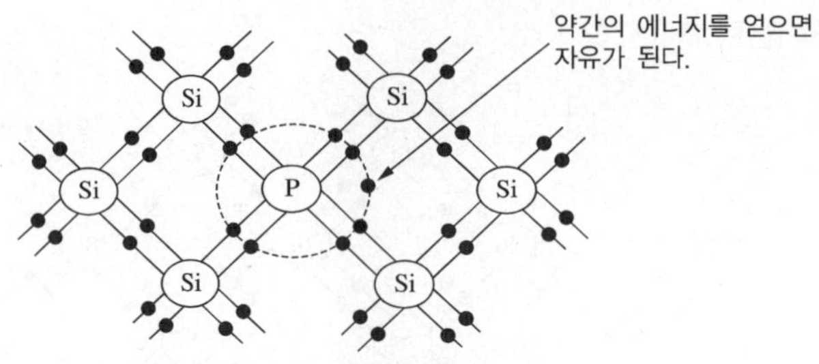

[N형 Si결정의 평면적 표시]

⑤ PN 접합

㉠ P형 반도체와 N형 반도체를 화학적으로 서로 접합시키면 접합면의 좁은 부분에서 정공과 자유전자가 서로 결합되어 캐리어가 존재하지 않는 부분이 생성된다.

㉡ 접합면을 공핍층이라 하며, 이렇게 접합된 반도체를 PN 접합 반도체(또는 다이오드)라 한다.

㉢ 공핍층 양쪽으로 서로 다른 극성의 전하가 존재하고, 약간의 전위차가 발생되는데 이를 전위장벽이라 한다.

㉣ 전위장벽으로 인해 전도율이 떨어지는 특성을 이용하여 다이오드를 만들 수 있다.

3.2 태양전지의 변환효율

(1) 태양전지 변환효율의 개요

① 태양광을 전기에너지로 바꾸어 주는 태양전지의 성능을 결정하는 중요한 요소 가운데 하나이다.

② 같은 조건하에서 태양전지 셀에 태양이 조사가 될 때 태양광에너지가 전기에너지를 얼마만큼 발생을 시키는가를 나타내는 양, 즉 퍼센트(%)를 말한다.

(2) 태양전지 변환효율

① 태양전지의 변환효율(η)

$$\eta = \frac{P_m}{P_{input}} = \frac{I_m \cdot V_m}{P_{input}} = \frac{V_{oc} \cdot I_{sc}}{P_{input}} \cdot FF$$

여기서, P_m : 최대출력

P_{input} : 태양에너지로부터 입사된 환상전력

I_m : 최대출력일 때 전류

V_m : 최대출력일 때 전압

V_{oc} : 개방전압

I_{sc} : 단락전류

FF : 충진율

② 태양전지의 충진율(FF ; Fill Factor)

㉠ 태양전지의 충진율(FF)은 개방전압과 단락전류의 곱에 대한 최대출력의 비로 정의된다.

㉡ 충진율은 최적 동작전류 I_m과 최적 동작전압 V_m이 I_{sc}와 V_{oc}에 가까운 정도를 나타낸다.

㉢ 충진율에 영향을 주는 요인은 정규화된(normalized) 개방전압에서 이상적인 다이오드의 특성으로부터 벗어나는 n값이 있다.

㉣ 충진율은 태양전지 내부의 직·병렬 저항으로부터도 영향을 받는다.

㉤ 일반적으로 실리콘 태양전지의 개방전압은 약 0.6V이고 충진율은 약 0.7~0.8로 보고 또한 GaAs의 개방전압은 약 0.95V이고, 충진율은 약 0.78~0.85로 본다.

③ 태양전지의 재료의 두께에 따른 빛의 흡수

㉠ 일정한 파장을 갖는 빛이 조사되는 경우, 물질에 "투과한 빛의 세기는 두께에 따라 지수함수적으로 감소한다"(비어 램버트 법칙).

㉡ 태양전지 재료의 흡수계수가 큰 경우 일수록 태양전지의 두께가 얇아도 빛 흡수가 잘 된다.

㉢ 태양전지 재료의 흡수계수가 작은 경우에는 두께가 두꺼워야 한다.

(3) 태양전지의 기본단위 '셀(cell)'

① 실리콘 계열에는 단결정과 다결정의 셀로 구분이 된다.

② 셀은 만드는 잉곳의 크기에 따라 5인치와 6인치로 나눈다.

㉠ 5인치 규격은 mm단위로 125×125와 6인치 규격은 mm단위로 156×156의 크기가 있다.

㉡ 통상적으로 현재는 6인치 셀을 많이 사용한다.

(4) 셀의 변환효율 계산

① 국제표준시험조건(STC)

㉠ 입사 조도의 여건과 조건

- 1,000W/m^2
- 온도 25℃
- 스펙트럼 AM(대기질량정수)1.5

② 실제 셀의 변환효율 계산

㉠ 조건 : 6인치 다결정 셀의 전기적 사양 예시

등급	효율(%)	최대출력 (P_{max})	최대전압 (V_{mp})	최대전류 (I_{mp})	개방전압 (V_{oc})	단락전류 (I_{sc})
1~2등급 이내	16.50	4.015W	0.519V	7.744A	0.620V	8.069A

㉡ 먼저 표준조건에서 입사되는 에너지양을 계산한다.

- 태양광 셀에 입사된 에너지양(W)
  = 0.024336m^2(156×156 : 셀 넓이)×1,000W/m^2 = 24.336W
- 태양전지 셀 출력=4.015W

㉢ 셀 변환효율(%) = 태양전지 출력 ÷ 태양광 셀에 입사된 에너지양 × 100%

= 4.015W ÷ 24.336W × 100 ≒ 16.498% ≒ 16.5%

㉣ 태양전지 셀의 변환효율은 16.5%이다.

(5) 태양전지 모듈의 변환효율

태양전지 셀의 변환효율과 태양전지 모듈의 변환효율은 조금 차이가 난다. 예를 들면 16.5%의 효율을 가진 셀을 사용하여 모듈을 만들었다면 그 모듈의 효율은 접합부와 연결부의 전력손실로 인하여 셀 효율보다 1~2% 떨어지고 또 모듈 가장자리 빈 공간에서는 발전이 되지 않기 때문에 최종적으로는 2~3%의 효율이 떨어져 태양전지의 효율은 13~14%가 될 것이다.

① 실제 태양전지 모듈 변환효율 계산

㉠ 제조사의 모듈 사양

- 최대 출력전압 : 29.27V
- 최대 출력전류 : 7.86A
- 모듈 출력 : 230W
- 모듈의 크기 면적 1,650mm×990mm=1,633,500mm^2(1.634m^2)

㉡ 230W의 모듈, 면적당 에너지양 산출

1.634m^2×1,000W/m^2=1,634W

㉢ 셀 변환효율(%)

태양전지 모듈 출력 230W÷1,634W×100≒14.076%≒14.08%

② 태양전지 셀과 모듈의 효율이 다른 이유

태양전지 셀 효율	16.5%
태양전지 모듈의 효율	14.08%

㉠ 셀 6인치를 모듈 크기 면적 1.634m^{2}에 붙일 때 셀과 셀의 빈 공간이 발생

㉡ 셀과 셀을 부착하여 선으로 연결을 할 때에도 전력손실이 발생

③ 태양전지 모듈의 효율 비교

㉠ 태양전지 모듈에서 효율이 높거나, 낮다고 하는 것은 그 모듈이 똑같은 면적을 가졌을 때의 출력을 비교한다.

㉡ 출력이 100W 태양전지 모듈은 모두 출력(성능)이 표준조건에서 100W가 나온다. 출력은 똑같다. 다만, 효율이 높은 제품은 그 효율의 비율만큼 제품의 크기가 작아지는 것이다.

(6) 태양전지의 변환효율 특성

① 현재 일반적으로 가장 많이 사용되고 있는 실리콘계열의 태양전지 셀의 변환효율은 단결정 셀이 16~18% 정도이며 회사별 셀의 등급에 따라 차이가 조금씩 있다.

② 실리콘 결정질 셀의 최대 이론효율은 약 29% 정도라고 한다.

③ 요즘 많이 사용하는 비정질 박막형 태양전지의 효율은 10% 전후이다.

3.3 전력저장장치(축전지)

(1) 전력저장장치 개요

① 에너지 저장장치로는 납축전지를 가장 많이 사용하고 있다.

② 태양전지 모듈이나 파워컨디셔너는 전기적인 충격이나 외부의 기계적인 충격이 없는 한 영구적으로 사용이 가능하지만, 납축전지(수명 : 2~5년)는 사용의 한계가 따른다.

③ 실제 운용되고 있는 독립형 태양광발전시스템에서는 납축전지가 그 시스템의 안정성을 유지하는 데 가장 커다란 요인이 된다.

㉠ 현재 산업용 축전지로 가장 많이 사용되는 것이 연축전지와 니켈-카드뮴 전지이다.

㉡ 무정전 전원장치 및 기타 백업용으로 충·방전 사이클을 갖는 축전지이다.

㉢ 태양광발전시스템에서는 충·방전을 계속하는 사이클용 축전지를 사용하는 것이 바람직하다.

(2) 축전지의 독립 작동시간

① 축전지는 태양광 없이 또는 최소한의 태양광만으로 3~15일 동안 규정된 조건하에서 에너지를 공급하도록 설계되어야 한다.

② 필요한 축전지 용량을 계산할 때 고려사항

㉠ 필요한 일일/계절 사이클

㉡ 현장에 접근하는 데 필요한 시간

㉢ 온도의 영향

㉣ 미래의 부하 증가량

③ 일일 사이클

㉠ 축전지는 일반적으로 다음과 같은 일일 사이클을 가진다.

- 낮 시간의 충전
- 밤 시간의 방전

㉡ 전형적인 일일 방전은 전지 용량의 2~20% 범위이다.

④ 계절 사이클

㉠ 평균 충전 조건이 변하기 때문에 전지는 충전 상태의 계절 사이클을 가진다.

㉡ 태양광 방사가 낮은 기간 : 예를 들어 에너지 생산이 낮은 겨울에 전지의 충전 상태(사용 가능한 용량)는 정격 용량의 20% 또는 그 이하로 내려갈 수 있다.

㉢ 태양광 방사가 높은 기간 : 예를 들어 전지를 거의 완전히 충전시킬 수 있는 여름에는 전지가 과충전이 될 수 있다.

⑤ 고충전 상태 기간

㉠ 여름 같은 계절에는 전지가 고충전 상태, 통상적으로 정격 용량이 80~100% 사이에서 작동하게 된다. 재충전 기간 동안 전압 조절시스템은 보통 최대 전지 전압을 제한한다.

㉡ 일반적으로 시스템 설계자는 전지를 실제로 과충전시키지 않으면서 충전 기간 동안 가능한 빨리 "최대 충전 상태로 회복"하기 위한 상반된 요구 사항을 고려하여 최대 전지 전압을 선택한다.

㉢ 전형적으로 최대 전지 전압을 제한한다.

- 납축전지 1개당 : 2.4V
- 니켈-카드뮴전지 1개당 : 1.55V
- 니켈-수소전지 1개당 : 1.45V

㉣ 일부 조절기의 경우에는 균등 및 급속 충전을 위해 단기간에 전지의 최대 전압값을 초과하도록 허용한다.

㉤ 작동 온도가 20℃에서 많이 벗어날 경우에는 온도 보상을 사용해야 한다.

㉥ 일반적으로 고충전 상태에서 태양광시스템에 사용되는 전지의 예상 수명은 연속 부동충전 상태에서 사용된 전지의 수명보다 짧을 수 있다.

※ 부동충전 : 충전장치를 축전지와 부하에 병렬로 연결하여 전지의 자가 방전을 보충하면서 상용부하에 대한 전력공급은 충전기가 담당하고 충전기가 부담하기 어려운 대전류 부하는 축전지가 부담하게 하는 충전방식이다.

⑥ 지속적인 저충전 상태 기간

㉠ 태양광 방사가 낮은 기간에 태양으로부터 발생된 에너지는 전지를 재충전하기에 충분하지 않을 수 있다. 그러면 전지의 충전 상태가 낮아지고 저충전 상태에서 사이클링이 발생한다.

㉡ 태양 어레이에서의 낮은 태양광 방사는 아마도 겨울철, 두꺼운 구름, 비 또는 먼지의 축적과 함께 지리적 위치 때문이다.

⑦ 전해액 층리화

㉠ 축전지에서 전해액 층리화가 발생할 수 있다.

㉡ 전해액 층리화 현상은 전극의 부식이나 황산화 반응 등을 가속하여 축전지의 수명과 충전용량을 감소시키며, 전극의 높이가 높아질수록 이 문제는 심각해진다.

㉢ 일반 배기형 납축전지의 경우에는 전해액 층리화를 사용 중 전해액 순환 또는 주기적인 과충전을 통해 방지할 수 있다.

㉣ 기존 납축전지의 문제점을 해결하기 위한 대안이 밀폐형 납축전지이다.

㉤ 밀폐형 납축전지

- 전해질 용액을 유리 섬유나 젤 등의 재료와 혼합하여 사용한다.
- 완전히 밀폐된 상태로 사용되고 산소 재결합반응 때문에 전해액의 손실이 없다.
- 전해액 첨가 등의 주기적인 유지보수가 필요하지 않다.
- 고가 장비에 사용 시 발생할 수 있는, 누액으로 인한 장비의 손상을 막을 수 있다.
- 전해액의 층리화가 작기 때문에 수명이 길고 형태가 간단하다.

⑧ 작동 온도

㉠ 현장에서 전지 작동 중의 온도 범위는 전지 선택 및 예상 수명을 위한 매우 중요한 요소이다.

㉡ 태양광시스템용 전지의 작동 조건 한계값

전지유형	온도범위	습도
납축전지	−15~45℃	<90%
니켈−카드뮴전지, 니켈−수소전지(표준 전해질)	−20~45℃	<90%
니켈−카드뮴전지, 니켈−수소전지(고밀도 전해질)	−40~45℃	<90%

※ 비고

- 제조자는 이 범위 외의 온도에 대해 언급해야 한다. 전형적으로 납축전지에 대한 수명 기대치는 제조자가 충고한 작동 온도에서 10℃ 오를 때마다 반으로 줄어든다. 또한 온도는 니켈−카드뮴전지 및 니켈−수소전지에도 영향을 미친다.
- 낮은 온도는 방전 성능 및 전지의 용량을 감소시킨다.

(3) 축전지의 물리적 보호

축전지는 불리한 조건의 영향을 받지 않도록 물리적인 보호가 필요하다.

① 불균등한 온도 분포 및 극온

② 직사광선(UV 방사)에 노출

③ 공기 중의 먼지 또는 모래

④ 폭발성 대기

⑤ 높은 습도 및 홍수

⑥ 지진

⑦ 쇼크 및 진동(특히 수송 중)

(4) 충전 효율

충전 효율은 규정된 조건하에서 전지의 방전 기간 중에 방전된 전기량에 대한 최초의 충전 상태로 회복시키는 데 필요한 전기량의 비율이다.

① 전기량은 암페어아워(Ah)로 표시된다.

② 충전상태별 전지의 효율(20℃)

20℃에서의 충전상태별 전지 Ah 효율(정격 용량의 20% 이하의 적은 사이클 심도일 때)

충전상태(SOC)	납축전지	니켈−카드뮴전지	니켈−수소전지
90%	>85%	>80%	>80%
75%	>90%	>90%	>90%
<50%	>95%	>95%	>95%

(5) 과방전 보호

① 납축전지는 비가역적인 황산염 발생으로 인한 용량 손실을 방지하기 위해 과방전되지 않도록 해야 한다.

② 이것은 설계된 최대 방전 심도를 초과할 때 발생되는 저전압 상태를 없애면 가능하다.

③ 일반적으로 니켈-카드뮴전지 및 니켈-수소전지는 이런 종류의 보호가 필요하지 않다.

(6) ESS(Energy Storage System, 에너지저장시스템)

① 기존의 전력저장장치로 많이 사용하는 납축전지 개념보다는 고효율의 축전지를 대용량으로 만들어 과잉 생산된 전력을 저장해뒀다가 일시적으로 전력이 부족할 때 송전해주는 저장장치를 말한다.

② 주로 리튬이온 배터리를 이용하여 만든다.

③ 에너지저장시스템(ESS) 용도

㉠ 가정용 ESS

- 전기 요금 절감 : 가정에서 태양광 패널과 함께 ESS를 사용하여 전기 요금을 줄일 수 있다. 낮에 태양광 패널로 생산된 전기를 저장했다가, 전기 요금이 높은 시간대에 사용한다.
- 비상 전원 : 정전 시에도 ESS에 저장된 전기를 사용할 수 있어, 안정적으로 전원이 공급된다.

㉡ 상업 및 산업용 ESS

- 피크 전력 관리 : 피크 시간대의 전력 사용을 줄여 전력 요금을 절감한다.
- 에너지 효율성 향상 : 공장이나 대형 건물에서 에너지를 효율적으로 관리하고, 전력 수급 안정성을 높인다.
- 재생에너지 활용 : 태양광, 풍력 등 재생에너지를 저장하여 필요할 때 사용한다.

㉢ 전력망 안정화 ESS

- 주파수 조정 : 전력망의 주파수를 안정적으로 유지하는 데 도움이 된다.
- 전력 수급 균형 : 전력 수요와 공급의 균형을 맞춰 전력망의 안정성을 높인다.
- 재해 대응 : 자연재해나 사고로 인한 전력망 손상 시 ESS를 통해 긴급 전력을 공급한다.

㉣ 이동용 ESS

- 전기차 : 전기차에 사용되는 ESS는 배터리로 전력을 저장하여 차량의 동력원으로 사용한다.
- 전기 버스 : 전기차와 마찬가지로 전기 버스에도 ESS가 사용되어 친환경적인 대중교통 수단을 제공한다.

이 외에도 ESS는 다양한 분야에서 활용되고 있으며, 그 필요성과 중요성은 점점 커지고 있다.

03 태양전지 모듈

01 | 태양전지 모듈의 개요

태양전지 셀 한 개에서 생기는 전압은 0.6V에 달하고, 발전용량은 1.5W 정도가 된다. 태양전지 셀 한 개에서 얻을 수 있는 전기의 양은 대단히 적고, 전압도 낮다. 이것으로는 꼬마전구 한 개를 겨우 밝힐 수 있다. 그러므로 좀 더 많은 전기를 얻기 위해서는 태양전지 셀을 여러 개 연결해야 하는데, 이렇게 여러 개의 태양전지 셀을 연결한 것을 태양전지 모듈이라고 한다.

1.1 태양전지 모듈의 특성

태양전지 모듈은 태양빛을 받아 전력을 생산하는 반도체 소자로서 단락전류(I_{sc}), 개방전압(V_{oc}), 최대출력(P_m), 충진율(FF), 변환효율(η) 등의 지표는 태양전지의 성능 및 시장에서의 거래 가격을 결정하는 주요 요소이다.

(1) 태양전지 모듈의 전류-전압 특성

① 특성 지표

㉠ 최대출력(P_m) : 최대출력 동작전압(V_m)×최대출력 동작전류(I_m)

㉡ 개방전압(V_{oc}) : 정·부 극 간이 개방 상태에서의 전압

㉢ 단락전류(I_{sc}) : 정·부 극 간을 단락한 상태에서 흐르는 전류

㉣ 최대출력 동작전압(V_m) : 최대출력 시 동작전압

㉤ 최대출력 동작전류(I_m) : 최대출력 시 동작전류

② 태양전지의 전류-전압 특성곡선

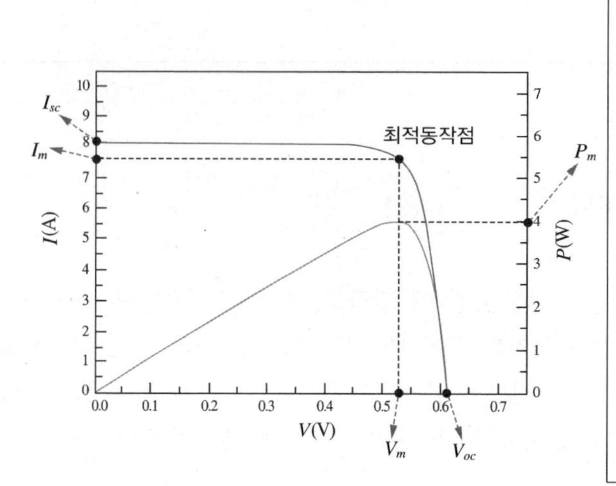

I_{sc} : 태양전지의 양단 사이 전압 차이가 0일 때(예를 들어 단락일 때) 도선에 흐르는 전류

V_{oc} : 도선에 흐르는 전류가 0일 때 태양전지의 양단 사이에 걸리는 전압

$P_m = V_m I_m$: 최대출력, 태양전지의 일반적인 동작지점

$$\text{FF(Fill Factor)} = \frac{V_m I_m}{V_{oc} I_{sc}}$$

$$\eta\text{(efficiency)} = \frac{V_m I_m}{P_{light} \cdot A_{cell}}$$

* P_{light} : 입사광의 조사강도

A_{cell} : 태양전지의 면적

[광 조사상태에서 측정되는 태양전지의 전류-전압 특성곡선]

㉠ 태양전지 모듈의 출력은 입사하는 빛의 강도(W/m^2), 태양전지의 표면 온도(℃)에 따라 좌우된다.

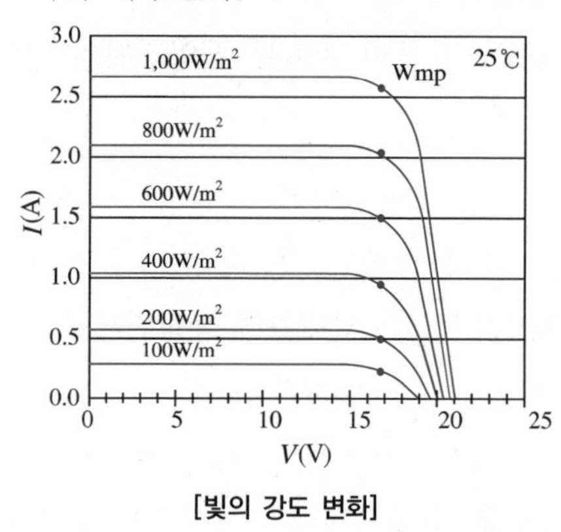

[빛의 강도 변화]

[온도변화에 따른 변화]

• 입사량이 작으면 작을수록 그래프가 짧아지고 전류량도 감소한다.

• 태양전지의 표면 온도가 올라갈수록 전압이 낮아진다.

㉡ 모듈의 출력 특성을 평가할 경우에는 방사조도와 분광분포를 모의 실험한 솔라 시뮬레이터를 이용한 옥내측정을 표준 측정방법으로 한다.

(2) 태양전지 모듈의 저항 특성

① 태양전지 모듈의 직렬저항 요소

㉠ 기판 자체 저항

㉡ 표면층의 면 저항

㉢ 금속 전극 자체의 저항

② 태양전지 모듈의 병렬저항 요소

㉠ 측면의 표면 누설저항

㉡ 접합의 결함에 의한 누설저항, 전위

㉢ 결정립계에 따라 발생하는 누설저항

㉣ 결정이나 전극의 미세균열에 의한 누설저항

③ 태양전지 모듈 직·병렬저항 요소의 특성

㉠ 직렬저항보다는 병렬저항으로 인하여 큰 출력 손실이 발생한다.

㉡ 시판되는 태양전지의 직렬저항은 일반적으로 0.5Ω 이하이다.

㉢ 시판되는 태양전지의 병렬저항은 일반적으로 1kΩ보다 상당히 크다.

㉣ 낮은 병렬저항은 누설전류를 발생시키고, 또한 PN 접합의 광생성 전류와 전압을 감소시킨다.

(3) 태양전지 성능평가 조건

① 표준시험조건(STC ; Standard Test Condition)

㉠ 태양전지에 조사되는 빛의 스펙트럼 : AM1.5 G 기준 스펙트럼

㉡ 빛의 조사강도 : $1,000W/m^2$

㉢ 태양전지 온도 : 25℃

② AM은 Air Mass(대기 질량지수)

㉠ 지표면에 연직인 가상의 선과 태양이 이루는 각도를 θ라 할 때 $AM = \frac{1}{\cos\theta}$ 로 정의된다.

㉡ AM1.5는 θ가 약 48.2°일 때(태양이 지표면으로부터 약 41.8°의 각도로 떠 있을 때) 지표로 입사하는 태양광 스펙트럼을 의미한다.

㉢ AM0는 대기권 밖에서 측정되는 태양광 스펙트럼이다.

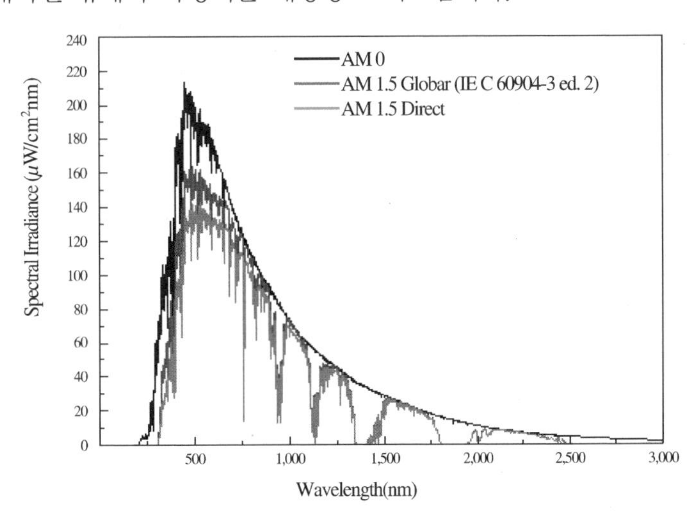

[태양광 스펙트럼]

(4) 셀의 변환효율 계산

① 6인치 셀의 단위면적당 에너지양 산출 $1m^2$당

$0.024336m^2$(6인치 면적) × $1,000W/m^2$ = 24.336W

② 셀 변환효율(%)

4.015W(태양전지 셀 최대출력) ÷ 24.336W × 100% ≒ 16.498% ≒ 16.5%

(5) 태양전지 모듈의 변환효율

① 임의로 선택한 제조사의 모듈의 사양

㉠ 최대출력전압 29.27V

㉡ 최대 출력전류 7.86A

㉢ 모듈 출력 230W

㉣ 모듈의 크기 면적 1,650mm × 990mm = $1,633,500mm^2$($1.634m^2$)

② 태양전지 모듈 변환효율 계산

㉠ 230W의 모듈, 모듈 면적에 따른 에너지양 산출

$1.634m^2$ × $1,000W/m^2$ = 1,634W

㉡ 태양전지 모듈의 변환효율(%)

태양전지 모듈 출력 230W ÷ 1,634W × 100 ≒ 14.076% ≒ 14.08%

③ 태양전지 셀과 모듈의 효율이 다른 이유

㉠ 셀 6인치를 모듈 크기 면적 $1.634m^2$에 붙였을 때에 셀과 셀의 빈 공간이 발생하고 셀과 셀을 부착하여 선으로 연결할 때에도 전력손실이 발생한다.

㉡ 보통 셀 효율 16.5%보다 통상적으로 모듈의 효율이 14.08%로 셀의 효율보다 약 2~3%의 효율이 떨어지게 된다.

1.2 태양전지 모듈의 구조

태양전지 모듈의 구조는 태양전지 소자(셀) 1개를 그대로 사용하는 것이 아니라 일반적으로 몇 장 혹은 몇 십 장의 태양전지 셀을 직렬 혹은 병렬로 배선하고 장기간에 걸쳐서 셀을 보호하기 위한 다양한 패키징을 실시한 후 유닛화하고 있다. 이를 태양전지 모듈이라고 한다.

(1) 결정형 태양전지 구조

일반적으로 유리 / EVA / 셀 / EVA / back sheet의 구조로 되어 있다.

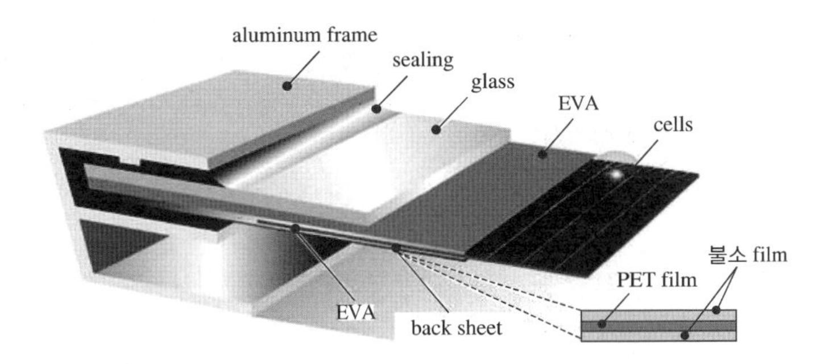

(2) 태양전지 모듈 조립 공정

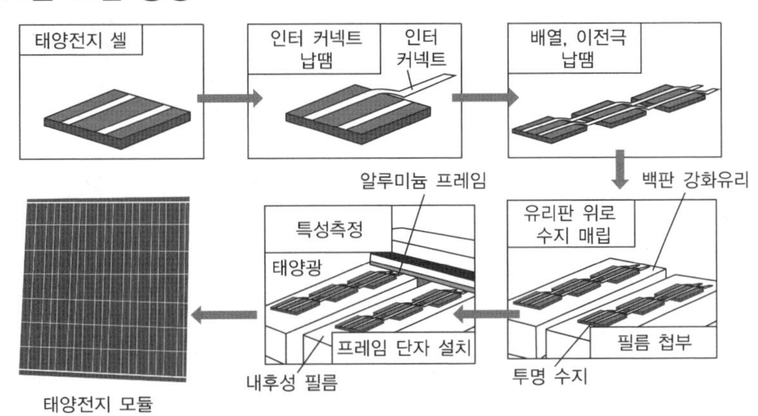

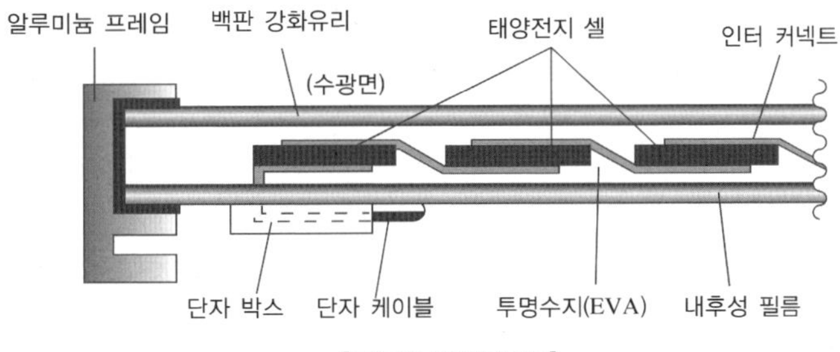

[모듈의 단면구조도]

① 태양전지 셀은 인터 커넥터라고 하는 셀 접속 금속부품에 의해 셀의 표면전극과 인접하는 셀의 이면 전극이 순차적으로 직렬 접속한다.

② 직렬 접속된 셀 군은 강화유리상에서 투명수지에 매립되며 뒷면에는 필름이 부착된다.

③ 주변을 알루미늄 프레임으로 고정하여 태양전지 모듈이 완성된다.

④ 태양전지 모듈과 다른 태양전지 모듈은 단자 박스의 경유로 케이블 접속된다.

⑤ 모듈의 단면구조도에서 인터 커넥터 표면과 뒷면이 번갈아가며 직렬 접속된 태양전지 셀이 유리와 뒷면 필름 사이에 배치되는 것을 알 수가 있다.

(3) 태양전지 모듈제조 실제과정

① 셀(cell) 검사 분류 공정 : 태양전지 등급 분류 및 불량 검출 공정(1)

② tabbing & stringing : 태양전지를 직렬로 연결하기 위한 납땜 공정(2)

③ module matrix(lay-up) : 일렬로 납땜한 태양전지를 저철분 강화유리 위에 놓인 EVA 위에 복수로 배열하고, 회로를 구성하기 위한 도체를 사용하여 납땜한 후 그 위에 EVA를 한 장 더 올려놓고, 그 위에 후면 백 시트를 올려놓는다. 이러한 공정을 모듈 세팅 공정 또는 레이업 공정이라 함(4)

④ laminator 공정 : 태양전지 모듈 구조형태로 적층이 완료되면 EVA가 녹는 적정 온도 범위에서 진공으로 봉합시키는 단계이다. 단계가 제대로 이루어지지 않을 경우 기포 현상, 태양전지의 뒤틀림 현상, 파손 현상이 유발될 수 있는 중요한 공정으로 라미네이션과 큐어링 공정으로 나눔(5)

⑤ 조립(assembly) : 완성된 모듈에 대해 4면에 seal 및 프레임을 조립하고, 단자박스와 바이패스 다이오드, 커넥터 등을 접속하는 공정(6~9)

⑥ 외관 검사(appearance check) : 태양전지의 파손, 배열의 틀어짐, 이물질 등을 수시로 점검

1.3 태양전지 모듈의 종류

태양전지 모듈은 태양전지의 종류에 따라 결정질 실리콘 태양전지(1세대 태양전지) 모듈, 그리고 박막형 태양전지(2세대 태양전지) 모듈, 그리고 3세대 태양전지를 사용한 유기물, 염료감응형, 나노구조 태양전지 모듈로만 구분한다.

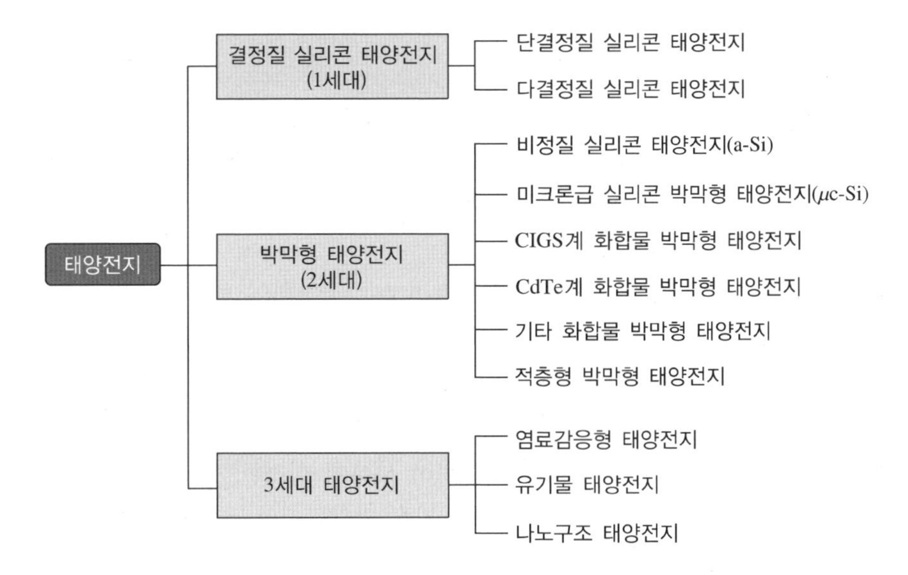

(1) 재료 및 제조방법에 따른 분류

① 결정질 실리콘 태양전지 모듈

- 방사조도의 변화에 따라 전류가 급격히 변화하고, 모듈 표면온도 증감에 대해서는 전압이 변동한다.
- 1세대 제품으로 실리콘을 주재료로 제조된 태양전지 모듈이다.

※ 실리콘은 매장량도 많다. 지구 지각의 약 28%이다. 그런데 최근에 실리콘이 세계적으로 부족하다고 한다. 그것은 태양전지에 쓰이는 실리콘은 99.999% 이상의 순도가 요구되기 때문이다. 자연 상태에서는 이산화규소의 형태로 존재하는데, 그 결정에는 다양한 불순물이 섞여 있다. 이것을 제거하기 위해서는 특수한 노 등의 전용 장치를 갖춘 공장이 필요하기 때문이다.

㉠ 단결정 실리콘 태양전지 모듈

- 태양전지 중에서 가장 일찍 개발된 것이 단결정질 실리콘 태양전지이다.

- 실리콘 원자의 배열이 규칙적이고 배열 방향이 일정하여 전자의 흐름에 방해가 없어서 변환효율이 높다.
- 아침, 저녁이나 흐린 날에도 비교적 발전이 양호하다.
- 실험실 변환효율은 20% 이상, 양산품의 효율은 16~18% 정도이다.
- 변환효율이 높고 내구성이 좋으나 생산 과정에서 비용이 많이 발생하여 가격이 높은 것이 단점이다.
- 셀의 모양은 정사각형이 아니고 네 귀퉁이가 약간 원형으로 되어 있다. 이유는 원주형 잉곳을 가공했기 때문이다.

㉡ 다결정 실리콘 태양전지 모듈

- 다결정 실리콘 태양전지는 단결정질에 비해 공정이 간단하고 단결정질보다 가격도 저렴해서 널리 사용된다.
- 변환효율이 단결정질보다 낮은 것이 단점이다(양산제품의 변환효율 : 12~15%).
- 다결정질 실리콘 웨이퍼의 제조방법은 실리콘 원석을 도가니에 넣고 높은 온도로 가열하여 녹인 후, 정제하여 일정한 틀에 부어 응고시키는 방법으로 잉곳을 만든다.
- 주조 방법은 단결정질 제조 방법보다 간단하여 원가를 낮출 수 있고 대량 생산이 가능하다.
- 이렇게 제조된 잉곳은 많은 결정체가 모여서 하나의 잉곳을 형성하고 있으며 그 형상은 원주형이 아니라 대부분 주형틀에서 찍혀 나온 사각형 기둥 모양이다.
- 다결정 잉곳을 자세히 보면 여러 부분에 실리콘 결정체의 경계선이 보이고 실리콘 원자의 결합이 불안전하게 되어 있다.
- 이 구조적 결함으로 인하여 단결정질보다 효율이 떨어진다.

② 박막형 태양전지 모듈

- 실리콘 웨이퍼 대신 유리나 플라스틱이나 금속판을 기판으로 사용하여 그 위에 광흡수층 물질을 아주 얇게 마이크론 두께로 입혀서 태양전지를 만드는 것이다.
- 광흡수형 물질을 실리콘으로 하면 실리콘 박막형 태양전지이고 여러 가지 화합물질로 만든 막을 사용하면 화합물질 박막형 태양전지가 되는 것이다.

㉠ a-Si 태양전지 모듈

- 실리콘층의 두께를 극한까지 얇게 한 것이 실리콘 박막형 태양전지이다.
- 결정질 실리콘 태양전지의 셀은 200~300μm 두께인데, 박막형은 유리 등의 기판 위에 두께는 0.3~2μm의 실리콘을 얇게 입힌다.
- 결정질 실리콘 태양전지의 100분의 1 이하가 된다.
- 이때의 실리콘 원자 배열은 불규칙하게 흐트러져 있는데, 이 상태를 아모퍼스, 즉 비결정성이라고 한다.
- 이 태양전지를 아모퍼스 실리콘 태양전지, 비결정 실리콘 태양전지라고 부른다.

- 비결정 실리콘 태양전지는 원자의 배열에 규칙성이 없어서 전자의 흐름이 원활하지 못하고 그만큼 변환효율이 떨어진다.
- 양산제품의 효율은 6~8% 정도로 결정질 태양전지보다 현저하게 낮다.
- 실리콘을 아주 적게 사용하므로 가격이 저렴한 것이 장점이다.
- 결정질 실리콘 태양전지 모듈에 비하여 고전압, 저전류 특성을 지닌다.
- 온도 상승에 따라 출력감소율이 결정질 실리콘 태양전지에 비하여 적어 사막지방과 고온지역에 사용할 경우 효과적이다.

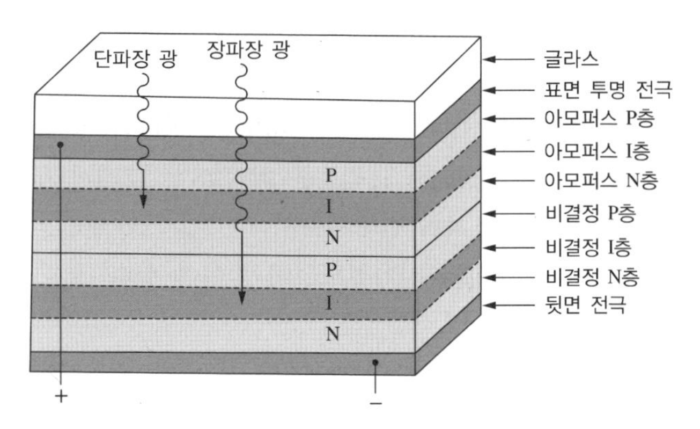

['박막 2층 구조'의 a-Si 태양전지 모듈]

ⓛ '박막 2층 구조'의 a-Si 태양전지 모듈
- 박막 2층 구조(탠덤이라고도 한다)의 태양전지 셀이다.
- 단파장 광으로는 광흡수 효율이 좋은 아모퍼스를, 장파장 광으로는 특성이 좋은 비결정을 사용한 2층 구조로 하여 흡수할 수 있는 광에너지의 파장 대역을 넓게 했다.
- 결정계와는 다른 온도 특성을 가지며, 같은 정격 출력의 결정계 태양전지와 비교하면 기온이 높은 지역에서 연간 발전량이 많아지는 경향이다.
- P층과 N층 사이에 I층(진성반도체층)을 끼운 구조로 되어 있으며 이 I층이 빛을 흡수하여 결정계의 공핍층과 같이 동작한다.
- 박막계는 내부 셀 접속 도체도 얇으므로 전류 손실을 줄일 수 있어 패널에서는 고전압 저전류로 출력된다.

ⓒ CIS/CIGS 태양전지 모듈
- 박막형 화합물 태양전지 중에서 현재 가장 우수하다고 평가받고 있다.
- 재료 : 구리(Cu), 인듐(In), 갈륨(Ga), 셀렌(Se)의 화합물이다.
- 변환효율은 약 11%로 단결정 실리콘 18%, 다결정 실리콘 15%에 비해 성능이 떨어진다.
- 공정이 간단하고 제조 시 전력 사용량이 반 정도로 결정식 실리콘에 비해 저렴하게 생산할 수 있다.

- 1eV 이상의 직접천이형 에너지밴드를 갖고 있고, 광흡수 계수가 반도체 중에서 가장 높고 광학적으로 매우 안정하여 태양전지의 광흡수층으로 매우 이상적이다.
- 아모퍼스 실리콘 태양전지 모듈에 비해 고전압, 저전류 특성을 지닌다.
- 기판 : 재질은 세라믹 기판과 금속, 유리와 같은 비정질 재료가 사용될 수 있는데 일반적으로 값싼 소다회 유리가 사용된다.
- 후면전극
  - 버퍼층 : PN 접합 사이에 에너지밴드갭의 차이가 너무 크기 때문에 버퍼층을 사용하고 N형, P형 반도체의 에너지밴드갭의 중간 정도 값을 가진 CdS가 사용된다.
  - 광흡수층 : P형 반도체로 여기서는 CIS박막이 해당된다. 실제로 개방전압을 높이기 위해 CIS에 Ga원소를 첨가한다. 그래서 표기를 CIGS로 표기하기도 한다.
  - 윈도우층 : N형 반도체로서 태양전지 전면의 투명전극으로 기능을 하기 때문에 광투광성과 전기전도성이 좋아야 한다.

1.4 단자함

(1) 연결전선

① 배선에 사용되는 케이블은 모듈 전용선 또는 단심(1C) 난연성 케이블(TFR-CV, F-CV, FR-CV 등)을 사용하여야 한다.

② 전선이 지면을 통과하는 경우에는 피복에 손상이 발생되지 않게 별도의 조치를 취해야 한다.

③ 리드선의 극성표시방법은 케이블에 (+), (-)의 마크 표시, 케이블 색은 적색(+), 청색(-)으로 구분한다.

(2) 커넥터(접속 배선함)

① 태양전지판의 프레임을 부착할 경우에는 흔들림이 없도록 고정되어야 한다.

② 태양전지판 결선 시에 접속 배선함 구멍에 맞추어 압착단자를 사용하여 견고하게 전선을 연결해야 하며, 접속 배선함 연결부위는 일체형 전용커넥터를 사용한다.

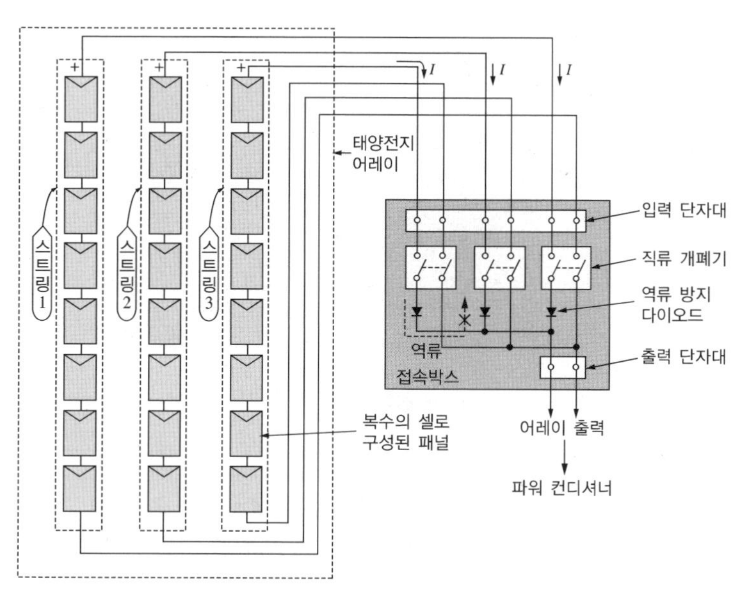

[스트링과 어레이의 관계 및 어레이 접속 방법]

(3) 모듈의 구성

① 모듈을 직·병렬로 접속한 집합체인 '어레이'

㉠ 일반적으로 계통 연계 장치에서는 출력 전압이 200~400V로 되도록 모듈(패널)을 직렬 접속하여 높은 전압을 얻는다.

㉡ 스트링 : 셀이나 모듈을 필요한 수만큼 직렬로 접속한 것

㉢ 어레이 : 모듈을 직·병렬로 접속한 것

㉣ 공장은 모듈 단위로 특성을 측정하여 출하하는데 직렬 접속된 스트링, 또 병렬 접속된 어레이 형태로는 설치 현장에서 처음으로 접속된다.

㉤ 최종적으로 파워가 어느 정도 나오는가 하는 것은 설치 현장에서 밖에 확인할 수 없다.

㉥ 이 경우, 스트링 단위로 특성을 확인할 수 있는 전용 측정기가 제작되어 있다.

㉦ 이 장치는 부하 저항 대신 콘덴서의 충전 특성을 이용하여 $I-V$ 커브, $P-V$ 커브를 측정할 수 있도록 소형화한 것이다.

㉧ 더 정밀한 측정에는 전자 부하식이 사용된다.

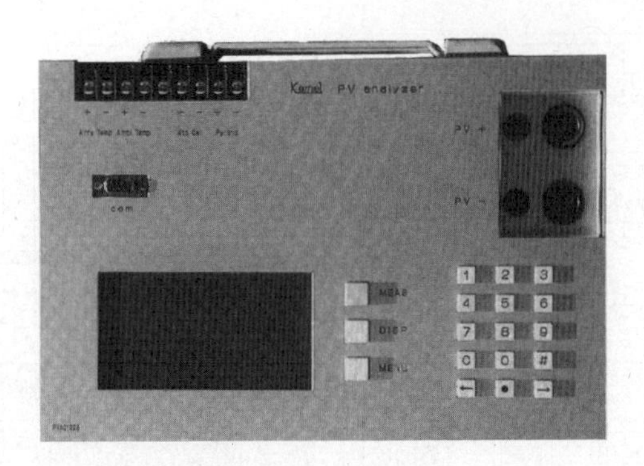

[태양전지 모듈(패널)과 스트링의 $I-V$ 특성, $P-V$ 특성을 측정하는 측정기]

(4) 역전류방지 다이오드

① 1대의 인버터에 연결된 태양전지 직렬군이 2병렬 이상일 경우에는 각 직렬군에 역전류방지 다이오드를 별도의 접속함에 설치하여야 한다.

② 접속함은 발생하는 열을 외부에 방출할 수 있도록 환기구 및 방열판 등을 갖추어야 한다.

③ 역전류방지 다이오드 용량은 모듈 단락전류(I_{sc})의 1.4배 이상, 개방전압(V_{oc})의 1.2배 이상이어야 하며, 현장에서 확인할 수 있도록 표시하여야 한다.

④ 역전류방지 다이오드 실제

㉠ 모든 태양전지에 똑같이 빛을 쪼여 각 스트링의 출력전압이 일치하는 경우는 괜찮지만, 부분적인 그림자 등으로 인해 스트링마다 전압이 다를 경우에는 전압이 높은 스트링에서 전압이 낮은 스트링으로 전류가 흘러들어 손실이 발생한다.

㉡ 이것을 방지하기 위해 병렬접속할 경우에는 역전류 방지 다이오드를 넣어 전류 합성한다.

㉢ 다음 그림에는 주택용 접속 박스의 구체적인 예로, 접속 박스에 역전류 방지 다이오드가 들어 있다.

• 대용량 역전류방지/바이패스용 쇼트키 다이오드가 3개가 있다.

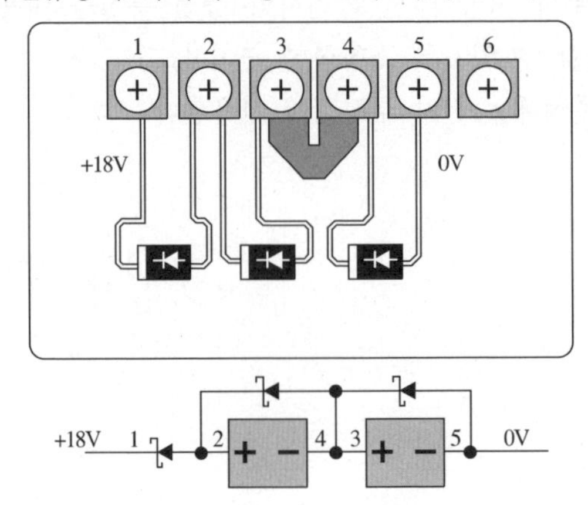

- 1-2 : 역전류 방지 다이오드
- 2-3, 4-5 : 바이패스 다이오드

(5) 바이패스 다이오드

① 태양전지를 직렬접속할 때 전류의 우회로를 만드는 다이오드이다.

② 그림자, 셀의 오염 및 결함 등이 생겨 각 스트링이 같은 광량을 얻을 수 없을 경우

㉠ 직렬접속에서는 모든 전류가 같은 값이므로 하나의 스트링에 흐르는 전류의 크기는 전류가 가장 적은 패널로 결정된다.

㉡ 전류가 적은 패널은 전류 발생 능력이 높은 다른 패널에서 무리하게 전류를 흘리려고 한다. 때문에 바이패스 다이오드를 패널과 병렬로 넣어 전류의 우회로로 동작시킨다.

㉢ 이렇게 함과 동시에 전체 파워 다운의 영향을 줄인다. 이것은 셀 레벨이든 모듈 레벨이든 직렬접속되는 경우에 가능한 것이며, 실제 바이패스 다이오드는 패널에 내장되어 있다.

㉣ 모듈의 집합체 어레이는 직렬접속인 경우 바이패스 다이오드를, 병렬접속인 경우 역전류 방지 다이오드를 넣어 전체의 특성을 유지한다.

③ 바이패스 다이오드 역내전압은 스트링 전압의 1.5배 이상으로 한다.

1.5 태양전지 모듈의 등급별 용도

(1) A등급

① 접근제한 없음, 위험한 전압, 위험한 전력용

② 직류 50V 이상 또는 200W 이상으로 동작하는 것으로 일반인의 접근이 예상되는 곳에 사용한다.

(2) B등급

① 접근제한, 위험한 전압, 위험한 전력용

② 울타리나 위치 등으로 공공의 접근이 금지된 시스템으로 사용이 제한된다.

(3) C등급

① 제한된 전압, 제한된 전력용

② 직류 50V 미만이고, 240W 미만에서 동작하는 것으로 일반인의 접근이 예상되는 곳에서 사용한다.

02 | 태양전지 모듈의 설치 분류

2.1 태양전지 모듈의 설치 개요

(1) 태양전지 모듈의 인증

① 신재생에너지센터에서 인증한 태양전지 모듈을 사용하여야 한다.

② 단, 건물일체형 태양광시스템의 경우 인증모델과 유사한 형태(태양전지의 종류와 크기가 동일한 형태)의 모듈을 사용할 수 있다. 이 경우 용량이 다른 모듈에 대해 신재생에너지 설비 인증에 관한 규정상의 발전성능시험 결과가 포함된 시험성적서를 제출하여야 한다.

③ 기타 인증대상설비가 아닌 경우에는 분야별위원회의 심의를 거쳐 신재생에너지 센터 소장이 인정하는 경우 사용할 수 있다.

(2) 태양전지 모듈 설치용량

모듈의 설치용량은 사업계획서상의 모듈 설계용량과 동일하여야 한다. 다만, 단위 모듈당 용량에 따라 설계용량과 동일하게 설치할 수 없을 경우에 한하여 설계용량의 110% 이내까지 가능하다.

2.2 모듈의 설치 경사각도 및 방향

경사각이란 태양전지 어레이와 지표면이 이루는 각도를 말한다.

(1) 최적 효율 경사각도 및 방향

① 최적 경사각도 : 태양전지 모듈과 태양광선의 각도가 90°가 될 때

② 최적 방위각(방향) : 정남향

그림자의 영향을 받지 않는 곳에 정남향 설치를 원칙으로 하되, 정남향으로 설치가 불가능할 경우에 한하여 정남향을 기준으로 동쪽 또는 서쪽 방향으로 45° 이내에 설치하여야 한다.

③ 일반적인 경사각 계산방법

㉠ 태양광 고정식의 최적 효율 경사각도

예 서울특별시 강서구 등촌2동(위도 37°)

- 고정식 최적 경사각도 : 37°
- 각도 조절형(겨울) : 설치 장소의 위도 +15°
  - 최적 경사각도 : 37° + 15° = 52°
- 각도 조절형(여름) : 설치 장소의 위도 −15°
  - 최적 경사각도 : 37° − 15° = 22°

④ 최적 효율을 위한 계산방법

㉠ 태양 적위(declination, δ)

$$\delta = 23.45\sin\left[\frac{360}{365}(n-81)\right]^{\circ}$$

단, n은 그해의 몇 번째 날

※ 태양의 적위 : 태양의 정오에 위치할 때 적도면과 이루어지는 각. 적위는 연중시간에 따라 변화(하지 때 +23.5°, 동지 때 −23.5°, 춘추분 때 0°)

㉡ 태양의 고도각 : altitude angle

$$\beta_N = 90 - \text{lat} + \delta$$

단, lat는 그 지역의 위도

㉢ 태양전지 모듈의 최적 경사각도 : tilt

$$\text{tilt} = 90 - \beta_N$$

㉣ 남중고도 : 태양의 높이가 가장 높을 때의 고도

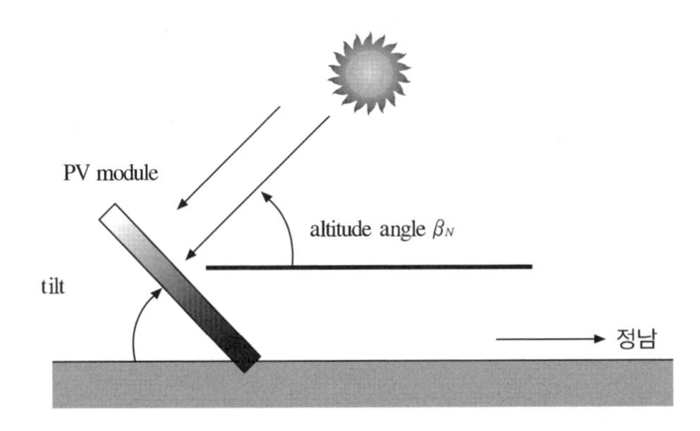

⑤ 일사시간

㉠ 장애물로 인한 음영에도 불구하고 일사시간은 1일 5시간(춘계(3~5월)·추계(9~11월) 기준) 이상이어야 한다.

㉡ 단, 전기줄, 피뢰침, 안테나 등 경미한 음영은 장애물로 보지 아니한다.

㉢ 태양전지 모듈 설치열이 2열 이상일 경우 앞 열은 뒤 열에 음영이 지지 않도록 설치하여야 한다.

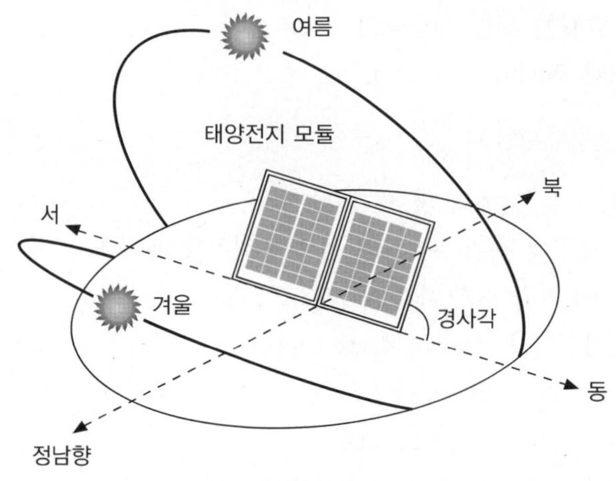

[모듈의 설치 방향과 각도]

⑥ **남중고도** : 북반구 중위도에서 태양 남쪽 자오선에 위치한 순간의 고도를 말하며, 태양의 고도는 하루 중 남중할 때 가장 높다.

2.3 태양전지 모듈의 설치유형에 따른 분류

(1) 지상형

지표면에 태양광설비를 설치하는 형태

① **일반지상형** : 지표면에 고정하여 설치하는 것으로 산지관리법 및 농지법의 적용을 받지 않는 태양광설비의 유형

② **산지형** : 산지전용허가(신고) 또는 산지일시사용허가 등 산지관리법에 따른 인·허가 등을 받아 설치하는 태양광 설비의 유형

③ **농지형** : 농지전용허가(신고) 또는 농지의 타용도 일시사용허가 등 농지법에 따른 인·허가 등을 받아 설치하는 태양광설비의 유형

(2) 건물형

건축물에 태양광설비를 설치하는 형태

① **건물설치형** : 건축물 옥상 등에 설치하는 태양광설비의 유형

② **건물부착형(BAPV ; Building Attached PhotoVoltaic)** : 건축물 경사 지붕 또는 외벽 등에 밀착하여 설치하는 태양광설비의 유형

③ **건물일체형(BIPV ; Building Integrated PhotoVoltaic)** : 태양광모듈을 건축물에 설치하여 건축 부자재의 역할 및 기능과 전력생산을 동시에 할 수 있는 태양광설비로 창호, 스팬드럴, 커튼월, 이중파사드, 외벽, 지붕재 등 건축물을 일부 또는 완전히 둘러싸는 벽, 창, 지붕 형태로 모듈이 제거될 경우 건물 외피의 핵심기능이 상실 또는 훼손될 수 있어 다른 건축자재로 대체되어야 하는 구조

(3) 수상형

댐건설·관리 및 주변지역지원 등에 관한 법률 제2조에 따른 댐, 전원개발촉진법 제5조에 따라 전원개발사업구역으로 지정된 지역의 발전용 댐, 농어촌정비법 제2조의 농업생산기반 정비사업에 따른 저수지 및 담수호와 농업생산기반시설로서 방조제 내측, 산업입지 및 개발에 관한 법률 제6조 내지 제8조에 따른 산업단지 내의 유수지, 공유수면 관리 및 매립에 관한 법률 제2조에 따른 공유수면 중 방조제 내측 위에 부유식으로 설치하는 태양광설비 유형

04 태양광 인버터

01 | 태양광 인버터의 개요

태양전지 어레이에서 발전된 전력은 직류이기 때문에 전기 부하기기에 필요한 전력을 공급하거나 계통과 연계시키기 위해서는 계통과 동기운전을 하면서 고조파가 적은 양질의 교류전력으로 변환하여야 한다. 이러한 역할을 하는 PCS는 태양전지 어레이의 출력이 항상 최대전력점에서 발전할 수 있도록 최대전력점추종(MPPT ; Maximum Power Point Tracking) 제어기능을 가지고 있어야 하며, 계통과 연계되어 운전되기 때문에 계통 사고로부터 PCS를 보호하고 태양광 발전시스템 고장으로부터 계통을 보호하는 여러 가지 보호기능을 보유하고 있어야 한다. 이 때문에 전력조절 기능을 갖춘 계통연계형 인버터를 PCS(Power Conditioning System)라고 한다.

1.1 태양광 인버터의 역할

인버터의 주요기능은 인버팅(DC/AC) 기능을 포함하여 자동운전 정지기능, 최대전력 추종제어기능, 단독운전 방지기능, 계통연계 보호기능, 자동전압 조정기능, 직류검출기능으로 나눌 수 있다.

(1) 태양광의 인버터의 기본 기능(전력변환)

태양전지 어레이로부터 입력받은 DC전력을 AC전력으로 변환시키는 역할이다.

(2) 사용 환경조건 변화에 대응(자동운전 정지기능, 최대전력 추종제어기능)

① 일사량, 태양전지 어레이의 표면 온도, 장애물 또는 구름에 의한 그림자가 발생한다.
② 사용 환경 조건이 시시각각으로 변화한다.
  ㉠ 태양전지 어레이의 최적 동작점을 항상 추적하여 운전
  ㉡ 최대전력점추종(MPPT) 제어기능의 내장 및 성능의 우수성 요구

(3) 계통과의 연계 운전(계통연계 보호기능, 자동전압 조정기능)

계통전압과 항상 동기운전이 필요하다. 제어용 기준 신호를 계통에서 받아 계통전압을 추종하여 계통전압과 동기화한다.

(4) 보호기능(단독운전 방지기능, 계통연계 보호기능, 직류검출기능)

① 계통 사고로부터 인버터를 보호한다.

② 태양광발전시스템 고장으로부터 계통을 보호한다.

③ 상호 보호를 위하여 각종 보호기능이 내장되어 있어야 한다.

1.2 태양광 인버터의 회로 방식

(1) 계통연계형 태양광 인버터 구성방식

① **상용주파 절연방식(저주파 변압기형)** : 태양전지 모듈 그리고 인버터 후단 출력단에 60Hz 변압기가 연결되어 있는 형태이다.

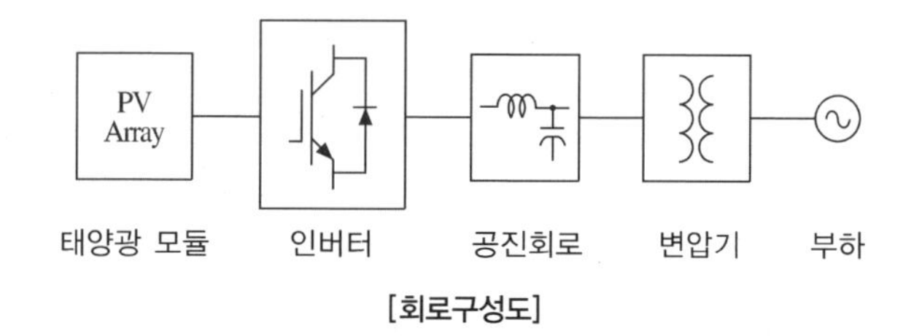

[회로구성도]

㉠ 태양전지 모듈

㉡ 인버터회로 : 입력 직류전압을 교류전압(60Hz : 구형파)으로 변환하는 회로이다.

㉢ 공진회로 : 인버터 회로에서 생성된 고주파 전압(구형파)을 코일과 콘덴서를 통하여 정현파로 변환하는 회로이다(구형파 → 정현파).

㉣ 변압기 : 계통에 알맞게 승압을 한다.

㉤ 상용주파 절연방식 인버터의 특징 : 이 방식은 구조가 간단하고 절연이 가능하며 회로구성이 간단한 장점이 있다. 그러나 저주파 변압기의 사용으로 효율이 낮고 중량이 무거우며 부피가 크다는 단점이 있다. 소형 경량화가 불가능하여 소용량 PCS에는 사용하지 않지만, 절연이 된다는 장점 때문에 중대용량 시스템에서는 모두 이 방식을 채용하고 있다.

- 절연이 가능하여 안전성이 높음
- 회로구성이 간단함
- 소용량의 경우 고효율화가 어려움
- 중량이 무겁고 부피가 큼
- 대용량에 일반적으로 구성되는 방식

② **고주파 절연방식(고주파 변압기형)** : 인버터 전단에 DC/DC 컨버터가 위치하고, 출력단에는 변압기가 없는 형태이다. 태양전지 어레이의 직류전압을 고주파 교류로 변환하고, 고주파 변압기를 통한 고주파 교류를 직류로 변환한 다음, 인버터에 직류를 공급하여 다시 상용 교류로 변환하는 방식이다.

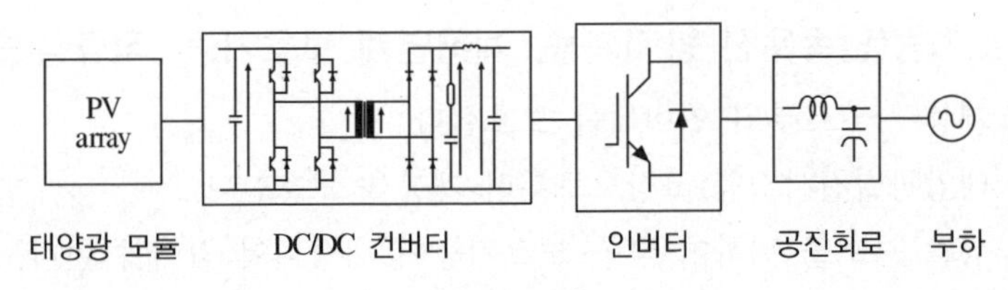

[회로구성도]

㉠ DC/DC 컨버터 및 변압기 : 태양전지 모듈의 전압을 고주파 스위칭 인버터, 승압형 고주파 변압기, 정류회로를 이용하여 인버터에 일정 DC전압을 공급한다.

㉡ 고주파 절연방식 인버터의 특징 : 계통선과 태양전지가 고주파 변압기를 통해 전기적으로 절연되어 있기 때문에 안정성이 높으며 고주파 변압기를 사용하기 때문에 고효율화, 소형화, 경량화가 가능하다는 장점이 있다. 그러나 2단으로 전력을 변환하기(많은 전력용 반도체 소자를 사용) 때문에 효율이 낮아지고 회로 구성이 복잡하며, 대용량에 적용하기가 어렵다는 단점이 있다.

- 소형경량화 가능
- 절연 가능하나 구성회로가 복잡
- 가격경쟁력 확보가 어려움
- 다중 변환으로 고효율화가 어려움
- 대용량에 적용하기 어려움

③ **무변압기형(트랜스리스형)** : 입력에 승압형 컨버터가 있고 출력단에 변압기가 없는 회로구성 방식이다.

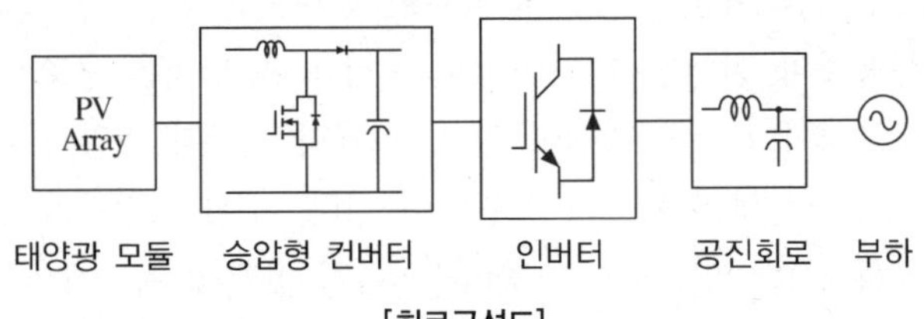

[회로구성도]

㉠ 승압형 컨버터는 입력 직류 전압이 낮을 때만 동작하고 전압이 높을 때는 바이패스 된다.

㉡ 무변압기형 인버터의 특징 : 무변압기형 방식은 저주파 변압기를 사용하지 않기 때문에 고효율, 소형, 경량화에 유리하며, 시스템 구성에 필요한 전력용 반도체 소자가 적기 때문에 저가의 시스템 구현에 적합하다. 단점으로는 변압기를 사용하지 않으므로 안전성면에서 불리하며, 전류의 직류성분이 계통에 유입되지 않도록 하기 위하여 정밀한 제어가 요구된다.

- 소형경량화 가능
- 타 방식에 비해 효율이 높음
- 가격이 타 방식에 비해 저렴함

• 직류 성분 유입 가능으로 고 신뢰성 요구
• 대용량화가 어려움

④ 계통연계형 태양광 인버터 구성방식 비교

항목 \ 종류	상용주파 절연방식	고주파 절연방식	무변압기형 방식
무게/크기	×	△	○
비용	×	×	○
효율	×	○	○
안정성	○	○	△
회로구성	○	×	○

(2) 태양광시스템의 설치조건에 따라 계통연계형 인버터의 설치 유형

태양광발전시스템은 MW급 용량을 대규모로 설치하는 추세로, 이러한 추세에 따른 계통연계형 인버터 또한 고용량화, 고효율화 및 고성능화가 요구되고 있어, 여러 가지 태양광시스템의 설치조건에 따라 계통연계형 인버터도 여러 가지 유형으로 개발, 보급되고 있다.

태양광 인버터의 유형은 태양전지 모듈 및 어레이의 조합과 유형에 따라 MIC(Module Integrated Converter), 스트링, 센트럴, 멀티-스트링, 멀티-센트럴로 분류할 수 있으며 유형별로 장단점을 가지고 있다.

① **AC 모듈** : 각 모듈별 인버터를 부착하는 형태로 별도의 DC 라인 배선이 필요치 않아 설치가 용이하며, 최대 에너지 수확(harvest)이 가능하다는 장점이 있으나 대용량 구현 시 비용 부담이 크고 효율이 낮다는 단점이 있다.

② **스트링(string) 방식** : 모듈 직렬군당 DC/AC 인버터를 사용하는 방식으로 스트링별 MPPT 제어가 가능하다. 부분적인 그늘에 대해 효과적으로 에너지 수확은 좋은 편이나 대용량 발전소에 적용할 때는 인버터의 개수가 너무 많아 유지보수 비용이 증가하며, 인버터의 중앙 제어가 되지 않아 단독운전 방지와 같은 계통 보호 측변에서는 다소 부적합하므로 이와 같은 방식의 인버터는 중용량 태양광발전시스템에 적합하다.

③ **멀티-스트링 방식** : 모듈 직렬군당 인버터 또는 DC/DC 컨버터를 사용하는 방식으로 스트링 방식과 센트럴 방식의 장점을 모아 놓은 형태이나 2중의 전력변환기를 사용하므로 시스템의 효율이 다소 낮다는 단점이 있다.

④ **센트럴 방식** : 모든 모듈의 직·병렬 조합으로 에너지 수확이 다소 낮다는 단점이 있으나 변환기의 효율이 우수하고, 출력 용량 대비 단가가 저렴하다는 장점이 있어 대용량 산업용 인버터 방식으로 주로 사용되고 있다.

이와 같은 센트럴 방식은 단일 인버터 사용으로 계통보호가 유리하며, 유지보수 비용이 적다는 장점은 있으나 단일 인버터를 사용하므로 인버터 고장 시 전체 시스템이 작동하지 못하는 단점을 가지고 있다. 최근 이와 같은 단점을 보완하기 위한 방법으로 대용량 센트럴 인버터를 병렬연결해 하나의 대용량 인버터 시스템을 구현하는 방식인 멀티-센트럴 방식이 많이 개발되고 있다.

⑤ **멀티-센트럴 방식 태양광 인버터** : 멀티-센트럴 방식 인버터는 센트럴 방식의 인버터를 병렬연결한 구조로, 발전 시스템 구성 시 1개의 인버터가 아닌 여러 대의 인버터로 구성되어 있다. 때문에 일출, 일몰 및 에너지가 낮은 조건에서 최소의 인버터 구동으로 시스템 전체적으로 최대의 효율성을 확보하고 태양광발전설비에 대한 효율성을 향상시킬 수 있다. 또한 시스템 내의 각 인버터 가동 시간을 모니터링해 모든 인버터의 가동시간을 동일하게 운전하는 순환 방식 인버터를 통해 전체 인버터 시스템의 사용 수명을 연장시킬 수 있고, 인버터 시스템 중 하나의 인버터에서 문제가 발생하는 경우에도, 다른 인버터는 높은 에너지 레벨에서 발전을 지속할 수 있어 장애상태로 인한 에너지 손실이 매우 낮다. 뿐만 아니라 대용량 계통연계의 경우 저압 변압기를 사용하지 않고, 우리나라의 22.9kV와 같은 고압 계통선에 변압기 1차 측을 다권선 변압기를 채용해 직접 연계할 수 있는 장점을 가지고 있다.

[태양광시스템별 인버터 토폴로지의 특징과 장단점]

구분	MIC	string	multi-string	central	multi central
구조	AC modules, grid	string inverter, grid	multi-string inverter, west, south, east, PV-size 1, PV-size 2, PV-size 3, MPPT, DC-DC, DC-AC, grid	central inverter, grid	
특징	• 모듈별 DC/AC 인버터 적용하는 방식 • 모듈별 MPPT제어가 가능하여 최대수확률 획득 • 별도의 DC 배선이 필요치 않음 • 소용량 태양광발전시스템에 적합	• 모듈별군별 DC/AC 인버터 적용하는 방식 • string별 MPPT제어 가능 • 부분적인 shading에 대해 효과적인 유형 • 중용량 태양광발전시스템에 적합	• 모듈별군별 DC/DC변환기 사용 및 시스템 단일 DC/AC 인버터 사용 • string별 MPPT제어 가능 • 2중 전력 변환 방식으로 효율이 낮으며, 설치비용 높음 • 산업용 태양광발전시스템에 적합	• 전체 모듈을 하나의 군으로 취합하고 중앙에 단일 DC/AC 인버터 사용 • 구조가 간단하며 유지보수가 용이함 • 수확률이 다른 방식에 비해 다소 낮음 • 산업용 태양광발전시스템에 적합	• central 구조를 보완한 형태로 시스템 효율 및 성능개선 • 모듈군별 MPPT제어 가능 • 변압기 및 주변회로 최적 설계로 시스템 종합 효율 최적화 • 대규모 발전용 단자에 적용 적합
cost	×	○	△	◎	◎
PCS 효율	△(92%, 변압기 제외)	○(95%, 변압기 제외)	△(94%, 변압기 제외)	◎(98%, 변압기 제외)	◎(97%, 변압기 포함)
harvest	◎	○	○	△	△
대용량 발전	×	△	△	○	◎
유지비	×	△	△	◎	◎
계통 보호	×	△	○	○	◎

02 | 태양광 인버터의 기능

태양광발전 인버터는 발전소의 시스템 운영에 큰 영향을 미친다. 직류로 연결된 전력을 교류로 변환하는 것은 물론 태양전지 성능을 최고치로 끌어올리는 기능, 고장이 났을 경우를 위한 보호 기능을 갖고 있다.

2.1 태양광 인버터의 기능 설명

(1) 자동운전 정지기능

일사량이 증대되어 출력 가능한 조건이 되면 자동으로 운전을 시작, 일사량 감소 시 자동으로 운전이 정지된다.

(2) 최대전력추종(MPPT) 제어기능

태양전지출력은 일사량, 태양전지 셀 온도에 따라 변동하는데 이런 변동에 대해 항상 최대출력점을 추종하도록 하여 최대출력을 얻을 수 있도록 한다.

(3) 단독운전 방지기능

① 계통 시스템이 정전될 때 단독운전을 방지하는 기능이 작동되어 시스템이 안전하게 정지할 수 있도록 한다.

② 계통에서 고장이 발생하여 계통의 차단기가 개방된 경우에 해당 분산형전원이 계통으로부터 분리된 구내계통의 부하에 단독으로 전기를 공급하는 상태를 단독운전이라 한다.

(4) 계통연계 보호기능

태양광발전 운영 도중 고장 또는 계통 사고 시 인버터는 운전을 정지하고 계통과 분리하여 계통과 시스템을 보호한다.

※ 계통연계 보호계전기 : 과전압계전기(OVR), 저전압계전기(UVR), 고주파수 계전기(OFR), 저주파수 계전기(UFR), 지락 과전류 계전기(OCGR)

(5) 자동전압 조정기능

변압기를 사용하지 않고 계통연계된 태양광발전시스템에서 자동전압 조정기능을 설치하여 전압 상승을 방지한다.

(6) 직류검출기능

인버터 출력이 직접 계통 접속으로 이어지기 때문에 직류 전압이 있으면 계통에 좋지 않은 영향을 미친다. 따라서 직류 성분을 검출 및 제어하는 기능을 한다.

2.2 태양광 인버터의 상세 설명 및 주의사항

(1) 직류 전압 범위

인버터의 직류 입력전압 범위가 250~600 V_{dc}로 매우 넓은 것을 알 수 있다. 범위가 넓은 이유는 발전시스템을 구성할 때에 태양전지 모듈(PV module)의 직렬연결 조합을 다양하게 구성할 수 있도록 하기 위해서다. 구성에 따라 다르지만 72셀로 구성된 실리콘 태양전지 모듈(약 300W급)의 경우 동작 직류 전압이 33~36 V_{dc}이므로 용량 증대를 위해 직·병렬이 필요하다.

(2) 냉각방식 및 보호등급

10kW 이하 소용량 PCS의 경우 옥외에 설치되는 경우가 대부분이므로 먼지나 수분의 침투를 방지하기 위하여 자연냉각이 필요하고, IP54 이상의 보호등급이 필요하다.

(3) 직류분 전류검출

무변압기형 PCS의 경우 교류 출력에 직류 성분이 혼입되어 계통에 유입되면 주상 변압기의 편자현상 등에 의해 계통이나 다른 수용가 설비에 고장을 유발할 수 있으므로 직류분 유입 억제 기능이 필요하다. 유입량은 정격전류의 1% 이내, 검출시간은 0.5초 이내가 일반적인 규제값이다.

(4) 계통연계 보호동작

PCS의 고장 또는 계통 사고 시에 사고의 제거, 사고범위의 극소화를 위하여 PCS를 정지시키고 계통과 분리할 필요가 있다. 일반적으로 과전압, 저전압, 과주파수, 저주파수 등 4가지 요소를 검출한다.

※ 계통연계용 보호장치의 시설

단순 병렬운전 분산전원의 경우에는 역전력계전기를 설치해야 한다. 단, 신에너지 및 재생에너지 개발·이용·보급 촉진법에 의한 신재생에너지를 이용하여 전기를 생산하는 용량 50kW 이하의 소규모 분산형 전원으로서 단독운전 방지기능을 가진 것을 단순 병렬로 연계하는 경우에는 역전력계전기 설치를 생략할 수 있다.

(5) 대기 전력

야간 등과 같이 발전시스템이 발전할 수 없을 경우, 자체적으로 소비하는 손실도 중요한 고려사항이다. 즉, 무부하상태의 손실을 최소화하는 것도 총발전량을 최대화하기 위하여 반드시 필요하다.

(6) 소음 저감

주택 내에 설치할 경우 PCS의 소음을 최소화시킬 필요가 있다. 스위칭 주파수를 가청주파수 이상으로 하고, 냉각 팬의 사용을 억제하기 위하여 자연냉각방식을 채용해야 한다.

(7) European효율

태양전지의 출력은 시시각각으로 변화하기 때문에 부하의 75% 부근에서 나타내는 PCS의 최대효율은 의미가 없다. European효율은 각각 일정한 부하에서 효율을 측정하고 각각 다른 가중치를 부여하여 다음 식과 같이 계산한다. 특히 낮은 부하에서부터 전 부하 영역에서 운전하는 것을 가정하여 산정하는 방식으로 최대효율보다 낮은 값을 가지며, European효율이 최대효율에 근접할수록 우수한 제품이라고 볼 수 있다.

① **최대효율** : 전력변환(AC → DC, DC → AC)을 시행할 때, 최고의 변환효율을 나타내는 단위를 말한다(일반적으로 75%에서 최고의 변환효율).

$$\eta_{max} = \frac{P_{AC}}{P_{DC}} \times 100\%$$

② European효율

= 0.03 × (5% 부하에서의 효율) + 0.06 × (10% 부하에서의 효율)
+ 0.13 × (20% 부하에서의 효율) + 0.1 × (30% 부하에서의 효율)
+ 0.48 × (50% 부하에서의 효율) + 0.2 × (100% 부하에서의 효율)

참고로 미국에서는 European효율과 유사한 방식으로 산정하는 CEC(California Energy Commission)효율을 많이 사용하고 있다.

(8) 최대전력점추종(MPPT ; Maximum Power Point Tracking) 제어기능

다음 그림과 같이 태양전지는 일사량 및 온도에 의해 출력특성이 변화하여 최대전력을 얻을 수 있는 최대전력점도 시시각각으로 변화하게 된다. 최대전력점에서 인버터가 운전되고, 최대전력점을 항상 감시하여 추종하도록 최대전력점추종 제어기능이 요구된다.

다음 그림은 태양전지의 출력특성을 나타낸 것으로 태양전지 표면의 온도와 일사량의 변화에 따른 태양전지의 출력전압과 전류 및 출력전력의 변화를 보여주고 있다.

• 온도 변동에 따른 태양전지 출력 특성

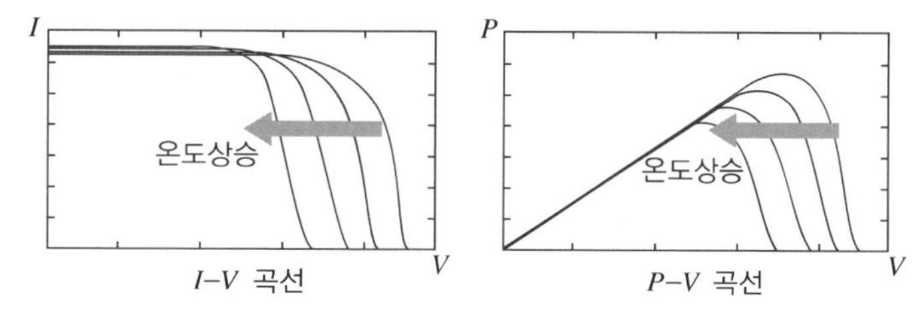

I–V 곡선 *P–V* 곡선

• 일사량 변동에 따른 태양전지 출력 특성

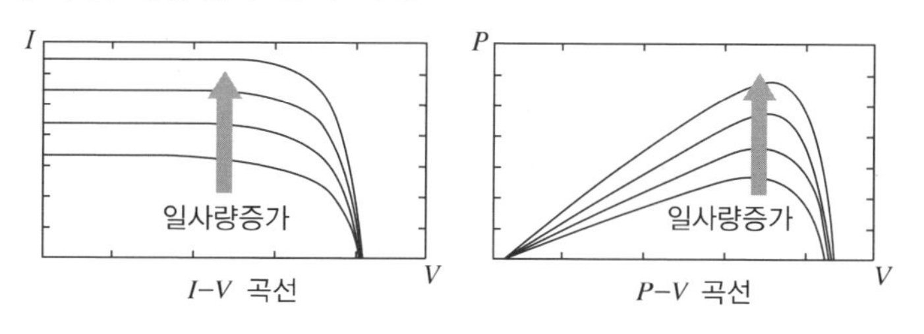

I–V 곡선 *P–V* 곡선

태양광발전시스템을 효율적으로 운용하기 위하여 태양전지 어레이의 최대전력점을 추종하기 위한 제어 알고리즘이 많이 제안되었으나, P&O(Perturbation and Observation) 방법과 IncCond(Incremental Conductance) 방법이 가장 많이 사용되고 있다.

① **P&O 방법** : P&O 방법은 다음과 같이 태양전지 어레이의 동작전압을 조금씩 증가시켜 가면서 전력변화분 ΔP를 측정하여 전력 증가 방향으로 동작점을 계속 재수정함으로써 MPP에 도달하는 방법이다. 간단하고 구현이 용이하기 때문에 가장 널리 사용되고 있다.

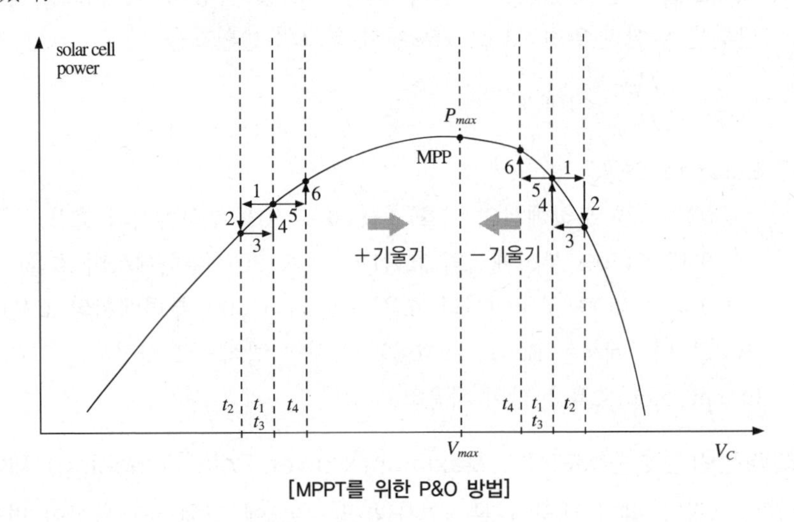

[MPPT를 위한 P&O 방법]

② **IncCond 방법** : IncCond 방법은 태양전지 어레이의 증가하는 컨덕턴스와 순간적인 컨덕턴스를 비교함으로써 MPP를 추적하는 방법으로, 전압과 전류의 변화를 샘플링하여 전압의 증감에 따라 $P-V$ 커브의 기울기를 변화시켜 기울기가 0이 되는 점을 추적한다.

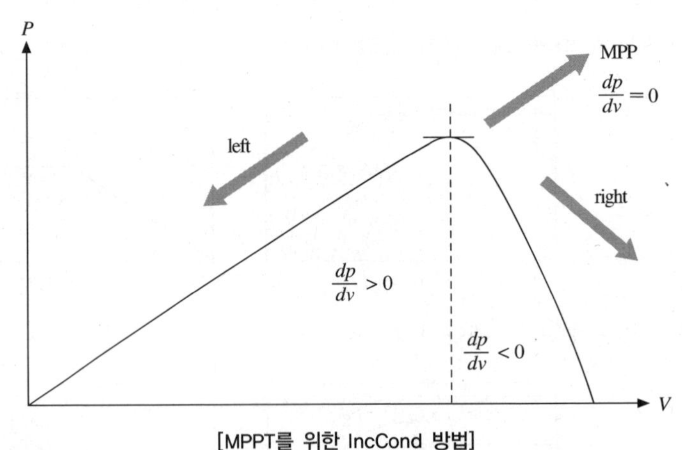

[MPPT를 위한 IncCond 방법]

(9) 단독운전방지(anti-islanding)기능

상용전원 정전과 같은 계통 사고 시에 PCS가 부하용량과 평형을 유지하여 이상 현상을 검출하지 못하고 운전을 계속하는 상태를 단독운전이라고 한다.

단독운전이 발생하면 계통이 상위에서 차단되어 있어도 저압 측으로부터 전압이 유기되기 때문에 안전면에서 문제가 발생한다. 단독운전 시간이 길어지면 PCS의 출력이 불안정하게 되고, 이때 복전이 되어 전원이 투입되면 계통과 PCS의 출력이 동기 되어있지 않을 경우 사고를 유발시킬 수 있다.

따라서 상용전원이 정전이 되면 신속히 이를 검출하여 PCS를 정지시켜야 한다. 이를 단독운전방지기능이라 한다. 단독운전방지기능은 태양광발전시스템에서뿐만 아니라 풍력발전, 연료전지, 마이크로터빈 발전 등 분산발전에서는 반드시 필요한 기능이다.

단독운전 검출을 위한 여러 가지 알고리즘이 제안되었지만, 이 알고리즘들은 수동적 방법과 능동적 방법 두 가지로 대별될 수 있다.

① **수동적 방식** : 전압파형이나 위상 등의 변화를 잡아서 단독운전을 검출

㉠ 전압위상 도약검출방식

㉡ 제3차 고조파 전압급증 검출방식 : 단독운전 이행 시 변압기의 여자전류공급에 따른 전압변형의 급변을 검출

㉢ 주파수 변화율 검출방식 : 단독운전 이행 시 발전전력과 부하의 불평등에 의한 주파수 급변검출

② **능동적 방식** : 항상 인버터에 변동요인을 부여하여 두고 연계운전 시에는 그 변동요인이 나타나지 않고, 단독운전 시에만 나타나도록 하여 이상을 검출하는 방식

㉠ 무효전력 변동방식 : 인버터 출력전압의 주기를 일정시간마다 변동시키면 평상시 계통 측 백파워가 크기 때문에 출력주파수는 변화하지 않고 무효전력의 변화로 나타난다.

㉡ 주파수 시프트 방식 : PCS 내부 발진기에 주파수 바이어스를 부여하고 단독운전 시에 나타나는 주파수 변동을 검출하는 방식

㉢ 유효전력 변동방식 : PCS 출력에 주기적인 유효전력 변동을 부여하고 단독운전 시에 나타나는 전압, 전류 혹은 주파수 변동을 검출하는 방식

㉣ 부하 변동방식 : PCS의 출력과 병렬로 임피던스를 주기적으로 삽입하여 전압 또는 전류의 급변을 검출하는 방식

(10) 자동전압 조정기능

태양광발전시스템을 계통에 접속하여 역송전 운전을 하는 경우 전력 전송을 위한 수전점의 전압이 상승하여 전력회사의 운용범위를 초과할 가능성이 있다. 이를 예방하기 위해 자동전압 조정기능을 설정하여 전압의 상승을 방지하고 있다. 다만 소용량의 태양광발전시스템은 전압상승의 가능성이 희박하여 이 기능을 생략할 수 있다.

(11) 인버터 선정 시 검토해야 할 요소

① 입력정격

㉠ DC 입력정격 및 최대전력

㉡ DC 입력정격 및 최대전류

㉢ DC 입력정격 및 최대전압

㉣ MPP 전압 범위

㉤ 인버터가 계통으로 급전을 시작하는 데 필요한 최소전력

㉥ 대기 전력손실

② 출력정격

㉠ AC 출력정격 및 최대파워

㉡ AC 출력정격 및 최대전류

㉢ 전 부하범위에 걸친 인버터 효율

5%, 10%, 20%, 30%, 50%, 100% 및 110% (유러피언효율 파악)

㉣ 인버터가 계통으로 급전을 시작하는 데 필요한 최소전력

㉤ 대기 전력손실

③ 기타 사항

㉠ 기대 수명

㉡ 가격

㉢ 서비스 레벨

㉣ 중량 및 크기

㉤ 보증 기간

㉥ 기타 수반되는 비용

CHAPTER

05 관련 기기 및 부품

태양광발전시스템은 태양전지 어레이나 파워컨디셔너(PCS) 외에도 시스템을 구성한 뒤에 여러 가지의 관련 기기나 부품을 사용하고 있다. 바이패스 소자, 역류방지 소자, 교류 측의 기기 등이 그것이다. 이런 것은 시스템을 구성하는 기기 사이를 중계하기 위해서나 시스템의 보호 기능의 유지, 시스템의 운전·보수를 용이하게 하기 위한 역할을 가지고 있다. 또한 독립전원시스템이나 계통연계시스템에서도 자립운전기능을 가진 시스템의 경우 축전지를 설치하는 경우가 있다.

01 | 바이패스 소자와 역류방지 소자

1.1 바이패스 다이오드

태양전지를 직렬접속할 때 전류의 우회로를 만드는 다이오드를 말한다.

(1) 태양전지 모듈에서 일부의 태양전지 셀이 발전되지 않을 경우(나뭇잎 등으로 응달, 셀의 일부분 고장)

① 발전되지 않은 부분의 셀은 저항이 커진다.

② 이 셀에 직렬접속되어 있는 회로(스트링)의 전전압이 인가되어 고저항의 셀에 전류가 흘러서 발열한다.

③ 셀이 고온으로 되면 셀 및 그 주변의 충진수지가 변색, 이면 커버의 부풀림 등을 일으킨다.

④ 셀의 온도가 더욱 높게 되면 그 셀 및 태양전지 모듈이 파손에 이르는 경우도 있다.

(2) 바이패스 소자의 설치

① 태양전지 어레이를 구성하는 태양전지 모듈마다 바이패스 소자를 설치하는 것이 일반적이다.

② 보통 바이패스 소자로서 다이오드를 사용한다.

③ 삽입하는 소자는 일반적으로 태양전지 모듈 이면의 단자함 출력단자의 정부(+-)극간에 설치한다.

④ 직렬로 접속한 복수의 태양전지마다 같은 모양의 방법으로 삽입하는 경우도 있다.

⑤ 태양전지 제조사에 따라 다르지만 모듈에 바이패스 소자를 취부 혹은 내장하여 출하하고 있는 경우가 많다.

⑥ 바이패스 소자를 이용할 필요가 있는 경우는 스트링의 공칭 최대출력 동작전압의 1.5배 이상의 역내압을 가진 소자 또는 스트링의 단락전류를 충분히 바이패스할 수 있는 정격전류를 가지고 있는 소자를 사용할 필요가 있다.

⑦ 태양전지 모듈 이면의 단자대에 바이패스 소자를 설치하는 경우

㉠ 설치장소가 옥외인 경우 태양의 열에너지에 의해서 주위온도보다 20~30℃ 높게 되는 경우가 있다.

㉡ 이때는 당연히 다이오드의 케이스 온도도 높게 되기 때문에 사용설명서에 기재되어 있는 평균 순 전류치보다 적은 전류로 사용하지 않으면 안 된다.

㉢ 이 때문에 다이오드 사용 시 온도를 추정하여 여유를 가지고 안전하게 바이패스 될 수 있는 정격전류의 다이오드를 선정할 필요가 있다.

⑧ 모듈의 집합체 어레이는 직렬접속인 경우 바이패스 다이오드를, 병렬접속인 경우 역류방지 다이오드를 넣어 전체의 특성을 유지한다.

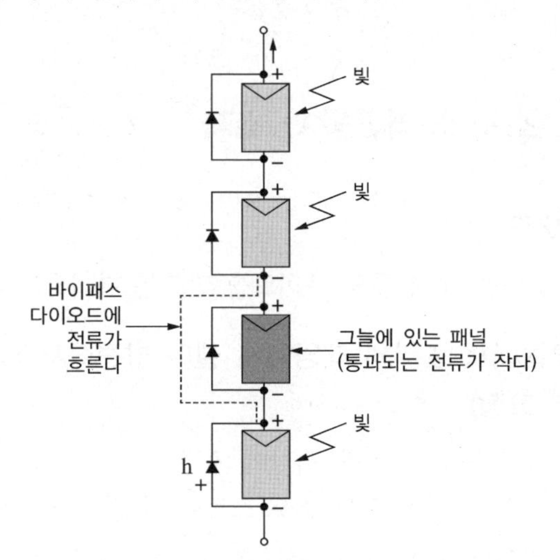

[그늘진 태양전지를 보호하는 바이패스 다이오드]

(3) 모듈의 음영과 바이패스 다이오드

① 음영과 모듈의 직·병렬에 따른 출력전력

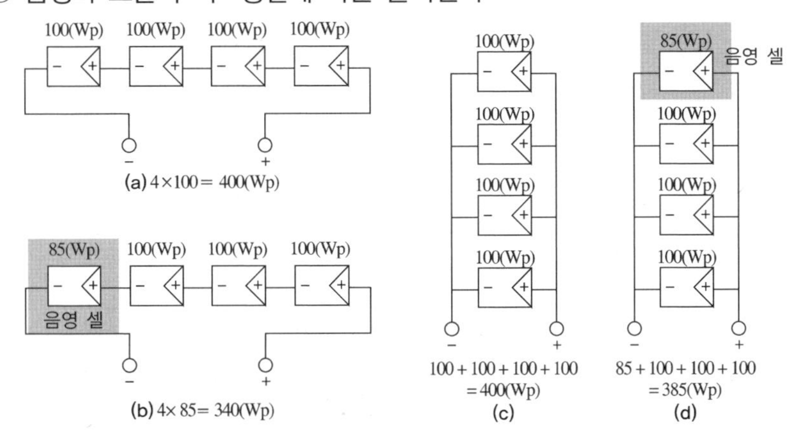

② 모듈배치에 따른 음영 출력저하(음영이 짙을 경우)

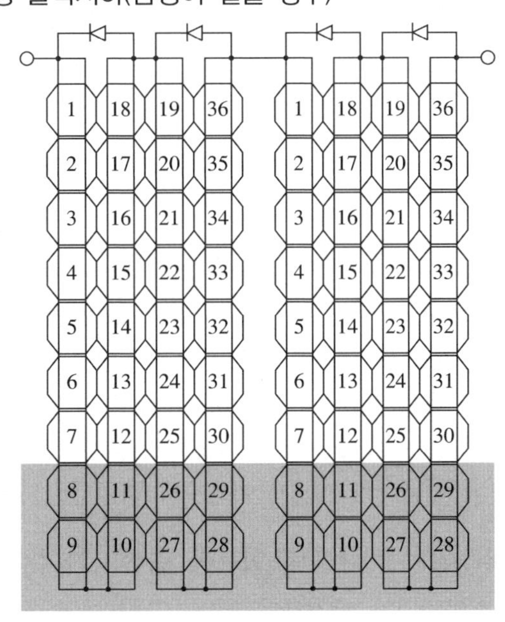

(a) 100% 출력감소

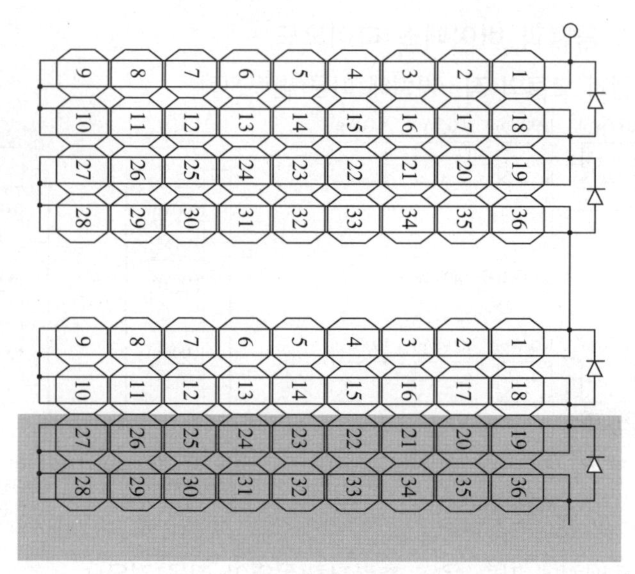

(b) 25% 출력감소

1.2 역전류방지 소자

태양전지 모듈에서 다른 태양전지 회로나 축전지에서의 전류가 돌아 들어가는 것을 저지하기 위해 설치하는 것으로서 일반적으로 다이오드가 사용된다.

(1) 태양전지 어레이의 스트링 간에 출력전압이 다른 경우

① 태양전지 모듈은 태양전지 어레이나 스트링의 병렬회로를 구성하고 있다고 하면 태양전지 어레이의 스트링 간에 출력전압의 차이가 생겨 출력전류의 분담이 변화한다.

② 스트링 간에 출력전압이 일정치 이상으로 다르게 되면 병렬회로의 다른 쪽 스트링에서 전류 공급을 받아 본래와는 역방향 전류가 흐른다.

③ 이 역전류를 방지하기 위해서 각 스트링마다 역전류방지 소자를 설치한다.

(2) 태양전지 어레이의 직류출력 회로에 축전지가 설치되어 있는 경우

① 야간 등 태양전지가 발전하지 않는 시간대에는 태양전지는 축전지에 의해서 부하가 되어 버린다.

② 이런 축전지에서의 방전은 일사가 회복하거나 축전지의 용량이 없어질 때까지 계속하여 모처럼 비축한 전력이 비효율적으로 소비된다.

③ 이것을 방지하는 것도 역전류방지 소자의 역할이다.

(3) 역전류방지 소자 설치

① 접속함 내에 설치하는 것이 통례이지만 태양전지 모듈의 단자함 내에 설치하는 경우도 있다.

② 역전류방지 다이오드 용량은 모듈 단락전류(I_{sc})의 1.4배 이상, 개방전압(V_{oc})의 1.2배 이상이어야 하며, 현장에서 확인할 수 있도록 표시하여야 한다.

③ 설치장소에 의해서 소자의 온도가 높게 되는 것이 예상된 경우에는 바이패스용 다이오드의 선정과 같은 방법으로 선정한다.

02 | 접속함

접속함은 여러 개의 태양전지 모듈 접속을 효율적으로 하고, 보수점검 시에 회로를 분리하여 점검 작업을 용이하게 한다. 또한 태양전지 어레이에 고장이 발생하여도 고장범위를 최소화한다. 이러한 목적에 적합하도록 유지, 보수, 점검이 용이한 장소에 설치한다. 접속함에는 직류개폐기, 피뢰 소자, 역류방지 소자, 단자대 등을 설치한다. 또한 절연저항 측정이나 정기적인 단락전류 확인을 위해서 출력단락용 개폐기를 설치하는 경우도 있다.

2.1 태양전지 어레이 측 개폐기

(1) 설치

① 태양전지 어레이 측 개폐기는 태양전지 어레이의 점검, 보수 시 일부의 태양전지 모듈에 불합리한 부분을 분리하기 위하여 설치한다.

② 태양전지는 태양광이 비추면 항상 전압을 발생하며 일사강도에 따라 전류가 흐르고 있다. 따라서 개폐기는 태양전지에 흐를 수 있는 최대의 직류전지(표준태양전지 어레이 단락전류)를 차단하는 능력을 가지고 있어야 한다. 통상 MCCB 등의 차단기를 사용하였으나 최근에는 태양전지 어레이의 고장이 거의 없기 때문에 경량, 소형, 경제성에서 차단능력이 없는 단로 단자를 사용하는 경우가 많다. 이 경우 주개폐기를 필히 먼저 off하여 전류를 차단하고 단로 단자를 조작할 필요가 있어 주의를 요한다.

③ 시판되고 있는 MCCB는 통상 교류에서 사용을 목적으로 제작된 것이기 때문에 사용설명서 등에서 직류회로에의 적용 여부 및 적용 시의 정격치 등을 확인해야 한다. 3극의 MCCB를 사용하여 3점 단락의 회로로 하는 것에 따라 적용회로 전압이 직류 500V 정도까지 가능한 것도 있다.

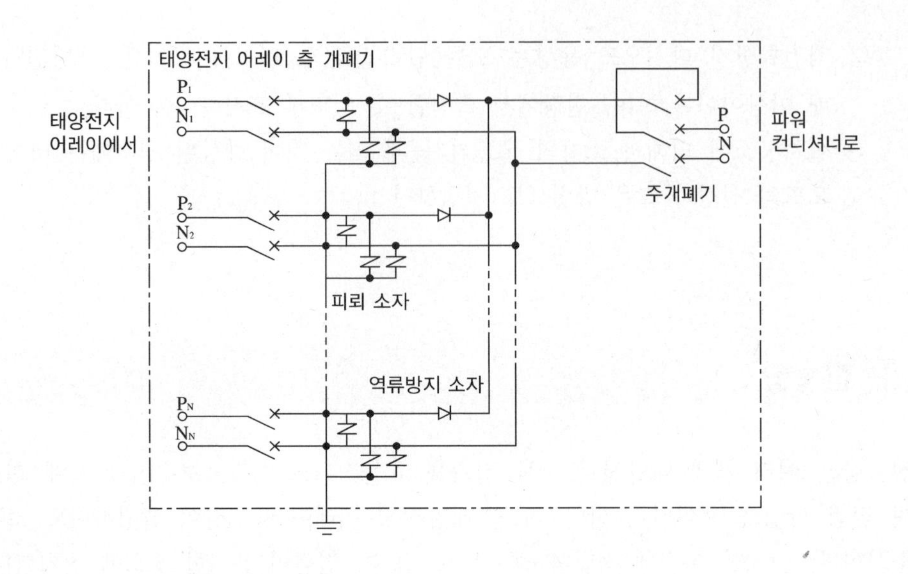

2.2 주개폐기

(1) 설치

① 주개폐기는 태양전지 어레이의 출력을 1개소에 통합한 후 인버터(파워컨디셔너)와 회로 도중에 설치한다.

② 접속함이 용이하지 않은 먼 장소에 있는 경우는 별도로 설치할 것을 추천한다. 이 개폐기는 태양전지 어레이 측 개폐기와 목적이 같기 때문에 생략하는 경우도 있다. 단, 단로 단자를 사용한 경우에는 생략할 수 없다.

③ 주개폐기는 태양전지 어레이의 최대사용전압, 통과전류를 만족하는 것으로서 최대통과전류(표준태양전지 어레이 단락전류)를 개폐할 수 있는 것을 사용하면 좋다. 또한 보수도 용이하고 MCCB를 사용해도 좋지만 태양전지 어레이의 단락전류에서는 자동차단(트립)되지 않는 정격의 것을 사용하는 것이 좋다. 그리고 반드시 정격전압에 적정한 직류차단기를 사용하여야 한다.

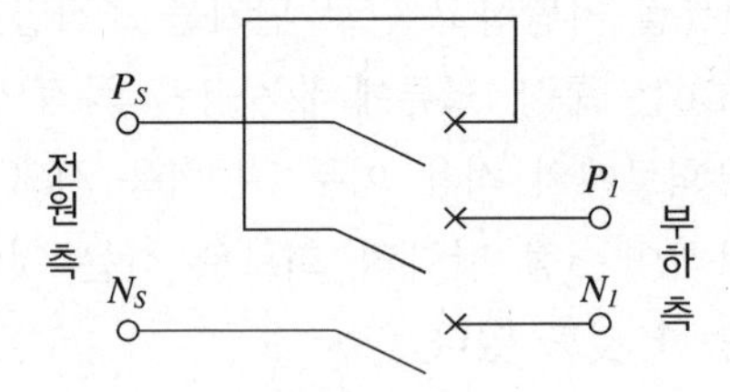

[AC/DC 겸용 차단기의 3극 결선 방법]

2.3 피뢰 소자

(1) 정의

저압 전기설비의 피뢰 소자는 서지보호장치(SPD ; Surge Protective Device)라고도 한다.

(2) 개요

태양광발전시스템은 모듈을 비롯하여 파워컨디셔너 등 각종 전기·전자 설비들로 순간적인 과전압이나 전류에 매우 취약한 반도체들로 구성되어 있다. 따라서 낙뢰나 스위칭 개폐 등에 의해 발생되는 순간 과전압은 이러한 기기들을 순식간에 손상시킬 수 있다. 태양광발전시스템의 특성상 순간의 사고도 용납될 수 없기 때문에 이를 보호하기 위하여 SPD 등을 중요지점에 각각 설치하여야 한다.

(3) 서지보호장치

① 서지억제기, 서지방호장치 등 다양한 용어로 통용되고 있지만, 보통 서지보호장치 또는 SPD로 호칭한다.

② SPD는 크게 반도체형과 갭형이 있다.

③ 기능면으로 구별하여 보면 억제형과 차단형으로 구분할 수 있다.

④ SPD는 동작전압이 낮고 응답시간이 빠르고 정전용량이 작아야 한다.

⑤ 탄소피뢰기, 가스 주입 차단관 등은 차단형 소자로서 응답속도가 느리고 정전용량이 크기 때문에 뇌서지보호에는 일반적으로 적당하지 않다.

⑥ 최근에는 반도체 SPD가 많이 사용되고 있다.

⑦ 종래에는 SPD 소자에 탄화규소(SiC)가 사용되어 왔으나 산화아연(ZnO)이 개발된 이후, 반도체형의 SPD 소자에 산화아연이 많이 사용되고 있다.

⑧ 산화아연은 큰 서지 내량과 우수한 제한전압 등의 특징을 갖고 있어 직렬갭을 필요로 하지 않는 이상적인 SPD로서 기기의 입·출력부에 설치한다.

⑨ SPD의 설치 방법 및 규격

구분	전류파형	공칭방전전류	적용범위
직격뢰용	10/350μs	100	인입 및 배전반
유도뢰용	8/20μs	100, 50, 20	접속반 및 어레이 측

㉠ 위 표는 전원용 50/60Hz의 교류에서 정격 1,000V까지 전원에 접속하는 기기를 보호하기 위해 시설하는 SPD의 기준이다.

㉡ SPD의 설치방법에서 SPD의 접속도체가 길어지면 뇌서지 회로의 임피던스를 증가시켜 과전압 보호효과를 감소시키기 때문에 가능한 짧게 하도록 규정하고 있다.

㉢ SPD 접속도체의 전체길이는 0.5m 이하가 되도록 하여야 한다.

2.4 단자대 및 접속함

(1) 단자대

일반적으로 태양전지 어레이의 스트링마다 배선을 배선함까지 가지고 가서 접속함 내의 단자대에 접속한다. 이 단자대는 KS규격에 적합한 공업용 단자대를 사용하는 것이 필요하다. 특히 직류회로이기 때문에 단자대의 용량을 충분히 여유 있게 시설하는 것이 필요하다.

(2) 수납함(접속함)

① 수납함(접속함)은 단자대, 직류 측 개폐기, 역류방지 소자, SPD 등을 설치하는 함이다.

② 주택용 태양광발전시스템의 경우 직류 측 개폐기는 관리자 외에 쉽게 개폐되지 않도록 하는 것이 바람직하다.

③ 설치 장소에 따라 옥내용, 옥외용이 있고, 재료에 따라 철재, 스테인리스 등이 있다. 시중에는 여러 가지의 치수, 규격이 표준품으로 판매되고 있거나 함을 제작하는 회사에 주문하면 규격에 맞도록 다양하게 제작할 수 있다.

④ 시판되고 있는 표준품은 판 두께가 1.6mm의 얇은 것이 많고, 구멍 등을 가공하는 공사방법도 편리하다. 그러나 가공 후의 도장(방청)처리를 충분히 할 필요가 있다. 또한 옥외사용의 경우 녹발생 및 방수성에 주의가 필요하다. 방수성에 관해서는 IP54 이상의 방수, 방적(이슬방울 방지) 구조의 것을 권장한다.

스트링수	설치장소
소형(3회로)	실내/실외 : IP54 이상
중대형(4회로 이상)	실내 : IP20 이상 실외 : IP54 이상

※ IP규격 : 'Ingress Protection'의 약자이며, 분진과 수분의 침투에 대해 장비의 보호수준을 규정하는 기준이다.

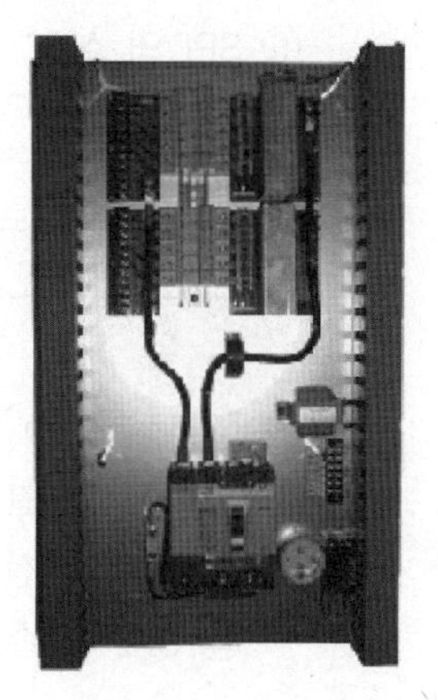

[수납함(배전함) 외부 · 내부]

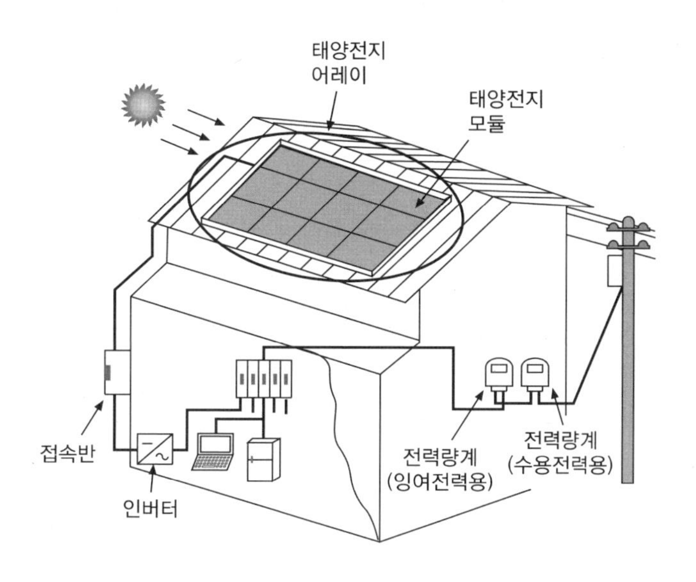

03 | 교류 측 기기

3.1 분전반

(1) 설치

① 수배전반은 계통연계하는 시스템의 경우에 인버터의 교류출력을 계통으로 접속하는 데 사용하는 차단기를 수납한다.

② 주택에서는 많은 경우 이미 분전반이 설치되어 있기 때문에 태양광발전시스템의 정격 출력전류에 맞는 차단기가 있으면 그것을 사용한다.

③ 태양광발전시스템용으로 설치된 차단기는 지락검출기능이 있는 과전류차단기가 필요하다.

④ 단상 3선식의 계통에 연계하는 경우 부하의 불평형에 의해 중성선에 최대전류가 흐를 때는 수전점에서 3극에 과전류 단락보호기능을 가진 차단기(3p-3E)를 설치할 필요가 있다.

3.2 적산전력량계

(1) 적산전력량계 개요

계통연계에서 역송전한 전력량을 계측하여 전력회사에 판매하는 전력요금의 산출을 하는 상거래를 위한 계량기로서 계량법에 의한 검정을 받은 적산전력량계를 사용할 필요가 있다. 또한 역송전한 전력량만을 분리 계측하기 위하여 역전방지장치가 부착되어 있는 것을 사용한다.

(2) 적산전력량계의 설치

① 종래 전력회사가 설치하고 있는 수요전력량계의 적산전력량계도 역송전이 있는 계통연계시스템을 설치할 때는 전력회사가 역송방지장치가 부착된 적산전력량계로 변경하게 된다.

② 역송전력계량용 적산전력량계는 전력회사가 설치하는 수요전력량계의 적산전력량계에 인접하여 설치한다.

③ 적산전력량계는 옥외용의 경우 옥외용 함에 내장하는 것으로 하고 옥내용의 경우 창이 부착된 옥외용 수납함의 내부에 설치한다.

④ 역송전력계량용 적산전력량계는 수요전력량계와는 역으로 수용가 측을 전원 측으로 접속한다.

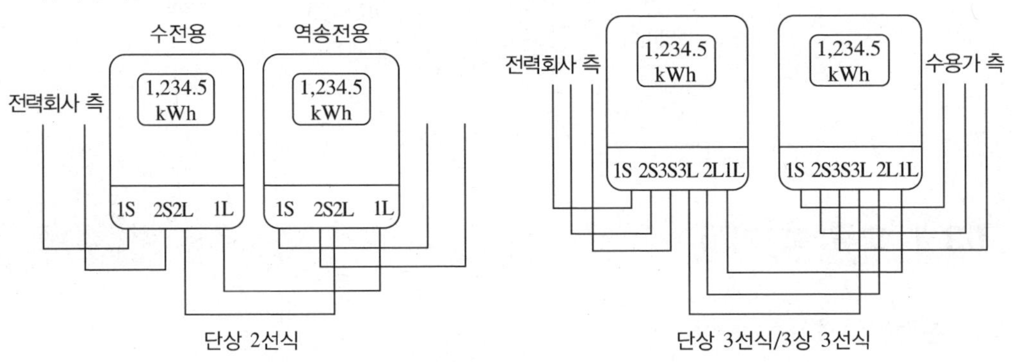

[적산전력량계의 접속]

3.3 변압기

(1) 변압기 원리

전자유도작용을 이용하여 1개의 자기회로인 철심에 2개 이상의 코일을 감아 한쪽 코일에는 교류 전원을 인가하면 전자유도작용에 의해 다른 권선에 그 권선에 비례하는 유도기전력이 발생한다.

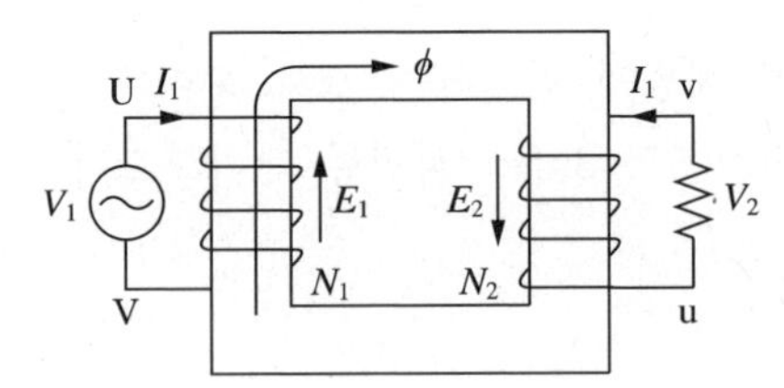

① 1차 및 2차 유기기전력

1차 측 $E_1 = 4.44fN_1\phi_m(\text{V})$, 2차 측 $E_2 = 4.44fN_2\phi_m(\text{V})$

② 권수비

$$a = \frac{V_1}{V_2} = \frac{N_1}{N_2} = \frac{I_2}{I_1} = \sqrt{\frac{R_1}{R_2}}$$

(2) 변압기 회로 결선방식

3상 변압기의 결선방식에는 몇 가지 주요 방식이 있다. 각각의 방식은 특정한 전력 요구 사항과 사용 목적에 따라 구분한다. 주로 사용되는 3상 변압기의 결선방식은 다음과 같다.

① △-△ 결선방식

㉠ 장점

- 제3고조파 전류가 △ 결선 내를 순환하여 정현파 교류 전압이 유기되어 기전력의 파형이 왜곡되지 않는다.
- 1상분이 고장 나면 나머지 2대를 V 결선하여 3상 전력을 공급할 수 있다.
- 각 변압기의 상전류가 선전류의 $1/\sqrt{3}$ 이므로 대전류에 적당하다.

㉡ 단점

- 중성점 접지를 할 수 없어 지락 사고의 검출이 곤란하다.
- 권수비가 다른 변압기를 결선하는 경우 순환 전류가 흐른다.
- 각 상의 임피던스가 다른 경우 3상의 부하가 평형이라도 변압기의 부하 전류는 불평형이 된다.

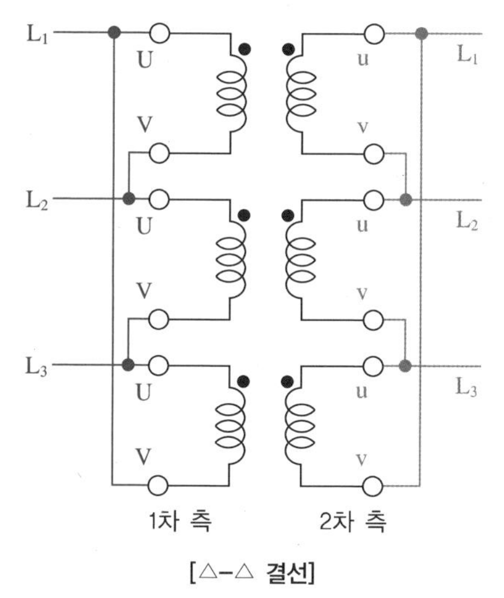

[△-△ 결선]

② Y-Y 결선방식

㉠ 장점

- 1차, 2차 모두 중성점 접지가 가능하여 고압의 경우 이상 전압을 감소시킬 수 있다.
- 1차 2차 전압 사이에 위상차가 없다.
- 상전압이 선간전압의 $1/\sqrt{3}$ 이므로 절연이 용이하며 고전압에 유리하다.

㉡ 단점

- 제3고조파 전류의 통로가 없어 기전력의 파형이 제3고조파를 포함한 왜형파가 된다.
- 중성점 접지로 인해 제3고조파 전류가 흘러 통신선에 유도 장해를 일으킨다.

• 부하의 불평형에 의해 중성점 전위가 변동하여 3상 전압이 불평형을 일으켜 송배전 계통에 거의 사용하지 않는다.

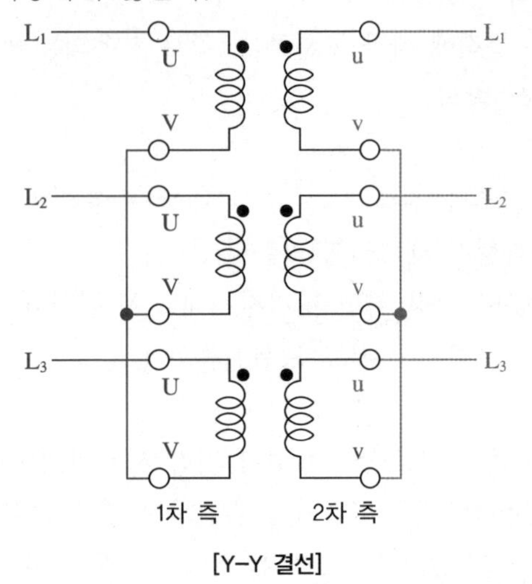

[Y-Y 결선]

③ △-Y 결선방식

㉠ 장점

• 한쪽 Y 결선의 중성점을 접지할 수 있다.

• Y 결선의 상전압이 선간전압의 $1/\sqrt{3}$ 이므로 절연이 용이하다.

• △ 결선이 있어 제3고조파의 장해가 적고, 기전력의 파형이 왜곡되지 않는다.

㉡ 단점

• 1차와 2차 선간전압 간 30°의 위상차가 있다.

• 한 상 고장 시 전원 공급이 불가능하다.

• 중성점 접지로 인해 유도 장해를 초래한다.

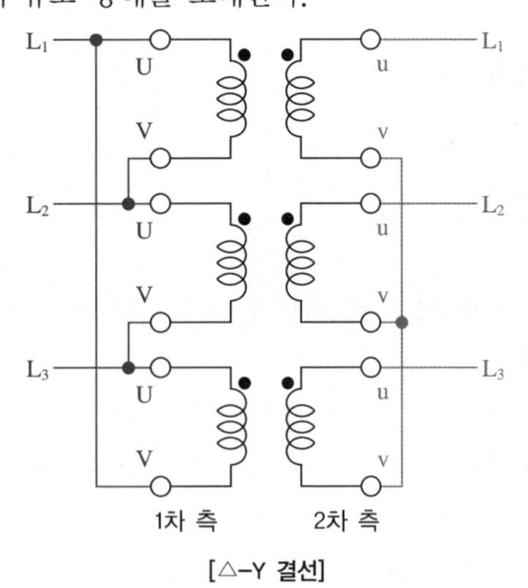

[△-Y 결선]

④ V-V 결선방식

㉠ 장점

- △-△ 결선에서 1대의 변압기가 고장 시 2대만으로도 3상 부하에 전력을 공급할 수 있다.
- 설치 방법이 간단하고 소용량이면 가격이 저렴하여 3상 부하에 널리 이용된다.

㉡ 단점

- 설비의 이용률이 86.6%로 저하된다.
- △ 결선에 비해 출력이 57.7%로 저하된다.
- 부하의 상태에 따라 2차 단자 전압이 불평형이 될 수 있다.

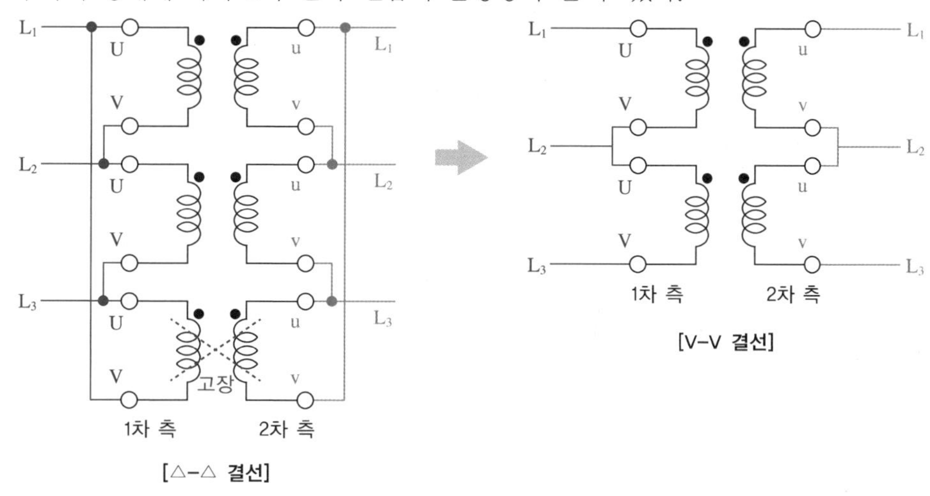

[△-△ 결선] [V-V 결선]

3.4 차단기

(1) 차단기(circuit breaker)

① **목적** : 전기 회로에서 과전류나 단락 등의 비정상적인 전류를 감지하고 자동으로 회로를 차단하여 장비와 인력을 보호한다.

② **작동 방식** : 차단기는 과부하나 단락이 발생할 때 전류를 감지하여 부하가 걸린 상태에서도 자동으로 회로를 차단한다.

③ **보호 기능** : 과전류, 단락, 누전 등의 전기적 보호 기능을 갖추고 있다.

(2) 단로기(DS)

① **목적** : 주로 전기 회로를 물리적으로 분리하여 안전하게 유지보수 작업을 할 수 있도록 한다.

② **작동 방식** : 단로기는 부하가 없는 상태에서만 작동하며, 회로를 완전히 열어서 물리적으로 전류의 흐름을 차단한다.

(3) 소호 원리에 따른 차단기의 종류

종류	특징	장점	단점
유입 차단기(OCB)	기름을 절연 및 소호 매체로 사용. 아크 발생 시 기름이 분해되어 아크를 소호함	큰 용량 차단 가능, 열용량 큼, 소호 성능 우수	기름 유지보수 필요, 기름 열화로 절연 성능 저하, 화재 위험 존재
공기 차단기(ABB)	고압 압축 공기를 사용하여 아크를 소호. 차단 시 고압 공기가 아크를 불어서 소멸시킴	빠른 차단 가능, 오염 물질 없음, 대기 오염 없음	설치 및 유지보수 비용 높음, 고압 공기 시스템 필요, 소음 발생
진공 차단기(VCB)	진공 상태에서 아크를 소호. 진공 상태에서는 아크가 쉽게 소호됨	소형 경량, 유지보수 거의 없음, 소호 성능 우수, 환경 친화적	고압 사용 제한적, 초기 비용 높음
자기 차단기(MBB)	자기장을 이용하여 아크를 소호. 아크 발생 시 자기장에 의해 아크가 길어지면서 냉각됨	빠른 차단 가능, 안정적인 소호 가능	복잡한 자기장 생성 장치 필요, 유지보수 필요
가스 차단기(GCB)	SF_6 가스를 사용하여 아크를 소호. SF_6 가스는 높은 절연 성능과 소호 능력을 제공	높은 절연 성능과 소호 능력, 신뢰성 높음, 유지보수 용이	SF_6 가스는 온실가스, 가스 누출 시 문제 발생
기중 차단기(ACB)	공기를 소호 매질로 사용하여 아크를 소멸시킴. 저전압 및 중전압 시스템에서 사용(1,000V 이하)	빠른 차단 시간과 간편한 유지보수	소형화가 어려움

(4) 가스절연개폐기(GIS)

① 충전부가 대기에 노출되지 않아 기기의 안전성, 신뢰성이 우수하다.

② 밀폐형으로 배기 소음이 없다.

③ 보수점검이 용이하다.

④ SF_6 가스를 사용한다.

(5) 차단기의 정격

① 정격차단용량

$$정격차단용량(MVA) = \sqrt{3} \times 정격전압 \times 정격차단\ 전류$$
$$= \sqrt{3} \times V_n \times I_s$$

② **차단기의 정격전압** : 차단기가 안전하고 효과적으로 동작할 수 있는 최대전압 수준을 말한다. 이는 차단기가 정상 작동 상태에서 견딜 수 있는 최대전압을 의미하며, 전기 시스템의 설계와 안전에 매우 중요하다.

③ **표준전압**

㉠ 공칭전압 : 전선로를 대표하는 선간전압

㉡ 최고전압 : 전선로에 통상 발생하는 최고의 선간전압

$$최고전압 = 공칭전압 \times \frac{1.15}{1.1}$$

공칭전압(kV)	최고전압(kV)
765	800
345	362
154	170
66	69
22.9	23.8

④ 차단기의 정격

㉠ 정격전류 : 정격전압, 정격주파수하에서 정해진 일정한 온도 상승 한도를 초과하지 않고 그 차단기에 흘릴 수 있는 전류

㉡ 정격차단전류 : 표시되어 있는 수치만큼의 전류를 차단할 수 있는 최대전류

㉢ 정격투입전류 : 정격차단전류(실횻값)의 2.5배를 표준

⑤ 보호계전기

㉠ 정의 : 선로나 기기의 고장 혹은 그 밖의 이상 혹은 위험한 전력계통 상태를 검출하고 제어회로를 동작시키는 계전기

㉡ 보호계전기의 종류

- OCR(Over Current Relay, 과전류계전기) : 일정한 값 이상의 전류가 흐르면 부하를 차단한다.
- OVR(Over Voltage Relay, 과전압계전기) : 일정한 값 이상의 전압 발생 시 부하를 차단한다.
- UVR(Under Voltage Relay, 부족전압계전기) : 일정한 값 이하로 전압이 떨어질 때 부하를 차단하는 계전기로 주로 정전 후 복귀 시 돌발 재투입을 방지하기 위해서 설치한다.
- GR(Ground Relay, 지락계전기) : 기기의 내부나 회로에 지락이 발생하는 경우 영상전류를 검출해서 동작하는 계전기이며 영상전류를 검출하는 ZCT와 조합하여 사용한다.
- SGR(Selective Ground Relay, 선택지락계전기) : 비접지 계통의 배전선 지락사고를 검출하여 사고회로만을 선택 차단하는 방향성 계전기로서 지락사고 시 계전기 설치점에 나타나는 영상전압과 영상지락고장전류를 검출하여 선택 차단한다.
- OVGR(Over Voltage Ground Relay, 과전압 지락계전기) : GPT(접지형 계기용 변압기)에 연결하여 지락사고 시 발생하는 영상전압의 크기에 의해 동작한다.
- OCGR(Over Current Ground Relay, 과전류 지락계전기) : CT에 연결하여 비접지 계통의 지락사고 시 지락전류의 크기에 의해 동작한다.

04 | 축전지

태양광발전에서 전력의 저장기술은 오래전부터, 전기가 들어오지 않는 장소에서 사용하는 독립형 시스템에서 요구되어 왔다. 무전기화 지역에서 통신설비 및 야간의 조명, 각종의 표시장치 외에 우주 공간의 인공위성까지 여러 용도로 사용되고 있다. 한편, 전력회사의 계통과 연계하여 사용하는 계통연계형 시스템에서는 통상 태양전지의 발전전력을 저장하는 것은 이루어지지 않고 있다. 이것은 발전전력으로부터 부하의 소비전력을 뺀 잉여전력을 전력회사의 계통으로 역조류하는 것이 계약에 의해 인정되기 때문에, 전력회사의 계통이 전력저장기능과 같은 역할을 담당하는 것으로 생각할 수 있다.
앞으로는 계통연계 후 계통전압 안정화, 재해 시 전력의 공급, 발전전력 급변 시 완충(버퍼), 피크 시프트 등 적용범위를 확장시켜 나갈 것 이다.

4.1 축전지의 이용목적

(1) 독립전원용 축전지 이용목적

① 태양전지의 발전전력을 저장하여 야간, 일조 없는 날에 전력을 사용한다.
② 저장용량은 일조 없는 날수 및 공급신뢰성으로 좌우된다.

(2) 계통연계용 축전지 이용목적

① **계통전압 상승억제** : 역조류에 의한 계통전압의 상승을 방지하고, 전압 상승 시만 잉여전력을 저장한다.
② **계통정전 시의 비상용 전원** : 정전 시에 독립운전을 하여 부하를 백업을 하고, 평상시에는 저장량을 100%로 충전해 놓는다.
③ **발전전력의 평준화** : 태양전지의 출력변동을 평준화한다. 하지만 저장용량이 비교적 작으므로 급격한 충방전이 발생한다.
④ **야간전력의 저장** : 야간에 계통으로부터 전력을 저장하여, 주간에 태양광을 병용하여 사용한다. 매일 충방전이 일어난다.

4.2 축전지(전력저장장치)에 필요한 특성

① **공칭용량** : 방전전류×방전시간
② **cell 전압** : 셀 전압이 높고, 충방전 중 전압변화가 작을 것
③ **충방전 효율** : 충전량에 대한 방전량의 비가 높은 것
④ **에너지밀도** : 에너지밀도가 높고, 소형 경량일 것
⑤ **온도 특성** : 고·저온 시 성능, 수명의 열화가 없을 것
⑥ 중간영역의 충전상태에서 연속사용해도 성능의 열화가 없을 것
⑦ 사이클 수명이 길 것

⑧ 관리 및 정비가 용이할 것
⑨ 장시간 사용해도 안전할 것
⑩ 재사용이 용이할 것

4.3 축전지의 종류

실용화되어 있는 축전지로는 납축전지, 니켈-카드뮴 전지, 니켈-수소 축전지, 리튬 2차 전지 등이 있다. 태양광발전시스템에서는 납축전지를 많이 사용하고 있는데, 일반적으로 보수가 필요하지 않는 밀폐형 납축전지를 주로 사용한다.

(1) 납축전지

① 공칭전압 : 2.0V
② 에너지밀도 : 30~40Wh/kg
③ 대전류 방전 : ~3 CA 가능
④ 중간 충전상태 사용 : 연속사용불가
⑤ 충전방식 : 정전류, 정전압
⑥ 가격 : 저렴

(2) 니켈-수소 축전지

① 공칭전압 : 1.2V
② 에너지밀도 : 10~100Wh/kg
③ 대전류 방전 : 10 CA 가능
④ 중간 충전상태 사용 : 메모리 효과 있음
⑤ 충전방식 : 정전류
⑥ 가격 : 약간 비쌈

(3) 리튬이온 축전지

① 공칭전압 : 3.7V
② 에너지밀도 : 50~200Wh/kg
③ 대전류 방전 : 10 CA 정도
④ 중간 충전상태 사용 : 가능
⑤ 충전방식 : 정전류, 정전압
⑥ 가격 : 비쌈

4.4 축전지의 선정

(1) 계통연계시스템용 축전지

① **방재 대응형** : 재해 시 인버터를 자립운전으로 전환하고 특정 재해대응 부하로 전력을 공급한다.

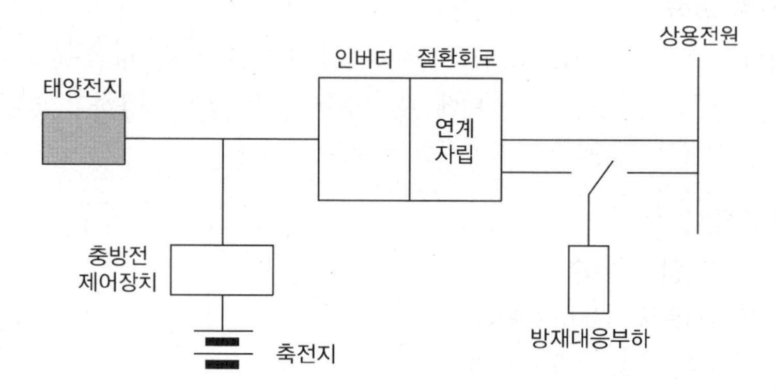

㉠ 보통 때 연계운전

㉡ 정전 시 자립운전

㉢ 정전 회복 후 야간충전운전

② **부하평준화 대응형(피크 시프트형, 야간전력 저장형)** : 태양전지 출력과 축전지 출력을 병용하여 부하의 피크 시에 인버터를 필요 출력으로 운전하여 수전전력의 증대를 막고 기본전력요금을 절감하려는 시스템이다.

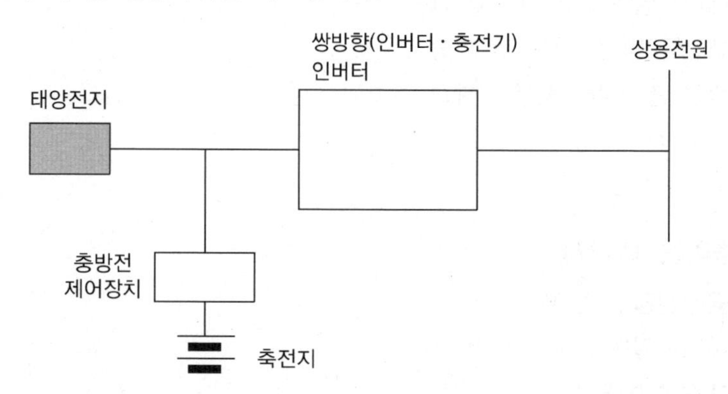

㉠ 보통 때 연계운전

㉡ 피크 시 태양전지, 축전지 겸용 연계운전

㉢ 야간충전운전

③ **계통안정화 대응형** : 기후가 급변할 때나 계통부하가 급변할 때는 축전지를 방전하고, 태양전지 출력이 증대하여 계통전압이 상승하도록 할 때는 축전지를 충전하여 역류를 줄이고 전압의 상승을 방지하는 역할을 한다.

(2) 독립형 전원시스템용 축전지

① 부하의 필요 전력량을 확인 후 태양전지 용량과 축전지의 용량, 충방전 제어장치의 설정값들을 최적화시킬 수 있도록 선정한다.

② 축전지 용량(C) $= \dfrac{\text{1일 소비전력량} \times \text{불일조일수}}{\text{보수율} \times \text{방전심도} \times \text{축전지전압(방전종지전압)}}$ (Ah)

㉠ 방전심도(DOD ; Depth Of Discharge)의 용량이 1,000mAh라고 하면, 1,000mAh를 100% 다 소진하고 충전할 때 방전심도는 1이고, 80% 사용하고 충전을 한다면 방전심도는 0.8이 된다.

㉡ 불일조일수 : 기상 상태의 변화로 발전을 할 수 없을 때의 일수

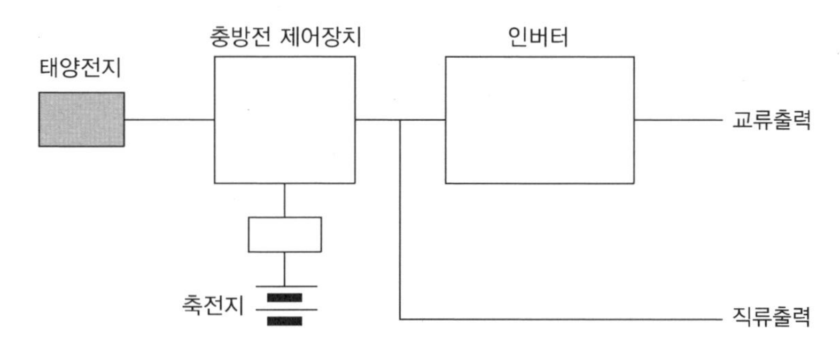

③ 직류부하 전용일 때는 인버터가 필요 없다.

④ 직류출력 전압과 축전지의 전압을 서로 같게 한다.

05 | 낙뢰 대책

5.1 낙뢰의 개요

뇌가 발생하여 뇌운과 대지 사이가 번개로 연결되면, 대지 측에 중대한 장해가 발생한다. 하나는 낙뢰에 의해 생긴 고전압 펄스(굉장히 짧은 시간에만 전기신호가 발생하고 있는 상태)가 전기설비 등의 절연파괴를 일으키는 문제와 또 하나는 고전압 펄스가 통신 전송 신호의 잡음원이 되는 문제이다. 번개가 대지로 접촉하여 생기는 고전압 펄스를 '뇌서지'라고 한다. 뇌서지는 직격뇌서지와 유도뇌서지로 나눌 수 있다.

5.2 낙뢰의 종류

(1) 직격뢰서지

① 전력설비나 전기기기에 직접 뇌가 떨어져 직접뢰방전을 받는 경우를 말한다.

② 거의 낙뢰에 의해 부분적 또는 전체적으로 파괴되기 때문에 유효한 수단이 없는 현상이다.

③ 특히 고전압 송전선, 무선중계소 및 고층화한 빌딩 등의 대상은 보호가 필요하다.

(2) 유도뢰서지

① **직격뢰가 원인인 경우** : 나무나 빌딩 등의 비교적 높은 건물에 낙뢰하여 직격뢰전류가 흘러 주위에 강한 전자계가 생기고 전자유도작용에 의해 부근의 전력 송전선이나 통신선에 서지전압이 발생한다.

② **뇌운 사이에서의 방전에 의해 일어나는 경우** : 상공에 두 개의 뇌운이 접근하여 떠 있는 경우, 정전기와 부전기층에서 방전을 일으키면 뇌운파가 발생한다. 이때 정전유도작용에 의해 전력선이나 통신선상에 고여 있던 전하의 리듬을 파괴한다. 그 결과 전하가 선의 양방향에 서지로서 흘러나오게 된다.

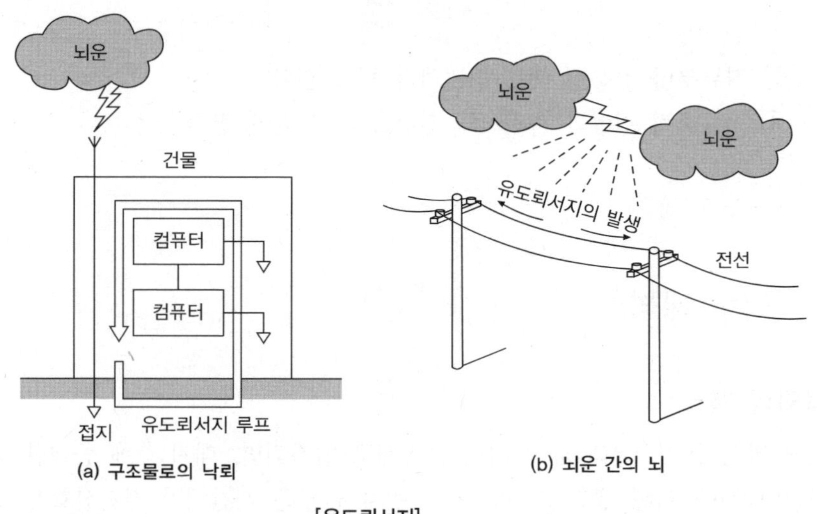

(a) 구조물로의 낙뢰
(b) 뇌운 간의 뇌

[유도뢰서지]

5.3 낙뢰 피해의 형태와 보호 대책의 필요성

(1) 낙뢰 피해의 형태

① 낙뢰 피해의 분류

㉠ 직접적인 피해

- 낙뢰에 의한 감전
- 가옥 산림의 화재
- 건축물, 설비의 파괴

㉡ 간접적인 피해
- 전력설비의 파손(정전)
- 통신시설의 파손(정파)
- 철도, 교통시설의 파손(불통)
- 공장, 빌딩의 손상(조업정지)

② 전력 설비에서 낙뢰 피해의 원인

㉠ 송전선, 배전선에 대한 직격뢰

㉡ 송전선, 배전선에서의 역 플래시오버

㉢ 배전선에서의 유도뢰

㉣ 배전선에서의 역류뢰

③ 전기, 전자 설비의 피해 증가

㉠ 반도체 등으로 서지 내량 감소

㉡ 고감도화에 동반한 신호 레벨 저하

㉢ 대규모 지역의 네트워크화

(2) 뇌보호시스템

① **외부 뇌보호** : 수뢰부, 인하도선, 접지극, 차폐, 안전이격거리

② **내부 뇌보호** : 등전위본딩, 차폐, 안전이격거리, 서지보호장치(SPD), 접지

(3) 태양광발전설비의 낙뢰 대책

① 뇌서지 침입경로

㉠ 태양전지 어레이에서의 침입

㉡ 배전선이나 접지선에서의 침입

㉢ 위 두 가지 조합에 의한 침입 등

② 뇌서지에 대비하는 법

㉠ 광역피뢰침뿐만 아니라 서지보호장치를 설치한다.

㉡ 피뢰소자를 어레이 주회로 내부에 분산시켜 설치하고 접속함에도 설치한다.

㉢ 저압 배전선에서 침입하는 뇌서지에 대해서는 분전반에 피뢰소자를 설치한다.

㉣ 뇌우 다발지역에서는 교류 전원 측으로 내뢰 트랜스를 설치하여 보다 완전한 대책을 세운다.

③ 피뢰대책용 부품

㉠ 어레스터 : 낙뢰에 의한 충격성 과전압에 대하여 전기설비의 단자전압을 규정치 이내로 저감시켜 정전을 일으키지 않고 원상태로 회귀하는 장치이다.

㉡ 서지업서버 : 전선로에 침입하는 이상전압의 높이를 완화하고 파고치를 저하시키는 장치이다.

㉢ 내뢰 트랜스 : 실드부착 절연 트랜스를 주체로 이에 어레스터 및 콘덴서를 부가시킨 것으로, 절연 트랜스에 의해 뇌서지의 흐름을 완전히 차단할 수 있도록 한 장치이다.

5.4 서지보호장치(SPD)

(1) 서지보호장치(SPD)의 개요

① 서지로부터 각종 장비들을 보호하는 장치이다.

② SPD는 과도전압과 노이즈를 감쇄시키는 장치로서 TVSS(Transient Voltage Surge Suppressor)라고도 한다.

③ SPD는 전력선이나 전화선, 데이터 네트워크, CCTV회로, 케이블 TV회로 및 전자장비에 연결된 전력선과 제어선에 매우 짧은 순간 나타나는 과도 전압을 감쇄하도록 설계된 장비이다.

(2) SPD 작동 원리

① 고압에서 사용하는 피뢰기(LA)와 유사하다.

② 이상전압이 발생하였을 때 이상전압이 부하 측으로 흘러가지 않도록 한다. 다만 작동을 하지 않도록 고안한 제품이다. 이는 제한전압 소자를 사용하기에 가능하다.

③ '제한전압 소자'란 평상시에는 높은 임피던스를 유지하지만 일정 전압 이상의 전압이 주어지면 임피던스값이 매우 낮아지는 특성을 갖는 소자를 말한다.

(3) SPD 동작 시 전류 흐름

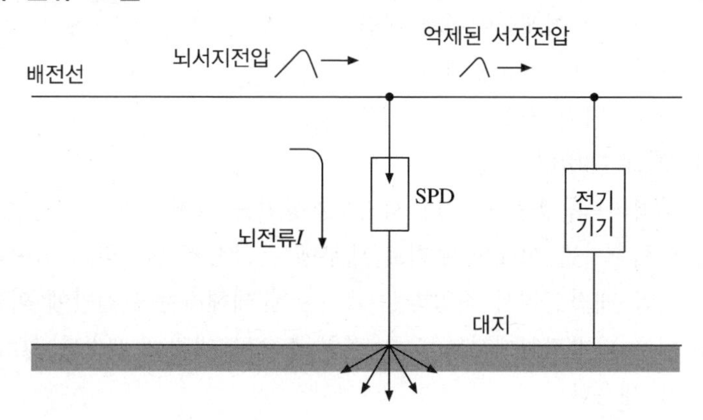

5.5 태양광발전시스템 계측 및 모니터링시스템

태양광발전시스템의 계측장치는 시스템의 운전상태를 감시, 발전 전력량 파악, 성능평가를 위한 데이터의 수집을 통해 태양광발전시스템의 효율적인 운영관리를 위해 꼭 필요한 요소이다.

(1) 계측기구 및 표시장치 목적

① 시스템의 운전상태 감시

② 발전 전력량 파악

③ 시스템 기기 또는 시스템 종합평가를 위한 계측

④ 시스템 운전상황을 한눈에 볼 수 있게 하여 시스템의 홍보와 관리

(2) 계측기구 및 표시장치

계측 및 표시를 위한 시스템은 먼저 검출기(센서), 신호변환기(트랜스듀서), 연산장치, 기억장치, 표시장치 등으로 구성된다.

① 검출기(센서)

㉠ 직류 : 전압은 분압기로 검출하고, 전류는 분류기로 검출한다.

㉡ 교류(전압, 전류, 전력, 역률, 주파수) : 직접 계측하거나 PT, CT를 통해 검출하여 지시계기나 신호변환기 등에 신호를 공급한다.

㉢ 일사 강도, 기온, 태양전지 어레이의 온도, 풍향, 습도 등의 검출기를 필요에 따라 설치한다.

㉣ 일사 계측

- 일사계 : 유리돔 내측에 흑체가 내장된 수광판이 설치되어 입사하는 빛의 거의 100%를 흡수하여 열로 바꾼다. 열전대를 사용하여 온도변화를 전기신호로 변환한다.
- 일사계의 설치는 태양전지 어레이의 수광면과 같은 각도로 설치한다.

㉤ 기온 : 태양전지는 온도의 변화에 따라 변환효율의 변동이 크기 때문에 성능 평가에서 기온 계측이 중요하다.

㉥ 풍속 : 태양전지 모듈이나 가대는 강풍 시에 큰 풍하중이 작용하기 때문에 태양광발전시스템 시공이나 설치방식을 평가하는 경우 풍향과 풍속 등의 기상 데이터도 중요하다.

② 신호변환기(트랜스듀서)

㉠ 신호변환기는 검출기로 검출된 데이터를 컴퓨터 및 먼 거리에 설치된 표시장치에 전송하는 경우에 사용된다.

㉡ 신호 출력은 노이즈가 혼입되지 않도록 실드선을 사용하여 전송한다.

③ 연산장치

㉠ 연산장치에는 검출 데이터(직류전력)를 연산해야 하는 것에 사용하는 것이 있다.

㉡ 또는 짧은 시간의 계측 데이터를 적산하여 일정기간마다의 평균값 또는 적산 값을 연산하는 것이 있다.

④ 기억장치

㉠ 기억장치는 연산장치로서 컴퓨터를 사용하는 경우 컴퓨터에 필요한 데이터를 복사 및 저장하여 보존하는 방법이 일반적이다.

㉡ 계측장치 자체에 기억장치가 있는 것이 있어 메모리 카드 등에 데이터를 직접 기록할 수 있는 형태의 계측기도 있다.

⑤ 표시장치

㉠ 전광판 형태의 장치로 보통 견학하는 사람들을 대상으로 설치하는 경우가 있다.

㉡ 순시 발전량, 누적발전량, 설유 절약량, CO_2 삭감량, 기온 등을 표시한다.

⑥ 계측기기의 소비전력은 작지만 24시간을 지속적으로 소비하고 컴퓨터를 사용하여 계측하면 많은 전력을 소비하므로 소규모 시스템의 경우에는 계측항목을 최소한으로 줄여 운영하는 것이 중요하다.

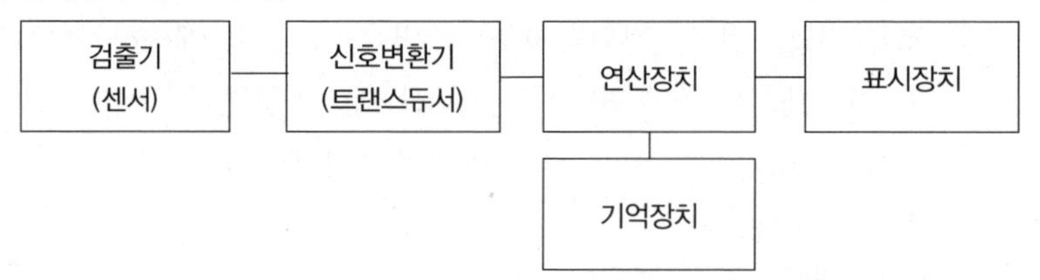

⑦ 계측설비별 요구사항

계측설비	요구사항	확인방법
인버터	CT 정확도 3% 이내	• 관련 내용이 명시된 설비 스펙 제시 • 인증 인버터는 면제
온도센서	정확도 ±0.3℃(−20~100℃) 미만	관련 내용이 명시된 설비 스펙 제시
	정확도 ±1℃(100~1,000℃) 이내	
유량계, 열량계	정확도 ±1.5% 이내	관련 내용이 명시된 설비 스펙 제시
전력량계	정확도 1% 이내	관련 내용이 명시된 설비 스펙 제시

⑧ 측정위치 및 모니터링 항목

측정된 에너지 생산량 및 생산시간을 누적으로 모니터링 하여야 한다.

구분	모니터링 항목	데이터(누계치)	측정 항목
태양광, 풍력, 수력, 폐기물, 바이오	일일발전량(kWh)	24개(시간당)	인버터 출력
	생산시간(분)	1개(1일)	

(3) 주택용 시스템의 계측기구

① 전력량계 2개가 필요하다. 1대는 전력회사에서 공급받는 전력량과 1대는 전력회사로 역조류한 잉여전력량을 계량한다.

② 주택용은 주로 파워컨디셔너에 운전상태를 감시하기 위해 발전전력의 검출기능과 그 계측결과를 표시하기 위한 액정디스플레이 등의 표시장치를 갖추고 있다.

(4) 태양광발전 모니터링시스템

① 발전소의 현재 발전량 및 누적량, 각 장비별 경보 현황 등을 실시간 모니터링 하여 체계적이고 효율적으로 관리하기 위한 태양광발전소 종합모니터링시스템(solar plant total monitoring system)이다.

② 전기품질을 감시하여 주요 핵심계통에 비정상 상황 발생 시 정확한 정보제공으로 원인을 신속하게 파악하고 적절한 대책으로 신속한 복구와 유사 사고 재발을 예방할 수 있다.

③ 발전소의 현재 상태를 한눈에 볼 수 있도록 구성하여 쉽게 현재 상태를 체크할 수 있다.

④ 24시간 모니터링으로 각 장비의 경보상황 발생 시 담당 관리자에게 전화나 문자를 발송하여 신속하게 대처할 수 있도록 한다.

⑤ 일별, 월별 통계를 통하여 시스템 효율을 측정하여 쉽게 발전현황을 확인할 수 있다.

⑥ 주요기능

㉠ 데이터 수집기능

㉡ 데이터 저장기능

㉢ 데이터 분석기능

㉣ 데이터 통계기능

(5) 운영 감시제어 장치 접속

① 설치일반

㉠ 운영 감시제어 장치의 결선은 제작자가 직접 설치한다.

㉡ 관련설비의 케이블은 보호 케이블(FTP 0.5/4p)로 한다.

㉢ 케이블의 전선관은 단독사용 전선관으로 한다.

② 점검 : 구간별 케이블의 절연저항을 점검, 측정 및 확인을 하여야 한다.

③ 시스템 기능 확인

㉠ 운전 감시 및 측정기능 확인(데이터 수집기능)

- 운전 기능 : 차단기의 개폐
- 감시 기능 : 차단기의 개폐 상태 표시, 차단기의 동작 상태, 기타의 접점 표시

㉡ 측정 기능(데이터 수집기능)
- 태양전지 전압, 전류, 발전량, 부하량, 일사량 및 온도
- 기타 유효전력, 역률 등 정보 측정

㉢ 기록 및 통계 기능(데이터 저장기능, 데이터 통계기능)
- 시간대별, 월별, 주간별 정기적 자료 기록
- 경보발생 이력에 대한 기록

㉣ 경보발생 기능(데이터 분석기능)
- 장치 이상 경보 기능
- 감시 요소 상태 이상 시 경보 기능

④ 감시 화면 구성 점검

㉠ 디지털 감시 화면
- 태양광, 인버터, 한전 차단 스위치 등의 동작상태 확인
- 인버터 보호 계전기(온도, 과전류, 과/저전압, 과/저주파수) 동작상태 확인

㉡ 계측 화면
- 각 감시 요소별 아날로그값을 막대그래프와 디지털값으로 분리 표시
- 주요 계측 요소
  - 태양전지 출력(직류전류, 전압, 전력)
  - 인버터 출력(L1, L2, L3 전압, 전류, 유효전력, 전력량, 역률, 주파수)
  - 기후조건(외기온도, 태양전지 표면온도, 경사면 및 수평면 일사량)

㉢ 계통도 화면 : 태양광발전에 대한 계통도를 디자인하여 계통 내 다음의 사항 등을 표시하여 감시가 용이하게 한다.
- 주요 차단기 on/off 상태(태양광, 인버터, 한전 차단 스위치)
- 주요 계측요소별 계측기(발전전력, 외기온도, 태양전지 표면온도, 경사면 및 수평면 일사량)

㉣ 경보 화면
- 차단기 및 보호 계전기의 동작 상태를 표시하고, 계측요소의 데이터값이 설정치보다 높거나 이상이 발생 시에 경보 화면에 자동으로 기록
- 차단기의 동작시간표, 경보발생요소 및 시간표시, 계측요소 상·하한 계측치 표시

㉤ 보고서 화면
- 일일발전 현황 : 일일 시간대별 태양전지 발전 현황, 부하 현황 등을 시간대로 표시 및 평균, 최소, 최대, 누적치 표시
- 월간 발전 현황 : 월간 일자별 태양전지 발전 전력, 부하 소비 전력 등을 표시

적중예상문제

CHAPTER 01 신재생에너지의 개요

01 신에너지 및 재생에너지 개발 · 이용 · 보급 촉진법에 의한 신에너지가 아닌 것은?

① 수소에너지
② 연료전지
③ 바이오에너지
④ 석탄을 액화한 에너지

해설
• 재생에너지 : 태양, 풍력, 수력, 해양, 지열, 바이오, 폐기물, 수열(8개 분야)
• 신에너지 : 수소에너지, 연료전지, 석탄을 액화 · 가스화한 에너지 및 중질잔사유를 가스화한 에너지(3개 분야)

02 신재생에너지의 특징이 아닌 것은?

① 고갈성 에너지
② 공공 미래에너지
③ 환경친화형 청정에너지
④ 시설 투자비가 많이 든다.

해설 신재생에너지는 공공 미래에너지, 환경친화형 청정에너지, 비고갈성 에너지, 기술에너지이다.

03 태양광발전에 사용되는 태양전지 중 PN 접합에 의해 발전되는 발전원리의 순서로 적합한 것은?

① 광흡수 → 전하생성 → 전하수집 → 전하분리
② 광흡수 → 전하생성 → 전하분리 → 전하수집
③ 전하생성 → 광흡수 → 전하분리 → 전하수집
④ 전하생성 → 전하분리 → 광흡수 → 전하수집

해설 태양광발전원리 순서는 광흡수 → 전하생성 → 전하분리 → 전하수집이다.

정답 1 ③ 2 ① 3 ②

04 태양전지는 전기적 성질이 다른 두 반도체를 접합시킨 구조를 하고 있다. 2개의 반도체 경계 부분을 무엇이라고 하는가?

① 정공
② PN 접합
③ 도너
④ 에너지밴드

05 태양전지에 태양빛이 닿으면 태양빛이 가지고 있는 에너지에 의해 태양전지의 반도체 내에서 정공과 전자가 발생한다. 이 발생한 전자는 무슨 형 반도체 쪽으로 모여 전위가 발생하는가?

① P형 반도체
② I형 반도체
③ N형 반도체
④ 억셉터

06 자연의 바람으로 풍차를 돌리고, 이것을 기어 등을 이용하여 속도를 높여 발전하는 풍력발전에서 이론상 최대 효율은?

① 20.5% ② 39.8%
③ 59.3% ④ 65.7%

해설 풍력발전의 이론상 최대 출력은 59.3%이며, 실제 출력은 20~40% 정도이다.

07 다음은 태양광발전의 특징에 대한 설명이다. 장점이 아닌 것은?

① 에너지원이 깨끗하고 무한하다.
② 무인화가 가능하다.
③ 유지보수가 쉽고 유지비용이 거의 들지 않는다.
④ 에너지 밀도가 높아 적은 설치면적만 필요하다.

해설 에너지 밀도가 낮아 다량의 전기를 생산할 때는 많은 공간을 필요로 한다.

4 ② 5 ③ 6 ③ 7 ④ 정답

08 수평식 풍력발전에서 일반적으로 발전 가능한 평균 풍속은?

① 2m/s　　② 3m/s
③ 6m/s　　④ 8m/s

해설 발전 풍속(수평식)
- 발전 가능한 평균 풍속 3m/s 이상
- 발전의 최적 속도 풍속 13~15m/s
- 발전 한계 속도 풍속 25m/s 이상 시

09 풍력발전에서 회전축을 발전에 알맞은 적정 속도로 변환하는 기계장치는?

① 회전날개
② 회전자
③ 증속기
④ 제어장치

해설 ③ 증속기(gearbox) : 적정 속도로 변환
① 회전날개(blade) : 바람으로부터 회전력을 생산
② 회전자(rotor) : 회전날개와 회전축(shaft)을 포함
④ 제어장치 : 기동・제동 및 운용 효율성 향상

10 풍력발전에서 바람방향으로 향하도록 날개를 움직이는 제어장치는?

① yaw control
② pitch control
③ stall control
④ gearbox

해설
- yaw control : 바람방향으로 향하도록 블레이드의 방향조절
- pitch control : 날개의 경사각(pitch) 조절로 출력을 능동적 제어
- stall control : 한계풍속 이상이 될 때 양력이 회전날개에 작용하지 못하도록 날개의 공기역학적 형상에 의한 제어

11 풍력자원 및 풍력발전에 대한 설명으로 틀린 것은?

① 풍력발전기의 발전량은 바람의 세기와 풍차의 크기에 의존하고 있다.
② 높은 곳의 발전기가 낮은 곳의 발전기보다 크고 발전량도 많다.
③ 풍력자원의 품질은 일반적으로 해상보다 육상이 좋다.
④ 풍력자원은 고도에 비례해서 증가한다.

해설 풍력자원의 품질은 육상보다 해상이 우수하다.

정답 8 ② 9 ③ 10 ① 11 ③

12 수력발전에 이용되는 수차 중 반동 수차가 아닌 것은?

① 프란시스수차
② 프로펠러수차
③ 카플란수차
④ 펠턴수차

해설

충동 수차	펠턴수차, 튜고수차, 오스버그수차	
반동 수차	프란시스수차	
	프로펠러수차	카플란수차, 튜뷸러수차, 벌브수차, 림수차

13 유효낙차 20m, 최대출력 600kW인 수력발전소의 최대 사용 유량(m^3/s)을 구하시오(단, 수차 및 발전기의 종합효율은 85%이다).

① 2.5
② 3.6
③ 3.8
④ 3.9

해설 $P_m = 9.8QH\eta_t\eta_G(\text{kW})$ 에서

$$Q = \frac{P_m}{9.8H\eta_t\eta_G} = \frac{600}{9.8\times20\times0.85} \fallingdotseq 3.601(\text{m}^3/\text{s})$$

14 수소와 산소의 화학반응으로 생기는 화학에너지를 직접 전기에너지로 변환시키는 신재생에너지는?

① 수소에너지
② 연료전지
③ 바이오에너지
④ 중질잔사유를 가스화한 에너지

12 ④ 13 ② 14 ② 정답

15 **화석연료, 즉 천연가스, 메탄올, 석유 등으로부터 수소가스를 발생시키는 장치는?**

① 주변보조기
② 스택
③ 개질기
④ 인버터

해설 ③ 개질기(reformer) : 화석연료(천연가스, 메탄올, 석유 등)로부터 수소를 발생시키는 장치
① 주변보조기기(BOP ; Balance of Plant) : 연료, 공기, 열회수 등을 위한 펌프류, blower, 센서 등
② 스택(stack) : 원하는 전기출력을 얻기 위해 단위전지를 수십장, 수백장 직렬로 쌓아 올린 본체
④ 전력변환기(inverter) : 연료전지에서 나오는 직류(DC)를 우리가 사용하는 교류(AC)로 변환시키는 장치

16 **연료전지에서 수소와 산소의 화학반응으로 발생하는 것이 아닌 것은?**

① 물
② 전기
③ 열
④ 이산화탄소

해설 공기 극, 즉 산소가 공급되는 쪽에서 산소이온과 수소이온이 만나 반응생성물인 물을 생성하면서 전기와 열이 발생한다.

$H_2 + \frac{1}{2}O_2 \rightarrow H_2O +$ 전기, 열

17 **1970년대 민간차원에서 처음으로 개발된 1세대 연료전지로 병원, 호텔, 건물 등의 분산전원으로 이용되는 연료전지는?**

① 알칼리형
② 인산형
③ ~~용융~~ 탄산염
④ 고체산화물형

해설 **인산형(PAFC ; Phosphoric Acid Fuel Cell)**
• 1970년대 민간차원에서 처음으로 기술 개발된 1세대 연료전지로 병원, 호텔, 건물 등 분산형 전원으로 이용
• 현재 가장 앞선 기술로 미국, 일본에서 실용화 단계에 있음

정답 15 ③ 16 ④ 17 ②

18 **연료전지의 특징으로 틀린 것은?**

① 발전효율이 높다.
② 휴대용, 발전용 등 다양한 분야에 적용가능하다.
③ 다양한 연료(석탄, 천연가스, 석유 등)의 사용이 가능하다.
④ 도심 외각 지역에 설치해 송배전 설비 및 전력손실이 크다.

해설 도심 부근에 설치가 가능하여 송배전 설비 및 전력손실이 적다.

19 **태양열발전에서 집열량이 이용시점과 부하량에 일치하지 않을 때 필요한 일종의 버퍼 역할을 하는 태양열시스템의 구성요소는?**

① 집열기
② 열교환기
③ 축열조
④ 보조보일러

해설 축열부에 대한 설명이다.

20 **화석연료인 석유의 고갈로 차세대 에너지원으로 주목받고 있으며, 물이나 유기물 또는 화석연료 등이 화합물 형태로 존재하는 에너지원은?**

① 수소에너지
② 연료전지
③ 바이오
④ 태양광

해설 수소에너지기술은 물, 유기물, 화석연료 등의 화합물 형태로 존재하는 수소를 분리, 생산해서 이용하는 기술이다. 화석연료인 석유의 고갈로 수소가 차세대 에너지원으로 주목 받고 있으며 향후 수소가 주요 연료원으로 이용될 것이다.

18 ④ 19 ③ 20 ① 정답

21 **물의 전기분해로 가장 쉽게 제조할 수 있으나 입력에너지에 비해 생성되는 에너지의 경제성이 낮은 에너지원은?**

① 태양광
② 연료전지
③ 수력
④ 수소에너지

해설 에너지 보존법칙상 입력에너지(전기분해)가 출력에너지(수소생산)보다 큰 근본적인 문제가 있다.

22 **수소에너지에 대한 설명으로 적합하지 못한 것은?**

① 수소는 물의 전기분해로 가장 쉽게 제조할 수 있다.
② 전기분해에 필요한 입력에너지가 생산된 수소의 출력에너지보다 작다.
③ 수소는 가스나 액체로 수송할 수 있으며 고압가스, 액체수소, 금속수소화합물 등의 다양한 형태로 저장이 가능하다.
④ 현재 수소는 기체 상태로 저장하고 있으나 단위 부피당 수소 저장밀도가 너무 낮아 경제성과 안정성이 부족하여 액체 및 고체저장법을 연구 개발 중이다.

해설 에너지 보존법칙상 전기분해에 필요한 입력에너지가 생산된 수소의 출력에너지보다 큰 문제점이 있다.

23 **석탄을 가지고 고온·고압의 가스화 장치에서 정제된 가스를 만들어 1차로 가스터빈을 돌려 발전하고, 배기가스 열을 이용하여 보일러로 증기를 발생시켜 증기터빈을 돌려 발전하는 방식은?**

① 태양광발전
② 연료전지복합발전
③ 석탄가스화 복합발전
④ 온도차 발전

해설 석탄가스화 복합발전기술(IGCC ; Integrated Gasification Combined Cycle)

정답 21 ④ 22 ② 23 ③

24 **바이오에너지의 장점 중 틀린 것은?**

① 에너지를 저장할 수 있다.

② 나무와 식물이 다시 자라는 것보다 더 빨리 베어내지 않는 한 바이오매스는 재생에너지원이다.

③ 바이오매스 생산에 넓은 면적의 토지가 필요하다.

④ 석탄과 비교하여 훨씬 적은 아황산가스와 이산화질소를 배출한다.

해설 **바이오에너지의 단점**

- 바이오매스 생산에 넓은 면적의 토지가 필요하다.
- 토지 이용면에서 농업과 겹친다.
- 넓은 산림이나 자연 목초지를 단일 종의 바이오매스 농장으로 만드는 것은 생물 다양성의 감소를 가져온다.

25 **일반적으로 땅속의 온도는 100m 깊어질 때마다 대략 몇 ℃씩 증가하는가?**

① 1℃

② 1.5℃

③ 2℃

④ 2.5℃

26 **해양에너지 중 조석간만의 차를 동력원으로 해수면의 상승하강운동을 이용하여 전기를 생산하는 기술로 우리나라에 적합한 발전은?**

① 조력발전

② 조류발전

③ 파력발전

④ 온도차발전

24 ③ 25 ④ 26 ① 정답

27 온도차발전에 필요한 표층수와 심층수의 온도차는?

① 5℃
② 10℃
③ 14℃
④ 17℃

해설 해양 표면층의 온수(예 25~30℃)와 심해 500~1,000m 정도의 냉수(예 5~7℃)와의 온도차를 이용한다.

28 태양광발전의 특징으로 틀린 것은?

① 전력생산량은 전적으로 일조(일사)량에 의존한다.
② 에너지 밀도가 낮아 넓은 설치면적이 필요하다.
③ 설치장소에 제한이 없고, 시스템 비용이 저가이다.
④ 모듈 수명이 장수명(20년 이상)이다.

해설 설치장소가 제한적이고 시스템 비용이 고가이다.

29 태양광발전의 단점으로 알맞은 것은?

① 초기 투자비와 발전단가가 높다.
② 에너지원이 청정하고, 무제한적이다.
③ 유지보수가 용이하고, 무인화가 가능하다.
④ 필요한 장소에서 필요량만큼 발전 가능하다.

해설 **태양광발전의 단점**
- 전력생산량의 지역별 일조(일사)량에 의존
- 초기 투자비와 발전단가가 높음
- 에너지 밀도가 낮아 넓은 설치면적이 필요

정답 27 ④ 28 ③ 29 ①

30 **신에너지 및 재생에너지 개발 · 이용 · 보급 촉진법의 주요 내용으로 옳지 않은 것은?**

① 신에너지 및 재생에너지 기술 개발을 위한 연구개발(R&D) 지원 강화
② 신에너지 및 재생에너지 사업자에게 세제 혜택, 금융 지원, 기술 지원 제공
③ 정부는 온실가스 감축 목표를 설정하고 이를 달성하기 위한 정책을 수립
④ 신에너지 및 재생에너지 사업자에게는 기술 지원이 제공되지 않음

해설 신에너지 및 재생에너지 개발 · 이용 · 보급 촉진법에 따르면, 신에너지 및 재생에너지 사업자에게는 기술 지원을 포함한 다양한 혜택이 제공된다.

31 **신에너지 및 재생에너지 기술개발 및 이용 · 보급 기본계획의 주기와 계획 기간으로 옳은 것은 무엇인가?**

① 3년 주기, 8년 이상의 계획 기간
② 4년 주기, 15년 이상의 계획 기간
③ 5년 주기, 10년 이상의 계획 기간
④ 6년 주기, 12년 이상의 계획 기간

해설 신에너지 및 재생에너지 기술개발 및 이용 · 보급 기본계획은 신에너지 및 재생에너지의 기술 개발, 이용, 보급을 촉진하기 위해 5년 주기로 수립되며, 10년 이상의 계획 기간을 가지고 계획한다.

32 **전력수급기본계획의 주기와 계획 기간으로 옳은 것은 무엇인가?**

① 3년 주기, 10년 이상의 계획 기간
② 2년 주기, 15년 이상의 계획 기간
③ 4년 주기, 12년 이상의 계획 기간
④ 5년 주기, 20년 이상의 계획 기간

해설 전력수급기본계획은 2년 주기로 수립되며, 각 계획은 15년 이상의 장기적인 전력 수급을 계획한다.

30 ④ 31 ③ 32 ② 정답

33 다음 중 발전 설비용량의 비중을 높은 순서로 나열한 것으로 옳은 것은 무엇인가?

① LNG > 석탄 > 신재생에너지 > 원자력 > 기타
② 석탄 > LNG > 신재생에너지 > 원자력 > 기타
③ 신재생에너지 > 원자력 > LNG > 석탄 > 기타
④ 원자력 > 신재생에너지 > 석탄 > LNG > 기타

해설 발전 설비용량의 비중은 LNG(30%), 석탄(28%), 신재생에너지(22%), 원자력(18%), 기타(2%)이다.

34 다음 중 신에너지 및 재생에너지 기술개발 및 이용·보급 기본계획의 추진방법으로 옳은 것은 무엇인가?

① 신에너지 및 재생에너지 기술 개발을 위한 연구개발(R&D) 지원 강화
② 신에너지 및 재생에너지 기술 개발을 중단하고 기존 기술에만 의존
③ 신에너지 및 재생에너지 사업자에게 세제 혜택을 제공하지 않음
④ 신에너지 및 재생에너지 기술 개발 및 보급에 대한 기술 지원을 제공하지 않음

해설 연구개발 지원은 신에너지 및 재생에너지 기술 개발을 촉진하는 중요한 방법 중 하나로 이외에도 기술 이전 및 상용화, 인력 양성, 세제 혜택, 금융 지원, 기술 지원 등의 요소가 포함된다.

35 물질 중의 자유전자가 과잉된 상태란?

① (−) 대전 상태
② (+) 대전 상태
③ 발열 상태
④ 중성 상태

해설
- (−) 대전 상태 : 자유전자 과잉
- (+) 대전 상태 : 자유전자 부족

정답 33 ① 34 ① 35 ①

36 **충전된 대전체를 대지(大地)에 연결하면 대전체는 어떻게 되는가?**

① 방전한다.

② 반발한다.

③ 충전이 계속된다.

④ 반발과 흡인을 반복한다.

해설 대전체를 지구에 도선으로 연결하는 것을 접지라고 하고, 접지하여 대전체에 들어 있는 전하를 없애는 것을 방전이라고 한다.

37 **어떤 도체에 t초 동안에 Q(C)의 전기량이 이동하면 이때 흐르는 전류I(A)는?**

① $I = Qt$

② $I = Q^2 t$

③ $I = \frac{t}{Q}$

④ $I = \frac{Q}{t}$

해설 전류는 어떤 도체의 단면을 단위 시간 1s에 이동하는 전하(Q)의 양

38 **구리선의 길이를 2배로 늘이면 저항은 처음의 몇 배가 되는가?(단, 구리선의 체적은 일정하다)**

① 2

② 4

③ 8

④ 16

해설 **전선의 저항**

$R = \rho \frac{l}{A}$

여기서, ρ : 물체의 고유저항, l : 길이, A : 단면적

전선의 체적이 일정할 때 길이를 2배로 하면 단면적은 1/2배가 된다.

이것을 적용하여 새로운 저항(R')을 구하면

$R' = \rho \frac{l'}{A'} = \rho \frac{2l}{\frac{1}{2}A} = \rho \frac{l}{A} \times 4 = 4R$

36 ① 37 ④ 38 ② 정답

39 내부저항이 0.1Ω인 전지 10개를 병렬연결하면, 전체 내부저항은 몇 Ω인가?

① 0.01
② 0.05
③ 0.1
④ 1

해설 **병렬연결 전지의 전체 내부저항**

$$R_T = \frac{r}{n} = \frac{\text{1개 저항값}}{\text{저항개수}} = \frac{0.1}{10} = 0.01(\Omega)$$

40 "회로의 접속점에서 볼 때, 접속점에 흘러들어오는 전류의 합은 흘러나가는 전류의 합과 같다"라고 정의되는 법칙은?

① 키르히호프의 제1법칙
② 키르히호프의 제2법칙
③ 플레밍의 왼손 법칙
④ 플레밍의 오른손 법칙

해설 **키르히호프의 법칙(Kirchhoff's law)**

- 제1법칙(전류의 법칙 : KCL)
  회로의 한 점에서 볼 때 : Σ 유입전류 = Σ 유출전류
- 제2법칙(전압의 법칙 : KVL)
  임의의 폐회로에서 기전력 총합은 회로소자에서 발생하는 전압강하의 총합과 같다.
  Σ 기전력 = Σ 전압강하

41 전압과 전류 측정 시, 전압계와 전류계를 연결하는 올바른 방법은?

① 전압계 : 부하 또는 전원과 직렬로 연결
② 전류계 : 부하 또는 전원과 병렬로 연결
③ 전압계 : 부하 또는 전원과 병렬로 연결, 전류계 : 부하 또는 전원과 직렬로 연결
④ 전압계 : 부하 또는 전원과 직렬로 연결, 전류계 : 부하 또는 전원과 병렬로 연결

해설 전압계는 정확한 전압 측정을 위해 부하 또는 전원과 병렬로 연결하고, 전류계는 정확한 전류 측정을 위해 부하 또는 전원과 직렬로 연결한다.

정답 39 ① 40 ① 41 ③

42 그림과 같은 회로에서 저항 R_1에 흐르는 전류는?

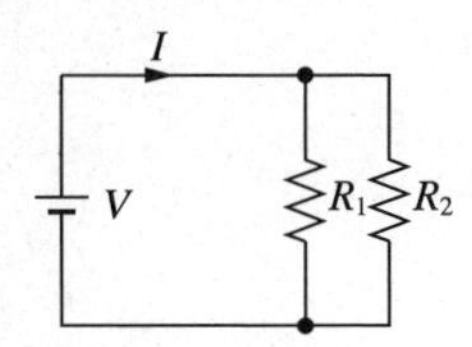

① $(R_1 + R_2)I$

② $\dfrac{R_2}{R_1 + R_2}I$

③ $\dfrac{R_1}{R_1 + R_2}I$

④ $\dfrac{R_1 R_2}{R_1 + R_2}I$

해설 전류는 저항에 반비례하여 흐른다.

$I_1 = \dfrac{R_2}{R_1 + R_2}I$(A)

43 동일한 저항 4개를 접속하여 얻을 수 있는 최대저항값은 최소저항값의 몇 배인가?

① 4

② 8

③ 12

④ 16

해설 최대저항값(직렬연결) : $4R$

최소저항값(병렬연결) : $\dfrac{R}{4}$

$\therefore \dfrac{\text{최대저항값}}{\text{최소저항값}} = \dfrac{4R}{\dfrac{R}{4}} = 16$배

42 ② 43 ④ 정답

44 **다음 ( ) 안의 알맞은 내용으로 옳은 것은?**

회로에 흐르는 전류의 크기는 저항에 (㉠)하고, 가해진 전압에 (㉡)한다.

① ㉠ 비례, ㉡ 비례
② ㉠ 비례, ㉡ 반비례
③ ㉠ 반비례, ㉡ 비례
④ ㉠ 반비례, ㉡ 반비례

해설 옴(Ohm)의 법칙에 따라 $I=\frac{V}{R}(\Omega)$, 저항에 반비례하고 전압에 비례한다.

45 **그림과 같은 회로에서 a-b 간에 E(V)의 전압을 가하여 일정하게 하고, 스위치 S를 닫을 때 전전류 I(A)가 닫기 전 전류의 3배가 된다면 저항 R_X의 값은 약 몇 Ω인가?**

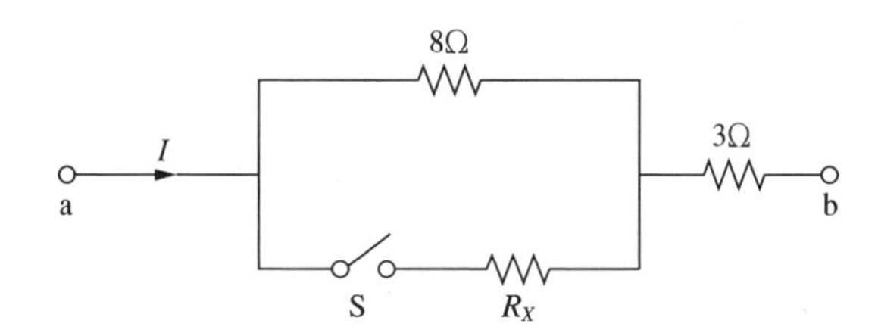

① 0.73
② 1.44
③ 2.16
④ 2.88

해설
- 스위치를 닫기 전

$R_{합성}=8+3=11(\Omega)$

- 스위치를 닫은 후

전류 I가 3배가 된다는 것은 전압이 일정하므로 저항이 $\frac{1}{3}$로 줄어든 것이므로 스위치를 닫은 후 저항값은 $\frac{11}{3}(\Omega)$이 된다.

$\frac{11}{3}=\frac{8\times R_X}{8+R_X}+3$

$\frac{2}{3}=\frac{8\times R_X}{8+R_X}$

$16+2R_X=24R_X$

$22R_X=16$

$R_X=\frac{16}{22}\fallingdotseq 0.73(\Omega)$

정답 44 ③ 45 ①

46 다음 회로에서 a, b 간의 합성저항은 몇 Ω인가?

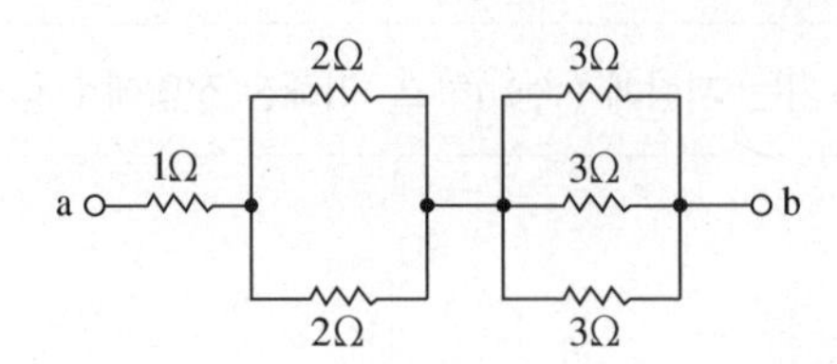

① 1
② 2
③ 3
④ 4

해설
- 병렬저항

$$R=\frac{R_1R_2}{R_1+R_2}(\Omega)$$

- 같은 저항(R_1) n개가 병렬접속된 경우 합성저항

$$R=\frac{R_1}{n}(\Omega)$$

- a-b 간 합성저항

$$R_{th}=1+\frac{2}{2}+\frac{3}{3}=3(\Omega)$$

47 다음 그림과 같이 R_1, R_2, R_3의 저항 3개가 직병렬 접속된 경우 합성저항은?

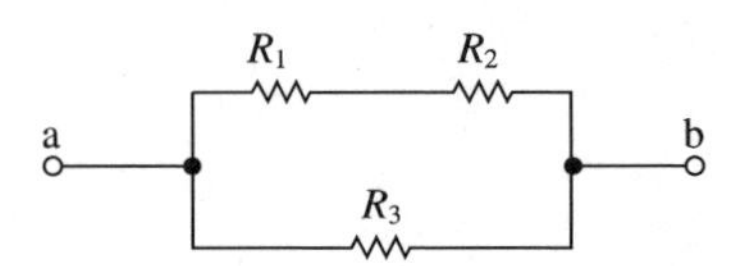

① $R=\frac{(R_1+R_2)R_3}{R_1+R_2+R_3}$

② $R=\frac{(R_2+R_3)R_1}{R_1+R_2+R_3}$

③ $R=\frac{(R_1+R_3)R_2}{R_1+R_2+R_3}$

④ $R=\frac{R_1R_2R_3}{R_1+R_2+R_3}$

해설 먼저 직렬 저항 R_1+R_2를 더하고 병렬 $(R_1+R_2)//R_3$를 구하면 된다.

병렬저항 공식은 $A//B=\frac{AB}{A+B}$이므로 $R=\frac{(R_1+R_2)R_3}{R_1+R_2+R_3}$이다.

46 ③ 47 ① 정답

48 다음 회로에서 a-b 단자 간 합성저항(Ω) 값은?

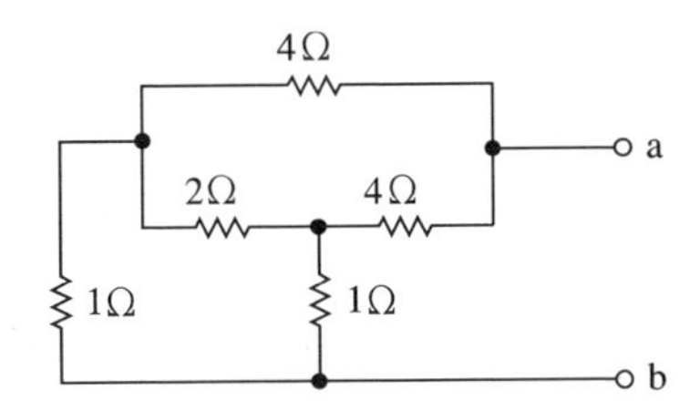

① 1.5
② 2
③ 2.5
④ 3

해설 브리지의 평형조건($RP = QX$: 마주보는 변의 곱은 서로 같다)을 이용하면 저항 2(Ω)에는 전류가 흐를 수 없기 때문에 다음과 같이 저항을 정리하여 저항을 구하면

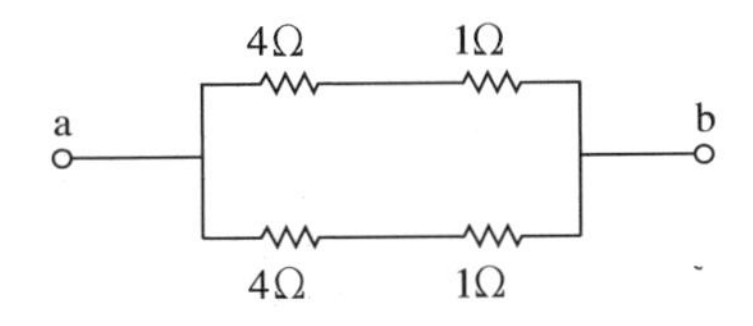

$$R_{ab} = \frac{5 \times 5}{5+5} = \frac{25}{10} = 2.5(\Omega)$$

49 다음 그림에서 폐회로에 흐르는 전류는 몇 A인가?

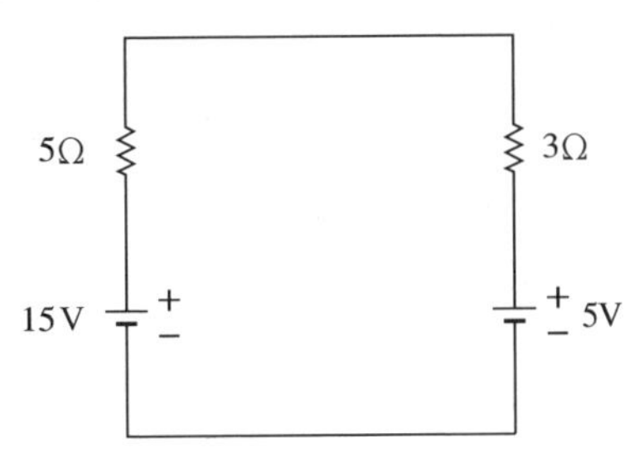

① 1
② 1.25
③ 2
④ 2.5

해설 다음과 같이 폐회로를 정리할 수 있다.
- 전체 전압 $V = 15 - 5 = 10(\text{V})$
- 전체 저항 $R = 5 + 3 = 8(\Omega)$
- 전류 $I = \frac{V}{R} = \frac{10}{8} = 1.25(\text{A})$

정답 48 ③ 49 ②

50 다음 그림에서 단자 A-B 사이 전압은 몇 V인가?

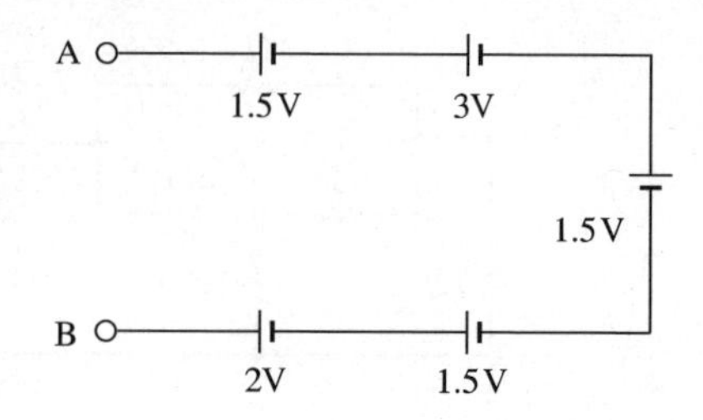

① 1.5
② 2.5
③ 6.5
④ 9.5

해설 $V_{AB} = 1.5+3+1.5-1.5-2 = 2.5$(V)

51 5Ah는 몇 C인가?

① 300
② 3,600
③ 18,000
④ 36,000

해설 $Q = I \times t = 5(\mathrm{A}) \times 3{,}600(\mathrm{s}) = 18{,}000(\mathrm{C})$

52 콘덴서에 $V(\mathrm{V})$의 전압을 가해서 $Q(\mathrm{C})$의 전하를 충전할 때 저장되는 에너지는 몇 J인가?

① $2QV$
② $2QV^2$
③ $\frac{1}{2}QV$
④ $\frac{1}{2}QV^2$

해설 콘덴서에 저장되는 에너지

$$W = \frac{1}{2}QV = \frac{1}{2}CV^2 \text{(J)}$$

50 ② 51 ③ 52 ③ 정답

53 Y-Y 회로에서 선간전압이 380V일 때 상전압은 약 몇 V인가?

① 190
② 219
③ 269
④ 380

해설 Y 결선(성형 결선, star 결선)

선전압(V_l)이 상전압(V_P)보다 $\sqrt{3}$배 크고 $\frac{\pi}{6}$(rad)만큼 위상이 앞선다.

$V_l = \sqrt{3}\, V_P \angle \frac{\pi}{6}$

위 식을 참고하여 계산하면 $V_P = \frac{V_l}{\sqrt{3}} = \frac{380}{\sqrt{3}} \fallingdotseq 219$(V)

54 교류회로에서 유효전력의 단위는?

① W
② VA
③ Var
④ Wh

해설 전력의 단위는 피상전력(VA), 유효전력(W), 무효전력(Var), 전력량(Wh)이다.

55 교류 기기나 교류전원의 용량을 나타낼 때 사용되는 것과 그 단위가 바르게 나열된 것은?

① 유효전력(VAh)
② 무효전력(W)
③ 피상전력(VA)
④ 최대전력(Wh)

해설 전력의 단위는 피상전력(VA), 유효전력(W), 무효전력(Var), 전력량(Wh)이다.

정답 53 ② 54 ① 55 ③

56 단상 전압 220V에 소형 전동기를 접속하니 2.5A의 전류가 흐른다. 이때의 역률이 75%이다. 이 전동기의 소비전력(W)은?

① 187.5
② 412.5
③ 545.5
④ 714.5

해설 P(소비전력)$= VI\cos\theta = 220 \times 2.5 \times 0.75 = 412.5$(W)
($\cos\theta$ = 역률)

57 전압 220V, 전류 10A, 역률 0.8인 3상 전동기 사용 시 소비전력은 대략 몇 kW인가?

① 1.5
② 3.0
③ 5.2
④ 7.1

해설 $P = \sqrt{3}\, VI\cos\theta = \sqrt{3} \times 220 \times 10 \times 0.8 = 3{,}048.3 \fallingdotseq 3.0$(kW)

58 어떤 3상 회로에서 선간전압이 200V, 선전류가 25A, 3상 전력이 7kW이다. 이때의 역률은 대략 몇 %인가?

① 60
② 70
③ 80
④ 90

해설 피상전력 $P = \sqrt{3}\, V_L I_L = \sqrt{3} \times 200 \times 25 \fallingdotseq 8{,}660$(VA)
유효전력 7,000(W)
역률 $\cos\theta = \dfrac{\text{유효전력}}{\text{피상전력}} = \dfrac{7{,}000}{8{,}660} \fallingdotseq 80$(%)

56 ② 57 ② 58 ③ 정답

59 1대의 출력이 100kVA인 단상변압기 2대로 V 결선하여 3상 전력을 공급할 수 있는 최대전력은 몇 kVA인가?

① 100
② $100\sqrt{3}$
③ 200
④ $200\sqrt{3}$

해설 V 결선 시 최대전력은 변압기 1대 용량의 $\sqrt{3}$배를 공급한다.
$P_V = \sqrt{3}P = 100\sqrt{3}$ (kVA)(P : 변압기 1대의 용량)

60 전력량 1Wh와 그 의미가 같은 것은?

① 1C
② 1J
③ 3,600C
④ 3,600J

해설 1W = 1J/s이므로, 1W · s = 1J이다.
1Wh = 1W · s × 3,600 = 3,600J

61 3kW의 전열기를 1시간 동안 사용할 때 발생하는 열량(kcal)은?

① 180
② 860
③ 1,520
④ 2,580

해설 열에너지 1W = 1J/s, 1cal = 4.186J
$\therefore$ 열량$= 3,000(\text{W}) \times 3,600(\text{s}) \times \frac{1}{4.186} \fallingdotseq 2,580,000(\text{cal}) = 2,580(\text{kcal})$

정답 59 ② 60 ④ 61 ④

62 일반적으로 온도가 높아지게 되면 전도율이 커져서 온도계수가 부(−)의 값을 가지는 것이 아닌 것은?

① 구리
② 반도체
③ 탄소
④ 전해액

해설 일반 금속도체는 온도가 높아지면 저항이 증가하여 전도율이 작아지고, 반도체에서는 반대로 온도가 높아지면 저항이 감소하여 전도율이 커지는 경향이 있다.

- 부(−)특성 온도계수 : 반도체, 서미스터, 전해질, 방전관, 탄소
- 정(+)특성 온도계수 : 도체, 즉 금속

63 전기분해를 하면 석출되는 물질의 양은 통과한 전기량에 관계가 있다. 이것을 나타낸 법칙은?

① 옴의 법칙
② 쿨롱의 법칙
③ 앙페르의 법칙
④ 패러데이의 법칙

해설
- 옴의 법칙 : 도체의 두 지점사이에 나타나는 전위차(전압)에 의해 흐르는 전류가 일정한 법칙에 따르는 것을 말한다.
- 쿨롱의 법칙 : 두 자극 사이에 작용하는 자력의 크기는 양 자극의 세기의 곱에 비례하며, 자극 간의 거리의 제곱에 반비례한다.
- 앙페르의 오른나사법칙 : 전류의 방향을 오른나사가 진행하는 방향으로 하면, 이때 발생되는 자기장의 방향은 오른나사의 회전방향이 된다.

64 두 종류의 금속 접합부에 전류를 흘리면 전류의 방향에 따라 줄열 이외의 열의 흡수 또는 발생 현상이 생긴다. 이러한 현상을 무엇이라 하는가?

① 제베크 효과
② 페란티 효과
③ 펠티에 효과
④ 광전 효과

해설 ① 제베크 효과 : 서로 다른 종류의 금속으로 이루어진 폐회로에서 양 접점의 온도가 다르면 전류가 흐르는 현상
② 페란티 효과 : 송전단은 수전단보다 전압이 높지만, 계통에 콘덴서에 의해 역률 과보상으로 인한 수전단이 송전단 전압보다 높아지는 현상
④ 광전 효과 : 금속 등의 물질이 높은 에너지를 가진 빛을 흡수했을 때 전자를 내보내는 현상

62 ① 63 ④ 64 ③ 정답

65 납축전지가 완전히 방전되면 음극과 양극은 무엇으로 변하는가?

① $PbSO_4$
② PbO_2
③ H_2SO_4
④ Pb

해설 납축전지(lead storage battery)
양극 전해액 음극 양극 전해액 음극

$$PbO_2 + 2H_2SO_4 + Pb \underset{방전}{\overset{충전}{\longleftrightarrow}} PbSO_4 + 2H_2O + PbSO_4$$

66 비사인파 교류회로의 전력에 대한 설명으로 옳은 것은?

① 전압의 제3고조파와 전류의 제3고조파 성분 사이에서 소비전력이 발생한다.
② 전압의 제2고조파와 전류의 제3고조파 성분 사이에서 소비전력이 발생한다.
③ 전압의 제3고조파와 전류의 제5고조파 성분 사이에서 소비전력이 발생한다.
④ 전압의 제5고조파와 전류의 제7고조파 성분 사이에서 소비전력이 발생한다.

해설 전압과 전류의 같은 주파수 고조파 성분 사이에서 소비전력이 발생할 수 있다. 예를 들어, 전압의 제3고조파와 전류의 제3고조파 성분 사이에서는 소비전력이 발생할 수 있지만 서로 다른 주파수의 고조파 성분 간에는 상호 작용에 의한 전력 소비가 일반적으로 발생하지 않는다.

67 다음에서 나타내는 법칙은?

유도기전력은 자신의 발생 원인이 되는 자속의 변화를 방해하려는 방향으로 발생한다.

① 줄의 법칙
② 렌츠의 법칙
③ 플레밍의 왼손법칙
④ 패러데이의 법칙

해설
• 줄의 법칙 : 전류에 의해서 매초 발생하는 열량은 전류의 제곱과 저항의 곱에 비례한다.
• 플레밍의 법칙 : 전동기 작동 원리를 설명하는 법칙으로 전동기에서 전류가 자기장 속을 흐를 때 어떤 방향으로 힘이 발생하는지 알 수 있다.
• 패러데이의 전자유도법칙 : 유도기전력의 크기는 코일을 지나는 자속의 매 초 변화량과 코일의 권수에 비례한다.

정답 65 ① 66 ① 67 ②

68 다이오드의 정특성이란 무엇을 말하는가?

① PN 접합면에서 반송자 이동 특성
② 소신호로 동작할 때 전압과 전류의 관계
③ 교류신호를 직류신호로 변환하는 특성
④ 직류전압을 걸 때 다이오드에 걸리는 전압과 전류의 관계

해설 **다이오드 정특성** : 다이오드에 정방향 바이어스를 걸을 때와 역방향 바이어스를 걸 때 전압과 전류의 특성

69 PN 접합 다이오드의 대표적인 작용으로 옳은 것은?

① 정류작용
② 변조작용
③ 증폭작용
④ 스위칭작용

해설 **다이오드** : 순방향(양극 → 음극)으로만 전류를 흐르게 한다.

70 N형 반도체를 만드는 불순물은?

① 붕소(B)
② 인듐(In)
③ 갈륨(Ga)
④ 비소(As)

해설 4족 원소인 실리콘(Si)에 인(P), 비소(As), 안티몬(Sb) 등의 5족 원소로 도핑하여 N형 반도체로 만든다.
4족 원소인 실리콘(Si)에 붕소(B), 알루미늄(Al), 갈륨(Ga) 등의 3족 원소로 도핑하여 P형 반도체로 만든다.

71 다이오드의 순방향 바이어스 상태에 대한 설명으로 옳지 않은 것은 무엇인가?

① 순방향 전압을 가하면 다이오드의 내부 전위 장벽이 감소한다.
② 순방향 전압을 가하면 다이오드의 전류가 증가한다.
③ 순방향 바이어스 상태에서 다이오드는 전류의 흐름을 억제한다.
④ 순방향 바이어스 상태에서는 다이오드의 양단에 큰 전압 강하가 발생하지 않는다.

해설 순방향 바이어스 상태에서는 다이오드는 전류를 잘 흐르게 하며, 전류의 흐름을 억제하지 않는다.

68 ④ 69 ① 70 ④ 71 ③ 정답

72 **다이오드의 역방향 바이어스 상태에서의 특성에 대한 설명으로 옳은 것은 무엇인가?**

① 역방향 바이어스에서 다이오드는 전류가 거의 흐르지 않는다.
② 역방향 바이어스에서 다이오드는 전류가 지수적으로 증가한다.
③ 역방향 바이어스에서 다이오드는 전압이 증가할수록 전류가 증가한다.
④ 역방향 바이어스에서 다이오드는 큰 전류가 항상 흐른다.

해설 다이오드는 역방향 바이어스 상태에서는 누설 전류가 거의 흐르지 않으며, 매우 낮은 전류만이 흐른다.

73 **트랜지스터의 역할에 대한 설명으로 옳은 것은 무엇인가?**

① 트랜지스터는 오직 전압 증폭만 할 수 있다.
② 트랜지스터는 전류를 제어하고 증폭하는 데 사용된다.
③ 트랜지스터는 전류의 흐름을 항상 차단하는 스위칭 역할만 한다.
④ 트랜지스터는 전기 신호를 필터링하는 역할을 한다.

해설 트랜지스터는 베이스 전류를 통해 컬렉터 전류를 제어하며, 이를 통해 전류를 증폭할 수 있다. 트랜지스터는 전압뿐만 아니라 전류도 증폭할 수 있으며, 스위치와 증폭기의 역할을 한다.

74 **PNP형 트랜지스터와 NPN형 트랜지스터의 차이점에 대한 설명으로 옳은 것은 무엇인가?**

① PNP형 트랜지스터는 베이스 전류가 흐를 때 전류가 차단된다.
② NPN형 트랜지스터는 이미터에서 컬렉터로 전류가 흐른다.
③ PNP형 트랜지스터는 이미터에서 컬렉터로 전류가 흐른다.
④ NPN형 트랜지스터는 베이스 전류가 없을 때 전류가 흐른다.

해설 PNP형 트랜지스터는 이미터에서 컬렉터로 전류가 흐르며, NPN형 트랜지스터는 컬렉터에서 이미터로 전류가 흐른다.

정답 72 ① 73 ② 74 ③

75 FET(Field Effect Transistor)의 전극에 대한 설명으로 옳은 것은 무엇인가?

① 게이트(G)는 전류가 흐르는 주 전극이다.
② 소스(S)와 드레인(D)은 전류의 흐름을 제어하는 전극이다.
③ 게이트(G)는 전기장에 의해 소스와 드레인 사이의 전류를 제어한다.
④ 소스(S)는 항상 전류가 들어오는 전극이다.

해설 FET에서 게이트 전극은 전기장을 생성하여 소스와 드레인 사이의 채널을 제어함으로써 전류의 흐름을 조절한다. 소스(source)는 전류가 흐르는 시작점이며, 드레인(drain)은 전류가 빠져나가는 종착점이다.

76 실리콘 제어 정류기(SCR)의 정의로 옳은 것은 무엇인가?

① SCR은 전압 제어 소자로, 전압을 통해 전류를 제어한다.
② SCR은 온도 제어 소자로, 온도를 통해 전류를 제어한다.
③ SCR은 전류 제어 소자로, 전류를 통해 전압을 제어한다.
④ SCR은 전류를 흐르게 하거나 차단하는 스위칭 소자이다.

해설 실리콘 제어 정류기(SCR)는 반도체 스위칭 소자로, 게이트 전극을 통해 제어하여 전류를 흐르게 하거나 차단하는 역할을 한다. 이는 주로 전력 제어와 변환에 사용된다.

77 다음 중 광전 소자의 종류에 해당하지 않는 것은 무엇인가?

① 태양전지
② 발광 다이오드(LED)
③ 광 다이오드
④ 3극 진공관

해설 광전 소자는 빛을 전기 신호로 변환하거나 반대로 전기 신호를 빛으로 변환하는 장치로, 태양전지, 발광 다이오드(LED), 광다이오드 등이 포함된다. 3극 진공관은 이러한 광전 소자에 속하지 않는다.

75 ③ 76 ④ 77 ④ 정답

78 다음 중 직류 전원회로의 구성 요소가 아닌 것은?

① 변압회로
② 정류회로
③ 평활회로
④ 스위칭회로

해설 직류 전원회로는 일반적으로 변압회로, 정류회로, 평활회로, 정전압회로로 구성된다.

79 다음이 설명하는 회로의 명칭은?

맥류를 직류로 만드는 동시에 맥류 속에 포함된 잡음을 제거하는 회로

① 변압회로
② 정류회로
③ 평활회로
④ 전원공급장치

해설 평활회로는 정류회로를 거쳐서 만들어진 맥류를 직류로 만드는 동시에 맥류 속에 포함된 잡음을 제거하는 회로이다.

80 다음이 설명하는 스위칭방식의 명칭은?

전원공급장치에 사용되는 효율적이고 소형화된 방식으로 전력을 변환하는 반도체 스위칭 기술로 사용하는 주요 스위칭방식으로 주기적인 펄스 신호의 폭을 조절하여 전력을 변환한다.

① PAM
② PWM
③ PFM
④ SMPS

해설
- PWM : 주파수는 고정되지만, 출력전압을 제어하기 위해 펄스 폭을 변경한다.
- PAM : 출력전압을 제어하기 위해 펄스의 크기(높이)를 변경한다.
- PFM : 펄스는 고정되지만, 출력전압을 제어하기 위해 주파수를 변경한다.
- SMPS : 스위칭 모드 파워 서플라이, 전원 공급장치로 스위칭 동작에 의한 전원을 공급한다.

정답 78 ④ 79 ③ 80 ②

81 **연산증폭기의 기본 동작에 대한 설명으로 옳은 것은 무엇인가?**

① 연산증폭기는 항상 전압을 감소시키는 역할을 한다.
② 연산증폭기는 입력 전압의 차이를 증폭하는 역할을 한다.
③ 연산증폭기는 전류를 변환하여 출력 신호를 생성한다.
④ 연산증폭기는 항상 일정한 출력 전압을 유지한다.

해설 연산증폭기는 두 입력 단자(비반전 입력과 반전 입력) 사이의 전압 차이를 증폭하여 출력하는 역할을 한다. 이는 다양한 아날로그 신호 처리에 사용된다.

82 **연산증폭기의 주요 특징에 대한 설명으로 틀린 것은?**

① 연산증폭기는 항상 낮은 입력 임피던스를 가지며, 높은 출력 임피던스를 가진다.
② 연산증폭기는 입력 전압의 차이를 증폭하여 다양한 신호 처리에 사용된다.
③ 연산증폭기는 전류가 아닌 전압을 제어하는 소자로 사용된다.
④ 연산증폭기는 다양한 조건에서 가변적인 이득을 제공할 수 있다.

해설 연산증폭기는 높은 입력 임피던스와 낮은 출력 임피던스를 가져 입력 신호에 영향을 최소화하고, 출력 신호를 효율적으로 전달할 수 있다.

83 **연산증폭기가 사용되는 주요 용도가 아닌 것은?**

① 약한 신호를 강하게 증폭하는 전압증폭기로 사용된다.
② 특정 주파수를 선택적으로 통과시키거나 차단하는 필터회로에 사용된다.
③ 덧셈, 뺄셈, 적분, 미분 등의 수학적 연산을 수행하는 연산기로 사용된다.
④ 교류를 직류로 변환하는 정류기로 사용된다.

해설 연산증폭기는 아날로그 신호를 증폭하는 데 주로 사용되며, 필터링, 연산기, 신호 처리를 포함한 다양한 용도로 활용된다.
④ 주로 실리콘제어정류기(SCR)는 전력제어, 정류기, 스위칭소자, 과전류보호 인버터 및 컨버터에 사용된다.

81 ② 82 ① 83 ④ 정답

CHAPTER 02 태양광발전시스템의 개요

01 **일반적으로 실리콘 계열의 태양전지 셀 1개에서 발생하는 전압은 대략 몇 V인가?**

① 0.1
② 0.6
③ 1.2
④ 1.5

해설 태양전지 셀(solar cell)은 태양전지의 가장 기본 소자로 보통 실리콘 계열의 태양전지 셀 1개에서 약 0.5~0.6V의 전압과 4~8A의 전류를 생산한다.

02 **태양전지 셀을 직·병렬로 연결할 때 태양광 아래서 일정한 전압과 전류를 발생시키는 장치는?**

① 태양전지
② 태양전지 셀
③ 태양전지 모듈
④ 태양전지 어레이

해설
- 태양전지는 필요한 단위 용량(셀 : cell)으로 직·병렬 연결하여 내구성과 신뢰성을 가진 재료와 구조의 용기 내에 봉입된 태양전지 모듈(solar cell module)로 만들어진다.
- 태양전지 어레이(PV array)는 필요한 만큼의 전력을 얻기 위하여 1장 또는 여러 장의 태양전지 모듈을 최상의 조건(경사각, 방위각)을 고려하여 거치대를 설치하여 사용여건에 맞게 연결시켜 놓은 장치를 말한다.

03 **태양전지의 이론적 배경이 된 것으로 "빛의 진동수가 어떤 한계 진동수보다 높은 빛이 금속에 흡수되어 전자가 생성되는 현상"을 뜻하는 것은?**

① 열기전력효과
② 정전유도효과
③ 광전효과
④ 광기전력 효과

해설
- 광전효과 : 빛의 진동수가 어떤 한계 진동수보다 높은 빛이 금속에 흡수되어 전자가 생성되는 현상
- 광기전력 효과 : 어떤 종류의 반도체에 빛을 조사하면, 조사된 부분과 조사되지 않은 부분 사이에 전위차(광기전력)를 발생시키는 현상

정답 1 ② 2 ③ 3 ③

04 **어떤 종류의 반도체에 빛을 조사하면, 조사된 부분과 조사되지 않은 부분 사이에 전위차를 발생시키는 현상은?**

① 열기전력효과
② 정전유도효과
③ 광전효과
④ 광기전력효과

05 **태양에너지가 지구의 지표면 1m²당 얼마만큼 방출되는가?**

① 500W
② 1,000W
③ 1,500W
④ 10,000W

해설 지구는 지표면 1m²당 1,000W의 태양에너지를 방출한다.

06 **다음은 반도체에 대한 설명이다. 틀린 것은?**

① P형 반도체의 정공의 수를 증가시키기 위해서는 알루미늄, 붕소, 갈륨 등 3가 원소를 첨가한다.
② P형 반도체의 불순물 원자를 억셉터라 한다.
③ N형 반도체의 자유전자 밀도를 높게 하기 위해서는 인, 비소, 안티몬과 같은 5가 원자를 첨가한다.
④ N형 반도체의 불순물 원자를 도핑이라 한다.

해설 실리콘이나 게르마늄에 불순물(dopant)을 첨가하여 저항을 감소시키는 것을 도핑(doping)이라고 하고, N형 반도체의 불순물 원자를 도너라 한다.

07 **N형 반도체를 만들기 위해 진성반도체에 첨가하는 5가 원소가 아닌 것은?**

① P ② B
③ As ④ Sb

해설
- P형 반도체에 첨가되는 3가 원소 : B(붕소), Al(알루미늄), Ga(갈륨), In(인듐)
- N형 반도체에 첨가되는 5가 원소 : P(인), As(비소), Sb(안티몬)

4 ④ 5 ② 6 ④ 7 ② 정답

08 **태양광발전산업은 태양전지를 만들기 위한 재료 생산에서부터 태양광발전소를 건설하는 분야까지 여러 단계에 거쳐 만들어진다. 제품을 만들기 위한 이윤이나 가치를 공유하는 산업군을 무엇이라 하는가?**

① 가치사슬
② 공유산업
③ 이윤공유
④ 가치공유

09 **태양광발전산업의 가치사슬의 순서를 올바르게 나열한 것은?**

① 태양전지 셀 → 폴리실리콘 → 잉곳/웨이퍼 → 태양전지 모듈 → 시스템/발전소
② 폴리실리콘 → 잉곳/웨이퍼 → 태양전지 셀 → 태양전지 모듈 → 시스템/발전소
③ 잉곳/웨이퍼 → 폴리실리콘 → 태양전지 셀 → 태양전지 모듈 → 시스템/발전소
④ 폴리실리콘 → 잉곳/웨이퍼 → 태양전지 모듈 → 태양전지 셀 → 시스템/발전소

10 **원통(또는 정육면체) 모양으로 만든 실리콘 덩어리로 용도에 따라 크게 반도체용과 태양전지용으로 구분되는 것은?**

① 폴리실리콘
② 잉곳
③ 웨이퍼
④ 셀

해설 잉곳은 분말 상태의 폴리실리콘을 화학적 처리를 통해 원통(또는 정육면체) 모양으로 만든 실리콘 덩어리이다. 용도에 따라 크게 반도체용과 태양전지용으로 구분하며 제조공정에 따라 단결정 잉곳과 다결정 잉곳으로 구분한다.

11 **태양전지 셀에 관한 설명이다. 틀린 것은?**

① 셀은 태양전지의 가장 기본 소자이다.
② 보통 실리콘 계열의 태양전지 셀 1개에서 약 0.5~0.6V의 전압과 4~8A의 전류가 생산된다.
③ 셀을 직렬로 연결시키면 전류치가 올라가고 병렬로 연결시키면 전압치가 증가하게 된다.
④ 셀을 직·병렬로 조합하여 우리가 필요한 전압, 전류치를 가진 태양전지 모듈을 만들 수 있다.

해설 셀을 직렬로 연결시키면 전압치가 올라가고 병렬로 연결시키면 전류치가 증가하게 된다.

정답 8 ① 9 ② 10 ② 11 ③

12 **태양전지 모듈에 관한 설명이다. 틀린 것은?**

① 태양전지 모듈은 셀을 직·병렬로 연결하여 태양광 아래에서 일정한 전압과 전류를 발생시키는 장치이다.

② 결정질 실리콘 태양전지 모듈은 여러 개의 셀을 원상태 또는 잘라서 서로 직·병렬로 연결한다.

③ 충진재는 보통 EVA를 사용하는데 이 EVA는 깨지기 쉬운 셀을 보호하는 역할을 한다.

④ 표면유리는 유리 자체의 반사 손실을 최대한 줄이기 위해 표면 반사율이 높은 고철분 강화유리를 사용한다.

해설 표면유리는 유리 자체의 반사 손실을 최대한 줄이기 위해 표면 반사율이 낮은 저철분 강화유리를 사용한다.

13 **결정질 실리콘 태양전지의 전하 생성에 필요한 적정한 두께(μm)는?**

① 10

② 100

③ 500

④ 1,000

해설 전하 생성에 필요한 실리콘 태양전지의 두께는 약 100μm로 충분하다.

14 **태양광 스펙트럼에서 0.2~0.3μm 영역에서 대기외부와 지표상의 스펙트럼이 차이가 발생하는 이유는?**

① 반사

② 산란

③ 오존층(O_3) 흡수

④ 대기층 흡수

해설
- 0.2~0.3μm, 즉 자외선 영역에서 대기외부와 지표상의 스펙트럼이 차이 → 오존층(O_3)에 의해 흡수
- 가시광선, 적외선 영역에서 대기외부와 지표상의 스펙트럼이 차이 → 지구의 대기층에서 흡수

12 ④ 13 ② 14 ③ 정답

15 **대기질량정수 AM1.5 스펙트럼에 대한 설명이다. 알맞은 것은?**

① 태양이 천정에 위치할 때의 지표상의 스펙트럼이다.
② 대기외부의 누적 평균일조량에 적합하다.
③ 강도는 1,000mW/cm^{2}이다.
④ 태양전지 개발 시 기준값으로 가장 많이 사용된다.

해설 **대기질량정수 AM1.5 스펙트럼**
- 지상의 누적 평균일조량에 적합하다.
- 강도는 100mW/cm^{2}이다.
- 태양전지 개발 시 기준값으로 가장 많이 사용된다.
- 태양이 천정에 위치할 때의 지표상의 스펙트럼은 AM1.0이다.

16 **태양에너지의 스펙트럼 파장대별 밀도 영역의 비율을 가장 많이 차지하는 파장은?**

① 자외선(UV) 영역
② 가시광선 영역
③ 적외선 영역
④ 단파장 영역

해설 **태양에너지의 스펙트럼 파장대별 밀도**
- 자외선(UV) 영역 5%
- 가시광선 영역 46%
- 적외선 영역 49%

17 **태양의 광에너지(h_v)와 에너지 밴드갭의 관계식으로 적합한 것은?**

① $h_v = \dfrac{E_g}{1.24}$

② $h_v = \dfrac{2.14}{E_g}$

③ $h_v = \dfrac{E_g}{2.14}$

④ $h_v = \dfrac{1.24}{E_g}$

해설 빛에너지와 에너지 밴드갭의 관계식은 $h_v = \dfrac{1.24}{E_g}$이다.

정답 15 ④ 16 ③ 17 ④

18 **태양전지 어레이와 축전지를 제외한 인버터 등의 전기적인 전력변환기기류와 제어보호장치를 일체화한 유닛을 무엇이라 부르는가?**

① 직류변환장치
② 주변장치(BOS)
③ 계통연계장치
④ 전력변환장치(PCS)

해설 **전력변환장치(Power Conditioning System)** : 인버터 + 직류전력 조절장치 + 계통연계장치

19 **독립형 태양광발전시스템의 구성요소 중 야간이나 일조량이 적을 때를 대비하여 설치하는 설비는?**

① 태양전지 어레이
② 비상발전기
③ 축전지
④ 전력변환장치(PCS)

해설 야간이나 태양이 적을 때를 대비하여 축전지를 설치하고, 태양이 장기간 적을 때나 태양광시스템의 고장을 대비하여 비상발전기(디젤발전기)를 설치한다.

20 **계통연계형 태양광발전시스템의 일반적인 특징이 아닌 것은?**

① 야간에도 발전량 저하를 고려할 필요가 없고 설비가 간단하다.
② 일반적으로 태양광발전설비는 계통연계형을 채택한다.
③ 독립형 발전설비보다 가격이 비싸며, 유지보수 비용이 높다.
④ 설비용량에 따라 전력망에 영향을 주지 않도록 연계방식에 제약을 받는다.

해설 독립형 발전설비보다 계통연계형 발전설비가 가격이 싸며, 유지보수 비용이 낮다.

18 ④ 19 ③ 20 ③ 정답

21 **태양광발전설비의 계통연계설비 용량이 100kW일 때 사용되는 연계 전압은?**

① 220V

② 380V

③ 22.9kV

④ 154kV

해설

연계구분	사용선로 및 연계설비 용량		전기방식
저압 배전선로	일반 또는 전용선로	100kW 미만	단상 220V 또는 380V
특별 고압 배전선로	일반 또는 전용선로	100kW 이상~20,000kW 미만	3상 22.9kV
송전선로	전용선로	20,000kW 이상	3상 154kV

22 **추적식 태양광발전시스템에 대한 설명 중 틀린 것은?**

① 태양의 직사광선이 항상 태양전지판의 전면에 수직으로 입사할 수 있도록 어레이의 경사각을 움직이는 방식을 말한다.

② 설치면적이 고정식에 비해 적게 필요하다.

③ 고정식에 비해 30~40% 정도 발전량이 증가하고, 추적장치 고장에 따른 유지보수 비용도 증가한다.

④ 추적방식에 따라 감지식 추적방식과 프로그램 추적식, 혼합식으로 구분한다.

해설 설치면적이 고정식에 비해 많이 필요하고, 바람이 강한 지역 그리고 태풍이 자주 지나가는 지역은 설치를 피해야 한다.

23 **태양빛이 태양전지 내에 흡수되면 태양전지 내부에서 전자(electron)와 정공(hole)의 쌍이 생성된다. 이때 PN 접합에서 발생한 전기장에 의해 전자는 어느 곳으로 이동하는가?**

① P형 반도체

② N형 반도체

③ 진성반도체

④ 자성반도체

해설 전자는 N형 반도체로 이동하고 정공은 P형 반도체로 이동해서 각각의 표면에 있는 전극에서 수집된다.

정답 21 ③ 22 ② 23 ②

24 **박막형 태양전지의 종류가 아닌 것은?**

① 비정질 실리콘 태양전지
② 다결정 실리콘 태양전지
③ 염료감응 태양전지
④ CIGS 태양전지

해설 **박막의 종류** : 비정질 실리콘 태양전지, CIGS 태양전지, CdTe 태양전지, 염료감응 태양전지 등

25 **다결정 실리콘 태양전지에 대한 설명이다. 틀린 것은?**

① 공정이 단결정 실리콘 태양전지보다 간단하여 제조비용이 낮다.
② 변환효율이 단결정에 비하여 조금 낮다.
③ 잉곳의 모양이 원통형이다.
④ 셀의 모양은 사각형이다.

해설 사각형 틀에 넣어서 잉곳을 만든다.

26 **염료감응형 태양전지에 대한 설명이다. 틀린 것은?**

① 날씨가 흐리면 발전이 불가능하다.
② 빛의 투사 각도가 0도에 가까워도 전기가 생산이 된다.
③ 투명과 반투명으로 만들 수 있다.
④ 유기염료의 종류에 따라 노란색, 빨간색, 하늘색, 파란색 등 다양한 색상과 원하는 그림을 넣을 수가 있다.

해설 날씨가 흐려도 발전이 가능하다.

27 **P형 반도체에 대한 설명이다. 틀린 것은?**

① 진성반도체에 3개의 가전자를 가진 물질을 도핑하여 만든다.
② 실리콘은 4개의 최외각 전자를 가지므로 둘이 결합되면 실리콘 원자는 1개의 전자를 공유하지 못하게 된다.
③ 정공의 수를 증가시킴으로써 전도성을 높여 저항이 증가된다.
④ 불순물을 억셉터라 한다.

해설 정공의 수를 증가시킴으로써 전도성을 높여 저항이 감소된다.

24 ② 25 ③ 26 ① 27 ③ 정답

28 P형 반도체와 N형 반도체를 화학적으로 접합시키면 접합면의 좁은 부분에서 정공과 자유전자가 서로 결합된다. 이때 캐리어가 존재하지 않는 부분을 무엇이라 하는가?

① 전도대
② 공핍층
③ 억셉터
④ 도너

해설 • P형 반도체의 불순물을 억셉터라 한다.
• N형 반도체의 불순물을 도너라 한다.

29 셀의 변환효율 테스트를 위한 표준시험조건 중 틀린 것은?

① 에너지양 1,000W/m^2
② 온도 25℃
③ 풍속 1m/s
④ 스펙트럼 AM1.5

해설 표준시험 스펙트럼 조건에서 풍속에 관련 기준은 없다.

30 실제 다결정 태양광 셀의 전기적 사양이 다음과 같을 때 태양전지 셀의 최대출력(W)은?

최대전압(V_{mp})	최대전류(I_{mp})	개방전압(V_{oc})	단락전류(I_{sc})
0.5V	7.7A	0.6V	8.0A

① 0.635
② 3.85
③ 4.62
④ 4.8

해설 셀의 최대출력 = 최대전압 × 최대전류
= 0.5 × 7.7 = 3.85

정답 28 ② 29 ③ 30 ②

31 실제 16인치(156mm×156mm) 다결정 태양광 셀의 최대출력이 4.5W일 때 태양광 셀의 효율은?

① 16.5%

② 17.3%

③ 18.5%

④ 19%

해설 먼저 표준조건에서 입사되는 에너지양을 계산하면
16인치 태양광 셀에 입사된 에너지양 = 0.024336m²(156×156 : 셀 넓이) × 1,000W/m² = 24.336W
셀 변환효율(%) = 셀의 최대출력 ÷ 태양광 셀에 입사된 에너지 × 100(%)
= 4.5W ÷ 24.336W × 100 ≒ 18.5%

32 태양전지 모듈의 사양이 다음과 같을 때 모듈의 효율은?

• 최대출력전압 29.15V	• 최대 출력전류 7.89A
• 모듈 출력 230W	• 모듈의 크기 면적 1.65m²

① 13%

② 14%

③ 15%

④ 16%

해설 태양전지 모듈의 효율 = 모듈 출력 ÷ 모듈에 일사되는 에너지양
= 230W ÷ 1,650W × 100 ≒ 13.94%

33 옥내에서 태양전지 소자의 발전성능을 시험하기 위한 것으로, 자연 태양광과 유사한 강도와 스펙트럼 분포를 가진 인공광원이 있는 시험장치는?

① 분광 복사계

② 스펙트럼 응답 측정장치

③ 기준 태양전지

④ 솔라 시뮬레이터

해설 **기준 태양전지** : 태양전지 전류-전압 특성을 측정할 때 인공광원의 조사 강도를 기준 태양광의 조사 강도 1,000W/m²에 맞추기 위해 특별히 교정한 태양전지

31 ③ 32 ② 33 ④ 정답

34 **박막형 태양전지의 특징이 아닌 것은?**

① 결정질 태양전지보다 1/100 정도로 얇다.
② 다결정 실리콘 태양전지에 비해 효율이 높다.
③ 온도특성이 좋다.
④ 고온에서도 효율이 좋아 사막에 적용된다.

해설 효율은 결정질에 비하여 낮은 편이나 온도특성이 좋아 사막 등지에 적용한다.

35 **독립형 태양광발전시스템에서 시스템의 안정성을 유지하는 데 가장 커다란 요인이 되는 것은?**

① 태양전지 모듈
② 파워컨디셔너
③ 에너지 저장장치
④ 부하

해설 태양전지 모듈(20년 보증)이나 파워컨디셔너(5년 보증)는 전기적인 충격이나 외부의 기계적인 충격이 없는 한 영구적으로 사용이 가능하지만, 납축전지(2년 보증)는 사용의 한계가 따른다.

36 **축전지는 태양광 없이 또는 최소한의 태양광만으로 며칠 동안 규정된 조건하에서 에너지를 공급하도록 설계되어야 한다. 이렇게 필요한 축전지 용량을 계산할 때 고려사항으로 틀린 것은?**

① 일일 사이클, 계절 사이클
② 현장에 접근하는 데 필요한 시간
③ 습도의 영향
④ 미래의 부하 증가량

해설 온도의 영향이란 작동 온도가 20℃에서 많이 벗어날 경우 온도 보상을 하는 것이다.

축전지 용량을 계산할 때 고려사항

- 필요한 일일/계절 사이클
- 현장에 접근하는 데 필요한 시간
- 온도의 영향
- 미래의 부하 증가량

정답 34 ② 35 ③ 36 ③

37 **축전지의 독립운전시간에 고려해야 할 사항들의 설명 중 틀린 것은?**

① 축전지는 태양광 없이 또는 최소한의 태양광만으로 3~15일 동안 규정된 조건하에서 에너지를 공급하도록 설계되어야 한다.
② 전형적인 일일 방전은 전지 용량의 30~40% 범위이다.
③ 작동 온도가 20℃에서 많이 벗어날 경우에는 온도 보상을 사용해야 한다.
④ 여름 같이 일사량이 높은 계절에는 전지가 고충전 상태, 통상적으로 정격 용량이 80~100% 사이에서 작동하게 된다.

해설 전형적인 일일 방전은 전지 용량의 2~20% 범위이다.

38 **일반적으로 납축전지의 1개 전지(셀)당 최대 전지 전압을 몇 V로 제한하는가?**

① 1.2
② 1.5
③ 2.0
④ 2.4

해설 최대제한 전지전압은 납축전지 1개(cell)당 2.4V, 니켈-카드뮴 전지 1개당 1.55V, 니켈-수소전지 1개당 1.45V이다.

39 **전극의 부식이나 황산화 반응 등을 가속하여 축전지의 수명과 충전용량을 감소시키며, 전극의 높이가 높아질수록 심각해지는 현상은?**

① 전해액 층리화
② 전해액 유동화
③ 전해액 고체화
④ 전해액 기화

해설 **전해액 층리화 현상**

- 전극의 부식이나 황산화 반응 등을 가속하여 축전지의 수명과 충전용량을 감소시키며, 전극의 높이가 높아질수록 이 문제는 심각해진다.
- 일반 배기형 납축전지의 경우에는 전해액 층리화를 사용 중 전해액 순환 또는 주기적인 과충전을 통해 방지할 수 있다.
- 납축전지가 가지는 이러한 문제점을 해결하기 위한 대안이 밀폐형 납축전지이다.

37 ② 38 ④ 39 ① 정답

40 밀폐형 납축전지의 특징으로 틀린 것은?

① 전해질 용액을 유리 섬유나 젤 등의 재료와 혼합하여 사용한다.
② 산소 재결합반응 때문에 전해액의 손실이 크다.
③ 전해액 첨가 등의 주기적인 유지보수가 필요하지 않다.
④ 전해액의 층리화가 작기 때문에 수명이 길고 형태가 간단하다.

해설 완전히 밀폐된 상태로 사용되고 산소 재결합반응 때문에 전해액의 손실이 없다.

41 축전지 중 과방전되지 않도록 주의해야 하는 축전지는?

① 납축전지
② 니켈-카드뮴 전지
③ 니켈-수소전지
④ 연료전지

해설 납축전지는 비가역적인 황산염 발생으로 인한 용량 손실을 방지하기 위해 과방전되지 않도록 주의해야 한다.

42 태양전지 변환효율(η)을 나타낸 수식이 틀린 것은?

- P_{input} : 태양에너지로부터 입사된 전력
- P_m : 최대출력
- V_m : 최대출력전압
- I_m : 최대출력전류
- V_{oc} : 개방전압
- I_{sc} : 단락전류
- FF : 충진율

① $\eta = \dfrac{P_m}{P_{input}}$

② $\eta = \dfrac{V_m \cdot I_m}{P_{input}}$

③ $\eta = \dfrac{V_{oc} \cdot I_{sc}}{P_{input} \cdot FF}$

④ $\eta = \dfrac{V_{oc} \cdot I_{sc} \cdot FF}{P_{input}}$

해설 태양전지의 변환효율은 $\eta = \dfrac{P_m}{P_{input}} = \dfrac{I_m \cdot V_m}{P_{input}} = \dfrac{V_{oc} \cdot I_{sc}}{P_{input}} \cdot FF$이다.

정답 40 ② 41 ① 42 ③

43 태양광발전시스템에 사용하는 축전지가 갖추어야 할 조건으로 틀린 것은?

① 긴 수명
② 유지보수 비용이 저렴
③ 낮은 충전전류로 충전 가능
④ 높은 자기방전 성능

해설 축전지는 대기상태에서 자연적으로 소모되는 자기방전은 낮아야 한다.

44 태양전지 셀 재료 중 효율이 가장 높은 것은?

① CdTe
② CuInGaSe
③ GaAs
④ GaAlAs

해설 화합물계 반도체 재료 중 GaAs의 효율이 가장 높다.

45 축전지의 기대 수명을 결정하는 요소 중 영향이 제일 적은 것은?

① 방전 횟수
② 방전 심도
③ 사용 장소의 습도
④ 사용 장소의 온도

해설 축전지의 기대 수명에 큰 영향을 미치는 요소는 방전 심도, 방전 횟수, 사용 장소의 온도 등이다.

43 ④ 44 ③ 45 ③ 정답

CHAPTER 03 태양전지 모듈

01 **태양전지의 성능 및 시장에서의 거래 가격을 결정하는 주요 요소가 아닌 것은?**

① 단락전류
② 개방전압
③ 대기 질량지수
④ 충진율

해설 태양전지 모듈은 태양빛을 받아 전력을 생산하는 반도체 소자로서 단락전류(I_{SC}), 개방전압(V_{OC}), 최대 출력(P_M), 충진율(FF), 변환 효율(η) 등의 지표는 태양전지의 성능 및 시장에서의 거래 가격을 결정하는 주요 요소이다.

02 **태양전지 모듈은 직·병렬저항 요소의 특성에 대한 설명이다. 틀린 것은?**

① 태양전지 모듈의 직렬저항 요소에는 기판 자체 저항, 표면층의 면 저항, 금속 전극 자체의 저항 등이 있다.
② 태양전지 모듈의 병렬저항 요소에는 측면의 표면 누설저항, 접합의 결함에 의한 누설저항, 결정립계에 따라 발생하는 누설저항 등이 있다.
③ 병렬저항보다는 직렬저항으로 인하여 큰 출력 손실이 발생한다.
④ 태양전지 모듈의 직렬저항은 일반적으로 0.5Ω 이하이다.

해설 직렬저항보다는 병렬저항으로 인하여 큰 출력 손실이 발생한다.

03 **결정형 태양전지 모듈의 일반적인 구조의 순서는?**

① 유리 / EVA / 셀 / EVA / back sheet
② 유리 / 셀 / EVA / back sheet
③ EVA / 유리 / 셀 / EVA / back sheet
④ EVA / 셀 / 유리 / EVA / back sheet

해설 결정형 태양전지 모듈은 일반적으로 유리 / EVA(투명수지) / 셀 / EVA / back sheet의 구조로 만들어진다.

정답 1 ③ 2 ③ 3 ①

04 **태양전지 모듈에서 셀의 표면전극과 인접하는 셀의 이면 전극이 순차적으로 직렬 접속할 때 사용되는 재료는?**

① 투명수지(EVA)
② back sheet
③ 인터 커넥트
④ 단자 박스

해설 태양전지 셀은 인터 커넥트라고 하는 셀 접속 금속부품에 의해 셀의 표면전극과 인접하는 셀의 이면 전극이 순차적으로 직렬 접속한다.

05 **결정질 실리콘 태양전지 모듈에 대한 설명이다. 틀린 것은?**

① 방사조도의 변화에 따라 전압이 급격히 변화하고, 모듈 표면온도의 증감에 대해서는 전류가 변동한다.
② 태양전지 중에서 가장 일찍 개발된 것이 단결정질 실리콘 태양전지이다.
③ 단결정 실리콘 태양전지 모듈은 아침, 저녁이나 흐린 날에도 비교적 발전이 양호하다.
④ 다결정 실리콘 태양전지는 단결정질에 비해 공정이 간단하고 단결정질보다 가격도 저렴해서 널리 사용된다.

해설 방사조도의 변화에 따라 전류가 급격히 변화하고, 모듈의 표면온도 증감에 대해서는 전압이 변동한다.

06 **비정질 실리콘(a-Si) 태양전지 모듈의 특징에 대한 설명이다. 틀린 것은?**

① 결정질 실리콘 태양전지의 약 100분의 1 이하가 된다.
② 아모퍼스 실리콘 태양전지를 비결정 실리콘 태양전지라고 부른다.
③ 양산제품의 효율은 6~8% 정도로 결정질 태양전지보다 현저하게 낮다.
④ 결정질 실리콘 태양전지 모듈에 비하여 대전류, 저전압 특성을 지닌다.

해설 비정질 실리콘 태양전지 모듈은 결정질 실리콘 태양전지 모듈에 비하여 고전압, 저전류 특성을 지닌다.

07 **박막형 화합물 태양전지 중에서 현재 가장 우수하다고 평가받고 있는 CIGS 태양전지 모듈의 화합물 중 실제로 개방전압을 높이기 위해 첨가된 원소는?**

① 구리(Cu)
② 인듐(In)
③ 갈륨(Ga)
④ 셀렌(Se)

해설 실제로 개방전압을 높이기 위해 CIS에 Ga원소를 첨가한다. 그래서 표기를 CIGS로 표기하기도 한다.

4 ③ 5 ① 6 ④ 7 ③ 정답

08 **태양광발전시스템의 전기설비에 대한 설명이다. 틀린 것은?**

① 태양전지에서 옥내에 이르는 배선에 쓰이는 전선은 모듈 전용선 또는 TFR-CV선을 사용하여야 한다.
② 전선이 지면을 통과하는 경우에는 피복에 손상이 발생되지 않게 별도의 조치를 취해야 한다.
③ 태양전지 모듈의 리드선에는 극성표시가 필요 없다.
④ 접속 배선함 연결부위는 일체형 전용커넥터를 사용한다.

해설 리드선에서 극성을 표시하기 위해 케이블에 (+), (−)의 마크를 사용하고, 케이블은 적색(+), 청색(−)으로 구분한다.

09 **셀이나 모듈을 필요한 수만큼 직렬로 접속한 것을 무엇이라고 하는가?**

① 어레이
② 스트링
③ 탠덤
④ 인터 커넥트

10 **태양광 설비에 관한 설명이다. 틀린 것은?**

① 1대의 인버터에 연결된 태양전지 직렬군이 2병렬 이상일 경우에는 각 직렬군에 역전류 방지 다이오드를 별도의 접속함에 설치하여야 한다.
② 접속함은 발생하는 열을 외부에 방출할 수 있도록 환기구 및 방열판 등을 갖추어야 한다.
③ 역전류방지 다이오드의 용량은 모듈 단락전류의 1.4배 이상이어야 하며 현장에서 확인할 수 있도록 표시하여야 한다.
④ 태양전지를 직렬접속할 때 전류의 우회로를 만드는 다이오드를 역전류방지 다이오드라고 한다.

해설 태양전지를 직렬접속할 때 전류의 우회로를 만드는 다이오드를 바이패스 다이오드라고 한다.

11 **태양전지 모듈의 일반적인 사용수명은?**

① 10년 이상
② 15년 이상
③ 20년 이상
④ 30년 이상

정답 8 ③ 9 ② 10 ④ 11 ③

12 태양전지 모듈 뒷면에 표시되는 내용이 아닌 것은?

① 공칭 단락전류
② 공칭 단락전압
③ 공칭 최대출력 동작전류
④ 공칭 최대출력

해설 태양전지 모듈은 태양빛을 받아 전력을 생산하는 반도체 소자로서 단락전류(I_{SC}), 개방전압(V_{OC}), 최대 동작전류, 최대 동작전압, 최대출력(P_M), 충진율(FF), 변환효율(η) 등의 지표를 표시하고 또한 태양전지의 성능 및 시장에서의 거래 가격을 결정하는 주요 요소이다. 그 밖에 제조자 및 제조연월일, 내풍압 등급, 공칭 질량, 최대시스템 전압 등을 표시한다.

13 태양광설비의 설치유형에 대한 정의에서 지표면에 설치하는 유형이 아닌 것은?

① 건물형
② 산지형
③ 농지형
④ 일반지상형

해설 **설치유형에 따른 태양광설비 분류**
- 지상형(지표면에 설치하는 유형) : 일반지상형, 산지형, 농지형
- 건물형(건축물에 태양광설비를 설치하는 형태) : 건물설치형, 건물일체형(BIPV), 건물부착형(BAPV)
- 수상형

14 건축물의 외장 자재의 일부 기능을 변경하여 전기생산과 건축자재 역할 및 기능을 하는 태양전지 모듈은?

① 농지형
② 건물설치형
③ 건물부착형(BAPV)
④ 건물일체형(BIPV)

해설
- 건물일체형(BIPV) : 태양광모듈을 건축물에 설치하여 건축 부자재의 역할 및 기능과 전력생산을 동시에 할 수 있는 태양광설비
- 건물부착형(BAPV) : 건축물 경사지붕 또는 외벽 등에 밀착하여 설치하는 태양광설비의 유형

12 ② 13 ① 14 ④ 정답

CHAPTER 04 태양광 인버터

01 **다음은 인버터에 대한 설명이다. 틀린 것은?**

① 태양전지 어레이로부터 입력받은 DC전력을 AC전력으로 변환시키는 역할을 한다.
② 최대전력을 생산하기 위한 제어기능이 있다.
③ 계통에서 제어용 기준 신호를 받아 계통전압을 추종하여 계통전압과 동기화한다.
④ 인버터는 순변환회로이다.

해설 인버터는 직류를 교류로 바꾸는 역변환회로이다.

02 **다음에서 설명하는 방식의 인버터는?**

> 이 방식은 구조가 간단하고 절연이 가능하며 회로구성이 간단한 장점이 있다. 그러나 효율이 낮고 중량이 무거우며 부피가 크다는 단점이 있다. 소형 경량화가 불가능하여 소용량 PCS에는 사용하지 않지만, 절연이 된다는 장점 때문에 중대용량 시스템에서는 모두 이 방식을 채용하고 있다.

① 상용주파 절연방식
② 고주파 절연방식
③ 무변압기형
④ 트랜스리스형

해설 **상용주파 절연방식 인버터의 특징**
- 절연이 가능하여 안전성이 높다.
- 회로구성이 간단하다.
- 소용량의 경우 고효율화가 어렵다.
- 중량이 무겁고 부피가 크다.
- 대용량에 일반적으로 구성되는 방식이다.

03 **인버터의 회로방식 중 고주파 절연방식(고주파 변압기형) 인버터의 특징으로 볼 수 없는 것은?**

① 소형경량화 가능하다.
② 절연 가능하나 구성회로가 복잡하다.
③ 가격 경쟁력 확보가 어렵다.
④ 일반적으로 대용량에 구성되는 방식이다.

해설 **고주파 절연방식(고주파 변압기형) 인버터** : 2단으로 전력을 변환하기(많은 전력용 반도체 소자를 사용) 때문에 효율이 낮아지고 회로구성이 복잡하며, 대용량에 적용하기 어렵다는 단점이 있다.

정답 1 ④ 2 ① 3 ④

04 인버터의 회로 방식 중 무변압기형 방식의 특징으로 틀린 것은?

① 소형경량화가 가능하다.
② 타 방식에 비해 효율이 높다.
③ 가격이 타 방식에 비해 저렴하다.
④ 상용전원과 절연되어 있다.

해설 무변압기형 방식 인버터의 단점은 변압기를 사용하지 않기 때문에 상용전원과 절연측면에서 불완전하다. 따라서 전류의 직류성분이 계통에 유입되지 않도록 하기 위하여 정밀한 제어가 요구된다.

05 다음과 같은 특징을 가지는 태양광 인버터 설치 방식은?

> 인버터 사용으로 계통보호가 유리하며, 유지보수 비용이 적다는 장점은 있으나 단일 인버터를 사용하므로 인버터 고장 시 전체 시스템이 작동하지 못하는 단점을 가지고 있다.

① AC 모듈
② 스트링(string) 방식
③ 멀티-스트링 방식
④ 센트럴 방식

해설 ④ 센트럴 방식 : 모든 모듈의 직·병렬 조합으로 에너지 수확이 다소 낮다는 단점이 있으나 변환기의 효율이 우수하고, 출력 용량 대비 단가가 저렴하다는 장점이 있어 대용량 산업용 인버터 방식으로 주로 사용되고 있다.
① AC 모듈 : 각 모듈별 인버터를 부착하는 형태로 최대 에너지 수확이 가능하다는 장점이 있으나 대용량 구현 시 비용 부담이 크다는 단점이 있다.
② 스트링(string) 방식 : 모듈 직렬군당 DC/AC 인버터를 사용하는 방식으로 스트링별 MPPT 제어가 가능하며, 부분적인 그늘에 대해 효과적으로 에너지 수확은 좋은 편이다. 대용량 발전소에 적용할 때는 인버터의 개수가 너무 많아 유지보수 비용이 증가하며, 인버터의 중앙 제어가 되지 않아 단독운전 방지와 같은 계통 보호 측변에서는 다소 부적합하므로 중용량 태양광발전시스템에 적합하다.
③ 멀티-스트링 방식 : 모듈 직렬군당 인버터 또는 DC/DC 컨버터를 사용하는 방식으로 스트링 방식과 센트럴 방식의 장점을 모아놓은 형태이나 2중의 전력변환기를 사용하므로 시스템의 효율이 다소 낮다는 단점이 있다.

4 ④ 5 ④ **정답**

06 **계통연계 보호장치에 관한 설명이다. 틀린 것은?**

① 계통연계 보호장치는 인버터에 분리되어 있는 경우가 많다.
② 계통연계 보호장치의 설치가 의무화되어 있다.
③ 고압연계 시스템에서는 지락 과전압계전기의 설치가 필요하다.
④ 고압연계 시스템의 보호계전기 설치 장소는 실질적으로 인버터의 출력점이다.

해설 계통연계 보호장치는 인버터에 내장되어 있는 경우가 대부분이다.

07 **태양전지는 일사량 및 온도에 따라 출력특성이 변화하여 최대전력을 얻을 수 있도록 하는 기능을 무엇이라 하는가?**

① 계통연계 보호동작
② 최대효율
③ European효율
④ MPPT

해설 최대전력점추종(MPPT ; Maximum Power Point Tracking) 제어기능

08 **각각 일정한 부하에서 효율을 측정하고 각각 다른 가중치를 부여하여 계산한다. 특히 낮은 부하에서부터 전 부하영역에서 운전하는 것을 가정하여 산정하는 방식은?**

① P&O방법
② 최대효율
③ European효율
④ 최대전력점추종 제어

해설 낮은 부하에서부터 전 부하영역에서 운전하는 것을 가정하여 산정하는 방식으로 최대효율보다 낮은 값을 가진다. European효율이 최대효율에 근접할수록 우수한 제품이라고 볼 수 있다.

정답 6 ① 7 ④ 8 ③

09 **인버터의 자동운전 정지기능에 관한 설명이다. 틀린 것은?**

① 밤이 되어 해가 없어지면 운전을 정지한다.

② 태양전지의 출력을 얻을 수 있는 조건이 되면 자동적으로 운전을 시작한다.

③ 태양전지의 출력을 스스로 감시하여 운전과 정지를 자동적으로 한다.

④ 흐린 날이나 비가 오는 날에는 운전을 정지한다.

해설 흐린 날이나 비오는 날에도 운전을 계속할 수 있다. 하지만 태양전지의 출력이 적어지면 인버터의 출력도 거의 0이므로 대기상태가 된다.

10 **인버터에서 전력변환을 시행할 때, 일반적으로 부하의 몇 %에서 최고의 변환효율을 가지는가?**

① 55 ② 65

③ 75 ④ 85

해설 일반적으로 부하의 75% 부근에서 PCS의 최대효율을 나타낸다.

11 **인버터의 단독운전 방지기능 중 수동적 방식은?**

① 무효전력 변동방식

② 주파수 변화율 검출방식

③ 주파수 이동방식

④ 부하 변동방식

해설
- 수동적 방식 : 전압파형이나 위상 등의 변화를 잡아서 단독운전을 검출
  - 전압위상 도약검출방식
  - 제3차 고조파 전압급증 검출방식
  - 주파수 변화율 검출방식
- 능동적 방식 : 항상 인버터에 변동요인을 부여하여 두고 연계운전 시에는 변동요인이 나타나지 않고, 단독운전 시에만 나타나도록 하여 이상을 검출하는 방식
  - 무효전력 변동방식
  - 주파수 시프트 방식
  - 유효전력 변동방식
  - 부하 변동방식

9 ④ 10 ③ 11 ② 정답

12 다음 중 인버터의 주요기능이 아닌 것은?

① 자동운전 정지기능
② 자동전압 조정기능
③ 교류 지락 검출기능
④ 단독운전 방지기능

해설 교류 지락 검출기능은 트랜스리스 방식의 인버터에서 태양전지와 계통 측이 절연되어 있지 않기 때문에 태양전지의 지락에 대한 안전대책으로 필요한 기능이다.

인버터의 주요기능

- 일반적으로 인버터는 파워컨디셔너(PCS)를 통칭하여 쓴다.
- 파워컨디셔너의 역할
  - 전압 · 전류 제어기능
  - 최대전력추종(MPPT)기능
  - 계통연계 보호기능
  - 단독운전 검출기능
- 인버터의 전력변환부는 소용량에서는 MOSFET 소자를 적용하고, 중 · 대용량에서는 IGBT소자를 이용하여 PWM 제어방식의 스위칭을 통해 직류를 교류로 변환한다.

13 무변압기형 인버터의 경우 교류 출력에 직류분 유입 억제기능이 필요하다. 유입량은 정격전류의 몇 % 이내인가?

① 0.1
② 0.5
③ 1
④ 2

해설 무변압기형 인버터의 경우 직류분의 유입량은 정격전류의 1% 이내, 검출시간은 0.5초 이내가 일반적인 규제값이다.

14 소용량의 태양광발전시스템에서 생략할 수 있는 인버터의 기능은?

① 직류 검출기능
② 자동전압 조정기능
③ 최대전력추종 제어기능
④ 단독운전 방지기능

해설 태양광발전시스템을 계통에 접속하여 역송전 운전을 하는 경우 전력 전송을 위한 수전점의 전압이 상승하여 전력회사의 운용범위를 초과할 가능성이 있다. 이를 예방하기 위해 자동전압 조정기능을 설정하여 전압의 상승을 방지하고 있다. 다만 소용량의 태양광발전시스템은 전압상승의 가능성이 희박하여 이 기능을 생략할 수 있다.

정답 12 ③ 13 ③ 14 ②

CHAPTER 05 관련 기기 및 부품

01 **그늘이나 셀의 일부분 고장으로 태양전지 모듈의 안에서 그 일부의 태양전지 셀이 발전이 되지 않을 경우 전류의 우회로를 목적으로 설치하는 것은?**

① 접속반
② 바이패스 다이오드
③ 역류방지 다이오드
④ 주개폐기

해설
- 바이패스 다이오드 : 태양전지를 직렬접속할 때 전류의 우회로를 만드는 다이오드이다.
- 역류방지 소자 : 태양전지 모듈에서 다른 태양전지 회로나 축전지에서의 전류가 돌아 들어가는 것을 저지하기 위해 설치하는 것으로 일반적으로 다이오드가 사용된다.

02 **바이패스 소자에 대한 설명이다. 틀린 것은?**

① 발전되지 않은 부분의 셀은 저항이 작아진다.
② 음영이 발생한 셀에 직렬접속 되어있는 스트링회로의 전전압이 인가되어 음영이 발생한 셀에 전류가 흘러서 발열한다.
③ 바이패스 다이오드 사용 시 온도를 추정하여 여유를 가지고 안전하게 바이패스될 수 있는 정격전류의 다이오드를 선정할 필요가 있다.
④ 태양전지 어레이를 구성하는 태양전지 모듈마다 바이패스 소자를 설치하는 것이 일반적이다.

해설 발전되지 않은 부분의 셀은 저항이 커진다.

03 **태양전지 어레이에서 바이패스 소자를 이용할 필요가 있는 경우는 보호하도록 하는 스트링의 공칭 최대출력 동작전압의 보통 몇 배 이상의 역내압을 가진 소자를 사용하는가?**

① 1.1
② 1.2
③ 1.5
④ 2

해설 바이패스 소자를 이용할 필요가 있는 경우는 보호하도록 하는 스트링의 공칭 최대출력 동작전압의 1.5배 이상의 역내압을 가진 소자 또는 스트링의 단락전류를 충분히 바이패스할 수 있는 정격전류를 가지고 있는 소자를 사용한다.

1 ② 2 ① 3 ③ 정답

04 태양전지 모듈의 음영이 그림과 같이 생겼을 경우 얻을 수 있는 출력(W)은?

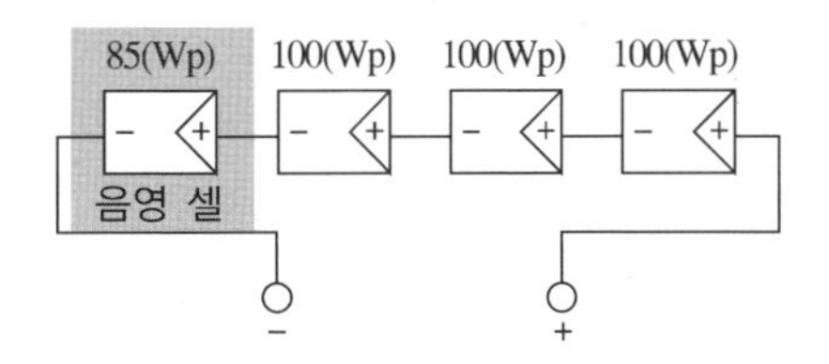

① 0
② 300
③ 340
④ 385

해설 음영이 생긴 모듈의 출력만큼 전류가 흐르므로 85 × 4 = 340W

05 태양전지 모듈에서 다른 태양전지 회로나 축전지에서의 전류가 돌아 들어가는 것을 저지하기 위해서 설치하는 것은?

① 접속반
② 바이패스 소자
③ 역류방지 소자
④ 주개폐기

해설 **역류방지 소자** : 태양전지 모듈에서 다른 태양전지 회로나 축전지에서의 전류가 돌아 들어가는 것을 저지하기 위해 설치하는 것으로서 일반적으로 다이오드가 사용된다.

06 역류방지 소자에 대한 설명이다. 다음 중 틀린 것은?

① 접속함 내에 설치하는 것이 통례이지만 태양전지 모듈의 단자함 내에 설치하는 경우도 있다.
② 역류방지 소자는 설치하는 회로의 단락전류 3배 이상의 최대전류를 흐를 수 있어야 한다.
③ 사용회로의 최대 역전압에 충분히 견딜 수 있어야 한다.
④ 설치장소에 의해서 소자의 온도가 높게 되는 것이 예상된 경우에는 다이오드 사용 시 온도를 추정하여 여유를 가지고 정격전류의 다이오드를 선정할 필요가 있다.

해설 역전류방지 다이오드 용량은 모듈 단락전류(I_{SC})의 1.4배 이상, 개방전압(V_{OC})의 1.2배 이상이어야 하며, 현장에서 확인할 수 있도록 표시하여야 한다.

정답 4 ③ 5 ③ 6 ②

07 다음은 접속함에 대한 설명이다. 틀린 것은?

① 접속함에는 직류개폐기, 피뢰 소자, 단자대, 전력량계, 인버터 등을 설치한다.
② 보수점검 시에 회로를 분리하여 점검 작업을 용이하게 한다.
③ 태양전지 어레이에 고장이 발생하여도 고장범위를 최소화한다.
④ 여러 개의 태양전지 모듈 접속을 효율적으로 설치하는 데 편리하다.

해설 접속함에는 직류개폐기, 피뢰 소자, 단자대, 역류방지 소자 등을 설치한다.

08 태양광발전시스템의 접속함에 설치되는 개폐기에 대한 설명이다. 올바르지 못한 것은?

① 접속함에는 일반적으로 태양전지 어레이 측 개폐기와 주개폐기를 설치한다.
② 태양전지 어레이 측 개폐기는 태양전지 어레이의 점검, 보수 시 혹은 일부의 태양전지 모듈에 불합리한 부분을 분리하기 위하여 설치한다.
③ 주개폐기는 태양전지 어레이의 출력을 1개소에 통합한 후 파워컨디셔너와 회로 도중에 설치한다.
④ 주개폐기는 태양전지 어레이의 단락전류에서는 용이하게 자동차단되는 정격의 것을 사용하는 것이 좋다.

해설 주개폐기를 선택한 경우 태양전지 어레이의 최대사용전압, 통과전류를 만족시키는 최대통과전류(표준태양전지 어레이 단락전류)를 개폐할 수 있는 것을 사용하면 좋다. 또한 보수도 용이하고 MCCB를 사용해도 좋지만 태양전지 어레이의 단락전류에서는 용이하게 자동차단(트립)되지 않는 정격의 것을 사용하는 것이 좋다. 그리고 반드시 정격전압에 적정한 직류차단기를 사용하여야 한다.

09 접속함 내부의 구성기기가 아닌 것은?

① 직류개폐기
② 인버터
③ 역류방지 소자
④ 피뢰 소자

해설 **접속함의 구성기기** : 직류개폐기(주개폐기, 태양전지 어레이 측 개폐기), 피뢰 소자, 단자대, 역류방지 소자

7 ① 8 ④ 9 ② 정답

10 **낙뢰나 스위칭 개폐 등에 의해 발생되는 순간 과전압은 태양광발전설비의 기기들을 순식간에 손상시킬 수 있다. 이를 방지하기 위해 설치하는 것은?**

① 주개폐기
② 인버터
③ 역류방지 소자
④ 피뢰 소자

해설 저압 전기설비의 피뢰 소자는 보통 서지보호장치(SPD ; Surge Protective Device)라고 칭한다.

11 **다음은 교류용 개폐기를 이용하여 직류전원을 연결하는 방법으로 올바른 것은?**

①
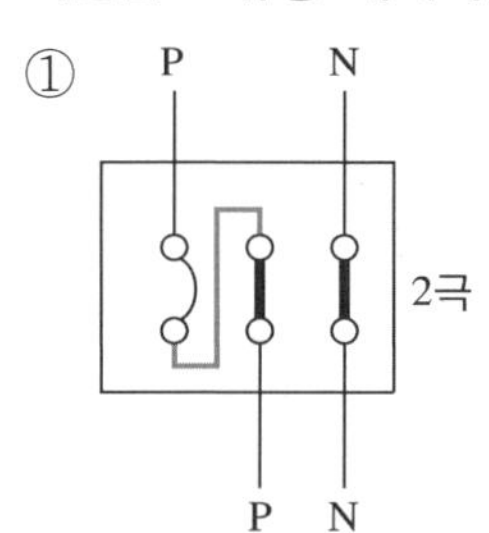

②
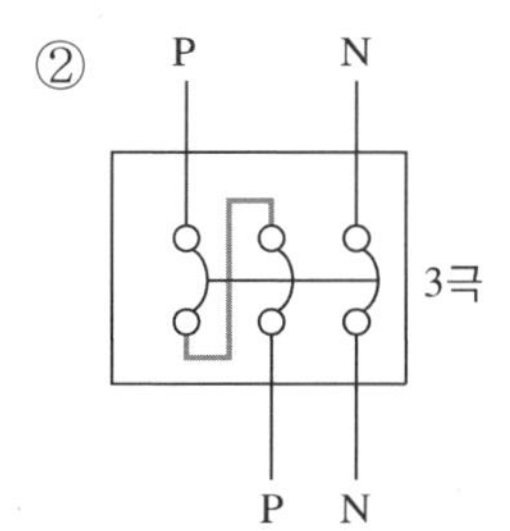

③
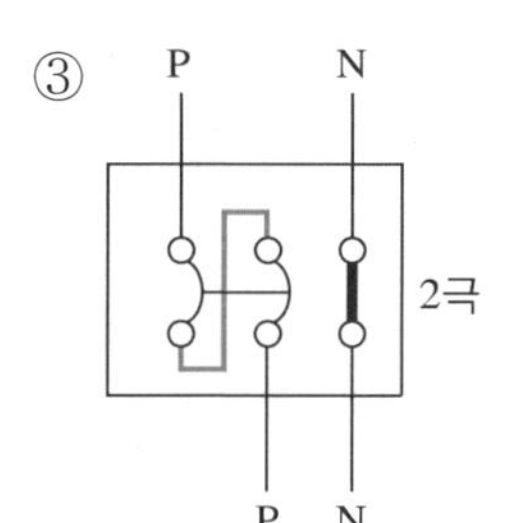

④
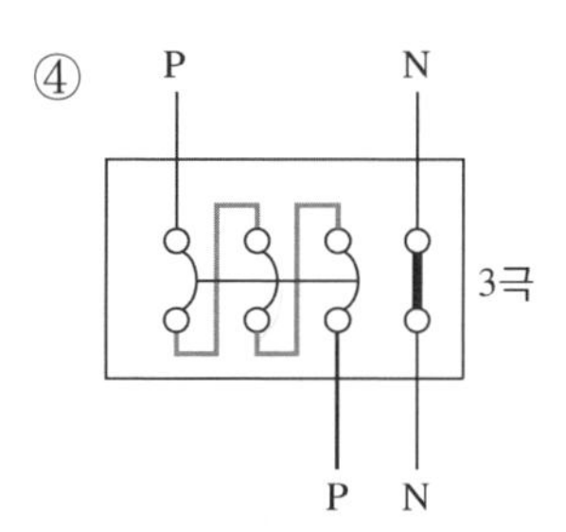

12 **서지보호장치의 구비 조건으로 틀린 것은?**

① 동작전압이 높아야 한다.
② 응답시간이 빨라야 한다.
③ 정전용량이 작아야 한다.
④ 서지내량이 커야 한다.

해설 동작전압이 낮아야 한다.

정답 10 ④ 11 ② 12 ①

13 피뢰 소자에 대한 설명이다. 보기 중 틀린 것은?

① 서지보호장치는 유도 뇌서지가 태양전지 어레이 또는 파워컨디셔너 등에 침입한 경우에 전기설비를 뇌서지로부터 보호하기 위해 설치한다.
② 태양전지 어레이의 보호를 위해서 스트링마다 서지보호장치를 설치한다.
③ 서지보호장치의 접치 측 배선은 접지단자에서 최대한 길게 하여야 한다.
④ 서지보호장치는 기기의 입·출력부에 설치한다.

해설 서지보호장치의 설치방법은 서지보호장치의 접속도체가 길어지는 것은 뇌서지 회로의 임피던스를 증가시켜 과전압 보호효과를 감소시키기 때문에 가능한 짧게 하도록 규정하고 있다. 서지보호장치의 접속도체 전체길이는 0.5m 이하가 되도록 하여야 한다.

14 다음 설명 중 잘못된 것은?

① 일반적으로 태양전지 어레이의 스트링마다 배선을 배선함까지 가지고 가서 접속함 내의 단자대에 접속한다.
② 주개폐기를 단로기로 사용한 경우 태양전지 어레이 측 개폐기는 생략할 수 있다.
③ 쉽게 접근 가능한 외함은 실내형의 경우 IP20 이상, 실외형의 경우 IP44 이상이어야 한다.
④ 옥외에 설치된 수납함의 방수에 관해서는 IP54 이상의 방수, 방적(이슬방울방지) 구조의 것을 권장한다.

해설 주개폐기를 단로기로 사용한 경우를 제외하고 주개폐기가 설치되어 있는 경우는 태양전지 어레이 측 개폐기는 생략할 수 있다.

15 다음 기기 중 교류 측 기기인 것은?

① 서지보호장치
② 주개폐기
③ 적산전력량계
④ 태양전지 어레이 측 개폐기

해설 교류 측 기기에는 대표적으로 분전반과 적산전력량계가 있다.

13 ③ 14 ② 15 ③ 정답

16 다음은 교류 측 기기에 대한 설명이다. 틀린 것은?

① 분전반은 계통연계하는 시스템의 경우에 파워컨디셔너의 교류출력을 계통으로 접속하는 데 사용하는 차단기를 수납한다.
② 주택의 경우 이미 분전반이 설치되어 있어도 태양광발전시스템의 전용 분전반을 설치해야 한다.
③ 태양광발전시스템용으로 설치된 차단기는 지락검출기능이 있는 과전류차단기가 필요하다.
④ 기존에 설치되어 있는 분전반의 계통 측에 누전차단기가 이미 설치되어 있으면 지락검출기능 부착 과전류차단기가 필요가 없다.

해설 주택에서는 많은 경우 이미 분전반이 설치되어 있기 때문에 태양광발전시스템의 정격출력전류에 맞는 차단기가 있으면 그것을 사용한다.

17 변압기 권수비와 관련된 식으로 옳은 것은 무엇인가?

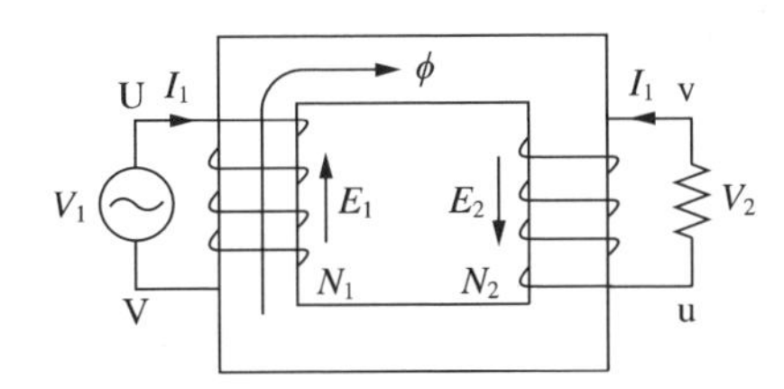

① $a=\dfrac{V_1}{V_2}=\dfrac{N_2}{N_1}=\dfrac{I_2}{I_1}$　　② $a=\dfrac{V_1}{V_2}=\dfrac{N_1}{N_2}=\dfrac{I_2}{I_1}$

③ $a=\dfrac{V_1}{V_2}=\dfrac{N_1}{N_2}=\dfrac{I_1}{I_2}$　　④ $a=\dfrac{V_1}{V_2}=\dfrac{N_2}{N_1}=\dfrac{I_2}{I_1}$

해설 변압기의 전압비는 권수비와 동일하며, 전류비는 권수비의 역수이다.

18 변압기 △-△ 결선 방식의 특징으로 틀린 것은 무엇인가?

① 제3고조파 전류가 △ 결선 내를 순환하여 기전력의 파형이 왜곡되지 않는다.
② 1상분이 고장 나면 나머지 2대를 V 결선으로 운전 가능하다.
③ 중성점 접지를 할 수 있어 지락 사고의 검출이 용이하다.
④ 각 변압기의 상전류가 선전류의 $1/\sqrt{3}$ 이므로 대전류에 적당하다.

해설 △-△ 결선 방식은 중성점 접지를 할 수 없기 때문에 지락 사고의 검출이 어려운 단점이 있다.

정답 16 ② 17 ② 18 ③

19 변압기 Y-Y 결선 방식의 특징으로 틀린 것은 무엇인가?

① 1차, 2차 모두 중성점 접지가 가능하여 고압의 경우 이상 전압을 감소시킬 수 있다.
② 1차 2차 전압 사이에 위상차가 있다.
③ 제3고조파 전류의 통로가 없어 기전력의 파형이 왜형파가 된다.
④ 상전압이 선간전압의 $1/\sqrt{3}$ 이므로 절연이 용이하며 고전압에 유리하다.

해설 변압기 Y-Y 결선 방식은 1차와 2차 전압 사이에 위상차가 없다.

20 변압기 Y-Y 결선 방식의 장점이 아닌 것은 무엇인가?

① 1차, 2차 모두 중성점 접지가 가능하여 고압의 경우 이상 전압을 감소시킬 수 있다.
② 1차 2차 전압 사이에 위상차가 없다.
③ 상전압이 선간 전압의 $1/\sqrt{3}$ 이므로 절연이 용이하며 고전압에 유리하다.
④ 제3고조파 전류의 통로가 없어 기전력의 파형이 왜형파가 된다.

해설 제3고조파 전류의 통로가 없어 기전력의 파형이 왜형파가 되는 것은 단점이다.

21 다음 보기와 같은 특징을 가지는 변압기 결선방식은?

> ㉠ 한쪽 Y 결선의 중성점을 접지할 수 있다.
> ㉡ Y 결선의 상전압이 선간전압의 $1/\sqrt{3}$ 이므로 절연이 용이하다.
> ㉢ △ 결선이 있어 제3고조파의 장해가 적고, 기전력의 파형이 왜곡되지 않는다.
> ㉣ 1차와 2차 선간전압 간 30°의 위상차가 있다.
> ㉤ 한 상 고장 시 전원 공급이 불가능하다.
> ㉥ 중성점 접지로 인해 유도 장해를 초래한다.

① △-△
② Y-Y
③ △-Y
④ V-V

해설 보기는 △-Y 결선방식의 장단점이다.

19 ② 20 ④ 21 ③ 정답

22 변압기 △ 결선에서 V-V 결선으로 변경될 때 출력비는?

① 50%
② 57.7%
③ 75%
④ 100%

해설 V-V 결선은 △ 결선의 두 변압기만을 사용하여 약 57.7%의 출력비를 가진다.

23 다음이 나타내는 변압기의 결선방식은?

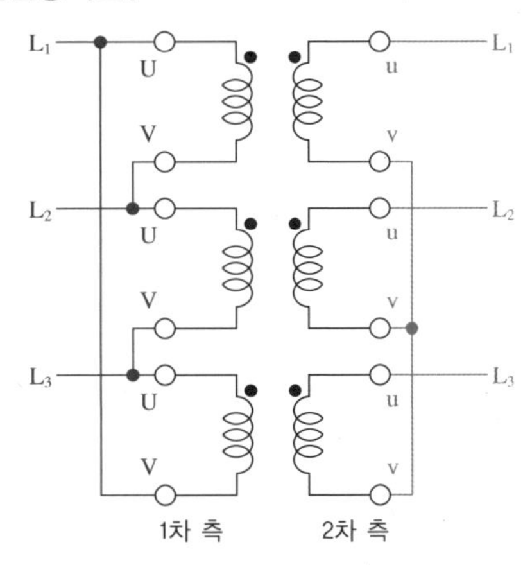

① △-△
② Y-Y
③ △-Y
④ V-V

해설 그림은 △-Y 결선방식이다.

24 다음과 같은 목적을 갖는 기기의 명칭은 무엇인가?

과전류나 단락 등의 비정상적인 전류를 감지하고 자동으로 회로를 차단하여 장비와 인력을 보호한다.

① 퓨즈
② 서지 보호기
③ 차단기
④ 변압기

해설 차단기는 과부하나 단락이 발생할 때 전류를 감지하여 자동으로 회로를 차단하며, 과전류, 단락, 누전 등의 전기적 보호 기능을 갖는다.

정답 22 ② 23 ③ 24 ③

25 다음과 같은 설명을 갖는 기기의 명칭은 무엇인가?

부하가 없는 상태에서만 작동하며, 선로를 완전히 열어서 물리적으로 전류의 흐름을 차단하는 기기

① 퓨즈
② 서지 보호기
③ 차단기
④ 단로기

해설 단로기는 부하가 없는 상태에서 선로를 완전히 열어서 물리적으로 전류의 흐름을 차단하며, 안전하게 회로를 유지한다.

26 다음 중 진공차단기에 대한 설명으로 틀린 것은?

① 진공차단기는 아크를 진공 상태에서 차단하여 아크 소멸을 빠르게 한다.
② 진공차단기는 고전압 상태에서도 신뢰성 있게 작동하여 고장 전류를 차단한다.
③ 진공차단기는 공기 중에서 아크를 소멸시키기 때문에 주변 환경의 영향을 받지 않는다.
④ 진공차단기는 고전압 계통에서 주로 사용되며, 소형화 및 경량화가 가능하다.

해설 진공차단기는 공기 중이 아닌 진공 상태에서 아크를 소멸시킨다.

27 기중 차단기의 약호로 옳은 것은?

① MCB
② ACB
③ MCCB
④ VCB

해설 기중 차단기의 약호는 Air Circuit Breaker의 약자인 ACB이고, 저전압 및 중전압 시스템에서 사용(1,000V 이하)한다.

25 ④ 26 ③ 27 ② 정답

28 정격전압이 22kV이고, 정격차단전류가 2kA인 기중 차단기의 정격차단용량(MVA)을 구하면 얼마인가?

① 25
② 38
③ 62
④ 76

해설 정격차단용량(MVA) = $\sqrt{3}$ × 정격전압(kV) × 정격차단전류(kA)
주어진 식에 따라 계산하면,
정격차단용량 = $\sqrt{3}$ × 22kV × 2kA
= $\sqrt{3}$ × 22 × 2 ≒ 76MVA

29 다음 설명이 나타내는 것은 무엇인가?

정격전압, 정격주파수하에서 정해진 일정한 온도 상승 한도를 초과하지 않고 그 차단기에 흘릴 수 있는 전류

① 정격차단전류
② 정격투입전류
③ 정격전류
④ 최대전류

해설
- 정격차단전류 : 표시되어 있는 수치만큼의 전류를 차단할 수 있는 최대전류
- 정격투입전류 : 정격전압, 정격주파수 및 규정한 회로 조건하에서 규정한 표준 동작 책무와 동작 상태에 따라 투입할 수 있는 투입전류의 한도를 의미한다.

30 다음 설명이 나타내는 것은 무엇인가?

일정한 값 이상의 전류가 흐르면 부하를 차단시키는 계전기

① OVR
② GR
③ UVR
④ OCR

해설 ① OVR(Over Voltage Relay) : 과전압계전기
② GR(Ground Relay) : 지락계전기
③ UVR(Under Voltage Relay) : 부족전압계전기
④ OCR(Over Current Relay) : 과전류계전기

정답 28 ④ 29 ③ 30 ④

31 계통연계용 축전지의 이용목적으로 가장 잘못된 것은?

① 계통전압 하강억제
② 계통정전 시의 비상용 전원
③ 발전전력의 평준화
④ 야간전력의 저장

해설 **계통연계용 축전지의 이용목적** : 계통전압 상승억제, 계통정전 시의 비상용 전원, 발전전력의 평준화, 야간전력의 저장 등이 있다.
여기서, 계통전압 상승억제는 역조류에 의한 계통전압의 상승을 방지하고, 전압 상승 시만 잉여전력을 저장하는 것을 말한다.

32 기후가 급변할 때나 계통부하가 급변할 때는 축전지를 방전하고, 태양전지 출력이 증대하여 계통전압이 상승하도록 할 때에는 축전지를 충전하여 역류를 줄이고 전압의 상승을 방지하는 역할을 하는 계통연계시스템은?

① 방재 대응형
② 계통안정화 대응형
③ 부하평준화 대응형
④ 독립형

해설
- 방재 대응형 : 재해 시 인버터를 자립운전으로 전환하고 특정 재해대응 부하로 전력을 공급한다.
- 부하평준화 대응형(피크 시프트형, 야간전력 저장형) : 태양전지 출력과 축전지 출력을 병용하여 부하의 피크 시에 인버터를 필요 출력으로 운전하여 수전전력의 증대를 막고 기본전력요금을 절감하려는 시스템이다.

33 독립형 전원시스템용 축전지 용량을 산출하는 식은?

① $C = \dfrac{\text{1일소비전력량} \times \text{보수율} \times \text{불일조일수}}{\text{방전심도} \times \text{방전종지전압}}$ (Ah)

② $C = \dfrac{\text{1일소비전력량} \times \text{불일조일수} \times \text{방전심도}}{\text{보수율} \times \text{방전종지전압}}$ (Ah)

③ $C = \dfrac{\text{1일소비전력량} \times \text{불일조일수}}{\text{보수율} \times \text{방전심도} \times \text{방전종지전압}}$ (Ah)

④ $C = \dfrac{\text{보수율} \times \text{방전심도}}{\text{1일소비전력량} \times \text{불일조일수} \times \text{방전종지전압}}$ (Ah)

해설 축전기 용량이 1,000mAh라고 하면, 1,000mAh를 100% 다 소진하고 충전할 때 방전심도는 1이고, 만약 실제로 80% 사용하고 충전을 한다면 방전심도는 0.8이 된다. 불일조일수는 기상 상태의 변화로 발전을 할 수 없을 때의 일수를 말한다.

31 ① 32 ② 33 ③ 정답

34 독립형 전원시스템용 축전지로 가장 많이 사용하는 축전지는?

① 납축전지
② 니켈-카드뮴 전지
③ 니켈-수소 축전지
④ 리튬 2차 전지

해설 일반적으로 보수가 필요하지 않는 밀폐형 납축전지를 주로 사용한다.

35 낙뢰에 대한 설명이다. 틀린 것은?

① 전력설비나 전기기기에 직접 뇌가 떨어져 직접뢰방전을 받는 경우를 직격뢰라고 한다.
② 직격뢰는 낙뢰에 의해 거의 부분적 또는 전체적으로 파괴되기 때문에 유효한 수단이 없는 것이 현상이다.
③ 건물에 낙뢰하여 직격뢰전류가 흘러 주위에 강한 전자계가 생기고 전자유도작용에 의해 부근의 전력 송전선이나 통신선에 서지전압이 발생한다.
④ 상공에 두 개의 뇌운이 접근하여 떠 있는 경우 뇌운파가 발생하면 전자유도작용에 의해 전력선이나 통신선상에 고여 있던 전하의 리듬을 파괴한다.

해설 상공에 두 개의 뇌운이 접근하여 떠 있는 경우 뇌운파가 발생하면 정전유도작용에 의해 전력선이나 통신선상에 고여 있던 전하의 리듬을 파괴한다.

36 일반적으로 낙뢰로 인한 전기·전자설비의 피해가 증가하는 이유로 적당하지 않는 것은?

① 반도체 등으로 서지 내량 감소
② 고감도화에 따른 신호 레벨 저하
③ 대규모 지역의 네트워크화
④ 기후의 변화

해설 기후의 변화와 상관관계는 거의 없다.

정답 34 ① 35 ④ 36 ④

37 피뢰 대책용 장비가 아닌 것은?

① 어레스트
② 바이패스 다이오드
③ 내뢰 트랜스
④ 서지업서버

38 독립형 전원시스템 축전지는 매일 충·방전을 반복해야 한다. 이 경우 축전지의 수명(충·방전 cycle)에 직접적으로 영향을 미치는 것은?

① 보수율
② 용량환산계수
③ 평균 방전전류
④ 방전심도

해설 방전심도가 클수록 축전지 수명은 급격히 감소한다.

39 큐비클식 축전지 설비의 이격거리가 틀린 것은?

① 큐비클 이외의 변전설비 : 1.0m
② 옥외에 설치 시 건물 : 2.0m
③ 전면 또는 조작면 : 0.6m
④ 전면, 조작면, 점검면 이외의 환기구 설치면 : 0.2m

해설 전면 또는 조작면의 이격거리는 1.0m이다.

37 ② 38 ④ 39 ③ 정답

PART 02

태양광발전 시공 및 운영

태양광발전 시공

태양광발전설비 설치공사는 기본적으로 전기공사업 등록을 하고 산업통상자원부에 태양광 전문기업으로 등록된 전문기업에서 시공하여야 한다. 그리고 태양광과 관련된 전기설비는 사용목적에 적절하고 안전하게 작동하여야 하며, 그 손상으로 인하여 전기 공급에 지장을 주지 않아야 한다.

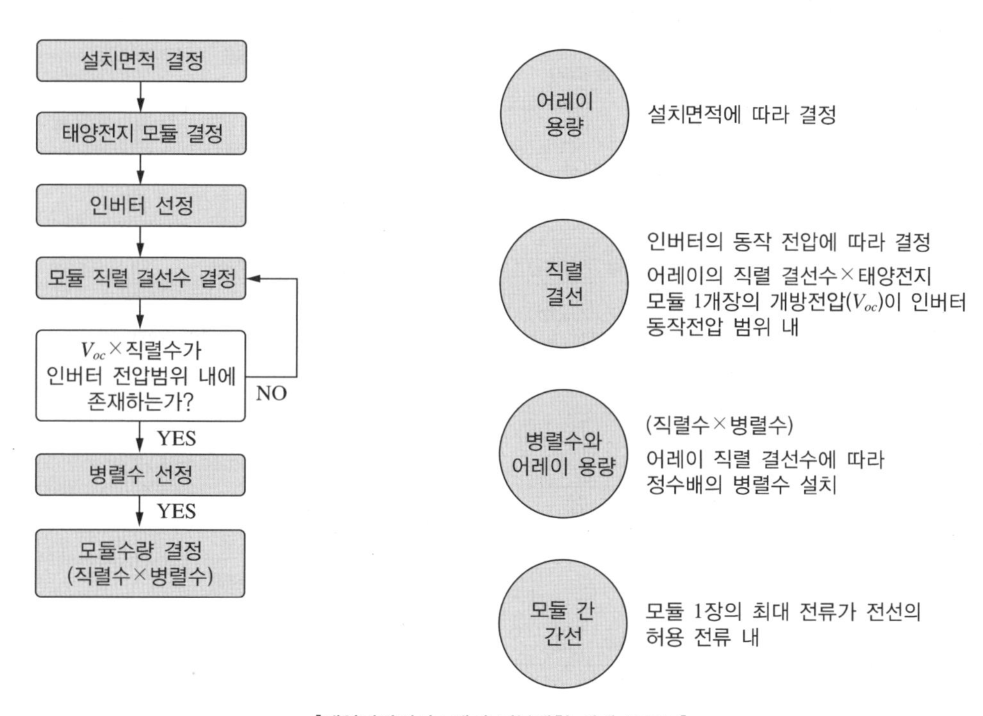

[태양광발전시스템의 기본계획 설계 흐름도]

태양광발전 시공은 다음 사항을 고려하여 설계한다.

구분	일반적 측면	기술적 측면
설치 위치 결정	양호한 일사조건	태양 고도별 비음영 지역 선정
설치 방법의 결정	• 설치의 차별화 • 건물과의 통합성	• 태양광발전과 건물의 통합 수준 • 유지보수의 적절성
디자인 결정	• 조화로움 • 실용성 • 혁신성 • 실현가능성 • 설계의 유연성	• 경사각, 방위각의 결정 • 건축물과의 결합 방법 결정 • 구조 안정성 판단 • 시공방법
태양전지 모듈의 선정	• 시장성 • 제작가능성	• 설치형태에 적합한 모듈 선정 • 건자재로서 적합성 여부
설치면적 및 시스템 용량 결정	건축물과 모듈 크기	• 모듈 크기에 따른 설치면적 결정 • 어레이 구성방안 고려
사업비의 적정성	경제성	건축재 활용으로 인한 설치비의 최소화
시스템 구성	• 최적시스템 구성 • 실시설계 • 사후관리 • 복합시스템 구성방안	• 성능과 효율 • 어레이 구성 및 결선방법 결정 • 계통연계 방안 및 효율적 전력공급 방안 • 발전량 시뮬레이션 • 모니터링 방안
구성요소별 설계	• 최대발전 보장 • 기능성 • 보호성	• 최대 발전 추종 제어(MPPT) • 역전류 방지 • 단독운전 방지 • 최소 전압강하 • 내외부 설치에 따른 보호기능
계통연계형 시스템	• 안정성 • 역류 방지	• 지속적인 전원공급 • 상호 계측 시스템
어레이	• 고정식 • 가변식 • 추적식(단축, 양축)	• 경제적인 방법검토 • 설치 장소에 따른 방식

01 | 태양광발전 시공 준비

1.1 태양광발전의 시공절차

(1) 시공절차의 주요공사별 구분

구분	세부 시공절차
토목공사	• 지반공사 및 구조물 공사 • 접지공사
자재검수	• 승인된 자재 반입 및 검수 • 필요시 공장검수 실시
기기설치공사	• 어레이 설치공사 • 접속함 설치공사 • 파워컨디셔너(PCS) 설치공사 • 분전반 설치공사
전기배관배선공사	• 태양전지 모듈 간 배선공사 • 어레이와 접속함의 배선공사 • 접속함과 파워컨디셔너(PCS) 간 배선공사 • 파워컨디셔너(PCS)와 분전반 간 배선공사
점검 및 검사	• 어레이검사 • 어레이의 출력확인 • 절연저항측정 • 접지저항측정

(2) 태양광발전 시공절차의 일반적인 설치순서

모든 시공절차에서는 구조의 안정성 확보와 전력손실의 최소화를 목표로 시공해야 한다.

① 현장여건분석

㉠ 설치조건 : 방위각(정남향 ±45°), 설치면의 경사각, 건축안정성, 일조시간 1일 5시간 이상(봄, 가을 기준)

㉡ 환경여건 고려 : 음영 유무

㉢ 전력여건 : 배전용량, 연계점, 수전전력, 월평균 사용전력량

② 시스템 설계

㉠ 시스템 구성 : 시스템용량 → 모듈용량 → 직·병렬 결선 → 어레이구분 → 병렬 인버터

㉡ 구조설계 : 기초/구조물설계, 구조계산

㉢ 전기설계 : 간선, 피뢰, 모니터링 설계

③ 구성요소 제작 : 태양전지 모듈, 인버터, 접속반, 설치구조물, 기타

④ 기초공사 : 유형에 따라 기초공사(독립기초, 줄기초, 앵커고정형, 지붕/벽면 부착 등)

⑤ 설치가대 설치

⑥ 모듈설치 : 모듈부착 → 볼트/너트 고정 → 결선

⑦ 파워컨디셔너(PCS) 설치 : 단상/3상, 옥내형/옥외형

⑧ 배선공사 : 모듈 – 어레이 – 접속반 – 인버터 – 계통 간 간선

⑨ 시운전 : 정상 운전 상태 파악, 어레이별 출력 확인

⑩ 운전 개시

(3) 시공기준 및 관련 법규

① 태양광발전설비의 전기공사는 전기설비기술기준 및 한국전기설비규정에 의거 시공한다.

② 정부 지원금을 받아 시공하는 경우에는 신재생에너지설비 지원 등에 관한 지침을 준수해야 한다.

(4) 전기공사 절차

태양광발전설비의 전기공사는 태양전지 모듈의 설치와 동시에 진행된다. 다음 그림에 나타낸 것처럼, 태양전지 모듈 간의 배선은 물론 접속함이나 인버터 등과 같은 설비와 이들 기기 상호 간을 순차적으로 접속한다.

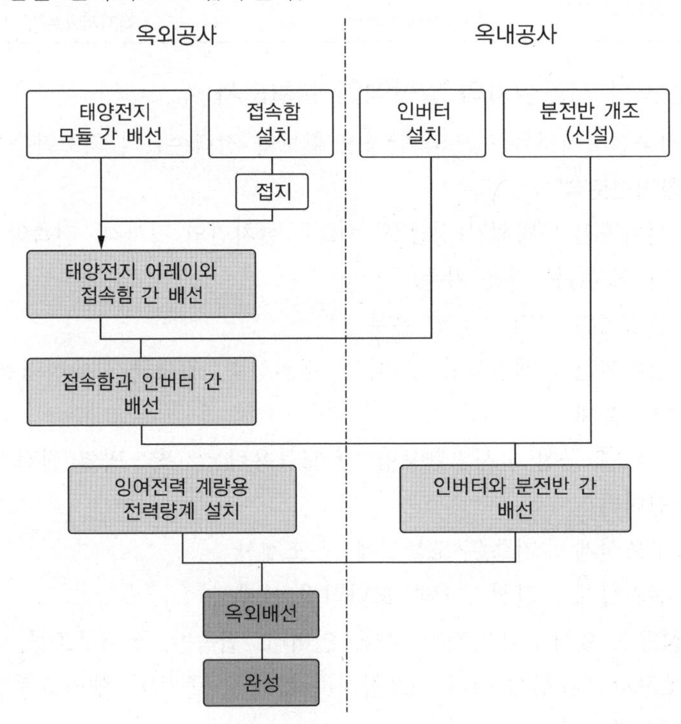

[태양광발전시스템 전기공사 절차]

1.2 태양광발전시스템 시공 시 필요한 장비 목록

(1) 공구 및 소형 장비

① 필요공구 : 레벨기, 해머드릴, 임팩트, 해머 브레이커, 터미널압착기, 앵글천공기, 각종 수공구

② 소형장비 : 컴프레서, 발전기, 사다리 등

③ 대형장비 : 굴착기, 크레인, 지게차

(2) 품질확보 보유 장비(측정장비)

① 접지저항계(메거)
② 절연저항계
③ 전류계
④ 멀티테스터
⑤ 검전기
⑥ 상 테스터
⑦ 각도계
⑧ 수평 및 수직 일사량계
⑨ 오실로스코프

1.3 태양광발전시스템 관리기기 반입 및 검사

(1) 반입검사의 필요성

시공사와 기자재 제작업자의 경제적 이득 및 제조과정에서 발생하는 불량을 사전에 체크하여 부실공사를 방지한다.

(2) 반입검사 내용

① 책임감리원이 검토 승인된 기자재에 한해서 현장반입을 한다.

② 공장검수 시 합격된 자재에 한해 현장반입을 한다.

③ 현장자재 반입검사는 공급원승인제품, 품질적합내용, 내역물량수량, 반입 시 손상여부 등의 전수검사를 원칙으로 한다. 하지만 동일 자재의 수량이 많을 경우 샘플검수를 시행할 수도 있다.

④ 공급원 승인된 주요 기자재 : 태양전지 모듈, 파워컨디셔너(PCS), 분전반, 축전지반, 자동제어시스템, 배관자재, 케이블

⑤ 일반자재 : 부속류

(3) 자재 반입 시 주의사항

공사용 자재 반입 시에 기중기차를 사용하는 경우, 기중기의 붐대 선단이 배전선로에 근접할 때, 공사 착공 전에 전력회사와 사전 협의하에 절연전선 또는 전력케이블에 보호관을 씌우는 등의 보호 조치를 실시한다.

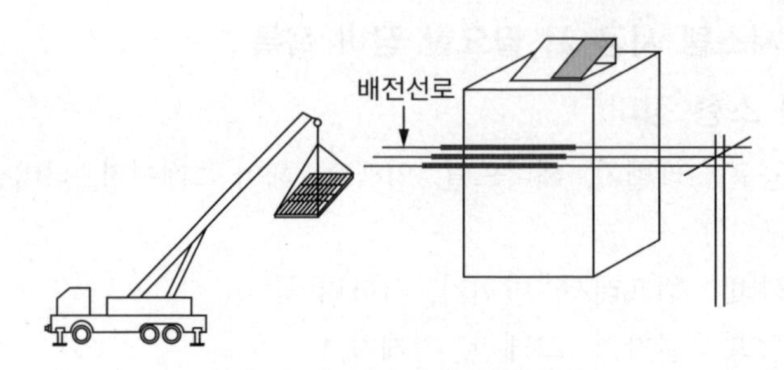

[기자재 반입 시 배전선로 보호]

1.4 태양광발전시스템 시공안전 대책

(1) 안전장구 착용

① 안전모

② 안전대 착용(추락방지)

③ 안전화(중량물에 의한 발 보호 및 미끄럼 방지용)

④ 안전허리띠 착용(공구, 공사 부재 낙하 방지)

(2) 작업 중 감전사고 대책

① **감전사고의 원인** : 태양전지 모듈 1장의 출력전압은 모듈의 종류에 따라 25~35V 정도이지만 모듈을 필요한 개수만큼 직·병렬로 접속하면 말단의 전압은 250~450V까지의 높은 전압이 된다.

② **안전대책**

㉠ 작업 전 태양전지 모듈 표면에 차광막을 씌워 태양광을 차폐한다.

㉡ 절연장갑을 착용한다.

㉢ 절연처리 공구를 사용한다.

㉣ 우천 시에는 반드시 작업을 금지한다.

1.5 시공체크리스트

태양전지 모듈의 배열 및 결선방법은 모듈의 출력전압이나 설치장소 등에 따라 다르기 때문에 체크리스트를 이용해 배열 및 결선방법 등에 대해 시공 전과 시공 완료 후에 각각 확인해야 한다.

년 월 일 시공			
태양광발전시스템 전기시공 공사 체크리스트			
시설명칭			
어레이 설치방향	기후	시공회사명	
북 북동 동 동남 남 남서 서 북서		전화번호	담당자명
시스템 제조사명		용량 kW	연계 유 무

모듈 No.	개방전압 (V)	단락전류 (A)	지락확인	인버터 입력전압(V)	인버터 출력전압(V)	모듈 No.	개방전압 (V)	단락전류 (A)	지락확인	인버터 입력전압(V)	인버터 출력전압(V)
1	V	A		V	V	1	V	A		V	V
2	V	A		V	V	2	V	A		V	V
3	V	A		V	V	3	V	A		V	V
4	V	A		V	V	4	V	A		V	V
5	V	A		V	V	5	V	A		V	V
6	V	A		V	V	6	V	A		V	V
7	V	A		V	V	7	V	A		V	V
8	V	A		V	V	8	V	A		V	V
9	V	A		V	V	9	V	A		V	V
10	V	A		V	V	10	V	A		V	V
11	V	A		V	V	11	V	A		V	V
⋮	⋮	⋮	⋮	⋮	⋮	⋮	⋮	⋮	⋮	⋮	⋮
23	V	A		V	V	23	V	A		V	V
24	V	A		V	V	24	V	A		V	V
25	V	A		V	V	25	V	A		V	V
26	V	A		V	V	26	V	A		V	V
27	V	A		V	V	27	V	A		V	V
28	V	A		V	V	28	V	A		V	V
29	V	A		V	V	29	V	A		V	V
30	V	A		V	V	30	V	A		V	V
31	V	A		V	V	31	V	A		V	V
32	V	A		V	V	32	V	A		V	V
33	V	A		V	V	33	V	A		V	V
34	V	A		V	V	34	V	A		V	V
35	V	A		V	V	35	V	A		V	V

모듈번호표 직렬 병렬 V A	비고

[태양전지 모듈의 출력전압 체크리스트 예시]

02 | 태양광발전 토목공사

2.1 태양광발전 토목공사 수행

(1) 기반조사

① 구조물을 세우기에 앞서 구조물 설계와 시공을 이용하기 위해 지반의 공학적 특성을 파악하는 일련의 작업을 말한다.

② 지반조사는 보통 시추, 토질시험, 지하수 조사, 지반탐사 등의 방법을 통해 이루어진다.

(2) 태양광 설계 시 지반조사 도서

① **일축 압축강도 시험** : 토질역학에서 점토의 비배수 전단강도를 측정하는 시험방법의 일종

② **흡수 팽창 시험** : 마른 흙이 물에 잠길 때 부푸는 정도를 측정하는 시험

③ **압밀시험** : 주로 연약한 점토질 토양에서 시행하며, 흙의 압축 성질과 물이 배제되는 속도를 평가하는 시험

④ **직접 전단 시험** : 토질역학에서 흙, 시료의 전단강도를 측정하는 시험

⑤ **시추, 보링 조사** : 흙의 밀도, 강도 및 압축성 등을 시험하기 위해 지표면에 구멍을 내 모래, 자갈, 석고 등 토질 성분을 분석하는 검사

(3) 태양광 발전소 토목 측량

① **지적현황측량** : 지상 구조물 또는 지형, 지물이 점유하는 위치 현황을 지적도 또는 임야도에 표시하여 그 관계 위치 및 면적을 측량한다.

② **경계(복원)측량** : 지적상 등록된 경계를 필지에 표시해 파악하는 것으로 보통 말뚝을 박아 표시한다.

(4) 태양광 토목설계 도면

① 펜스 상세도

② **모듈 배치도** : 태양전지 모듈의 가로세로 배열 표시

③ **배수계획 평면도** : 발전소 배수관로 표시

④ 지형 실측도

⑤ **현황측량도** : 토지, 지상 구조물 또는 지형물의 위치와 면적을 측량하여 임야도, 지적도에 등록된 위치와 대비해 표시

⑥ 종단면도, 횡단면도

(5) 태양광 토목 공사시방서

① **공사시방서** : 전문시방서, 표준시방서를 기본으로 시방서는 공사 현장의 구조, 장비, 작업 절차 등을 포함하며, 작업 중 발생할 수 있는 위험 요소와 이를 방지하기 위한 대책을 담고 있다.

② **표준시방서** : 다양한 작업 환경에서 공통으로 적용할 수 있는 작업 절차와 안전 지침을 포함하고 있으며, 일반적인 작업 절차와 안전 장비 사용 방법 등을 다룬다.

③ **전문시방서** : 특정 분야나 전문 작업에 관한 지침서이다. 예를 들어, 전기 작업, 기계 작업, 화학 작업 등 전문 분야에서 사용된다. 이 시방서는 해당 분야의 특성과 위험 요소를 고려하여 작성하며, 전문가들이 안전하게 작업할 수 있도록 지침을 제공한다.

▮ 시방서

공사에서 일정한 순서를 적은 문서로, 제품 또는 공사에 필요한 재료의 종류와 품질, 사용처, 시공방법, 제품의 납기, 준공 기일 등 설계도면에 나타내기 어려운 사항을 명확하게 기록하는 것으로 공사설계도면에 표기되지 않은 재료, 품질, 시공특기사항 등을 기록한 설계도서의 일종이다.

(6) 설계도서 해석 우선기준

① 공사시방서

② 설계도면

③ 전문시방서

④ 표준시방서

⑤ 산출내역서

⑥ 승인된 상세시공도면

⑦ 관계법령의 유권해석

⑧ 감리자의 지시사항

03 | 태양광발전 구조물 시공

3.1 태양광발전 구조물 기초 공사 수행

(1) 구조물 기초공사

① 기초공사란 상부 건축물의 하중을 안전하게 지반에 전달하는 구조부재로서 건축물의 부재로서는 최초 공사이다.

② 기초 설계의 기본적인 방법

㉠ 지반이 하중을 지지하는 데 매우 약하기 때문에 건물 상부에서 전달되는 하중의 면적당 크기를 지반이 지지할 수 있는 힘의 크기, 즉 지내력 이하가 되도록 하중을 분산시키는 데 있다.

㉡ 일반적인 건물에 있어 기초 설계는 기초의 면적을 결정하고, 기초의 두께를 결정하고 철근을 배근하는 데 있다.

③ 기초 설계의 착안사항(구조물 기초)

㉠ 기초 지반의 지층의 조건

㉡ 지하매설물 확인

㉢ 지반의 물리적 특성

㉣ 기초 지반의 지지력

④ 기초 모양에 의한 터파기 분류

㉠ 구덩이 파기 : 독립기초 등에서 국부적으로 파는 기초

㉡ 줄기초파기 : 지중 보, 벽 구조 등에서 도량 모양으로 파는 기초

㉢ 온통파기 : 흙막이를 하지 않고 터를 파는 것

⑤ 기초 흙파기의 일반 사항

㉠ 흙막이를 설치하지 않은 경우 흙파기 경사각(ϕ)은 휴식각의 2배로 한다.

㉡ 휴식각 : 마찰력만으로 중력에 대해 정지하는 흙의 사면각도

⑥ 굴착에 의한 증량비

㉠ 암석 : +75%

㉡ 점토+모래+자갈 : +30%

㉢ 점토, 부식토 : +25%

㉣ 모래, 자갈 : +15%

⑦ 흙파기 주요공법

㉠ 경사 open cut 공법 : 흙막이 지보공(버팀대)이 필요 없이 굴착면을 경사지게 파는 공법

㉡ 흙막이 open cut 공법
- 자립공법 : 토압을 흙막이 벽의 힘의 휨 저항으로 지지하는 공법
- 버팀대(strut)공법 : 흙막이널에 띠장을 대고 버팀대를 설치하여 토압을 지지하는 공법
- 어스앵커공법 : 버팀대 대신 PC 강선의 인장력에 의해 토압을 지지하는 공법

⑧ 터파기 기준 2가지

㉠ 흙파기 경사각(ϕ)은 휴식각의 2배로 하는 경우

㉡ 윗면 너비가 밑면너비 + $0.6H$인 경우

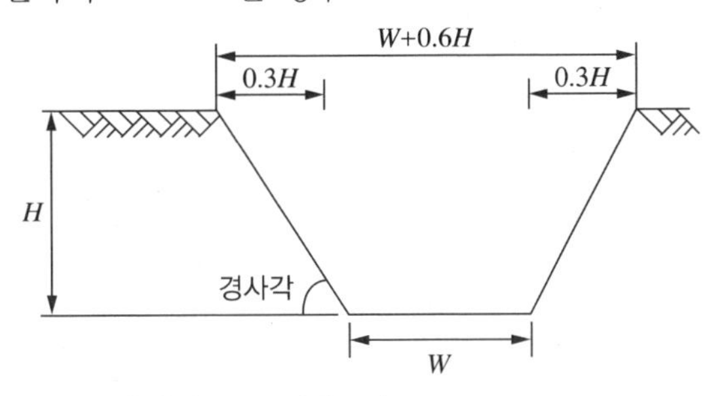

⑨ 기초의 종류 : 얕은 기초(직접기초), 깊은 기초

㉠ 얕은 기초 : 독립기초, 연속기초(줄기초), 온통기초(매트기초)
- 독립기초 : 개개의 기둥을 독립적으로 지지하는 형식으로 기초판과 기둥으로 형성되어 있으며, 기둥과 보로 구성되어 있는 건축물에 적용되는 기초이다.
- 연속기초(줄기초) : 내력벽 또는 조적벽을 지지하는 기초로 벽체 양옆에 캔틸레버 작용으로 하중을 분산시킨다.
- 온통기초(매트기초) : 지층에 설치되는 모든 구조를 지지하는 두꺼운 슬래브 구조로 지반에 지내력이 약해 독립기초나 말뚝기초로 적당하지 않을 때 사용된다.

㉡ 깊은 기초 : 말뚝기초, 피어기초, 케이슨기초

㉢ 깊은 기초와 얕은 기초의 구분
- 얕은 기초 : 기초의 폭(B) > 기초의 깊이(D)
- 깊은 기초 : 기초의 폭(B) < 기초의 깊이(D)

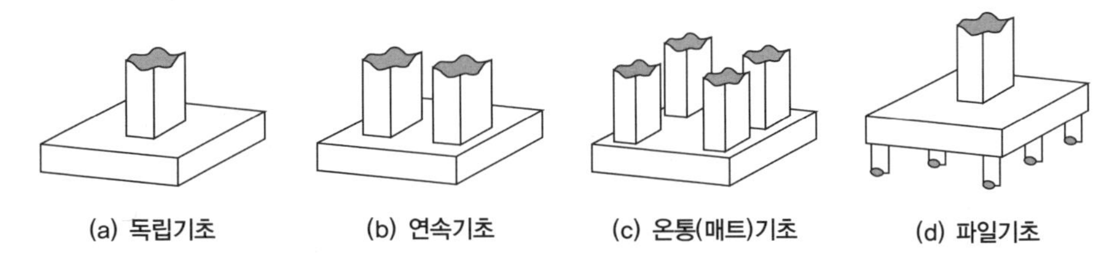

(a) 독립기초 (b) 연속기초 (c) 온통(매트)기초 (d) 파일기초

(2) 지역별 풍속과 하중

① 지역별 풍속

㉠ 기본풍속은 지표면으로부터 10m 높이에서 측정한 10분간 평균풍속에 대한 재현기간 100년 기대풍속이다.

[기본풍속(m/s)]

㉡ 설계풍속은 기본풍속에 대하여 건설지점의 지표면 상태에 따른 풍속의 고도분포와 지형조건에 따른 풍속의 할증 및 건축물의 중요도에 따른 설계 재현기간을 고려한 풍속으로 설계속도압 산정의 기본이 되는 풍속이다.

② 태양전지 가대의 설치 시 고려해야 할 하중(상정하중)

구분		내용
수직하중	고정하중	어레이 + 프레임 + 서포트 하중
	적설하중	경사계수 및 눈의 단위 질량 고려
	활하중	건축물 및 공작물을 점유 시 발생 하중
수평하중	풍하중	어레이에 가한 풍압과 지지물에 가한 풍압 하중 풍력계수, 환경계수, 용도계수, 가스트계수 고려
	지진하중	지지층의 전단력 계수 고려

(3) 어레이 간의 간격

① 간격 산정 시 고려사항

㉠ 전체 설치 가능 면적

㉡ 어레이 1개의 면적(가로, 세로 길이)

㉢ 그 지역의 위도

㉣ 동지 시 발전 가능 한계 시각에서의 태양 고도

② 어레이 간의 간격

$$d = L \times \frac{\sin(180° - \alpha - \beta)}{\sin\beta}$$

여기서, d : 어레이의 최소 간격

L : 어레이의 길이

α : 어레이의 경사각(tilt)

β : 그림자 경사각(동지 시 발전 가능 한계 시각에서의 태양 고도일 때)

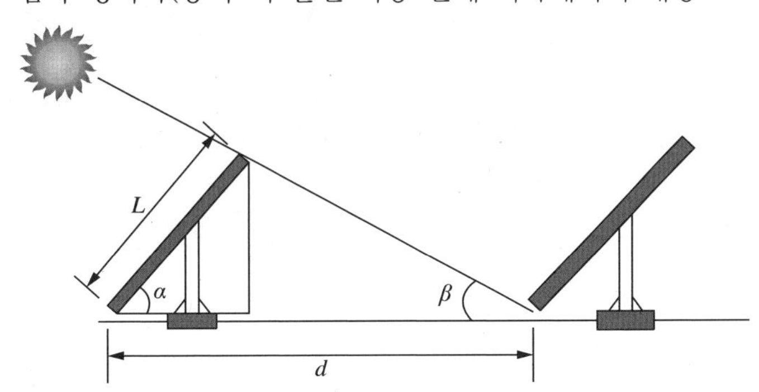

③ 장애물과의 간격

$$\tan\beta = \frac{h}{d}$$

$$\therefore\ d = \frac{h}{\tan\beta}$$

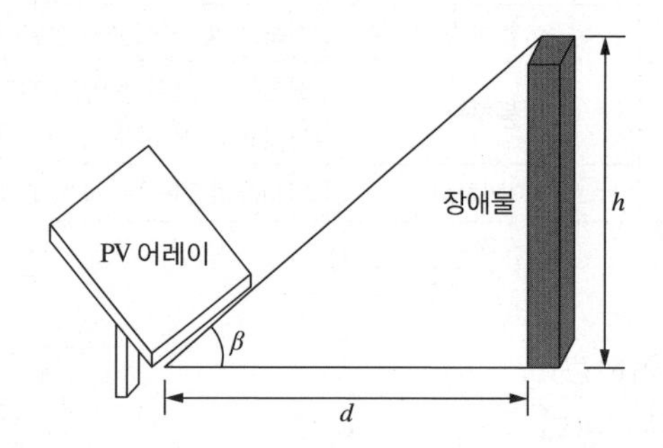

04 | 태양광발전 전기시설 공사

4.1 태양광발전 어레이 시공

(1) 태양광발전시스템의 적용가능 장소

① 지면(ground)

㉠ 지면에 설치할 경우 면적확보가 가장 중요하다.

㉡ 어레이 간 음영이 지지 않도록 충분한 거리를 확보한다.

㉢ 건물의 이미지와 별도로 설치가 가능하다(기존/신축 건축물에 적용 가능).

구분		설치방식
지면	별치형	• 건축물과 관계없이 태양광발전시스템 별도 설치 • 조형물 및 shelter 등으로 활용
	조형물형	• 상징물 형상화 및 부대시설과 연계 설치 • 분수, 조명 등의 전원으로 활용
	대체형	• 태양전지 모듈을 부대시설로 활용 • 담, 울타리, 난간, 방음벽 등에 활용

② 지붕(roof)

㉠ 기존 건축물 적용 시 태양전지 및 구조물의 무게에 따른 하중을 검토해야 한다.

㉡ 지붕에 설치 시 태양광설비의 수평투영면적 전체가 건물의 외벽 마감선을 벗어나지 않도록 한다.

㉢ 모듈을 지붕에 직접 설치하는 경우 모듈과 지붕면 간 간격은 10cm 이상이어야 한다.

㉣ 아트리움 등 BIPV 적용 시 설계 단계에서부터 적용해야 한다.

구분		설치방식
지붕	평지붕형	• 건축형태에 따라 태양광발전시스템 옥상에 설치 • 별도 기초/구조물 필요 • 적용성 용이
	경사지붕형	• 경사 지붕에 모듈 부착 • 지붕과 통합/이미지 형상화 불가 • 종전에는 지붕 덧붙이기 방식이 주로 사용되었으나 점차 지붕자재와 일체로 시공
	아트리움형	• 지붕 자연 채광 • 지붕재와 태양전지 모듈의 통합

③ 벽면(facade & shade)

㉠ 벽면 적용 시 모듈의 설치각이 수직으로 인해 발전량이 저하할 우려가 있다.

㉡ 창호재의 BIPV 적용 시 설계 단계에서부터 적용해야 한다.

구분		설치방식
벽면	차양형	• 모듈을 건물의 차양재로 활용 • 하부음영을 고려하여 모듈의 경사각 산정
	벽부	• 모듈을 건물의 외장재로 활용 • 경사각이 90°로 효율 약 30% 감소
	창호형	• 자연채광이 가능한 건물 외장재 및 창호재로 활용 • 대부분 90° 경사각으로 발전량 감소

(2) 어레이 시공

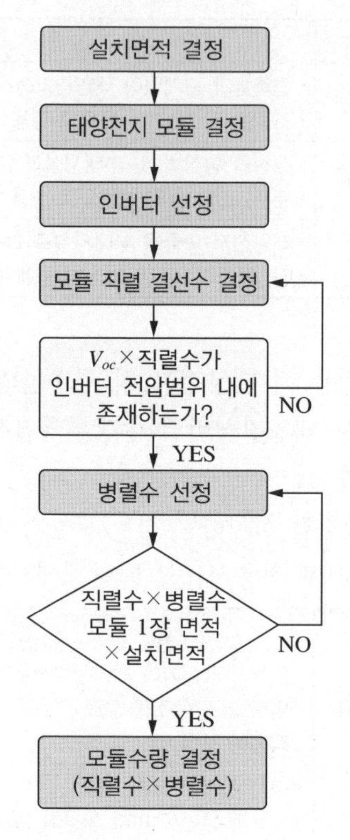

① **어레이 용량** : 설치면적에 따라 결정

㉠ 설치용량은 사업계획서상의 모듈 설계용량과 동일하여야 한다.

㉡ 단위모듈당 용량에 따라 설계용량과 동일하게 설치할 수 없을 경우에 한하여 설계용량의 110% 이내까지 가능하다.

② **직렬 결선**

㉠ 인버터의 동작전압에 따라 결정

㉡ 어레이의 직렬 결선수×태양전지 모듈 1장의 개방전압(V_{OC})이 인버터 동작전압 범위 내

③ **병렬수와 어레이 용량(직렬수×병렬수)** : 어레이 직렬 결선수에 따라 정수배의 병렬수가 설치면적 내

④ **어레이 간 간선** : 모듈 1장의 최대전류(I_{mp})가 전선의 허용전류 내

(3) 태양전지 어레이용 가대 및 지지대 설치 준비

① 태양전지 어레이 기초면 확인용 수평기, 수평줄, 수직추를 확보한다.

② 지지대 및 가대(철골) 운반용 크레인 및 유자격 크레인공을 확인한다.

③ 태양전지 어레이 기초대의 지지대 고정용 앵커볼트 설계도를 준비한다.

④ 지지대 기초 앵커볼트의 유지 및 매립은 강제프레임 등에 의하여 고정하는 방식으로 하고 콘크리트 타설 시 이동, 변형이 발생하지 않도록 한다.

⑤ 지지대 기초 앵커볼트의 조임은 바로 세우기 완료 후, 앵커볼트의 장력이 균일하게 되도록 한다. 너트의 풀림방지는 이중너트를 사용한다.

(4) 태양전지 어레이용 가대 및 지지대 설치

① 설치상태

㉠ 태양전지 모듈의 지지물은 자중, 적재하중 및 구조하중은 물론 풍압, 적설 및 지진 기타의 진동과 충격에 견딜 수 있는 안전한 구조의 것이어야 한다.

㉡ 모든 볼트는 와셔 등을 사용하여 헐겁지 않도록 단단히 조립되어야 한다.

㉢ 지붕설치형의 경우에는 건물의 방수 등에 문제가 없도록 설치해야 한다.

[구조물 볼트의 크기에 따른 힘 적용]

볼트의 크기	M3	M4	M5	M6	M8	M10	M12	M16
힘(kg/cm^2)	7	18	35	58	135	270	480	1,180

② **지지대, 연결부, 기초(용접부위 포함)** : 지지대 간 연결 및 모듈-지지대 연결은 가능한 볼트로 체결하되, 절단가공 및 용접부위(도금처리제품 한정)는 용융아연도금처리를 하거나 에폭시-아연페인트를 2회 이상 도포하여야 한다.

㉠ 용융아연 또는 용융아연-알루미늄-마그네슘합금 도금된 형강

㉡ 스테인리스 스틸(STS)

㉢ 알루미늄합금

㉣ ㉠~㉢ 동등 이상 성능(인장강도, 항복강도, 압축강도, 내구성 등)을 가지는 재질로서 KS인증 대상제품인 경우

③ **체결용 볼트, 너트, 와셔(볼트캡 포함)** : 용융아연도금, STS, 알루미늄합금 재질로 하고, 볼트규격에 맞는 스프링와셔 또는 풀림방지너트로 체결하여야 한다.

④ 유지보수

㉠ 태양전지 모듈의 유지보수를 위한 공간과 작업안전을 고려한 발판 및 안전난간을 설치해야 한다. 단, 안전성이 확보된 설비인 경우에는 예외로 한다.

㉡ 고소작업 안전규칙

- 2m 이상의 개소에 작업은 안전한 작업발판 설치
- 높이 또는 깊이 1.5m를 넘는 개소의 작업을 할 때는 승강설비 설치
- 작업발판의 끝, 개구부에서 2m 이상 시 추락 방지 난간, 울 설치
- 위 설치가 어려울 경우 안전망, 안전대 설치

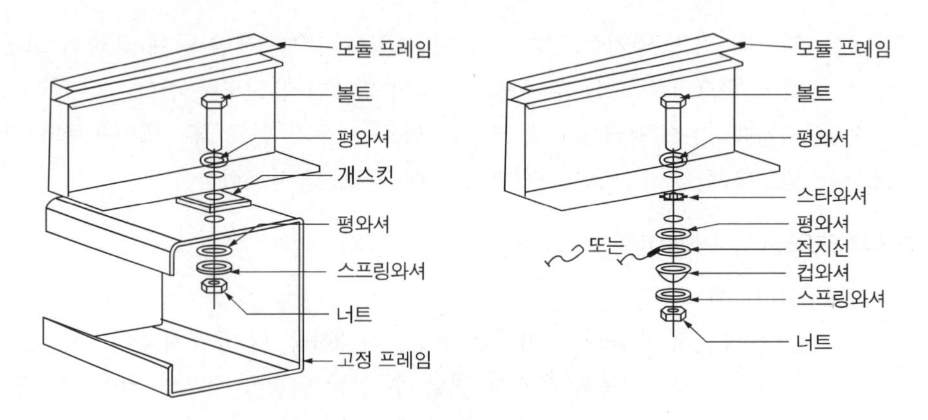

[모듈의 고정방법 및 접지방법]

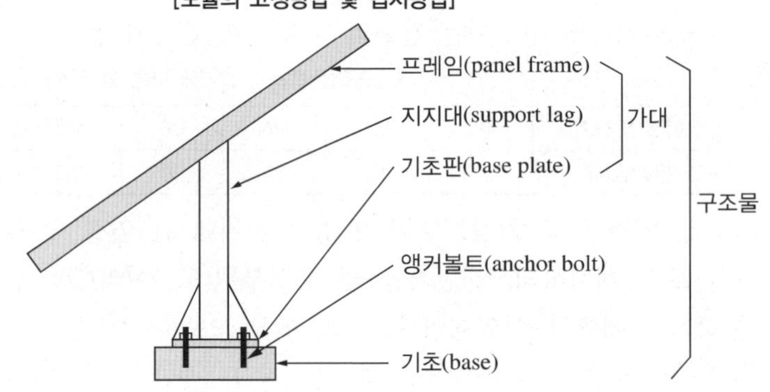

[태양전지 어레이용 가대 및 구조물]

(5) 태양광 스트링 접속반 설치

① 접속반 설치위치는 어레이 근처가 적합하다.

② 접속반은 풍압 및 설계하중에 견디고 방수, 방우형으로 제작되어야 한다.

③ 태양전지판 결선 시에 접속 배선함 구멍에 맞추어 압착단자를 사용하여 견고하게 전선을 연결해야 하며, 접속 배선함 연결부위는 방수용 커넥터를 사용한다.

④ 접속반 내부에는 직류출력 개폐기, 피뢰소자, 역류방지 소자, 단자대, T/D, 전압계, 전류계가 설치되므로 구조, 미관 및 추후 점검 또는 부품 교환 등을 고려하여 설치한다.

⑤ 접속반은 내부과열을 피할 수 있게 제작하여야 하고, 역류방지 소자(다이오드)용 방열판은 다이오드에서 발생된 열이 접속부분으로 전달되지 않도록 충분한 크기로 하거나, 별도의 분전반을 설치하여야 한다.

⑥ 역류방지 다이오드의 용량은 모듈의 단락전류의 1.4배 이상으로 하고, 퓨즈의 용량은 보통 정격전류의 1.2배 이하여야 한다.

⑦ 접속반 입력부는 견고하게 고정을 하여 외부충격에 전선이 움직이지 않도록 한다.

⑧ 태양전지로부터 각 군의 인입된 직류전원을 공급하는 기능과 모니터링 설비를 위하여 각종 센서류의 신호선을 입력받아 태양전지 어레이 계측장치에 공급하는 외함으로 재질은 스테인리스 스틸(SUS 304)제품 이상으로 설치한다.

(6) 태양전지 모듈의 조립

① 태양전지 모듈 조립 시 주의사항

㉠ 태양전지 모듈의 파손방지를 위해 충격이 가지 않도록 조심한다.

㉡ 태양전지 모듈의 인력이동 시 2인1조로 한다.

㉢ 구조물의 높이로 인한 장비사용 시 정확한 수신호로 충격을 방지한다.

㉣ 접속하지 않은 모듈의 리드선은 빗물 등 이물질이 유입되지 않도록 보호테이프로 감는다.

② 태양전지 모듈의 설치방법

㉠ 가로깔기 : 모듈의 긴 쪽이 상하가 되도록 설치한다.

㉡ 세로깔기 : 모듈의 긴 쪽이 좌우가 되도록 설치한다.

③ 태양전지 모듈의 설치

㉠ 태양전지 모듈의 필요 정격전압이 되도록 1스트링의 직렬매수를 선정한다.

㉡ 태양전지 모듈을 가대의 하단에서 상단으로 순차적으로 조립한다.

㉢ 태양전지 모듈과 가대의 접합 시 부식방지용 개스킷을 사용한다.

(7) 실제 설치 과정

① 지면(조형물형)

㉠ 기초 지지대 공사

㉡ 지지대 콘크리트 타설

㉢ 구조물 지지대 공사

㉣ 지지대 설치완료

ⓜ 태양전지 모듈 고정

ⓑ 태양전지 모듈 결선

ⓢ 접속함

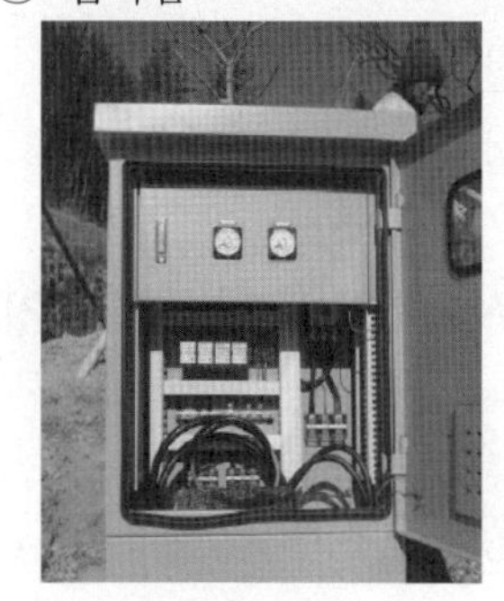

ⓞ 인버터 설치

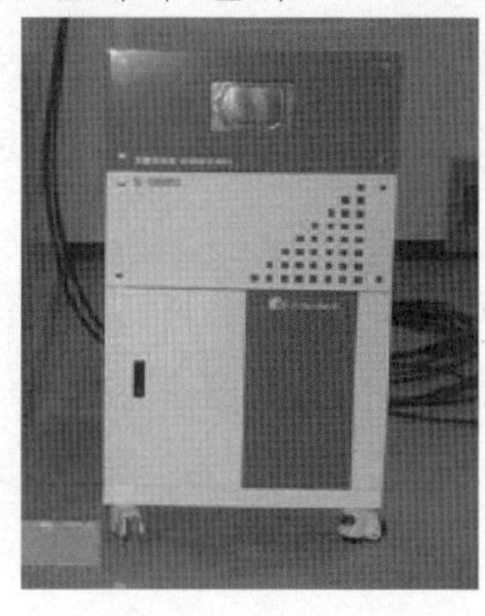

ⓙ 설치 완성

② 경사지붕 부착형

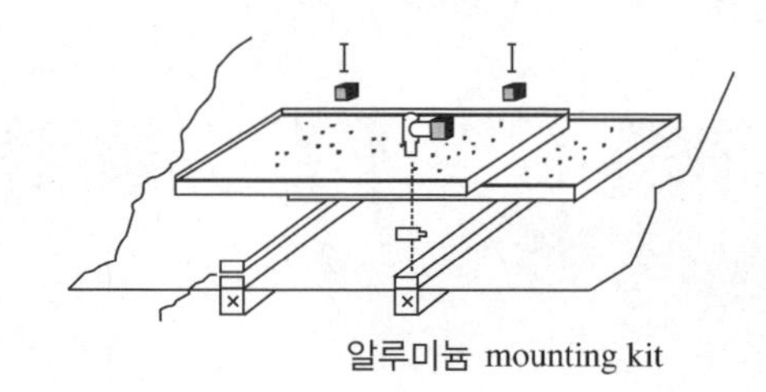

알루미늄 mounting kit

㉠ 알루미늄 마운트 키트를 사용하여 고정한다.

㉡ 작업순서

현장조사 → 자재 반입 → 지붕면 천공 및 모듈 지지대 설치 → 태양전지 모듈 고정 → 태양전지 모듈 결선 → 전력공사 및 접속함 설치 → 인버터 설치 → 설치완료

③ 벽면 차양형

㉠ 시공 시 고려 사항 및 특징

- 하지의 남중고도 고려, 하부 모듈에 음영이 없는 각도 산정
- 모듈의 측면 밀폐형 → 하부 공기순환 그릴 설치로 통풍 가능
- 태양전지 모듈의 온도상승으로 인한 효율저하 방지

㉡ 작업순서

자재 입고 → 자재 운반 → 벽면 천공 → 케미컬 앵커 고정 → 태양전지 모듈 고정물 부착 → 태양전지 모듈 고정 → 태양전지 모듈 결선 → 접속함 설치 → 인버터, 제어판 설치 완료

(8) 태양전지 모듈 및 어레이 설치 후 확인·점검사항

태양전지 모듈의 배선이 끝나면, 각 모듈의 극성 확인, 전압 확인, 단락전류 확인, 양극 중 어느 하나라도 접지되어 있지는 않은지 확인한다. 체크리스트에 확인사항을 기입하고 차후 점검을 위해 보관해 둔다.

① **전압·극성의 확인** : 태양전지 모듈이 바르게 시공되어, 설명서대로 전압이 나오고 있는지 양극, 음극의 극성이 바른지의 여부 등을 테스터, 직류전압계로 확인한다.

② **단락전류의 측정** : 태양전지 모듈의 설명서에 기재된 단락전류가 흐르는지 직류전류계로 측정한다. 타 모듈과 비교해 측정치가 현저히 다른 경우는 배선을 재차 점검한다.

③ **비접지의 확인** : 태양광발전설비 중 인버터는 절연변압기를 시설하는 경우가 드물기 때문에 일반적으로 직류 측 회로를 비접지로 하고 있다. 비접지의 확인방법을 다음 그림에 나타내었다. 또한, 통신용 전원에 사용하는 경우는 편단접지를 하는 경우가 있으므로 통신기기 제작사와 협의할 필요가 있다.

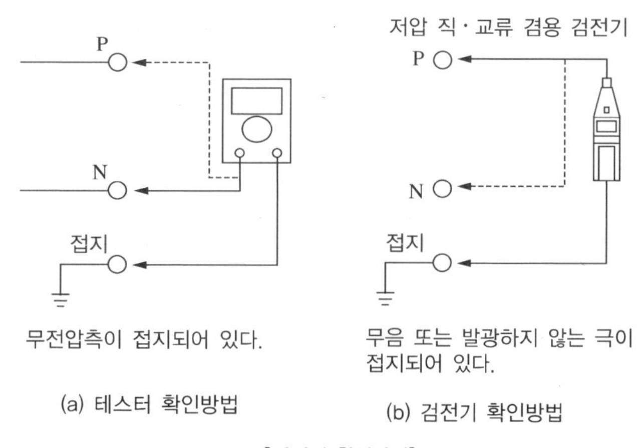

(a) 테스터 확인방법 (b) 검전기 확인방법

[비접지 확인방법]

※ 테스터나 검전기 측정으로 비접지 여부를 확인한다. 직류 측 회로의 1선이 접지되어 있으면 접지된 곳을 찾아 비접지 상태로 한다.

④ **접지의 연속성 확인** : 모듈의 구조는 설치로 인해 접지의 연속성이 훼손되지 않는 것을 사용해야 한다.

4.2 태양광발전 계통연계장치 시공

(1) 태양광 인버터 설치

① **제품** : 태양광발전용 인버터(이하 인버터)의 용량이 250kW 이하인 경우는 인증 받은 제품을 설치하여야 한다. 인버터의 용량이 250kW를 초과하는 경우는 품질기준(KS C 8565)에 따라 절연성능, 보호기능, 정상특성 등을 만족하는 시험결과가 포함된 시험 성적서를 센터로 제출할 경우 사용할 수 있다.

② **설치상태** : 인버터는 실내 및 실외용을 구분하여 설치하여야 한다. 다만 실외용은 실내에 설치할 수 있다.

③ **설치용량**

㉠ 사업계획서상 인버터 설계용량 이상이어야 한다.

㉡ 인버터에 연결된 모듈의 설치용량은 인버터의 설치용량 105% 이내이어야 한다.

㉢ 단, 각 직렬군의 태양전지 개방전압은 인버터 입력전압 범위 안에 있어야 한다.

④ **표시사항** : 입력단(모듈출력) 전압, 전류, 전력과 출력단(인버터출력)의 전압, 전류, 전력, 주파수, 누적발전량, 최대출력량(peak)이 표시되어야 한다.

(2) 태양전지 모듈 간 접속

① 모듈을 스트링 필요 매수만큼 직렬로 결선하여, 어레이 가대 위에 조합한다.

② 모듈 뒷면의 접속용 케이블이 2개씩 나와 있으므로 반드시 극성(+, -) 표시를 확인한 후 결선한다. 극성표시는 단자함 내부에 또는 리드선의 케이블 커넥터에 표시한 것이 있다.

③ 모듈에서 인버터에 이르는 배선에 사용되는 케이블은 모듈 전용선 또는 단심(1C) 난연성 케이블(TFR-CV, F-CV, FR-CV 등)을 사용하여야 하며, 케이블이 지면 위에 설치되거나 포설되는 경우에는 피복에 손상이 발생되지 않게 별도의 조치를 취해야 한다.

④ 배선 접속부위는 빗물 등이 유입되지 않도록 용융 접착테이프와 보호테이프로 감는다.

⑤ 배선은 바람에 흔들림이 없도록 케이블 타이로 단단히 고정하여야 한다.

⑥ **검사**

㉠ 전압, 극성을 확인한다.

㉡ 단락전류를 측정한다.

- 태양전지 모듈의 사양서에 기재된 단락전류를 측정한다(직류전류계).
- 모듈과 비교하여 측정값이 매우 다를 경우 배선을 재점검한다.

㉢ 접지확인 : 일반적으로 직류 측 회로는 비접지

⑦ **태양전지 어레이를 지상에 설치하는 경우**

㉠ 지중배선 또는 지중배관인 경우, 중량물의 압력을 받을 우려가 없도록 하고 그 길이가 30m를 초과하는 경우는 중간개소에 지중함을 설치할 수 있다.

㉡ 지반 침하 등이 발생해도 배관이 도중에 손상, 절단되지 않도록 배관 도중에 조인트가 없는 시공을 하고 또한 지중함 내에는 케이블 길이에 여유를 둔다.

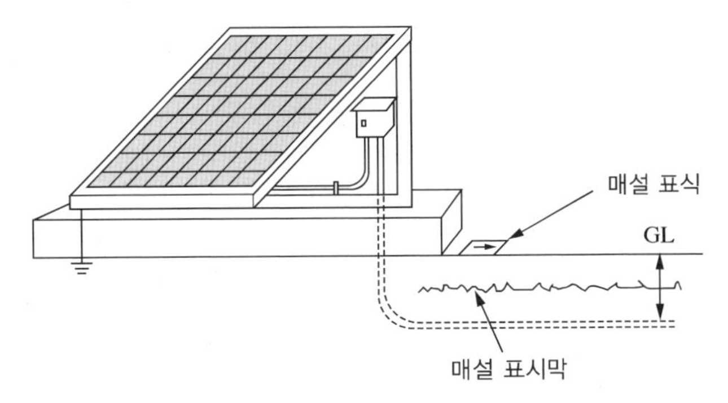

[지중배선의 시설]

㉢ 지중전선로 매입개소에는 필요에 따라 매설깊이, 전선의 방향 등 지상으로부터 용이하게 확인할 수 있도록 표식 등을 시설하는 것이 바람직하다.

㉣ 1.0m 이상(중량물의 압력을 받을 우려가 없는 곳은 0.6m 이상) 지중매설관은 배선용 탄소강관, 내충격성 경질 염화비닐관을 사용한다. 단, 공사상 부득이하여 후강전선관에 방수·방습처리를 시행한 경우는 이에 한정되지 않는다.

㉤ 지중배관과 지표면의 중간에 매설 표시막을 포설한다.

(3) 태양전지 모듈에서 접속함, 인버터 입력단 간 배선

① 케이블을 각 스트링에서 접속함까지 배선하고, 접속함 내에서 병렬로 접속한다. 이 경우 케이블에 스트링 번호를 기재하여 관리한다.

② 태양전지 모듈에서 파워컨디셔너 입력단 간 및 인버터 출력단과 계통연계점 간의 배선은 전압강하가 각 3%를 초과해서는 안 된다. 단, 전선 길이가 60m를 초과할 경우에는 다음 표에 따라 시공한다.

전선의 길이	120m 이하	200m 이하	200m 초과
전압강하	5%	6%	7%

③ 전압강하 및 전선 단면적 계산식

회로의 전기방식	전압강하	전선의 단면적
직류 2선식 교류 2선식	$e = \dfrac{35.6LI}{1,000A}$	$A = \dfrac{35.6LI}{1,000e}$
3상3선식	$e = \dfrac{30.8LI}{1,000A}$	$A = \dfrac{30.8LI}{1,000e}$

여기서, e : 각 선간의 전압강하(V)　　L : 도체 1본의 길이(m)
I : 전류(A)　　A : 전선의 단면적(m^2)

④ 접속함 내부의 기계장치는 케이블 접속 시 전압강하나 접속단자 저항 증가 요인이 발생되어서는 안 된다.

(4) 태양광 인버터에서 옥내 분전반 간의 배관 · 배선

인버터 출력의 전기방식으로는 단상 2선식, 3상 3선식 등이 있고 교류 측의 중성선을 구별하여 결선한다. 단상 3선식의 계통에 단상 2선식 220V를 접속하는 경우는 한국전기설비규정에 따르고 다음과 같이 시설한다.

① 부하 불평형에 의해 중성선에 최대전류가 발생할 우려가 있을 경우에는 수전점에 3극 과전류차단 소자를 갖는 차단기를 설치한다.

② 수전점차단기를 개방한 경우 등, 부하 불평형으로 인한 과전압이 발생할 경우 인버터가 정지되어야 한다.

③ 누전에 의해 동작하는 누전차단기와 낙뢰 등의 이상전압에 의해 동작하는 서지보호장치(SPD) 등을 설치하는 것이 바람직하다.

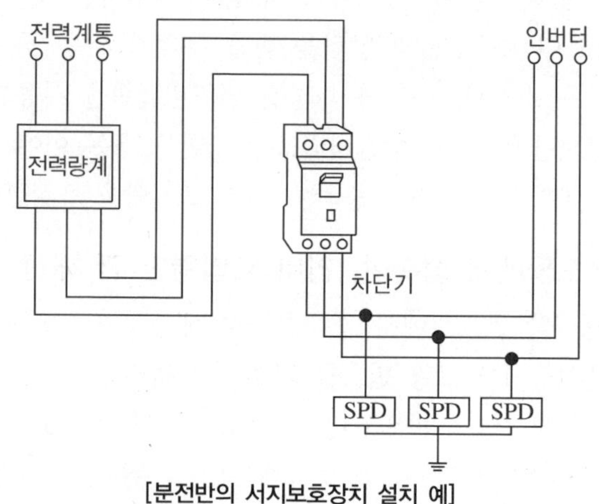

[분전반의 서지보호장치 설치 예]

(5) 인버터와 연계용 배선용 차단기까지의 배선

① 수전설비의 저압반과 구내배전반에 전용 브레이커를 설치한다.

② 전압강하율을 1~2% 이내로 한다.

③ 가교폴리에틸렌 케이블(CV)을 사용한다.

④ 인버터는 연계 브레이커 근처에 설치한다.

(6) 케이블 선정 및 접속

① 케이블 선정

㉠ 태양전지에서 옥내에 이르는 배선에 쓰이는 전선은 모듈전용선, 구입이 쉽고 작업성이 편리하며 장기간 사용해도 문제가 없는 XLPE 케이블이나 이와 동등 이상의 제품 또는 직류용 전선을 사용한다.

㉡ 옥외에는 UV 케이블을 사용한다.

㉢ 병렬접속 시에는 회로의 단락전류에 견딜 수 있는 굵기의 케이블을 선정한다.

㉣ 전선이 지면에 접촉되어 배선되는 경우에는 피복이 손상되지 않도록 별도의 조치를 취해야 한다.

② **전선의 일반적 설치 기준** : 기계기구의 구조상 그 내부에 안전하게 시설할 수 있을 경우를 제외하면 모든 전선은 다음과 같이 시설해야 한다.

㉠ 공칭단면적 2.5mm^2 이상의 연동선 또는 이와 동등 이상의 세기 및 굵기의 것이어야 한다.

㉡ 옥내에 시설할 경우에는 합성수지관공사, 금속관공사, 금속제 가요전선관공사 또는 케이블공사로 한국전기설비규정에 따라 시설해야 한다.

㉢ 옥측 또는 옥외에 시설할 경우에는 합성수지관공사, 금속관공사, 금속제 가요전선관공사 또는 케이블공사로 한국전기설비규정에 따라 시설해야 한다.

③ **전선 접속 시 나사의 조임** : 태양전지 모듈 및 개폐기 그 밖의 기구에 전선을 접속하는 경우에는 나사 조임 그 외 이와 동등 이상의 효력이 있는 방법에 의하여 견고하고, 전기적으로 완전하게 접속함과 동시에 접속점에 장력이 가해지지 않도록 해야 한다. 또한, 모선의 접속부분은 조임의 경우 지정된 재료, 부품을 정확히 사용하고 다음에 유의하여 접속한다.

㉠ 볼트의 크기에 맞는 토크렌치를 사용하여 규정된 힘으로 죈다.

㉡ 조임은 너트를 돌려서 죈다.

㉢ 2개 이상의 볼트를 사용하는 경우 한쪽만 심하게 조이지 않도록 주의한다.

㉣ 토크렌치의 힘이 부족할 경우 또는 조임 작업을 하지 않은 경우에는 사고가 일어날 위험이 있으므로, 토크렌치에 의해 규정된 힘이 가해졌는지 확인할 필요가 있다.

㉤ 모선 볼트의 크기에 따른 힘 적용

볼트의 크기	M6	M8	M10	M12	M16
힘(kg/cm^2)	50	120	240	400	850

(7) 케이블의 단말처리

전선의 피복을 벗겨내어 전선을 상호 접속하는 경우 접속부의 절연물과 동등 이상의 절연효과가 있는 재료로 접속해야 한다. XLPE 케이블의 XLPE 절연체는 내후성이 약하므로, 비닐시스가 벗겨져 절연체가 노출된 채로 장기간 사용하면 절연체에 균열이 생겨 절연불량을 야기하는 원인이 된다. 이것을 방지하기 위해 자기융착테이프 및 보호테이프를 절연체에 감아 내후성을 향상시켜야 한다. 절연테이프의 종류는 다음과 같다.

① **자기융착테이프**

㉠ 자기융착테이프는 시공 시 테이프 폭이 3/4으로부터 2/3 정도로 중첩해 감아놓으면 시간이 지남에 따라 융착하여 일체화된다.

㉡ 자기융착테이프에는 부틸고무제와 폴리에틸렌+부틸고무가 합성된 제품이 있지만 저압의 경우 부틸고무제는 일반적으로 사용하지 않는다.

② **보호테이프** : 자기융착테이프의 열화를 방지하기 위해 자기융착테이프 위에 다시 한 번 감아 주는 보호테이프가 있다.

③ 비닐절연테이프 : 비닐절연테이프는 장기간 사용하면 점착력이 떨어질 가능성이 있기 때문에 태양광발전설비처럼 장기간 사용하는 설비에는 적합하지 않다.

05 | 전기공사관련

5.1 한국전기설비규정(KEC)(2021.01.01.시행)

- 저압의 범위를 국제 표준의 전압범위를 도입하여 구분
- 전기설비의 안전 및 유지를 위해 국제표준에 부합한 전선 식별 규정을 채택
- 기존의 종별 접지방식을 폐지하고 국제표준에 부합한 접지방식을 준용하여 선택
- 국제표준의 차단기의 배선공사방법에 따른 과전류 보호방법 및 케이블트러킹시스템 등을 제정

(1) 전압범위 구분

전압구분	KEC 규정 전압범위	과거 전압범위(2021년 이전)
저압	교류 : 1kV 이하 직류 : 1.5kV 이하	교류 : 600V 이하 직류 : 750V 이하
고압	교류 : 1kV 초과 7kV 이하 직류 : 1.5kV 초과 7kV 이하	교류 : 600V 초과 7,000V 이하 직류 : 750V 초과 7,000V 이하
특고압	7kV 초과	7,000V 초과

(2) 전선 식별 규정

교류(AC)도체		직류(DC)도체	
상(문자)	색상	극	색상
L1	갈색	L+	빨간색
L2	검은색	L-	흰색
L3	회색	중점선	파란색
N	파란색	N	
보호도체	녹색-노란색	보호도체	녹색-노란색

[참고] KS C IEC 60445

(3) 접지방식 구분

접지대상	KEC 접지방식	과거 접지방식
(특)고압설비	• 계통접지 : TN, TT, IT계통 • 보호접지 : 등전위 본딩 등 • 피뢰시스템접지	1종 : 접지저항 10Ω
600V 이하 설비		특3종 : 접지저항 10Ω
400V 이하 설비		3종 : 접지공사 100Ω
변압기	"변압기 중성점 접지"로 명칭 변경	2종 : (계산요함)

(4) 접지대상에 따른 접지도체 면적

접지대상	KEC 접지/보호도체 최소단면적	과거 접지도체 최소단면적
(특)고압설비	선도체 단면적 S(mm^2)에 따라 선정 • $S \leq 16$: S • $16 < S \leq 35$: 16 • $35 < S$: $S/2$ 또는 차단시간 5초 이하의 경우 • $S = \sqrt{I^2 t}/k$	1종 : 6.0mm^2 이상
600V 이하 설비		특3종 : 2.5mm^2 이상
400V 이하 설비		3종 : 2.5mm^2 이상
변압기		2종 : 16.0mm^2 이상

5.2 케이블트레이공사

케이블트레이공사는 케이블을 지지하기 위하여 사용하는 금속재 또는 불연성 재료로 제작된 유닛 또는 유닛의 집합체 및 그에 부속하는 부속재 등으로 구성된 견고한 구조물을 말하며 사다리형, 펀칭형, 그물망형, 바닥밀폐형 기타 이와 유사한 구조물을 포함하여 적용한다.

(1) 시설 조건

① 전선은 연피케이블, 알루미늄피 케이블 등 난연성 케이블 또는 기타 케이블(적당한 간격으로 연소방지 조치를 하여야 한다) 또는 금속관 혹은 합성수지관 등에 넣은 절연전선을 사용하여야 한다.

② 케이블트레이 안에서 전선을 접속하는 경우에는 전선 접속부분에 사람이 접근할 수 있고 또한 그 부분이 측면 레일 위로 나오지 않도록 하고 그 부분을 절연처리 하여야 한다.

③ 수평으로 포설하는 케이블 이외의 케이블은 케이블 트레이의 가로대에 케이블 타이 등으로 견고하게 고정시켜야 한다.

④ 저압 케이블과 고압 또는 특고압 케이블은 동일 케이블 트레이 안에 포설하여서는 아니 된다. 다만, 견고한 불연성의 격벽을 시설하는 경우 또는 금속외장 케이블인 경우에는 그러하지 아니하다.

⑤ 수평 트레이에 다심케이블을 포설 시 다음에 적합하여야 한다.

㉠ 사다리형, 바닥밀폐형, 펀칭형, 그물망형 케이블트레이 내에 다심케이블을 포설하는 경우 이들 케이블의 지름(케이블의 완성품의 바깥지름을 말한다. 이하 같다)의 합계는 트레이의 내측 폭 이하로 하고 단층으로 포설하여야 한다.

㉡ 벽면과의 간격은 20mm 이상, 트레이 간 수직간격은 300mm 이상 이격하여 설치하여야 한다. 단, 이보다 간격이 좁을 경우 저감계수를 적용하여야 한다.

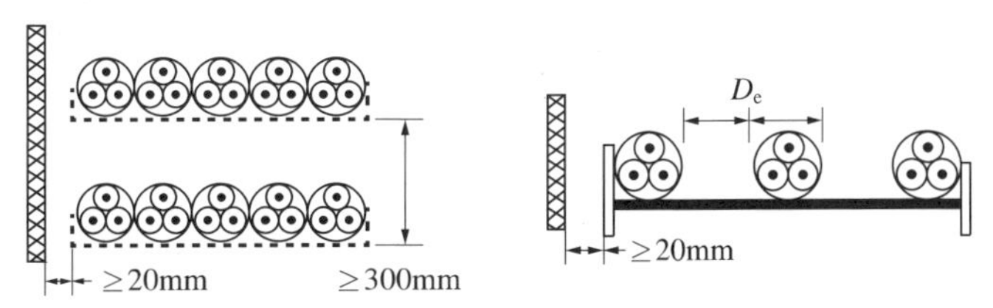

[벽면과의 간격과 수직간격 거리]

㉢ 트레이 설치 및 케이블 허용전류의 저감계수는 KS C IEC 60364-5-52(전기기기의 선정 및 설치-배선설비) 표 B.52.17 또는 B.52.20을 적용한다.

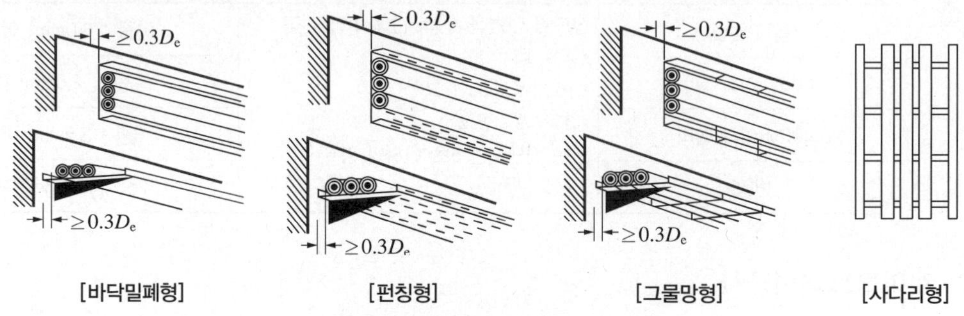

[바닥밀폐형] [펀칭형] [그물망형] [사다리형]

[수평트레이의 다심케이블 공사방법의 예시]

⑥ 수평트레이에 단심케이블을 포설 시 다음에 적합하여야 한다.

㉠ 사다리형, 바닥밀폐형, 펀칭형, 그물망형 케이블트레이 내에 단심케이블을 포설하는 경우 이들 케이블의 지름의 합계는 트레이의 내측 폭 이하로 하고 단층으로 포설하여야 한다. 단, 삼각포설 시에는 묶음단위 사이의 간격은 단심케이블 지름의 2배 이상 이격하여 포설하여야 한다.

㉡ 벽면과의 간격은 20mm 이상, 트레이 간 수직간격은 300mm 이상 이격하여 설치하여야 한다. 단, 이보다 간격이 좁을 경우 저감계수를 적용하여야 한다.

㉢ 트레이 설치 및 케이블 허용전류의 저감계수는 KS C IEC 60364-5-52(전기기기의 선정 및 설치-배선설비) 표 B.52.17 또는 B.52.21을 적용한다.

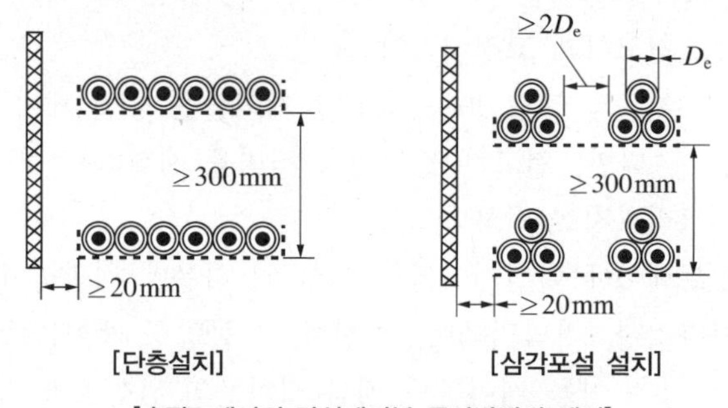

[단층설치] [삼각포설 설치]

[수평트레이의 단심케이블 공사방법의 예시]

⑦ 수직트레이에 다심케이블을 포설 시 다음에 적합하여야 한다.

㉠ 사다리형, 바닥밀폐형, 펀칭형, 그물망형 케이블트레이 내에 다심케이블을 포설하는 경우 이들 케이블의 지름의 합계는 트레이의 내측 폭 이하로 하고 단층으로 포설하여야 한다.

㉡ 벽면과의 간격은 가장 굵은 케이블의 바깥지름의 0.3배 이상 이격하여 설치하여야 한다. 단, 이보다 간격이 좁을 경우 저감계수를 적용하여야 한다.

㉢ 트레이 설치 및 케이블 허용전류의 저감계수는 KS C IEC 60364-5-52(전기기기의 선정 및 설치-배선설비) 표 B.52.17 또는 B.52.20을 적용한다.

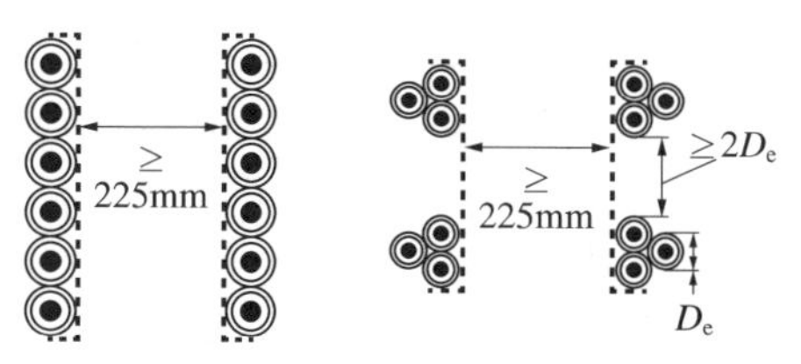

[수직트레이의 단심케이블 공사방법 예시]

(2) 케이블트레이의 선정

① 수용된 모든 전선을 지지할 수 있는 적합한 강도의 것이어야 한다. 이 경우 케이블트레이의 안전율은 1.5 이상으로 하여야 한다.

② 지지대는 트레이 자체 하중과 포설된 케이블 하중을 견딜 수 있는 강도를 가져야 한다.

③ 전선의 피복 등을 손상시킬 돌기 등이 없이 매끈하여야 한다.

④ 금속재의 것은 방식처리를 한 것이거나 내식성 재료의 것이어야 한다.

⑤ 측면 레일 또는 이와 유사한 구조재를 부착하여야 한다.

⑥ 배선의 방향 및 높이를 변경하는 데 필요한 부속재 또는 기구를 갖춘 것이어야 한다.

⑦ 비금속제 케이블트레이는 난연성 재료의 것이어야 한다.

⑧ 금속제 케이블트레이시스템은 기계적 및 전기적으로 완전하게 접속하여야 하며 금속제 트레이는 211과 140에 준하여 접지공사를 하여야 한다.

⑨ 케이블이 케이블트레이시스템에서 금속관, 합성수지관 등 또는 함으로 옮겨가는 개소에는 케이블에 압력이 가하여지지 않도록 지지하여야 한다.

⑩ 별도로 방호를 필요로 하는 배선부분에는 필요한 방호력이 있는 불연성의 덮개 등을 사용하여야 한다.

⑪ 케이블트레이가 방화구획의 벽, 마루, 천장 등을 관통하는 경우에 관통부는 불연성의 물질로 충전하여야 한다.

⑫ 케이블트레이 및 그 부속재의 표준은 KS C 8464(케이블 트레이), KS C IEC 61537-A (케이블 관리 - 케이블 트레이 시스템 및 케이블 래더 시스템) 또는 「전력산업기술기준(KEPIC)」 ECD 3100을 준용하여야 한다.

5.3 버스덕트공사

(1) 시설조건

① 덕트 상호 간 및 전선 상호 간은 견고하고 또한 전기적으로 완전하게 접속할 것

② 덕트를 조영재에 붙이는 경우에는 덕트의 지지점 간의 거리를 3m(취급자 이외의 자가 출입할 수 없도록 설비한 곳에서 수직으로 붙이는 경우에는 6m) 이하로 하고 또한 견고하게 붙일 것

③ 덕트(환기형의 것을 제외한다)의 끝부분은 막을 것

④ 덕트(환기형의 것을 제외한다)의 내부에 먼지가 침입하지 아니하도록 할 것

⑤ 덕트는 211과 140에 준하여 접지공사를 할 것
⑥ 습기가 많은 장소 또는 물기가 있는 장소에 시설하는 경우에는 옥외용 버스덕트를 사용하고 버스덕트 내부에 물이 침입하여 고이지 아니하도록 할 것

(2) 버스덕트의 선정

① 도체는 단면적 20mm^2 이상의 띠 모양, 지름 5mm 이상의 관모양이나 둥글고 긴 막대 모양의 동 또는 단면적 30mm^2 이상의 띠 모양의 알루미늄을 사용한 것일 것
② 도체 지지물은 절연성・난연성 및 내수성이 있는 견고한 것일 것
③ 덕트는 아래 표의 두께 이상의 강판 또는 알루미늄판으로 견고히 제작한 것일 것

덕트의 최대 폭(mm)	덕트의 판 두께(mm)		
	강판	알루미늄판	합성수지판
150 이하	1.0	1.6	2.5
150 초과 300 이하	1.4	2.0	5.0
300 초과 500 이하	1.6	2.3	-
500 초과 700 이하	2.0	2.9	-
700 초과하는 것	2.3	3.2	-

④ 구조는 KS C IEC 60439-2(버스바 트렁킹 시스템의 개별 요구사항)의 구조에 적합할 것

(3) 버스덕트의 종류

① **피더 버스덕트** : 도중에 부하를 접속하지 않은 버스덕트
② **익스팬션 버스덕트** : 열 신축에 따른 변화량을 흡수하는 구조인 버스덕트
③ **탭붙이 버스덕트** : 종단 및 중간에서 기기 또는 전선 등과 접속시키기 위한 탭을 가진 버스덕트
④ **트랜스포지션 버스덕트** : 각 상의 임피던스를 평균시키기 위해서 도체 상호의 위치를 관로 내에서 교체 시키도록 만든 버스덕트
⑤ **플러그인 버스덕트** : 도중에 부하 접속용으로 꽂음, 플러그를 만든 것
⑥ **트롤리 버스덕트** : 도중에 이동 부하를 접속할 수 있도록 트롤리 접촉식 구조로 한 것

06 | 태양광발전장치 준공검사

6.1 접지시스템

한국전기설비규정(KEC) 제정(2021.01.01.시행)으로 새로운 접지방식으로 설계 적용한다.

(1) 접지 구분

① **계통접지** : 전력계통의 이상현상에 대비하여 대지와 계통을 접속
② **보호접지** : 감전보호를 목적으로 기기의 한 점 이상을 접지
③ **피뢰시스템접지** : 뇌격전류를 안전하게 대지로 방류하기 위한 접지

(2) 접지시스템의 시설 종류 설정

① **단독접지** : 특·고압계통의 접지극과 저압 접지계통의 접지극을 독립적으로 시설하는 접지방식
② **공통/통합접지**
㉠ 공통접지 : 특·고압 접지계통과 저압 접지계통을 등전위형성을 위해 공통으로 접지하는 방식
㉡ 통합접지 : 계통접지·통신접지·피뢰접지의 접지극을 통합하여 접지하는 방식
③ **보호도체(PE)** : 감전에 대한 보호 등 안전을 위해 제공되는 도체
예 부하에서부터 접지단자 접속함까지 연결되는 접지 전선
④ **등전위 본딩** : 등전위를 형성하기 위해 도전부 상호 간을 전기적으로 연결하는 것

(3) 직접접지와 비접지방식의 장단점 비교

① **직접접지**
㉠ 전로의 이상전위 상승을 억제할 수 있다.
㉡ 전로에 접촉하면 큰 전류가 인체를 통해 흐를 위험이 있다.
㉢ 대지를 통해 다른 계통과 상호 간섭할 가능성이 있다.
㉣ 일반적으로 대규모 계통에 적용된다.
㉤ 지락 시 지락전류가 커서 지락 검출과 차단이 용이하다.
② **비접지계통** : 저압측에 접지를 하지 않는 방식, 전기설비기술기준에 풀용 수중 조명등에 전기를 공급하는 전로에는 반드시 절연변압기를 사용하고 2차 측 전로는 접지하지 않도록 하고 있다.
㉠ 저압에서는 전로에 접촉해도 인체를 통해서 큰 전류가 흐르지 않는다.
㉡ 전로의 이상전위 상승을 억제할 수 없다.
㉢ 다른 계통과 완전히 분리할 수 있다.
㉣ 절연유지가 곤란하여 소규모 계통에만 사용된다.
㉤ 지락 검출이 곤란하다.

(4) 접지방식의 배경

구분	영어 단어	의미	첫 번째 문자	두 번째 문자	세 번째 문자
T	terra	땅, 대지, 흙	T	N	S
					C
N	neutral	중성선	T	T	–
I	insulation/impedance	절연/임피던스	I	T	
S	separator	구분, 분리			
C	combine	결합			

- 첫 번째 문자 : 계통/전원측 변압기와 대지와의 관계/접지 상태
- 두 번째 문자 : 설비/부하의 노출도전성부분(외함)과 대지와의 관계/접지 상태
- 세 번째 문자 : 중성선(N)과 보호도체(PE)의 관계

(5) 기기접지의 접지방식

전기기기를 접지하는 방식에는 TN-S, TN-C, TN-C-S, TT, IT 방식 등이 있다.

① TN 계통 : 전력계통(전원)은 직접 접지하고 설비의 노출 도전성 부분을 보호도체로 이용하여 그 점으로 접속시킨다.

㉠ TN-S 방식 : 전원부는 접지되어 있고 간선의 중성선(N)과 보호도체(PE)를 분리해서 사용하는 것이다.

㉡ TN-C 방식 : 간선의 중성선과 보호도체를 겸용하는 PEN 도체를 사용하는 방식이다.

㉢ TN-C-S 방식 : 계통의 일부분에서 중성선과 보호도체의 기능을 동일 도체로 겸용한다.

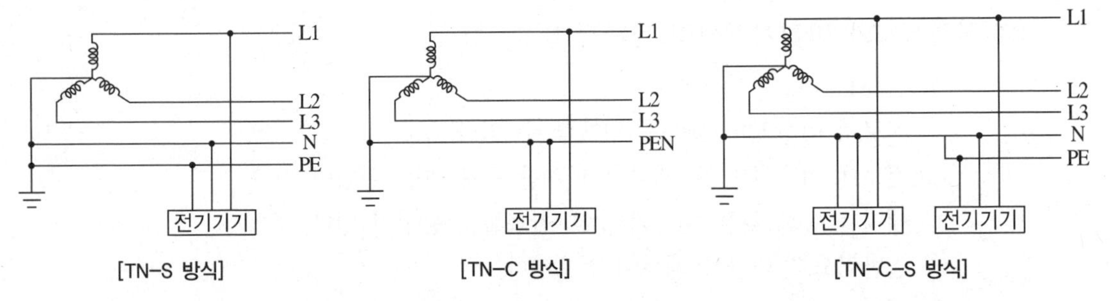

[TN-S 방식] [TN-C 방식] [TN-C-S 방식]

② TT 시스템 : 보호도체를 전원으로부터 끌고 오지 않고 기기 자체에서 접지하여 사용한다.

③ IT 시스템 : 전원부를 비접지로 하거나 또는 임피던스를 통해서 접지시킨다.

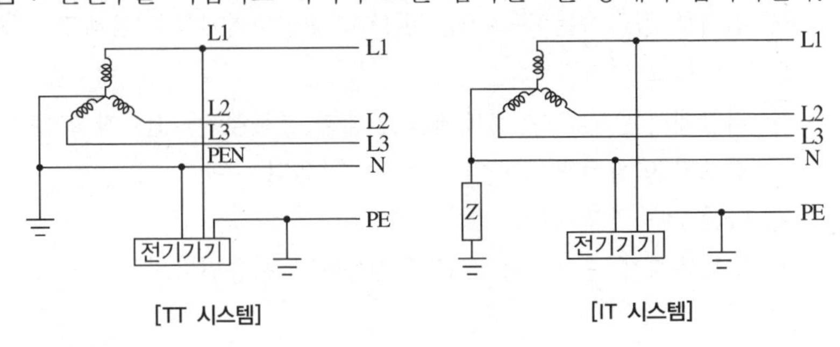

[TT 시스템] [IT 시스템]

※ PEN 도체(protective earthing conductor and neutral conductor) : 교류회로에서 중성선 겸용 보호도체
PEM 도체(protective earthing conductor and a mid-point conductor) : 직류회로에서 중간도체 겸용 보호도체
PEL 도체(protective earthing conductor and a line conductor) : 직류회로에서 선도체 겸용 보호도체

(6) 저압전로의 등전위 본딩(감전 보호용 등전위 본딩)

① 본딩 : 건축 공간에 있어서 금속도체들을 서로 연결하여 전위를 동일하게 하는 것
② 등전위 본딩 : 등전위를 형성하기 위해 도전부 상호 간을 전기적으로 연결하는 것
③ 주 등전위 본딩(보호 등전위 본딩) 설치방법
㉠ 건축물 내부 전기설비의 안전상 가장 중요한 사항이며, 계통 외의 도전부를 주 접지 단자에 접속하여 등전위를 확보할 수 있다.
㉡ 건축물의 외부에서 인입하는 각종 금속제 인입설비의 배관은 최대 단면적을 갖는 배관 부분에서 서로 접속
㉢ 가능한 인입구 부분에서 접속하여야 하며, 건축물 안에서 수도관과 가스관의 배관은 건축물 유입하는 방향의 최초 밸브 후단에서 등전위 본딩
㉣ 건축물에서 접지 도체, 주 접지 단자와 다음의 도전성 부분은 등전위 본딩(바)에 접속함
- 수도관, 가스관과 같이 건축물로 인입되는 금속관
- 접촉할 수 있는 건축물의 계통 외 도전부, 금속제 중앙 난방설비
- 철근 콘크리트 금속보강재

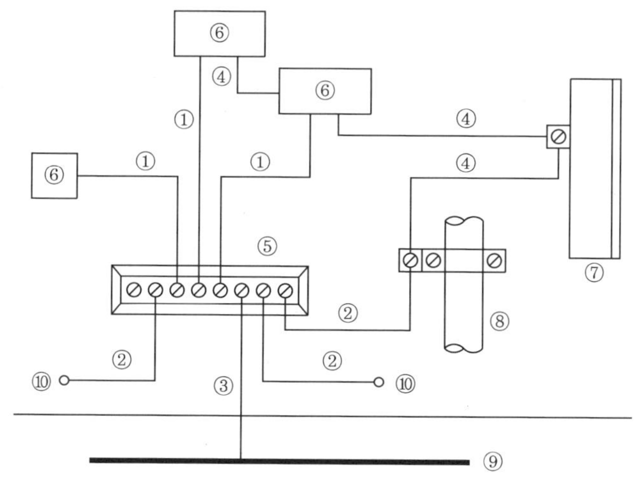

① 보호도체(PE)
② 주 등전위 본딩용 도체
③ 접지선
④ 보조 등전위 본딩용 도체
⑤ 등전위 본딩 모선 혹은 등전위 본딩 바
⑥ 전기기기의 노출 전도성 부분
⑦ 계통 외 전도성 부분 (빌딩 철골, 금속 더스트)
⑧ 계통 외 전도성 부분 (금속제 수도관, 가스관)
⑨ 접지극
⑩ 전기설비 · 기기 (IT 기기, 뇌보호 설비)

④ 주 등전위 본딩(보호 등전위 본딩) 도체 굵기

주 접지단자에 접속하기 위한 등전위 본딩 도체는 설비 내에 있는 가장 큰 보호접지 도체 단면적의 1/2 이상의 단면적을 가져야 하고 다음의 단면적 이상이어야 한다.

㉠ 구리(Cu) 도체 : $6mm^2$

㉡ 알루미늄(Al) 도체 : $16mm^2$

㉢ 강철 도체 : $50mm^2$

또한, 주 접지단자(등전위 본딩 바)에 접속하기 위한 보호본딩 도체의 단면적은 구리 도체 $25mm^2$ 또는 다른 재질의 동등한 단면적을 초과할 필요는 없다.

⑤ 보조 등전위 본딩(보조 보호 등전위 본딩)

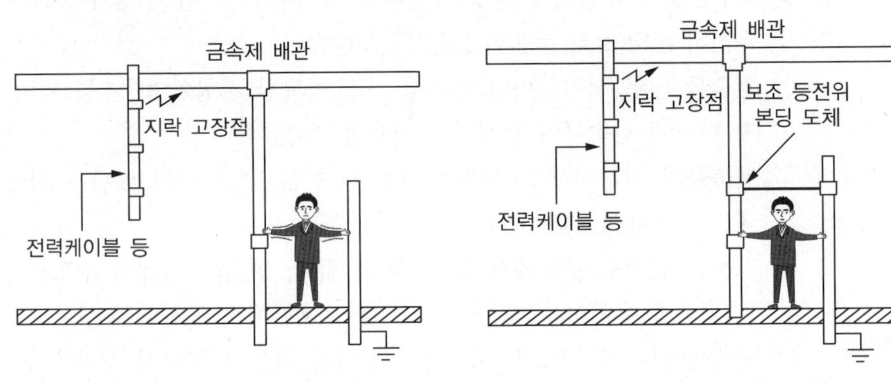

[등전위 본딩이 되어 있지 않은 경우] [등전위 본딩이 되어 있는 경우]

㉠ 고장에 대한 추가 보호대책으로서 화재, 기기의 응력에 대한 보호 등 다른 이유에 의한 전원 차단이 필요한 경우도 포함되며, 설비 전체 또는 일부분, 특정 기기에 적용할 수 있다.

㉡ 전기설비에서 고장이 발생한 경우 계통 차단 조건이 충족되지 않은 경우 보조 등전위 본딩을 하며, 보조 등전위 본딩을 실시한 경우에도 전원 차단은 필요하다.

㉢ 주 등전위 본딩에 대한 보조적인 역할이므로 유효성이 의심되는 경우에는 동시에 접촉될 수 있는 노출도전부와 계통 외 도전부 사이의 전기저항이 다음 조건을 충족하여야 한다.

교류 계통	직류 계통
$R \leq \dfrac{50V}{I_a}(\Omega)$	$R \leq \dfrac{120V}{I_a}(\Omega)$

단, I_a는 보호장치의 동작전류(A)이다.
(누전차단기의 경우 정격감도전류, 과전류보호장치의 경우 5초 이내 동작전류)
교류 50V, 직류 120V는 특별저압전원(ELV ; Extra Low Voltage) 기준

㉣ 건축물 구성부재인 계통 외 도전성 부분은 다음의 경우 보조 등전위 본딩을 실시

- 욕조 또는 샤워욕조가 설치된 장소의 설비
- 수영풀장 또는 기타 욕조가 설치된 장소의 설비

• 농업 및 원예용 전기설비
• 이동식 숙박차량 또는 정박지의 전기설비
• 피뢰설비 등

⑥ 보조 보호등전위 본딩도체

㉠ 두 개의 노출도전부를 접속하는 보호본딩도체의 도전성은 노출도전부에 접속된 더 작은 보호 도체의 도전성보다 커야 한다.

㉡ 노출도전부를 계통 외 도전부에 접속하는 보호본딩도체의 도전성은 같은 단면적을 갖는 보호도체의 1/2 이상이어야 한다.

㉢ 케이블의 일부가 아닌 경우 또는 선로도체와 함께 수납되지 않은 본딩도체는 다음 값 이상이어야 한다.

• 기계적 보호가 된 것은 구리도체 $2.5mm^2$, 알루미늄 도체 $16mm^2$
• 기계적 보호가 없는 것은 구리도체 $4mm^2$, 알루미늄 도체 $16mm^2$

(7) 접지도체 선정 및 시설

구분	내용
접지도체 최소단면적	• 구리 $6mm^2$ 이상 • 철제 $50mm^2$ 이상
피뢰시스템이 접속되는 경우 접지도체	• 구리 $16mm^2$ 이상 • 철제 $50mm^2$ 이상
특고압·고압 전기설비용 접지 도체	$6mm^2$ 이상 연동선
중성점 접지용 접지도체	$16mm^2$ 이상 연동선
중성점 접지용 접지도체 중 • 7kV 이하의 전로 • 사용전압이 25kV 이하인 특고압 가공전선로 중 중성선 다중접지 방식의 것으로서 전로에 지락이 생겼을 때 2초 이내에 자동적으로 이를 전로로부터 차단하는 장치가 되어 있는 것	$6mm^2$ 이상 연동선
이동하여 사용하는 전기기계기구의 금속제 외함의 접지시스템	
특고압·고압 전기설비용 접지도체 및 중성점 접지용 접지도체	클로로프렌캡타이어케이블(3종 및 4종) / 클로로설포네이트폴리에틸렌캡타이어케이블(3종 및 4종)의 1개 도체 / 다심 캡타이어케이블의 차폐 또는 기타의 금속체로 단면적이 $10mm^2$ 이상
저압 전기설비용 접지도체	다심 코드 또는 다심 캡타이어케이블의 1개 도체의 단면적이 $0.75mm^2$ 이상. 다만, 기타 유연성이 있는 연동연선은 1개 도체의 단면적이 $1.5mm^2$ 이상

① 접지도체와 접지극의 접속

㉠ 접속은 견고하고 전기적인 연속성이 보장되도록, 접속부는 발열성 용접, 눌러 붙임 접속, 클램프 또는 그 밖에 기계적 접속장치에 의해야 한다.

㉡ 클램프를 사용하는 경우, 접지극 또는 접지도체를 손상시키지 않아야 한다. 납땜에만 의존하는 접속은 사용해서는 안 된다.

㉢ 접지도체가 매입되는 지점에는 “안전 전기 연결” 라벨이 영구적으로 고정되도록 시설하여야 한다.

- 접지극의 모든 접지도체 연결지점
- 외부도전성 부분의 모든 본딩도체 연결지점
- 주 개폐기에서 분리된 주접지단자

㉣ 접지도체는 지하 0.75m부터 지표상 2m까지 부분은 합성수지관(두께 2mm 미만의 합성수지제 전선관 및 가연성 콤바인덕트관은 제외) 또는 이와 동등 이상의 절연효과와 강도를 가지는 몰드로 덮어야 한다.

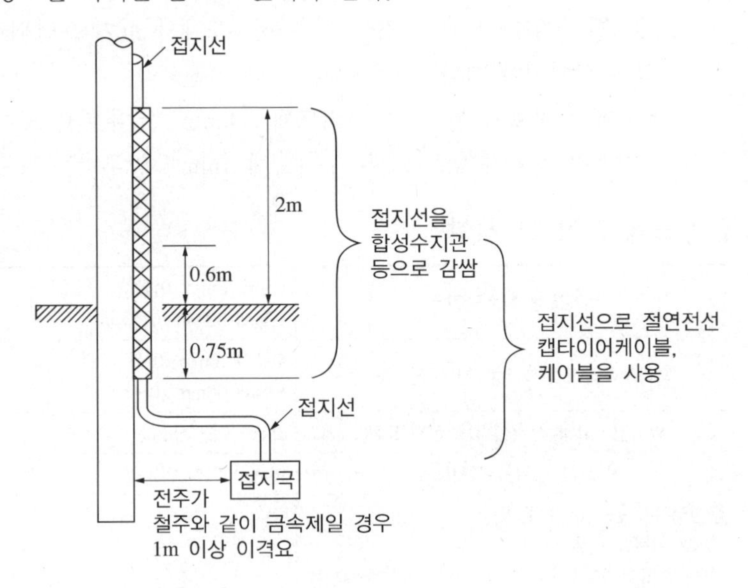

(8) 보호도체

① 보호도체의 최소 단면적 계산

선도체의 단면적 S (mm², 구리)	보호도체의 최소 단면적(mm², 구리)	
	보호도체의 재질이 선도체와 같은 경우	보호도체의 재질이 선도체와 다른 경우
$S \le 16$	S	$(k_1/k_2) \times S$
$16 < S \le 35$	16^a	$(k_1/k_2) \times 16$
$S > 35$	$S^a/2$	$(k_1/k_2) \times (S/2)$

여기서, k_1 : 도체 및 절연의 재질에 따라 선정된 선도체에 대한 k값

k_2 : 케이블에 병합되지 않고 다른 케이블과 묶여 있지 않은 절연 보호도체의 k값, 제시된 온도에서 모든 인접 물질에 손상 위험성이 없는 경우 나도체의 k값

a : PEN 도체의 최소단면적은 중성선과 동일하게 적용한다.

차단시간이 5초 이하인 경우에만 다음 계산식을 적용한다.

$$S = \frac{\sqrt{I^2 t}}{k}$$

여기서, S : 단면적(mm^2)

I : 보호장치를 통해 흐를 수 있는 예상 고장전류 실횻값(A)

t : 자동차단을 위한 보호장치의 동작시간(s)

k : 보호도체, 절연, 기타 부위의 재질 및 초기온도와 최종온도에 따라 정해지는 계수

㉠ 보호도체가 케이블의 일부가 아니거나 선도체와 동일 외함에 설치되지 않으면 단면적은 다음의 굵기 이상으로 하여야 한다.

기계적 손상에 대해 보호가 되는 경우	구리 $2.5mm^2$, 알루미늄 $16mm^2$ 이상
기계적 손상에 대해 보호가 되지 않는 경우	구리 $4mm^2$, 알루미늄 $16mm^2$ 이상

케이블의 일부가 아니라도 전선관 및 트렁킹 내부에 설치되거나, 이와 유사한 방법으로 보호되는 경우 기계적으로 보호되는 것으로 간주한다.

② 보호도체의 종류

㉠ 보호도체는 다음 중 하나 또는 복수로 구성하여야 한다.

- 다심케이블의 도체
- 충전도체와 같은 트렁킹에 수납된 절연도체 또는 나도체
- 고정된 절연도체 또는 나도체
- 일정(전기적 연속성, 단면적) 조건을 만족하는 금속케이블 외장, 케이블 차폐, 케이블 외장, 전선묶음(편조전선), 동심도체, 금속관

㉡ 보호도체 또는 보호본딩도체로 사용해서는 안 되는 금속부분

- 금속 수도관
- 가스·액체·분말과 같은 잠재적인 인화성 물질을 포함하는 금속관
- 상시 기계적 응력을 받는 지지 구조물 일부
- 가요성 금속배관
- 가요성 금속전선관
- 지지선, 케이블트레이 및 이와 비슷한 것

(9) 접지시공 일반사항

① 금속관 배관의 접지공사는 설계도면에 의한다.

② 접지선으로부터 금속관 배관의 최종단에 이르는 배관 경로상에는 목재 및 절연재를 삽입하지 않는다.

③ 다만, 불가피하게 시설하는 경우에는 접지 본딩설비 등을 설치하여 접지의 연속성을 부여한다.

④ 금속관과 접지선과의 접속은 접지 클램프를 사용하거나 또는 기타 적당한 방법에 의하여야 한다.

⑤ 함이나 박스 등에 절연성 도료가 칠하여져 있는 경우에는 이들을 완전히 벗겨낸 다음 록 너트, 부싱 또는 접지장치를 부착하여 접지의 연속성을 확보하여야 하며, 부착 후 절연도료를 재도장하여야 한다.

6.2 접지저항의 측정

(1) 접지저항계를 이용한 접지저항 측정방법

① 접지저항계를 이용하여 접지전극 및 보조전극 2본을 사용하여 접지저항을 측정한다.

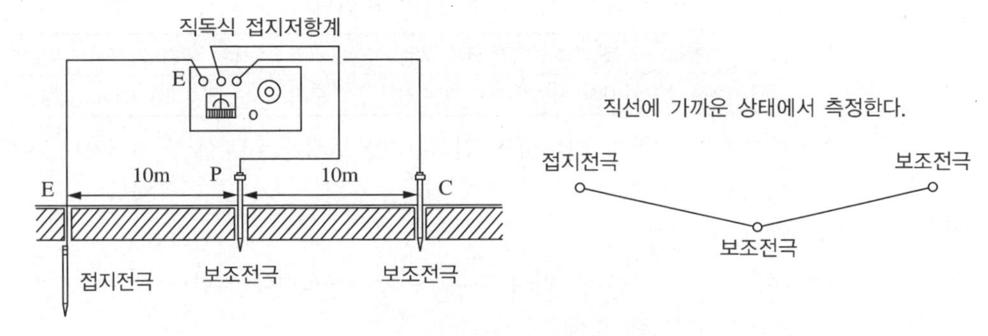

[접지저항의 측정방법]

② 접지전극, 보조전극의 간격은 10m로 하고 직선에 가까운 상태로 설치한다.

③ 접지전극을 접지저항계의 E 단자에 접속하고 보조전극을 P 단자, C 단자에 접속한다.

④ 누름 버튼스위치를 누른 상태에서 접지저항계의 지침이 '0'이 되도록 다이얼을 조정하고 그때의 눈금을 읽어 접지저항값을 측정한다.

⑤ 접지저항의 값은 접지극 부근의 온도 및 수분의 함유 정도에 의해 변화하며 연중 변동하고 있다. 그러나 최고일 때에도 정해진 한도를 넘어서는 안 된다.

(2) 간이접지저항계를 이용한 측정방법

① 측정에 있어 접지보조전극을 타설할 수 없는 경우는 간이접지저항계를 사용하여 접지저항을 측정한다.

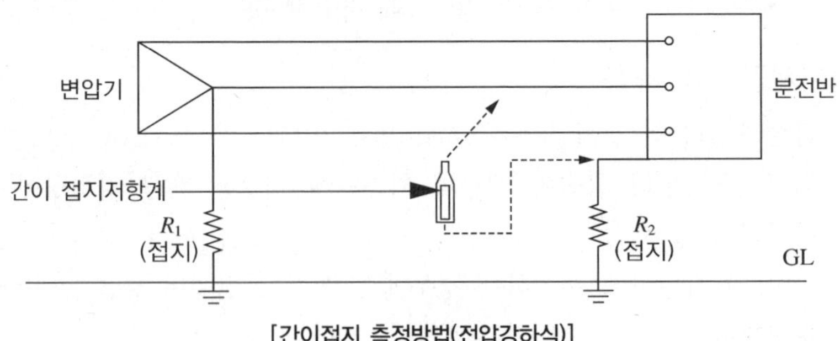

[간이접지 측정방법(전압강하식)]

② 주상변압기의 2차 측 중성점에 접지공사가 시공되어 있는 것을 이용하는 방법이다.

③ 중성선과 기기 접지단자 간에 저주파의 전류를 흘리고 저항치를 측정하면 양 접지저항의 합이 얻어지므로 간접적으로 접지저항을 알 수 있다.

6.3 기타공사

(1) 피뢰공사

낙뢰의 우려가 있는 건축물 또는 높이 20m 이상의 건축물에는 기준에 적합하게 피뢰설비를 설치해야 한다.

(2) 울타리 · 담 등의 설치

태양광발전소의 경우 취급자 이외의 자가 그 구내에 용이하게 접근할 우려가 없도록 울타리, 담 등의 조치를 취해야 한다. 다만, 어레이의 직류전압이 고압 또는 저압일지라도 인버터를 통해 교류로 변환된 전압을 특고압 이상으로 승압하기 위한 변압기를 갖춘 경우에는 인버터, 변압기 및 모선 등 전기기계기구 등의 충전부로부터 감전 등의 방지를 목적으로 태양광발전소에 대한 울타리 · 담 등의 시설을 해야 한다.

(3) 기타 시설

① 명판

㉠ 모든 기기는 용량, 제작자 및 그 외 기기별로 나타내야 할 사항이 명시된 명판을 부착해야 한다.

㉡ 명판은 신재생에너지설비 명판 설치기준에 따라 제작하여 잘 보이는 위치에 부착해야 한다.

② 모니터링 설비 : 모니터링 설비는 신재생에너지설비의 지원 등에 관한 규정에 따라 모니터링 시스템 설치기준에 적합하게 설치해야 한다.

6.4 태양광발전 사용 전 검사 준비

(1) 사용 전 검사 준비 주요내용

검사자는 수검자로부터 수검에 필요한 자료를 제출받아 다음의 사항을 검사해야 한다.

① 태양전지의 일반 규격 : 검사자는 수검자로부터 제출받은 태양전지 규격서상의 규격이 설치된 태양전지와 일치하는지 확인한다.

② 태양전지의 외관검사 : 검사자는 태양전지 셀 및 모듈을 비롯한 시스템에 대해 다음의 사항을 중심으로 외관을 검사한다.

㉠ 태양전지 모듈 또는 패널의 점검

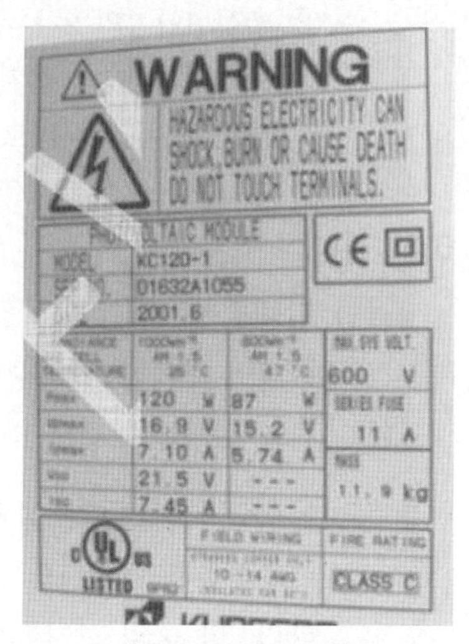

[태양전지 모듈 라벨]

- 검사자는 모듈의 유형과 설치개수 등을 1,000lx 이상의 밝은 조명 아래에서 육안으로 점검한다.
- 지상설치형 어레이의 경우에는 지상에서 육안으로 점검하며 지붕설치형 어레이는 수검자가 제공한 낙상 보호조치를 확인한 후 검사자가 직접 지붕에 올라 어레이를 검사한다.
- 지붕의 경사가 심해 검사자가 직접 오를 수 없는 경우에는 수검자가 제공한 사다리나 승강장치에 올라 정확한 모듈과 어레이의 설치개수를 세어 설계도면과 일치하는지 확인한다.
- 정확한 모듈 개수의 확인은 전압과 전류 출력에 영향을 미치므로 매우 중요하다.
- 간혹 현장의 모듈이 인가서상의 모듈 모델번호와 다른 경우가 있으므로 각 모듈의 모델번호 역시 설계도면과 일치하는지 확인한다. 지붕에 설치된 모듈은 모델번호를 확인하기 곤란한 경우가 많으므로 수검자가 카메라로 찍은 사진을 근거로 확인한다.
- 사용 전 검사 시 공사계획인가(신고)서의 내용과 일치하는지 태양전지 모듈의 정격용량을 확인하여 이를 사용 전 검사필증에 표시하고, 다음 사항을 확인한다(셀의 용량, 온도, 크기, 수량).

㉡ 태양전지 셀, 모듈, 패널, 어레이에 대한 외관검사

- 공사계획인가(신고)서 내용과 일치하는지 확인하고 태양전지 셀의 제작번호를 확인
- 태양전지 셀의 제작, 운송 및 설치과정에서의 변색, 파손, 오염 등의 결함 여부를 1,000lx 이상의 조도에서 다음 사항을 중심으로 육안점검하고 단자대의 누수, 부식 및 절연재의 이상을 확인
- 모듈 표면의 금, 휨, 찢김이나 모듈 배열의 흐트러짐
- 태양전지 모듈의 깨짐
- 오결선
- 태양전지 셀 간 접촉 또는 태양전지 셀의 모듈 테두리 접촉
- 태양전지 셀과 모듈 테두리 사이에 기포나 박리현상에 의한 연속된 통로 형성 여부
- 합성수지재 표면처리 결함으로 인한 끈적거림
- 단말처리 불량 및 전기적 충전부의 노출
- 기타 모듈의 성능에 영향을 끼칠 수 있는 요인
- 모듈의 개수와 모델번호를 확인하고 나면 마지막으로 각 모듈과 어레이의 배치가 설계도면과 일치하는지 확인

㉢ 배선 점검

㉣ 접속단자의 조임상태 확인

③ 태양전지의 전기적 특성 확인

㉠ 검사자는 수검자로부터 제출받은 태양전지 규격서상의 규격으로부터 다음의 사항을 확인한다.

- 최대출력 : 태양광발전소에 설치된 태양전지 셀의 셀당 최대출력을 기록한다.
- 개방전압 및 단락전류 : 검사자는 모듈 간 제대로 접속되었는지 확인하기 위해 개방전압이나 단락전류 등을 확인한다.
- 최대출력 전압 및 전류 : 태양광발전소 검사 시 모니터링 감시장치 등을 통해 하루 중 순간 최대출력이 발생할 때 인버터의 교류전압 및 전류를 기록한다.
- 충진율 : 개방전압과 단락전류와의 곱에 대한 최대출력의 비(충진율)를 태양전지 규격서로부터 확인하여 기록한다.
- 전력변환 효율 : 기기의 효율을 제작사의 시험성적서 등을 확인하여 기록한다.

㉡ 이 밖에도 수검자로부터 제출받은 태양광발전시스템의 단선결선도, 태양전지 트립 인터록 도면, 시퀀스 도면, 보호장치 및 계전기 시험성적서가 태양광발전설비의 시공 또는 동작상태와 일치하는지 확인한다.

④ 태양전지 어레이 : 검사자는 수검자로부터 제출받은 절연저항시험 성적서에 기재된 값으로부터 현장에서 실측한 값과 일치하는지 확인한다.

㉠ 절연저항 : 검사자는 운전 개시 전에 태양광 회로의 절연상태를 확인하고 통전 여부를 판단하기 위해 절연저항을 측정한다. 이 측정값은 운전개시 후의 절연상태의 기준이 된다.

㉡ 접지저항 : 검사자는 접지선의 탈락, 부식 여부를 확인하고 접지저항값이 전기설비기술기준이나 제작사 적용 코드에 정해진 기준값만큼 확보되어 있는지를 접지저항 측정기로 확인한다.

02 태양광발전시스템 운영

01 | 운영 계획 및 사업 개시

1.1 일별, 월별, 연간 운영계획 수립 시 고려요소

(1) 발전전력의 판매

① 전력거래 방법

㉠ 발전설비용량 1,000kW 이하의 발전사업자 및 자가용 발전설비설치자는 생산한 전력을 전력시장(한국전력거래소)을 통하지 아니하고 전기판매사업자(한국전력공사)와 거래할 수 있다.

㉡ 자가용 발전설비설치자는 자기가 생산한 전력의 연간 총생산량의 50% 미만의 범위 안에서 거래하는 경우로 한다.

(2) 안전관리자

태양광발전시스템도 전기설비에 포함되므로 안전관리자가 선임되어야 한다.

① 안전관리자의 배치(선임) : 용량 1,000kW 이상인 경우 상주 안전관리자를 배치해야 한다.

② 안전관리업무 대행 규모

㉠ 안전공사 및 대행사업자 : 다음의 어느 하나에 해당하는 전기설비(둘 이상의 전기설비 용량의 합계가 4,500kW 미만인 경우로 한정)

- 전기수용설비 : 용량 1,000kW 미만인 것
- 신에너지 및 재생에너지 개발·이용·보급 촉진법 제2조제1호 및 제2호에 따른 신에너지와 재생에너지를 이용하여 전기를 생산하는 발전설비(이하 이 조에서 "신재생에너지 발전설비"라 한다) 중 태양광발전설비 : 용량 1,000kW(원격감시·제어기능을 갖춘 경우 용량 3,000kW) 미만인 것
- 전기사업용 신재생에너지 발전설비 중 연료전지발전설비(원격감시·제어기능을 갖춘 것으로 한정) : 용량 500kW 미만인 것
- 그 밖의 발전설비(전기사업용 신재생에너지 발전설비의 경우 원격감시·제어기능을 갖춘 것으로 한정) : 용량 300kW(비상용 예비발전설비의 경우에는 용량 500kW) 미만인 것

㉡ 개인대행자 : 다음의 어느 하나에 해당하는 전기설비(둘 이상의 용량의 합계가 1,550kW 미만인 전기설비로 한정)

- 전기수용설비 : 용량 500kW 미만인 것
- 신재생에너지 발전설비 중 태양광발전설비 : 용량 250kW(원격감시 · 제어기능을 갖춘 경우 용량 750kW) 미만인 것
- 전기사업용 신재생에너지 발전설비 중 연료전지발전설비(원격감시 · 제어기능을 갖춘 것으로 한정) : 용량 250kW 미만인 것
- 그 밖의 발전설비(전기사업용 신재생에너지 발전설비의 경우 원격감시 · 제어기능을 갖춘 것으로 한정한다) : 용량 150kW(비상용 예비발전설비의 경우에는 용량 300kW) 미만인 것

③ 전기안전관리자의 자격

㉠ 전기설비의 규모별로 전기기술사, 전기기능장, 전기기사, 전기산업기사 자격증소지자가 실무경력에 따라 전기안전관리자로 선임된다.

명칭	자격기준	안전관리범위
전기안전 관리자	• 전기 · 안전관리(전기안전) 분야 기술사 • 전기기능장 실무경력 2년 이상 • 전기기사 실무경력 2년 이상	모든 전기설비의 공사 · 유지 및 운용
	전기산업기사 실무경력 4년 이상	전압 100,000V 미만 전기설비의 공사 · 유지 및 운용
	• 전기기능장 실무경력 1년 이상 • 전기기사 실무경력 1년 이상 • 전기산업기사 실무경력 2년 이상	전압 100,000V 미만으로서 전기설비용량 2,000kW 미만 전기설비의 공사 · 유지 및 운용
	전기산업기사 이상	전압 100,000V 미만으로서 전기설비용량 1,500kW 미만 전기설비의 공사 · 유지 및 운용

㉡ 안전관리자를 선임하기 곤란하거나 적합하지 아니하다고 인정되는 지역 또는 전기설비에 대하여 안전관리자의 자격을 완화할 수 있다.

지역 또는 전기설비	자격기준
통행 또는 사용의 제한을 받는 군사시설 보호구역에 설치된 설비용량 500kW 이하 전기설비	• 국가기술자격법에 따른 전기 · 토목 · 기계 분야 기능사 이상 자격소지자 • 초 · 중등교육법에 따른 고등학교의 전기 · 토목 · 기계 관련 학과 졸업 이상의 학력을 갖춘 후 해당 분야에서 3년 이상의 실무경력이 있는 사람
섬이나 외딴 곳에 설치된 설비용량 1,000kW 이하의 전기설비 및 발전설비	
신에너지 및 재생에너지 개발 · 이용 · 보급 촉진법에 따른 신에너지 또는 재생에너지를 이용하여 전기를 생산하는 설비용량 1,000kW 이하 발전설비	
군사용 시설에 속하는 전기설비	• 전기 분야 기능사 이상 자격소지자 • 군 교육기관에서 정해진 교육을 이수한 사람

④ 전기안전관리자의 직무

㉠ 전기설비의 공사·유지 및 운용에 관한 업무 및 이에 종사하는 사람에 대한 안전교육

㉡ 전기설비의 안전관리를 위한 확인·점검 및 이에 대한 업무의 감독

㉢ 전기설비의 운전·조작 또는 이에 대한 업무의 감독

㉣ 전기안전관리에 관한 기록의 작성·보존

㉤ 공사계획의 인가신청 또는 신고에 필요한 서류의 검토

㉥ 다음의 어느 하나에 해당하는 공사의 감리업무

- 비상용 예비발전설비의 설치·변경공사로서 총공사비가 1억원 미만인 공사
- 전기수용설비의 증설 또는 변경공사로서 총공사비가 5천만원 미만인 공사
- 신에너지 및 재생에너지 개발·이용·보급 촉진법에 따른 신에너지 및 재생에너지 설비의 증설 또는 변경 공사로서 총공사비가 5천만원 미만인 공사

㉦ 전기설비의 일상점검·정기점검·정밀점검의 절차, 방법 및 기준에 대한 안전관리 규정의 작성

㉧ 전기재해의 발생을 예방하거나 그 피해를 줄이기 위하여 필요한 응급조치

1.2 사업허가증 발급 방법

(1) 태양광발전사업자 신청

① 태양광발전 사업 시 고려사항

㉠ 태양광발전 주요 구성기기 : 태양전지 모듈, 축전지, 인버터

㉡ 유지보수가 거의 요구되지 않는 단순한 구조

㉢ 수명은 약 20~30년 정도로 친환경적인 발전시설

㉣ 태양광발전소 건설사업 추진 시 대형의 경우, 산지나 해안가에 건설하는 관계로 토지형질 변경 등 다양한 인·허가 필요

㉤ 인·허가와 관련하여 유관기관과의 업무협의 병행

㉥ 부지의 사업성 및 개발가능 여부에 대한 사전 검토 필요

㉦ 법적인 인·허가 이외의 인근 주민들과의 사전협의가 중요

② 주요 인·허가 및 유관기관 업무협의 흐름도(flow-chart)

번호	발전사업 관련 협의 절차	행정기관
1	발전사업허가	광역시도지자체
2	송전용 전기설비 이용 신청서	한국전력공사 해당지역
3	전력거래소 회원가입	한국전력거래소
4	개발행위 허가 취득 및 사전환경성 검토	지식경제부, 도지사, 군수, 환경관리청 해당지역
5	공작물 축조신고	해당 지자체
6	건축물 신고, 허가	해당 지자체

번호	발전사업 관련 협의 절차	행정기관
7	공사계획 인가 및 신고	해당 지자체
8	발전 사업을 위한 업무협의	한국전력거래소
9	공사 관련 사항 신고	해당 지자체
10	발전소 준공	사업자
11	사용 전 검사	한국전기안전공사
12	사업개시 신고	해당지자체
13	RPS를 위한 설치 확인	에너지관리공단
14	상업 운전 실시	한국전력거래소, 지자체
15	검침 및 요금지급	한국전력거래소
기타 항목	인근 지역주민 대표자에게 조사 사실을 알리고, 협조를 요청 대상 부지 선정 및 인·허가 취득 등 사업 착수 전 설명회를 통해 사전협의 필요함	

③ 전기사업 인·허가

㉠ 허가권자

- 3,000kW 초과 설비 : 산업통상자원부장관(전기위원회)
- 3,000kW 이하 설비 : 특별시장, 광역시장, 특별자치시장, 도지사, 특별자치도지사

㉡ 관련 법령

전기사업법 제7조(사업의 허가), 제12조(사업허가의 취소 등) 및 동법 시행령, 시행규칙

㉢ 허가기준

- 전기사업을 적정하게 수행하는 데 필요한 재무능력 및 기술능력이 있을 것
- 전기사업이 계획대로 수행될 수 있을 것
- 배전사업 및 구역전기사업의 경우 둘 이상의 배전사업자의 사업구역 또는 구역전기사업자의 특정한 공급구역 중 그 전부 또는 일부가 중복되지 아니할 것
- 구역전기사업의 경우 특정한 공급구역의 전력수요의 50% 이상으로서 대통령령으로 정하는 공급능력을 갖추고, 그 사업으로 인하여 인근 지역의 전기사용자에 대한 다른 전기사업자의 전기공급에 차질이 없을 것
- 발전소나 발전연료가 특정 지역에 편중되어 전력계통의 운영에 지장을 주지 아니할 것

㉣ 필요서류 목록

- 3,000kW 이하
  - 전기사업허가 신청서
  - 사업계획서
  - 송전관계 일람도
  - 발전원가 명세서(200kW 이하는 생략)
  - 기술인력의 확보계획을 기재한 서류(200kW 이하는 생략)

- 3,000kW 초과
  - 전기사업허가 신청서
  - 사업계획서
  - 사업개시 후 5년간의 기간에 대한 연도별 예상사업 손익산출서
  - 발전설비의 개요서
  - 송전관계 일람도 및 소요재원 조달계획서
  - 기술인력의 확보계획을 기재한 서류
  - 신청인이 법인인 경우, 그 정관 등 재무현황 관련자료
  - 신청인이 설립 중인 법인인 경우, 그 정관

(2) 신재생에너지 공급의무화(RPS ; Renewable Portfolio Standard) 제도

① 개요

㉠ 태양광발전을 비롯한 신재생에너지는 대부분 높은 발전단가로 인해 경제성이 매우 취약하여 각국 정부의 지원에 의해 초기 시장 형성 및 보급이 이루어져 왔다.

㉡ 국내의 경우 2002년부터 시작된 발전차액지원제도 FIT(Feed In Tariff)가 태양광 등 신재생에너지의 초기시장 형성에 주도적인 역할을 해 왔다.

㉢ 발전차액지원제도는 신재생에너지 발전에 의하여 공급한 전기의 전력거래 가격이 정부에서 고시한 기준가격보다 낮은 경우, 기준가격과 전력거래와의 차액을 지원해 주는 방식이다.

㉣ 정부는 FIT제도가 종료되는 2012년부터는 국내 총발전량의 일정비율을 신재생에너지로 의무화하는 신재생에너지 의무할당제 RPS를 도입하여 정부 및 감독기관이 정한 의무량을 발전사업자 등의 공급의무자가 일정 기간 내에 채우도록 하고 이를 완수하지 못할 경우 벌금을 물리는 방식이다.

㉤ 공급의무자는 직접 신재생에너지 사업을 직접 진행하거나 신재생에너지인증서인 REC(Renewable Energy Certificate)를 거래하여 의무를 이행하여야 한다.

㉥ FIT가 정부가 일정기간 정해진 가격을 보장하는 보급시스템인 반면, RPS는 정부가 공급자에게 의무를 부과하여 시장을 창출해 주는 대신 가격은 시장 원리에 따라 결정되게 된다는 차이를 지니고 있다.

㉦ 공급인증기관 : 에너지관리공단 신재생에너지센터

ⓞ RPS제도 절차

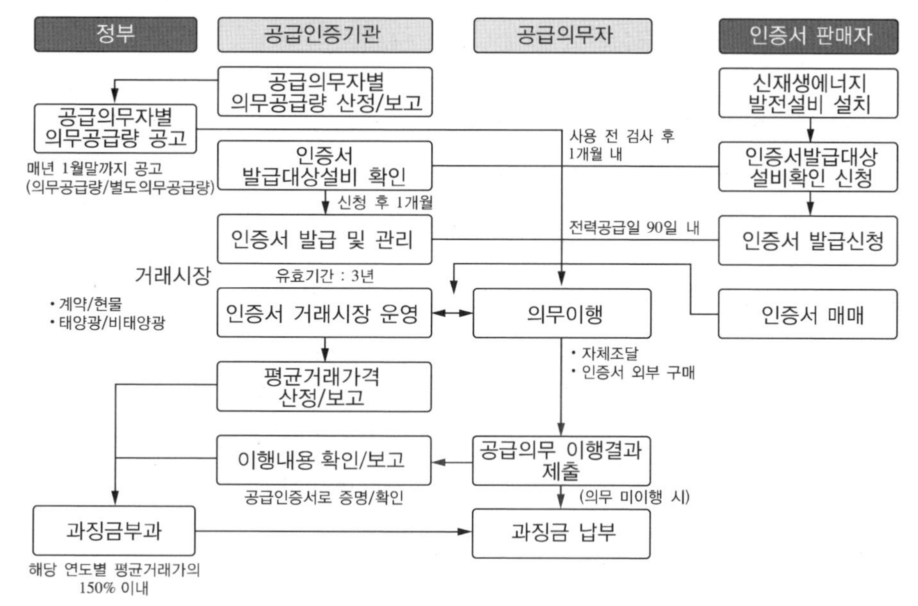

02 | 태양광발전시스템의 운영

2.1 태양광발전시스템의 운영체계 및 절차

(1) 운영

① 현장관리인 : 발전소 구내 보안 및 청소, 시설 감시의 역할

② 전기안전관리자

㉠ 1,000kW 미만인 경우 안전관리 대행 가능

㉡ 1,000kW 이상인 경우 사업자가 선임

③ 역할

㉠ 전기 생산량 분석

㉡ 배전반, 파워컨디셔너, 감시제어시스템 건전성 유지

㉢ 태양광발전소 시설 감시

㉣ 정기 점검 및 긴급 출동

㉤ 안전진단 및 효율이상 유무 확인

㉥ 법인 유지 필요업무(선택사항)

(2) 태양광발전시스템의 운영방법

① 시설용량 및 발전량

㉠ 태양광발전설비의 용량은 부하의 용도 및 적정사용량을 합산하여 월평균 사용량에 따라 결정된다.

㉡ 발전량은 봄, 가을에 많으며 여름과 겨울에는 기후 여건에 따라 현저하게 감소한다.

㉢ 박막형은 상대적으로 다른 모듈에 비해 온도에 덜 민감하다.

② 모듈

㉠ 모듈 표면은 특수 처리된 강화유리로 되어 있어 강한 충격이 있을 시 파손될 수 있다.

㉡ 모듈 표면에 그늘이 지거나 나뭇잎 등이 떨어진 경우 전체적인 발전효율이 저하되며, 황사나 먼지는 발전량 감소의 주요원인으로 작용한다.

㉢ 황사나 먼지 등의 이물질은 고압 분사기를 이용하여 정기적으로 물을 뿌려주거나 부드러운 천으로 이물질을 제거해주면 발전효율을 높일 수 있다. 이때 모듈 표면에 흠이 생기지 않도록 주의해야 한다.

㉣ 모듈 표면의 온도가 높을수록 발전효율이 저하되므로 태양광에 의해 모듈온도가 상승할 경우에는 정기적으로 물을 뿌려 온도를 조절해 주면서 발전효율을 높일 수 있다.

㉤ 풍압이나 진동으로 인해 모듈과 형강의 체결 부위가 느슨해지는 경우가 있으므로 정기적으로 점검한다.

③ 인버터 및 접속함

㉠ 태양광발전설비의 고장 요인은 대부분 인버터에서 발생하므로 정기적으로 정상 가동 여부를 확인한다.

㉡ 접속함에는 역류방지 다이오드, 차단기, T/D, CT, DT 단자대 등이 내장되어 있으므로 누수나 습기침투 여부에 대한 정기점검을 한다.

④ 구조물 및 전선

㉠ 구조물이나 구조물 접합자재는 아연용융도금이 되어 있어 녹이 슬지 않지만 장기간 노출될 경우에는 녹이 스는 경우도 있다. 부분적인 발청현상(녹, 부식현상)이 있을 경우 페인트, 은분, 스프레이 등으로 도포 처리를 하면 장기간 안전하게 사용할 수 있다.

㉡ 전선 피복부나 연결부에 문제가 없는지 정기적으로 점검하고 문제가 발생한 경우 반드시 보수해야 한다.

⑤ 응급조치

접속함 내부차단기 개방(off) → 인버터 개방(off) 후 점검 → 점검 후에는 역으로 인버터(on) → 차단기의 순서로 투입(on)

(3) 발전 시스템 운영 시 비치 목록

① 핵심기기의 매뉴얼(인버터, PCS)
② 건설 관련도면(토목·기계·건축도면, 전기배선도, 시스템배치 도면)
③ 운영 매뉴얼
④ 시방서 및 계약서 사본
⑤ 부품 및 기기의 카탈로그
⑥ 구조물의 구조계산서
⑦ 한전 계통연계 관련 서류
⑧ 전기안전관련 주의 명판 및 안전경고표시 위치도
⑨ 전기안전관리용 정기 점검표
⑩ 일반 점검표
⑪ 긴급복구 안내문
⑫ 안전교육 표지판

2.2 태양광발전시스템 운전조작방법

(1) 운전 시 조작방법

메인 VCB반 전압확인 → 접속반, 인버터 전압확인 → 차단기 on(교류용 차단기 먼저 on 후에 직류용 차단기 on) → 5분 후 인버터 정상작동 여부 확인

(2) 정전 시 조작방법

① 계통 측 정전 시 태양광발전설비에서 생산된 전력이 배전선로로 역송되지 않도록 태양광발전설비 단독운전 방지 기능의 정상동작 유무(0.5초 내 정지, 5분 이후 재투입)를 확인한다.
② 정전 시 확인 사항
㉠ 메인 제어반의 전압 확인 및 계전기를 확인하여 정전 여부를 우선 확인
㉡ 태양광 인버터 상태 정지 확인
㉢ 한전 전원 복구 여부 확인 후 운전 시 조작 방법에 의해 재시동

2.3 태양광발전시스템 동작원리

태양광발전시스템은 시스템 구성에 따라 크게 독립형, 계통연계형으로 분류할 수 있다.

(1) 독립형 시스템

① 야간이나 태양광이 적을 때 전력을 공급하기 위한 축전 설비를 갖추고 있어, 태양광발전이 가능한 기간 동안 축전지에 전력용 전력을 저장하였다가 사용하는 방식이다.
② 태양광이 적은 날이 장기화되거나 시스템 고장 등의 문제 시 보조용으로 디젤 발전기 및 풍력 발전기를 갖춘 복합발전 시스템으로 활용 가능하다.

③ 도서지역이나 오지, 유・무인 등대, 중계소, 가로등, 무선전화 기지국 등의 전력공급용 또는 통신, 양수펌프, 안전표시 등 소규모 전력공급용으로 사용된다.

④ 독립형 태양광발전시스템의 동작원리에 대한 개념도

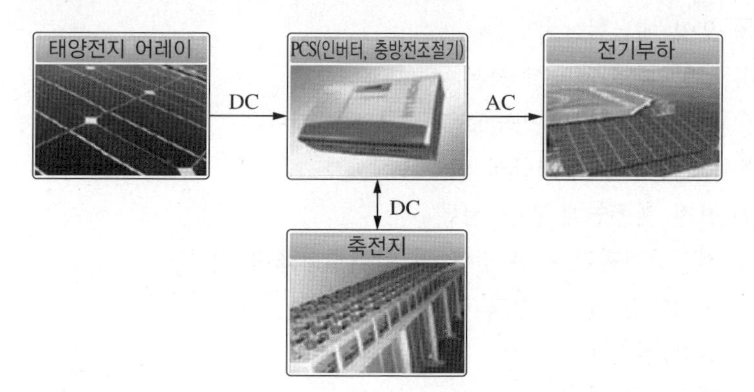

(2) 계통연계형 시스템

① 태양전지 어레이로부터 직류전력을 인버터를 통하여 교류전력으로 변환시켜 한전 계통과 연계하는 시스템으로 축전지가 필요 없으며, 태양전지 어레이와 인버터로 구성된다.

② 주택이나 소형 발전시스템의 경우(일사량이 충분할 경우) 태양전지에서 발생된 전력을 자체 부하기기에 사용하고 잉여전력은 계통으로 역송전한다. 일사량이 부족한 야간 등에는 계통선으로부터 전력을 공급받는 특징을 가지고 있다.

③ 역송전의 경우에는 적산전력계가 역방향으로 회전하여 수용가는 잉여전력에 해당하는 만큼 전기요금을 절약할 수 있다.

④ 역송전이 가능한 방식을 상계형이라 하고, 역송전이 불가능하고 전기를 판매만 할 수 있는 방식을 매전형이라고 한다.

⑤ 계통에 연결할 때 주택용, 건물용 등 소용량의 경우에는 출력을 저압 계통에 직접연결하면 되지만, 100kW 이상 용량의 경우는 22.9kV로 승압하여 계통에 연결하여야 한다.

⑥ 현재 운전되거나 설치되고 있는 대부분의 시스템은 계통연계형 시스템이다.

⑦ 계통연계형 태양광발전시스템의 동작원리 개념도

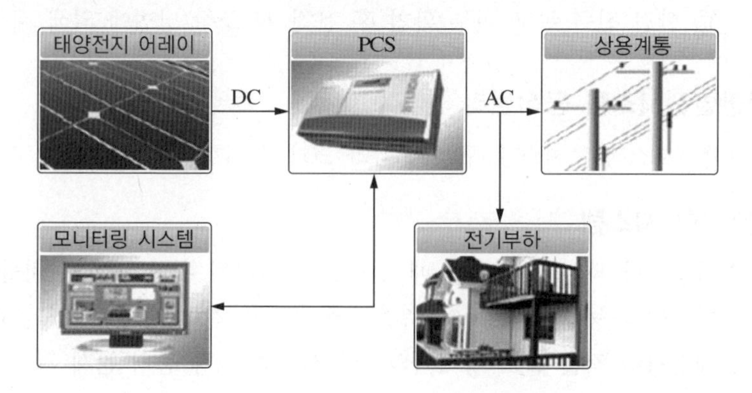

2.4 태양광발전시스템 운영 점검사항

건설된 태양광발전시스템의 제 기능을 유지하기 위해 수시점검, 일상점검, 정기점검을 통하여 사전에 유해요인을 제거하고 손상된 부분을 원상 복귀하여, 당초 건설된 상태를 유지함과 동시에 경년변화에 따라 요구되는 시설물의 개량을 통해 태양광발전량의 최적화를 이루고, 근무자 및 주변인의 안전을 확보하기 위해 시행하는 것이다.

(1) 태양광발전시스템의 운영 점검의 필요성

① 사업자

㉠ 설치 시 한 번에 투입된 자본을 장기간에 걸쳐 회수하므로 고장방지, 사후관리, 운전상태 모니터링 등의 유지관리를 시행해야만 발전효율을 유지시킬 수 있다.

㉡ 지원설비의 대부분 국고와 지방재정이 상당금액 투입된 시설이므로 최대의 효과와 최소의 손실 위한 노력이 필요하다.

㉢ 이미 설치된 시설의 일정한 발전량을 유지해야 국가 에너지 정책 수립 및 방향설정에 정확성을 기여할 수 있다.

(2) 태양광발전시스템의 사용 전 검사 및 정기검사

전기안전관리법과 산업통상자원부 신재생에너지 보급사업 관련 법령으로 정기점검과 사후관리를 의무사항으로 규제하여 관리하고 있다.

① 전기안전관리법

㉠ 정기검사 : 사업용 및 자가용 전기설비의 정기검사를 규정

㉡ 전기설비의 유지 : 사업용, 자가용, 일반용 전기설비는 기술기준에 적합하도록 유지할 것을 규정

㉢ 전기안전관리자의 선임

- 사업용, 자가용 전기설비의 안전관리 수행을 위한 전기안전관리자 선임 및 대행에 대해 규정
- 신에너지와 재생에너지를 이용 전기를 생산하는 발전설비는 전기안전관리업무의 대행이 가능

② 정기검사의 대상 기준 및 신청 서류

㉠ 대상기준

전압 600V 이하로 용량 75kW 이상인 전기설비와 600V 초과의 설치 또는 변경 공사에 대하여 실시(자가용 전기수용설비, 비상용 예비발전설비, 태양광발전설비, 500kW 이하의 내연력 발전설비 및 100kW 이하의 풍력, 연료전지설비)

㉡ 사용 전 검사 신청 서류

- 한국전기안전공사에 공사계획신고를 한 경우 구비서류
  - 사용 전 검사 신청서 1부
  - 전기안전관리자 선임신고 증명서 사본 1부

• 다른 법률과의 관계에 따라 공사계획신고를 한 것으로 간주하여 우리 공사에 공사계획신고를 하지 않는 경우의 구비 추가서류
  - 사용 전 검사 신청서 1부
  - 전기안전관리자 선임신고 증명서 사본 1부
  - 공사계획신고 사본 1부(공사계획서 및 첨부 서류)
• 저압 자가용 전기설비 사용 전 검사 신청
  - 전기안전관리자 선임신고 증명서 사본 1부
  - 설계도면 및 감리원 배치 확인서 1부

③ 사용 전 검사 및 정기검사

㉠ 사용 전 검사, 정기검사는 전기안전관리법의 규정에 의한 공사계획 인가 또는 신고를 필한 자가용(상용), 사업용 태양광발전설비를 대상으로 한다.

• 태양광발전소는 전체공사가 완료되면 사용 전 검사 희망일로부터 7일 이전에 신청을 해야 한다.
• 사용 전 검사 재검사 기간은 검사일 다음날로부터 15일 이내로 해야 한다.
• 정기검사는 4년마다 정기적으로 검사를 받아야 하며 검사기준에 적합하지 않을 경우 "불합격"으로 판정하고 재검사를 검사일 다음날로부터 3개월 이내로 해야 한다.

㉡ 검사대상의 범위

구분	검사 방법	설비 기준
일반용 (가정용, 소규모)	사용 전 점검	• 600V 이하/75kW 미만 전기설비 • 600V 이하/10kW 이하 발전기
자가용	사용 전 검사 (저압설비는 공사계획 미신고)	• 600V 이하/75kW 이상 전기설비 • 600V 이하/10kW 초과 발전기
사업용	사용 전 검사 (시·도에 공사계획 신고)	전용량

㉢ 태양광설비 사용 전 검사항목 및 세부검사내용(자가용)

검사항목	세부검사내용	수검자 준비자료
1. 태양광발전 설비표	• 태양광발전 설비표 작성	• 공사계획인가(신고)서 • 태양광 발전설비 개요 • 공사계획인가(신고)서 • 태양광 전지규격서

검사항목	세부검사내용	수검자 준비자료
2. 태양광 전지 검사		
• 태양광 전지일반규격	• 규격확인	• 단선결선도
• 태양광 전지 검사	• 외관검사 • 전지 전기적 특성시험 – 최대출력 – 개방전압 – 단락전류 – 최대 출력전압 및 전류 – 충진율 – 전력변환효율 • array – 절연저항 – 접지저항	• 태양광전지 trip interlock 도면 • sequence 도면 • 보호장치 및 계전기시험 성적서 • 절연저항시험 성적서
3. 전력변환장치 검사		• 공사계획인가(신고)서
• 전력변환장치 일반 규격	• 규격확인	
• 전력변환장치 검사	• 외관검사 • 절연저항 • 절연내력 • 제어회로 및 경보장치 • 전력조절부/static 스위치 자동·수동절체시험 • 역방향운전 제어시험 • 단독 운전 방지 시험 • 인버터 자동·수동절체 시험 • 충전기능시험	• 단선결선도 • sequence 도면 • 보호장치 및 계전기시험 성적서 • 절연저항시험 성적서 • 절연내력시험 성적서 • 경보회로시험 성적서 • 부대설비시험 성적서
• 보호장치검사	• 외관검사 • 절연저항 • 보호장치시험	
• 축전지	• 시설상태 확인 • 전해액 확인 • 환기시설 상태	
4. 종합연동시험검사		• 종합 interlock 도면
5. 부하운전시험검사		• 출력 기록지
6. 기타 부속설비	전기수용설비 항목을 준용	

• 정기검사항목 및 세부검사내용은 1. 태양광발전설비표를 제외하고는 거의 동일하다.

㉣ 태양광설비 사용 전 검사항목 및 세부검사내용(사업용)

• 변압기검사, 차단기검사, 전선로검사, 접지설비검사, 비상발전기검사가 추가항목으로 들어간다.

④ 신재생에너지 공급의무화제도 관리 및 운영지침 및 관련 법령

㉠ 공급인증기관 : 공급인증기관(신재생에너지센터)은 사후관리에 관한 업무 수행

㉡ 권한의 위임·위탁 : 설치확인 및 사후관리업무를 협회를 통해 수행토록 위임 가능

㉢ 설비의 사후관리
  - 센터의 정부지원 설비에 대한 가동상태 정기조사, 통합A/S센터 운영, 사후관리 결과보고를 규정
  - 소유주의 성실한 유지보수 및 가동실적보고 의무를 규정
  - 지원 및 관리기관 : 신재생에너지 센터의 사후관리 및 감독

㉣ 인증서 판매자 선정기준 : 사업계획서 평가(총 20점 배점) 중 신속하고 지속적인 유지보수체계의 적절성 여부 평가

(3) 태양광발전시스템 점검의 종류

태양광발전설비는 무인 자동 운전되는 것을 전제로 설계·제작되어 있으나, 태양광발전설비도 경년변화에 따른 열화 및 고장이 예상되므로 소유주 또는 전기안전관리자로 선임된 자는 장기적으로 안전하게 사용하기 위해 전기안전관리법에서 규정된 정기검사 수검 외에 자체적으로도 정기적인 유지보수를 실시할 필요가 있다. 태양광발전시스템의 점검은 일반적으로 준공 시 점검, 일상점검, 정기점검의 3가지로 구별된다.

① **일상점검항목** : 1개월마다 육안으로 일상점검을 실시한다. 권장하는 점검항목은 다음과 같으며 이상이 발견되면 전문기술자와 상담한다.

㉠ 태양전지 어레이
  - 모듈의 유리 등 표면의 오염 및 파손 확인
  - 가대의 부식 및 녹 확인
  - 외부배선(접속케이블)의 손상 확인

㉡ 접속함
  - 외함의 부식 및 파손 확인
  - 외부배선(접속케이블)의 손상 확인

㉢ 인버터
  - 외함의 부식 및 파손 확인
  - 외부배선(접속케이블)의 손상 확인
  - 통풍(통풍구, 환기필터 등) 확인
  - 이음, 이취, 연기 발생 및 이상 과열 확인
  - 표시부의 이상표시 확인

㉣ 축전지 : 변색, 변형, 팽창, 손상, 액면 저하, 온도 상승, 이취, 발청, 단자부 느슨함 등 확인

② **정기점검** : 설치용량에 따라 정기점검의 횟수가 달라진다.

설치용량	100kW 미만	100kW 이상
점검 횟수	연 2회(6개월에 1번)	연 6회(2개월에 1번)

㉠ 태양전지 어레이 : 접지선의 접속 및 접속단자 이완 확인

㉡ 접속함

- 외함의 부식 및 파손 확인
- 외부배선의 손상 및 접속단자 이완 확인
- 접지선의 손상 및 접속단자 이완 확인
- 절연저항 측정
  - 태양전지 모듈-접지선 : 0.2MΩ 이상, 측정전압 직류 500V
  - 출력단자-접지 간 : 1MΩ 이상, 측정전압 직류 500V

㉢ 인버터

- 외함의 부식 및 파손 확인
- 외부배선의 손상 및 접속단자 이완 확인
- 접지선의 손상 및 접속단자 이완 확인
- 통풍(통풍구, 환기필터 등) 확인
- 운전 시 이상음, 이취 및 진동 유무 확인
- 절연저항측정
  - 인버터 입출력 단자-접지 간 : 1MΩ 이상, 측정전압 직류 500V
- 표시부 동작 확인
- 투입저지 시한 타이머 동작시험

㉣ 축전지 : 축전지 외관, 전해액 비중, 전해액면 저하 확인

㉤ 태양광발전용 개폐기

- 태양광발전용 개폐기의 접속단자 이완 확인
- 절연저항 측정

2.5 태양광발전시스템 계측

태양광발전시스템의 계측장치는 시스템의 운전상태를 감시, 발전 전력량 파악, 성능평가를 위한 데이터의 수집을 통해 태양광발전시스템의 효율적인 운영관리를 위해 꼭 필요한 요소이다.

(1) 계측기구 및 표시장치 목적

① 시스템의 운전상태 감시

② 발전 전력량 파악

③ 시스템 기기 또는 시스템 종합평가를 위한 계측

④ 시스템 운전상황을 한눈에 볼 수 있게 하여 시스템의 홍보와 관리

(2) 계측기구 및 표시장치

계측 및 표시를 위한 시스템은 먼저 검출기(센서), 신호변환기(트랜스듀서), 연산장치, 기억장치, 표시장치 등으로 구성된다.

① 검출기(센서)

㉠ 직류 : 전압은 분압기로 검출하고, 전류는 분류기로 검출한다.

㉡ 교류(전압, 전류, 전력, 역률, 주파수) : 직접 계측하거나 PT, CT를 통해 검출하여 지시계기나 신호변화기 등에 신호를 공급한다.

㉢ 일사 강도, 기온, 태양전지 어레이의 온도, 풍향, 습도 등의 검출기를 필요에 따라 설치한다.

㉣ 일사 계측

- 일사계 : 유리돔 내측에 흑체가 내장된 수광판이 설치되어 입사하는 빛의 거의 100%를 흡수하여 열로 바꾼다. 열전대를 사용하여 온도변화를 전기신호로 변환한다.
- 일사계의 설치는 태양전지 어레이의 수광면과 같은 각도로 설치한다.

㉤ 기온 : 태양전지는 온도의 변화에 따라 변환효율의 변동이 크기 때문에 성능 평가에서 기온 계측이 중요하다.

㉥ 풍속 : 태양전지 모듈이나 가대는 강풍 시에 큰 풍하중이 작용하기 때문에 태양광발전시스템 시공이나 설치방식을 평가하는 경우 풍향과 풍속 등의 기상 데이터도 중요하다.

② 신호변환기(트랜스듀서)

㉠ 신호변환기는 검출기로 검출된 데이터를 컴퓨터 및 먼 거리에 설치된 표시장치에 전송하는 경우에 사용된다.

㉡ 신호 출력은 노이즈가 혼입되지 않도록 실드선을 사용하여 전송한다.

③ 연산장치

㉠ 연산장치에는 검출 데이터(직류전력)를 연산해야 하는 것에 사용하는 것이 있다.

㉡ 또는 짧은 시간의 계축 데이터를 적산하여 일정기간마다의 평균값 또는 적산 값을 연산하는 것이 있다.

④ 기억장치

㉠ 기억장치는 연산장치로서 컴퓨터를 사용하는 경우 컴퓨터에 필요한 데이터를 복사 및 저장하여 보존하는 방법이 일반적이다.

㉡ 계측장치 자체에 기억장치가 있는 것이 있어 메모리 카드 등에 데이터를 직접 기록할 수 있는 형태의 계측기도 있다.

⑤ 표시장치

㉠ 전광판 형태의 장치로 보통 견학하는 사람들을 대상으로 설치하는 경우가 있다.

㉡ 순시 발전량, 누적발전량, 설유 절약량, CO_2 삭감량, 기온 등을 표시한다.

⑥ 계측기기의 소비전력은 작지만 24시간을 지속적으로 소비하고 컴퓨터를 사용하여 계측하면 많은 전력을 소비하므로 소규모 시스템의 경우에는 계측항목을 최소한으로 줄여 운영하는 것이 중요하다.

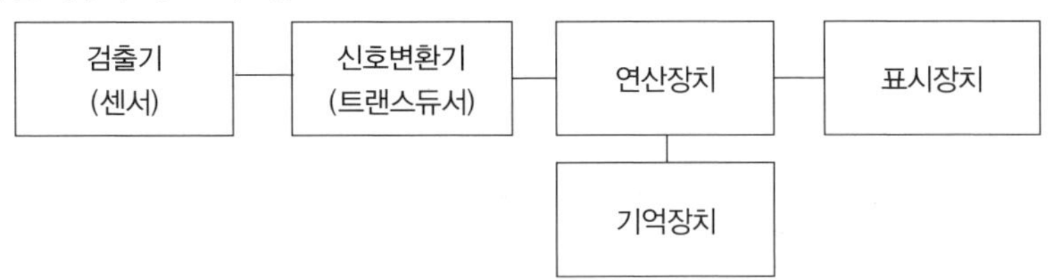

⑦ 계측설비별 요구사항

계측설비	요구사항	확인방법
인버터	CT 정확도 3% 이내	• 관련 내용이 명시된 설비 스펙 제시 • 인증 인버터는 면제
온도센서	정확도 ±0.3℃(−20~100℃) 미만	관련 내용이 명시된 설비 스펙 제시
	정확도 ±1℃(100~1,000℃) 이내	
유량계, 열량계	정확도 ±1.5% 이내	관련 내용이 명시된 설비 스펙 제시
전력량계	정확도 1% 이내	관련 내용이 명시된 설비 스펙 제시

⑧ 측정위치 및 모니터링 항목 : 측정된 에너지 생산량 및 생산시간을 누적으로 모니터링 하여야 한다.

구분	모니터링 항목	데이터(누계치)	측정 항목
태양광, 풍력, 수력, 폐기물, 바이오	일일발전량(kWh)	24개(시간당)	인버터 출력
	생산시간(분)	1개(1일)	

(3) 주택용 시스템의 계측기구

① 전력량계 2개가 필요하다. 1대는 전력회사에서 공급받는 전력량과 1대는 전력회사로 역조류한 잉여전력량을 계량한다.

② 주택용은 주로 파워컨디셔너에 운전상태를 감시하기 위해 발전전력의 검출기능과 그 계측결과를 표시하기 위한 액정디스플레이 등의 표시장치를 갖추고 있다.

(4) 태양광발전 모니터링시스템

① 발전소의 현재 발전량 및 누적량, 각 장비별 경보 현황 등을 실시간 모니터링 하여 체계적이고 효율적으로 관리하기 위한 태양광발전소 종합모니터링시스템(solar plant total monitoring system)이다.

② 전기품질을 감시하여 주요 핵심계통에 비정상 상황 발생 시 정확한 정보제공으로 원인을 신속하게 파악하고 적절한 대책으로 신속한 복구와 유사 사고 재발을 예방할 수 있다.

③ 발전소의 현재 상태를 한눈에 볼 수 있도록 구성하여 쉽게 현재 상태를 체크할 수 있다.

④ 24시간 모니터링으로 각 장비의 경보상황 발생 시 담당 관리자에게 전화나 문자를 발송하여 신속하게 대처할 수 있도록 한다.

⑤ 일별, 월별 통계를 통하여 시스템 효율을 측정하여 쉽게 발전현황을 확인할 수 있다.

⑥ 주요기능

㉠ 데이터 수집기능

㉡ 데이터 저장기능

㉢ 데이터 분석기능

㉣ 데이터 통계기능

(5) 운영 감시제어 장치 접속

① 설치일반

㉠ 운영 감시제어 장치의 결선은 제작자가 직접 설치한다.

㉡ 관련설비의 케이블은 보호 케이블(FTP 0.5/4p)로 한다.

㉢ 케이블의 전선관은 단독사용 전선관으로 한다.

② 점검 : 구간별 케이블의 절연저항을 점검, 측정 및 확인을 하여야 한다.

③ 시스템 기능 확인

㉠ 운전 감시 및 측정 기능 확인(데이터 수집기능)

- 운전기능 : 차단기의 개폐
- 감시기능 : 차단기의 개폐 상태 표시, 차단기의 동작 상태, 기타의 접점 표시

㉡ 측정기능(데이터 수집기능)

- 태양전지 전압, 전류, 발전량, 부하량, 일사량 및 온도
- 기타 유효전력, 역률 등 정보 측정

㉢ 기록 및 통계 기능(데이터 저장기능, 데이터 통계기능)

- 시간대별, 월별, 주간별 정기적 자료 기록
- 경보발생 이력에 대한 기록

㉣ 경보발생기능(데이터 분석기능)

- 장치 이상 경보기능
- 감시 요소 상태 이상 시 경보기능

④ 감시 화면 구성 점검

㉠ 디지털 감시 화면

- 태양광, 인버터, 한전 차단 스위치 등의 동작상태 확인
- 인버터 보호 계전기(온도, 과전류, 과/저전압, 과/저주파수) 동작상태 확인

㉡ 계측 화면

- 각 감시 요소별 아날로그값을 막대그래프와 디지털값으로 분리 표시

• 주요 계측 요소
  – 태양전지 출력(직류전류, 전압, 전력)
  – 인버터 출력(L1, L2, L3 전압, 전류, 유효전력, 전력량, 역률, 주파수)
  – 기후조건(외기온도, 태양전지 표면온도, 경사면 및 수평면 일사량)

㉢ 계통도 화면 : 태양광발전에 대한 계통도를 디자인하여 계통 내에 다음 사항 등을 표시하여 감시가 용이하게 한다.
• 주요 차단기 on/off 상태(태양광, 인버터, 한전 차단 스위치)
• 주요 계측요소별 계측기(발전전력, 외기온도, 태양전지 표면온도, 경사면 및 수평면 일사량)

㉣ 경보 화면
• 차단기 및 보호 계전기의 동작 상태를 표시하고, 계측요소의 데이터값이 설정치보다 높거나 이상이 발생 시에 경보 화면에 자동으로 기록
• 차단기의 동작시간표, 경보발생요소 및 시간표시, 계측요소 상·하한 계측치 표시

㉤ 보고서 화면
• 일일발전 현황 : 일일 시간대별 태양전지 발전 현황, 부하 현황 등을 시간대로 표시 및 평균, 최소, 최대, 누적치 표시
• 월간 발전 현황 : 월간 일자별 태양전지 발전 전력, 부하 소비 전력 등을 표시

2.6 SMP 및 REC 정산관리

(1) SMP(System Marginal Price, 계통한계가격)

SMP는 전력 판매자가 발전한 전기 에너지를 한전으로 파는 가격을 말한다.
전기의 가격도 일반 상품의 가격과 마찬가지로 수요와 공급의 균형점에서 결정된다. 우리나라 전력시장의 가격은 한 시간 단위로 전력거래 하루 전에 결정이 되며, 전력수요와 발전사의 발전공급 입찰이 만나는 점에서 결정된다.
자세히 설명하면 민간발전사업자들은 거래일 전날 공급 가능한 발전 용량에 대해 입찰을 하게 된다. 그리고 전력거래소는 시간대별 수요를 파악한 후 가장 저렴한 비용을 제시한 발전기와 발전량을 선택하고, 이때 가장 높은 발전기의 발전단가가 해당 시간대의 SMP 가격이 된다.

(2) REC(Renewable Energy Certificate, 신재생에너지 공급인증서)

① 정의 : 신재생에너지를 생산한 발전사업자가 해당 에너지의 공급을 증명받기 위해 발급하는 인증서

② 태양광발전설비 공급인증서(REC) 가중치

구분	공급인증서 가중치	대상에너지 및 기준	
		설치유형	세부기준
태양광 에너지	1.2	일반부지에 설치하는 경우	100kW 미만
	1.0		100kW부터
	0.8		3,000kW 초과부터
	0.5	임야에 설치하는 경우	-
	1.5	건축물 등 기존 시설물을 이용하는 경우	3,000kW 이하
	1.0		3,000kW 초과부터
	1.6	유지 등의 수면에 부유하여 설치하는 경우	100kW 미만
	1.4		100kW부터
	1.2		3,000kW 초과부터

③ 발전사업 수익계산 방법

가격 "SMP+REC", "SMP+REC×가중치"

④ RPS(Renewable Energy Portfolio Standard) : 신재생에너지 공급의무화 제도

RPS 제도란 공급의무자로 하여금 총 발전량의 일정 비율 이상을 신재생에너지로 공급할 의무를 부과하는 제도이다.

※ 여기서 '공급의무자'란 500MW 이상 대규모 발전설비를 보유한 발전사업자(단, 신재생에너지 설비는 제외)를 말한다.

03 | 성능평가

3.1 성능평가의 개념

(1) 성능평가의 개요

성능평가 분석이란 태양광발전시스템의 계측 및 모니터링만 하는 것이 아니고, 계측과 모니터링된 데이터를 구체적으로 정밀 분석하여 기술개발로 피드백시키는 산업화 기술로 연계되는 중요한 기술이다.

(2) 성능평가 분석의 중요성

① 저가, 고성능, 고신뢰성 기술 개발

② 에너지이용 및 효율향상에 따른 경제성, 환경개선

③ 사후 운영관리 및 유지점검의 최적화, 편의성 확보

④ 고효율 다기능 고신뢰성의 PV모듈 및 PCS의 기술개발

⑤ 사용 용도에 맞는 다양한 모델 보급
⑥ 신뢰성 및 안정성을 가진 최적설계 시공기술
⑦ 가이드라인, 성능기준 표준화 및 규격화
⑧ 모니터링으로 수집된 데이터 분석 기술향상

3.2 성능평가를 위한 측정요소

(1) 성능평가를 위한 측정요소

① **전기적 성능평가(발전성능시험)** : 태양전지 모듈의 전기적 성능시험에 있어서 발전성능 시험은 옥외에서의 자연광원법으로 시험해야 하나 기상조건에 의해 일반적으로 인공광원법을 채택하여 시험을 행한다. AM(대기질량정수)1.5, 방사조도 1kW/m^2, 온도 25℃의 조건에서 기준 셀을 이용하여 시험을 실시한다.

㉠ 옥외법
- 자연 태양광을 이용하여 태양전지 모듈의 전기적 성능을 측정하는 방법
- 자연 태양광을 이용한 모듈 성능측정 순서
  - 측정장소의 선정 : 건조물, 수목 등 태양광이 차단되거나 빛을 반사하는 주변 조건을 피한다.
  - 피측정 태양전지 모듈의 배치 : 모듈과 일사강도, 측정장치, 온도측정용 모듈을 태양에 수직으로 설치한다.
  - 출력전류-전압 특성을 측정
  - 태양전지 모듈의 변환효율

$$\eta = \frac{P_{\max}}{E \times S} \times 100(\%)$$

여기서, $P_{\max}$: 최대출력
E : 입사광 강도(kW/m^2)
S : 수광면적(m^2)

  - 입사광 강도 측정 장치는 수평면 일사계, 직달 일사계, 기준전지

㉡ 옥내법
- 인공광원을 사용하여 모듈의 특성을 측정한다.
- 측정 방식에는 정상광 방식과 펄스광 방식이 있다.

② **절연저항 시험**

㉠ 태양전지 모듈 곡면을 감싸고 있는 금속 프레임과의 절연성능을 시험이다.
㉡ 0.1m^2 이하에서는 100MΩ 이상, 0.1m^2 초과에서는 측정값과 면적의 곱이 40MΩ · m^2 이상일 때 합격이다.

③ 기계적 성능평가

㉠ 모듈의 단자강도시험, 기계강도시험, 전기적 시험, 환경적 시험

㉡ 기계적 하중 테스트는 통상 2,400Pa 또는 5,400Pa로 시행

④ 외관검사

㉠ 1,000lx 이상의 광조사상태에서 모듈외관, 태양전지 셀 등에 크랙, 구부러짐, 갈라짐 등이 없는지를 확인한다.

㉡ 셀 간 접속 및 다른 접속부분에 결함을 확인한다.

㉢ 셀과 셀, 셀과 프레임에 터치가 없는지 확인한다.

㉣ 접착에 결함이 없는지 확인한다.

㉤ 셀과 모듈 끝 부분을 연결하는 기포 또는 박리가 없는지 검사하고 시험한다.

⑤ UV 시험

㉠ 태양전지 모듈의 열화정도를 시험한다.

㉡ 판정기준 : 발전성능은 시험 전의 95% 이상이며 절연저항판정 기준에 만족하고 외관은 두드러진 이상이 없고 표시는 판독이 가능하다.

⑥ 온도사이클 시험

㉠ 환경온도의 불규칙한 반복에서, 구조나 재료 간의 열전도나 열팽창률의 차이에 의한 스트레스로 내구성을 시험한다.

㉡ 판정기준 : 발전성능은 시험 전의 95% 이상

⑦ **온습도 사이클 시험** : 고온・고습, 영하의 저온 등의 가혹한 자연환경에서 구조나 재료의 영향 시험이다.

⑧ **내열-내습성 시험** : 접합 재료의 밀착력 저하를 관찰하여 판정한다.

⑨ **단자강도 시험** : 모듈 단자부분이 모듈의 부착, 배선, 또는 사용 중에 가해지는 외력에 충분한 강도가 있는지를 시험한다.

⑩ 방수 시험

⑪ **기계적 강도 시험** : 바람, 눈, 얼음에 의한 하중에 따른 기계적 내구성을 시험한다.

⑫ **우박 시험** : 우박의 충격에 대한 모듈의 기계적 강도 시험을 병행하여 시험한다.

⑬ **염수분해 시험** : 염해를 받을 우려가 있는 지역에서 사용되는 모듈의 구성 재료 및 패키지의 염수에 대한 내구성을 시험한다.

(2) 성능분석 관계

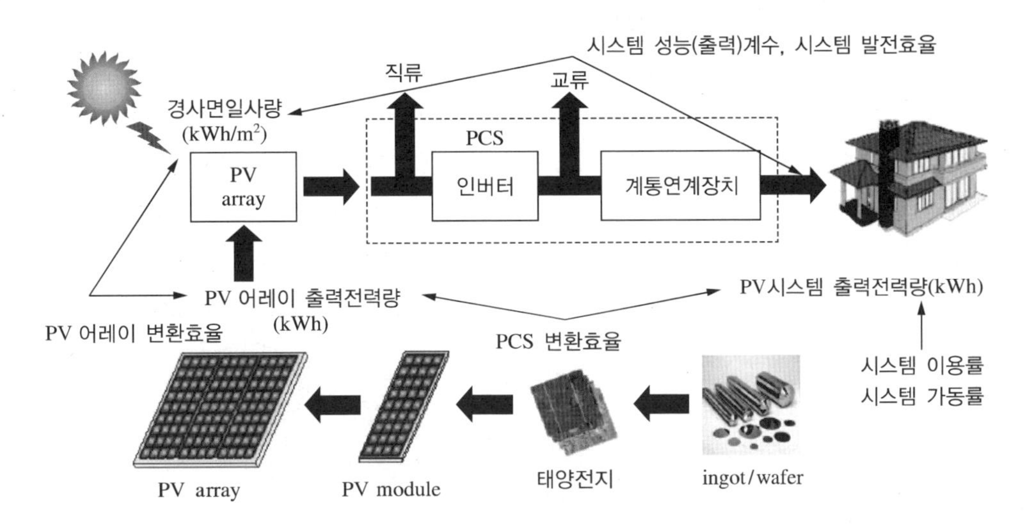

(3) 성능분석 용어

① 태양전지 어레이 변환효율

$$\frac{\text{태양전지 어레이 출력전력}}{\text{경사면 일사량} \times \text{태양전지 어레이 면적}}$$

② 시스템 발전효율

$$\frac{\text{시스템 발전전력량}}{\text{경사면 일사량} \times \text{태양전지 어레이 면적}}$$

③ 태양에너지 의존율

$$\frac{\text{시스템의 평균 발전전력량}}{\text{부하 소비전력량}}$$

④ 시스템이용률

$$\frac{\text{시스템 발전전력량}}{24\text{h} \times \text{운전일수} \times \text{태양전지 어레이 설계용량}}$$

⑤ 시스템 성능(출력)계수

$$\frac{\text{시스템 발전전력량} \times \text{표준 일사강도}}{\text{태양전지 어레이 설계용량} \times \text{경사면 누적 일사량}}$$

⑥ 시스템 가동률

$$\frac{\text{시스템 동작시간}}{24\text{h} \times \text{운전일수}}$$

⑦ 시스템 일조가동률

$$\frac{\text{시스템 동작시간}}{\text{가조시간}}$$

(4) 태양광발전시스템의 손실요소

① 환경적 부분 : 어레이 오염, 적설, 그늘, 태양의 입사각 변동
② 설치 및 기기 부분 : 태양전지 모듈의 효율감소, 스트링 결함, 어레이의 열화, 미스매치, PCS 효율감소, PCS 대기전력, 전압상승, 고장 정지, DC회로의 손실
※ 외함 보호등급 : IP00으로 표시. 고체(먼지), 수분으로부터 보호

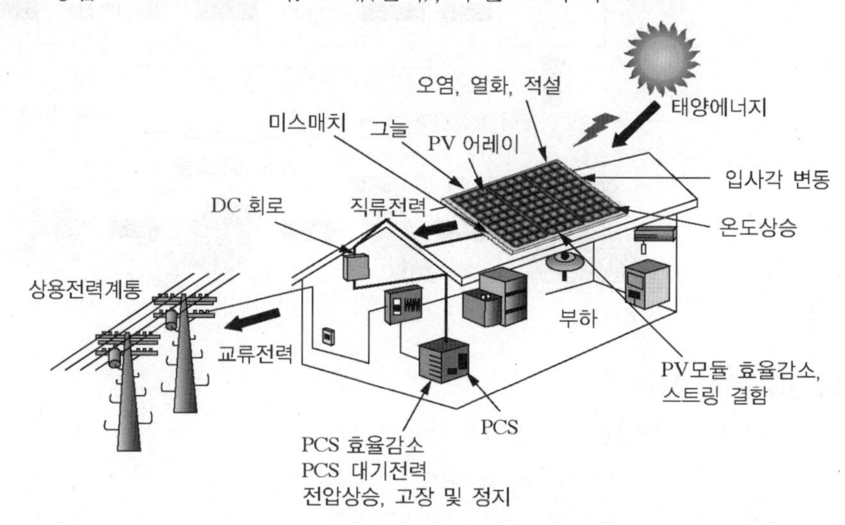

3.3 신재생에너지설비 심사세부기준(중대형 태양광발전용 인버터)

(1) 적용범위

정격출력 10kW 초과~250kW(직류 입력전압 1,000V 이하, 교류 출력전압 1,000V 이하) 이하인 태양광발전용 인버터(계통연계형, 독립형)의 시험 방법 및 평가기준에 대한 규정이다.

(2) 태양광발전용 인버터 분류

① 용도에 따라 독립형과 계통연계형으로 분류한다.
② 계통연계형 : 3상 실내형-IP20 이상, 실외형-IP44 이상
③ 독립형 : 3상 실내/실외

(3) 용어의 정의

① 태양전지 어레이 모의 전원장치 : 태양전지 어레이의 출력전류-전압 특성을 모의할 수 있는 직류 전원장치
② 등가 일사 강도 : 태양전지 어레이 모의 전원장치의 출력전력 용량을 설정하기 위한 설정상의 일사 강도
③ 계통 모의 전원장치 : 계통전원의 이상 및 사고발생을 모의할 수 있는 교류 전원장치

④ 입력전압

㉠ 최대 입력전압($V_{DC_{max}}$) : 인버터의 입력으로 허용되는 최대 입력전압

㉡ 최소 입력전압($V_{DC_{min}}$) : 인버터가 발전을 시작하기 위한 최소 입력전압

㉢ 정격 입력전압(V_{DC_r}) : 인버터의 정격출력이 가능한 제조사에 의해 규정(데이터 시트에 명시)된 최적 입력전압

㉣ MPP 최대전압($V_{mpp_{max}}$) : 인버터의 정격출력이 가능한 최대 MPP전압
(단, $0.8 \times V_{DC_{max}}$를 초과하지 않는다)

㉤ MPP 최소전압($V_{mpp_{min}}$) : 인버터의 정격출력이 가능한 최소 MPP전압

(4) 시험장치

① 측정기 아날로그 계기 또는 디지털 계기 중 어느 한쪽을 사용하거나, 또는 두 가지 기기를 병용한다. 측정기의 정확도는 파형 기록장치를 제외하고 0.5급 이상으로 한다. 파형 기록장치는 1급 이상으로 한다. 필요할 경우 다른 계측기(오실로스코프 등)를 적절히 병용한다.

② **직류 전원** : 태양전지 어레이 모의 전원장치 태양전지 어레이 출력 특성을 모의하는 것으로, 임의의 일사 강도와 임의의 소자 온도에 상당하는 태양전지 어레이의 전류-전압 특성을 출력할 수 있으며, 적어도 인버터의 과입력 내량에 상당하는 출력 전력을 얻을 수 있는 전원장치로 한다.

③ **교류 전원**

㉠ 계통 모의 전원장치는 계통전원을 모의하는 것으로 설정된 전압, 주파수를 유지할 수 있으며, 또한 전압과 주파수를 임의로 가변할 수 있고, 지정되는 전압의 왜형을 발생할 수 있는 것으로 한다.

㉡ 모의 배전선 임피던스 장치는 계통의 배전선 임피던스를 모의하는 것이며, IEC 규격의 기준 임피던스를 발생할 수 있는 것으로 한다.

④ **부하장치** : 인버터의 부하 시험에 사용하는 것으로 선형과 비선형 부하로 구성한다. 인버터의 과부하 내량에 상당하는 최대 전력을 소비할 수 있으며, 지정되는 범위에서 역률을 변화시킬 수 있는 것으로 한다. 3상 부하의 경우에는 지정되는 범위에서 부하 불평형을 발생시킬 수 있는 것으로 한다.

(5) 시험항목

① **구조 시험** : 출력전류는 실제값과 오차가 3% 이내일 것

② **절연 성능 시험**

㉠ 절연저항 시험

- 입력 단자 및 출력 단자를 각각 단락하고, 그 단자와 대지 간의 절연저항을 측정한다.

• 시험품의 정격측정전압이 500V 미만에서는 유효최대 눈금값 1,000MΩ, 500V 이상 1,000V 이하에서는 유효 최대 눈금값 2,000MΩ의 절연저항계를 사용한다.
• 단, 해당 시험 시만 배리스터, Y-CAP, 서지 보호부품은 제거한다.
• 시험 절연저항값은 1MΩ 이상이어야 한다.

㉡ 내전압 시험

㉢ 감전보호 시험 : 쉽게 접근 가능한 외함 또는 보호벽의 표면은 실내형의 경우 IP20 이상, 실외형의 경우 IP44 이상이어야 한다.

㉣ 절연거리 시험
• 오염등급 1 : 주요 환경 조건이 오염이 없는 마른 곳, 오염이 누적되지 않는 곳
• 오염등급 2 : 주요 환경 조건이 보통, 일시적으로 누적될 수도 있는 곳
• 오염등급 3 : 주요 환경 조건이 오염이 누적되고 습기가 있는 곳
• 오염등급 4 : 주요 환경 조건이 먼지, 비, 눈 등에 노출되어 오염이 누적되는 곳

③ 보호 기능 시험

㉠ 전압 범위별 고장 제거시간

전압 범위(기준전압에 대한 비율 %)	고장 제거 시간(s)
$V < 50$	0.16
$50 \le V < 88$	2.00
$110 < V < 120$	2.00
$V \ge 120$	0.16

㉡ 주파수 범위별 고장 제거시간

전원규모	주파수 범위(Hz)	고장 제거 시간(s)
≤ 30kW	> 60.5	0.16
	< 59.3	0.16
> 30kW	> 60.5	0.16
	< 57.0~59.8(설정치 조정 가능 시)	0.16s에서 300ms까지 조정 가능
	< 57.0	0.16

㉢ 단독운전 방지기능 시험 : 단독운전을 검출하여 0.5초 이내에 개폐기 개방 또는 게이트 블록 기능이 동작할 것

㉣ 복전 후 일정시간 투입 방지기능 시험 : 복전해도 5분이 경과한 후에 운전할 것

④ 정상 특성 시험
• 기준범위 내의 계통전압변화에 추종하여 안정하게 운전할 것
• 출력전류의 종합 왜형률은 5% 이내, 각 차수별 왜형률이 3% 이내일 것
• 출력역률이 0.95 이상일 것

㉠ 교류 출력전류 변형률 시험 : 교류 출력전류 종합 왜형률이 5% 이내, 각 차수별 왜형률이 3% 이내일 것

㉡ 누설 전류 시험 : 인버터의 기체와 대지와의 사이에 1kΩ 이상의 저항을 접속해서 저항에 흐르는 누설전류가 5mA 이하일 것

㉢ 온도 상승 시험

㉣ 효율 시험

- 계통연계형 인버터의 경우 Euro 변환 효율로 측정하여, 정격용량이 10kW 초과 30kW 이하에서는 90% 이상, 30kW 초과 100kW 이하에서는 92% 이상, 100kW 초과에서는 94% 이상일 것
- 독립형 인버터의 경우 정격효율로 측정하여 정격용량이 10kW 초과 30kW 이하에서는 88% 이상, 30kW 초과 100kW 이하에서는 90% 이상, 100kW 초과에서는 92% 이상일 것

㉤ 대기 손실 시험

- 대기 손실이란 계통연계형인 경우 인버터가 운전하지 않을 때 상용전력계통에서 수전하는 전력손실
- 대기 손실 전력이 100W 이하일 것

㉥ 자동 기동・정지 시험

- 기동・정지 절차가 설정된 방법대로 동작할 것
- 채터링은 3회 이내일 것

※ 채터링 : 자동기동・정지 시에 인버터가 기동・정지를 불안정하게 반복하는 현상

㉦ 최대전력추종 시험 : 최대전력추종 효율이 95% 이상일 것

㉧ 출력전류 직류분 검출 시험 : 직류 전류 성분의 유출분이 정격전류의 0.5% 이내일 것

⑤ 과도 응답 특성 시험

㉠ 입력 전력 급변 시험 : 인버터가 직류입력 전력의 급속한 변화에 추종하여 정상적으로 동작할 것

㉡ 계통 전압 급변 시험 : 인버터가 계통 전압의 급속한 변동에 추종해서 안정적으로 운전할 것

㉢ 계통 전압 위상 급변 시험

- +10° 위상 급변 시 인버터가 급격히 변화하는 계통 전압 위상에 추종하여 안정하게 운전할 것
- +120° 위상 급변 시 인버터가 급격히 변화하는 계통전압 위상에 추종하여 안정하게 운전을 계속하거나 또는 안전하게 정지하여 어떠한 부위에도 손상이 없으며, 운전을 정지한 경우 자동 기동할 것

⑥ 외부 사고 시험

㉠ 출력 측 단락 시험

㉡ 계통 전압 순간 정전·순간 강하 시험 : 순간 정전·전압강하에 대해서 안정하게 정지하거나, 운전을 계속한다. 만일 정지한 경우에는 복전 후 5분 이후에 운전을 재개할 것

㉢ 부하 차단 시험 : 부하 차단을 검출하여 개폐기 개방 및 게이트블록 기능이 동작할 것

⑦ 내전기 환경 시험

㉠ 계통 전압 왜형률 내량 시험

- 인버터가 정상적으로 동작할 것
- 역률이 0.95 이상일 것

㉡ 계통 전압 불평형 시험

- 정격출력에서 정상적으로 동작할 것
- 역률이 0.95 이상일 것
- 출력전류의 종합 왜형률이 5% 이하, 각 차수별 왜형률이 3% 이하일 것

㉢ 부하불평형 시험 : 30분 동안 안정하게 운전할 것

⑧ 내주위 환경 시험

㉠ 습도 시험(실내용 인버터에 적용)

- 절연저항은 1MΩ 이상일 것
- 상용 주파수 내전압에 1분간 견딜 것

㉡ 온습도 사이클 시험(실외용 인버터에 적용)

- 절연저항은 1MΩ 이상일 것
- 상용 주파수 내전압에 1분간 견딜 것

⑨ 전자기 적합성(EMC) 시험

㉠ 전자파 장해(EMI)

㉡ 전자파 내성(EMS)

(6) 표시사항

① **일반사항** : 내구성이 있어야 하며 소비자가 명확히 인식할 수 있도록 표시하여야 한다.

② **제조 및 사용 표시** : 인증설비에 대한 표시는 최소한 다음 사항을 포함하여야 한다.

㉠ 업체명 및 소재지

㉡ 설비명 및 모델명

㉢ 정격 및 적용조건

㉣ 제조연월일

㉤ 인증부여번호

㉥ 기타사항

CHAPTER 03 태양광발전시스템 유지보수

01 | 유지보수 개요

대부분의 사람들이 태양광발전은 초기에 발전설비를 설치한 후 정기점검, 교체 등의 유지보수는 불필요하다고 인식하고 있으며, 한전 전력계통에 전력망을 연계시키면 전력판매 측면에서도 별다른 운영이 불필요하다고 생각한다. 하지만 일사각 및 모듈의 연계성, 온도 등에 민감한 태양광발전설비의 특성상 계절별로 태양전지(array)의 각도를 조절하고 황사, 눈, 태풍, 비, 젖은 낙엽, 조류배설물 등 상황에 맞는 최소한의 유지보수를 수행할 경우 두 자릿수 이상의 발전효율을 증대시킬 수 있다. 별도의 추가 비용 없이 초과발전량이 100% 수익으로 돌아오는 태양광발전에서의 운영은 곧 수익과 직결되기에 무엇보다도 중요한 요소이다.

1.1 유지보수의 목적

(1) 유지보수는 발전설비의 장기수명 보장을 통한 발전소 수익의 안정화 보장과 전기 안전사고 사전방지 및 시설의 재투자 비용 절감을 위해 필요하다.

(2) 발전소의 안정적인 운영과 장기적인 신뢰성 확보를 위해서 필수적인 요소이다.

1.2 유지보수 절차

일상, 임시점검으로 결함발견 → 응급처치, 작동금지, 안전성검토/정밀안전진단 → 보수 여부 결정, 보수 시 교체나 보수 → 설계 및 예산확보 → 공사 및 준공검사 → 시설물 사용 및 유지관리

1.3 유지보수 점검 종류

태양광발전시스템의 점검은 일반적으로 준공 시 점검, 일상점검, 정기점검의 3가지로 구별되나 유지보수 관점에서의 점검의 종류에는 일상점검, 정기점검, 임시점검으로 재분류된다.

1.4 유지보수 계획 시 고려 사항

(1) **유지관리계획** : 매년 유지관리계획 수립, 점검기록 보관

(2) **유지관리 경제성**

유지관리비는 유지비, 보수비와 개량비, 일반관리비, 운용지원비로 구성된다.

(3) 기획과 예산편성

책임자는 유지관리에 필요한 자금일체를 확보하여야 하며 그 자금의 흐름을 관리할 수 있도록 계획하여야 한다.

(4) 유지관리기준

유지보수는 품질기준과 작업기준을 규정하여야 한다.

(5) 기록 및 보관 보고

(6) 자료관리 : 유지관리에 필요한 자료관리

1.5 유지보수 관리 지침

(1) 점검 전 유의사항

① **준비** : 응급처치방법 및 작업 주변의 정리, 설비 및 기계의 안전을 확인한다.

② **회로도에 대한 검토** : 전원 계통이 역으로 돌아 나오는 경우 반내 각종 전원을 확인하고, 차단기 1차 측이 살아있는가의 유무와 접지선을 확인한다.

③ **연락** : 관련 회사의 관련 부서와 긴밀하고, 신속, 정확하게 연락할 수 있는지 확인한다.

④ 무전압 상태를 확인하고 안전조치를 한다.

※ 주회로를 점검할 때, 안전을 위하여 다음 사항을 점검

- 원격지의 무인감시 제어시스템의 경우 원격지에서 차단기가 투입되지 않도록 연동장치를 쇄정한다.
- 관련된 차단기, 단로기를 열고 주회로에 무전압이 되게 한다.
- 검전기로서 무전압 상태를 확인하고 필요개소에 접지한다.
- 차단기는 단로 상태가 되도록 인출하고 '점검 중'이라는 표시판을 부착한다.
- 단로기 조작은 쇄정장치가 없는 경우 '점검 중'이라는 표시판을 부착한다.
- 콘덴서 및 케이블의 접속부를 점검할 경우에는 잔류전압을 방전시키고 접지를 한다.
- 전원의 쇄정 및 주의 표지를 부착한다.
- 절연용 보호기구를 준비한다.
- 쥐, 곤충류 등이 배전반에 침입할 수 없도록 대책을 세운다.

(2) 점검 후의 유의사항

① **접지선의 제거** : 점검 시 안전을 위해 접지한 것을 점검 후에는 반드시 제거한다.

② **최종확인**

㉠ 작업자가 반내에 있는가

㉡ 점검을 위한 임시 가설물 등이 철거되어 있는가

㉢ 볼트 조임작업은 완벽하게 되어 있는가
㉣ 공구 등이 버려져 있지는 않는가
㉤ 쥐, 곤충 등이 칩입하지는 않는가
㉥ 점검의 기록 : 일상순시점검, 정기점검 또는 임시점검을 할 때에는 반드시 점검 및 수리한 요점, 고장의 상황, 일자 등을 기록하여 다음 점검 시 참고자료로 활용한다.

(3) 점검 공통사항

① 기기 및 시설의 부식과 도장상태를 점검한다.
② 비상정지회로의 동작을 확인(정기점검 시)한다.
③ 우천 시 순시점검, 설비근처의 공사 시 손상점검을 실시한다.

02 | 유지보수 세부내용

2.1 발전설비 유지관리

- 10,000kW 이상의 태양광발전시스템은 사전에 인가를 받아야 하며, 10,000kW 미만은 신고 후 공사해야 한다.
- 태양광발전시스템의 점검은 준공 시 점검, 일상점검, 정기점검의 3가지로 구별한다.
- 유지보수 관점에서의 점검의 종류는 일상점검, 정기점검, 임시점검이 있다.

(1) 시스템 준공 시 점검

육안점검 외에 태양전지 어레이의 개방전압 측정, 각 부의 절연저항 측정, 접지저항 등을 측정한다.

설비	점검항목		점검요령
태양전지 어레이	육안 점검	표면의 오염 및 파손	오염 및 파손의 유무
		프레임 파손 및 변형	파손 및 두드러진 변형이 없을 것
		가대의 부식 및 녹 발생	부식 및 녹이 없을 것
		가대의 고정	볼트 및 너트의 풀림이 없을 것
		가대접지	배선공사 및 접지접속이 확실할 것
		코킹	코킹의 망가짐 및 불량이 없을 것
		지붕재의 파손	지붕재의 파손, 어긋남, 뒤틀림, 균열이 없을 것
	측정	접지저항	보호접지

설비	점검항목			점검요령
중간 단자함 (접속함)	육안 점검	외함의 부식 및 파손		부식 및 파손이 없을 것
		방수처리		전선 인입구가 실리콘 등으로 방수처리
		배선의 극성		태양전지에서 배선의 극성이 바뀌어 있지 않을 것
		단자대 나사의 풀림		확실하게 취부되고 나사의 풀림이 없을 것
	측정	절연저항(태양전지-접지선)		0.2MΩ 이상 측정전압 DC 500V 메거 사용
		절연저항(각 출력단자-접지 간)		1MΩ 이상 측정전압 DC 500V 메거 사용
		개방전압 및 극성		규정의 전압이어야하고 극성이 올바를 것
인버터	육안 점검	외함의 부식 및 파손		부식 및 파손이 없을 것
		취부		견고하게 고정되어 있을 것
		배선의 극성		P는 태양전지(+), N은 태양전지(-)
		단자대 나사의 풀림		확실하게 취부되고 나사의 풀림이 없을 것
		접지단자와의 접속		접지봉 및 인버터 접지단자와 접속
	측정	절연저항(인버터 입출력단자-접지 간)		1MΩ 이상 측정전압 DC 500V
		접지저항		보호접지
		수전전압		주회로 단자대 U-O, O-W 간은 AC 220±13V일 것
개폐기, 전력량계, 인입구, 개폐기 등	육안 점검	전력량계		발전사용자의 경우 전력회사에서 지급한 전력량계 사용
		주간선 개폐기(분전반 내)		역접속 가능형으로 볼트의 흔들림이 없을 것
		태양광발전용 개폐기		태양광발전용이라 표시되어 있을 것
발전전력	육안 점검	인버터의 출력표시		인버터 운전 중, 전력표시부에 사양과 같이 표시
		전력량계 (거래용 계량기)	송전 시	회전을 확인할 것
			수전 시	정지를 확인할 것
운전정지	조작 및 육안 점검	보호계전기능의 설정		전력회사 정위치를 확인할 것
		운전		운전스위치 운전에서 운전할 것
		정지		운전스위치 정지에서 정지할 것
		투입저지 시한 타이머 동작시험		인버터가 정지하여 5분 후 자동 기동할 것
		자립운전		
		표시부의 동작확인		표시부가 정상으로 표시되어 있을 것
		이상음 등		운전 중 이상음, 이상진동 등의 발생이 없을 것
		발전전압		태양전지의 동작전압이 정상일 것

(2) 일상점검

주로 육안점검에 의해서 매월 1회 정도 실시한다.

설비	점검항목		점검요령
태양전지 어레이	육안점검	유리 및 표면의 오염 및 파손	심한 오염 및 파손이 없을 것
		가대의 부식 및 녹 발생	부식 및 녹이 없을 것
		외부배선(접속케이블)의 손상	접속케이블에 손상이 없을 것
접속함		외함의 부식 및 손상	부식 및 녹이 없을 것
		외부배선(접속케이블)의 손상	접속케이블에 손상이 없을 것
인버터		외함의 부식 및 손상	부식 및 녹이 없고 충전부가 노출되지 않을 것
		외부배선(접속케이블)의 손상	인버터에 접속된 배선에 손상이 없을 것
		환기확인(환기구멍, 환기필터)	환기구를 막고 있지 않을 것
		이상음, 악취, 이상과열	운전 시 이상음, 악취, 이상과열이 없을 것
		표시부의 이상표시	표시부에 이상표시가 없을 것
		발전현황	표시부의 발전상황에 이상이 없을 것

(3) 정기점검

- 100kW 미만의 경우는 매년 2회 이상, 100kW 이상의 경우는 격월 1회 시행한다.
- 300kW 이상의 경우는 용량에 따라 월 1~4회 시행한다.
- 용량별 점검

용량(kW)	100 미만	100 이상	300 미만	500 미만	700 미만	1,000 미만
횟수	연 2회	연 6회	월 1회	월 2회	월 3회	월 4회

일반 가정의 3kW 미만의 소출력 태양광발전시스템의 경우에는 법적으로는 정기점검을 하지 않아도 되지만 자주 점검하는 것이 좋다.

① **태양전지 어레이** : 접지선의 접속 및 접속단자의 풀림에 대한 육안점검을 실시한다.

② **접속함**

㉠ 육안점검

- 외함의 부식 및 파손
- 외부 배선의 손상 및 접속 단자의 풀림
- 접지선의 손상 및 접지단자의 풀림

③ 측정 및 시험

㉠ 절연저항(태양전지-접지선) : 0.2MΩ 이상 측정전압 DC 500V

㉡ 절연저항(출력단자-접지 간) : 1MΩ 이상 측정전압 DC 500V

④ 인버터

㉠ 육안점검

- 외함의 부식 및 파손
- 외부배선의 손상 및 접속단자의 풀림
- 접지선의 파손 및 접속단자의 풀림
- 환기확인
- 운전 시 이상음, 진동 및 악취의 유무

㉡ 측정 및 시험

- 절연저항(인버터 입출력 단자 – 접지 간) : 1MΩ 이상 측정전압 DC 500V
- 표시부의 동작확인
- 투입저지 시한 타이머 : 인버터가 정지하며 5분 후 자동 기동할 것

(4) 임시점검

① 일상점검 등에서 이상이 발생된 경우 및 사고가 발생한 경우의 점검을 임시점검이라 한다.

② 사고의 원인 영향분석, 대책을 수립하여 보수 조치해야 한다.

③ 모선 정전은 별로 없으나 심각한 사고를 방지하기 위해 3년에 1회 정도 점검하는 것이 좋다.

(5) 점검 작업 시 주의사항

① 안전사고에 대한 예방조치 후 2인 1조로 보수점검에 임한다.

② 응급처치 방법 및 설비 기계의 안전을 확인한다.

③ 무전압 상태 확인 및 안전조치

㉠ 관련된 차단기, 단로기를 열어 무전압 상태로 만든다.

㉡ 검전기를 사용하여 무전압 상태를 확인하고 필요한 개소는 접지를 실시한다.

㉢ 특고압 및 고압 차단기는 개방하여 테스트 포지션 위치로 인출하고, '점검 중'이라는 표찰을 부착한다.

㉣ 단로기는 쇄정시킨 후 '점검 중' 표찰을 부착한다.

㉤ 수배전반 또는 모선 연락반은 전원이 되돌아와서 살아있는 경우가 있으므로 차단기나 단로기를 꼭 차단하고 '점검 중'이라는 표찰을 부착한다.

④ 잔류 전압에 주의(콘덴서나 케이블의 접속부 점검 시 잔류전하를 방전시키고 접지한다)한다.

⑤ 절연용 보호기구를 준비한다.

⑥ 점검 후 안전을 위해 설치한 접지선은 반드시 제거한다.

⑦ 점검 후 반드시 점검 및 수리한 요점 및 고장상황, 일자를 기록한다.

※ 점검 계획의 수립에 있어서 고려해야 할 사항
설비의 사용기간, 설비의 중요도, 환경조건, 고장이력, 부하상태

※ 절연저항 기준(2021.01.01 시행)

사용전압(V)	DC시험전압(V)	절연저항(MΩ)
SELV 및 PELV	250	0.5
FELV, 500V 이하	500	1.0
500V 초과	1,000	1.0

※ 특별저압(Extra Low Voltage : 2차 전압이 AC 50V, DC 120V 이하)으로 SELV(비접지회로 구성) 및 PELV(접지회로 구성)는 1차와 2차가 전기적으로 절연된 회로, FELV는 1차와 2차가 전기적으로 절연되지 않은 회로

다만, 전선 상호 간의 절연저항은 기계기구를 쉽게 분리가 곤란한 분기회로의 경우 기기 접속 전에 측정할 수 있다. 또한, 측정 시 영향을 주거나 손상을 받을 수 있는 SPD 또는 기타 기기 등은 측정 전에 분리시켜야 하고, 부득이하게 분리가 어려운 경우에는 시험전압을 250V DC로 낮추어 측정할 수 있지만 절연저항값은 1MΩ 이상이어야 한다.

고압 및 특고압의 전로, 회전기, 정류기 변압기 및 기구 등의 전로와 연료전지 및 태양전지 모듈의 절연내력은 한국전기설비규정과 동일하다.

2.2 태양광설비 설치확인 현장점검표

(1) 태양광설비 현장점검표

① 설치개요

확인사항		내용					
설치형태		□연계형 □독립형/□고정형 □추적형/□PV □BIPV □BAPV					
설치경사각 및 방향		모듈1	방위각 ( )도, 경사각 ( )도 (북0,동90,남180,서270)				
		모듈2	방위각 ( )도, 경사각 ( )도 (북0,동90,남180,서270)				
설치위치		□옥외 □옥상 □경사지붕 □건물일체형(BIPV) □건물부착형(BAPV) □기타( )					
모듈1		모델명		출력(Wp)		수량(매)	
모듈2		모델명		출력(Wp)		수량(매)	
인버터1		모델명		정격용량(kW)		수량(매)	
인버터2		모델명		정격용량(kW)		수량(매)	
설치 모듈(1)	수량	W × 매					
	직렬수(단)	( )직렬		병렬수(열)	( )병렬		
설치 모듈(2)	수량	W × 매					
	병렬수(단)	( )직렬		병렬수(열)	( )병렬		
총 설치용량		모듈	kW	인버터	kW		
계통연계 방식		□ 저압연계		□ 고압연계			

② 가동상태

종류	확인사항		내용
동작상태 확인	확인일시		20 . . . 시 분 ~ 시 분
	확인항목		외기온도(℃) 날씨( )
	인버터1		전압AC(V), 전류AC(A), 주파수(Hz), 일사량(W/m^2)
	인버터2		전압AC(V), 전류AC(A), 주파수(Hz), 일사량(W/m^2)
	인버터 출력	인버터1	kW (시 분)
		인버터2	kW (시 분)
	가동 후 총 누적발전량	인버터1	kWh, 총 가동일 ( )일
		인버터2	kWh, 총 가동일 ( )일

③ 설치상태

NO	항목		점검위치	점검방법	판정기준	판정
1	태양 전지판	태양광발전 모듈(BIPV 포함)	• 모듈 후면 또는 측면	• 명판의 모델, 용량 확인 • 서류 및 육안 확인	• 인증제품 또는 시험성적서 (※ BIPV의 경우, 서류로 확인 가능) • 모듈 온도 상승에 따른 건축물 부자재 파괴방지, 발전량 저감 최소화 방안 수립 여부(BIPV) • 방수계획 수립 여부(BIPV)	□ 적합 □ 부적합 □ 제외
		설치용량	• 모듈 전면	• 모듈매수확인	• 설계용량 동일 여부 – 부득이한 경우 110% 이내	□ 적합 □ 부적합 □ 제외
		음영발생	• 모듈 전면	• 육안 확인	• 음영 발생 여부	□ 적합 □ 부적합 □ 제외
		설치	• 설치장소	• 육안 확인 • (해당 시) 구조안전확인서 등 서류 확인	• 주택 및 건물 등 구조물에 설치 시 설비의 하중을 지지할 수 있는 콘크리트 또는 철제구조물 등에 직접 고정 여부 확인 – 직접 고정이 아닐 경우, 건축법 제67조에 따른 관계전문기술자(이하 "관계전문기술자") 확인 필요(지지대 및 지지대-건축물 고정부위 등을 포함한 전체 설비가 건축구조기준에 따라 안정성, 적정성을 확보한 내용 포함) • (건물설치형 및 BAPV형) 3.3kW를 초과할 경우, 관계전문기술자로부터 확인 필요 • 건물 마감선(건축법에 따라 적법하게 설치된 부문)을 벗어나지 않도록 설치 • BAPV형 설치 시 이격거리 – 모듈 프레임 밑면(프레임 없는 방식은 모듈의 가장 밑면)-지붕면 및 외벽의 이격거리 최소 간격 10cm 이상 여부 • 지상형의 경우, 콘크리트 기초로 시공 및 지표면 위에 자재(베이스판, 볼트류, 볼트캡 등) 설치	□ 적합 □ 부적합 □ 제외

NO	항목		점검위치	점검방법	판정기준	판정
2	지지대 (※BIPV의 경우, 서류확인 가능)	설치상태 (BAPV포함)	• 지지대 후면	• 서류 및 육안 확인	• 건축구조기준 등의 관련 기준에 맞게 자중, 적재하중, 적설하중, 풍압하중 등을 포함한 구조하중 및 기타 진동, 충격에 대해 안전한 구조로 설치 • 고정볼트에 스프링와셔 또는 풀림방지너트 등으로 체결 • 경사지붕 및 외벽 표면 균열 발생 여부	□ 적합 □ 부적합 □ 제외
		지지대, 연결부, 기초 (용접부위 포함)	• 지지대 후면	• 육안 확인 • mill sheet 확인	• 재질 확인 – 용융아연도금 – 용융아연 알루미늄 마그네슘합금도금 – 스테인리스 스틸 – 알루미늄 합금 • 기초부분의 앵커 볼트, 너트는 볼트캡 착용(해당 시) • 절단면, 용접부위 방식처리	□ 적합 □ 부적합 □ 제외
		체결용 볼트, 너트, 와셔	• 지지대 후면	• 육안 확인	• 용융아연도금, STS, 알루미늄 합금 재질 사용(볼트캡은 플라스틱 재질도 가능) • 제규격의 볼트, 너트, 스프링와셔 삽입	□ 적합 □ 부적합 □ 제외
3	전기 배선	모듈–인버터 배선	• 설치장소	• 육안 확인	• 모듈전용선 또는 단심(1C) 난연성 케이블(TFR–CV, F–CV, FR–CV 등) – 지면포설 시 피복손상 방지조치(가요전선관, 금속덕트 또는 몰드)	□ 적합 □ 부적합 □ 제외
		모듈 배선	• 모듈 후면	• 육안 확인	• 바람에 흔들림이 없게 단단히 고정(코팅된 와이어 또는 동등이상(내구성) 재질의 타이) • 가공전선로 지지물 설치 • 군별, 극성별로 별도 표시 • 배선 보호를 위해 경사지붕 및 외벽 표면에 전선처리 여부(BAPV)	□ 적합 □ 부적합 □ 제외
		케이블	• 설치장소	• 육안 확인	• 가능한 음영지역, 빗물이 고이지 않도록 설치 • 가능한 피뢰 도체와 떨어진 상태로 포설 • 바닥에 노출되는 경우 몰딩 등의 처리	□ 적합 □ 부적합 □ 제외

NO	항목		점검위치	점검방법	판정기준	판정
3	전기 배선	접속함	• 접속함	• 육안 확인	• KS 인증제품	□ 적합 □ 부적합 □ 제외
					• DC용 퓨즈(gPV 타입)시설 및 DC 차단기(또는 개폐기) 설치 및 지락, 낙뢰, 단락 등으로 설비 이상(異常)현상 시 경보등 또는 경보장치 켜지는지 확인(실내에서 확인 가능한 경우 예외) • 직사광선 노출이 적고, 접근 및 육안 확인 용이한 장소 설치 여부	□ 적합 □ 부적합 □ 제외
4	인버터	사양	• 인버터 전면 또는 측면	• 명판의 모델, 정격용량 확인	• KS 인증제품 – 250kW를 초과 시 품질기준에 따른 시험성적서 제출	□ 적합 □ 부적합 □ 제외
					• 사업계획서의 인버터 설계용량 이상	□ 적합 □ 부적합 □ 제외
		설치상태	• 설치장소	• 실내 · 실외용 확인	• 실내 · 실외용을 구분하여 설치 – 실외용은 실내에 설치가능	□ 적합 □ 부적합 □ 제외
		인버터 설치용량 및 입력전압	• 인버터 및 모듈	• 인버터 입력 및 모듈출력 확인	• 모듈 설치용량이 인버터설치용량의 105% 이내 • 모듈 개방전압(후면명판)은 인버터 입력전압(인증서, 시험성적서)의 범위 이내	□ 적합 □ 부적합 □ 제외
		표시사항	• 인버터 또는 별도 표시창	• 육안 확인	• 모듈 및 인버터의 출력 전압, 전류, 전력, 주파수, peak, 누적발전량	□ 적합 □ 부적합 □ 제외
5	통합 명판	표시항목	• 인버터 전면에 부착	• 육안 확인	• [별표 5]신재생 에너지설비 명판 설치기준에 제작 및 인버터 전면에 적합하게 부착되어 있는지 여부	□ 적합 □ 부적합 □ 제외
6	모니터링 대상설비 (50kW 이상 또는 REMS 적용사업)	정상작동	• 인버터	• 육안 확인	• [별표 2]모니터링시스템 설치기준에 적합하게 설치 • 일일발전량, 생산시간 등	□ 적합 □ 부적합 □ 제외
7	가동상태	정상조건 시에	• 인버터, 전력량계 등	• 육안 확인	• 모든 설비(인버터, 전력량계 등)정상작동 여부	□ 적합 □ 부적합 □ 제외
8	운전교육	운전매뉴얼	• 점검현장	• 신청자와의 면담	• 소비자 주의사항 및 운전매뉴얼 제공, 교육 실시 여부	□ 적합 □ 부적합 □ 제외

NO	항목	점검위치	점검방법	판정기준	판정
9	설치 확인	• 점검현장	• 육안 확인	• 안전사고 방지위한 작업공간(이동통로, 발판 등) 및 접근장치(계단 등) 확보	□ 적합 □ 부적합 □ 제외

소유자(설치자) : (인)
소 속 :
직책(또는 직급) :
현장 확인자 : (인)

2.3 송 · 변전설비 유지관리

(1) 송 · 변전설비의 유지관리

① 점검의 분류와 점검주기

제약조건 / 점검의 분류	문의 개폐	커버류의 분류	무정전	회로 정전	모선 정전	차단기 인출	점검 주기
일상순시점검			○				매일
	○		○				1회/월
정기점검	○	○		○		○	1회/6개월
	○	○		○	○	○	1회/3년
일시점검	○	○		○	○	○	

㉠ 점검주기는 대상기기의 환경조건, 운전조건, 설비의 중요성, 경과연수 등에 의하여 영향을 받기 때문에 상기에 표시된 점검주기를 고려하여 선정한다.

㉡ 무정전의 상태에서도 문을 열고 점검할 수 있으며, 1개월에 1회 정도는 문을 열고 점검하는 것이 좋다.

㉢ 모선 정전의 기회는 별로 없으나 심각한 사고를 방지하기 위해 3년에 1번 정도 점검하는 것이 좋다.

② **일상순시점검** : 배전반의 기능을 유지하기 위한 점검

㉠ 매일의 일상순시점검은 이상한 소리, 냄새, 손상 등을 배전반 외부에서 점검항목의 대상항목에 따라서 점검한다.

㉡ 이상 상태를 발견한 경우에는 배전반의 문을 열고 이상의 정도를 확인한다.

㉢ 이상 상태의 내용을 기록하여 정기점검 시 반영하여 참고자료로 활용한다.

③ **정기점검** : 배전반의 기능을 확인하고 유지하기 위한 계획을 수립하여 점검

㉠ 원칙적으로 정전을 시키고 무전압 상태에서 기기의 이상 상태를 점검하고 필요에 따라 기기를 분해하여 점검한다.

㉡ 모선을 정전하지 않고 점검해야 할 경우에는 안전사고가 일어나지 않도록 주의한다.

④ **일시점검** : 상세하게 점검할 경우가 발생되는 경우에 점검

(2) 기기의 종류

종류	역할	설치위치
책임분계점	한전과 발전사업자 간의 책임분계	COS 2차 측
부하개폐기(LBS)	부하전류 개폐	특고압반
전력퓨즈	사고전류 차단, 후비보호	
피뢰기	개폐 시 이상전압, 낙뢰로부터 보호	
계기용 변성기	계기용 변류기(CT)와 계기용 변압기(PT)를 한 철제상자에 넣음	
진공차단기	진공을 매질로 적용한 차단기, 계통사고 차단 및 부하 시 개폐	
역송전용 특수계기	계통연계 시 역송전 전력의 계측을 위한 전력량계, 무효전력량계 등	
기중차단기	공기 중에 아크를 소호하는 차단기(1,000V 이하 사용)	저압반
몰드변압기	에폭시수지로 권선부분을 절연한 변압기 (380/220V 저압을 22.9kV 특고압 승압)	TR반
각종 계기류	전압계, 전류계, 역률계, 주파수계, 전력량계	
배선용 차단기	과전류 및 사고전류 차단	저압반, 배전반, 분전반
계기용 변압기	계기에서 수용 가능한 전류로 변류	특고압, 저압반
계기용 변류기		
영상변류기	지락 시 발생하는 영상전류를 검출	
보호계전기류		
UVR(27)	부족전압계전기	
OVR(59 직류45)	과전압계전기	
OCR	과전류계전기(G : 지락, N : 중성선)	
SR	선택계전기(G : 지락, S : 단락)	
UFR	과주파수계전기, 부족주파수계전기	
DR	전류차동계전기(변압기 보호)	

2.4 태양광발전시스템 문제 진단 및 수리

(1) 외관검사 : 모듈과 어레이 케이블, 접속함, PCS, 축전지 등을 확인한다.

(2) 운전 중 확인 : 이음, 진동, 이취

(3) 태양전지 어레이의 출력확인

태양광발전시스템은 소정의 출력을 얻기 위해 다수의 태양전지 모듈을 직·병렬로 접속하여 태양전지 어레이를 구성한다. 따라서 설치장소에서 접속작업을 하는 개소가 있고 이런 접속이 틀리지 않았는지 정확히 확인할 필요가 있다. 또한 정기점검의 경우에도 태양전지 어레이의 출력을 확인하여 불량한 태양전지 모듈이나 배선 결함 등을 사전에 발견해야 한다.

① **개방전압의 측정** : 태양전지 어레이의 각 스트링의 개방전압을 측정하여 개방전압의 불균일에 따라 동작 불량의 스트링이나 태양전지 모듈의 검출 및 직렬 접속선의 결선 누락사고 등을 검출하기 위해 측정해야 한다.

예를 들면 태양전지 어레이 하나의 스트링 내에 극성을 다르게 접속한 태양전지 모듈이 있으면 스트링 전체의 출력전압은 올바르게 접속한 경우의 개방전압보다 상당히 낮은 전압이 측정된다. 따라서 제대로 접속된 경우의 개방전압은 카탈로그나 설명서에서 대조한 후 측정값과 비교하면 극성이 다른 태양전지 모듈이 있는지를 쉽게 확인할 수 있다. 일사조건이 나쁜 경우 카탈로그 등에서 계산한 개방전압과 다소 차이가 있는 경우에도 다른 스트링의 측정결과와 비교하면 오접속의 태양전지 모듈의 유무를 판단할 수 있다.

㉠ 개방전압 측정 시 유의사항

- 태양전지 어레이의 표면을 청소할 필요가 있다.
- 각 스트링의 측정은 안정된 일사강도가 얻어질 때 실시한다.
- 측정시각은 일사강도, 온도의 변동을 극히 적게 하기 위해 맑은 날 남쪽에 있을 때, 전후 1시간에 걸쳐 실시하는 것이 바람직하다.
- 태양전지 셀은 비오는 날에도 미소한 전압을 발생하고 있으므로 매우 주의하여 측정해야 한다.
- 개방전압은 직류전압계로 측정하며, 측정회로이다.

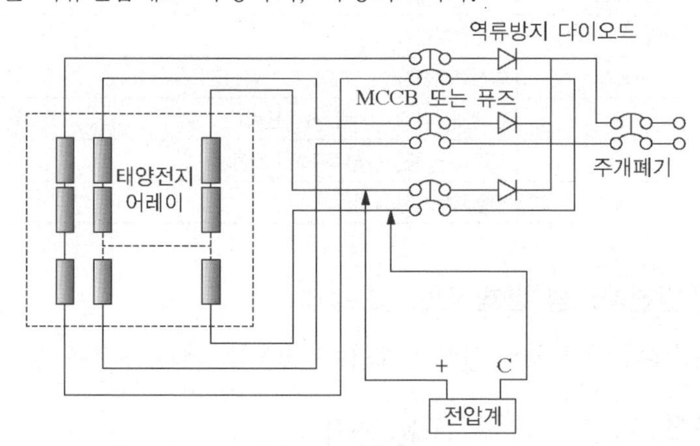

[개방전압 측정회로]

㉡ 개방전압의 측정순서

- 접속함의 주개폐기를 개방(off)한다.
- 접속함 내 각 스트링의 MCCB 또는 퓨즈를 개방(off)한다(있는 경우).
- 각 모듈이 그늘져 있지 않은지 확인한다.
- 측정하는 스트링의 MCCB 또는 퓨즈를 개방(off)하여(있는 경우), 직류전압계로 각 스트링의 P-N단자 간 전압을 측정한다.

- 테스터 이용 시 실수로 전류 측정 레인지에 놓고 측정하면 단락전류가 흐를 위험이 있으므로 주의해야 한다. 또한, 디지털 테스터를 이용할 경우에는 극성을 확인해야 한다.
- 측정한 각 스트링의 개방전압값이 측정 시 조건하에서 타당한 값인지 확인한다(각 스트링의 전압 차가 모듈 1매분 개방전압의 1/2보다 적은 것을 목표로 한다).

② 단락전류의 확인

㉠ 태양전지 어레이의 단락전류를 측정함으로써 태양전지 모듈의 이상 유무를 검출할 수 있다.

㉡ 태양전지 모듈의 단락전류는 일사강도에 따라 크게 변화하므로 설치장소의 단락전류 측정값으로 판단하기는 어려우나 동일 회로조건의 스트링이 있는 경우는 스트링 상호의 비교에 의해 어느 정도 판단이 가능하다.

㉢ 이 경우에도 안전한 일사강도가 얻어질 때 실시하는 것이 바람직하다.

(4) 절연저항 측정

태양광발전시스템의 각 부분의 절연상태를 운전하기 전에 충분히 확인할 필요가 있다. 운전 개시나 정기점검의 경우는 물론 사고 시에도 불량개소를 판정하고자 하는 경우에 실시한다. 운전 개시에 측정된 절연저항값이 이후의 절연상태의 기준이 되므로 측정결과를 기록하여 보관한다.

① 태양전지 어레이의 절연저항

㉠ 태양전지는 낮에는 전압을 발생하고 있으므로 사전에 주의하여 절연저항을 측정해야 하며 이와 같은 상태에서 절연저항 측정에 적당한 측정장치가 개발되기까지는 다음의 방법으로 절연저항을 측정하는 것을 권장한다.

㉡ 측정할 때는 낙뢰 보호를 위해 어레스터 등의 피뢰소자가 태양전지 어레이의 출력단에 설치되어 있는 경우가 많으므로 측정 시 그런 소자들의 접지 측을 분리시킨다.

㉢ 절연저항은 기온이나 습도에 영향을 받으므로 절연저항 측정 시 기온, 온도 등도 측정값과 함께 기록해 둔다.

㉣ 우천 시나 비가 갠 직후의 절연저항 측정은 피하는 것이 좋다.

㉤ 절연저항은 절연저항계로 측정하며, 이밖에도 온도계, 습도계, 단락용 개폐기가 필요하다.

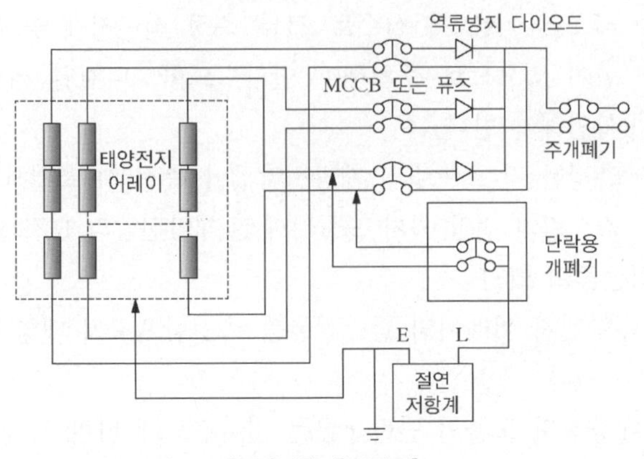

[절연저항 측정회로]

② 태양전지 어레이의 절연저항 측정순서

㉠ 주개폐기를 개방(off)한다. 주개폐기의 입력부에 서지흡수기(SA ; Surge Absorber)를 취부하고 있는 경우는 접지단자를 분리시킨다.

㉡ 단락용 개폐기(태양전지의 개방전압에서 차단전압이 높고 주개폐기와 동등 이상의 전류 차단능력을 지닌 전류개폐기의 2차 측을 단락하여 1차 측에 각각 클립을 취부한 것)를 개방(off)한다.

㉢ 전체 스트링의 MCCB 또는 퓨즈를 개방(off)한다.

㉣ 단락용 개폐기의 1차 측 (+) 및 (−)의 클립을, 역류방지 다이오드에서도 태양전지 측과 MCCB 또는 퓨즈의 사이에 각각 접속한다. 접속 후 대상으로 하는 스트링의 MCCB 또는 퓨즈를 투입(on)한다. 마지막으로 단락용 개폐기를 투입(on)한다.

㉤ 절연저항계의 E 측을 접지단자에, L 측을 단락용 개폐기의 2차 측에 접속하고 절연저항계를 투입(on)하여 저항값을 측정한다.

㉥ 측정 종료 후에 반드시 단락용 개폐기를 개방(off)하고 MCCB 또는 퓨즈를 개방(off)한 후 마지막에 스트링의 클립을 제거한다. 이 순서를 반드시 지켜야 한다. MCCB 또는 퓨즈에는 단락전류를 차단하는 기능이 없으며 또한 단락상태에서 클립을 제거하면 아크방전이 발생하여 측정자가 화상을 입을 가능성이 있다.

㉦ 서지흡수기(SA ; Surge Absorber)의 접지 측 단자를 복원하여 대지전압을 측정해서 잔류전하의 방전상태를 확인한다.

③ 태양전지 어레이의 절연저항 측정 시 유의사항

㉠ 일사가 있을 때 측정하는 것은 큰 단락전류가 흘러 매우 위험하므로 단락용 개폐기를 이용할 수 없는 경우에는 절대 측정하지 말아야 한다.

㉡ 태양전지의 직렬수가 많아 전압이 높은 경우에는 예측할 수 없는 위험이 발생할 수 있으므로 측정하지 말아야 한다.

㉢ 측정 시에는 태양전지 모듈에 커버를 씌워 태양전지 셀의 출력을 저하시키면 보다 안전하게 측정할 수 있다.

㉣ 단락용 개폐기 및 전선은 고무 절연막 등으로 대지절연을 유지함으로써 보다 정확한 측정값을 얻을 수 있다. 따라서 측정자의 안전을 보장하기 위해 고무장갑이나 마른 목장갑을 착용할 것을 권장한다.

④ 인버터 회로

㉠ 인버터 정격전압 300V 이하 : 500V 절연저항계(메가)로 측정한다.

㉡ 인버터 정격전압 300V 초과~600V 이하 : 1,000V 절연저항계(메가)로 측정한다.

㉢ 입력회로 측정방법 : 태양전지 회로를 접속함에서 분리, 입출력단자가 각각 단락하면서 입력단자와 대지 간 절연저항을 측정한다(접속함까지의 전로를 포함하여 절연저항 측정).

㉣ 출력회로 측정방법 : 인버터의 입출력단자 단락 후 출력단자와 대지 간 절연저항을 측정한다(분전반까지의 전로를 포함하여 절연저항 측정/절연변압기 측정).

(5) 접지저항 측정

① **콜라우시 브리지법** : 보조전극과의 간격을 10m 이상

② **전위차계 접지저항계** : 계측기 수평 유지 → 습기가 있는 곳에 보조접지용을 10m 이상 이격 설치 → E단자 리드선을 접지극(접지선)에 접속 → P, C단자를 보조접지용에 접속 → 푸시버튼을 누르면서 다이얼을 돌려 검류계의 눈금이 0(중앙)에 지시할 때 다이얼값을 측정한다.

③ **간이접지저항계 측정법** : 접지보조전극을 설치(타설)할 수 없을 때 사용한다.

㉠ 주상변압기 2차 측 중성점에 접지공사가 시공되어있는 것을 이용하는 방법이다.

㉡ 중성선과 기기 접지단자 간에 저주파의 전류를 흘리고 저항치를 측정하면 양 접지저항의 합이 얻어지므로 간접적으로 접지저항을 알 수 있다.

④ **클램프 온 측정법**

㉠ 전위차계식 접지저항계 대신 측정하는 방법으로 22.9kV-Y 배전계통이나 통신케이블의 경우처럼 자중접지 시스템의 측정에 사용하는 방법이다.

㉡ 측정원리 : 접지시스템 장비와 분리하지 않고 측정가능하며 통합접지저항을 측정할 수 있으며, 구조가 간단하고 취급이 용이하다.

㉢ 측정방법 : 전기적 경로 구성확인 → 접지봉이나 접지도선에 접속 → 전류를 인가하여 30A 초과하면 측정 불가하므로 초과 전에 접지버튼(Ω)을 누른다. → 접지저항치를 읽는다.

㉣ 특징

- 다중접지 통신선로만 적용한다.
- 접지체와 접지대상의 분리 없이 보조접지극 미사용으로 간단하다.
- 측정소요시간도 전위차계보다 짧다.
- 도로에서 사용할 경우 각 케이블의 본딩 상태 점검, 불량할 경우 큰 값이 측정된다.

(6) 상회전 방향의 확인 시험

① 저압회로의 상회전 검출방법 : 3상 유도전동기 접속, 전원용량이 있는 경우 그 회전방향을 확인하여 판정한다(상회전계).

② 한 선로에 여러 개의 선로가 분기한 경우 : 단자순서만 보고 연결하면 단락사고가 발생하므로 각 분기별 전압을 측정하여 0(zero)이 되는 선끼리 접속하여 상회전 방향과 상을 함께 맞춰야 한다.

③ 상회전의 방향은 시퀀스 계전기나 3상 측정계기의 결선 시 중요한 요소로 상회전 방향이 계기의 단자와 일치하지 않으면 측정값이 다르게 나타난다.

④ 검상기 : 3상 회로의 상회전이 바른지의 여부를 눈으로 보는 계기로, 유도전동기와 같은 원리로 회전하는 알루미늄판의 회전방향으로 상회전을 확인한다.

(7) 계통연계 보호장치의 시험

계통연계 보호기능 중 단독운전 방지기능 확인, 계전기 등의 동작특성 확인, 전력회사와 협의하여 결정한 보호협조에 따라 설치되었는지 확인한다.

(8) 변류기(CT) 2차 측 개방현상

① 계기용 변류기는 대전류를 직접 계측, 보호할 수 없으므로 소전류로 변성한 것으로 용도상 계측용과 보호용으로 구분한다.

② 변류기 2차 측은 1차 전류가 흐르는 상태에서는 절대 개방되지 않도록 주의한다(CT 2차 개방 시 1차 전류가 모두 여자전류가 되어 철심에 과도하게 여자되고 포화에 의한 한도까지 고전압이 유기되어 절연파괴될 우려가 있다).

③ 대책 : RT 2차 측은 반드시 접지, 변류기 2차 측은 1차 전류가 흐르는 상태에서는 절대 개로되지 않도록 주의한다. 2차 개로 보호용 비직선 저항요소를 부착한다.

2.5 고장별 조치방법

(1) 파워컨디셔너의 고장 : 운영 및 유지보수 관리인력의 직접 수리 없이 제조업체에 수리를 의뢰한다.

① 발전소 준공 후 1년 이내 설비문제가 발생할 확률은 50%이고 그중 80%는 인버터 문제이다.

② 파워컨디셔너(인버터)는 발전소 구축 시 소요비용은 10% 이내지만 향후 발전소 성능에 가장 큰 영향을 미치는 요소이다.

③ 파워컨디셔너(인버터)의 점검요소

㉠ 연결부위 체결상황 및 배선상태

㉡ 인버터 동작 정상 상태 확인

㉢ 모니터링 관련 동작 사항 점검

㉣ 출력파형 및 전력품질 분석
㉤ 인버터 열화 상태 진단
㉥ 인버터 효율 및 발전량 분석

(2) 태양전지 모듈의 고장

① 모듈의 개방전압 문제

㉠ 개방전압의 저하는 대부분 셀이나 바이패스 다이오드의 손상이 원인이므로 손상된 모듈을 찾아 교체한다.

㉡ 개방전압 측정으로 손상된 모듈 찾는 방법

- 전체의 스트링 개방전압 측정(전압값이 낮을 경우)
  전체의 스트링에서 중간지점의 접속커넥터를 분리 → 양쪽의 개방전압 측정 → 개방전압을 비교 → 개방전압 측정값이 낮은 쪽에서 불량 모듈을 선별한다.
  ※ 측정한 개방전압값과 이론값의 차이는 모듈 1개분 개방전압값 1/2보다 작아야 한다.
  ※ 이론값 : 모듈 1개분의 개방전압 × 모듈 연결 개수

㉢ 전압이 낮은 쪽으로 범위를 축소하여 불량모듈을 선별한다.

② 모듈의 단락전류 문제

㉠ 음영과 불량에 의한 단락전류가 발생한다.

㉡ 오염에 의한 단락전류인지 해당 스트링의 모듈표면 육안 확인, 위의 개방전압 문제해결순으로 불량모듈을 찾아 교체한다.

③ 모듈의 절연저항 문제

㉠ 파손, 열화, 방수성능저하, 케이블 열화, 피복손상 등으로 발생되며 먼저 육안점검을 실시한다.

㉡ 모듈의 절연저항이 기준치 이하인 경우, 해당 스트링의 절연저항을 측정하여 불량모듈을 선별한다.

(3) 태양전지 어레이 기구 조임

① 볼트 조임

㉠ 조임 방법

- 토크렌치를 사용하여 규정된 힘으로 조여 준다.
- 조임은 너트를 돌려서 조여 준다.

㉡ 조임 확인 : 접촉저항에 의해 열이 발생하여 사고 발생이 우려되므로 규정된 힘으로 조여야 한다.

㉢ 볼트 크기별 죄는 힘

• 모선의 경우

볼트 크기	M6	M8	M10	M12	M16
힘(kg/m^2)	50	120	240	400	850

• 구조물의 경우

볼트 크기	M3	M4	M5	M6	M8	M10	M12	M16
힘(kg/m^2)	7	18	35	58	135	270	480	1180

② 절연저항값

㉠ 배전반(온도 20℃, 상대습도 65%)

• 고압회로 : 절연저항값 5MΩ 이상(각 상 일괄~대지 간)

• 저압회로 : 절연저항값 1MΩ 이상

㉡ 주회로 차단기, 단로기(부하개폐기 포함)

• 주도전부는 1,000V 메거를 사용 : 절연저항값 500MΩ 이상

• 저압제어회로 500V 메거를 사용 : 절연저항값 2MΩ 이상

㉢ 변성기

• 변성기는 유입형과 몰드형으로 나누는데 유입형이 절연성능이 우수하다.

• 변성기는 주위 온도가 상승함에 따라 절연저항값이 낮아진다.

㉣ 변압기

• 변압기는 유입형과 건식형으로 나뉘고 유입형은 절연성능이 우수하나 환경오염의 위험이 크다.

• 변압기는 주위 온도가 상승함에 따라 절연저항값이 낮아진다.

㉤ 유입리액터(주위 온도 40℃ 이하)

• 외함과 단자 간의 절연저항값은 100MΩ 이상

㉥ 직류차단기 : 현재 국내에서는 생산되고 있지 않으므로 외국 인증기관의 시험을 필한 3극 차단기로 결선한 것을 참고정격으로 인정하되 차단기의 모든 접점이 동시에 개방·투입되도록 결선해야 한다.

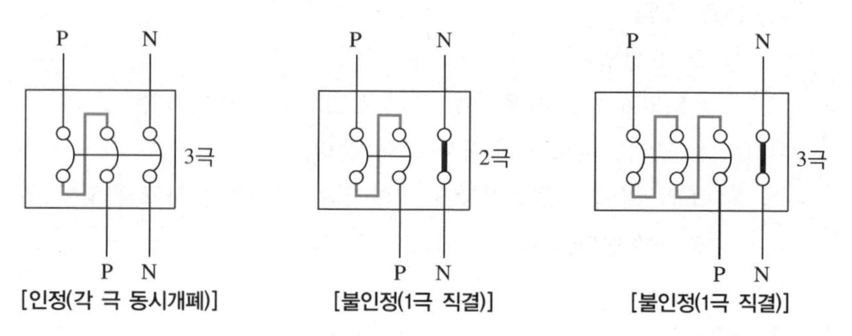

[인정(각 극 동시개폐)] [불인정(1극 직결)] [불인정(1극 직결)]

CHAPTER 04 태양광발전 안전관리

01 | 위험요소 및 위험관리방법

1.1 태양광발전시스템의 위험요소 및 위험관리방법

(1) 전기작업의 안전

전기설비의 점검·수리 등의 전기작업을 할 때는 정전시킨 후 작업하는 것이 원칙이며, 부득이한 사유로 정전시킬 수 없는 경우에는 활선작업을 실시한다. 정전작업과 활선작업 둘 다 감전위험이 있다.

① 전기작업의 준비

㉠ 작업책임자를 임명하여 지위체계하에서 작업, 인원배치, 상태확인, 작업순서 설명, 작업지휘를 한다.

㉡ 작업자는 책임자의 명령에 따라 올바른 작업순서로 안전하게 작업한다.

② 정전작업

㉠ 정전절차 국제사회안전협의(ISSA)의 5대 안전수칙 준수

- 작업 전 전원차단
- 전원투입의 방지
- 작업장소의 무전압 여부 확인
- 단락접지
- 작업장소 보호

㉡ 정전작업순서 : 차단기나 부하개폐기로 개로 → 단로기는 무부하 확인 후에 개로 → 전로에 따른 검전기구로 검전 → 검전 종료 후에 잔류전하 방전(단락접지기구로 접지) → 정전작업 중에 차단기, 개폐기를 잠가 놓거나 통전 금지 표시를 하거나 감시인을 배치하여 오통전을 방지할 것

③ 활선 및 활선근접 작업

㉠ 안전대책 : 충전전로의 방호, 작업자 절연 보호, 안전거리 확보(섬락에 의한 감전 충격)

• 접근한계거리

충전전로의 선간전압(kV)	충전전로에 대한 접근한계거리(cm)
0.3 이하	접촉금지
0.3 초과 0.75 이하	30
0.75 초과 2 이하	45
2 초과 15 이하	60
15 초과 37 이하	90
37 초과 88 이하	110
88 초과 121 이하	130
121 초과 145 이하	150
145 초과 169 이하	170
169 초과 242 이하	230
242 초과 362 이하	380
362 초과 550 이하	550
550 초과 800 이하	790

• 허용접근거리(송전선)

$D = A + bF$

여기서, A : 최대동작범위(약 90cm)

b : 전극배치, 전압파형, 기상조건에 대한 안전계수(1.25)

F : 전선과 대지 간에 발생하는 과전압최대치에 대한 섬락거리

㉡ 활선작업 : 보호장구 착용, 작업통지, 활성조장 임명, 절연로프 사용(링크스틱 삽입), 작업 전 작업장소의 도체(전화선 포함)는 대지전압이 7,000V 이하일 때는 고무방호구, 7,000V 초과 시 활선장구를 이용한다.

(2) 전기안전점검 및 안전교육 계획

① 전기안전관리법의 안전관리 규정에 의거 교육실시

㉠ 점검, 시험 및 검사 : 월차, 연차 실시(구내전체 정전 후 연 1회 실시)

구분	고압 선로	저압 선로
연차	절연저항 측정, 접지저항 측정	저압 배전선로의 분전반 절연저항 및 접지저항 누전차단기 동작시험
월차(순시)	월 1~4회, 고압 수배전반, 저압 배전선로의 전기설비, 예비발전기(주 1회 15분간 시운전)	

㉡ 안전교육 : 월 1시간 이상 전기안전 담당자가 실시, 분기당 월 1.5시간 이상 수행, 교육일지 작성, 운영

(3) 전기안전 수칙

① 금속체 물건 착용금지, 안전표찰 부착, 구획로프 설치 등

② 고압 이상 개폐기, 차단기 조작 순서

㉠ IS → CB → COS → TR → MCCB

㉡ 차단순서 : TR → CB → COS → IS

㉢ 투입순서 : COS → IS → CB → TR

(4) 전기안전규칙 준수사항

① 항상 통전 중이라 생각하고 작업

② 현장 조건과 위험요소 사전 확인

③ 안전장치의 고장 대비

④ 접지선 확보

⑤ 정리정돈 철저

⑥ 바닥이 젖은 상태에서의 작업불가(절연고무, 절연장화 착용)

⑦ 혼자 작업 불가

⑧ 양손보다 가능하면 한 손 작업

⑨ 잡담 등 집중력 저하 행동 불가

⑩ 급한 행동 자제

(5) 태양광발전시스템의 안전관리대책

① 추락 및 감전사고 예방에 대한 대책

㉠ 추락사고 예방 : 안전모, 안전화, 안전벨트 착용

㉡ 감전사고 예방 : 절연장갑 착용, 태양전지 모듈 등 전원 개방, 누전차단기 설치

02 | 안전관리 장비

2.1 안전장비 종류

(1) 안전장비의 종류

안전장비는 다양한 위험으로부터 사용자를 보호하기 위해 설계된 도구와 기기를 말한다. 다음은 다양한 분야에서 사용되는 주요 안전장비의 종류이다.

① 개인 보호 장비의 종류

㉠ 안전모 : 머리를 보호하기 위한 헬멧

㉡ 안전경/안전보안경 : 눈을 보호하기 위한 보호안경

㉢ 귀마개 : 귀를 소음으로부터 보호하기 위한 보호장비

㉣ 호흡 보호 장비 : 유해한 가스나 먼지로부터 호흡기를 보호하기 위한 마스크 등

㉤ 안전화 : 발을 보호하기 위한 안전 신발

㉥ 장갑 : 손을 보호하기 위한 다양한 종류의 장갑(예 절단 방지, 화학물질 방지)

② 작업 환경 보호 장비

㉠ 안전망 : 높은 곳에서의 추락을 방지하기 위한 그물

㉡ 안전난간 : 작업 구역 경계를 지정하고 추락을 방지하기 위한 구조물

㉢ 방호복 : 화학물질, 불꽃 등으로부터 몸을 보호하기 위한 보호복

㉣ 가스 탐지기 : 유해 가스의 누출을 감지하기 위한 장비

③ 비상용 안전장비

㉠ 소화기 : 화재 발생 시 초기 진화에 사용하는 기구

㉡ 응급처치 키트 : 응급 상황에서 응급처치를 할 수 있는 의료 키트

㉢ 비상조명등 : 정전 시 사용되는 비상용 조명 장비

④ 전기 안전 장비

㉠ 절연 장갑 : 전기 작업 시 손을 보호하기 위한 절연 장갑

㉡ 절연화 : 전기 작업 시 발을 보호하기 위한 절연 신발

㉢ 전기 절연 매트 : 전기 작업 구역에서 전기 충격을 방지하기 위해 사용하는 매트

2.2 전기안전장비의 상세

(1) 절연용 보호구

① 용도 : 7,000V 이하의 전로의 활선작업 또는 활선 근접작업을 할 때 작업자의 감전 사고를 방지하기 위해 작업자 몸에 부착하는 것

② 종류

㉠ 안전모

㉡ 전기용 고무장갑 : 7,000V 이하에 착용

㉢ 안전화 : 절연화(직류 750V, 교류 600V 이하), 절연장화(7,000V 이하)

(2) 절연용 방호구

① 용도

㉠ 전로의 충전부에 장착

㉡ 25,000V 이하 전로의 활선작업이나 활선근접 작업 시 장착(고압 충전부로부터 머리 30cm, 발밑 60cm 이내 접근 시 사용)

② 종류 : 고무판, 절연관, 절연시트, 절연커버, 애자커버 등

(3) 기타 절연용 기구

① 활선작업용 기구
② 활선작업용 장치
③ 작업용 구획용구
④ 작업표시

(4) 검출용구

① 저압 및 고압용 검진기
② 특고압 검진기(검진기 사용이 부적당한 경우 조작봉 사용)
③ 활선접근경보기

(5) 측정계기

① 멀티미터
   ㉠ 저항, 전압, 전류를 넓은 범위에서 간단한 스위치로 쉽게 측정
   ㉡ 정확도는 저항 ±10%, 전압, 전류 측정에서는 ±3~4%
   ㉢ 저항, 직류전류, 직류전압, 교류전압 측정
② 클램프 미터(훅 온 미터) : 교류 측정기(저항, 전압, 전류 측정), 케이블은 측정 불가

2.3 안전장비 관리요령

(1) 관리요령

① 검사 장비 및 측정 장비는 습기에 약하므로 건조한 곳에 보관한다.
② **청결 유지** : 사용 후에는 손질하여 항상 깨끗이 보관한다.
③ **분류 및 정리** : 정리된 상태로 보관하여 쉽게 찾을 수 있고 손상을 방지한다.
④ **표준절차 준수** : 제조사의 지침에 따라 보관한다(안전벨트는 펼쳐서 걸어 두고, 안전모는 압력이나 충격을 받지 않도록 보관).
⑤ 교육 및 인식 제고
⑥ **라벨링** : 보관함에 라벨을 붙여 어떤 장비인지 쉽게 알고, 신속하게 찾게 한다.

이러한 방법들을 따르면 안전장비의 수명을 연장하고, 사용자의 안전을 보장할 수 있다.

적중예상문제

CHAPTER 01 태양광발전 시공

01 다음은 태양광발전시스템의 시공 순서로 옳은 것은?

① 반입자재검수 → 기기설치공사 → 전기배관배선공사 → 점검 및 검사 → 토목공사
② 반입자재검수 → 점검 및 검사 → 전기배관배선공사 → 기기설치공사 → 토목공사
③ 토목공사 → 반입자재검수 → 기기설치공사 → 점검 및 검사 → 전기배관배선공사
④ 토목공사 → 반입자재검수 → 기기설치공사 → 전기배관배선공사 → 점검 및 검사

02 다음 공사 중 시공절차에 따라 가장 늦게 해야 하는 공사는?

① 지반공사 및 구조물 공사
② 어레이설치 공사
③ 어레이와 접속함의 배선공사
④ 접속함 설치공사

해설 시공절차 순서

토목공사	→	반입자재검수	→	기기설치공사	→	전기배관배선공사	→	점검 및 검사
지반공사 및 구조물 공사				어레이설치 공사		어레이와 접속함의 배선공사		

03 태양광발전시스템을 설치하기 위한 현장여건분석 요소가 아닌 것은?

① 태양전지의 효율
② 설치면의 경사각
③ 어레이의 방위각
④ 전력여건

해설 현장여건분석 요소에는 설치조건(방위각 정남향 ±45°, 설치면의 경사각, 건축안정성), 환경여건 고려(음영유무), 전력여건(연계점, 수전전력, 월평균 사용전력량) 등이 있다.

1 ④ 2 ③ 3 ① 정답

04 다음 태양광발전설비의 전기공사 중 가장 마지막에 시행되는 공사는?

① 접속함 설치
② 접속함과 인버터 간 배선
③ 잉여전력 계량용 전력량계 설치
④ 접지공사

해설 **공사순서**
접지공사 → 접속함 설치 → 접속함과 인버터 간 배선 → 전력량계 설치

05 태양광발전시스템 관리기기 반입 및 검사에 대한 설명이다. 틀린 것은?

① 시공사와 기자재 제작업자의 경제적 이득 및 제조과정에서 발생하는 불량을 사전에 체크하여 부실공사의 방지를 목적으로 반입 검사를 한다.
② 책임감리원이 검토 승인된 기자재에 한해서 현장반입을 한다.
③ 공장검수 시 합격된 자재에 한해 현장반입을 한다.
④ 현장자재 반입검사는 샘플검사를 원칙으로 한다.

해설 현장자재 반입검사는 공급원승인제품, 품질적합내용, 내역물량수량, 반입 시 손상 여부 등을 전수검사를 원칙으로 한다. 하지만 동일 자재의 수량이 많을 경우 샘플검수를 시행할 수도 있다.

06 안전한 작업을 위해 안전장구를 반드시 착용해야 한다. 높은 곳에서 추락을 방지하기 위해 착용해야 하는 장비는?

① 안전모
② 안전대
③ 안전화
④ 안전허리띠

해설 **안전장구 착용**
- 안전모
- 안전대 : 추락방지
- 안전화 : 중량물에 의한 발 보호 및 미끄럼방지용
- 안전허리띠 : 공구, 공사 부재 낙하 방지

정답 4 ③ 5 ④ 6 ②

07 작업 중 감전사고 대책으로 알맞지 않은 것은?

① 작업 전 태양전지 모듈 표면에 차광막을 씌워 태양광을 차폐하고 작업을 할 수 있다.
② 절연장갑을 착용한다.
③ 절연처리 공구를 사용한다.
④ 우천 시에도 태양전지 모듈 표면에 차광막을 씌워 태양광을 차폐하고 작업을 할 수 있다.

해설 우천 시에는 반드시 작업을 금지한다.

08 지반의 지내력으로 기초 설치가 어려운 경우 파일을 지반의 암반층까지 내려 지지하도록 시공하는 기초공사는?

① 파일기초
② 온통기초
③ 독립기초
④ 연속기초

해설 ② 온통기초(매트기초) : 지층에 설치되는 모든 구조를 지지하는 두꺼운 슬래브 구조로 지반에 지내력이 약해 독립기초나 말뚝기초로 적당하지 않을 때 사용된다.
③ 독립기초 : 개개의 기둥을 독립적으로 지지하는 형식으로 기초판과 기둥으로 형성되어 있으며, 기둥과 보로 구성되어 있는 건축물에 적용되는 기초이다.
④ 연속기초(줄기초) : 내력벽 또는 조적벽을 지지하는 기초공사로 벽체 양옆에 캔틸레버 작용으로 하중을 분산시킨다.

09 다음에서 설명하는 태양광발전시스템의 적용가능 장소는?

- 모듈의 설치각이 수직으로 인해 발전량 저하 우려가 있다.
- 창호재의 BIPV 적용 시 설계 단계에서부터 적용해야 한다.
- 차양형, 창호형 등으로 구분된다.

① 지면
② 지붕
③ 벽면
④ 구조형

7 ④ 8 ① 9 ③ **정답**

10 태양전지 어레이를 설치할 때 인버터의 동작전압에 의해 결정되는 요소는?

① 태양전지 어레이의 용량
② 태양전지 모듈의 직렬 결선수
③ 태양전지 모듈의 스트링 병렬수
④ 어레이 간 간선의 굵기

해설
- 어레이 용량 : 설치면적에 따라 결정
- 직렬 결선 : 인버터의 동작전압에 따라 결정
- 병렬수 : 어레이 직렬 결선수에 따라 정수배의 병렬수가 설치면적 내
- 어레이 간 간선 : 모듈 1장의 최대전류(I_{mp})가 전선의 허용전류 내

11 태양전지 모듈 및 어레이 설치 배선이 끝난 후 확인·점검사항이 아닌 것은?

① 전압·극성의 확인
② 단락전류의 측정
③ 모듈의 최대출력점 확인
④ 접지의 연속성 확인

해설
- 전압·극성의 확인 : 태양전지 모듈이 바르게 시공되어, 설명서대로 전압이 나오고 있는지 양극, 음극의 극성이 바른지의 여부 등을 테스터, 직류전압계로 확인한다.
- 단락전류의 측정 : 태양전지 모듈의 설명서에 기재된 단락전류가 흐르는지 직류전류계로 측정한다. 타 모듈과 비교해 측정치가 현저히 다른 경우에는 배선을 재차 점검한다.
- 비접지의 확인 : 태양광발전설비 중 인버터는 절연변압기를 시설하는 경우가 드물기 때문에 일반적으로 직류 측 회로를 비접지로 하고 있다.
- 접지의 연속성 확인 : 모듈의 구조는 설치로 인해 접지의 연속성이 훼손되지 않은 것을 사용해야 한다.

12 계통연계형 태양광발전시스템에서의 일반적인 직류 배선공사 범위는 태양전지 어레이에서 어디까지인가?

① 축전지
② 인버터 입력 측
③ 인버터 출력 측
④ 전력량계

해설 일반적으로 배선공사의 순서에 따라 태양전지 어레이로부터 인버터 입력 측까지의 직류 배선공사, 인버터 출력 측으로부터 계통연계점에 이르는 교류 배선공사의 시공방법에 대해 기술한다.

정답 10 ② 11 ③ 12 ②

13 **인버터에 대한 설명이다. 틀린 것은?**

① 신재생에너지센터에서 인증한 인증제품을 설치해야 한다.
② 인버터 해당 용량이 없을 경우에는 국제공인시험기관(KOLAS), 제품인증기관(KAS) 또는 시험기관 등의 시험성적서를 받은 제품을 설치해야 한다.
③ 옥내용을 옥외에 설치하는 경우는 10kW 이상 용량일 경우에만 가능하며 이 경우 빗물의 침투를 방지할 수 있도록 옥내에 준하는 수준으로 설치해야 한다.
④ 정격용량은 인버터에 연결된 모듈의 정격용량 이상이어야 하며 각 직렬군의 태양전지 모듈의 출력전압은 인버터 입력전압 범위 내에 있어야 한다.

해설 옥내용을 옥외에 설치하는 경우는 5kW 이상 용량일 경우에만 가능하며 이 경우 빗물의 침투를 방지할 수 있도록 옥내에 준하는 수준으로 설치해야 한다.

14 **옥상 또는 지붕 위에 설치한 태양전지 어레이로부터 접속함으로 배선할 경우 처마 밑 배선을 실시한다. 물의 침입을 방지하기 위한 케이블의 차수 처리 지름은 케이블 지름의 몇 배인가?**

① 4 ② 5
③ 6 ④ 10

해설 원칙적으로 케이블 지름의 6배 이상인 반경으로 배선한다.

15 **태양전지 모듈과 인버터 간 배선공사를 할 때의 주의사항이다. 올바르지 못한 것은?**

① 태양전지 모듈의 이면으로부터 접속용 케이블이 2가닥씩 나오기 때문에 반드시 극성을 확인한 후 결선한다.
② 케이블은 건물마감이나 런닝보드의 표면에 가깝게 시공해야 하며, 필요할 경우 전선관을 이용하여 물리적 손상으로부터 보호해야 한다.
③ 태양광 전원회로와 출력회로는 동일한 전선관, 케이블트레이, 접속함 내에 시설한다.
④ 태양전지 모듈은 스트링 필요매수를 직렬로 결선하고, 어레이 지지대 위에 조립한다.

해설 태양광 전원회로와 출력회로는 격벽에 의해 분리되거나 함께 접속되어 있지 않을 경우 동일한 전선관, 케이블트레이, 접속함 내에 시설하지 않아야 한다.

16 **접속함으로부터 인버터까지의 배선은 전압강하율은 몇 % 이하로 하는가?**

① 1 ② 2
③ 3 ④ 5

해설 접속함으로부터 인버터까지의 배선은 전압강하율을 2% 이하로 상정한다.

13 ③ 14 ③ 15 ③ 16 ② 정답

17 **태양전지 어레이를 지상에 설치하는 경우 지중배선 또는 지중배관 길이가 몇 m를 초과하는 경우에 중간개소에 지중함을 설치하는가?**

① 10

② 30

③ 50

④ 100

해설 지중배선 또는 지중배관인 경우, 중량물의 압력을 받을 우려가 없도록 하고 그 길이가 30m를 초과하는 경우는 중간개소에 지중함을 설치할 수 있다.

18 **태양광발전시스템의 지중전선로의 최소 매설 깊이(m)는?(단, 중량물의 압력을 받을 우려가 없는 경우)**

① 0.6

② 1

③ 1.2

④ 1.5

해설 1.0m 이상(중량물의 압력을 받을 우려가 없는 곳은 0.6m 이상) 지중매설관은 배선용 탄소강관, 내충격성 경질 염화비닐관을 사용한다. 단, 공사상 부득이하게 후강전선관에 방수·방습처리를 시행한 경우는 이에 한정되지 않는다.

19 **태양광 인버터에서 옥내 분전반 간의 배관·배선공사에 관한 설명이다. 틀린 것은?**

① 인버터 출력의 전기방식으로는 단상 2선식, 3상 3선식 등이 있고 교류 측의 중성선을 구별하여 결선한다.

② 단상3선식의 계통에 단상 2선식 220V를 접속할 수 없다.

③ 부하 불평형에 의해 중성선에 최대전류가 발생할 우려가 있을 경우에는 수전점에 3극 과전류 차단소자를 갖는 차단기를 설치한다.

④ 부하 불평형으로 인한 과전압이 발생할 경우 인버터가 정지되어야 한다.

해설 단상 3선식의 계통에 단상 2선식 220V를 접속하는 경우는 한국전기설비규정에 따라 설치한다.

정답 17 ② 18 ① 19 ②

20 태양전지 모듈에서 인버터 입력단 간 및 인버터 출력단과 계통연계점 간의 전압강하는 몇 %를 초과하지 말아야 하는가?(단, 상호거리 200m)

① 2

② 3

③ 5

④ 6

해설 전선 길이에 따른 전압강하 허용치

전선의 길이	전압강하
60m 이하	3%
120m 이하	5%
200m 이하	6%
200m 초과	7%

21 3상 3선식의 전압강하를 구하는 계산식은?

e : 각 선간의 전압강하(V)
L : 도체 1본의 길이(m)
I : 전류(A)
A : 전선의 단면적(m^2)

① $e=\dfrac{35.6LI}{1{,}000A}$

② $e=\dfrac{35.6A}{1{,}000LI}$

③ $e=\dfrac{30.8LI}{1{,}000A}$

④ $e=\dfrac{30.8A}{1{,}000LI}$

해설

회로의 전기방식	전압강하	전선의 단면적
직류 2선식 교류 2선식	$e=\dfrac{35.6LI}{1{,}000A}$	$A=\dfrac{35.6LI}{1{,}000e}$
3상 3선식	$e=\dfrac{30.8LI}{1{,}000A}$	$A=\dfrac{30.8LI}{1{,}000e}$

20 ④ 21 ③ 정답

22 **태양전지 셀, 모듈, 패널, 어레이에 대한 외관검사를 할 때 몇 lx 이상의 조도 아래에서 육안점검을 하는가?**

① 100
② 300
③ 500
④ 1,000

해설 태양전지 셀의 제작, 운송 및 설치과정에서의 변색, 파손, 오염 등의 결함 여부를 1,000lx 이상의 조도에서 육안점검을 실시하고 단자대의 누수, 부식 및 절연재의 이상을 확인한다.

23 **검사자의 태양전지 모듈 또는 패널의 점검에 대한 설명이다. 틀린 것은?**

① 검사자는 모듈의 유형과 설치개수 등을 1,000lx 이상의 밝은 조명 아래에서 육안으로 점검한다.
② 지상설치형 어레이의 경우에는 지상에서 육안으로 점검하며 지붕설치형 어레이는 낙상 보호조치를 확인한 후 수검자가 검사자 대신 직접 지붕에 올라 어레이를 검사한다.
③ 정확한 모듈 개수의 확인은 전압과 전류 출력에 영향을 미치므로 매우 중요하다.
④ 현장 모듈이 인가서상의 모듈 모델번호와 또는 설계도면과 일치하는지 확인한다.

해설 지상설치형 어레이의 경우에는 지상에서 육안으로 점검하며 지붕설치형 어레이는 수검자가 제공한 낙상 보호조치를 확인한 후 검사자가 직접 지붕에 올라 어레이를 검사한다.

24 **태양전지의 전기적 특성 확인하기 위해 규격서에 기록되어 있는 특성이 아닌 것은?**

① 최대출력
② 개방전압 및 단락전류
③ 전력변환 효율
④ 접지저항

정답 22 ④ 23 ② 24 ④

25 개방전압과 단락전류의 곱에 대한 최대출력의 비를 무엇이라고 하는가?

① 최대출력　　② 조사율
③ 전력변환 효율　　④ 충진율

해설 충진율(FF) = $\frac{\text{최대출력}}{\text{개방전압} \times \text{단락전류}}$

26 태양광발전설비에 사용되는 케이블이나 전선에 대한 설명이다. 틀린 것은?

① 모듈에서 인버터에 이르는 배선에 사용되는 케이블은 모듈 전용선 또는 단심(1C) 난연성 케이블 (TFR-CV, F-CV, FR-CV 등)을 사용하여야 한다.
② 옥외에는 UV용 케이블을 사용한다.
③ 병렬접속 시에는 회로의 충전전류에 견딜 수 있는 굵기의 케이블을 선정한다.
④ 공칭단면적 $2.5mm^2$ 이상의 연동선 또는 이와 동등 이상의 세기 및 굵기의 것이어야 한다.

해설 병렬접속 시에는 회로의 단락전류에 견딜 수 있는 굵기의 케이블을 선정한다.

27 볼트를 일정한 힘으로 죄는 공구는?

① 드라이버　　② 스패너
③ 펜치　　④ 토크렌치

해설
- 토크렌치 : 볼트·너트 등 나사의 체결 토크를 재거나 정해진 토크 값으로 조이는 경우에 사용하는 공구
- 드라이버 : 나사를 돌릴 때
- 스패너 : 물체(대부분 암나사, 수나사 같은 잠금장치)에 회전력을 가해주는 공구
- 펜치 : 무엇을 집거나 끊거나 구부리기 위해 쇠로 만든 집게 모양의 공구

28 장기간 사용하면 점착력이 떨어질 가능성이 있기 때문에 태양광발전설비처럼 장기간 사용하는 설비에는 적합하지 않은 테이프는?

① 비닐절연테이프
② 보호테이프
③ 자기융착테이프
④ 고압절연테이프

해설
- 자기융착테이프는 시공 시 테이프 폭이 3/4으로부터 2/3 정도로 중첩해 감아놓으면 시간이 지남에 따라 융착하여 일체화된다.
- 보호테이프는 자기융착테이프의 열화를 방지하기 위해 자기융착테이프 위에 다시 한 번 감아 주는 테이프이다.

25 ④ 26 ③ 27 ④ 28 ① 정답

29 기계기구 외함 및 직류전로의 접지에 대한 설명이다. 틀린 것은?

① 태양광발전설비는 태양전지 모듈, 지지대, 접속함, 인버터의 외함, 금속배관 등의 노출 비충전 부분은 누전에 의한 감전과 화재 등을 방지하기 위해 접지공사를 한다.
② 태양전지 어레이에서 인버터까지의 직류전로는 반드시 접지공사를 실시해야 한다.
③ 수상에 시설하는 태양전지 모듈 등의 금속제도 접지를 해야 한다.
④ 태양광발전설비의 접지는 태양전지 모듈이나 패널을 하나 제거하더라도 태양광 전원회로에 접속된 접지도체의 연속성에 영향을 주지 말아야 한다.

해설 태양전지 어레이에서 인버터까지의 직류전로는 원칙적으로 접지공사를 실시하지 않는다.

30 저압 전기설비용 접지도체 연동연선 1개 도체의 최소 단면적(mm^2)은?

① 1.5
② 2.5
③ 4
④ 6

해설 KEC 142.3.1(접지도체)
- 접지도체의 최소 단면적
  - 구리는 $6mm^2$ 이상
  - 철제는 $50mm^2$ 이상
- 저압 전기설비용 접지도체 경우 : 다심 코드 또는 다심 캡타이어케이블의 1개 도체의 단면적이 $0.75mm^2$ 이상, 유연성이 있는 연동연선은 1개 도체의 단면적이 $1.5mm^2$ 이상인 것 사용

31 접지공사의 시설방법에 대한 설명이다. 잘못된 것은?

① 접지선이 외상을 받을 우려가 있는 경우에는 합성수지관 등에 넣어 설치한다.
② 피뢰침, 피뢰기용 접지선은 강제금속관에 넣어 설치한다.
③ 접지선은 구리선을 사용한다.
④ 지중 및 접지극에서 접지선으로 알루미늄선을 사용해도 무방하다.

해설 사람이 접촉할 우려가 없는 경우 저압 접지공사의 접지선은 금속관으로 방호할 수 있다. 다만, 피뢰침, 피뢰기용의 접지선은 금속관에 넣지 말 것

정답 29 ② 30 ① 31 ②

CHAPTER 02 태양광발전시스템 운영

01 **발전사업자 및 자가용 발전설비 설치자는 발전설비용량 몇 kW 이하의 생산한 전력을 전력시장(한국전력거래소)을 통하지 아니하고 전기판매사업자(한국전력공사)와 거래할 수 있는가?**

① 500 ② 1,000
③ 1,500 ④ 2,000

해설 자가용 발전설비 설치자는 발전설비용량이 1,000kW 이하일 때 전력시장을 통하지 아니하고 한국전력공사와 직접 거래할 수 있다.

02 **안전공사 및 대행사업자에게 안전관리업무를 대행시킬 수 있는 전기설비는?**

① 용량 2,000kW 미만의 전기수용설비
② 용량 500kW 미만의 발전설비
③ 비상용 예비발전설비로 용량 500kW 미만인 것
④ 태양에너지를 이용하는 발전설비로서 용량 2,000kW 미만인 것

해설 **전기안전관리법 시행규칙 제26조(안전관리업무 대행 규모)**
안전공사 및 대행사업자는 다음의 어느 하나에 해당하는 전기설비(둘 이상의 전기설비 용량의 합계가 4,500kW 미만인 경우로 한정)를 대행할 수 있다.
- 전기수용설비 : 용량 1,000kW 미만인 것
- 신에너지 및 재생에너지 개발·이용·보급 촉진법 제2조제1호 및 제2호에 따른 신에너지와 재생에너지를 이용하여 전기를 생산하는 발전설비(신재생에너지 발전설비) 중 태양광발전설비 : 용량 1,000kW(원격감시·제어기능을 갖춘 경우 용량 3,000kW) 미만인 것
- 전기사업용 신재생에너지 발전설비 중 연료전지발전설비(원격감시·제어기능을 갖춘 것으로 한정) : 용량 500kW 미만인 것
- 그 밖의 발전설비(전기사업용 신재생에너지 발전설비의 경우 원격감시·제어기능을 갖춘 것으로 한정) : 용량 300kW(비상용 예비발전설비의 경우에는 용량 500kW) 미만인 것

03 **모든 전기설비의 공사·유지 및 운용에 있어서 전기안전관리자로 선임될 수 있는 자격조건으로 틀린 것은?**

① 전기분야 기술사 ② 전기기능장 실무경력 2년 이상
③ 전기기사 실무경력 2년 이상 ④ 전기산업기사 실무경력 4년 이상

해설 **전기안전관리법 시행규칙 별표 8**
- 모든 전기설비의 공사·유지 및 운용
  - 전기·안전관리(전기안전) 분야 기술사 자격소지자, 전기기사 또는 전기기능장 자격 취득 이후 실무경력 2년 이상인 사람
- 전압 100,000V 미만 전기설비의 공사·유지 및 운용
  - 전기산업기사 자격 취득 이후 실무경력 4년 이상인 사람
- 전압 100,000V 미만으로서 전기설비용량 2,000kW 미만 전기설비의 공사·유지 및 운용
  - 전기기사 또는 전기기능장 자격 취득 이후 실무경력 1년 이상인 사람 또는 전기산업기사 자격 취득 이후 실무경력 2년 이상인 사람
- 전압 100,000V 미만으로서 전기설비용량 1,500kW 미만 전기설비의 공사·유지 및 운용
  - 전기산업기사 이상 자격소지자

1 ② 2 ③ 3 ④ 정답

04 전기안전관리자의 직무가 아닌 것은?

① 전기설비의 공사·유지 및 운용에 관한 업무 및 이에 종사하는 사람에 대한 안전교육
② 전기설비의 안전관리를 위한 확인·점검 및 이에 대한 업무의 감독
③ 전기안전관리에 관한 기록의 작성·보존
④ 전기수용설비의 증설 또는 변경공사로서 총공사비가 1억원 미만인 공사의 감리업무

해설 전기안전관리법 시행규칙 제30조(전기안전관리자의 자격 및 직무)
전기안전관리자의 감리업무
- 비상용 예비발전설비의 설치·변경공사로서 총공사비가 1억원 미만인 공사
- 전기수용설비의 증설 또는 변경공사로서 총공사비가 5천만원 미만인 공사
- 신에너지 및 재생에너지 개발·이용·보급 촉진법에 따른 신에너지 및 재생에너지 설비의 증설 또는 변경 공사로서 총공사비가 5천만원 미만인 공사

05 전기사업 인·허가권자가 산업통상자원부장관인 태양광발전설비의 발전설비용량 기준은 얼마인가?

① 1,000kW 이상
② 2,000kW 초과
③ 2,500kW 초과
④ 3,000kW 초과

해설 전기사업법 시행규칙 제4조(사업허가의 신청)
전기사업 인허가권자
- 3,000kW 초과 설비 : 산업통상자원부장관(전기위원회)
- 3,000kW 이하 설비 : 특별시장, 광역시장, 특별자치시장, 도지사, 특별자치도지사

06 발전사업자가 전력생산량의 일정비율을 신재생에너지로 공급하도록 하는 신재생에너지 활성화 제도를 무엇이라 하는가?

① FIT
② RPS
③ REC
④ IEC

해설 ② RPS(Renewable Portfolio Standard) : 신재생에너지 공급의무화제도
① FIT(Feed In Tariff) : 발전차액지원제도
③ REC(Renewable Energy Certificate) : 신재생에너지인증서
④ IEC(International Electrotechnical Commission) : 국제전기기술회의

정답 4 ④ 5 ④ 6 ②

07 **태양광발전시스템의 운영방법에 관한 설명이다. 틀린 것은?**

① 태양광발전설비의 용량은 부하의 용도 및 적정사용량을 합산하여 월평균 사용량에 따라 결정된다.

② 발전량은 여름에 많으며 봄, 가을, 겨울에는 기후 여건에 따라 현저하게 감소한다.

③ 박막형은 다른 모듈에 비해 온도에 덜 민감하다.

④ 모듈 표면에 그늘이 지거나 나뭇잎 등이 떨어진 경우 전체적인 발전효율이 저하되며, 황사나 먼지는 발전량 감소의 주요인으로 작용한다.

해설 발전량은 봄, 가을에 많으며 여름, 겨울에는 기후 여건에 따라 현저하게 감소한다.

08 **태양광발전설비가 작동되지 않아 긴급하게 점검할 경우 차단기와 인버터의 개방과 투입 동작순서는?**

㉠ 접속함 차단기 투입(on)	㉡ 접속함 차단기 개방(off)
㉢ 인버터 투입(on)	㉣ 인버터 개방(off)
㉤ 태양광설비 점검	

① ㉠ → ㉡ → ㉤ → ㉣ → ㉢

② ㉡ → ㉣ → ㉤ → ㉠ → ㉢

③ ㉡ → ㉣ → ㉤ → ㉢ → ㉠

④ ㉣ → ㉡ → ㉤ → ㉢ → ㉠

해설 **차단기와 인버터의 개방과 투입 순서**
접속함 내부차단기 개방(off) → 인버터 개방(off) 후 점검 → 점검 후에는 역으로 인버터(on) → 차단기의 순서로 투입(on)

09 **태양광발전시스템의 운전 시 조작확인 순서 중 제일 마지막에 해야 하는 것은?**

① 메인 VCB반 전압 확인

② 접속반, 인버터 전압 확인

③ 차단기 on

④ 인버터 정상작동 확인

해설 **운전 시 조작순서**
메인 VCB반 전압 확인 → 접속반, 인버터 전압 확인 → 차단기 on(교류용 차단기 먼저 on 후에 직류용 차단기 on) → 5분 후 인버터 정상작동 여부 확인

7 ② 8 ③ 9 ④ 정답

10 **태양광발전설비의 정전 시 조작방법 및 확인 조치 사항으로 틀린 것은?**

① 계통 측 정전 시 태양광발전설비에서 생산된 전력이 배전선로로 역송되지 않도록 파워컨디셔너(PCS)의 단독운전 기능 오프(off)
② 메인 제어반의 전압 및 계전기를 확인하여 정전 여부를 우선 확인
③ 태양광 인버터 상태 정지 확인
④ 전원 복구 여부 확인 후 운전 시 조작 방법에 의해 재시동

해설 계통 측 정전 시 태양광발전설비에서 생산된 전력이 배전선로로 역송되지 않도록 태양광발전설비 단독운전 기능의 정상동작 유무(0.5초 내 정지, 5분 이후 재투입)를 확인한다.

11 **계통에 연결할 때 주택용, 건물용 등 소용량의 경우에는 출력을 저압 계통에 직접연결하면 된다. 22.9kV로 승압하여 계통에 연결해야 하는 용량은 몇 kW 이상인가?**

① 100
② 200
③ 500
④ 1,000

해설 **발전설비용량에 따른 연결계통 전압**
- 100kW 미만 : 단상 220V, 380V
- 100kW 이상 : 3상 22.9kV
- 2,000kW 이상 : 3상 154kV

12 **태양광발전설비 중 개인대행자에게 전기안전관리를 대행할 수 있는 용량은 몇 kW 미만인가?**

① 100
② 250
③ 500
④ 1,000

해설 **전기안전관리법 시행규칙 제26조(안전관리업무의 대행 규모)**
- 250kW 미만 태양광발전설비 : 개인대행자에게 대행가능
- 1,000kW 미만 태양광발전설비 : 안전공사 및 대행사업자에게 대행가능

정답 10 ① 11 ① 12 ②

13 태양광발전시스템의 점검을 위해 1개월마다 주로 육안에 의해 실시하는 점검은?

① 준공점검
② 일상점검
③ 정기점검
④ 특별점검

해설 **일상점검**
1개월마다 일상점검하며, 주로 육안에 의해 실시한다. 권장하는 점검 중 이상이 발견되면 전문기술자와 상담한다.

14 용량이 100kW인 태양광발전설비의 정기점검은 매년 몇 번을 하는가?

① 1
② 2
③ 4
④ 6

해설 설치용량에 따라 정기점검의 횟수가 달라진다.

설치용량	점검 횟수
100kW 미만	연 2회(6개월에 1번)
100kW 이상	연 6회(2개월에 1번)

15 정기점검 실시 중 절연저항을 측정해야 할 개소가 아닌 것은?

① 접속함의 태양전지 모듈과 접지선
② 축전지 전극
③ 인버터 입출력 단자와 접지
④ 태양광발전용 개폐기

해설 정기점검 중 측정해야 할 개소는 크게 접속함, 모듈, 인버터 세 부분이다.
접속함의 절연저항 측정
- 태양전지 모듈 – 접지선 : 0.2MΩ 이상, 측정전압 직류 500V
- 출력단자 – 접지 간 : 1MΩ 이상, 측정전압 직류 500V

13 ② 14 ④ 15 ② **정답**

16 태양광발전설비의 계측기구 및 표시장치에 대한 설명이다. 틀린 것은?

① 일사 강도, 기온, 태양전지 어레이의 온도, 풍향, 습도 등의 검출기를 필요에 따라 설치한다.
② 신호변환기는 검출기로 검출된 데이터를 컴퓨터 및 먼 거리에 설치된 표시장치에 전송하는 경우에 사용된다.
③ 기억장치는 연산장치로서 컴퓨터를 사용하는 경우 컴퓨터에 저장을 하여 필요한 데이터를 복사하여 보존하는 방법이 일반적이다.
④ 각 계측기기의 표시장치는 소비전력이 적으므로 소규모 태양광발전시스템에서 계측항목은 세세히 나누어 정확히 정보를 알 수 있도록 운영하는 것이 중요하다.

해설 계측기기의 소비전력은 작지만 24시간 지속적으로 소비한다. 컴퓨터를 사용하여 계측하면 많은 전력을 소비하므로 소규모 시스템의 경우에는 계측항목을 최소한으로 줄여 운영하는 것이 중요하다.

17 검출된 데이터를 컴퓨터 및 먼 거리에 설치된 표시장치에 전송하는 경우에 사용되는 장치는?

① 검출기(센서)
② 신호변환기(트랜스듀서)
③ 연산장치
④ 기억장치

18 다음이 설명하는 기구를 가지고 측정하고자 하는 것은?

유리 돔 내측에 흑체가 내장된 수광판이 설치되어 조사된 빛을 흡수하여 열로 바꾼다. 열전대를 사용하여 온도변화를 전기신호로 변환한다.

① 온도
② 일사 강도
③ 태양전지 어레이의 온도
④ 풍향

해설 **일사계** : 유리 돔 내측에 흑체가 내장된 수광판이 설치되어 입사하는 빛의 거의 100%를 흡수하여 열로 바꾼다. 열전대를 사용하여 온도변화를 전기신호로 변환한다.

정답 16 ④ 17 ② 18 ②

19 태양광발전시스템도 전기설비에 포함되므로 안전관리자가 선임되어야 한다. 상주 안전관리자를 배치해야 하는 최소 전력용량(kW)은?

① 500
② 1,000
③ 2,000
④ 10,000

해설 전력용량 1,000kW 이상인 경우 상주 안전관리자를 배치해야 한다.

20 독립형 태양광발전시스템의 주요 구성장치가 아닌 것은?

① 태양전지(PV) 모듈
② 충방전 제어기
③ 축전지 또는 축전지 뱅크
④ 배전시스템 및 송전설비

해설 배전시스템 및 송전설비는 계통연계형 태양광발전시스템에 포함되는 송배전 설비이다.

21 파워컨디셔너의 단독운전 방지기능에서 능동적 방식에 속하지 않는 것은?

① 유효전력 변동방식
② 무효전력 변동방식
③ 주파수 시프트방식
④ 주파수 변화율 검출방식

해설
- 수동적 방식(검출시간 0.5초 이내, 유지시간 5~10초)
  전압위상 도약검출방식, 제3고조파 전압급증 검출방식, 주파수 변화율 검출방식
- 능동적 방식(검출시한 0.5~1초)
  주파수 시프트방식, 유효전력 변동방식, 무효전력 변동방식, 부하 변동방식

19 ② 20 ④ 21 ④ 정답

22 **태양전지 모듈의 발전성능시험은 옥외에서의 자연광원법으로 시험해야 하나 기상조건에 의해 일반적으로는 인공광원법을 채택하여 시험을 한다. 이때 기준 조건으로 바르게 짝지어진 것은?**

① AM(대기질량정수)1.0, 방사조도 1kW/m^2, 온도 25℃
② AM(대기질량정수)1.0, 방사조도 1,000W/m^2, 온도 20℃
③ AM(대기질량정수)1.5, 방사조도 1,000W/m^2, 온도 20℃
④ AM(대기질량정수)1.5, 방사조도 1kW/m^2, 온도 25℃

23 **태양전지 모듈의 최대출력 100W, 태양의 입사 강도는 1,000kW/m^2, 모듈의 면적이 0.5m^2일 때 변환효율은 몇 %인가?**

① 10
② 20
③ 25
④ 30

해설

$$\eta = \frac{P_{max}}{E \times S} \times 100 = \frac{100}{1,000 \times 0.5} \times 100 = 20\%$$

여기서, P_{max} : 최대출력
E : 입사광 강도(W/m^2)
S : 수광면적(m^2)

24 **태양전지 모듈 곡면을 감싸고 있는 금속 프레임과의 절연성능 시험에서 모듈의 넓이가 0.1m^2일 때, 절연저항값은 몇 MΩ 이상이어야 하는가?**

① 0.2
② 1
③ 40
④ 100

해설 절연저항값은 0.1m^2 이하에서는 100MΩ 이상, 0.1m^2 초과에서는 측정값과 면적의 곱이 40MΩ · m^2 이상일 때 합격이다.

정답 22 ④ 22 ② 24 ④

25 태양전지 모듈의 자외선에 의한 열화 정도를 시험하는 평가는?

① UV 시험
② 내열-내습성 시험
③ 온도사이클 시험
④ 온습도사이클 시험

해설 UV 시험 판정기준은 발전성능이 시험 전의 95% 이상이며, 절연저항 판정기준에 만족하고 외관은 두드러진 이상이 없을 때 합격이다.

26 환경온도의 불규칙한 반복에서, 구조나 재료 간의 열전도나 열팽창률의 차이에 의한 스트레스로 내구성을 시험할 때 발전성능은 시험 전의 몇 % 이상이 되어야 하는가?

① 80
② 90
③ 95
④ 99

해설 발전성능은 시험 전의 95% 이상이면 합격으로 본다.

27 다음 중 태양전지 어레이 변환효율을 나타내는 식은?

① $\dfrac{\text{태양전지 어레이 출력 전력}}{\text{경사면 일사량} \times \text{태양전지 어레이 면적}}$

② $\dfrac{\text{시스템발전 전력량}}{\text{경사면 일사량} \times \text{태양전지 어레이 면적}}$

③ $\dfrac{\text{시스템의 평균 발전 전력량}}{\text{부하소비 전력량}}$

④ $\dfrac{\text{시스템발전 전력량}}{24\text{h} \times \text{운전일수} \times \text{태양전지 어레이 설계용량}}$

해설 ② 시스템 발전효율
③ 태양에너지 의존율
④ 시스템 이용률

25 ① 26 ③ 27 ① 정답

28 **태양전지 모듈의 내구성에 미치는 영향 중 기상환경에 의한 열화에 대한 설명이다. 옳지 않은 것은?**

① EVA(충진재)의 황변현상, 필름 층의 크랙, 터미널 박스의 부식, 유리와 EVA 사이에 가수분해 등에 의해 단락전류의 증가현상이 발생한다.

② EVA가 장기간 자외선에 노출될 경우 광분해에 의해 변색되고 광투과율이 감소되어 전기적 성능을 감소시킨다.

③ 직렬저항에 의한 손실을 최소화하기 위해서는 전극접촉저항 및 표면저항을 줄이는 일이 매우 중요하다.

④ 일사강도가 크고 고온이거나 수분이 침투하여 리본 전극의 부식인 경우, 직렬저항을 증가시켜 태양전지 모듈의 전기적 성능을 감소시킨다.

해설 자외선의 영향을 강하게 받는 EVA(충진재)의 황변현상, 필름 층의 크랙, 터미널 박스의 부식, 유리와 EVA 사이에 가수분해 등 여러 가지 문제점이 발견되어 단락전류의 저하현상이 발생한다.

29 **태양광발전시스템에 설치된 실외형 계통연계 인버터의 외함 보호 등급은?**

① IP20 이상

② IP44 이상

③ IP54 이상

④ IP67 이상

해설

스트링수	설치장소
소형(3회로)	실내/실외 : IP54 이상
중대형(4회로 이상)	실내 : IP20 이상 실외 : IP54 이상

30 **중대형 태양광발전용 인버터에서 기준 범위 내 계통전압변화에 추종하여 안정하게 운전하기 위한 출력 전류의 종합 왜형률은 몇 % 이내인가?**

① 2

② 3

③ 4

④ 5

해설 교류 출력 전류 종합 왜형률이 5% 이내, 각 차수별 왜형률이 3% 이내, 역률은 0.95 이상

정답 28 ① 29 ③ 30 ④

31 태양광발전시스템에서 단독운전 검출 후, 몇 초 이내에 개폐기 개방 또는 게이트 블록 기능이 동작해야 하는가?

① 0.1
② 0.3
③ 0.5
④ 1

해설 단독운전 발생 후 최대 0.5초 이내에 배전계통에서 분리되어야 한다.

32 태양광발전시스템을 시험하기 위한 측정기는 아날로그 계기와 디지털 계기 중 어느 한쪽을 사용하거나, 또는 두 가지 기기를 병용한다. 이 측정기의 정확도는 몇 급 이상으로 하는가?

① 0.2
② 0.5
③ 1.0
④ 1.5

해설 측정기의 정확도는 파형 기록장치를 제외하고 0.5급 이상으로 한다. 파형 기록장치는 1급 이상으로 한다.
정밀도에 따른 분류 : 0.2, 0.5, 1.0, 1.5, 2.5급으로 나뉜다. 급의 수치는 최댓값에 대한 허용차의 한계를 %로 나타낸 것이다. 1.0급은 허용차 1.0%를 뜻한다.

33 중대형 태양광발전시스템에서 인버터의 대기 손실 전력은 몇 W 이하가 되도록 해야 하는가?

① 10
② 30
③ 50
④ 100

해설 중대형 태양광발전시스템에서 계통연계형인 경우 인버터가 운전하지 않을 때에 상용전력계통에서 수전하는 전력손실이 발생한다.
대기 손실
- 계통연계형인 경우 인버터가 운전하지 않을 때 상용전력계통에서 수전하는 전력손실이다.
- 대기 손실 전력이 100W 이하일 것

34 태양광발전시스템의 주변장치(BOS)가 아닌 것은?

① 개폐기
② 축전지
③ 출력조절기
④ 태양전지 어레이

해설 태양전지 어레이 구조물과 그 외의 구성기기를 일반적으로 주변장치(BOS)라고 한다. 이 시스템 구성기기 중에서 태양광발전 모듈을 제외한 가대, 개폐기, 축전지, 출력조절기, 계측기 등의 주변기기를 통틀어 주변장치라 부른다.

31 ③ 32 ② 33 ④ 34 ④ 정답

CHAPTER 03 태양광발전시스템 유지보수

01 **태양광발전소 구축 시, 소요비용은 10% 이내지만 향후 발전소 성능에 가장 큰 영향을 미치는 구성 요소는?**

① 태양전지 어레이
② 파워컨디셔너
③ 축전지
④ 배전시스템

해설 파워컨디셔너는 태양광발전시스템의 효율에 가장 중요한 역할을 하고 시스템의 고장 요소 중에서도 가장 많은 비중을 차지한다.

02 **태양전지 모듈의 유지관리 사항이 아닌 것은?**

① 모듈의 유리표면 청결유지
② 음영이 생기지 않도록 주변정리
③ 케이블 극성 유의 및 방수 커넥터 사용 여부
④ 셀이 병렬로 연결되었는지 여부

해설 셀의 병렬연결 여부는 설치 단계에서의 점검사항이다.

03 **태양광발전소의 정기검사는 몇 년마다 받아야 하는가?**

① 2
② 3
③ 4
④ 5

해설 전기사업용 및 자가용 태양광발전소의 태양전지, 전기설비 계통은 4년마다 정기검사를 시행해야 한다.

정답 1 ② 2 ④ 3 ③

04 운영계획 수립 시 점검 주기와 점검 내용이 맞지 않는 것은?

① 일간점검 : 태양전지 모듈 주위의 그림자 발생하는 물체 유무
② 주간점검 : 태양전지 모듈의 표면에 불순물 유무
③ 월간점검 : 태양전지 모듈 외부의 변형 발생 유무
④ 연간점검 : 태양전지 모듈의 결선상 탈선 부분 발생 유무

해설 태양전지 모듈의 결선상 탈선 발생 유무는 태양전지 모듈 제조 시 점검해야 할 사항이다.

05 태양전지 어레이의 출력전압이 480V일 때 전로의 절연저항은?

① 0.2MΩ 이상
② 0.4MΩ 이상
③ 0.5MΩ 이상
④ 1.0MΩ 이상

해설 전기설비기술기준 제52조(저압전로의 절연성능)

사용전압(V)	DC시험전압(V)	절연저항(MΩ)
SELV 및 PELV	250	0.5
FELV, 500V 이하	500	1.0
500V 초과	1,000	1.0

※ 특별저압(Extra Low Voltage : 2차 전압이 AC 50V, DC 120V 이하)으로 SELV(비접지회로 구성) 및 PELV(접지회로 구성)는 1차와 2차가 전기적으로 절연된 회로, FELV는 1차와 2차가 전기적으로 절연되지 않은 회로

06 태양광발전시스템의 어레이 출력이 440V인 절연저항을 측정하기 위한 DC시험전압(V)은?

① 250
② 500
③ 1,000
④ 2,000

해설 5번 해설 참조

4 ④ 5 ④ 6 ② **정답**

07 **태양전지 모듈, 전선 및 개폐기 등의 유지관리 사항 중 틀린 것은?**

① 전선의 공칭단면적 2.0mm^2 이상의 연동선 또는 동등 이상의 세기 및 굵기인지 확인한다.
② 전기적으로 완전한 접속과 동시에 접속점 장력이 가해지지 않도록 한다.
③ 충전부분이 노출되었는지 확인한다.
④ 전로에 단락이 생긴 경우, 전로를 보호하는 과전류보호장치 시설을 확인한다.

해설 전선의 공칭단면적 2.5mm^2 이상의 연동선 또는 동등 이상의 세기 및 굵기여야 한다.

08 **준공 시 태양전지 어레이의 점검항목이 아닌 것은?**

① 프레임 파손 및 변형 유무
③ 가대접지 상태
③ 표면의 오염 및 파손상태
④ 전력량계 설치 유무

09 **어레이(단자함) 및 접속함 점검내용이 아닌 것은?**

① 어레이 출력확인
② 절연저항 측정
③ 퓨즈 및 다이오드 소손 여부
④ 온도센서 동작확인

해설 온도센서는 접속함에 포함되어 있지 않다.

10 **태양광 인버터의 이상신호를 해결한 후에 재기동시킬 때, 인버터를 on한 후 몇 분 후에 재기동시켜야 하는가?**

① 즉시 기동
② 1분 후
③ 3분 후
④ 5분 후

해설 **투입저지 시한타이머 동작시험** : 인버터가 정지하여 5분 후 자동기동할 것

정답 7 ① 8 ④ 9 ④ 10 ④

11 **파워컨디셔너의 일상점검 항목이 아닌 것은?**

① 외함의 부식 및 파손
② 외부 배선의 손상 여부
③ 이상음, 악취 및 과열 상태
④ 가대의 부식 및 오염 상태

해설 가대의 부식 및 오염상태 점검은 태양전지 어레이의 준공 시 점검항목이다.

12 **태양광발전시스템에 있어 운전 정지 후에 해야 하는 점검 사항은?**

① 부하 전류 확인
② 단자의 조임상태 확인
③ 계기류의 이상 유무 확인
④ 각 선간전압 확인

해설 단자의 조임상태 확인은 감전의 위험이 있고 단선될 수 있으므로 발전시스템을 정지시킨 후에 점검해야 한다. 또한 선지의 다른 항목들은 운전 정지 후에는 측정할 수 없는 항목들이다.

13 **자가용 태양광발전설비의 사용 전 검사 항목이 아닌 것은?**

① 부하운전시험 검사
② 변압기본체 검사
③ 전력변환장치 검사
④ 종합연동시험 검사

해설 변압기본체 검사는 사업용 태양광설비의 사용 전 검사 항목이다.

14 **태양광발전시스템 장애나 실패 원인 중 가장 발생빈도가 높은 원인은?**

① 인버터 고장
② 느슨한 결선
③ 스트링 퓨즈의 결함
④ 서지 전압 보호기 결함

해설 태양광발전시스템의 고장 원인 중 가장 큰 요인은 인버터의 고장이다.

11 ④ 12 ② 13 ② 14 ① 정답

15 인버터 변환효율을 구하는 식은?(단, P_{AC}는 교류 입력 전력, P_{DC}는 직류 입력 전력이다)

① $\dfrac{P_{AC}}{P_{DC}} \times 100\%$

② $\dfrac{P_{DC}}{P_{AC}} \times 100\%$

③ $\dfrac{P_{DC}}{P_{AC}+P_{DC}} \times 100\%$

④ $\dfrac{P_{AC}}{P_{AC}+P_{DC}} \times 100\%$

해설 **최고 효율** : 전력변환(직류 → 교류, 교류 → 직류)을 시행할 때, 최고의 변환효율이다(일반적으로 부하 70%에서 최고의 변환효율을 가짐).

$$\eta_{max} = \frac{P_{AC}}{P_{DC}} \times 100\%$$

16 태양광발전설비를 유지관리하기 위해서 몇 kW 이상은 사전에 인가를 받고 공사를 해야 하는가?

① 500

② 1,000

③ 5,000

④ 10,000

해설 10,000kW 이상의 태양광발전시스템은 사전에 인가를 받아야 하며, 10,000kW 미만은 신고 후 공사해야 한다.

17 태양광발전시스템 준공 시 점검사항이 아닌 것은?

① 절연저항 측정

② 태양전지 어레이의 개방전압 측정

③ 태양전지 어레이의 최대전력 측정

④ 접지저항

해설 시스템 준공 시 점검사항은 육안점검 외에 태양전지 어레이의 개방전압, 각 부의 절연저항, 접지저항 등을 측정한다.

정답 15 ① 16 ④ 17 ③

18 태양광발전시스템의 유지보수 관점에서 점검의 종류가 아닌 것은?

① 사용 전 점검
② 일상점검
③ 정기점검
④ 임시점검

해설 유지보수 관점에서의 점검의 종류는 일상점검, 정기점검, 임시점검이 있다.

19 일상점검에서 인버터의 육안점검 사항이 아닌 것은?

① 외함의 부식 및 손상확인
② 외부배선(접속 케이블)의 손상확인
③ 환기확인
④ 표시부의 동작확인

해설 표시부의 동작확인은 정기점검 시 점검해야 하는 시험 및 측정사항이다.

인버터의 일상점검

육안점검	부식 및 녹이 없고 충전부가 노출되지 않을 것
	인버터에 접속된 배선에 손상이 없을 것
	환기구를 막고 있지 않을 것
	운전 시 이상음, 악취, 이상과열이 없을 것
	표시부에 이상표시가 없을 것
	표시부의 발전상황에 이상이 없을 것

20 400kW의 태양광발전설비의 정기검점은 월 몇 회 정도 해야 하는가?

① 1
② 2
③ 3
④ 4

해설
- 300kW 이하 : 월 1회 이상
- 500kW 이하 : 월 2회 이상
- 700kW 이하 : 월 3회 이상
- 1,000kW 이하 : 월 4회 이상

18 ① 19 ④ 20 ② 정답

21 태양광발전시스템에서 정기점검 중 태양전지와 접지선 간의 절연저항값은 몇 MΩ 이상 나와야 하는가?

① 0.1
② 0.2
③ 0.5
④ 1

해설 **측정 및 시험**
- 태양전지 – 접지선 절연저항 : 0.2MΩ 이상 측정전압 DC 500V
- 출력단자 – 접지 간 절연저항 : 1MΩ 이상 측정전압 DC 500V

22 사고가 발생한 경우에 하는 점검을 무엇이라 하는가?

① 사용 전 점검
② 일상점검
③ 정기점검
④ 임시점검

해설 임시점검 시에는 사고의 원인 영향분석, 대책을 수립하여 보수 조치해야 한다.

23 점검작업 시 주의사항으로 잘못된 것은?

① 안전사고 예방조치 후 2인 1조로 보수점검에 임한다.
② 콘덴서나 케이블의 접속부 점검 시 전류전하를 충전시키고 개방한다.
③ 점검 후 안전을 위해 설치한 접지선은 반드시 제거한다.
④ 점검 후 반드시 점검 및 수리한 요점 및 고장상황, 일자를 기록한다.

해설 **점검작업 시 주의사항**
- 안전사고 예방조치 후 2인 1조로 보수점검에 임한다.
- 응급처치 방법 및 설비 기계의 안전을 확인한다.
- 무전압 상태 확인 및 안전조치
  - 관련된 차단기, 단로기를 열어 무전압 상태로 만든다.
  - 검전기를 사용하여 무전압 상태를 확인하고 필요한 개소는 접지를 실시한다.
  - 특고압 및 고압 차단기는 개방하여 테스트 포지션 위치로 인출하고, '점검 중'이라는 표찰을 부착한다.
  - 단로기는 쇄정시킨 후 '점검 중' 표찰을 부착한다.
  - 수배전반 또는 모선 연락반은 전원이 되돌아와서 살아있는 경우가 있으므로 차단기나 단로기를 꼭 차단하고 '점검 중'이라는 표찰을 부착한다.
- 잔류 전압에 주의(콘덴서나 케이블의 접속부 점검 시 전류전하를 방전시키고 접지한다).
- 절연용 보호기구 준비한다.
- 점검 후 안전을 위해 설치한 접지선은 반드시 제거한다.
- 점검 후 반드시 점검 및 수리한 요점 및 고장상황, 일자를 기록한다.

정답 21 ② 22 ④ 23 ②

24 **송변전설비는 모선 정전의 기회가 별로 없으나 심각한 사고를 방지하기 위해 몇 년에 1번 정도 점검하는 것이 좋은가?**

① 2

② 3

③ 4

④ 5

해설 송변전설비는 모선 정전의 기회는 별로 없으나 심각한 사고를 방지하기 위해 3년에 1번 정도 점검하는 것이 좋다.

25 **송변전설비의 일상순시점검에 대한 설명이다. 바르지 못한 것은?**

① 이상한 소리, 냄새, 손상 등을 배전반 외부에서 점검항목의 대상에 따라서 점검한다.

② 이상상태를 발견한 경우에는 배전반의 문을 열고 이상 정도를 확인한다.

③ 이상상태의 내용을 기록하여 정기점검 시 반영하여 참고자료로 활용한다.

④ 원칙적으로 정전을 한 후, 무전압 상태에서 기기의 이상 상태를 점검하고 필요에 따라 기기를 분해하여 점검한다.

해설 ④는 송변전설비 정기점검에 대한 설명이다.

26 **한전과 발전사업자 간의 책임분계점 기기는?**

① LBS

② PT

③ COS

④ 피뢰기

해설 ③ COS : 책임분계점
① LBS : 부하개폐기
② PT : 계기용 변압기

정답 24 ② 25 ④ 26 ③

27 **저압의 배전반이나 분전반에서 과전류 및 사고전류를 차단하는 기기는?**

① 부하개폐기
② 배선용 차단기
③ 컷아웃스위치
④ 피뢰기

해설
- 배선용 차단기 : 과전류 및 사고전류 차단
- 부하개폐기(LBS) : 선로의 부하차단 등 회로 차단
- 전력퓨즈(PF) : 사고전류 차단, 후비보호
- 컷아웃스위치(COS) : 과전류로 기기 보호와 개폐에 이용함
- 피뢰기(LA) : 개폐 시 이상전압, 낙뢰로부터 보호

28 **태양광발전시스템의 고장진단을 위해 태양전지 어레이의 출력을 확인하고자 한다. 개방전압을 측정할 때 유의해야 할 사항이 아닌 것은?**

① 태양전지 어레이의 표면을 청소할 필요가 있다.
② 각 스트링의 측정은 안정된 일사강도가 얻어질 때 실시한다.
③ 개방전압은 교류전압계로 측정한다.
④ 태양전지 셀은 비오는 날에도 미소한 전압이 발생되기에 매우 주의하여 측정해야 한다.

해설 측정시각은 일사강도, 맑을 때(온도의 변동을 극히 적게 하기 위해), 남쪽에 있을 때의 전후 1시간에 실시하는 것이 바람직하다. 개방전압은 직류전압계로 측정한다.

정답 27 ② 28 ③

29 **태양전지 어레이의 단락전류를 측정함으로써 알 수 있는 것은?**

① 태양전지 모듈의 이상 유무
② 인버터의 이상 유무
③ 전력용 축전지의 이상 유무
④ 전력계통의 이상 유무

해설 태양전지 어레이의 단락전류를 측정함으로써 태양전지 모듈의 이상 유무를 검출할 수 있다.

30 **태양전지 어레이의 절연저항 측정 시 유의사항에 대한 설명이다. 틀린 것은?**

① 일사가 있을 때 측정하는 것은 큰 단락전류가 흘러 매우 위험하므로 단락용 개폐기를 이용할 수 없는 경우에는 절대 측정하지 말아야 한다.
② 측정 시에는 일사강도를 낮추고 온도의 변동을 극히 적게 하기 위해, 맑은 날 남쪽에 있을 때 전후 1시간에 실시하는 것이 바람직하다.
③ 측정 시 태양전지 모듈에 커버를 씌워 태양전지 셀의 출력을 저하시키면 보다 안전하게 측정할 수 있다.
④ 단락용 개폐기 및 전선은 고무 절연막 등으로 대지절연을 유지함으로써 보다 정확한 측정값을 얻을 수 있다.

해설 ②는 태양전지 어레이의 개방전압을 측정할 때 유의해야 할 사항이다.

29 ① 30 ② 정답

01 절연용 보호구가 아닌 것은?

① 안전대
② 안전모
③ 전기용 고무장갑
④ 전기용 고무절연장화

해설 절연용 보호구의 종류에는 안전모, 전기용 고무장갑, 전기용 고무절연장화 등이 있다.

02 태양광발전시스템의 감전사고 예방 대책으로 틀린 것은?

① 태양전지 모듈 등 전원 개방
② 고무장갑 착용
③ 누전 차단기 설치
④ 전선피복 상태관리

해설 반드시 절연장갑을 착용해야 한다.

03 전기안전규칙 준수사항에 대한 설명 중 틀린 것은?

① 접지선 확보
② 한 손보다 가능하면 양손 작업
③ 바닥이 젖은 상태에서는 작업불가
④ 혼자 작업 불가

해설 전기작업은 양손을 사용하지 말고 가능하면 한 손으로 작업한다.

04 태양광발전시스템의 안전관리 대책 중 감전사고 예방 대책이 아닌 것은?

① 안전벨트 착용
② 절연장갑 착용
③ 태양전지 모듈 등 전원 개방
④ 누전차단기 설치

해설 **추락사고 예방장비** : 안전모, 안전화, 안전벨트 착용

정답 1 ① 2 ② 3 ② 4 ①

05 안전장비 종류 중 절연용 보호구는 몇 V 이하 전로의 활선작업에 사용할 수 있는가?

① 600
② 3,000
③ 7,000
④ 22,900

해설 절연용 보호구는 7,000V 이하의 전로의 활선작업 또는 활선 근접작업을 할 때 작업자의 감전사고를 방지하고자 작업자 몸에 부착하는 것이다.

06 다음 중 정전작업을 위한 정전절차의 국제사회안전협의(ISSA) 5대 안전수칙이 아닌 것은?

① 작업 전 전원차단
② 작업장소의 무전압 여부 확인
③ 단락접지
④ 접지선의 제거

해설 **정전절차 5단계**
작업 전 전원차단 → 전원투입의 방지 → 작업장소의 무전압 여부 확인 → 단락접지 → 작업장소 보호

07 절연용 방호구가 아닌 것은?

① 고무판
② 애자커버
③ 조작봉
④ 절연커버

해설 절연용 방호구는 전로의 충전부에 장착하는 것으로 25,000V 이하 전로의 활선작업이나 활선근접 작업 시에 사용한다. 종류로는 고무판, 절연관, 절연시트, 절연커버, 애자커버 등이 있다.

5 ③ 6 ④ 7 ③ 정답

08 활선 및 활선근접 작업 시 안전대책으로 틀린 것은?

① 충전전로의 방호
② 작업자 절연 보호
③ 안전거리 확보
④ 접지선 확인

해설 활선 및 활선 근접 작업 시 안전대책은 충전전로의 방호, 작업자 절연 보호, 안전거리 확보(섬락에 의한 감전충격)에 있다.

09 절연용 방호구는 최대 몇 V 이하의 전로의 활선작업에 사용되는가?

① 7,000
② 10,000
③ 20,000
④ 25,000

해설 절연용 방호구는 25,000V 이하 전로의 활선작업이나 활선근접 작업에 사용한다.

10 활선 및 활선근접 작업을 할 때 송전선에 대한 허용접근거리(D)를 구하는 공식은?

A : 최대동작범위 b : 전극배치, 전압파형, 기상조건에 대한 안전계수 F : 전선과 대지 간에 발생하는 과전압최대치에 대한 섬락거리

① $D = A + bF$
② $D = b + AF$
③ $D = F + bA$
④ $D = Ab + F$

정답 8 ④ 9 ④ 10 ①

11 사용전압이 22.9kV인 경우 접근한계거리(cm)는 얼마인가?

① 30

② 45

③ 60

④ 90

해설 사용전압에 따른 접근한계거리

충전전로의 선간전압(kV)	충전전로에 대한 접근한계거리(cm)
0.3 이하	접촉금지
0.3 초과 0.75 이하	30
0.75 초과 2 이하	45
2 초과 15 이하	60
15 초과 37 이하	90
37 초과 88 이하	110
88 초과 121 이하	130
121 초과 145 이하	150
145 초과 169 이하	170
169 초과 242 이하	230
242 초과 362 이하	380
362 초과 550 이하	550
550 초과 800 이하	790

12 전기안전규칙 준수사항으로 틀린 것은?

① 단전시켰을 때는 편안하게 작업한다.

② 현장 조건과 위험요소를 사전에 확인한다.

③ 접지선을 확보한다.

④ 안전장치의 고장을 대비한다.

해설 항상 통전 중이라 생각하고 작업한다.

11 ④ 12 ① 정답

PART 03

신재생에너지 관련 법규

01 신재생에너지 관련 법

신재생에너지는 전기공급과 관련된 사업으로 전기관계법규인 전기사업법, 전기공사업법, 전기설비기술기준 및 한국전기설비규정(KEC)에 따라 시공 및 설치를 해야 하고, 직접적으로는 신에너지 및 재생에너지 개발·이용·보급 촉진법과 기후위기 대응을 위한 탄소중립·녹색성장 기본법에 기초하여 개발 및 설치허가 및 관리 운영을 한다. 그중에서 가장 직접적으로 접촉되는 신에너지 및 재생에너지 개발·이용·보급 촉진법 및 시행규칙에 대해 알아본다.

1. 신에너지 및 재생에너지 개발 · 이용 · 보급 촉진법

(1) 제1조(목적)

이 법은 신에너지 및 재생에너지의 기술개발 및 이용·보급 촉진과 신에너지 및 재생에너지 산업의 활성화를 통하여 에너지원을 다양화하고, 에너지의 안정적인 공급, 에너지 구조의 환경친화적 전환 및 온실가스 배출의 감소를 추진함으로써 환경의 보전, 국가경제의 건전하고 지속적인 발전 및 국민복지의 증진에 이바지함을 목적으로 한다.

(2) 제2조(정의)

이 법에서 사용하는 용어의 뜻은 다음과 같다.

① "신에너지"란 기존의 화석연료를 변환시켜 이용하거나 수소·산소 등의 화학 반응을 통하여 전기 또는 열을 이용하는 에너지로서 다음의 어느 하나에 해당하는 것을 말한다.
   ㉠ 수소에너지
   ㉡ 연료전지
   ㉢ 석탄을 액화·가스화한 에너지 및 중질잔사유(重質殘渣油)를 가스화한 에너지로서 대통령령으로 정하는 기준 및 범위에 해당하는 에너지
   ㉣ 그 밖에 석유·석탄·원자력 또는 천연가스가 아닌 에너지로서 대통령령으로 정하는 에너지

② "재생에너지"란 햇빛·물·지열(地熱)·강수(降水)·생물유기체 등을 포함하는 재생 가능한 에너지를 변환시켜 이용하는 에너지로서 다음의 어느 하나에 해당하는 것을 말한다.
   ㉠ 태양에너지
   ㉡ 풍력
   ㉢ 수력
   ㉣ 해양에너지

㉤ 지열에너지

㉥ 생물자원을 변환시켜 이용하는 바이오에너지로서 대통령령으로 정하는 기준 및 범위에 해당하는 에너지

㉦ 폐기물에너지(비재생폐기물로부터 생산된 것은 제외한다)로서 대통령령으로 정하는 기준 및 범위에 해당하는 에너지

㉧ 그 밖에 석유·석탄·원자력 또는 천연가스가 아닌 에너지로서 대통령령으로 정하는 에너지

③ "신에너지 및 재생에너지 설비"(이하 "신재생에너지 설비"라 한다)란 신에너지 및 재생에너지(이하 "신재생에너지"라 한다)를 생산 또는 이용하거나 신재생에너지의 전력계통 연계조건을 개선하기 위한 설비로서 산업통상자원부령으로 정하는 것을 말한다.

④ "신재생에너지 발전"이란 신재생에너지를 이용하여 전기를 생산하는 것을 말한다.

⑤ "신재생에너지 발전사업자"란 전기사업법에 따른 발전사업자 또는 자가용 전기설비를 설치한 자로서 신재생에너지 발전을 하는 사업자를 말한다.

(3) 제5조(기본계획의 수립)

① 산업통상자원부장관은 관계 중앙행정기관의 장과 협의를 한 후 신재생에너지정책심의회의 심의를 거쳐 신재생에너지의 기술개발 및 이용·보급을 촉진하기 위한 기본계획(이하 "기본계획"이라 한다)을 5년마다 수립하여야 한다.

② 기본계획의 계획기간은 10년 이상으로 하며, 기본계획에는 다음의 사항이 포함되어야 한다.

㉠ 기본계획의 목표 및 기간

㉡ 신재생에너지원별 기술개발 및 이용·보급의 목표

㉢ 총전력생산량 중 신재생에너지 발전량이 차지하는 비율의 목표

㉣ 에너지법에 따른 온실가스의 배출 감소 목표

㉤ 기본계획의 추진방법

㉥ 신재생에너지 기술수준의 평가와 보급전망 및 기대효과

㉦ 신재생에너지 기술개발 및 이용·보급에 관한 지원 방안

㉧ 신재생에너지 분야 전문인력 양성계획

㉨ 직전 기본계획에 대한 평가

㉩ 그 밖에 기본계획의 목표달성을 위하여 산업통상자원부장관이 필요하다고 인정하는 사항

③ 산업통상자원부장관은 신재생에너지의 기술개발 동향, 에너지 수요·공급 동향의 변화, 그 밖의 사정으로 인하여 수립된 기본계획을 변경할 필요가 있다고 인정하면 관계 중앙행정기관의 장과 협의를 한 후 신재생에너지정책심의회의 심의를 거쳐 그 기본계획을 변경할 수 있다.

(4) 제8조(신재생에너지정책심의회)

① 신재생에너지의 기술개발 및 이용·보급에 관한 중요 사항을 심의하기 위하여 산업통상자원부에 신재생에너지정책심의회(이하 "심의회"라 한다)를 둔다.

② 심의회는 다음의 사항을 심의한다.

㉠ 기본계획의 수립 및 변경에 관한 사항. 다만, 기본계획의 내용 중 대통령령으로 정하는 경미한 사항을 변경하는 경우는 제외한다.

㉡ 신재생에너지의 기술개발 및 이용·보급에 관한 중요 사항

㉢ 신재생에너지 발전에 의하여 공급되는 전기의 기준가격 및 그 변경에 관한 사항

㉣ 신재생에너지 이용·보급에 필요한 관계 법령의 정비 등 제도개선에 관한 사항

㉤ 그 밖에 산업통상자원부장관이 필요하다고 인정하는 사항

③ 심의회의 구성·운영과 그 밖에 필요한 사항은 대통령령으로 정한다.

(5) 제10조(조성된 사업비의 사용)

산업통상자원부장관은 조성된 사업비를 다음의 사업에 사용한다.

① 신재생에너지의 자원조사, 기술수요조사 및 통계작성

② 신재생에너지의 연구·개발 및 기술평가

③ 신재생에너지 공급의무화 지원

④ 신재생에너지 설비의 성능평가·인증 및 사후관리

⑤ 신재생에너지 기술정보의 수집·분석 및 제공

⑥ 신재생에너지 분야 기술지도 및 교육·홍보

⑦ 신재생에너지 분야 특성화대학 및 핵심기술연구센터 육성

⑧ 신재생에너지 분야 전문인력 양성

⑨ 신재생에너지 설비 설치기업의 지원

⑩ 신재생에너지 시범사업 및 보급사업

⑪ 신재생에너지 이용의무화 지원

⑫ 신재생에너지 관련 국제협력

⑬ 신재생에너지 기술의 국제표준화 지원

⑭ 신재생에너지 설비 및 그 부품의 공용화 지원

⑮ 그 밖에 신재생에너지의 기술개발 및 이용·보급을 위하여 필요한 사업으로서 대통령령으로 정하는 사업

(6) 제12조의5(신재생에너지 공급의무화 등)

① 산업통상자원부장관은 신재생에너지의 이용·보급을 촉진하고 신재생에너지산업의 활성화를 위하여 필요하다고 인정하면 다음의 어느 하나에 해당하는 자 중 대통령령으로 정하는 자(이하 "공급의무자"라 한다)에게 발전량의 일정량 이상을 의무적으로 신재생에너지를 이용하여 공급하게 할 수 있다.

㉠ 전기사업법 제2조에 따른 발전사업자
㉡ 집단에너지사업법 제9조 및 제48조에 따라 전기사업법 제7조제1항에 따른 발전사업의 허가를 받은 것으로 보는 자
㉢ 공공기관

② 공급의무자가 의무적으로 신재생에너지를 이용하여 공급하여야 하는 발전량(이하 "의무공급량"이라 한다)의 합계는 총전력생산량의 25% 이내의 범위에서 연도별로 대통령령으로 정한다. 이 경우 균형 있는 이용·보급이 필요한 신재생에너지에 대하여는 대통령령으로 정하는 바에 따라 총의무공급량 중 일부를 해당 신재생에너지를 이용하여 공급하게 할 수 있다.

③ 공급의무자의 의무공급량은 산업통상자원부장관이 공급의무자의 의견을 들어 공급의무자별로 정하여 고시한다. 이 경우 산업통상자원부장관은 공급의무자의 총발전량 및 발전원(發電源) 등을 고려하여야 한다.

④ 공급의무자는 의무공급량의 일부에 대하여 3년의 범위에서 그 공급의무의 이행을 연기할 수 있다.

⑤ 공급의무자는 신재생에너지 공급인증서를 구매하여 의무공급량에 충당할 수 있다.

⑥ 산업통상자원부장관은 공급의무의 이행 여부를 확인하기 위하여 공급의무자에게 대통령령으로 정하는 바에 따라 필요한 자료의 제출 또는 공급인증서를 구매하여 의무공급량에 충당하거나 발급받은 신재생에너지 공급인증서의 제출을 요구할 수 있다.

⑦ ④에 따라 공급의무의 이행을 연기할 수 있는 총량과 연차별 허용량, 그 밖에 필요한 사항은 대통령령으로 정한다.

(7) 제12조의6(신재생에너지 공급 불이행에 대한 과징금)

① 산업통상자원부장관은 공급의무자가 의무공급량에 부족하게 신재생에너지를 이용하여 에너지를 공급한 경우에는 대통령령으로 정하는 바에 따라 그 부족분에 제12조의7에 따른 신재생에너지 공급인증서의 해당 연도 평균거래 가격의 100분의 150을 곱한 금액의 범위에서 과징금을 부과할 수 있다.

② 과징금을 납부한 공급의무자에 대하여는 그 과징금의 부과기간에 해당하는 의무공급량을 공급한 것으로 본다.

③ 산업통상자원부장관은 과징금을 납부하여야 할 자가 납부기한까지 그 과징금을 납부하지 아니한 때에는 국세 체납처분의 예를 따라 징수한다.

④ ① 및 ③에 따라 징수한 과징금은 전기사업법에 따른 전력산업기반기금의 재원으로 귀속된다.

(8) 제12조의8(공급인증기관의 지정 등)

① 산업통상자원부장관은 공급인증서 관련 업무를 전문적이고 효율적으로 실시하고 공급인증서의 공정한 거래를 위하여 다음의 어느 하나에 해당하는 자를 공급인증기관으로 지정할 수 있다.

㉠ 신재생에너지센터

㉡ 전기사업법 제35조에 따른 한국전력거래소

㉢ 공급인증기관의 업무에 필요한 인력·기술능력·시설·장비 등 대통령령으로 정하는 기준에 맞는 자

② 공급인증기관으로 지정받으려는 자는 산업통상자원부장관에게 지정을 신청하여야 한다.

③ 공급인증기관의 지정방법·지정절차, 그 밖에 공급인증기관의 지정에 필요한 사항은 산업통상자원부령으로 정한다.

(9) 제12조의9(공급인증기관의 업무 등)

① 제12조의8에 따라 지정된 공급인증기관은 다음의 업무를 수행한다.

㉠ 공급인증서의 발급, 등록, 관리 및 폐기

㉡ 국가가 소유하는 공급인증서의 거래 및 관리에 관한 사무의 대행

㉢ 거래시장의 개설

㉣ 공급의무자가 법에 따른 의무를 이행하는 데 지급한 비용의 정산에 관한 업무

㉤ 공급인증서 관련 정보의 제공

㉥ 그 밖에 공급인증서의 발급 및 거래에 딸린 업무

② 공급인증기관은 업무를 시작하기 전에 산업통상자원부령으로 정하는 바에 따라 공급인증서 발급 및 거래시장 운영에 관한 규칙(이하 "운영규칙"이라 한다)을 제정하여 산업통상자원부장관의 승인을 받아야 한다. 운영규칙을 변경하거나 폐지하는 경우(산업통상자원부령으로 정하는 경미한 사항의 변경은 제외한다)에도 또한 같다.

③ 산업통상자원부장관은 공급인증기관에 ①에 따른 업무의 계획 및 실적에 관한 보고를 명하거나 자료의 제출을 요구할 수 있다.

④ 산업통상자원부장관은 다음의 어느 하나에 해당하는 경우에는 공급인증기관에 시정기간을 정하여 시정을 명할 수 있다.

㉠ 운영규칙을 준수하지 아니한 경우

㉡ ③에 따른 보고를 하지 아니하거나 거짓으로 보고한 경우

㉢ ③에 따른 자료의 제출 요구에 따르지 아니하거나 거짓의 자료를 제출한 경우

(10) 제12조의10(공급인증기관 지정의 취소 등)

① 산업통상자원부장관은 공급인증기관이 다음의 어느 하나에 해당하는 경우에는 산업통상자원부령으로 정하는 바에 따라 그 지정을 취소하거나 1년 이내의 기간을 정하여 그 업무의 전부 또는 일부의 정지를 명할 수 있다. 다만, ㉠ 또는 ㉡에 해당하는 때에는 그 지정을 취소하여야 한다.

㉠ 거짓이나 그 밖의 부정한 방법으로 지정을 받은 경우

㉡ 업무정지 처분을 받은 후 그 업무정지 기간에 업무를 계속한 경우

㉢ 법에 따른 지정기준에 부적합하게 된 경우

㉣ 법에 따른 시정명령을 시정기간에 이행하지 아니한 경우

② 산업통상자원부장관은 공급인증기관이 ①의 ㉢ 또는 ㉣에 해당하여 업무정지를 명하여야 하는 경우로서 그 업무의 정지가 그 이용자 등에게 심한 불편을 주거나 그 밖에 공익을 해칠 우려가 있으면 그 업무정지 처분을 갈음하여 5천만원 이하의 과징금을 부과할 수 있다.

③ 과징금을 부과하는 위반행위의 종별·정도 등에 따른 과징금의 금액과 그 밖에 필요한 사항은 대통령령으로 정한다.

④ 산업통상자원부장관은 과징금을 납부하여야 할 자가 납부기한까지 그 과징금을 납부하지 아니한 때에는 국세 체납처분의 예를 따라 징수한다.

(11) 제13조(신재생에너지 설비의 인증 등)

① 신재생에너지 설비를 제조하거나 수입하여 판매하려는 자는 산업표준화법에 따른 제품의 인증(이하 "설비인증"이라 한다)을 받을 수 있다.

② 산업통상자원부장관은 산업통상자원부령으로 정하는 바에 따라 ①에 따른 설비인증에 드는 경비의 일부를 지원하거나, 산업표준화법에 따라 지정된 설비인증기관(이하 "설비인증기관"이라 한다)에 대하여 지정 목적상 필요한 범위에서 행정상의 지원 등을 할 수 있다.

③ 설비인증에 관하여 이 법에 특별한 규정이 있는 경우를 제외하고는 산업표준화법에서 정하는 바에 따른다.

(12) 제34조(벌칙)

① 거짓이나 부정한 방법으로 발전차액을 지원받은 자와 그 사실을 알면서 발전차액을 지급한 자는 3년 이하의 징역 또는 지원받은 금액의 3배 이하에 상당하는 벌금에 처한다.

② 거짓이나 부정한 방법으로 공급인증서를 발급받은 자와 그 사실을 알면서 공급인증서를 발급한 자는 3년 이하의 징역 또는 3천만원 이하의 벌금에 처한다.

③ 법을 위반하여 공급인증기관이 개설한 거래시장 외에서 공급인증서를 거래한 자는 2년 이하의 징역 또는 2천만원 이하의 벌금에 처한다.

④ 법인의 대표자나 법인 또는 개인의 대리인, 사용인, 그 밖의 종업원이 그 법인 또는 개인의 업무에 관하여 ①부터 ③까지의 어느 하나에 해당하는 위반행위를 하면 그 행위자를 벌하는 외에 그 법인 또는 개인에게도 해당 조문의 벌금형을 과(科)한다. 다만, 법인 또는 개인이 그 위반행위를 방지하기 위하여 해당 업무에 관하여 상당한 주의와 감독을 게을리하지 아니한 경우에는 그러하지 아니하다.

(13) 제35조(과태료)

① 다음의 어느 하나에 해당하는 자에게는 1천만원 이하의 과태료를 부과한다.

㉠ 법을 위반하여 보험 또는 공제에 가입하지 아니한 자

㉡ 법에 따른 자료제출요구에 따르지 아니하거나 거짓 자료를 제출한 자

② ①에 따른 과태료는 대통령령으로 정하는 바에 따라 산업통상자원부장관이 부과·징수한다.

2. 신에너지 및 재생에너지 개발·이용·보급 촉진법 시행규칙

(1) 제1조(목적)

이 규칙은 신에너지 및 재생에너지 개발·이용·보급 촉진법 및 같은 법 시행령에서 위임된 사항과 그 시행에 필요한 사항을 규정함을 목적으로 한다.

(2) 제2조(신재생에너지 설비)

신에너지 및 재생에너지 개발·이용·보급 촉진법(이하 "법"이라 한다) 제2조제3호에서 "산업통상자원부령으로 정하는 것"이란 다음의 설비 및 그 부대설비(이하 "신재생에너지 설비"라 한다)를 말한다.

① **수소에너지 설비** : 물이나 그 밖에 연료를 변환시켜 수소를 생산하거나 이용하는 설비

② **연료전지 설비** : 수소와 산소의 전기화학 반응을 통하여 전기 또는 열을 생산하는 설비

③ **석탄을 액화·가스화한 에너지 및 중질잔사유(重質殘渣油)를 가스화한 에너지 설비** : 석탄 및 중질잔사유의 저급 연료를 액화 또는 가스화시켜 전기 또는 열을 생산하는 설비

④ **태양에너지 설비**

㉠ **태양열 설비** : 태양의 열에너지를 변환시켜 전기를 생산하거나 에너지원으로 이용하는 설비

㉡ **태양광 설비** : 태양의 빛에너지를 변환시켜 전기를 생산하거나 채광(採光)에 이용하는 설비

⑤ **풍력 설비** : 바람의 에너지를 변환시켜 전기를 생산하는 설비

⑥ **수력 설비** : 물의 유동(流動)에너지를 변환시켜 전기를 생산하는 설비

⑦ **해양에너지 설비** : 해양의 조수, 파도, 해류, 온도차 등을 변환시켜 전기 또는 열을 생산하는 설비

⑧ **지열에너지 설비** : 물, 지하수 및 지하의 열 등의 온도차를 변환시켜 에너지를 생산하는 설비

⑨ **바이오에너지 설비** : 신에너지 및 재생에너지 개발·이용·보급 촉진법 시행령 별표 1의 바이오에너지를 생산하거나 이를 에너지원으로 이용하는 설비

⑩ **폐기물에너지 설비** : 폐기물을 변환시켜 연료 및 에너지를 생산하는 설비

⑪ **수열에너지 설비** : 물의 열을 변환시켜 에너지를 생산하는 설비

⑫ **전력저장 설비** : 신에너지 및 재생에너지(이하 "신재생에너지"라 한다)를 이용하여 전기를 생산하는 설비와 연계된 전력저장 설비

(3) 제2조의2(신재생에너지 공급인증서의 거래 제한)

법 제12조의7제6항에서 "산업통상자원부령으로 정하는 사유"란 다음의 경우를 말한다.

① 공급인증서가 발전소별로 5,000kW를 넘는 수력을 이용하여 에너지를 공급하고 발급된 경우

② 공급인증서가 기존 방조제를 활용하여 건설된 조력(潮力)을 이용하여 에너지를 공급하고 발급된 경우

③ 공급인증서가 석탄을 액화·가스화한 에너지 또는 중질잔사유를 가스화한 에너지를 이용하여 에너지를 공급하고 발급된 경우

④ 공급인증서가 폐기물에너지 중 화석연료에서 부수적으로 발생하는 폐가스로부터 얻어지는 에너지를 이용하여 에너지를 공급하고 발급된 경우

(4) 제2조의3(공급인증기관의 지정방법 등)

① 공급인증기관(이하 "공급인증기관"이라 한다)으로 지정을 받으려는 자는 공급인증기관 지정신청서에 다음의 서류를 첨부하여 산업통상자원부장관에게 제출하여야 한다.

㉠ 정관(법인인 경우만 해당한다)

㉡ 공급인증기관의 운영계획서

㉢ 공급인증기관의 업무에 필요한 인력·기술능력·시설 및 장비 현황에 관한 자료

② ①에 따른 신청을 받은 산업통상자원부장관은 전자정부법에 따른 행정정보의 공동이용을 통하여 법인 등기사항증명서(법인인 경우만 해당한다)를 확인하여야 한다.

③ 산업통상자원부장관은 ①에 따른 공급인증기관 지정 신청을 받으면 그 신청 내용이 다음의 기준에 맞는지 심사하여야 한다.

㉠ 공급인증기관의 업무를 공정하고 신속하게 처리할 능력이 있는지 여부

㉡ 공급인증기관의 업무에 필요한 인력·기술능력·시설 및 장비 등을 갖추었는지 여부

④ 산업통상자원부장관은 ③에 따른 심사에 필요하다고 인정할 때에는 신청인에게 관련 자료의 제출을 요구하거나 신청인의 의견을 들을 수 있다.

⑤ 산업통상자원부장관은 ③ 및 ④에 따라 심사한 결과 공급인증기관을 지정하였을 때에는 신청인에게 공급인증기관 지정서를 발급하고, 그 사실을 지체 없이 공고하여야 한다.

(5) 제2조의4(운영규칙의 제정 등)

① 공급인증기관이 제정하는 공급인증서 발급 및 거래시장 운영에 관한 규칙에는 다음의 사항이 포함되어야 한다.

㉠ 공급인증서의 발급, 등록, 거래 및 폐기 등에 관한 사항

㉡ 신재생에너지 공급량의 증명에 관한 사항

㉢ 공급인증서의 거래방법에 관한 사항

㉣ 공급인증서 가격의 결정방법에 관한 사항

㉤ 공급인증서 거래의 정산 및 결제에 관한 사항

㉥ ㉠과 관련된 정보의 공개 및 분쟁조정에 관한 사항

㉦ 그 밖에 공급인증서의 발급 및 거래시장 운영에 필요한 사항

② 법 제12조의9제2항 후단에서 "산업통상자원부령으로 정하는 경미한 사항의 변경"이란 계산 착오, 오기(誤記), 누락, 그 밖에 이에 준하는 사유로 ①의 사항을 변경하는 것을 말한다.

(6) 제2조의5(공급인증기관의 처분기준)

공급인증기관의 구체적인 처분기준은 별표 1과 같다.

〈별표 1〉 공급인증기관의 처분기준

1. 일반기준

가. 위반행위 횟수에 따른 행정처분의 가중된 기준은 최근 1년간 같은 위반행위로 행정처분을 받은 경우에 적용한다. 이 경우 기간의 계산은 위반행위에 대하여 행정처분을 받은 날과 그 처분 후 다시 같은 위반행위를 하여 적발한 날을 기준으로 한다.

나. 가목에 따라 가중된 행정처분을 하는 경우 가중처분의 적용 차수는 그 위반행위 전 행정처분 차수(가목에 따른 기간 내에 행정처분이 둘 이상 있었던 경우에는 높은 차수를 말한다)의 다음 차수로 한다.

다. 위반행위가 둘 이상인 경우로서 그에 해당하는 각각의 처분기준이 다른 경우에는 그 중 무거운 처분기준에 따른다. 다만, 둘 이상의 처분기준이 모두 업무정지인 경우에는 각 처분기준을 합산한 기간을 넘지 않는 범위에서 무거운 처분기준의 2분의 1 범위까지 가중한다.

라. 산업통상자원부장관은 제2호의 개별기준에 따른 행정처분이 업무정지인 경우로서 다음의 어느 하나에 해당하는 경우에는 해당 업무중지 기간의 2분의 1 범위에서 그 기간을 줄일 수 있다.

1) 위반행위가 사소한 부주의나 오류로 인한 것으로 인정되는 경우

2) 위반행위자가 위반행위를 바로 정정하거나 시정하여 법 위반상태를 해소한 경우

3) 그 밖에 위반행위의 정도, 횟수, 동기와 그 결과 등을 고려하여 감경할 필요가 있다고 인정되는 경우

2. 개별기준

위반행위	근거 법령	처분기준		
		1차 위반	2차 위반	3차 위반
가. 거짓이나 그 밖의 부정한 방법으로 지정을 받은 경우	법 제12조의10 제1항제1호	지정취소		
나. 업무정지 처분을 받은 후 그 업무정지 기간에 업무를 계속한 경우	법 제12조의10 제1항제2호	지정취소		
다. 법 제12조의8제1항제3호에 따른 지정기준에 부적합하게 된 경우	법 제12조의10 제1항제3호	업무정지 1개월	업무정지 3개월	지정취소
라. 법 제12조의9제4항에 따른 시정명령을 시정기간에 이행하지 않은 경우	법 제12조의10 제1항제4호	업무정지 1개월	업무정지 3개월	지정취소

(7) 제8조(설비인증 수수료의 지원)

산업통상자원부장관은 중소기업기본법에 따른 중소기업이 신재생에너지 설비에 대한 산업표준화법 제15조에 따른 제품의 인증을 받는 경우에는 법에 따라 그 제품심사에 드는 수수료의 일부를 해당 중소기업에 지원할 수 있다.

(8) 제10조(수수료)

① 법 제16조제1항에 따른 품질검사 수수료는 다음의 구분에 따른 금액으로 한다.

㉠ 영 제18조의12제4호에 따른 바이오디젤 및 바이오중유 : 석유 및 석유대체연료 사업법 시행규칙 제47조제1항에 따라 산업통상자원부장관이 정하여 고시하는 금액

㉡ 영 제18조의12제5호에 따른 목재칩, 펠릿 및 숯 등의 고체연료 : 목재의 지속가능한 이용에 관한 법률 시행규칙 제31조제1항에 따라 산림청장이 정하여 고시하는 금액

② 법 제16조제2항에 따른 공급인증서 발급(발급에 딸린 업무는 제외한다) 수수료 및 거래 수수료는 공급인증서 거래금액의 1천분의 2 이내에서 산업통상자원부장관이 정하여 고시한다.

③ 법 제16조제2항에 따른 공급인증서 발급에 딸린 업무로서 공급인증서 발급 대상 설비 확인에 관한 수수료는 소요경비 및 에너지원별 설비용량 등을 고려하여 산업통상자원부장관이 정하여 고시한다.

※ 법 제16조(수수료)

① 품질검사기관은 품질검사를 신청하는 자로부터 산업통상자원부령으로 정하는 바에 따라 수수료를 받을 수 있다.

② 공급인증기관은 공급인증서의 발급(발급에 딸린 업무를 포함한다)을 신청하는 자 또는 공급인증서를 거래하는 자로부터 산업통상자원부령으로 정하는 바에 따라 수수료를 받을 수 있다.

※ 영 제18조의12(신재생에너지 연료의 기준 및 범위) 법 제12조의11제1항에서 “대통령령으로 정하는 기준 및 범위에 해당하는 것”이란 다음의 연료(폐기물관리법 제2조제1호에 따른 폐기물을 이용하여 제조한 것은 제외한다)를 말한다.

㉠ 수소

㉡ 중질잔사유를 가스화한 공정에서 얻어지는 합성가스

㉢ 생물유기체를 변환시킨 바이오가스, 바이오에탄올, 바이오액화유 및 합성가스

㉣ 동물·식물의 유지(油脂)를 변환시킨 바이오디젤 및 바이오중유

㉤ 생물유기체를 변환시킨 목재칩, 펠릿 및 숯 등의 고체연료

※ 석유 및 석유대체연료 사업법 시행규칙 제47조(수수료)

① 법 제41조제2항에 따른 품질검사 수수료는 다음과 같다.

㉠ 자동차용 휘발유, 등유, 경유, 중유, 부생연료유, 석유가스, 용제 및 아스팔트 : 리터당 0.6원 이하의 범위에서 산업통상자원부장관이 정하여 고시하는 금액

㉡ 윤활유 : 리터당 5원 이하의 범위에서 산업통상자원부장관이 정하여 고시하는 금액

㉢ 그리스 : 킬로그램당 5원 이하의 범위에서 산업통상자원부장관이 정하여 고시하는 금액

㉣ 석유대체연료 : 리터당 0.3원 이하의 범위에서 산업통상자원부장관이 정하여 고시하는 금액

※ 목재의 지속가능한 이용에 관한 법률 시행규칙 제31조(수수료)

① 법 제42조에 따른 수수료는 실비(實費) 등을 고려하여 산림청장이 정하여 고시한다.

② ①에 따른 수수료는 현금 또는 정보통신망을 이용한 전자화폐·전자결제 등의 방법으로 이를 납부할 수 있다.

(9) 제11조(발전차액의 지원 중단 및 환수절차)

① 산업통상자원부장관은 신재생에너지 발전사업자가 결산재무제표 등 기준가격 설정을 위하여 필요한 자료요구에 따르지 아니하거나 거짓으로 자료를 제출하는 행위(이하 이 항에서 “위반행위”라 한다)를 한 경우에는 다음의 구분에 따라 조치한다.

㉠ 위반행위를 1회 한 경우 : 경고

㉡ 위반행위를 2회 한 경우 : 시정명령

㉢ ㉡의 시정명령에 따르지 아니한 경우 : 신재생에너지 발전사업자에 대하여 기준가격과 전력거래가격의 차액인 발전차액의 지원 중단

② 산업통상자원부장관은 신재생에너지 발전사업자가 법에 위반하는 행위를 한 경우에는 발전차액을 환수하여야 한다. 이 경우 산업통상자원부장관은 미리 해당 신재생에너지 발전사업자에게 10일 이상의 기간을 정하여 의견을 제출할 기회를 주어야 한다.

③ 산업통상자원부장관은 ②에 따라 발전차액을 환수하는 경우에는 위반 사실, 환수금액, 납부기간, 수납기관, 이의제기의 기간 및 방법을 구체적으로 적은 문서로 해당 신재생에너지 발전사업자에게 발전차액을 낼 것을 통보하여야 한다.

(10) 제12조(신재생에너지 설비 및 그 부품에 대한 공용화 품목의 지정절차 등)

① 법 제21조제2항제2호에서 "산업통상자원부령으로 정하는 기관 또는 단체"란 신재생에너지의 개발·이용 및 보급 관련 단체를 말한다.

② 공용화 품목의 지정을 요청하려는 자는 지정요청서에 다음의 서류를 첨부하여 국가기술표준원장에게 제출하여야 한다.

㉠ 대상 품목의 명칭·규격 및 설명서

㉡ 공용화 품목으로 지정받으려는 사유

㉢ 공용화 품목으로 지정될 경우의 기대효과

③ ②에서 규정한 사항 외에 공용화 품목의 지정에 관한 세부 사항은 국가기술표준원장이 정하여 고시한다.

(11) 제13조(신재생에너지 연료 혼합의무 통지)

산업통상자원부장관은 석유 및 석유대체연료 사업법에 따른 석유정제업자 또는 석유수출입업자(이하 "혼합의무자"라 한다)에게 신재생에너지 연료 혼합의무에 관한 사항을 석유 및 석유대체연료 사업법 시행규칙에 따라 석유정제업 등록증 및 석유수출입업 등록증을 발급할 때 알려야 한다.

(12) 제13조의2(관리기관의 신청 및 지정방법 등)

① 법 제23조의4제1항에 따른 혼합의무 관리기관(이하 "관리기관"이라 한다)으로 지정을 받으려는 자는 별지 제3호서식의 관리기관 지정신청서에 다음의 서류를 첨부하여 산업통상자원부장관에게 제출하여야 한다.

㉠ 정관

㉡ 관리기관의 운영계획서

㉢ 관리기관의 업무에 필요한 인력·기술능력·시설 및 장비 현황에 관한 자료

② 산업통상자원부장관은 ①에 따른 관리기관 지정 신청 내용이 다음의 기준에 적합한지 심사하여야 한다.

㉠ 관리기관의 업무를 공정하고 신속하게 처리할 능력이 있는지 여부

㉡ 관리기관의 업무에 필요한 인력·기술능력·시설 및 장비 등을 갖추었는지 여부

③ 산업통상자원부장관은 ②에 따른 심사에 필요하다고 인정할 때에는 신청인에게 관련 자료의 제출을 요구하거나 신청인의 의견을 청취할 수 있다.

④ 산업통상자원부장관은 ② 및 ③에 따라 관리기관을 지정하는 경우에 신청인에게 별지 제4호서식의 관리기관 지정서를 발급하고 그 사실을 지체없이 공고하여야 한다.

(13) 제14조(신재생에너지 통계의 전문기관)

통계에 관한 업무를 수행하는 전문성이 있는 기관은 법 제31조제1항에 따른 신재생에너지센터(이하 "센터"라 한다)로 한다.

(14) 제15조(신재생에너지 기술 사업화의 지원절차 등)

① 신재생에너지 기술 사업화에 대한 지원을 받으려는 자는 신재생에너지 기술 사업화 지원신청서에 다음의 서류를 첨부하여 산업통상자원부장관에게 제출하여야 한다.

㉠ 사업계획서

㉡ 다음의 어느 하나에 해당함을 증명하는 서류 사본. 이 경우 ⓐ에 해당하는 자는 자체개발내역서를 포함한다.

ⓐ 해당 신재생에너지 관련 기술을 자체적으로 개발한 자로서 그 사용권을 가지고 있는 자

ⓑ 해당 신재생에너지 관련 기술을 개발한 국공립연구기관, 대학, 기업 또는 개인으로부터 해당 신재생에너지 관련 기술을 이전받은 자

ⓒ 정부, 국공립연구기관, 대학, 기업 또는 개인이 보유하는 신재생에너지 관련 기술에 대한 사용권을 가지고 있는 자

㉢ 해당 신재생에너지 관련 기술이 지원 신청 당시 아직 사업화되지 아니한 기술임을 증명하는 자료

② 신재생에너지 기술의 사업화에 관한 지원 범위는 다음과 같다.

㉠ 시험제품 제작 및 설비투자의 경우 : 필요한 자금의 100퍼센트의 범위에서 융자 지원

㉡ 신재생에너지 기술의 교육 및 홍보의 경우 : 필요한 자금의 80퍼센트의 범위에서 자금 지원

㉢ 산업통상자원부장관이 정하는 지원사업의 경우 : 필요한 자금의 80퍼센트의 범위에서 자금 지원

③ ① 및 ②에서 규정한 사항 외에 신재생에너지 기술 사업화의 지원에 관한 세부 사항은 산업통상자원부장관이 정하여 고시한다.

(15) 제16조(신재생에너지 분야 특성화대학 및 핵심기술연구센터의 지정 신청)

신재생에너지 분야 특성화대학 또는 핵심기술연구센터로 지정받으려는 자는 신재생에너지 분야 특성화대학 지정신청서 또는 신재생에너지 분야 핵심기술연구센터 지정신청서에 다음의 서류를 첨부하여 산업통상자원부장관에게 제출하여야 한다.

① 중장기 인력양성 사업계획서

② 신재생에너지 분야 특성화대학 또는 핵심기술연구센터 운영계획서

(16) 제17조(센터의 조직 및 운영 등)

① 센터에는 소장 1명을 둔다.

② 소장은 에너지이용 합리화법에 따른 에너지관리공단(이하 "공단"이라 한다) 이사장의 제청에 의하여 산업통상자원부장관이 임명한다.

③ 소장은 센터를 대표하고, 센터의 사무를 총괄한다.

④ 센터의 운영에 관한 다음의 사항을 심의하기 위하여 센터에 운영위원회를 둔다.

㉠ 연도별 사업계획 및 예산·결산에 관한 사항

㉡ 센터 운영규정의 제정 또는 개정에 관한 사항

㉢ 그 밖에 센터의 운영에 관하여 소장이 필요하다고 인정하는 사항

⑤ 소장은 ④에 따른 운영위원회의 구성 및 운영 등에 필요한 사항을 산업통상자원부장관의 승인을 받아 정한다.

⑥ ①부터 ⑤까지에서 규정한 사항 외에 센터의 조직·정원 및 예산에 관한 사항은 공단의 정관으로 정하며, 센터의 인사 등 운영에 필요한 사항은 소장이 자율적으로 관장한다.

3. 전기사업법 시행규칙

(1) 제2조(정의)

① "변전소"란 변전소의 밖으로부터 전압 50,000V 이상의 전기를 전송받아 이를 변성(전압을 올리거나 내리는 것 또는 전기의 성질을 변경시키는 것을 말한다)하여 변전소 밖의 장소로 전송할 목적으로 설치하는 변압기와 그 밖의 전기설비 전체를 말한다.

② "개폐소"란 다음의 곳의 전압 50,000V 이상의 송전선로를 연결하거나 차단하기 위한 전기설비를 말한다.

㉠ 발전소 상호 간

㉡ 변전소 상호 간

㉢ 발전소와 변전소 간

③ "송전선로"란 다음의 곳을 연결하는 전선로(통신용으로 전용하는 것은 제외한다)와 이에 속하는 전기설비를 말한다.

㉠ 발전소 상호 간

㉡ 변전소 상호 간

㉢ 발전소와 변전소 간

④ "배전선로"란 다음의 곳을 연결하는 전선로와 이에 속하는 전기설비를 말한다.

㉠ 발전소와 전기수용설비

㉡ 변전소와 전기수용설비

㉢ 송전선로와 전기수용설비

㉣ 전기수용설비 상호 간

⑤ "전기수용설비"란 전기안전관리법 시행규칙 제2조제1호에 따른 전기수용설비를 말한다.

⑥ "수전설비"란 전기안전관리법 시행규칙 제2조제2호에 따른 수전설비를 말한다.

⑦ "구내배전설비"란 전기안전관리법 시행규칙 제2조제3호에 따른 구내배전설비를 말한다.

⑧ "저압"이란 직류에서는 1,500V 이하의 전압을 말하고, 교류에서는 1,000V 이하의 전압을 말한다.

⑨ "고압"이란 직류에서는 1,500V를 초과하고 7,000V 이하인 전압을 말하고, 교류에서는 1,000V를 초과하고 7,000V 이하인 전압을 말한다.

⑩ "특고압"이란 7,000V를 초과하는 전압을 말한다.

(2) 제3조(일반용 전기설비의 범위)

① 전기사업법(이하 "법"이라 한다)에 따른 일반용 전기설비는 다음의 어느 하나에 해당하는 전기설비로 한다.

㉠ 저압에 해당하는 용량 75kW(제조업 또는 심야전력을 이용하는 전기설비는 용량 100kW) 미만의 전력을 타인으로부터 수전하여 그 수전장소(담·울타리 또는 그 밖의 시설물로 타인의 출입을 제한하는 구역을 포함한다. 이하 같다)에서 그 전기를 사용하기 위한 전기설비

㉡ 저압에 해당하는 용량 10kW 이하인 발전설비

② ①에도 불구하고 다음의 어느 하나에 해당하는 전기설비는 일반용 전기설비로 보지 아니한다.

㉠ 자가용전기설비의 설치장소와 동일한 수전장소에 설치하는 전기설비

㉡ 다음의 위험시설에 설치하는 용량 20kW 이상의 전기설비

- 화약류(장난감용 꽃불은 제외한다)를 제조하는 사업장
- 갑종탄광
- 도시가스사업장, 액화석유가스의 저장·충전 및 판매사업장 또는 고압가스의 제조소 및 저장소
- 위험물의 제조소 또는 취급소

㉢ 다음의 여러 사람이 이용하는 시설에 설치하는 용량 20kW 이상의 전기설비

- 공연장
- 영화상영관
- 유흥주점·단란주점
- 체력단련장
- 대규모점포 및 상점가

- 의료기관
- 호텔
- 집회장

③ ①의 ㉠에 따른 심야전력(이하 "심야전력"이라 한다)의 범위는 산업통상자원부장관이 정한다.

(3) 제4조(사업허가의 신청)

① 전기사업의 허가를 받으려는 자는 전기사업 허가신청서에 다음의 서류를 첨부하여 산업통상자원부장관에게 제출해야 한다. 다만, 발전설비용량이 3,000kW 이하인 발전사업의 허가를 받으려는 자는 특별시장·광역시장·특별자치시장·도지사 또는 특별자치도지사(이하 "시·도지사"라 한다)에게 제출해야 한다.

㉠ 사업계획서

㉡ 정관, 재무상태표 및 손익계산서(신청자가 법인인 경우만 해당하며, 설립 중인 법인의 경우에는 정관만 제출한다)

㉢ 신청자(발전설비용량 3,000kW 이하인 신청자는 제외한다. 이하 이 호에서 같다)의 주주명부. 이 경우 신청자가 재무능력을 평가할 수 없는 신설법인인 경우에는 신청자의 최대주주를 신청자로 본다.

㉣ 의견수렴 결과(신에너지 및 재생에너지 개발·이용·보급 촉진법에 따른 태양에너지 중 태양광, 풍력, 연료전지를 이용하는 발전사업인 경우만 해당한다)

㉤ 의제받으려는 인·허가 등에 관하여 해당 법률에서 정하는 관련 서류

② 신청을 받은 산업통상자원부장은 관할 지방자치단체의 장에게 의견수렴 결과에 대한 의견(발전설비용량이 3,000kW를 초과하는 발전사업의 경우로 한정한다)을 들을 수 있다.

③ 신청을 받은 산업통상자원부장관 또는 시·도지사는 전자정부법에 따른 행정정보의 공동이용을 통하여 법인 등기사항증명서(법인의 경우만 해당한다)를 확인하여야 한다.

(4) 제5조(변경허가사항 등)

① 산업통상자원부령으로 정하는 중요 사항

㉠ 사업구역 또는 특정한 공급구역

㉡ 공급전압

㉢ 발전사업 또는 구역전기사업의 경우 발전용 전기설비에 관한 다음 항목의 어느 하나에 해당하는 사항

- 설치장소(동일한 읍·면·동에서 설치장소를 변경하는 경우는 제외한다)
- 설비용량(변경 정도가 허가 또는 변경허가를 받은 설비용량의 100분의 10 이하인 경우는 제외한다)

- 원동력의 종류(허가 또는 변경허가를 받은 설비용량이 300,000kW 이상인 발전용 전기설비에 신재생에너지를 이용하는 발전용 전기설비를 추가로 설치하는 경우는 제외한다)
- 별표 5 제1호나목에 따른 발전설비[별표 5 제1호나목에 따른 원동력설비 중 터빈(높은 압력의 액체·기체를 날개바퀴의 날개에 부딪히게 함으로써 회전하는 힘을 얻는 기계를 말한다) 및 보일러와 같은 목에 따른 발전기계통설비 중 발전기를 모두 변경하는 경우만 해당한다]

② 변경허가를 받으려는 자는 사업허가 변경신청서에 변경내용을 증명하는 서류(인허가 등의 의제를 받으려는 경우에는 해당 법률에서 정하는 관련 서류를 포함한다)를 첨부하여 산업통상자원부장관 또는 시·도지사에게 제출하여야 한다.

(5) 제6조(사업허가증)

산업통상자원부장관 또는 시·도지사(발전설비용량이 3,000kW 이하인 발전사업의 경우로 한정한다)는 전기사업에 대한 허가(변경허가를 포함한다)를 하는 경우에는 사업허가증을 발급하여야 한다.

(6) 제8조(사업개시신고)

사업개시의 신고를 하려는 자는 사업개시신고서에 사업개시를 증명할 수 있는 서류(발전사업자의 경우에는 최초로 전력거래를 한 사실을 증명할 수 있는 서류를 말한다)를 첨부하여 산업통상자원부장관 또는 시·도지사(발전시설용량이 3,000kW 이하인 발전사업의 경우로 한정한다)에게 제출해야 한다. 이 경우 산지관리법에 따른 중간복구명령(이에 따른 복구준공검사를 포함한다)을 받은 발전사업자는 이를 전력거래 전에 완료하였음을 증명하는 서류를 함께 제출해야 한다.

(7) 제12조(과징금의 부과 및 납부) 삭제〈2018.12.13〉

(8) 제13조(전기의 대량 공급 요청)

전기를 대량으로 사용하려는 자가 시행령에 따라 전기판매사업자에게 미리 전기의 공급을 요청하는 경우에는 전력수전예정통지서에 따른다.

(9) 제16조(기본공급약관의 내용)

전기판매사업자가 작성하는 기본공급약관에는 다음의 사항이 포함되어야 한다.

① 공급구역
② 공급의 종류
③ 공급전압 및 주파수
④ 전기요금
⑤ 전력량계 등의 전기설비 설치주체 및 내용과 전기설비공사의 비용부담에 관한 사항

⑥ 공급전력 및 공급전력량의 측정 및 요금계산 방법
⑦ 전기판매사업자와 전기사용자 간의 책임 분계점
⑧ 전기의 사용방법 및 기계·기구 등 용품의 사용 제한에 관한 사항

(10) 제17조(기본공급약관의 인가신청)

기본공급약관의 인가를 받으려는 자는 기본공급약관 인가신청서에 다음의 서류를 첨부하여 산업통상자원부장관에게 제출하여야 한다.

① 기본공급약관안
② 전기요금 및 그 밖에 전기사용자가 부담하는 비용의 산출근거 또는 금액 결정방법에 관한 설명서
③ 기본공급약관의 시행일부터 3년 동안의 연도별 예상사업 손익산출서

(11) 제18조(전기의 품질기준)

① 전기사업자와 전기신사업자는 그가 공급하는 전기가 표준전압·표준주파수 및 허용오차의 범위에서 유지되도록 하여야 한다.
② 표준전압 및 허용오차

표준전압	허용오차
110V	110V의 상하로 6V 이내
220V	220V의 상하로 13V 이내
380V	380V의 상하로 38V 이내

③ 표준주파수 및 허용오차

표준주파수	허용오차
60Hz	60Hz 상하로 0.2Hz 이내

(12) 제19조(전압 및 주파수의 측정)

① 전기사업자 및 한국전력거래소는 다음의 사항을 매년 1회 이상 측정하여야 하며 측정 결과를 3년간 보존하여야 한다.
㉠ 발전사업자 및 송전사업자의 경우에는 전압 및 주파수
㉡ 배전사업자 및 전기판매사업자의 경우에는 전압
㉢ 한국전력거래소의 경우에는 주파수
② 전기사업자 및 한국전력거래소는 전압 및 주파수의 측정기준·측정방법 및 보존방법 등을 정하여 산업통상자원부장관에게 제출하여야 한다.

(13) 제19조의2(구역전기사업자에 대한 준용)

구역전기사업자에 관하여 “전기판매사업자”는 “구역전기사업자”로 본다.

(14) 제20조(기본계획의 경미한 변경)

전력정책심의회의 심의를 거치지 아니하고 변경할 수 있는 사항은 다음과 같다.

① 전기설비 설치공사의 착공·준공 또는 공사기간을 2년 이내의 범위에서 조정하는 경우

② 전기설비별 용량의 20% 이내의 범위에서 그 용량을 변경하는 경우

③ 신규건설 또는 폐지되는 연도별 전기설비용량의 5% 이내의 범위에서 전기설비용량을 변경하는 경우

(15) 제21조(전기설비의 시설계획 및 전기공급계획의 신고)

① 전기설비의 시설계획 및 전기공급계획의 신고를 하려는 전기사업자는 전기설비시설계획 신고서 및 전기공급계획 신고서에 다음의 구분에 따른 서류를 첨부하여 산업통상자원부장관에게 제출하여야 한다.

㉠ 전기설비시설계획 신고서에는 다음의 서류를 첨부할 것

- 전기설비의 설치이유서
- 연도별 공사비명세서
- 연도별·월별 발전계획 및 자가소비전력량을 적은 서류(발전사업자만 해당한다)
- 전기설비별 기재사항에 따라 작성한 전기설비시설계획서

㉡ 전기공급계획 신고서에는 다음의 서류를 첨부할 것

- 최대전력공급계획서
- 발전계획명세서
- 보수계획명세서
- 연료계획명세서
- 수전계획명세서
- 송전계획명세서

(16) 제25조(전력계통 운영업무의 일부 수행)

산업통상자원부장관은 송전사업자 또는 배전사업자에게 154kV 이하의 송전선로 또는 배전선로에 대한 전력계통 운영업무의 일부를 수행하게 할 수 있다.

(17) 제30조(부득이한 공사의 기준 및 절차 등)

① 부득이한 공사를 한 자는 공사개시일부터 10일 이내에 부득이한 공사 신고서를 산업통상자원부장관 또는 시·도지사(1만kW 미만인 발전설비 또는 전압 20만V 미만인 송전·변전설비의 경우로 한정한다)에게 제출하여야 한다.

② 신고서에는 다음의 서류를 첨부하여야 한다.

㉠ 공사의 개요 및 필요성을 적은 서류

㉡ 해당 공사 후 공사가 필요한 경우에는 그 공사계획서

③ 부득이한 공사를 하는 경우에는 다음의 사항을 준수하여야 한다.
㉠ 공사계획에 대하여 전기안전관리자의 확인을 받고, 공사를 시행할 때 전기안전관리자의 감독을 받도록 할 것
㉡ 공사로 인하여 사람에게 위해를 끼치거나 주변 건축물이나 그 밖의 시설 등의 안전에 지장을 주지 아니하도록 할 것

(18) 제31조(사용 전 검사의 대상 · 기준 및 절차 등)

① 사용 전 검사를 받아야 하는 전기설비는 공사계획의 인가를 받거나 신고를 하고 설치 또는 변경공사를 하는 전기설비(원자력발전소의 전기설비는 제외한다)로 한다. 다만, 다음의 어느 하나에 해당하는 경우에는 그러하지 아니하다.
㉠ 전기설비를 시험하기 위하여 일시 사용하는 경우
㉡ 전기설비의 일부가 완성된 경우에 다른 전기설비를 시험하기 위하여 그 완성된 부분을 일시 사용할 필요가 있는 경우
㉢ 전기설비의 공사내용과 설치장소의 상황을 고려할 때 산업통상자원부장관이 안전상 지장이 없다고 인정하여 고시하는 경우

② 전기설비 중 용접부에 대한 사용 전 검사는 발전소의 보일러 · 터빈 · 압력용기 · 액화가스저장조 · 액화가스용기화기 · 가스홀더 · 풍력발전소의 타워 및 냉동설비와 바깥지름이 150mm 이상의 관으로서 다음의 어느 하나에 해당하는 압력 이상으로 설계된 부분에 대하여 한다. 다만, 지름 61mm 이하의 밸브 · 노즐 및 보강재로서 이를 연속되지 아니하게 붙이기 위하여 용접을 하는 경우에는 사용 전 검사 대상에서 제외한다.
㉠ 물을 사용하는 용기 또는 관으로서 최고사용온도가 100℃ 미만의 것인 경우에는 최고사용압력이 20kg/cm^2
㉡ 액화가스용 용기 또는 관인 경우에는 최고사용압력이 0kg/cm^2
㉢ 규정하는 용기 외의 용기인 경우에는 최고사용압력이 1kg/cm^2
㉣ 규정된 관 외의 관인 경우에는 최고사용압력이 10kg/cm^2(길이방향이음의 경우에는 5kg/cm^2)

③ 사용 전 검사의 기준은 다음과 같다.
㉠ 전기설비의 설치 및 변경공사 내용이 인가 또는 신고를 한 공사계획에 적합할 것
㉡ 기술기준에 적합할 것
㉢ 산업통상자원부장관이 고시하는 검사 · 점검의 방법 · 절차 등에 적합할 것

④ 사용 전 검사의 시기는 태양광발전소에 관한 공사의 경우에는 전체 공사가 완료된 때이다.
㉠ 규정 외의 공사의 경우에는 공사계획에 따른 전체 공사가 완료된 때에 사용 전 검사를 한다.

⑤ 사용 전 검사를 받으려는 자는 사용 전 검사 신청서에 다음의 서류를 첨부하여 검사를 받으려는 날의 7일 전까지 한국전기안전공사(이하 "안전공사"라 한다)에 제출해야 한다. 다만, ㉤호의 서류는 사용전검사를 받는 날까지 제출할 수 있다.
㉠ 공사계획인가서 또는 신고수리서 사본
㉡ 설계도서 및 감리원 배치확인서
㉢ 자체감리를 확인할 수 있는 서류(전기안전관리자가 자체감리를 하는 경우만 해당한다)
㉣ 전기안전관리자 선임신고증명서 사본
㉤ 그 밖에 사용전검사를 실시하는 데 필요한 서류로서 산업통상자원부장관이 정하여 고시하는 서류

(19) 제31조의2(전기설비의 임시사용 허용기준 등)

① 전기설비의 임시사용을 허용할 수 있는 경우는 다음의 어느 하나와 같다.
㉠ 발전기의 출력이 인가를 받거나 신고한 출력보다 낮으나 사용상 안전에 지장이 없다고 인정되는 경우
㉡ 송전·수전과 직접적인 관련이 없는 보호울타리 등이 시공되지 아니한 상태이나 사람이 접근할 수 없도록 안전조치를 한 경우
㉢ 공사계획을 인가받거나 신고한 전기설비 중 교대성·예비성 설비 또는 비상용 예비발전기가 완공되지 아니한 상태이나 주된 설비가 전기의 사용상이나 안전에 지장이 없다고 인정되는 경우
㉣ 일시적으로 전기설비를 사용해도 안전상 지장이 없다고 인정되는 경우로서 긴급한 사용이 불가피한 경우
② 전기설비의 임시사용기간은 3개월 이내로 한다. 다만, 임시사용기간에 임시사용의 사유를 해소할 수 없는 특별한 사유가 있다고 인정되는 경우에는 전체 임시사용기간이 1년을 초과하지 아니하는 범위에서 임시사용기간을 연장할 수 있다.
③ 안전공사는 전기설비의 임시사용을 허용하였을 때에는 그 허용사유, 사용기간, 사용범위 등을 검사확인증에 적어 사용 전 검사 신청인에게 통보하여야 한다.

(20) 제33조(전기설비 검사자의 자격)

검사는 국가기술자격법에 따른 전기·안전관리(전기안전)·토목·기계 분야의 기술자격을 가진 사람 중 다음의 어느 하나에 해당하는 사람이 수행하여야 한다.
① 해당 분야의 기술사 자격을 취득한 사람
② 해당 분야의 기능장 또는 기사 자격을 취득한 사람으로서 그 자격을 취득한 후 해당 분야에서 4년 이상 실무경력이 있는 사람
③ 해당 분야의 산업기사 자격을 취득한 사람으로서 그 자격을 취득한 후 해당 분야에서 6년 이상 실무경력이 있는 사람

(21) 제34조(검사 결과의 통지 등)

① 안전공사는 검사를 한 경우에는 검사완료일부터 5일 이내에 검사확인증을 검사신청인에게 내주어야 한다. 다만, 검사 결과 불합격인 경우에는 그 내용・사유 및 재검사 기한을 통지하여야 한다.

② 안전공사는 검사시기에 검사를 받지 아니하고 전기설비를 사용하는 자를 산업통상자원부장관 또는 시・도지사에게 보고하여야 한다.

4. 전기설비기술기준

'전기사업법' 제67조 및 같은 법 시행령 제43조의 규정에 의한 '전기설비기술기준'을 산업통상자원부장관이 개정・고시한다.

제1장 총 칙

(1) 제1조(목적 등)

전기설비기준은 전기사업법 제67조 및 같은 법 시행령 제43조에 따라 발전・송전・변전・배전 또는 전기사용을 위하여 시설하는 기계・기구・댐・수로・저수지・전선로・보안통신선로 그 밖의 시설물의 안전에 필요한 성능과 기술적 요건을 규정함을 목적으로 한다.

(2) 제2조(안전 원칙)

① 전기설비는 감전, 화재 및 그 밖에 사람에게 위해(危害)를 주거나 물건에 손상을 줄 우려가 없도록 시설하여야 한다.

② 전기설비는 사용목적에 적절하고 안전하게 작동하여야 하며, 그 손상으로 인하여 전기 공급에 지장을 주지 않도록 시설하여야 한다.

③ 전기설비는 다른 전기설비, 그 밖의 물건의 기능에 전기적 또는 자기적 장해를 주지 않도록 시설하여야 한다.

(3) 제3조(정의)

① "발전소"란 발전기・원동기・연료전지・태양전지・해양에너지발전설비・전기저장장치 그 밖의 기계기구(비상용 예비전원을 얻을 목적으로 시설하는 것 및 휴대용 발전기를 제외한다)를 시설하여 전기를 생산(원자력, 화력, 신재생에너지 등을 이용하여 전기를 발생시키는 것과 양수발전, 전기저장장치와 같이 전기를 다른 에너지로 변환하여 저장 후 전기를 공급하는 것)하는 곳을 말한다.

② "변전소"란 변전소의 밖으로부터 전송받은 전기를 변전소 안에 시설한 변압기・전동발전기・회전변류기・정류기 그 밖의 기계기구에 의하여 변성하는 곳으로서 변성한 전기를 다시 변전소 밖으로 전송하는 곳을 말한다.

③ “개폐소”란 개폐소 안에 시설한 개폐기 및 기타 장치에 의하여 전로를 개폐하는 곳으로서 발전소·변전소 및 수용장소 이외의 곳을 말한다.
④ “급전소”란 전력계통의 운용에 관한 지시 및 급전조작을 하는 곳을 말한다.
⑤ “전선”이란 강전류 전기의 전송에 사용하는 전기 도체, 절연물로 피복한 전기 도체 또는 절연물로 피복한 전기 도체를 다시 보호 피복한 전기 도체를 말한다.
⑥ “전로”란 통상의 사용 상태에서 전기가 통하고 있는 곳을 말한다.
⑦ “전선로”란 발전소·변전소·개폐소, 이에 준하는 곳, 전기사용장소 상호 간의 전선(전차선을 제외한다) 및 이를 지지하거나 수용하는 시설물을 말한다.
⑧ “전기기계기구”란 전로를 구성하는 기계기구를 말한다.
⑨ “이웃 연결 인입선”이란 한 수용장소의 인입선에서 분기하여 지지물을 거치지 아니하고 다른 수용 장소의 인입구에 이르는 부분의 전선을 말한다. 여기에서 “인입선”이란 가공인입선 및 수용장소의 조영물의 옆면 등에 시설하는 전선으로서 그 수용장소의 인입구에 이르는 부분의 전선을 말한다.
⑩ “전차선”이란 전차의 집전장치와 접촉하여 동력을 공급하기 위한 전선을 말한다.
⑪ “전차선로”란 전차선 및 이를 지지하는 시설물을 말한다.
⑫ “배선”이란 전기사용 장소에 시설하는 전선(전기기계기구 내의 전선 및 전선로의 전선을 제외한다)을 말한다.
⑬ “약전류전선”이란 약전류 전기의 전송에 사용하는 전기 도체, 절연물로 피복한 전기 도체 또는 절연물로 피복한 전기 도체를 다시 보호 피복한 전기 도체를 말한다.
⑭ “약전류전선로”란 약전류전선 및 이를 지지하거나 수용하는 시설물(조영물의 옥내 또는 옥측에 시설하는 것을 제외한다)을 말한다.
⑮ “지지물”이란 목주·철주·철근 콘크리트주 및 철탑과 이와 유사한 시설물로서 전선·약전류전선 또는 광섬유케이블을 지지하는 것을 주된 목적으로 하는 것을 말한다.
⑯ “무효 전력 보상 설비”란 무효전력을 조정하는 전기기계기구를 말한다.
⑰ “전력보안 통신설비”란 전력의 수급에 필요한 급전·운전·보수 등의 업무에 사용되는 전화 및 원격지에 있는 설비의 감시·제어·계측·계통보호를 위해 전기적·광학적으로 신호를 송·수신하는 제 장치·전송로 설비 및 전원 설비 등을 말한다.
⑱ “전기저장장치”란 전기를 저장하고 공급하는 시스템을 말한다.
⑲ 전압을 구분하는 저압, 고압 및 특고압
- 저압 : 직류는 1.5kV 이하, 교류는 1kV 이하인 것
- 고압 : 직류는 1.5kV를, 교류는 1kV를 초과하고, 7kV 이하인 것
- 특고압 : 7kV를 초과하는 것

⑳ 특고압의 다선식 전로(중성선을 가지는 것에 한한다)의 중성선과 다른 1선을 전기적으로 접속하여 시설하는 전기설비의 사용전압 또는 최대 사용전압은 그 다선식 전로의 사용전압 또는 최대 사용전압을 말한다.

제2장 전기공급설비 및 전기사용설비

(4) 제5조(전로의 절연)

전로는 대지로부터 절연시켜야 하며, 그 절연성능은 절연저항 외에도 사고 시에 예상되는 이상전압을 고려하여 절연파괴에 의한 위험의 우려가 없는 것이어야 한다.

(5) 제6조(전기설비의 접지)

① 전기설비의 필요한 곳에는 이상 시 전위상승, 고전압의 침입 등에 의한 감전, 화재 그 밖에 사람에 위해를 주거나 물건에 손상을 줄 우려가 없도록 접지를 하고 그 밖에 적절한 조치를 하여야 한다.

② 전기설비를 접지하는 경우에는 전류가 안전하고 확실하게 대지로 흐를 수 있도록 하여야 한다.

(6) 제6조의2(전기설비의 피뢰)

뇌방전으로 인한 과전압으로부터 전기설비의 손상, 감전 또는 화재의 우려가 없도록 피뢰설비를 시설하고 그 밖에 적절한 조치를 하여야 한다.

(7) 제7조(전선 등의 단선 방지)

전선, 지지선, 가공지선, 약전류전선 등(약전류전선 및 광섬유 케이블을 말한다. 이하 같다) 그 밖에 전기설비의 안전을 위하여 시설하는 선은 통상 사용상태에서 단선의 우려가 없도록 시설하여야 한다.

(8) 제8조(전선의 접속)

전선은 접속부분에서 전기저항이 증가되지 않도록 접속하고 절연성능의 저하(나전선을 제외한다) 및 통상 사용상태에서 단선의 우려가 없도록 하여야 한다.

(9) 제9조(전기기계기구의 열적강도)

전로에 시설하는 전기기계기구는 통상 사용상태에서 그 전기기계기구에 발생하는 열에 견디는 것이어야 한다.

(10) 제10조(고압 또는 특고압 전기기계기구의 시설)

① 고압 또는 특고압의 전기기계기구는 취급자 이외의 사람이 쉽게 접촉할 우려가 없도록 시설하여야 한다. 다만, 접촉에 의한 위험의 우려가 없는 경우에는 그러하지 아니하다.

② 고압 또는 특고압의 개폐기·차단기·피뢰기 그 밖에 이와 유사한 기구로서 동작할 때에 아크가 생기는 것은 화재의 우려가 없도록 목제(木製)의 벽 또는 천장 기타 가연성 구조물 등으로부터 이격하여 시설하여야 한다. 다만, 내화성 재료 등으로 양자 사이를 격리한 경우에는 그러하지 아니하다.

(11) 제11조(특고압을 직접 저압으로 변성하는 변압기의 시설)

특고압을 직접 저압으로 변성하는 변압기는 다음의 어느 하나에 해당하는 경우에 시설할 수 있다.

① 발전소 등 공중(公衆)이 출입하지 않는 장소에 시설하는 경우

② 혼촉 방지 조치가 되어 있는 등 위험의 우려가 없는 경우

③ 특고압측의 권선과 저압측의 권선이 혼촉하였을 경우 자동적으로 전로가 차단되는 장치의 시설 그 밖의 적절한 안전조치가 되어 있는 경우

(12) 제12조(특고압전로 등과 결합하는 변압기 등의 시설)

① 고압 또는 특고압을 저압으로 변성하는 변압기의 저압측 전로에는 고압 또는 특고압의 침입에 의한 저압측 전기설비의 손상, 감전 또는 화재의 우려가 없도록 그 변압기의 적절한 곳에 접지를 시설하여야 한다. 다만, 시설방법 또는 구조상 부득이한 경우로서 변압기에서 떨어진 곳에 접지를 시설하고 그 밖에 적절한 조치를 취함으로써 저압측 전기설비의 손상, 감전 또는 화재의 우려가 없는 경우에는 그러하지 아니하다.

② 특고압을 고압으로 변성하는 변압기의 고압측 전로에는 특고압의 침입에 의한 고압측 전기설비의 손상, 감전 또는 화재의 우려가 없도록 접지를 시설한 방전장치를 시설하고 그 밖에 적절한 조치를 하여야 한다.

(13) 제13조(과전류에 대한 보호)

전로의 필요한 곳에는 과전류에 의한 과열손상으로부터 전선 및 전기기계기구를 보호하고 화재의 발생을 방지할 수 있도록 과전류로부터 보호하는 차단 장치를 시설하여야 한다.

(14) 제14조(지락에 대한 보호)

전로에는 지락이 생겼을 경우 전선 또는 전기기계기구의 손상, 감전 또는 화재의 우려가 없도록 지락으로부터 보호하는 차단기를 시설하고 그 밖에 적절한 조치를 하여야 한다. 다만, 전기기계기구를 건조한 장소에 시설하는 등 지락에 의한 위험의 우려가 없는 경우에는 그러하지 아니하다.

(15) 제52조(저압전로의 절연성능)

전기사용 장소의 사용전압이 저압인 전로의 전선 상호 간 및 전로와 대지 사이의 절연저항은 개폐기 또는 과전류차단기로 구분할 수 있는 전로마다 다음 표에서 정한 값 이상이어야 한다. 다만, 전선 상호 간의 절연저항은 기계기구를 쉽게 분리가 곤란한 분기회로의 경우 기기 접속 전에 측정할 수 있다. 또한, 측정 시 영향을 주거나 손상을 받을 수 있는 SPD 또는 기타 기기 등은 측정 전에 분리시켜야 하고, 부득이하게 분리가 어려운 경우에는 시험전압을 250V DC로 낮추어 측정할 수 있지만 절연저항 값은 1MΩ 이상이어야 한다.

전로의 사용전압(V)	DC시험전압(V)	절연저항(Ω)
SELV 및 PELV	250	0.5
FELV, 500V 이하	500	1.0
500V 초과	1,000	1.0

※ 특별저압(Extra Low Voltage : 2차 전압이 AC 50V, DC 120V 이하)으로 SELV(비접지회로 구성) 및 PELV(접지회로 구성)는 1차와 2차가 전기적으로 절연된 회로, FELV는 1차와 2차가 전기적으로 절연되지 않은 회로

적중예상문제

CHAPTER 01 신재생에너지 관련 법

01 교류에서 저압은 몇 kV 이하인가?

① 0.6 ② 0.75
③ 1 ④ 1.5

해설

크기 \ 종류	교류	직류
저압	1kV 이하	1.5kV 이하
고압	1kV 초과 7kV 이하	1.5kV 초과 7kV 이하
특고압	7kV 초과	

02 신재생에너지의 기술개발 및 이용 · 보급을 촉진하기 위한 기본계획에 대한 설명으로 옳지 않은 것은?

① 기본계획의 계획기간은 5년 이상으로 한다.
② 총전력생산량 중 신재생에너지 발전량이 차지하는 비율의 목표가 포함된다.
③ 신재생에너지 분야 전문인력 양성계획이 포함된다.
④ 온실가스 배출 감소 목표가 포함된다.

해설 **신에너지 및 재생에너지 개발 · 이용 · 보급 촉진법 제5조(기본계획의 수립)**
기본계획의 계획기간은 10년 이상으로 한다.

03 신재생에너지 공급인증서를 발급받으려는 자는 공급인증서 발급 및 거래시장 운영에 관한 규칙에 의거 신재생에너지를 공급한 날부터 며칠 이내에 공급인증서 발급신청을 하여야 하는가?

① 15일 ② 30일
③ 60일 ④ 90일

해설 **신에너지 및 재생에너지 개발 · 이용 · 보급 촉진법 시행령 제18조의8(신재생에너지 공급인증서의 발급신청 등)**
대상설비를 보유하고 공급인증서를 발급받고자 하는 자는 신재생에너지를 공급한 날부터 90일 이내에 일정액의 발급수수료를 납부하고 공급인증서 발급을 신청하여야 한다.

정답 1 ③ 2 ① 3 ④

04 **3,000kW 이하의 발전설비용량의 발전사업허가를 받으려는 자는 누구에게 전기사업 허가신청서를 제출해야 하는가?**

① 행정안전부 장관

② 대통령

③ 산업통상자원부 장관

④ 해당 특별시장 · 광역시장 · 도지사

해설 **전기사업법 시행규칙 제4조(사업허가의 신청)**

- 3,000kW 초과 설비 : 산업통상자원부 장관(전기위원회)
- 3,000kW 이하 설비 : 특별시장 · 광역시장 · 특별자치시장 · 도지사 또는 특별자치도지사

05 **발전사업자가 의무적으로 전압 및 주파수를 측정하여야 하는 횟수와 측정결과 보존 기간은?**

① 매월 1회 이상 측정하고 1년간 보존

② 매월 1회 이상 측정하고 3년간 보존

③ 매년 1회 이상 측정하고 3년간 보존

④ 매년 1회 이상 측정하고 1년간 보존

해설 **전기사업법 시행규칙 제19조(전압 및 주파수의 측정)**

전기사업자 및 한국전력거래소는 다음에서 정하는 사항을 매년 1회 이상 측정하여야 하며 그 측정결과를 3년간 보존하여야 한다.

- 발전사업자 및 송전사업자의 경우에는 전압 및 주파수
- 배전사업자 및 전기판매사업자의 경우에는 전압
- 한국전력거래소의 경우에는 주파수

4 ④ 5 ③ 정답

06 **접지공사에 사용하는 접지선을 사람이 접촉할 우려가 있는 곳에 시설하는 경우 접지선은 최소 어느 부분까지 합성수지관 또는 이와 동등 이상의 절연 효력 및 강도를 가지는 몰드로 덮게 되어 있는가?**

① 지하 0.3m부터 지표상 1.5m까지 부분
② 지하 0.1m부터 지표상 1.6m까지 부분
③ 지하 0.75m부터 지표상 2.0m까지 부분
④ 지하 0.9m부터 지표상 2.5m까지 부분

해설 **KEC 142.2(접지극의 시설 및 접지저항), 142.3(접지도체 · 보호도체)**

- 접지극은 동결 깊이를 고려하여 시설하되 고압 이상의 전기설비와 변압기 중성점접지에 의하여 시설하는 접지극의 매설깊이는 지표면으로부터 지하 0.75m 이상으로 한다.
- 접지도체를 철주 기타의 금속체를 따라서 시설하는 경우에는 접지극을 철주의 밑면으로부터 0.3m 이상의 깊이에 매설하는 경우 이외에는 접지극을 지중에서 그 금속체로부터 1m 이상 떼어 매설하여야 한다.
- 접지도체는 절연전선(옥외용 비닐절연전선은 제외) 또는 케이블(통신용 케이블은 제외)을 사용하여야 한다. 다만, 접지도체를 철주 기타의 금속체를 따라서 시설하는 경우 이외의 경우에는 접지도체의 지표상 0.6m를 초과하는 부분에 대하여는 절연전선을 사용하지 않을 수 있다.
- 접지도체는 지하 0.75m부터 지표상 2m까지 부분은 합성수지관(두께 2mm 미만의 합성수지제 전선관 및 가연성 콤바인덕트관은 제외한다) 또는 이와 동등 이상의 절연효과와 강도를 가지는 몰드로 덮어야 한다.

07 **신에너지 및 재생에너지 개발 · 이용 · 보급 촉진법에서 정의하고 있는 신재생에너지에 포함되지 않는 것은?**

① 수력
② 폐기물에너지
③ 원자력
④ 연료전지

해설 **신에너지 및 재생에너지 개발 · 이용 · 보급 촉진법 제2조(정의)**

- 신에너지 : 수소에너지, 연료전지, 석탄을 액화 · 가스화한 에너지 및 중질잔사유를 가스화한 에너지
- 재생에너지 : 태양에너지, 풍력, 수력, 해양에너지, 지열에너지, 바이오에너지, 폐기물에너지, 수열에너지

정답 6 ③ 7 ③

08 발전사업자 등에게 총전력생산량의 일부를 의무적으로 신재생에너지로 공급하게 하는 제도에서 정하고 있는 2024년도 신재생에너지 의무공급량 비율은?

① 9.0% ② 12.5%
③ 13.5% ④ 25.0%

해설 신에너지 및 재생에너지 개발 · 이용 · 보급 촉진법 시행령 별표 3(연도별 의무공급량의 비율)

해당연도	비율(%)	해당연도	비율(%)
2012	2.0	2022	12.5
2013	2.5	2023	13.0
2014	3.0	2024	13.5
2015	3.0	2025	14.0
2016	3.5	2026	15.0
2017	4.0	2027	17.0
2018	5.0	2028	19.0
2019	6.0	2029	22.5
2020	7.0	2030 이후	25.0
2021	9.0		

09 전력시장에서 전력을 직접 구매할 수 있는 전기사용자의 수전설비용량 기준은?

① 10,000kVA ② 20,000kVA
③ 30,000kVA ④ 50,000kVA

해설 전기사업법 시행령 제20조(전력의 직접 구매)
전기사용자는 전력시장에서 전력을 직접 구매할 수 없다. 다만, 수전설비(受電設備)의 용량이 3만kVA 이상인 전기사용자는 그러하지 아니하다.

10 태양전지 모듈의 절연내력을 시험할 때 사용하는 직류전압은 최대사용전압의 몇 배에 견뎌야 하는가?

① 0.92 ② 1
③ 1.25 ④ 1.5

해설 KEC 134(연료전지 및 태양전지 모듈의 절연내력)
태양전지 모듈은 최대사용전압의 1.5배의 직류전압 또는 1배의 교류전압(500V 미만으로 되는 경우에는 500V)을 충전부분과 대지 사이에 연속하여 10분간 가하여 절연내력을 시험하였을 때 이에 견디는 것이어야 한다.

8 ③ 9 ③ 10 ④ 정답

11 **전기공사기술자의 등급 및 경력 등에 관한 증명서를 발급하는 자는?**

① 산업통상자원부장관　② 한국산업인력공단
③ 시・도지사　④ 전기공사협회

해설 **전기공사업법 제17조의2(전기공사기술자의 인정)**
산업통상자원부장관은 전기공사기술자로 인정을 받으려는 신청인을 전기공사기술자로 인정하면 전기공사기술자의 등급 및 경력 등에 관한 증명서를 해당 전기공사기술자에게 발급하여야 한다.

12 **다음 중 신재생에너지 통계전문기관은?**

① 신재생에너지협회　② 신재생에너지센터
③ 통계청　④ 한국에너지기술연구원

해설 **신에너지 및 재생에너지 개발・이용・보급 촉진법 시행규칙 제14조(신재생에너지 통계의 전문기관)**
신재생에너지 관련 시책을 효과적으로 수립・시행하기 위하여 필요한 국내외 신재생에너지의 수요・공급에 관한 통계에 관한 업무를 수행하는 전문성이 있는 기관은 신재생에너지센터로 한다.

13 **전기사업의 허가를 신청하는 자가 사업계획서를 작성할 때 태양광설비의 개요로 기재하여야 할 내용이 아닌 것은?**

① 태양전지 및 인버터의 효율, 변환방식, 교류주파수
② 태양전지의 종류, 정격용량, 정격전압 및 정격출력
③ 인버터의 종류, 입력전압, 출력전압 및 정격출력
④ 집광판의 면적

해설 **전기사업법 시행규칙 별표 1(사업계획서 작성방법)**

- 사업 구분
- 사업계획 개요(사업자명, 전기설비의 명칭 및 위치, 발전형식 및 연료, 설비용량, 소요부지면적, 준비기간, 사업개시 예정일 및 운영기간을 포함한다)
- 전기설비 개요
- 전기설비 건설 계획(구체적인 주요공정 추진 일정 및 건설인력 관련 계획을 포함한다)
- 전기설비 운영 계획(기술인력의 확보 계획을 포함한다)
- 부지의 확보 및 배치 계획(석탄을 이용한 화력발전의 경우 회(灰)처리장에 관한 사항을 포함한다)
- 전력계통의 연계 계획(발전사업 및 구역전기사업의 경우만 해당한다)
- 연료 및 용수 확보 계획(발전사업 및 구역전기사업의 경우만 해당한다)
- 온실가스 감축계획(화력발전의 경우만 해당한다)
- 소요금액 및 재원조달계획(전기사업회계규칙의 계정과목 분류에 따른 공사비 개괄 계산서를 포함한다)
- 사업개시 예정일부터 5년간 연도별・용도별 공급계획(전기판매사업 및 구역전기사업의 경우에만 해당한다)
- 태양광설비 개요
  - 태양전지의 종류, 정격용량, 정격전압 및 정격출력
  - 인버터(inverter)의 종류, 입력전압, 출력전압 및 정격출력
  - 집광판(集光板)의 면적

정답 11 ① 12 ② 13 ①

14 전기공사업법에 규정된 전기공사기술자의 양성교육훈련의 교육시간은?

① 20시간　　② 30시간
③ 40시간　　④ 60시간

해설 **전기공사업법 시행령 별표 4의3(양성교육훈련의 교육실시기준)**

대상자	교육 시간	교육 내용
전기공사기술자로 인정을 받으려는 사람 및 등급의 변경을 인정받으려는 전기공사기술자	20시간	기술능력의 향상

15 전기공사업 등록증 및 등록수첩을 발급하는 자는?

① 대통령　　② 산업통상자원부장관
③ 시 · 도지사　　④ 지정공사업자단체

해설 **전기공사업법 제4조(공사업의 등록)**
시 · 도지사는 공사업의 등록을 받으면 등록증 및 등록수첩을 내주어야 한다.

16 신재생에너지정책심의회의 심의를 거쳐 신재생에너지의 기술개발 및 이용 · 보급을 촉진하기 위한 기본계획을 수립하는 자는?

① 행정안전부장관　　② 산업통상자원부장관
③ 과학기술정보통신부장관　　④ 환경부장관

해설 **신에너지 및 재생에너지 개발 · 이용 · 보급 촉진법 제5조(기본계획의 수립)**
산업통상자원부장관은 관계 중앙행정기관의 장과 협의를 한 후 신재생에너지정책심의회의 심의를 거쳐 신재생에너지의 기술개발 및 이용 · 보급을 촉진하기 위한 기본계획을 5년마다 수립하여야 한다.

14 ① 15 ③ 16 ② 정답

17 전로의 보호장치의 확실한 동작의 확보, 이상전압의 억제 및 대지전압의 저하를 위하여 저압전로의 중성점에서 시설할 경우 접지선의 공칭단면적은 몇 mm^2 이상의 연동선으로 하여야 하는가?

① 16　　② 10
③ 6　　④ 4

해설 KEC 322.5(전로의 중성점의 접지)

전로의 보호 장치의 확실한 동작의 확보, 이상 전압의 억제 및 대지전압의 저하를 위하여 특히 필요한 경우에 전로의 중성점에 접지공사를 할 경우에는 다음에 따라야 한다.

- 접지극은 고장 시 그 근처의 대지 사이에 생기는 전위차에 의하여 사람이나 가축 또는 다른 시설물에 위험을 줄 우려가 없도록 시설할 것
- 접지도체는 공칭단면적 $16mm^2$ 이상의 연동선 또는 이와 동등 이상의 세기 및 굵기의 쉽게 부식하지 아니하는 금속선(저압 전로의 중성점에 시설하는 것은 공칭단면적 $6mm^2$ 이상의 연동선 또는 이와 동등 이상의 세기 및 굵기의 쉽게 부식하지 않는 금속선)으로서 고장 시 흐르는 전류가 안전하게 통할 수 있는 것을 사용하고 또한 손상을 받을 우려가 없도록 시설할 것
- 접지도체에 접속하는 저항기·리액터 등은 고장 시 흐르는 전류를 안전하게 통할 수 있는 것을 사용할 것
- 접지도체·저항기·리액터 등은 취급자 이외의 자가 출입하지 아니하도록 설비한 곳에 시설하는 경우 이외에는 사람이 접촉할 우려가 없도록 시설할 것

18 태양광발전설비공사의 철근콘크리트 또는 철골구조부를 제외한 시설공사의 하자담보 책임기간은?

① 1년　　② 3년
③ 5년　　④ 7년

해설 신재생에너지 설비의 지원 등에 관한 규정 별표 1(신재생에너지설비의 하자이행보증기간)

원별	하자이행보증기간
태양광발전설비	3년
풍력발전설비	3년
소수력발전설비	3년
지열이용설비	3년
태양열이용설비	3년
기타 신·재생에너지설비	3년

※ 제35조의 사업으로 설치한 신재생에너지설비의 하자이행보증기간은 5년으로 한다.

정답 17 ③ 18 ②

19 신에너지 및 재생에너지 개발 · 이용 · 보급 촉진법에서 정한 공급의무자가 아닌 것은?

① 한국중부발전주식회사 ② 한국수자원공사
③ 한국가스공사 ④ 한국지역난방공사

해설 **신에너지 및 재생에너지 개발 · 이용 · 보급 촉진법 시행령 제18조의3(신재생에너지 공급의무자)**
- 신재생에너지 설비를 제외한 50만kW 이상의 발전설비를 보유하는 자
  예 한국수력원자력, 남동발전, 중부발전, 서부발전, 동서발전, 남부발전, 지역난방공사, 수자원공사, 포스코파워, SK E&S, GS 파워, 씨지앤율촌
- 한국수자원공사법에 따른 한국수자원공사
- 집단에너지사업법에 따른 한국지역난방공사

20 전기설비의 일반사항에 대한 내용으로 잘못된 것은?

① 고전압의 침입 등에 의한 감전, 화재 등으로 사람에게 손상을 줄 우려가 없도록 접지를 실시한다.
② 뇌방전으로 인한 과전압으로부터 전기설비의 손상, 감전 등의 우려가 없도록 피뢰설비를 시설한다.
③ 전로에 시설하는 전기기계기구는 통상 사용상태에서 발생하는 열에 견디는 것이어야 한다.
④ 전선의 접속부분에는 전기저항이 증가되도록 접속하고 절연성능이 저하되지 않도록 하여야 한다.

해설 KEC 123(전선의 접속)
전선을 접속하는 경우에는 전선의 전기저항을 증가시키지 아니하도록 접속하여야 한다.

21 전기를 생산하여 이를 전력시장을 통하여 전기판매업자에게 공급하는 것을 주된 목적으로 하는 사업을 무엇이라 하는가?

① 송전사업 ② 배전사업
③ 발전사업 ④ 변전사업

해설 **전기사업법 제2조(정의)**
"발전사업"이란 전기를 생산하여 이를 전력시장을 통하여 전기판매사업자에게 공급하는 것을 주된 목적으로 하는 사업을 말한다.

19 ③ 20 ④ 21 ③ 정답

22 **지중에 매설되어 있고 대지와의 전기저항값이 몇 Ω 이하의 값을 유지하고 있는 금속제 수도관을 접지전극으로 사용할 수 있는가?**

① 2 ② 3
③ 4 ④ 5

해설 KEC 142.2(접지극의 시설 및 접지저항)
지중에 매설되어 있고 대지와의 전기저항값이 3Ω 이하의 값을 유지하고 있는 금속제 수도관로는 접지극으로 사용이 가능하다.

23 **태양광발전소의 태양전지 모듈, 전선 및 개폐기 등의 기구를 시설할 때 고려해야 할 사항이 아닌 것은?**

① 충전부분이 노출되지 아니하도록 시설할 것
② 태양전지 모듈에 접속하는 부하 측의 전로에는 그 접속점과 떨어진 부분에 개폐기를 시설할 것
③ 태양전지 모듈을 병렬로 접속하는 전로에 단락이 생긴 경우에 전로를 보호하는 과전류차단기 등의 기구를 시설할 것
④ 태양전지 모듈 및 개폐기 등에 전선을 접속하는 경우 접속점에 장력이 가해지지 않도록 할 것

해설 KEC 520(태양광발전설비)
- 태양전지 모듈, 전선, 개폐기 및 기타 기구는 충전부분이 노출되지 않도록 시설하여야 한다.
- 태양전지 모듈에 접속하는 부하 측의 태양전지 어레이에서 전력변환장치에 이르는 전로(복수의 태양전지 모듈을 시설한 경우에는 그 집합체에 접속하는 부하 측의 전로)에는 그 접속점에 근접하여 개폐기 기타 이와 유사한 기구(부하전류를 개폐할 수 있는 것에 한한다)를 시설할 것
- 전지 모듈을 병렬로 접속하는 전로에는 그 전로에 단락전류가 발생한 경우에 전로를 보호하는 과전류차단기 기타의 기구를 시설하여야 한다. 다만, 그 전로가 단락전류에 견딜 수 있는 경우에는 그러하지 아니하다.
- 모듈 및 기타 기구에 전선을 접속하는 경우는 나사로 조이기나 기타 이와 동등 이상의 효력이 있는 방법으로 기계적·전기적으로 안전하게 접속하고, 접속점에 장력이 가해지지 않도록 할 것

24 **신재생에너지발전사업자가 생산한 전력을 전력시장에서 거래하지 않고 직접 전기판매사업자와 거래할 수 있는 발전설비용량은?**

① 1,000kW 이하 ② 2,000kW 이하
③ 3,000kW 이하 ④ 4,000kW 이하

해설 전기사업법 시행령 제19조(전력거래)
신재생에너지발전사업자가 발전설비용량이 1천kW 이하인 발전설비를 이용하여 생산한 전력을 거래하는 경우에는 전력시장에서 전력을 거래하지 않을 수 있다.

정답 22 ② 23 ② 24 ①

25 **신에너지 및 재생에너지 개발 · 이용 · 보급 촉진법의 목적이 아닌 것은?**

① 에너지의 환경친화적 전환
② 에너지의 안정적 공급
③ 온실가스 배출의 감소
④ 에너지원의 단일화

해설 **신에너지 및 재생에너지 개발 · 이용 · 보급 촉진법 제1조(목적)**
이 법은 신에너지 및 재생에너지의 기술개발 및 이용 · 보급 촉진과 신에너지 및 재생에너지 산업의 활성화를 통하여 에너지원을 다양화하고, 에너지의 안정적인 공급, 에너지 구조의 환경친화적 전환 및 온실가스 배출의 감소를 추진함으로써 환경의 보전, 국가경제의 건전하고 지속적인 발전 및 국민복지의 증진에 이바지함을 목적으로 한다.

26 **전기안전관리업무를 개인대행자가 대행할 수 있는 태양광발전설비의 용량은?**

① 200kW 미만
② 250kW 미만
③ 300kW 미만
④ 350kW 미만

해설 **전기안전관리법 시행규칙 제26조(전기안전관리업무 대행 규모)**
- 1,000kW(원격감시 · 제어기능을 갖춘 경우 용량 3,000kW) 미만의 태양광발전설비 : 안전공사 및 대행사업자에게 대행가능
- 250kW(원격감시 · 제어기능을 갖춘 경우 용량 750kW) 미만의 태양광발전설비 : 개인대행자에게 대행가능

25 ④ 26 ② 정답

PART 04

과년도 + 최근 기출(복원)문제

2016년 제 2 회 과년도 기출문제

01 다결정 실리콘 태양전지의 제조공정 순서를 바르게 나열한 것은?

㉠ 셀	㉡ 잉곳
㉢ 실리콘 입자	㉣ 웨이퍼 슬라이스
㉤ 태양전지 모듈	

① ㉢ → ㉣ → ㉡ → ㉠ → ㉤
② ㉢ → ㉡ → ㉣ → ㉠ → ㉤
③ ㉡ → ㉢ → ㉠ → ㉣ → ㉤
④ ㉡ → ㉢ → ㉣ → ㉠ → ㉤

해설 ㉢ 실리콘 입자 : 실리콘의 순도가 99.9999% 이상일 경우에는 반도체용으로 반도체 웨이퍼를 만드는 데 사용하며, 99.99%일 경우에는 태양전지용으로 솔라 셀(solar cell) 기판을 만드는 재료로 사용한다.
㉡ 잉곳 : 분말 상태의 폴리실리콘을 화학적 처리를 통해 원통(또는 정육면체) 모양으로 만든 실리콘 덩어리로 잉곳의 모양에 따라 단결정(원기둥 모양), 다결정(직육면체)으로 구분할 수 있다.
㉣ 웨이퍼 슬라이스 : 잉곳을 균일한 두께로 절단하여 둥글고 얇은 형태의 박판으로 만드는 과정이다.
㉠ 셀 : 셀은 태양전지의 가장 기본 소자로 보통 실리콘 계열의 태양전지 셀 1개에서 약 0.5~0.6V의 전압과 4~8A의 전류를 생산한다.
㉤ 태양전지 모듈 : 태양전지 모듈은 셀을 직·병렬로 연결하여 태양광 아래서 일정한 전압과 전류를 발생시키는 장치이다.

02 최대출력이 102W이고 동작전압이 34V인 태양전지 모듈을 사용하여 필요용량이 3kW이고 필요전압이 200V인 태양광발전시스템을 구성하기 위한 모듈수는 몇 개가 필요한가?

① 25 ② 30
③ 35 ④ 40

해설 필요한 태양전지의 모듈수는 $\frac{\text{전체시설용량}}{\text{1개의 모듈용량}} = \frac{3,000}{102} \fallingdotseq 29.412$개 올림하여 30개의 태양전지 모듈이 필요하다.

정답 1 ② 2 ②

03 태양광발전시스템은 옥외에 설치됨에 따라 낙뢰에 대한 대책이 필요하다. 다음 중 틀린 것은?

① 직격뢰에 대한 대책으로는 피뢰침을 설치해야 한다.
② 유도뢰는 정전유도에 의한 것과 전자유도에 의한 것이 있다.
③ 여름뢰는 하강기류가 발생하기 쉬운 곳에서 발생하기 쉽다.
④ 겨울뢰는 겨울에 기온이 급변할 때 발생하기 쉽다.

해설 여름뢰는 상승기류가 발생하기 쉬운 곳에서 발생하는 소나기구름으로 대표된다. 즉, 대류권 가득히까지 퍼지는 높이에서 발생한다.

04 태양전지 모듈의 곡선인자(충진율, FF)가 높은 순으로 배열된 것은?

㉠ CIS 모듈	㉡ CdTe 모듈
㉢ 비정질 실리콘 모듈	㉣ 결정질 실리콘 모듈

① ㉠ → ㉡ → ㉢ → ㉣
② ㉣ → ㉢ → ㉡ → ㉠
③ ㉠ → ㉣ → ㉡ → ㉢
④ ㉣ → ㉠ → ㉡ → ㉢

해설 **곡선인자(FF, 충진율) :** Fill Factor의 약어로서 개방전압과 단락전류의 곱에 대한 최대출력(최대출력전압과 최대출력전류의 곱한 값)의 비율이다.
태양전지의 곡선인자는 보통 그 소자의 변환효율이라고 할 수 있다.
그러므로 단결정 실리콘 태양전지가 17~21%, 다결정 실리콘 태양전지가 13~17%, 화합물 반도체 태양전지(박막형, CIS>CdTe)가 8~13%, 비정질 실리콘 모듈이 6~10%이다.

05 태양광발전시스템 인버터시스템 중 고전압 방식의 특징으로 틀린 것은?

① 전류가 크기 때문에 굵은 케이블을 사용한다.
② 인버터 고장 시 발전량 손실이 매우 크다.
③ 스트링이 길어 음영손실이 높다.
④ 전압 강하가 줄어든다.

해설 인버터시스템 중 고전압 방식은 전류가 작아서 굵기의 치수가 작은 케이블을 사용한다.

3 ③ 4 ④ 5 ① **정답**

06 **태양전지 모듈의 크기가 가로 0.53m, 세로 1.19m이며 최대출력 80W인 모듈의 에너지 변환효율은 약 몇 %인가?(단, 표준시험조건일 때이다)**

① 15.68　　② 14.25
③ 13.65　　④ 12.68

해설 표준시험조건은 1,000W/m^2, 온도 25℃, AM1.5이다.
여기서, 모듈의 크기 = 0.53 × 1.19 = 0.6307m^2에서 최대출력 80W이므로

$$1m^2\text{에서의 출력} = \frac{80}{0.6307} \fallingdotseq 126.84\text{W}$$

$$\text{변환효율} = \frac{1m^2\text{에서의 최대출력}}{\text{표준시험조건에서의 출력}} = \frac{126.84}{1,000} \times 100 \fallingdotseq 12.684\%$$

07 **인버터 단독운전 방지기능 중 단독운전 시 주파수를 검출하는 방식이 아닌 것은?**

① 부하 변동방식　　② 주파수 시프트방식
③ 유효전력 변동방식　　④ 무효전력 변동방식

해설 **인버터 단독운전 방지기능의 능동적 검출방법**
- 부하 변동방식 : PCS의 출력과 병렬로 임피던스를 주기적으로 삽입하여 전압 또는 전류의 급변을 검출하는 방식
- 주파수 시프트방식 : PCS 내부 발진기에 주파수 바이어스를 부여하고 단독운전 시에 나타나는 주파수 변동을 검출하는 방식
- 유효전력 변동방식 : PCS 출력에 주기적인 유효전력 변동을 부여하고 단독운전 시에 나타나는 전압, 전류 혹은 주파수 변동을 검출하는 방식
- 무효전력 변동방식 : 인버터 출력전압의 주기를 일정시간마다 변동시키면 평상시 계통 측의 백파워가 크기 때문에 출력주파수는 변화하지 않고 무효전력의 변화로서 나타나는 방식

08 **태양광발전시스템에 적용하는 피뢰방식으로 틀린 것은?**

① 돌침방식　　② 수평도체방식
③ 케이지방식　　④ 등전위본딩방식

해설
- 등전위본딩방식 : 내부피뢰시스템에 해당하는 것으로 노출도전성 부분 상호 및 계통외전도성 부분을 서로 접속함으로써 전위를 같게 하는 것이다. 등전위화를 도모하는 것을 말한다.
- 돌침방식(보호각법) : 일반적으로 가장 많이 시설하는 방식으로 뇌격은 선단이 뾰족한 금속도체 부분에 잘 떨어지므로, 건축물이나 태양광발전설비 근방에 접근한 뇌격을 흡인하게 하여, 선단과 대지 사이를 접속한 도체를 통해서 뇌격전류를 대지로 안전하게 방류하는 방식이다.
- 수평도체방식 : 넓은 부지에 설치한 대용량 태양광발전시스템에 가장 적합한 보호방식으로 보호하고자 하는 태양광발전시스템의 상부에 수평도체를 가설하고, 이에 뇌격을 흡인하게 한 후, 인하도선을 통해서 뇌격전류를 대지에 방류하는 방식이다.
- 그물망(케이지)도체방식 : 보호대상물 주위를 적당한 간격의 망상도체(1.5~2m)로 감싸는 방식으로 거의 완전한 식이지만 건축물의 미관, 유지보수, 경제성을 고려할 때 일부 특수목적으로만 사용된다.

정답 6 ④ 7 ① 8 ④

09 **태양전지 모듈에 입사된 빛 에너지가 변환되어 발생하는 전기적 출력의 특성을 전류-전압특성이라 고 한다. 이의 표시사항으로 틀린 것은?**

① 단락전류
② 개방전압
③ 최대출력 동작전류
④ 최소출력 동작전압

해설 **태양전지 모듈의 $I-V$ 특성곡선**

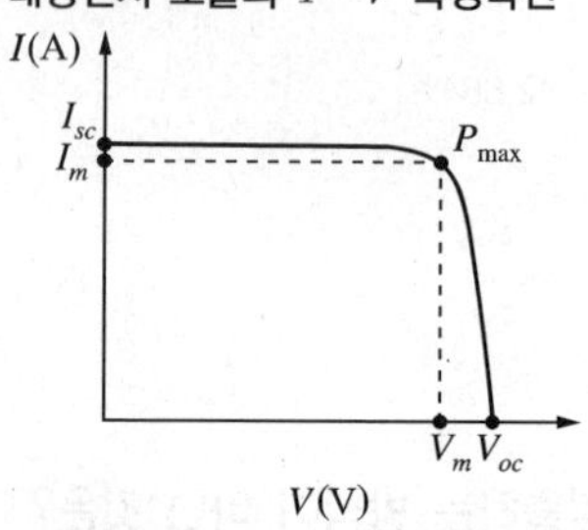

- 최대출력($P_{\max}$) : 최대출력 동작전압($V_{\max}$)× 최대출력 동작전류($I_{\max}$)
- 개방전압(V_{oc}) : 태양전지 양극 간을 개방한 상태의 전압
- 단락전류(I_{sc}) : 태양전지 양극 간을 단락한 상태에서 흐르는 전류
- 최대출력 동작전압($V_{\max}$) : 최대출력 시 동작전압
- 최대출력 동작전류($I_{\max}$) : 최대출력 시 동작전류

10 **다음은 태양열발전시스템의 발전원리를 나타낸 것이다. 괄호 안의 공정으로 올바른 것은?**

집광열 → (㉠) → (㉡) → (㉢) → 터빈(동력) → 발전

① ㉠ 열전달 ㉡ 증기발생 ㉢ 축열
② ㉠ 열전달 ㉡ 축열 ㉢ 증기발생
③ ㉠ 축열 ㉡ 열전달 ㉢ 증기발생
④ ㉠ 증기발생 ㉡ 열전달 ㉢ 축열

해설 **태양열발전시스템의 발전원리**
집광열 → 축열 → 열전달 → 증기발생 → 터빈 → 발전

9 ④ 10 ③ **정답**

11 축전지 과충전 시 발생하는 현상이 아닌 것은?

① 축전지의 부식
② 가스 발생
③ 전해액 감소
④ 침전물 발생

해설 **축전지의 충·방전 시 일어나는 현상**
- 과충전 : 부식이 일어나고 가스가 발생하여 전해액이 감소
- 과방전 : 일정전압 이하로 감소하면 축전지에서 침전물이 생기고 성능이 저하

12 인버터의 기능이 아닌 것은?

① 유효 및 무효전력 조정기능
② 유도뢰전류 파형 감쇠기능
③ 전압 및 주파수 조정기능
④ 최대출력 추종제어기능

해설 유도뢰 방지는 각 장비별로 유도뢰를 차단하는 '서지보호장치(SPD)'를 설치한다. 등전위접지를 실시하여 전위차를 같게 하고, '탄소저저항 접지모듈'을 설치하여 낮은 접지저항을 유지한다.

13 다음에서 설명하는 태양전지의 종류는?

㉠ 색소가 붙은 산화티타늄 등의 나노입자를 한쪽의 전극에 칠하고 또 다른 쪽 전극과의 사이에 전해액을 넣은 구조이다. ㉡ 색이나 형상을 다양하게 할 수 있어 패션, 인테리어 분야에도 이용할 수 있다.

① 유기 박막 태양전지
② 구형 실리콘 태양전지
③ 갈륨 비소계 태양전지
④ 염료 감응형 태양전지

해설
- 염료 감응형 태양전지 : 산화환원 전해질로 구성되어 있으며, 표면에 화학적으로 흡착된 염료 분자가 태양빛을 받아 전자를 냄으로써 전기를 생산하는 전지이다.
- 유기 박막 태양전지 : 태양전지의 재료로는 일반적으로 실리콘 같은 무기 반도체가 사용되지만, 가공성이 뛰어나고 원가가 싼 유기 재료를 사용하여 태양전지를 만든다. 재료로는 가시광을 강력히 흡수하는 유기 색소라는 물질이 사용되며, 얇은 막으로 태양광의 대부분을 흡수할 수 있다.

정답 11 ④ 12 ② 13 ④

14 신재생에너지 설비와 관계가 없는 것은?

① 태양에너지 설비
② 원자력발전 설비
③ 바이오에너지 설비
④ 폐기물에너지 설비

해설 **신재생에너지** : 태양, 풍력, 바이오, 수력, 연료전지, 액화 가스, 석탄, 중질잔사유, 해양에너지, 폐기물, 지열, 수소, 그 밖에 석유 · 석탄 · 원자력 또는 천연가스가 아닌 에너지로서 대통령령으로 정하는 에너지

15 지붕 설치형 방식 중 평지붕형에 대한 특징으로 틀린 것은?

① 아스팔트 방수, 시트 방수 등의 방수층 위에 철골 가대를 설치하고 모듈을 설치한다.
② 주로 공공기관이나 학교 등의 옥상에 설치하는 사례가 많다.
③ 설치 공법으로서 각 모듈 제조회사의 표준 사양으로 되어 있다.
④ 태양전지 모듈 자체가 지붕재로서의 기능을 보유하고 있는 타입이다.

해설 ④는 지붕건재형에 대한 설명으로 주로 신축주택용으로 많이 설치된다.

16 독립형 태양광발전시스템에서 축전지의 용량을 정할 때 고려해야 될 것으로 틀린 것은?

① 부하의 크기
② kWh당 가격
③ 발전이 불가능한 연속 일수
④ 최대일사량 기준 일조 시간수

해설 **독립형 태양광발전시스템의 축전지 용량을 정할 때의 고려사항**

- 부하에 필요한 전력량을 상세하게 검토한다(부하의 크기).
- 설치 예정 장소의 일사량 데이터를 입수한다(최대일사량 기준 일조 시간수).
- 설치장소의 일사조건이나 부하의 중요성에서 일조가 없는 시간을 설정한다(보통 5~14일 정도가 많다).
- 축전지의 기대수명에서 방전심도(DOD)를 설정한다.

17 슈퍼 스트레이트형 태양전지 모듈을 구성하고 있는 구조 요소가 아닌 것은?

① 피뢰소자
② 프레임
③ 프런트 커버
④ 내부연결 전극

해설 비정질 실리콘 태양전지의 구조는 크게 유리기판을 사용한 슈퍼 스트레이트형과 금속판을 이용한 구조의 서브 스트레이트형으로 구분할 수 있다. 피뢰소자는 어레이 주회로 내부에 분산시켜 설치하고 접속함에도 설치한다.

14 ② 15 ④ 16 ② 17 ① 정답

18 **태양전지 모듈 뒤편 명판에 기재되지 않는 사항은?**

① 공칭최대출력
② 에너지변환효율
③ 공칭최대출력 동작전압
④ 제조연월일 및 제조번호

해설 태양전지 모듈 뒷면 명판에는 주로 제조일자와 최대출력, 개방회로전압, 단락전류, 최대출력 동작전압/동작전류, 전력의 생산에 허용오차, 모듈의 테스트 환경, 계통최고전압, 공칭태양전지 동작온도, 작동온도 범위 등을 표시한다.

19 **태양광발전시스템의 접속함 내에 설치되지 않는 것은?**

① 직류 출력 개폐기
② 피뢰소자
③ 축전지
④ 단자대

해설 **접속함 내의 설치기기**
- 태양전지 어레이 측 개폐기(직류 출력 개폐기)
- 주개폐기
- 서지보호 장치(SPD)
- 역류방지 소자
- 단자대
- 감시용 DCCT(계기용 변류기), DCPT(계기용 변압기), T/D(Transducer), 주개폐기, 피뢰소자, 단자대, 수납함 등

20 **주택용 독립형 태양광발전시스템의 주요 구성요소가 아닌 것은?**

① 배전시스템
② 축전지
③ 태양전지 모듈
④ 충·방전 제어기

해설 배전시스템은 연계형 태양광발전시스템에 필요한 구성요소이다.

정답 18 ② 19 ③ 20 ①

21 태양전지 모듈의 배선작업 완료 후 시행하는 검사항목이 아닌 것은?

① 일사량 측정
② 비접지 확인
③ 단락전류 측정
④ 전압·극성 확인

해설 태양전지 모듈의 배선이 끝나면 각 모듈 극성확인, 전압확인, 단락전류확인, 비접지 여부 등을 확인한다.

22 태양전지 모듈 설치 시 감전방지 대책에서 틀린 것은?

① 저압 절연장갑을 착용한다.
② 절연 처리된 공구를 사용한다.
③ 강우 시에는 태양광이 없기 때문에 작업을 해도 괜찮다.
④ 작업 전 태양전지 모듈의 표면에 차광시트를 붙여 태양광을 차폐한다.

해설 강우 시에는 감전사고뿐만 아니라 미끄러짐으로 인한 추락사고로 이어질 우려가 있으므로 작업을 금지한다.

23 인버터를 설치하기 위한 적합한 장소가 아닌 것은?

① 통풍이 잘되는 장소
② 보수, 점검이 쉬운 장소
③ 결로의 우려가 없는 장소
④ 분진이 많고 냉각이 용이한 장소

해설 인버터는 전기기기이므로 통풍과 냉각이 잘되고 분진과 결로의 우려가 없는 환경에 설치한다. 또한 태양광시스템 중 가장 많이 고장이 나는 부분으로 보수, 점검이 쉬운 장소에 설치해야 한다.

24 케이블트레이 시공방식의 장점이 아닌 것은?

① 방열특성이 좋다.
② 허용전류가 크다.
③ 장래부하 증설 시 대응력이 좋다.
④ 재해의 영향을 거의 받지 않는다.

해설 케이블트레이는 금속제로 만들어지며, 보통 사다리 모양으로 개방되어 있는 재해의 영향을 받기 쉽다.

21 ① 22 ③ 23 ④ 24 ④ 정답

25 태양광발전시스템에서 옥외 배선용으로 사용되는 전선은?

① UTP 케이블
② STP 케이블
③ UV 케이블
④ FCVV-SB 케이블

해설 태양전지에서 옥내에 이르는 전선은 모듈전용선(XLPE 케이블)이나 직류용 전선을 사용한다. 그리고 옥외 케이블은 UV 케이블을 사용한다.

26 접지공사를 생략할 수 있는 경우로 적합하지 않는 것은?

① 철대 또는 외함의 주위에 적당한 절연대를 설치하는 경우
② 외함이 없는 계기용변성기를 고무・합성수지 기타의 절연물로 피복한 경우
③ 사용전압이 직류 150V 또는 교류 대지전압이 300V 이하인 기계・기구를 습한 장소에 시설하는 경우
④ 저압용의 기계・기구를 건조한 목재의 마루, 기타 이와 유사한 절연성 물건 위에서 취급하도록 시설하는 경우

해설 **KEC 142.7(기계기구의 철대 및 외함의 접지)**
사용전압이 직류 300V 또는 교류 대지전압이 150V 이하인 기계・기구를 건조한 장소에 시설하는 경우

27 강우 시 태양전지 모듈 표면으로 흙탕물이 튀는 것을 방지하기 위해서 지면으로부터 몇 m 이상의 높이에 설치하는가?

① 0.4
② 0.6
③ 0.8
④ 1.0

해설 **표준 모듈 설치 환경**
- 방향 및 경사각 : 모듈 전면이 정남을 향하고, 경사각은 수평면 기준으로 45±5°
- 높이 : 지면이나 기준 평면으로부터 0.6m 이상의 높이에 설치

정답 25 ③ 26 ③ 27 ②

28 **부하를 연결하지 않은 상태에서 태양전지가 발전할 때 단자 양단에 걸리는 전압은?**

① 개방전압
② 단락전압
③ 정격전압
④ 부하전압

해설 태양전지의 특성을 나타내는 값은 개방전압, 단락전류, 최대출력, 최대출력 동작전압, 최대출력 동작전류 등이 있다.
- 개방전압 : 태양전지 양극 간을 개방한 상태의 전압
- 단락전류 : 태양전지 양극 간을 단락한 상태에서 흐르는 전류

29 **태양전지 가대의 녹방지를 위하여 비교적 저렴하고 장기적 사용이 가능한 방법은?**

① 불소계 도장
② 용융아연도금
③ 에폭시계 도장
④ 폴리우레탄계 도장

해설 태양전지 어레이용 가대 시공 시 체결용 볼트, 너트, 와셔 등은 용융아연도금처리 또는 동등 이상의 녹방지 처리를 해야 하며 앵커 볼트의 돌출부분은 볼트캡을 사용해야 한다.

30 **태양광발전시스템의 접속함 설치 시공 시 확인하여야 할 사항이 아닌 것은?**

① 설치장소가 설계도면과 일치하는지를 확인한다.
② 설계의 적정성과 제조사가 건전한 회사인지를 확인한다.
③ 유지관리의 편리성을 고려한 설치방법인지를 확인한다.
④ 접속함의 사양과 실제 설치한 접속함이 일치하는지를 확인한다.

해설 접속함 설치 시공 시에는 설계의 적정성과 제조사가 건전한 회사인지를 확인하는 것은 계획(설계감리) 단계에서 해야 하는 부분이다.

28 ① 29 ② 30 ② 정답

31 태양전지 어레이 육안점검 항목이 아닌 것은?

① 파손 유무
② 개방전압
③ 부식 및 녹이 없을 것
④ 볼트 및 너트의 풀림이 없을 것

해설 태양전지 어레이

육안점검	오염 및 파손의 유무	
	파손 및 두드러진 변형이 없을 것	
	부식 및 녹이 없을 것	
	볼트 및 너트의 풀림이 없을 것	
	배선공사 및 접지접속이 확실할 것	
	코킹의 망가짐 및 불량이 없을 것	
	지붕재의 파손, 어긋남, 뒤틀림, 균열이 없을 것	
측정	접지저항	보호접지

※ 보호접지 : 고장 시 감전에 대한 보호를 목적으로 기기의 한 점 또는 여러 점을 접지하는 것

32 태양전지 회로의 절연저항은 기온과 습도에 영향을 받는다. 절연저항계 이외에 필요한 계기가 아닌 것은?

① 온도계
② 습도계
③ 항온항습기
④ 단락용개폐기

해설 항온항습기는 실내의 온도나 습기를 일정하게 유지시켜 주는 기기로 절연저항 측정에는 필요 없다.

33 정기점검에서 접속함의 절연저항 측정 시 출력단자와 접지 간의 절연저항은?(단, 측정전압은 직류 500V이다)

① 10Ω 이상
② 100Ω 이상
③ 0.2MΩ 이상
④ 1MΩ 이상

해설
- 절연저항(태양전지–접지선) : 0.2MΩ 이상 측정전압 DC 500V 메거 사용
- 절연저항(각 출력단자–접지 간) : 1MΩ 이상 측정전압 DC 500V 메거 사용

정답 31 ② 32 ③ 33 ④

34 중대형 태양광발전용 인버터의 절연성능 시험항목이 아닌 것은?

① 내전압 시험
② 절연저항 시험
③ 단락전류 시험
④ 감전보호 시험

해설 **중대형 태양광발전용 인버터의 절연성능 시험항목**
절연저항 시험, 내전압 시험, 감전보호 시험, 절연거리 시험

35 태양광발전시스템의 인버터 출력이 380V인 경우 외함에 실시하는 접지로 적합한 것은?

① 계통접지
② 보호접지
③ 변압기 중성점접지
④ 피뢰시스템접지

해설
- 계통접지 : 전력계통의 이상현상에 대비하여 대지와 계통을 접속
- 보호접지 : 감전보호를 목적으로 기기의 한 점 이상을 접지
- 변압기 중성점접지 : 변압기의 2차 측 중성점을 접지하는 것
- 피뢰시스템접지 : 뇌격전류를 안전하게 대지로 방류하기 위한 접지

36 인버터의 육안점검 항목이 아닌 것은?

① 통풍 확인
② 축전지 변색
③ 외부배선의 손상
④ 외함의 부식 및 파손

해설 **인버터**

육안점검	외함의 부식 및 손상	부식 및 녹이 없고 충전부가 노출되지 않을 것
	외부배선(접속 케이블)의 손상	인버터에 접속된 배선에 손상이 없을 것
	환기 확인(환기구멍, 환기필터)	환기구를 막고 있지 않을 것
	이상음, 악취, 이상 과열	운전 시 이상음, 악취, 이상과열이 없을 것
	표시부의 이상표시	표시부에 이상표시가 없을 것
	발전현황	표시부의 발전상황에 이상이 없을 것

34 ③ 35 ② 36 ② 정답

37 중대형 태양광발전용 인버터의 누설전류시험을 할 때 인버터의 외함과 대지와의 사이에 저항을 접속해서 누설전류가 5mA 이하이면 정상으로 본다. 이때 접속하는 저항값은 몇 Ω 인가?

① 100　　② 500
③ 1,000　　④ 2,000

해설 **중대형 태양광발전용 인버터의 누설전류시험**
인버터의 기체와 대지와의 사이에 1kΩ 이상의 저항을 접속해서 저항에 흐르는 누설전류가 5mA 이하일 것

38 태양광발전시스템 운영방법 중 태양전지 모듈의 운영방법에 관한 설명으로 틀린 것은?

① 황사나 먼지 및 공해물질은 발전량 감소의 주요인으로 작용한다.
② 모듈 표면은 특수 처리된 강화유리로 되어 있어 강한 충격이 있을 시 파손될 수 있다.
③ 모듈 표면에 그늘이 지거나 나뭇잎 등이 떨어져 있는 경우 전체적인 발전효율은 변화가 없다.
④ 풍압이나 진동으로 인하여 모듈과 형강의 체결 부위가 느슨해지는 경우가 있으므로 정기적으로 점검해야 한다.

해설 태양전지에 그늘이 생기면 그 부위가 저항 역할을 하게 되어 모듈에 악영향을 미치므로 바이패스 다이오드를 태양전지 모듈 후면에 설치한다.

39 운전상태에 따른 시스템의 발생신호 중 태양전지로부터 전력을 공급받아 인버터가 계통전압과 동기로 운전하며 계통과 부하에 전력을 공급하고 있는 상태는 어떤 상태인가?

① 정상운전
② 인버터 이상 시 운전
③ 태양전지 전압 이상 시 운전
④ 상용전원 전압 이상 시 운전

40 인버터 이상신호 조치방법 중 태양전지의 전압 이상으로 전압 점검 후 정상이 되면 몇 분 후에 재기동하여야 하는가?

① 5분　　② 7분
③ 9분　　④ 10분

해설 전압 이상 시 투입저지 시한 타이머에 의해 인버터가 정지하며 5분 후 자동 기동한다.

정답 37 ③ 38 ③ 39 ① 40 ①

41 **유지관리비의 구성요소로 틀린 것은?**

① 유지비
② 보수비
③ 개량비
④ 건설비

해설 유지관리비는 유용성을 적정하게 유지 회복하기 위한 필요한 비용이며, 일반적인 보수비(수선비), 유지비, 관리비, 개량비, 운용지원비로 구분된다.

42 **태양광발전설비의 변압기 보수 정기점검 개소로 틀린 것은?**

① 유면계
② 온도계
③ 기록계
④ 가스압력계

해설
- 변압기는 유입형(→ 유면계, 가스압력계 필요)과 건식형 타입이 있다.
- 변압기는 주위 온도가 상승함에 따라 절연저항값이 낮아진다(→ 온도계 필수).

43 **태양광발전시스템의 계측기나 표시장치의 구성요소가 아닌 것은?**

① 연산장치
② 차단장치
③ 표시장치
④ 신호변환기

해설 차단장치는 개폐기에 해당하는 주변장치에 해당된다. 태양광발전 모듈을 제외한 가대, 개폐기, 축전지, 출력조절기, 계측기 등의 주변기기를 통틀어 주변장치라 부른다.

41 ④ 42 ③ 43 ② 정답

44 정전작업 전 조치사항으로 틀린 것은?

① 단락접지기구로 단락접지
② 개폐기 투입으로 송전 재개
③ 검전기로 개로된 전로의 충전 여부 확인
④ 전력 케이블, 전력 콘덴서 등의 잔류전하의 방전

해설 **정전절차의 5대 안전수칙 준수**
- 작업 전 전원차단
- 전원투입의 방지
- 작업장소의 무전압 여부 확인
- 단락접지
- 작업장소 보호

45 점검 계획의 수립에 있어서 고려해야 할 사항이 아닌 것은?

① 환경조건
② 설비의 중요도
③ 정상 가동시간
④ 설비의 사용기간

해설 **점검 계획의 수립에 있어서 고려해야 할 사항**
설비의 사용기간, 설비의 중요도, 환경조건, 고장이력, 부하상태

46 태양광발전 시설에 대한 점검 후의 유의사항 중 최종 작업자가 최종 확인하는 사항으로 틀린 것은?

① 회로도에 의한 검토를 시행한다.
② 볼트 조임 작업을 모두 재점검한다.
③ 쥐, 곤충 등이 침입하지 않았는지 확인한다.
④ 점검을 위해 임시로 설치한 설치물의 철거가 지연되고 있지 않았는지 확인한다.

해설 ①은 점검 전 유의사항이다.
최종 확인 사항 및 기록
- 작업자가 반내에 있는지 확인
- 점검을 위한 임시 가설물 등이 철거되어 있는지 확인
- 볼트 조임작업은 완벽하게 되어 있는지 확인
- 공구 등이 버려져 있지는 않은지 확인
- 쥐, 곤충 등이 침입하지는 않았는지 확인
- 점검 기록 확인

정답 44 ② 45 ③ 46 ①

47 정기점검 시 접속함의 육안점검 사항이 아닌 것은?

① 개방전압
② 외함의 부식 및 파손
③ 접지선의 손상 및 접지단자의 풀림
④ 외부배선의 손상 및 접속단자의 풀림

해설 중간단자함(접속함)

육안점검	외함의 부식 및 파손	부식 및 파손이 없을 것
	방수처리	전선 인입구가 실리콘 등으로 방수처리
	배선의 극성	태양전지에서 배선의 극성이 바뀌어 있지 않을 것
	단자대 나사의 풀림	확실하게 취부되고 나사의 풀림이 없을 것
측정	절연저항(태양전지 – 접지선)	0.2MΩ 이상 측정전압 DC 500V 메거 사용
	절연저항(각 출력단자 – 접지 간)	1MΩ 이상 측정전압 DC 500V 메거 사용
	개방전압 및 극성	규정의 전압이어야 하고 극성이 올바를 것

48 절연변압기 부착형 인버터 출력회로의 경우 절연저항 측정방법으로 틀린 것은?

① 분전반 내의 분기차단기를 개방한다.
② 태양전지 회로를 접속함에서 분리한다.
③ 직류단자와 대지 간의 절연저항을 측정한다.
④ 직류 측의 모든 입력단자 및 교류 측의 전체 출력단자를 각각 단락한다.

해설 ③은 입력회로 측정방법이고 ④은 출력회로 측정방법이다.

인버터 회로의 절연저항 측정방법

- 인버터 정격전압 300V 이하 : 500V 절연저항계(메거)로 측정한다.
- 인버터 정격전압 300V 초과～600V 이하 : 1,000V 절연저항계(메거)로 측정한다.
- 입력회로 측정방법 : 태양전지 회로를 접속함에서 분리, 입출력단자가 각각 단락하면서 입력단자와 대지 간 절연저항을 측정한다(접속함까지의 전로를 포함하여 절연저항 측정).
- 출력회로 측정방법 : 인버터의 입출력단자 단락 후 출력단자와 대지 간 절연저항을 측정한다(분전반까지의 전로를 포함하여 절연저항 측정/절연변압기 측정).

47 ① 48 ③ 정답

49 **태양광발전설비 정기점검 작업자의 안전장구로 적합하지 않는 것은?**

① 안전모
② 안전화
③ 검전기
④ 귀마개

해설 귀마개는 소음이 있는 작업장에서만 사용한다.
안전장구 착용
• 안전모
• 안전대 착용(추락방지)
• 안전화(중량물에 의한 발 보호 및 미끄럼 방지용)
• 안전허리띠 착용(공구, 공사 부재 낙하 방지)

50 **태양광발전시스템의 운전 및 정지에 대한 점검항목이 아닌 것은?**

① 자립운전
② 스위치 오염상태
③ 표시부의 동작확인
④ 투입저지 시한 타이머 동작시험

해설 **운전 및 정지**

점검항목	점검내용
보호계전기능의 설정	전력회사 정위치를 확인할 것
운전	운전스위치 운전에서 운전할 것
정지	운전스위치 정지에서 정지할 것
투입저지 시한 타이머 동작시험	인버터가 정지하여 5분 후 자동 기동할 것
자립운전	
표시부의 동작확인	표시부가 정상으로 표시되어 있을 것
이상음 등	운전 중 이상음, 이상진동 등의 발생이 없을 것

정답 49 ④ 50 ②

51 저압 보안공사 시 지지물 종류의 경간으로 옳은 것은?

① 목주 200m 이하
② 철탑 400m 이하
③ B종 철주 또는 B종 철근 콘크리트주 250m 이하
④ A종 철주 또는 A종 철근 콘크리트주 150m 이하

해설 KEC 222.10(저압 보안공사)
저압 보안공사 지지물 종류에 따른 지지물 간 거리

지지물의 종류	지지물 간 거리
목주·A종 철주 또는 A종 철근 콘크리트주	100m
B종 철주 또는 B종 철근 콘크리트주	150m
철탑	400m

52 신재생에너지의 가중치 고려사항으로 틀린 것은?

① 발전량
② 발전원가
③ 온실가스 배출 저감에 미치는 효과
④ 환경, 기술개발 및 산업 활성화에 미치는 영향

해설 신재생에너지 공급인증서(REC) 가중치
가중치는 환경, 기술개발 및 산업 활성화에 미치는 영향, 발전원가, 부존잠재량, 온실가스 배출 저감에 미치는 효과 등을 고려하여 산업통상자원부장관이 정하여 고시한다.

구분	공급인증서 가중치	대상에너지 및 기준	
		설치유형	세부기준
태양광 에너지	1.2	일반부지에 설치하는 경우	100kW 미만
	1.0		100kW부터
	0.8		3,000kW 초과부터
	0.5	임야에 설치하는 경우	-
	1.5	건축물 등 기존 시설물을 이용하는 경우	3,000kW 이하
	1.0		3,000kW 초과부터
	1.6	유지 등의 수면에 부유하여 설치하는 경우	100kW 미만
	1.4		100kW부터
	1.2		3,000kW 초과부터
	1.0	자가용 발전설비를 통해 전력을 거래하는 경우	

51 ② 52 ① 정답

53 **전력용 반도체소자의 스위칭 작용을 이용하여 직류전력을 교류전력으로 변환하는 장치는?**

① 변성기
② 변압기
③ 인버터
④ 정류기

해설
- 변성기 : 주회로의 고전압, 대전류를 사용 목적에 적당한 저전압, 소전류로 변성하여 계기나 계전기를 소형화하고 취급을 용이하게 하기 위해 사용된다.
- 인버터 : 전력용 반도체소자의 스위칭 작용을 이용하여 직류전력을 교류전력으로 변환하는 장치

54 **태양전지 발전소에 시설하는 태양전지 모듈, 전선 및 개폐기 기타 기구의 시설기준으로 틀린 것은?**

① 충전부분은 노출되지 아니하도록 시설할 것
② 전선은 합성수지관공사, 금속관공사, 가요전선관공사 또는 케이블공사로 시설할 것
③ 전선은 공칭단면적 $1.5mm^2$ 이상의 연동선 또는 이와 동등 이상의 세기 및 굵기의 것일 것
④ 태양전지 모듈에 접속하는 부하 측의 전로에는 그 접속점에 근접하여 개폐기 기타 이와 유사한 기구를 시설할 것

해설 KEC 520(태양광발전설비)
- 태양전지 모듈, 전선, 개폐기 및 기타 기구는 충전부분이 노출되지 않도록 시설하여야 한다.
- 태양전지 모듈에 접속하는 부하 측의 태양전지 어레이에서 전력변환장치에 이르는 전로에는 그 접속점에 근접하여 개폐기 기타 이와 유사한 기구(부하전류를 개폐할 수 있는 것에 한한다)를 시설할 것
- 전선은 공칭단면적 $2.5mm^2$ 이상의 연동선 또는 이와 동등 이상의 세기 및 굵기의 것일 것
- 옥측 또는 옥외에 시설할 경우에는 합성수지관공사, 금속관공사, 금속제 가요전선관공사, 케이블공사로 규정에 준하여 시설할 것

55 **주택의 태양전지 모듈에 접속하는 부하 측 옥내배선을 전로에 지락이 생겼을 때 자동적으로 전로를 차단하는 장치를 시설할 경우 주택의 옥내전로의 대지전압은 직류 몇 V 이하이어야 하는가?**

① 200 ② 400
③ 600 ④ 800

해설 KEC 521.3(옥내전로의 대지전압의 제한)
주택의 태양전지 모듈에 접속하는 부하 측의 옥내배선(복수의 태양전지 모듈을 시설한 경우는 그 집합체에 접속하는 부하 측의 배선)은 다음에 의해 시설하는 경우에 주택 옥내전로의 대지전압이 직류 600V 이하이어야 한다.
- 전로에 지락이 발생하였을 경우에 자동적으로 전로를 차단하는 장치를 시설할 것
- 사람이 접촉할 우려가 없는 은폐된 장소에 합성수지관공사, 금속관공사 및 케이블공사에 의하여 시설하거나, 사람이 접촉할 우려가 없도록 케이블공사에 의하여 시설하고 전선에 방호장치를 시설할 것

정답 53 ③ 54 ③ 55 ③

56 **신재생에너지라 할 수 없는 것은?**

① 태양에너지
② 석유에너지
③ 해양에너지
④ 지열에너지

57 **저압 옥내배선 시 전원 측에서 분기점 사이에 다른 분기회로 또는 콘센트의 접속이 없고, 단락의 위험과 화재 및 인체에 대한 위험성이 최소화되도록 시설된 경우 분기회로의 과전류차단기는 분기회로의 분기점으로부터 몇 m까지 이동하여 설치할 수 있는가?**

① 3 ② 5
③ 7 ④ 9

해설 KEC 212.4.2(과부하 보호장치의 설치 위치)

- 분기회로의 과부하 보호장치의 전원 측에 다른 분기회로 또는 콘센트의 접속이 없고 분기회로에 대한 단락보호가 이루어지고 있는 경우, 과부하 보호장치는 분기회로의 분기점으로부터 부하 측으로 거리에 구애 받지 않고 이동하여 설치할 수 있다.
- 분기회로의 보호장치는 과부하 보호장치의 전원 측에서 분기점 사이에 다른 분기회로 또는 콘센트의 접속이 없고, 단락의 위험과 화재 및 인체에 대한 위험성이 최소화 되도록 시설된 경우, 분기회로의 보호장치는 분기회로의 분기점으로부터 3m까지 이동하여 설치할 수 있다.

58 **신재생에너지 개발 · 이용 · 보급 촉진법에서 연차별 실행계획 수립에 해당하지 않는 것은?**

① 신재생에너지의 기술개발 및 이용 · 보급을 매년 수립 · 시행한다.
② 산업통상자원부장관은 실행계획을 수립하였을 때에는 이를 공고해야 한다.
③ 산업통상자원부장관은 관계 중앙행정기관의 장과 협의하여 수립 · 시행하여야 한다.
④ 신재생에너지 발전에 의한 전기의 공급에 관한 실행계획을 2년마다 수립 · 시행한다.

해설 신에너지 및 재생에너지 개발 · 이용 · 보급 촉진법 제6조(연차별 실행계획)

- 산업통상자원부장관은 기본계획에서 정한 목표를 달성하기 위하여 신재생에너지의 종류별로 신재생에너지의 기술개발 및 이용 · 보급과 신재생에너지 발전에 의한 전기의 공급에 관한 실행계획(이하 실행계획)을 매년 수립 · 시행하여야 한다.
- 산업통상자원부장관은 실행계획을 수립 · 시행하려면 미리 관계 중앙행정기관의 장과 협의하여야 한다.
- 산업통상자원부장관은 실행계획을 수립하였을 때에는 이를 공고하여야 한다.

56 ② 57 ① 58 ④ 정답

59 태양전지 모듈 가대에 실시하는 접지공사의 접지선을 지하 75cm부터 지표상 2m까지 보호하는 데 사용 가능한 전선관은?(단, 두께 2mm 미만 및 난연성이 없는 것은 제외한다)

① 금속전선관
② 금속가요관
③ 콤바인덕트관
④ 합성수지관

해설 **KEC 142.3(접지도체 · 보호도체)**
접지도체의 지하 0.75m부터 지표상 2m까지의 부분은 합성수지관(두께 2mm 미만의 합성수지제 전선관 및 가연성 콤바인덕트관은 제외한다) 또는 이와 동등 이상의 절연효과와 강도를 가지는 몰드로 덮어야 한다.

60 신축 · 증축 또는 개축하는 건축물로서 신재생에너지 공급의무 비율에 해당하는 최소 연면적(m^2)은?

① 500
② 1,000
③ 1,500
④ 2,000

해설 **신에너지 및 재생에너지 개발 · 이용 · 보급 촉진법 시행령 제15조(신재생에너지 공급의무 비율 등)**
공공기관이 신축 · 증축 · 개축하는 연면적 1,000m^2 이상의 건축물에 대하여 예상에너지 사용량의 일정수준 이상을 신재생에너지 설비 설치에 투자하도록 의무화하는 제도

해당연도	2020~2021	2022~2023	2024~2025	2026~2027	2028~2029	2030 이후
공급의무비율(%)	30	32	34	36	38	40

정답 59 ④ 60 ②

2016년 제 5 회 과년도 기출복원문제

※ 2016년 제5회부터는 CBT(컴퓨터 기반 시험)로 진행되어 수험자의 기억에 의해 문제를 복원하였습니다. 실제 시행문제와 일부 상이할 수 있음을 알려드립니다.

01 신에너지 및 재생에너지 개발 · 이용 · 보급 촉진법에서 정한 재생에너지가 아닌 것은?

① 태양광
② 수소에너지
③ 바이오
④ 폐기물

해설
- 신에너지 : 수소에너지, 연료전지, 석탄을 액화 · 가스화한 에너지 및 중질잔사유를 가스화한 에너지
- 재생에너지 : 태양에너지(태양광, 태양열), 풍력, 수력, 해양에너지, 지열에너지, 바이오에너지, 폐기물에너지, 수열에너지

02 다음 중 온실가스가 아닌 것은?

① 메탄
② 과불화탄소
③ 이산화탄소
④ 과산화질소

해설
기후위기 대응을 위한 탄소중립 · 녹색성장 기본법 제2조(정의)
"온실가스"란 적외선 복사열을 흡수하거나 재방출하여 온실효과를 유발하는 대기 중의 가스 상태의 물질로서 이산화탄소(CO_2), 메탄(CH_4), 아산화질소(N_2O), 수소불화탄소(HFCs), 과불화탄소(PFCs), 육불화황(SF_6) 및 그 밖에 대통령령으로 정하는 물질을 말한다.

03 신재생에너지에 대한 설명으로 틀린 것은?

① 폐기물에너지는 가연성 폐기물에서 발생하는 발열량을 이용한 것이다.
② 조력발전은 밀물과 썰물로 발생하는 조류를 이용한 것이다.
③ 파력발전은 표층과 심층의 해수온도차를 이용한 것이다.
④ 바이오에너지는 생물자원을 변환시켜 이용한 것이다.

해설
- 파력발전 : 연안 또는 심해의 파랑에너지를 이용하여 전기를 생산하는 기술이다.
- 온도차발전 : 해양 표면층의 온수(예 25~30℃)와 심해 500~1,000m 정도의 냉수(예 5~7℃)와의 온도차를 이용하여 열에너지를 기계적 에너지로 변환시켜 발전하는 기술이다.

1 ② 2 ④ 3 ③ 정답

04 다음은 태양열발전시스템의 발전원리를 나타낸 것이다. 괄호 안의 공정으로 올바른 것은?

> 집광열 → (㉠) → (㉡) → (㉢) → 터빈(동력) → 발전

① ㉠ 열전달 ㉡ 증기발생 ㉢ 축열
② ㉠ 열전달 ㉡ 축열 ㉢ 증기발생
③ ㉠ 축열 ㉡ 열전달 ㉢ 증기발생
④ ㉠ 증기발생 ㉡ 열전달 ㉢ 축열

해설 **태양열발전시스템의 발전원리**
집광열 → 축열 → 열전달 → 증기발생 → 터빈 → 발전

05 다음은 태양전지의 원리를 설명한 것이다. 괄호 안에 들어갈 적당한 용어는?

> 태양전지는 금속 등 물질의 표면에 특정한 진동수의 빛을 쪼여주면 전자가 방출되는 현상인 (　　)의 원리를 이용한 것으로 빛에너지를 전기에너지로 전환시켜준다.

① 전자기유도효과
② 압전효과
③ 열기전효과
④ 광기전효과

해설 **광기전효과** : 광전 효과의 일종으로 광자 에너지를 흡수하여 반도체의 P-N 접합이나 반도체와 금속의 접합면에 전위차를 발생시키는 효과

06 태양광발전시스템의 장점으로 옳지 않은 것은?

① 햇빛이 있는 곳이면 어느 곳에서나 간단히 설치할 수 있다.
② 한 번 설치해 놓으면 유지비용이 거의 들지 않는다.
③ 무소음 및 무진동으로 환경오염을 일으키지 않는다.
④ 낮은 에너지 밀도로 다량의 전기를 생산할 때는 많은 공간을 차지한다.

해설 ④는 태양광발전설비시스템의 단점이다.

정답 4 ③ 5 ④ 6 ④

07 태양광 인버터에 대한 설명으로 옳지 않은 것은?

① 태양광 인버터는 계통연계형과 독립형으로 분류할 수 있다.
② 태양광 인버터는 최대전력점추종기능을 가지고 있다.
③ 태양광 인버터는 전력용 반도체 스위치 소자를 이용하여 동작한다.
④ 태양광 인버터는 교류를 직류로 바꾸는 기능을 가지고 있다.

해설 **인버터**

직류를 교류로 변환, 사고 발생 시 계통을 보호하는 계통연계 보호장치, 최대전력추종(MPPT) 및 자동운전을 위한 제어회로, 단독운전 검출기능, 전압전류 제어기능이 있다. 인버터의 전력변환부는 소용량에서는 MOSFET소자를 사용하고, 중·대용량은 IGBT소자를 이용하여 PWM제어방식의 스위칭을 통해 직류를 교류로 변환한다.

08 태양광발전시스템의 단결정 모듈을 다결정 모듈과 비교하였을 때 특징으로 틀린 것은?

① 제조공정이 간단하다.
② 발전효율이 더 높다.
③ 제조 온도가 높다.
④ 가격이 더 비싸다.

해설 단결정 모듈은 다결정 모듈에 비해 제조공정이 복잡하고, 제조 온도도 높기 때문에 가격도 비싸다. 하지만 발전효율은 더 높다.

태양전지 모듈의 특성

- 단결정 실리콘 태양전지 : 17~21%, 고효율, 두께는 200~300μm, 1,400℃의 제조 온도, 흑색
- 다결정 실리콘 태양전지 : 13~17%, 고효율, 두께는 200~300μm, 800~1,000℃의 제조 온도, 청색

09 아모퍼스 실리콘 태양전지 모듈에 비해 고전압, 저전류의 특성을 가진 태양전지는?

① 단결정 실리콘 태양전지
② CIGS 태양전지
③ 다결정 실리콘 태양전지
④ 유기 태양전지

해설 **CIS/CIGS 태양전지 모듈의 특징**

- 박막형 화합물 태양전지 중에서 현재 가장 우수하다고 평가받고 있다.
- 재료는 구리(Cu), 인듐(In), 갈륨(Ga), 셀렌(Se)의 화합물이다.
- 변환효율은 약 11%로 단결정 실리콘 18%, 다결정 실리콘 15%에 비해 성능이 떨어진다.
- 공정이 간단하고 제조 시 전력 사용량이 반 정도로 결정질 실리콘에 비해 저렴하게 생산할 수 있다.
- 1eV 이상의 직접천이형 에너지밴드를 갖고 있고, 광흡수 계수가 반도체 중에서 가장 높고 광학적으로 매우 안정하여 태양전지의 광흡수층으로 매우 이상적이다.
- 아모퍼스 실리콘 태양전지 모듈에 비해 고전압, 저전류 특성을 지닌다.

7 ④ 8 ① 9 ② 정답

10 뇌서지 방지를 위한 SPD 설치 시 접속도체의 전체 길이는 몇 m 이하로 하여야 하는가?

① 0.1 ② 0.3
③ 0.5 ④ 1.0

해설 SPD의 설치방법에서 SPD의 접속도체가 길어지는 것은 뇌서지 회로의 임피던스를 증가시켜 과전압 보호효과를 감소시키기 때문에 가능한 짧게 0.5m 이하로 하도록 규정하고 있다.

11 태양전지 모듈의 충진율(FF)이 높은 순으로 배열된 것은?

㉠ CIS 모듈	㉡ CdTe 모듈
㉢ 비정질 실리콘 모듈	㉣ 결정질 실리콘 모듈

① ㉠ → ㉡ → ㉢ → ㉣
② ㉣ → ㉢ → ㉡ → ㉠
③ ㉠ → ㉣ → ㉡ → ㉢
④ ㉣ → ㉠ → ㉡ → ㉢

해설 **충진율(FF)** : Fill Factor의 약어로서 개방전압과 단락전류의 곱에 대한 최대출력(최대출력전압과 최대출력전류의 곱한 값)의 비율이다.
태양전지의 충진율은 보통 그 소자의 변환효율이라고 할 수 있다.
그러므로 단결정 실리콘 태양전지가 17~21%, 다결정 실리콘 태양전지가 13~17%, 화합물 반도체 태양전지(박막형, CIS > CdTe)가 8~13%, 비정질 실리콘 모듈의 6~10%이다.

12 태양전지 변환효율(η)을 나타낸 수식이 올바른 것은?(단, S : 모듈전면적, E : 방사조도, P : 최대출력)

① $\eta = \frac{P}{E \cdot S} \times 100\%$

② $\eta = \frac{S}{P \cdot E} \times 100\%$

③ $\eta = \frac{E}{P \cdot S} \times 100\%$

④ $\eta = \frac{E \cdot S}{P} \times 100\%$

해설 태양전지의 변환효율은 $\eta = \frac{P}{E \cdot S} \times 100\%$로 나타낸다.

정답 10 ③ 11 ④ 12 ①

13 **박막형 태양전지의 종류가 아닌 것은?**

① 비정질 실리콘 태양전지
② 다결정 실리콘 태양전지
③ 염료감응 태양전지
④ CIGS 태양전지

해설 **박막의 종류** : 비정질 실리콘 태양전지, CIGS 태양전지, CdTe 태양전지, 염료감응 태양전지 등

14 **셀의 변환효율 테스트를 위한 표준시험조건 중 틀린 것은?**

① 에너지양 1,000W/m^2
② 온도 25℃
③ 풍속 1m/s
④ 스펙트럼 AM1.0

해설 표준시험 스펙트럼 조건은 AM(대기질량)1.5이다.

15 **다음에서 설명하는 태양전지의 종류는?**

> ㉠ 색소가 붙은 산화티타늄 등의 나노입자를 한쪽의 전극에 칠하고 또 다른 쪽 전극과의 사이에 전해액을 넣은 구조이다.
> ㉡ 색이나 형상을 다양하게 할 수 있어 패션, 인테리어 분야에도 이용할 수 있다.

① 유기 박막 태양전지
② 구형 실리콘 태양전지
③ 갈륨 비소계 태양전지
④ 염료 감응형 태양전지

해설
- 염료 감응형 태양전지 : 산화환원 전해질로 구성되어 있으며, 표면에 화학적으로 흡착된 염료 분자가 태양빛을 받아 전자를 냄으로써 전기를 생산하는 전지이다.
- 유기 박막 태양전지 : 태양전지의 재료로는 일반적으로 실리콘 같은 무기 반도체가 사용되지만, 가공성이 뛰어나고 원가가 싼 유기 재료를 사용하여 태양전지를 만든다. 재료로는 가시광을 강력히 흡수하는 유기 색소라는 물질이 사용되며, 얇은 막으로 태양광의 대부분을 흡수할 수 있다.

13 ② 14 ④ 15 ④ 정답

16 **태양전지 모듈의 최적 동작점을 나타내는 특성곡선에서 일사량의 변화에 따라 변화하는 요소는 무엇인가?**

① 전류-저항
② 전압-전류
③ 전류-온도
④ 전압-온도

해설 전류-전압곡선에 따라 최적의 동작점을 찾을 수 있다.

17 **인버터의 정상특성시험에 해당하지 않는 것은?**

① 교류전압, 주파수추종시험
② 인버터 전력급변시험
③ 누설전류시험
④ 자동기동・정지시험

해설 ② 인버터의 입력 전력급변시험은 과도응답시험의 항목이다.
인버터의 정상특성시험 : 교류전압, 주파수추종범위시험, 교류출력전류 변형률시험, 누설전류시험, 온도상승시험, 효율시험, 대기손실시험, 자동기동・정지시험, 최대전력 추종시험, 출력전류 직류분 검출시험이 있다.

18 **태양전지 모듈의 일부 셀에 음영이 발생하면 그 부분은 발전량 저하와 동시에 저항에 의한 발열을 일으킨다. 이러한 출력저하 및 발열을 방지하기 위해 설치하는 다이오드는?**

① 역저지 다이오드
② 발광 다이오드
③ 바이패스 다이오드
④ 정류 다이오드

해설
- 바이패스 다이오드 : 오염이 생긴 셀은 전기적으로 부하가 되어 역전류 방향의 전류를 소비한다. 또한 셀의 재료가 손상되는 한계까지 가열되어 열점(Hot Spot)을 만들고 이때 오염된 모듈의 셀을 통해 역전류가 순간적으로 흐른다. 이러한 현상으로 셀이 파괴되면 그 셀에 직렬 연결된 스트링은 모두 발전을 못하게 된다. 만약 모듈마다 바이패스 다이오드를 설치한다면 고장이 난 모듈을 우회하여 나머지 모듈들은 정상적으로 발전을 하게 된다.
- 역전류 방지 다이오드 : 발전된 전기나 축전지 혹은 계통상의 전기가 태양전지 모듈로 거꾸로 들어오는 것을 방지할 목적으로 설치한다.

정답 16 ② 17 ② 18 ③

19 태양광발전시스템에서 인버터 측의 이상발생을 대비하여 설치하는 계통연계 보호장치가 아닌 것은?

① 과전압계전기
② 저전압계전기
③ 과주파수계전기
④ 바이패스 다이오드

해설 인버터의 계통연계 보호장치는 일반적으로 내장되어 있는 경우가 많으나, 발전사업자용 대용량시스템에서는 인버터와 관계없이 별도로 계통보호용 보호계전시스템을 구성하고 있다.

- 역송전이 있는 저압연계시스템에서는 과전압계전기(OVR), 부족전압계전기(UVR), 주파수 상승계전기(OFR), 주파수 저하계전기(UFR)의 설치가 필요하다.
- 고압 특별고압 연계에서는 지락 과전압계전기(OVGR)의 설치가 필요하다.

바이패스 다이오드 : 모듈이 셀 일부분에 음영이 발생한 경우 전류 집중으로 인한 열점(hot spot)으로 인한 셀의 소손을 방지하기 위하여 설치한다.

20 태양광발전시스템에서 가격이 저렴하여 주로 사용되는 축전지는?

① 납축전지
② 망간전지
③ 알칼리축전지
④ 기체전지

해설 축전지에는 납축전지(2V)와 알칼리축전지(니켈-카드뮴축전지, 1.2V)가 있는데 제작이 쉽고 가격이 저렴한 납축전지가 일반적으로 쓰인다. 1차 전지의 종류는 망간건전지, 알칼리건전지, 수은전지 등이 있다. 2차 전지의 종류는 납축전지, 니켈카드뮴축전지, 니켈수소전지, 리튬이온 2차 전지, 리튬폴리머 2차 전지 등이 있다.

21 축전지는 태양광 없이 또는 최소한의 태양광만으로 며칠 동안 규정된 조건하에서 에너지를 공급하도록 설계되어야 한다. 이렇게 필요한 축전지 용량을 계산할 때 고려사항으로 틀린 것은?

① 일일 사이클, 계절 사이클
② 현장에 접근하는 데 필요한 시간
③ 습도의 영향
④ 미래의 부하 증가량

해설 온도의 영향이란 작동 온도가 20℃에서 많이 벗어날 경우 온도 보상을 하는 것이다.

축전지 용량을 계산할 때 고려사항

- 필요한 일일/계절 사이클
- 현장에 접근하는 데 필요한 시간
- 온도의 영향
- 미래의 부하 증가량

19 ④ 20 ① 21 ③ 정답

22 결정형 태양전지 모듈의 일반적인 구조의 순서는?

① 유리 / EVA / 셀 / EVA / back sheet
② 유리 / 셀 / EVA / back sheet
③ EVA / 유리 / 셀 / EVA / back sheet
④ EVA / 셀 / 유리 / EVA / back sheet

해설 결정형 태양전지 모듈은 일반적으로 유리 / EVA(투명수지) / 셀 / EVA / back sheet의 구조로 만들어진다.

23 결정질 실리콘 태양전지 모듈에 대한 설명이다. 틀린 것은?

① 방사조도의 변화에 따라 전압이 급격히 변화하고, 모듈 표면온도의 증감에 대해서는 전류가 변동한다.
② 결정질 실리콘 태양전지가 가장 많이 보급되어 사용되고 있다.
③ 단결정 실리콘 태양전지 모듈은 아침, 저녁이나 흐린 날에도 비교적 발전이 양호하다.
④ 다결정 실리콘 태양전지는 단결정질에 비해 공정이 간단하고 단결정질보다 가격도 저렴해서 널리 사용된다.

해설 방사조도의 변화에 따라 전류가 급격히 변화하고, 모듈의 표면온도 증감에 대해서는 전압이 변동한다.

24 필요한 전압을 얻기 위해 모듈을 필요한 수만큼 직렬로 접속한 것을 무엇이라고 하는가?

① 어레이
② 스트링
③ 탠덤
④ 인터 커넥트

해설
• 어레이 : 모듈을 직·병렬로 접속한 것
• 탠덤 : 태양전지를 여러 층으로 쌓아 올린다는 의미
• 인터 커넥트 : 태양전지 셀의 표면전극과 인접하는 셀의 이면 전극이 순차적으로 직렬 접속시켜주는 금속부품

정답 22 ① 23 ① 24 ②

25 다음에서 설명하는 방식의 인버터는?

> 이 방식은 구조가 간단하고 절연이 가능하며 회로구성이 간단한 장점이 있다. 그러나 효율이 낮고 중량이 무거우며 부피가 크다는 단점이 있다. 소형 경량화가 불가능하여 소용량 PCS에는 사용하지 않지만, 절연이 된다는 장점 때문에 중대용량 시스템에서는 모두 이 방식을 채용하고 있다.

① 저주파 변압기형　② 고주파 변압기형
③ 무변압기형　④ 트랜스리스형

해설 **저주파 변압기형 인버터의 특징**
- 절연이 가능하여 안전성이 높다.
- 회로구성이 간단하다.
- 소용량의 경우 고효율화가 어렵다.
- 중량이 무겁고 부피가 크다.
- 대용량에 일반적으로 구성되는 방식이다.

26 태양광발전시스템의 인버터에서 태양전지 동작점을 항상 최대가 되도록 하는 기능은 무엇인가?

① 단독운전 방지기능　② 자동운전 정지기능
③ 최대전력 추종기능　④ 자동전압 조정기능

해설 ③ 최대전력 추종기능(MPPT ; Maximum Power Point Tracking) : 외부의 환경변화(일사강도, 온도)에 따라 태양전지의 동작점이 항상 최대출력점을 추종하도록 변화시켜 태양전지에서 최대출력을 얻을 수 있는 제어이다.
① 단독운전 방지기능 : 태양광발전시스템이 계통과 연계되어 있는 상태에서 계통 측에 정전이 발생할 경우 보수점검자 및 계통의 보호를 위해 정지한다.
② 자동운전 정지기능 : 일출과 더불어 일사강도가 증대하여 출력을 얻을 수 있는 조건이 되면 자동적으로 운전을 시작하는 기능으로 흐린 날이나 비 오는 날에도 운전을 계속할 수 있지만, 태양전지의 출력이 적어 인버터의 출력이 거의 0이 되면, 대기상태가 된다.
④ 자동전압 조정기능 : 계통에 접속하여 역송전 운전을 하는 경우 수전점의 전압이 상승하여 전력회사 운영범위를 넘을 가능성을 피하기 위한 자동전압 조정기능이다.

27 바이패스 소자의 역내 전압은 셀의 최대 출력전압의 몇 배 이상이 되도록 선정해야 하는가?

① 0.7　② 1.5
③ 2.0　④ 3.5

해설
- 바이패스 다이오드는 스트링의 공칭 최대출력 동작전압의 1.5배 이상의 역내압을 가진 소자를 사용한다.
- 접속함 내에 역류방지 다이오드가 설치되는 경우 역류방지 다이오드 용량은 접속함 회로의 정격전류보다 1.4배 이상의 전류정격과 정격전압보다 1.2배 이상의 전압정격을 가져야 한다.

25 ① 26 ③ 27 ② 정답

28 **태양광발전시스템의 접속함 내에 설치되지 않는 것은?**

① 직류 출력 개폐기
② 피뢰소자
③ 전력량계
④ 단자대

해설 **접속함 내의 설치기기**

- 태양전지 어레이 측 개폐기(직류 출력 개폐기)
- 주개폐기
- 서지보호 장치(SPD)
- 역류방지 소자
- 감시용 DCCT(계기용 변류기), DCPT(계기용 변압기), T/D(transducer), 주개폐기, 피뢰소자, 단자대, 수납함 등

29 **서지보호장치의 구비 조건으로 틀린 것은?**

① 동작전압이 높아야 한다.
② 응답시간이 빨라야 한다.
③ 정전용량이 작아야 한다.
④ 서지내량이 커야 한다.

해설 동작전압이 낮아야 한다.

30 **기후가 급변할 때나 계통부하가 급변할 때는 축전지를 방전하고, 태양전지 출력이 증대하여 계통전압이 상승하도록 할 때에는 축전지를 충전하여 역류를 줄이고 전압의 상승을 방지하는 역할을 하는 계통연계 시스템은?**

① 방재 대응형
② 계통 안정화 대응형
③ 부하 평준화 대응형
④ 독립형

해설
- 방재 대응형 : 재해 시 인버터를 자립운전으로 전환하고 특정 재해대응 부하로 전력을 공급한다.
- 부하 평준화 대응형(피크 시프트형, 야간전력 저장형) : 태양전지 출력과 축전지 출력을 병용하여 부하의 피크 시에 인버터를 필요 출력으로 운전하여 수전전력의 증대를 막고 기본전력요금을 절감하려는 시스템이다.

정답 28 ③ 29 ① 30 ②

31 태양광발전시스템의 시공절차의 순서를 옳게 나타낸 것은?

㉠ 어레이 기초공사	㉡ 배선공사
㉢ 어레이 가대공사	㉣ 인버터 기초 · 설치공사
㉤ 점검 및 검사	

① ㉠ → ㉣ → ㉡ → ㉢ → ㉤
② ㉢ → ㉠ → ㉡ → ㉣ → ㉤
③ ㉠ → ㉢ → ㉣ → ㉡ → ㉤
④ ㉢ → ㉣ → ㉠ → ㉡ → ㉤

해설 기초공사 → 가대설치 → 모듈설치, 인버터 및 접속함 설치 → 배선공사 → 점검 및 검사

32 태양전지 모듈 설치 시 감전방지 대책에서 틀린 것은?

① 작업 전 태양전지 모듈의 표면에 차광시트를 붙여 태양광을 차단한다.
② 강우 시에는 태양광이 없기 때문에 작업을 해도 괜찮다.
③ 절연 처리된 공구를 사용한다.
④ 저압 절연장갑을 사용한다.

해설 강우 시에는 안전사고(감전, 미끄럼) 등의 문제로 작업을 하지 않는다.

33 태양전지 모듈 및 어레이 설치 배선이 끝난 후 확인 · 점검사항이 아닌 것은?

① 전압 · 극성의 확인
② 단락전류의 측정
③ 모듈의 최대출력점 확인
④ 비접지의 확인

해설
- 전압 · 극성의 확인 : 태양전지 모듈이 바르게 시공되어, 설명서대로 전압이 나오고 있는지 양극, 음극의 극성이 바른지의 여부 등을 테스터, 직류전압계로 확인한다.
- 단락전류의 측정 : 태양전지 모듈의 설명서에 기재된 단락전류가 흐르는지 직류전류계로 측정한다. 타 모듈과 비교해 측정치가 현저히 다른 경우에는 배선을 재차 점검한다.
- 비접지의 확인 : 태양광발전설비 중 인버터는 절연변압기를 시설하는 경우가 드물기 때문에 일반적으로 직류 측 회로를 비접지로 하고 있다.
- 접지의 연속성 확인 : 모듈의 구조는 설치로 인해 접지의 연속성이 훼손되지 않은 것을 사용해야 한다.

31 ③ 32 ② 33 ③ 정답

34 옥상 또는 지붕 위에 설치한 태양전지 어레이로부터 접속함으로 배선할 경우 처마 밑 배선을 실시한다. 물의 침입을 방지하기 위한 케이블의 차수 처리 지름은 케이블 지름의 몇 배인가?

① 4　　② 5
③ 6　　④ 10

해설 케이블의 차수 처리는 케이블 지름의 6배 이상인 반경으로 배선한다.

35 태양전지 모듈에서 인버터 입력단 간 및 인버터 출력단과 계통연계점 간의 전압강하는 몇 %를 초과하지 말아야 하는가?(단, 상호거리 150m)

① 2　　② 3
③ 5　　④ 6

해설 전선 길이에 따른 전압강하 허용치

전선의 길이	전압강하
60m 이하	3%
120m 이하	5%
200m 이하	6%
200m 초과	7%

36 태양전지 셀, 모듈, 패널, 어레이에 대한 외관검사를 할 때 몇 lx 이상의 조도 아래에서 육안점검을 하는가?

① 100　　② 300
③ 500　　④ 1,000

해설 태양전지 셀의 제작, 운송 및 설치과정에서의 변색, 파손, 오염 등의 결함 여부를 1,000lx 이상의 조도에서 육안점검하고 단자대의 누수, 부식 및 절연재의 이상을 확인한다.

정답 34 ③ 35 ④ 36 ④

37 **한국전기설비규정에 따른 용어의 정의에서 감전에 대한 보호 등 안전을 위해 제공되는 도체를 말하는 것은?**

① 보호도체 ② 접지도체
③ 수평도체 ④ 접지극도체

해설 **보호도체**(PE) : 감전에 대한 보호 등 안전을 목적으로 제공하는 도체

38 **분산형 전원 발전설비를 연계하고자 하는 지점의 계통전압은 몇 % 이상 변동되지 않도록 계통에 연계해야 하는가?**

① ±4 ② ±8
③ ±12 ④ ±16

해설 **분산형 전원 발전설비**
연계 공통사항
- 발전설비의 전기방식은 연계계통과 동일
- 공급전압 안정성 유지
- 계통접지
- 동기화 : 분산형 전원 발전설비는 연계하고자 하는 지점의 계통전압이 ±4% 이상 변동되지 않도록 연계
- 측정 감시
- 계통 운영상 필요시 쉽게 접근하고 잠금장치가 가능하며 육안 식별이 가능한 분리장치를 분산형 전원 발전설비와 계통연계 지점사이에 설치
- 전자장 장해 및 서지 보호기능
- 계통 이상 시 분산형 전원 발전설비 분리
- 전력품질
  - 발전기용량 정격 최대전류의 0.5% 이상인 직류 전류가 유입 제한
  - 역률은 연계지점에서 90% 이상으로 유지
  - 플리커 가혹도 지수 제한 및 고조파 전류 제한

37 ① 38 ① 정답

39 전기사업 인·허가권자가 산업통상자원부장관인 태양광발전설비의 발전설비용량 기준은 얼마인가?

① 1,000kW 이상
② 2,000kW 초과
③ 2,500kW 초과
④ 3,000kW 초과

해설 전기사업법 시행규칙 제4조(사업허가의 신청)
- 3,000kW 초과 설비 : 산업통상자원부 장관(전기위원회)
- 3,000kW 이하 설비 : 특별시장·광역시장·특별자치시장·도지사 또는 특별자치도지사

40 태양광발전설비가 작동되지 않을 때 응급조치 순서로 옳은 것은?

① 접속함 내부 차단기 개방 → 인버터 개방 → 설비점검
② 접속함 내부 차단기 개방 → 인버터 투입 → 설비점검
③ 접속함 내부 차단기 투입 → 인버터 개방 → 설비점검
④ 접속함 내부 차단기 투입 → 인버터 투입 → 설비점검

해설 접속함 내부차단기 개방(off) → 인버터 개방(off) 후 점검 → 점검 후에는 역으로 인버터(on) → 차단기의 순서로 투입(on)

41 태양광발전설비로서 용량이 1,000kW 미만인 경우 안전관리업무를 외부에 대행시킬 수 있는 점검은?

① 일상점검
② 정기점검
③ 임시점검
④ 사용 전 검사

해설 전기안전관리자 역할
- 전기 생산량 분석
- 태양광 발전소 시설 감시
- 안전진단 및 효율 이상 유무 확인
- 배전반, 파워컨디셔너, 감시제어시스템 건전성 유지
- 정기점검 및 긴급 출동

정답 39 ④ 40 ① 41 ②

42 **접속함 육안점검 항목이 아닌 것은?**

① 외함의 부식 및 파손
② 방수처리 상태
③ 절연저항 측정
④ 단자대 나사의 풀림

해설

<table>
<tr><td rowspan="7">접속함
(중간단자함)</td><td rowspan="4">육안점검</td><td>외함의 부식 및 파손</td></tr>
<tr><td>방수처리</td></tr>
<tr><td>배선의 극성</td></tr>
<tr><td>단자대 나사의 풀림</td></tr>
<tr><td rowspan="3">측정</td><td>절연저항(태양전지–접지선)</td></tr>
<tr><td>절연저항(출력단자–접지 간)</td></tr>
<tr><td>개방전압 및 극성</td></tr>
</table>

43 **태양전지 모듈의 자외선에 의한 열화 정도를 시험하는 평가는?**

① 온도사이클 시험
② 온습도사이클 시험
③ 내열–내습성 시험
④ UV 시험

해설 UV 시험 판정기준은 발전성능이 시험 전의 95% 이상이며, 절연저항 판정기준에 만족하고 외관은 두드러진 이상이 없을 때 합격이다.

44 **피뢰시스템의 구성 중 내부 피뢰시스템으로 옳은 것은?**

① 수뢰부시스템
② 접지극시스템
③ 피뢰등전위본딩
④ 인하도선시스템

해설 **피뢰시스템(뇌보호시스템)**

- 외부 뇌보호 : 수뢰부, 인하도선, 접지극, 차폐, 안전이격거리
- 내부 뇌보호 : 등전위본딩, 차폐, 안전이격거리, 서지보호장치(SPD), 접지

42 ③ 43 ④ 44 ③ 정답

45 점검작업 시 주의사항으로 잘못된 것은?

① 안전사고 예방조치 후 2인 1조로 보수점검에 임한다.

② 콘덴서나 케이블의 접속부 점검 시 전류전하를 충전시키고 개방한다.

③ 점검 후 안전을 위해 설치한 접지선은 반드시 제거한다.

④ 점검 후 반드시 점검 및 수리한 요점 및 고장상황, 일자를 기록한다.

해설 **점검작업 시 주의사항**

- 안전사고 예방조치 후 2인 1조로 보수점검에 임한다.
- 응급처치 방법 및 설비 기계의 안전을 확인한다.
- 무전압 상태 확인 및 안전조치
  - 관련된 차단기, 단로기를 열어 무전압 상태로 만든다.
  - 검전기를 사용하여 무전압 상태를 확인하고 필요한 개소는 접지를 실시한다.
  - 특고압 및 고압 차단기는 개방하여 테스트 포지션 위치로 인출하고, '점검 중'이라는 표찰을 부착한다.
  - 단로기는 쇄정시킨 후 '점검 중' 표찰을 부착한다.
  - 수배전반 또는 모선 연락반은 전원이 되돌아와서 살아있는 경우가 있으므로 차단기나 단로기를 꼭 차단하고 '점검 중'이라는 표찰을 부착한다.
- 잔류 전압에 주의한다(콘덴서나 케이블의 접속부 점검 시 전류전하를 방전시키고 접지한다).
- 절연용 보호기구 준비한다.
- 점검 후 안전을 위해 설치한 접지선은 반드시 제거한다.
- 점검 후 반드시 점검 및 수리한 요점 및 고장상황, 일자를 기록한다.

46 한전과 발전사업자 간의 책임분계점 기기는?

① LBS

② PT

③ COS

④ 피뢰기

해설 ③ COS : 책임분계점

① LBS : 부하개폐기

② PT : 계기용 변압기

정답 45 ② 46 ③

47 OP앰프를 이용한 인버터 제어부에서 ㉠에 나타나는 신호로 옳은 것은?

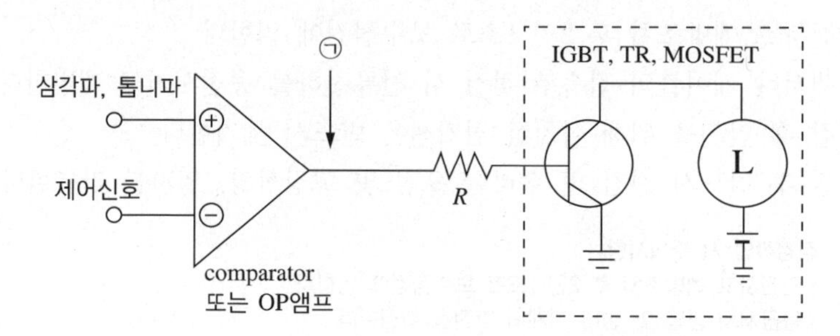

① PWM

② PAM

③ PCM

④ PNM

해설 문제의 그림은 PWM 펄스의 폭 변조를 하기 위한 회로이다.

인버터의 스위칭 방식에 의한 분류

- PAM 제어 : 낮은 스위칭 주파수, 컨버터부에서는 전압이 제어되고, 인버터부에서 주파수를 제어한다.
- PWM 제어 : 가청주파수 이상의 스위칭, DC전압을 인버터부에서 전압과 주파수를 동시에 제어한다.

48 태양광발전시스템 트러블 중 계측 트러블인 것은?

① 인버터의 정지

② RCD 트립

③ 컴퓨터의 조작오류

④ 계통지락

해설 태양광발전시스템의 트러블에는 시스템 트러블과 계측 트러블 두 가지로 나눌 수 있다.

- 시스템 트러블에 관련된 것에는 인버터 정지, 직류지락, 계통지락, RCD 트립, 원인불명 등에 의한 시스템 운전정지 등이 있다.
- 전류, 전압, 전력 등의 계측하거나 계측자료를 수집, 처리하는 과정에서의 트러블을 계측 트러블이라 하고 구체적으로 컴퓨터 전원의 차단, 컴퓨터의 조작 오류, 계측오차에 따른 원인불명의 트러블 등이 있다.

※ RCD(Residual Current Device) : 접지이상차단기

47 ① 48 ③ 정답

49 태양광 모니터링 시스템의 목적으로 옳은 내용을 모두 선택한 것은?

㉠ 운전상태 감시	㉡ 발전량 확인	㉢ 데이터 수집

① ㉠, ㉡
② ㉠, ㉢
③ ㉡, ㉢
④ ㉠, ㉡, ㉢

해설 **태양광 발전 모니터링 시스템**

- 발전소의 현재 발전량 및 누적량, 각 장비별 경보 현황 등을 실시간 모니터링하여 체계적이고 효율적으로 관리하기 위한 시스템이다.
- 전기품질을 감시하여 주요 핵심계통에 비정상 상황 발생 시 정확한 정보제공으로 원인을 신속하게 파악하고 적절한 대책으로 신속한 복구와 유사 사고 재발을 예방할 수 있다.
- 발전소의 현재 상태를 한눈에 볼 수 있도록 구성하여 쉽게 현재 상태를 체크할 수 있다.
- 24시간 모니터링으로 각 장비의 경보상황 발생 시 담당 관리자에게 전화나 문자 등으로 발송하여 신속하게 대처할 수 있도록 한다.
- 일별, 월별 통계를 통하여 시스템 효율을 측정하여 쉽게 발전현황을 확인할 수 있다.

50 신재생에너지의 가중치 고려사항으로 틀린 것은?

① 발전량
② 발전원가
③ 온실가스 배출 저감에 미치는 효과
④ 환경, 기술개발 및 산업 활성화에 미치는 영향

해설 **신재생에너지 공급인증서(REC) 가중치**

가중치는 환경, 기술개발 및 산업 활성화에 미치는 영향, 발전원가, 부존잠재량, 온실가스 배출 저감에 미치는 효과 등을 고려하여 산업통상자원부장관이 정하여 고시한다.

<table>
<tr><th rowspan="2">구분</th><th rowspan="2">공급인증서 가중치</th><th colspan="2">대상에너지 및 기준</th></tr>
<tr><th>설치유형</th><th>세부기준</th></tr>
<tr><td rowspan="13">태양광 에너지</td><td>1.2</td><td rowspan="3">일반부지에 설치하는 경우</td><td>100kW 미만</td></tr>
<tr><td>1.0</td><td>100kW부터</td></tr>
<tr><td>0.8</td><td>3,000kW 초과부터</td></tr>
<tr><td>0.5</td><td>임야에 설치하는 경우</td><td>–</td></tr>
<tr><td>1.5</td><td rowspan="2">건축물 등 기존 시설물을 이용하는 경우</td><td>3,000kW 이하</td></tr>
<tr><td>1.0</td><td>3,000kW 초과부터</td></tr>
<tr><td>1.6</td><td rowspan="3">유지 등의 수면에 부유하여 설치하는 경우</td><td>100kW 미만</td></tr>
<tr><td>1.4</td><td>100kW부터</td></tr>
<tr><td>1.2</td><td>3,000kW 초과부터</td></tr>
<tr><td>1.0</td><td colspan="2">자가용 발전설비를 통해 전력을 거래하는 경우</td></tr>
</table>

정답 49 ④ 50 ①

51 특고압 22.9kV로 태양광발전시스템을 한전선로에 계통연계할 때 순서로 옳은 것은?

① 인버터 → 저압반 → 변압기 → 고압반 → MOF → LBS
② 인버터 → 저압반 → LBS → MOF → 변압기 → 고압반
③ 인버터 → 변압기 → 저압반 → 고압반 → MOF → LBS
④ 인버터 → LBS → MOF → 저압반 → 변압기 → 고압반

해설 **계통연계 순서**
태양전지 → 인버터 → 저압반 → 변압기 → 고압반 → MOF → LBS
※ 부하개폐기 : LBS, 계기용 변성기 : MOF, PCT

52 태양광발전시스템 모니터링 프로그램의 기본기능이 아닌 것은?

① 데이터 수집기능
② 데이터 저장기능
③ 데이터 정정기능
④ 데이터 분석기능

해설 태양광발전시스템의 모니터링 프로그램의 기본기능은 데이터 수집, 저장, 분석이다.

53 교류에서 저압은 몇 kV 이하인가?

① 0.6
② 0.75
③ 1
④ 1.5

해설

크기 \ 종류	교류	직류
저압	1kV 이하	1.5kV 이하
고압	1kV 초과 7kV 이하	1.5kV 초과 7kV 이하
특고압	7kV 초과	

51 ① 52 ③ 53 ③ 정답

54 신재생에너지의 기술개발 및 이용·보급을 촉진하기 위한 기본계획에 대한 설명으로 옳지 않은 것은?

① 기본계획의 계획기간은 5년 이상으로 한다.
② 총전력생산량 중 신재생에너지 발전량이 차지하는 비율의 목표가 포함된다.
③ 신재생에너지 분야 전문인력 양성계획이 포함된다.
④ 온실가스 배출 감소 목표가 포함된다.

해설 **신에너지 및 재생에너지 개발·이용·보급 촉진법 제5조(기본계획의 수립)**

- 산업통상자원부장관은 관계 중앙행정기관의 장과 협의를 한 후 신재생에너지정책심의회의 심의를 거쳐 신재생에너지의 기술개발 및 이용·보급을 촉진하기 위한 기본계획을 5년마다 수립하여야 한다.
- 기본계획의 계획기간은 10년 이상으로 한다.

55 전기사업법령상 3,000kW 이하의 발전설비용량의 발전사업허가를 받으려는 자는 누구에게 전기사업 허가신청서를 제출해야 하는가?

① 행정안전부 장관 ② 대통령
③ 산업통상자원부 장관 ④ 해당 특별시장·광역시장·도지사

해설 **전기사업법 시행규칙 제4조(사업허가의 신청)**

- 3,000kW 초과 설비 : 산업통상자원부 장관(전기위원회)
- 3,000kW 이하 설비 : 특별시장·광역시장·특별자치시장·도지사 또는 특별자치도지사

56 발전사업자 등에게 총전력생산량의 일부를 의무적으로 신재생에너지로 공급하게 하는 제도에서 정하고 있는 2017년도 신재생에너지 의무공급량 비율은?

① 3.0% ② 3.5%
③ 4.0% ④ 5.0%

해설 **신에너지 및 재생에너지 개발·이용·보급 촉진법 시행령 별표 3(연도별 의무공급량의 비율)**

해당연도	비율(%)	해당연도	비율(%)
2012	2.0	2022	12.5
2013	2.5	2023	13.0
2014	3.0	2024	13.5
2015	3.0	2025	14.0
2016	3.5	2026	15.0
2017	4.0	2027	17.0
2018	5.0	2028	19.0
2019	6.0	2029	22.5
2020	7.0	2030 이후	25.0
2021	9.0		

정답 54 ① 55 ④ 56 ③

57 태양전지 모듈의 절연내력을 시험할 때 사용하는 직류전압은 최대사용전압의 몇 배에 견뎌야 하는가?

① 0.92
② 1.25
③ 1.5
④ 2.0

해설 KEC 134(연료전지 및 태양전지 모듈의 절연내력)
태양전지 모듈은 최대사용전압의 1.5배의 직류전압 또는 1배의 교류전압(500V 미만으로 되는 경우에는 500V)을 충전부분과 대지 사이에 연속하여 10분간 가하여 절연내력을 시험하였을 때 이에 견디는 것이어야 한다.

58 전로의 보호장치의 확실한 동작의 확보, 이상전압의 억제 및 대지전압의 저하를 위하여 저압전로의 중성점에서 시설할 경우 접지선의 공칭단면적은 몇 mm^2 이상의 연동선으로 하여야 하는가?

① 16
② 10
③ 6
④ 4

해설 KEC 322.5(전로의 중성점의 접지)
전로의 보호 장치의 확실한 동작의 확보, 이상전압의 억제 및 대지전압의 저하를 위하여 특히 필요한 경우에 전로의 중성점에 접지공사를 할 경우에는 다음에 따라야 한다.

- 접지극은 고장 시 그 근처의 대지 사이에 생기는 전위차에 의하여 사람이나 가축 또는 다른 시설물에 위험을 줄 우려가 없도록 시설할 것
- 접지도체는 공칭단면적 $16mm^2$ 이상의 연동선 또는 이와 동등 이상의 세기 및 굵기의 쉽게 부식하지 아니하는 금속선(저압 전로의 중성점에 시설하는 것은 공칭단면적 $6mm^2$ 이상의 연동선 또는 이와 동등 이상의 세기 및 굵기의 쉽게 부식하지 않는 금속선)으로서 고장 시 흐르는 전류가 안전하게 통할 수 있는 것을 사용하고 또한 손상을 받을 우려가 없도록 시설할 것
- 접지도체에 접속하는 저항기·리액터 등은 고장 시 흐르는 전류를 안전하게 통할 수 있는 것을 사용할 것
- 접지도체·저항기·리액터 등은 취급자 이외의 자가 출입하지 아니하도록 설비한 곳에 시설하는 경우 이외에는 사람이 접촉할 우려가 없도록 시설할 것

※ KEC(한국전기설비규정) 적용 및 관련 법령 개정으로 삭제된 문제가 있어 60문항이 되지 않음을 알려드립니다.

57 ③ 58 ③ 정답

2017년 제 2 회 과년도 기출복원문제

01 낙뢰에 의한 충격성 과전압에 대하여 전기설비의 단자전압을 규정치 이내로 저감시켜 정전을 일으키지 않고 원상태로 회귀하는 장치는?

① 역류방지 다이오드
② 내뢰 트랜스
③ 어레스터
④ 바이패스 다이오드

해설 피뢰 대책기기
- 어레스터 : 낙뢰에 의한 충격성 과전압에 대하여 전기설비의 단자전압을 규정치 이내로 저감시켜 정전을 일으키지 않고 원상태로 회귀하는 장치이다.
- 서지업서버 : 전선로에 침입하는 이상전압의 높이를 완화하고 파고치를 저하시키는 장치이다.
- 내뢰 트랜스 : 실드부착 절연트랜스를 주체로 이에 어레스터 및 콘덴서를 부가시킨 것으로, 절연 트랜스에 의해 뇌서지의 흐름을 완전히 차단할 수 있도록 한 장치이다.

02 태양전지 모듈의 크기가 가로 0.53m, 세로 1.19m이며, 최대출력 80W인 이 모듈의 에너지 변환효율(%)은?(단, 표준시험조건일 때)

① 15.68
② 14.25
③ 13.65
④ 12.68

해설 변환효율 $\eta = \frac{P}{E \times S} \times 100 = \frac{80}{1,000 \times 0.53 \times 1.19} \times 100 \fallingdotseq 12.68\%$

03 태양광발전설비 유지보수의 점검의 분류에 해당하지 않는 것은?

① 일상점검
② 정기점검
③ 최종점검
④ 임시점검

해설 태양광발전시스템의 점검은 일반적으로 준공 시의 점검, 일상점검, 정기점검의 3가지로 구별되나 유지보수 관점에서의 점검의 종류에는 일상점검, 정기점검, 임시점검으로 재분류된다.

정답 1 ③ 2 ④ 3 ③

04 태양전지 어레이의 육안점검 항목이 아닌 것은?

① 프레임 파손 및 두드러진 변형이 없을 것
② 가대의 부식 및 녹이 없을 것
③ 코킹의 망가짐 및 불량이 없을 것
④ 접지저항이 100Ω 이하일 것

해설 태양전지 어레이의 접지저항은 측정항목이다.

05 태양전지 모듈에서 바이패스 및 역류 방지를 위해 사용되는 소자는?

① 다이오드
② 사이리스터
③ 변압기
④ 스위치

해설 ① 다이오드 : 전류를 한 방향으로 흐르게 하고, 그 역방향으로 흐르지 못하게 하는 성질을 가진 반도체 소자로 태양전지 모듈에서 바이패스 및 역류 방지를 위해 사용되는 소자이다.

06 인버터 측정 점검항목이 아닌 것은?

① 절연저항
② 접지저항
③ 수전전압
④ 개방전압

해설 인버터 점검항목

육안점검	측정
• 외함의 부식 및 파손 • 취부 • 배선의 극성 • 단자대 나사의 풀림 • 접지단자와의 접속	• 절연저항(태양전지–접지 간) • 접지저항 • 수전전압

4 ④ 5 ① 6 ④ 정답

07 태양광발전시스템의 접속함에 설치되는 장치가 아닌 것은?

① 직류 개폐기
② 전력량계
③ 역류방지 소자
④ 감시용 T/D

해설 **접속함**
- 접속함은 태양전지 어레이와 인버터 사이에 설치한다.
- 여러 개의 태양전지 모듈로 직렬 연결된 스트링 회로를 단자대를 이용 접속하여 보수 점검 시 회로를 분리하거나 점검을 용이하게 하기 위해 설치한다.
- 태양전지 어레이의 스트링별 고장 시 정지 범위를 분리하여 운전을 할 수 있도록 설치하는 것으로 점검 및 보수가 용이한 장소에 설치해야 한다.
- 설치되는 장치에는 태양전지 어레이 측 개폐기, 주개폐기, 서지보호장치(SPD), 역류방지 소자, 단자대, 감시용 DCCT(계기용 변류기), DCPT(계기용 변압기), T/D(transducer) 등을 설치한다.

08 운전상태에 따른 시스템의 발생신호 중 잘못 설명된 것은?

① 태양전지 전압이 저전압이 되면 인버터는 정지한다.
② 태양전지 전압이 과전압이 되면 MC는 on상태를 유지한다.
③ 인버터 이상 시 인버터는 자동으로 정지하고 이상신호를 나타낸다.
④ 태양전지 전압이 과전압이 되면 인버터는 정지한다.

해설 태양전지 전압이 과전압이 되면 MC가 off가 된다.

09 태양광발전시스템의 계측 · 표시의 목적에 해당하지 않는 것은?

① 시스템의 운전상태 감시를 위한 계측 또는 표시
② 시스템의 운전상황 및 홍보를 위한 계측 또는 표시
③ 시스템의 부하사용 전력량을 알기 위한 계측
④ 시스템 기기 및 시스템 종합평가를 위한 계측

해설 **계측기구 · 표시장치의 설치 목적**
- 시스템의 운전상태를 감시하기 위한 계측 및 표시
- 시스템에 이전 발전 전력량을 알기 위한 계측
- 시스템 기기 또는 시스템 종합평가를 위한 계측
- 시스템의 운전상황을 견학하는 사람 등에게 보여주고, 시스템의 홍보를 위한 계측 또는 표시

정답 7 ② 8 ② 9 ③

10 계측 표시 시스템에 없는 장치는?

① 검출기(센서)
② 신호변환기(트랜스듀서)
③ 연산장치
④ 녹음장치

해설 계측·표시장치에는 검출기(센서), 신호변환기(트랜스듀서), 연산장치, 기억장치, 표시장치 등이 있다.

11 태양전지 모듈의 기대수명은 몇 년 이상으로 하는가?

① 2
② 10
③ 15
④ 20

해설 결정질 태양전지의 기대수명은 20년 이상이며, 설치가대는 30년 이상 버틸 수 있도록 설계한다.

12 신재생에너지의 기술개발 및 이용·보급에 관한 중요 사항을 심의하기 위하여 산업통상자원부에 신재생에너지 정책심의회를 둔다. 심의회의 심의사항이 아닌 것은?

① 기본 계획의 수립 및 변경에 관한 사항
② 신재생에너지 발전사업자의 허가에 관한 사항
③ 신재생에너지의 기술개발 및 이용·보급 촉진에 관한 중요사항
④ 신재생에너지 발전에 의하여 공급되는 전기의 기준가격 및 그 변경에 관한 사항

해설 **신에너지 및 재생에너지 개발·이용·보급 촉진법 제5조(기본계획의 수립)**
신재생에너지 정책심의회의 심의를 거쳐 신재생에너지의 기술개발 및 이용·보급을 하기 위한 기본계획을 수립해야 하며, 기본계획 계획기간은 10년이다.
신에너지 및 재생에너지 개발·이용·보급 촉진법 제8조(신재생에너지 정책심의회)
정책심의회의 심의사항
- 신재생에너지의 기술개발 및 이용·보급에 관한 중요 사항
- 공급되는 전기의 기준가격, 가격변경 사항
- 산업통상자원부장관이 필요하다고 인정하는 사항
- 심의회의 구성·운영과 그 밖에 필요한 사항은 대통령령

전기사업법 시행규칙 제4조(사업허가의 신청)
신재생에너지 발전사업자의 허가권자
3,000kW 초과 : 산업통상자원부 장관, 3,000kW 이하 : 특별시장, 광역시장, 특별자치시장, 도지사, 특별자치도지사

10 ④ 11 ④ 12 ② 정답

13 **태양광발전시스템의 인버터는 태양전지 출력향상이나 고장 시를 위한 보호기능 등을 갖추고 있다. 다음 중 인버터에 적용하고 있는 기능이 아닌 것은?**

① 자동운전 정지기능
② 최대전력 추종제어기능
③ 자동전류 조정기능
④ 단독운전 방지기능

해설 인버터의 주요기능에는 전력변환기능(DC/AC), 자동운전 정지기능, 최대전력 추종제어기능, 단독운전 방지기능, 계통연계 보호기능, 자동전압조정기능, 직류검출기능 등이 있다.

14 **태양광발전시스템의 인버터 설비 정기점검 시 측정 및 시험에 해당하지 않는 것은?**

① 절연저항
② 외부배선의 손상
③ 표시부 동작 확인
④ 투입저지 시한 타이머 동작시험

해설 **인버터의 정기점검 사항**

- 육안점검 : 외함의 부식 및 파손, 외부배선의 손상 및 접속단자의 풀림, 접지선의 파손 및 접속단자의 풀림, 환기확인, 운전 시의 이상음, 진동 및 악취의 유무
- 측정 및 시험 : 절연저항, 표시부의 동작확인, 투입저지 시한 타이머 동작확인

15 **태양전지 모듈의 운영매뉴얼로 틀린 것은?**

① 황사나 먼지 등에 의해 발전효율이 저하된다.
② 풍압에 의해 모듈과 형강의 체결부위가 느슨해질 수 있다.
③ 고압분사기를 이용하여 모듈표면에 정기적으로 물을 뿌려준다.
④ 모듈표면은 강화유리로 제작되어 외부충격에 파손되지 않는다.

해설 태양전지 모듈표면은 강화유리로 제작되어 있어 외부충격에 강하지만 파손이 안 되는 것은 아니다.

정답 13 ③ 14 ② 15 ④

16 태양광발전시스템의 유지보수를 위한 고려사항으로 틀린 것은?

① 태양광 시스템의 발전량을 정기적으로 기록 및 확인한다.
② 태양광 시스템의 낙뢰 보호를 위해 비가 오면 강제 정지시킨다.
③ 태양전지 모듈의 오염을 제거하기 위해 정기적으로 모듈 청소를 한다.
④ 태양전지 모듈에 발생하는 음영을 정기적으로 조사하여 원인을 제거한다.

해설 태양광 시스템은 비가 와도 강제로 정지하지 않는다.

17 저압 연접인입선은 폭 몇 m를 초과하는 도로를 횡단하지 않아야 하는가?

① 3 ② 4
③ 5 ④ 6

해설 **KEC 221.1.2(이웃 연결 인입선의 시설)**
- 인입선에서 분기하는 점으로부터 100m를 넘는 지역에 미치지 아니할 것
- 폭 5m를 넘는 도로를 횡단하지 아니할 것
- 옥내를 통과하지 아니할 것

18 전기설비기술기준의 안전원칙에 대한 설명으로 틀린 것은?

① 전기설비는 사용목적에 적절하고 안전하게 작동하여야 한다.
② 전기설비는 불가피함 손상으로 인하여 전기공급에 지장을 줄 수도 있다.
③ 다른 물건의 기능에 전기적 또는 자기적 장해가 없도록 시설하여야 한다.
④ 전기설비는 감전, 화재 그 밖에 사람에게 위해를 주거나 물건에 손상을 줄 우려가 없도록 시설하여야 한다.

해설 **전기설비기술기준 제2조(안전원칙)**
- 전기설비는 감전, 화재 및 그 밖에 사람에게 위해를 주거나 물건에 손상을 줄 우려가 없도록 시설하여야 한다.
- 전기설비는 사용목적에 적절하고 안전하게 작동하여야 하며, 그 손상으로 인하여 전기 공급에 지장을 주지 않도록 시설하여야 한다.
- 전기설비는 다른 전기설비, 그 밖의 물건의 기능에 전기적 또는 자기적 장해를 주지 않도록 시설하여야 한다.

16 ② 17 ③ 18 ② **정답**

19 가공전선로의 지지물에 하중이 가하여지는 경우에 그 하중을 받는 지지물의 기초의 안전율은 얼마 이상인가?

① 2　　② 2.5
③ 3　　④ 3.5

해설 KEC 331.7(가공전선로 지지물의 기초의 안전율)
가공전선로의 지지물에 하중이 가하여지는 경우에 그 하중을 받는 지지물의 기초의 안전율은 2 이상이어야 한다.

20 인버터 단독운전 방지기능 중 단독운전 시 주파수를 검출하는 방식이 아닌 것은?

① 부하 변동방식
② 주파수 시프트방식
③ 유효전력 변동방식
④ 무효전력 변동방식

해설 **인버터 단독운전 방지기능의 능동적 검출방법**
- 부하 변동방식 : PCS의 출력과 병렬로 임피던스를 주기적으로 삽입하여 전압 또는 전류의 급변을 검출하는 방식
- 주파수 시프트방식 : PCS 내부 발진기에 주파수 바이어스를 부여하고 단독운전 시에 나타나는 주파수 변동을 검출하는 방식
- 유효전력 변동방식 : PCS 출력에 주기적인 유효전력 변동을 부여하고 단독운전 시에 나타나는 전압, 전류 혹은 주파수 변동을 검출하는 방식
- 무효전력 변동방식 : 인버터 출력전압의 주기를 일정시간마다 변동시키면 평상시 계통 측의 백파워가 크기 때문에 출력주파수는 변화하지 않고 무효전력의 변화로서 나타나는 방식

21 주택용 독립형 태양광발전시스템의 주요 구성요소가 아닌 것은?

① 배전시스템
② 축전지
③ 태양전지 모듈
④ 충방전 제어기

해설 배전시스템은 연계형 태양광발전시스템에 필요한 구성요소이다.

정답 19 ① 20 ① 21 ①

22 **부하를 연결하지 않은 상태에서 태양전지가 발전할 때 단자 양단에 걸리는 전압은?**

① 개방전압
② 단락전압
③ 정격전압
④ 부하전압

해설 태양전지의 특성을 나타내는 값은 개방전압, 단락전류, 최대출력, 최대출력 동작전압, 최대출력 동작전류 등이 있다.
- 개방전압 : 태양전지 양극 간을 개방한 상태의 전압
- 단락전류 : 태양전지 양극 간을 단락한 상태에서 흐르는 전류

23 **태양광발전 설비의 변압기 보수 정기점검 개소로 틀린 것은?**

① 유면계
② 온도계
③ 기록계
④ 가스압력계

해설
- 변압기는 유입형(→ 유면계, 가스압력계 필요)과 건식형 타입이 있다.
- 변압기는 주위 온도가 상승함에 따라 절연저항값이 낮아진다(→ 온도계 필수).

24 **태양광발전시스템의 계측기나 표시장치의 구성요소가 아닌 것은?**

① 연산장치
② 차단장치
③ 표시장치
④ 신호변환기

해설 차단장치는 개폐기에 해당하는 주변장치에 해당된다. 태양광발전 모듈을 제외한 가대, 개폐기, 축전지, 출력조절기, 계측기 등의 주변기기 모두를 주변장치라 부른다.

22 ① 23 ③ 24 ② 정답

25 **점검 계획의 수립에 있어서 고려해야 할 사항이 아닌 것은?**

① 환경조건
② 설비의 중요도
③ 정상 가동시간
④ 설비의 사용기간

해설 **점검 계획의 수립에 있어서 고려해야 할 사항**
설비의 사용기간, 설비의 중요도, 환경조건, 고장이력, 부하상태

26 **태양광발전 시설에 대한 점검 후의 유의사항 중 최종 작업자가 최종 확인하는 사항으로 틀린 것은?**

① 회로도에 의한 검토를 시행한다.
② 볼트 조임 작업을 모두 재점검한다.
③ 쥐, 곤충 등이 침입하지 않았는지 확인한다.
④ 점검을 위해 임시로 설치한 설치물의 철거가 지연되고 있지 않았는지 확인한다.

해설 ①은 점검 전 유의사항이다.
최종 확인 사항 및 기록
- 작업자가 반내에 있는지 확인
- 점검을 위한 임시 가설물 등이 철거되어 있는지 확인
- 볼트 조임작업은 완벽하게 되어 있는지 확인
- 공구 등이 버려져 있지는 않은지 확인
- 쥐, 곤충 등이 침입하지는 않았는지 확인
- 점검 기록 확인

27 **신축 · 증축 또는 개축하는 건축물로서 신재생에너지 공급의무 비율에 해당하는 최소 연면적(m^2)은?**

① 500 ② 1,000
③ 1,500 ④ 2,000

해설 **신에너지 및 재생에너지 개발 · 이용 · 보급 촉진법 시행령 제15조(신재생에너지 공급의무 비율 등)**
공공기관이 신축 · 증축 · 개축하는 연면적 1,000m^2 이상의 건축물에 대하여 예상에너지 사용량의 일정수준 이상을 신재생에너지 설비 설치에 투자하도록 의무화하는 제도

해당연도	2020~2021	2022~2023	2024~2025	2026~2027	2028~2029	2030 이후
공급의무비율(%)	30	32	34	36	38	40

정답 25 ③ 26 ① 27 ②

28 태양광발전에 관한 설명으로 틀린 것은?

① 출력이 날씨에 제한을 받는다.
② 출력이 수요변동에 대응할 수 없다.
③ 발전 시 이산화탄소를 배출하지 않는다.
④ 태양의 열에너지를 이용하여 발전한다.

해설 태양광발전의 특징

장점	단점
• 에너지원이 깨끗하고, 무한하다. • 유지보수가 쉽고, 유지비용이 거의 들지 않는다. • 무인화가 가능하다. • 수명이 길다(20년 이상).	• 전기생산량이 일사량에 의존한다. • 에너지밀도가 낮아 큰 설치면적 필요하다. • 설치장소가 한정적이고 제한적이다. • 비싼 반도체를 사용한 태양전지를 사용한다. • 초기투자비가 많이 들어 발전단가가 높다.

29 물, 지하수 및 지하의 열 등의 온도차를 이용하여 에너지를 생산하는 방식은?

① 지열에너지
② 수력에너지
③ 태양열에너지
④ 수소에너지

해설
• 수력에너지 : 물의 유동 및 위치에너지를 이용하여 발전 기술
• 태양열 : 태양광선의 파동성질을 이용하는 태양에너지 광열학적 이용분야로 태양열의 흡수·저장·열변환 등을 통하여 건물의 냉난방 및 급탕 등에 활용하는 기술
• 수소에너지 : 물, 유기물, 화석연료 등의 화합물 형태로 존재하는 수소를 분리, 생산해서 이용하는 기술

30 조석간만의 차를 동력원으로 해수면의 상승하강운동을 이용하여 전기를 생산하는 기술은?

① 수력발전
② 지열발전
③ 조력발전
④ 바이오발전

28 ④ 29 ① 30 ③ 정답

31 **태양의 위치에 따라 태양의 직사광선이 항상 태양전지판의 전면에 수직으로 입사할 수 있도록 어레이의 경사각을 움직이는 방식은?**

① 고정식 태양광발전시스템
② 기둥식 태양광발전시스템
③ 가대식 태양광발전시스템
④ 추적식 태양광발전시스템

해설 **경사각 고정방식에 따른 분류**
경사 고정식, 경사가변형의 반고정식, 단축 추적식, 양축 추적식

32 **결정질 실리콘 태양전지 모듈에 대한 설명이다. 틀린 것은?**

① 방사조도의 변화에 따라 전압이 급격히 변화하고, 모듈 표면온도의 증감에 대해서는 전류가 변동한다.
② 태양전지 중에서 가장 일찍 개발된 것이 단결정질 실리콘 태양전지이다.
③ 단결정 실리콘 태양전지 모듈은 아침, 저녁이나 흐린 날에도 비교적 발전이 양호하다.
④ 다결정 실리콘 태양전지는 단결정질에 비해 공정이 간단하고 단결정질보다 가격도 저렴해서 널리 사용된다.

해설 방사조도의 변화에 따라 전류가 급격히 변화하고, 모듈의 표면온도 증감에 대해서는 전압이 변동한다.

33 **설치용량은 사업계획서상에 제시된 설계용량 이상이어야 하는데 설계용량의 몇 %를 초과하지 않아야 하는가?**

① 100
② 103
③ 105
④ 110

해설 **태양광설비 시공기준**
- 설치용량 : 설치용량은 사업계획서상에 제시된 설계용량 이상이어야 하며, 설계용량의 110%를 초과하지 않아야 한다.
- 방위각 : 정남향 설치
- 경사각 : 현장여건에 따라 조정
- 일조시간 : 일사시간은 1일 5시간(춘분, 추분 기준) 이상

정답 31 ④ 32 ① 33 ④

34 **파워컨디셔너의 단독운전 방지기능에서 능동적 방식에 속하지 않는 것은?**

① 유효전력 변동방식

② 무효전력 변동방식

③ 주파수 시프트방식

④ 주파수 변화율 검출방식

해설
- 수동적 방식(검출시간 0.5초 이내, 유지시간 5~10초)
  전압위상 도약검출방식, 제3고조파 전압급증 검출방식, 주파수 변화율 검출방식
- 능동적 방식(검출시한 0.5~1초)
  주파수 시프트방식, 유효전력 변동방식, 무효전력 변동방식, 부하 변동방식

35 **축전지의 용량을 구하는 식 방전전류×방전시간으로 용량의 정확한 이름은?**

① 합성용량

② 정부용량

③ 공칭용량

④ 정격용량

해설 공칭용량 = 방전전류 × 방전시간

예 방전전류 3A × 방전시간 20h = 축전지의 공칭용량 60Ah

36 **축전지(전력저장장치)에 필요한 특성 중 옳지 않은 것은?**

① 중간영역의 충전상태에서 연속사용해도 성능의 열화가 없을 것

② 사이클 수명이 짧을 것

③ 장시간 사용해도 안전할 것

④ 관리 및 정비가 용이할 것

34 ④ 35 ③ 36 ② 정답

37 그늘이나 셀의 일부분 고장으로 태양전지 모듈의 안에서 그 일부의 태양전지 셀이 발전이 되지 않을 경우 전류의 우회로를 목적으로 설치하는 것은?

① 접속반
② 바이패스 다이오드
③ 역류방지 다이오드
④ 주개폐기

38 태양전지 어레이용 가대 및 지지대 설치에 관한 내용 중 틀린 것은?

① 진입로에서 제일 안쪽 구간별로 순차적으로 설치한다.
② 지지대, 연결부, 기초(용접부위 포함) 용접부위는 방식처리를 하여야 한다.
③ 태양전지판의 유지보수를 위한 공간과 작업안전을 위해 필요시 발판을 설치하여야 한다.
④ 모든 볼트는 추후 시공 수정의 편리를 위해서 헐겁게 조여 놓는다.

39 검사자가 운전 개시 전에 태양광 회로의 절연상태를 확인하고 통전 여부를 판단하기 위해 측정하는 저항은?

① 접지저항
② 수정저항
③ 절연저항
④ 측정저항

정답 37 ② 38 ④ 39 ③

40 **발급 신청을 받은 공급인증기관은 공급인증서를 발급받으려는 자가 발급 신청을 한 날부터 며칠 이내에 공급인증서를 발급하여야 하는가?**

① 15일
② 30일
③ 45일
④ 60일

41 **주택용 태양광발전시스템 시공 순서 중 빈칸에 알맞은 것은?**

토목공사 → (   ) → 기기설치공사 → 전기배관배선공사 → 점검 및 검사

① 지반공사
② 어레이 설치 공사
③ 반입자재검수
④ 접속함 배선공사

42 **장기간 사용하면 점착력이 떨어질 가능성이 있기 때문에 태양광발전설비처럼 장기간 사용하는 설비에는 적합하지 않은 테이프는?**

① 비닐절연테이프
② 보호테이프
③ 자기융착테이프
④ 고압절연테이프

해설
- 자기융착테이프는 시공 시 테이프 폭이 3/4으로부터 2/3 정도로 중첩해 감아놓으면 시간이 지남에 따라 융착하여 일체화된다.
- 보호테이프는 자기융착테이프의 열화를 방지하기 위해 자기융착테이프 위에 다시 한 번 감아 주는 테이프이다.

40 ② 41 ③ 42 ① 정답

43 **태양광발전설비 단독운전 방지 기능의 정상동작 유무를 파악할 때 기준으로 옳은 것은?**

① 1초 내 정지, 5분 이후 재투입
② 0.5초 내 정지, 10분 이후 재투입
③ 1초 내 정지, 10분 이후 재투입
④ 0.5초 내 정지, 5분 이후 재투입

해설 전원이 정전되면 0.5초 이내 정지하고, 복전되면 5분 후에 자동으로 시동되어야 한다.

44 **환경온도의 불규칙한 반복에서, 구조나 재료 간의 열전도나 열팽창률의 차이에 의한 스트레스로 내구성을 시험할 때 발전성능은 시험 전의 몇 % 이상이 되어야 하는가?**

① 80 ② 90
③ 95 ④ 99

해설 **온도사이클 시험, UV 시험**
발전성능은 시험 전의 95% 이상이면 합격판정

45 **기본파의 3%인 제3고조파와 4%인 제5고조파, 1%인 제7고조파를 포함하는 전압파의 왜형률은?**

① 약 2.7%
② 약 5.1%
③ 약 7.7%
④ 약 14.1%

해설
$$\text{왜형률} = \frac{\text{전 고조파의 실횻값}}{\text{기본파의 실횻값}} \times 100\%$$

$$D = \frac{\sqrt{V_3^2 + V_5^2 + V_7^2}}{V} = \frac{\sqrt{3^2+4^2+1^2}}{100} \times 100 \fallingdotseq 5.1\%$$

정답 43 ④ 44 ③ 45 ②

46 금속덕트공사에서 같은 덕트에 넣은 전선의 단면적(절연피복의 단면적 포함)의 합계는 덕트의 내부 단면적의 몇 % 이하로 하여야 하는가?

① 20　　② 30
③ 40　　④ 50

해설 KEC 232.31(금속덕트공사)
- 전선은 절연전선(옥외용 비닐절연전선을 제외한다)일 것
- 금속덕트에 넣은 전선의 단면적(절연피복의 단면적을 포함한다)의 합계는 덕트의 내부 단면적의 20%(전광표시장치 기타 이와 유사한 장치 또는 제어회로 등의 배선만을 넣는 경우에는 50%) 이하일 것
- 금속덕트 안에는 전선에 접속점이 없도록 할 것
- 폭이 40mm 이상, 두께가 1.2mm 이상인 철판 또는 동등 이상의 기계적 강도를 가지는 금속제

47 태양광발전소의 최대개방전압이 800V인 경우 지표면과 울타리·담 등의 하단 사이의 간격은 몇 m 이하로 하여야 하는가?

① 0.05　　② 0.1
③ 0.15　　④ 0.2

해설 태양광발전소 울타리·담 시설
- 태양광발전소의 최대개방전압이 직류 750V 초과 1,500V 이하일 경우 높이 2m 이상의 울타리 설치
- 울타리 하단과 지표면 사이의 간격은 0.15m 이하로 설치

48 다음 괄호 안에 알맞은 내용은?

> "고압 및 특고압용 기계기구의 시설에 있어 고압은 지표상 (㉠)m 이상(시가지에 시설하는 경우), 특고압은 지표상 (㉡)m 이상의 높이에 설치하고 사람이 접촉될 우려가 없도록 시설하여야 한다."

① ㉠ 3.5　㉡ 4
② ㉠ 4.5　㉡ 5
③ ㉠ 5.5　㉡ 6
④ ㉠ 5.5　㉡ 7

해설 KEC 341.4(특고압용 기계기구의 시설), 341.8(고압용 기계기구의 시설)
기계기구의 시설

고압용	특고압용
지표상 4.5m (시가지 외에는 4m) 이상	지표상 5m 이상

46 ① 47 ③ 48 ② 정답

49 태양광발전시스템 구조물의 상정하중 계산 시 고려사항이 아닌 것은?

① 적설하중
② 지진하중
③ 고정하중
④ 전단하중

해설 상정하중은 수직하중(고정하중, 적설하중, 활하중)과 수평하중(풍하중, 지진하중)으로 구분한다.

50 전압형 단상 인버터의 기본회로의 설명으로 틀린 것은?

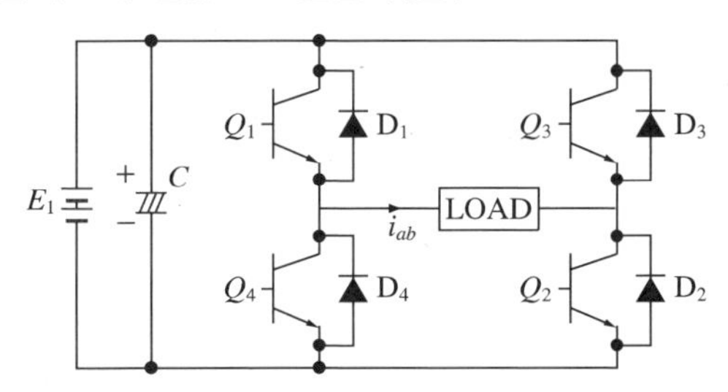

① 작은 용량의 C를 달아준다.
② 직류전압을 교류전압으로 출력한다.
③ 부하의 역률에 따라 위상이 변화한다.
④ $D_1 \sim D_4$는 트랜지스터의 파손을 방지하는 역할이다.

해설 **전압형 단상 인버터**

- 직류전압을 평활용 콘덴서(C)를 이용하여 평활시킨다.
- 정류된 직류 전압을 PWM 제어방식을 이용하여 인버터부에서 전압과 주파수를 동시에 제어한다.
- 버터의 주소자를 turn-off시간이 짧은 IGBT, FET 및 트랜지스터를 사용한다.

51 태양복사에 대한 설명으로 틀린 것은?

① 태양고도가 수직일 때 AM=1이다.
② 대기 중의 분자들에 의한 흡수로 태양복사가 감소한다.
③ 태양복사의 흡수와 레일리(Rayleigh)산란은 태양고도가 높을수록 증가한다.
④ 대기 중의 오염물질에 의한 미(Mie)산란은 위치에 따라 심하게 변한다.

해설
- 산란은 태양광선이 통과해야 할 공기층이 두꺼워지는 때, 즉 해가 뜨거나 질 때에 산란이 잘 이루어지므로, 산란은 태양고도가 낮을수록 증가한다.
- 산란은 입자의 크기에 따라 구분할 수 있는데 입자가 빛의 파장보다 작은 경우(분자)는 레일리산란을 따르고, 입자가 큰 경우(안개, 매연 등)에는 미산란을 따른다.

정답 49 ④ 50 ① 51 ③

52 다음 괄호 안에 들어갈 내용으로 옳은 것은?

> 태양광발전 인버터는 어레이에서 발생한 직류 전기를 교류 전기로 바꾸어 외부 전기 시스템의 (㉠), (㉡) 에 맞게 조정한다.

① ㉠ 역률　㉡ 전압
② ㉠ 부하　㉡ 전류
③ ㉠ 주파수　㉡ 전압
④ ㉠ 주파수　㉡ 전류

해설　인버터는 태양전지에서 생산된 직류 전기를 교류 전기로 변환하는 장치이다. 여기서 인버터는 상용주파수 60Hz로 변환하고, 사용하기에 알맞은 전압(220V)으로 변환한다.

53 절연용 보호구가 아닌 것은?

① 안전대
② 안전모
③ 전기용 고무장갑
④ 전기용 고무절연장화

해설　절연용 보호구의 종류에는 안전모, 전기용 고무장갑, 전기용 고무절연장화 등이 있다.

54 태양광발전시스템의 분전반에 설치되는 구성요소가 아닌 것은?

① 전압계
② 피뢰소자
③ 차단기
④ 인버터

해설　태양광발전시스템의 기기설치 공사는 어레이, 접속함, 파워컨디셔너(PCS), 분전반 설치공사로 나누어 시공한다. 그러므로 인버터는 분전반과는 별도로 설치하고 분전반에는 차단기, 피뢰소자, 전압계 등을 설치한다.

52 ③　53 ①　54 ④　정답

55 **볼트를 일정한 힘으로 죄는 공구는?**

① 드라이버
② 스패너
③ 펜치
④ 토크렌치

해설
- 드라이버 : 나사를 돌릴 때
- 스패너 : 볼트, 너트를 조일 때
- 펜치 : 전선의 절단, 접속, 바인드 등에 사용

56 **운영계획 수립 시 점검 주기와 점검 내용이 맞지 않는 것은?**

① 일간점검 : 태양전지 모듈 주위의 그림자 발생하는 물체 유무
② 주간점검 : 태양전지 모듈의 표면에 불순물 유무
③ 월간점검 : 태양전지 모듈 외부의 변형 발생유무
④ 연간점검 : 태양전지 모듈의 결선상 탈선 부분 발생유무

해설 태양전지 모듈의 결선상 탈선 발생유무는 태양전지 모듈 제조 시 점검해야 할 사항이다.

57 **태양광발전시스템의 성능평가를 위한 측정요소가 아닌 것은?**

① 구성요인의 성능
② 응용성
③ 발전성능
④ 신뢰성

해설 성능평가는 태양광발전시스템의 전반적인 설치장소의 개요, 설치가격, 발전성능, 신뢰성 등으로 분류하여 평가 분석할 필요가 있으며, 발전성능은 시스템의 전체적 성능과 구성요소의 성능으로 분류하여 평가 분석할 필요가 있다.

※ KEC(한국전기설비규정) 적용 및 관련 법령 개정으로 삭제된 문제가 있어 60문항이 되지 않음을 알려드립니다.

정답 55 ④ 56 ④ 57 ②

2018년 제 2 회 과년도 기출복원문제

01 신에너지 및 재생에너지 개발 · 이용 · 보급 촉진법에서 정한 신재생에너지가 아닌 것은?

① 연료전지
② 천연가스
③ 수소에너지
④ 폐기물

해설 **신에너지 및 재생에너지 개발 · 이용 · 보급 촉진법 제2조(정의)**
- 신에너지 : 수소에너지, 연료전지, 석탄을 액화 · 가스화한 에너지 및 중질잔사유를 가스화한 에너지
- 재생에너지 : 태양에너지, 풍력, 수력, 해양에너지, 지열에너지, 바이오에너지, 폐기물에너지, 수열에너지

02 태양광발전 방식의 PN 접합에 의한 발전원리에 의한 발전 순서로 알맞은 것은?

① 광흡수 → 전하생성 → 전하분리 → 전하수집
② 광흡수 → 전하분리 → 전하생성 → 전하수집
③ 전하생성 → 전하분리 → 광흡수 → 전하수집
④ 전하생성 → 광흡수 → 전하수집 → 전하분리

03 연료전지 발전시스템의 구성요소 중 원하는 전기 출력을 얻기 위해 단위전지를 수십 장, 수백 장을 직렬로 쌓아 올린 것은?

① 개질기
② 스택
③ 전력변환기
④ 주변장치

해설 ① 개질기(reformer) : 화석연료(천연가스, 메탄올, 석유 등)로부터 수소 연료로 변환시키는 장치
③ 전력변환기(inverter) : 연료전지에서 나오는 직류(DC)를 우리가 사용하는 교류(AC)로 변환시키는 장치
④ 주변보조기기(BOP ; Balance of Plant) : 연료, 공기, 열회수 등을 위한 펌프류, blower, 센서 등

1 ② 2 ① 3 ② 정답

04 태양전지 표준시험조건(STC) 중 태양에너지의 강도는 몇 W/m^2인가?

① 500
② 800
③ 1,000
④ 1,400

해설 **표준시험조건(STC)**
일사량 1,000W/m^2, 온도 25℃, AM1.5

05 P형 반도체를 만들기 위해 진성반도체에 첨가하는 원소가 아닌 것은?

① 인
② 붕소
③ 갈륨
④ 알루미늄

해설
- P형 반도체에 첨가되는 3가 원소 : B(붕소), Al(알루미늄), Ga(갈륨), In(인듐)
- N형 반도체에 첨가되는 5가 원소 : P(인), As(비소), Sb(안티몬)

06 태양전지 종류별 발전효율이 높은 순서로 나열한 것은?

① CdTe박막형 – 염료감응형 – 단결정 실리콘 – 다결정 실리콘
② CdTe박막형 – 단결정 실리콘 – 다결정 실리콘 – 염료감응형
③ 다결정 실리콘 – 단결정 실리콘 – CdTe박막형 – 염료감응형
④ 단결정 실리콘 – 다결정 실리콘 – CdTe박막형 – 염료감응형

해설 단결정 실리콘 모듈(18~20%) > 다결정 실리콘모듈(16~18%) > CdTe박막형(10~12%) > 염료감응형(6~8%)

07 모듈의 $I-V$ 곡선에서 일사량의 변화에 따라서 크게 변화하는 것은?

① 저항
② 전류
③ 전압
④ 온도

해설 태양전지 모듈의 출력은 입사하는 일사량(W/m^2)에 따라 전류가 주로 변화하고 태양전지의 표면 온도(℃)에 따라 전압이 크게 변화한다.

정답 4 ③ 5 ① 6 ④ 7 ②

08 **태양전지를 여러 장을 직렬 연결하여 하나의 프레임으로 조립하여 만든 패널을 무엇이라 하는가?**

① 태양전지
② 모듈
③ 스트링
④ 어레이

해설 • 스트링 : 셀이나 모듈을 필요한 수만큼 직렬로 접속한 것
• 어레이 : 모듈을 직·병렬로 접속한 것

09 **화합물 반도체 태양전지의 특징이 아닌 것은?**

① 고가이지만 고효율이다.
② 군사용, 우주용에 많이 사용된다.
③ 간접천이형이다.
④ 광 흡수계수가 크다.

해설 일반적으로 Si, Ge과 같은 반도체는 간접천이형 밴드갭 물질이며, 직접천이형 밴드갭 물질로는 GaAs, InP, GaN 같은 화합물 반도체가 있다.

10 **태양광발전시스템에서 어레이의 전기적 구성요소가 아닌 것은?**

① 역류방지 다이오드
② 바이패스 다이오드
③ 접속함
④ 인버터

해설 태양전지 어레이의 전기적 구성요소는 태양전지 모듈의 직렬 집합체로서의 스트링, 역류방지 다이오드, 바이패스 다이오드, 접속함 등이다.

11 **축전지의 기대 수명을 결정하는 요소 중 영향이 제일 적은 것은?**

① 방전 횟수
② 방전 심도
③ 사용 장소의 습도
④ 사용 장소의 온도

해설 축전지의 기대 수명에 큰 영향을 미치는 요소는 방전 심도, 방전 횟수, 사용 장소의 온도 등이다.

8 ② 9 ③ 10 ④ 11 ③ 정답

12 계통연계형 태양광 발전시스템에서 파워컨디셔너의 기능에 대한 설명이다. 틀린 것은?

① 잉여전력을 역송전할 때는 전압을 정해진 범위로 유지하기 위해 전압조정을 자동적으로 한다.
② 전력회사의 정전 시 단독운전방지기능이 없다.
③ 태양전지의 출력을 항상 최대가 되도록 유지한다.
④ 교류계통에 사고가 발생할 경우 곧바로 교류계통과의 연계를 차단한다.

해설 **파워컨디셔너의 주요기능**

- 전압 · 전류 제어기능
- 최대전력추종(MPPT)기능
- 계통연계 보호기능
- 단독운전 검출기능

13 태양광 발전시스템을 계통연계를 하기 위해서 파워컨디셔너가 일치시켜야 하는 것이 아닌 것은?

① 전류
② 전압
③ 주파수
④ 위상각

해설 계통연계를 위해서는 계통과 전압, 주파수, 위상각이 일치해야 한다.

14 다음 그림은 인버터의 원리를 나타낸 것이다. 다음 표의 C 빈칸에 알맞은 $Q_1 \sim Q_4$의 스위치 동작으로 알맞은 것은?

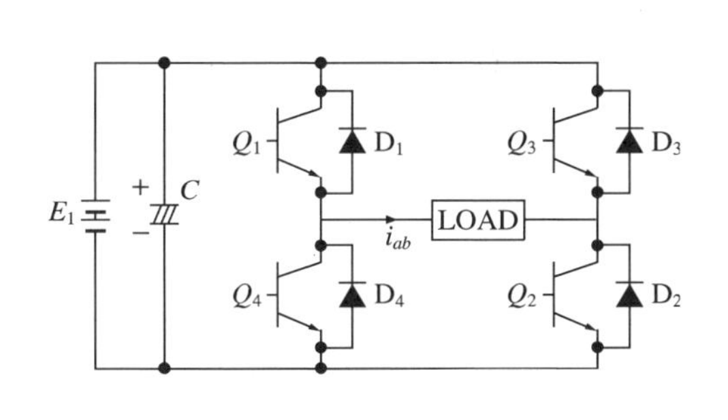

	A	B	C	D
Q_1	on			
Q_2	on			
Q_3	off			
Q_4	off			

A B C D

출력파형 + −

① on, off, on, off
② on, off, off, on
③ off, on, on, off
④ off, off, on, on

해설 표의 A와 반대가 되는 스위칭 동작이다.

15 인버터의 단독운전 방지기능을 수행하기 위한 단독운전 상태 검출방식 중 능동적 검출방식이 아닌 것은?

① 유효전력 변동방식
② 무효전력 변동방식
③ 부하 변동방식
④ 주파수 변화율 검출방식

해설 **단독운전 상태 검출방식**
- 능동적 검출방식 : 유효전력, 무효전력, 부하 변동방식, 주파수 시프트방식
- 수동적 검출방식 : 전압위상 도약검출방식, 제3고조파 전압검출방식, 주파수 변화율 검출방식

16 건물이나 시설에 피뢰설비 설치해야 하는 최소 높이(m)는?

① 10 ② 20
③ 30 ④ 40

해설 피뢰설비는 피보호 대상물에 접근하는 뇌격을 흡인, 뇌격 전류를 안전하게 대지로 방류하여 건축물을 보호하는 설비로서 일반적으로 높이가 20m를 넘는 건물에 시설을 의무화하고 있다.

17 역전류방지 다이오드 용량은 모듈의 단락전류의 몇 배 이상인가?

① 1.2 ② 1.3
③ 1.4 ④ 1.5

해설 역전류방지 다이오드 용량은 모듈 단락전류(I_{sc})의 1.4배 이상, 개방전압(V_{oc})의 1.2배 이상이어야 하며, 현장에서 확인할 수 있도록 표시하여야 한다.

18 접속함을 실외에 설치할 경우 방진방수등급은?

① IP00 ② IP44
③ IP54 ④ IP67

해설
- 접속함을 실외에 설치할 경우에는 방진방수등급 IP54 이상의 접속함을 설치한다.
- 10kW 이하 소용량 PCS의 경우 옥외에 설치되는 경우가 대부분이므로 먼지나 수분의 침투를 방지하기 위하여 자연냉각이 필요하고, IP54 이상의 보호등급이 필요하다.

15 ④ 16 ② 17 ③ 18 ③ 정답

19 태양광모듈 설치 시 정남향으로 설치가 불가능할 경우 정남향을 기준으로 동쪽 또는 서쪽 방향으로 몇 도 이내에 설치해야 하는가?

① 30°　　② 45°
③ 60°　　④ 75°

해설 모듈의 일조면은 정남향 방향으로 설치되어야 한다. 정남향으로 설치가 불가능할 경우에 한하여 정남향을 기준으로 동쪽 또는 서쪽 방향으로 45° 이내에 설치하여야 한다.

20 태양광 발전용 인버터의 경우 용량이 몇 kW 이하인 경우 인증 받은 제품을 설치해야 하는가?

① 100
② 250
③ 500
④ 1,000

해설 태양광 발전용 인버터(이하 인버터)의 용량이 250kW 이하인 경우는 인증 받은 제품을 설치하여야 한다. 인버터의 용량이 250kW를 초과하는 경우는 품질기준(KS)에 따라 절연성능, 보호기능, 정상특성 등을 만족하는 시험결과가 포함된 시험성적서를 센터로 제출할 경우 사용할 수 있다.

21 지붕에 태양전지 모듈을 설치하는 경우 배면환기를 위한 최소 이격거리(cm)는?

① 10　　② 15
③ 20　　④ 30

해설 태양전지 모듈을 지붕에 직접 설치하는 경우 배면환기를 위하여 모듈과 지붕면 간 이격거리는 10cm 이상이어야 하며, 배선처리는 바닥에 닿지 않도록 단단하게 고정해야 한다.

22 태양광발전시스템의 어레이 지지 방식 중 에너지 효율이 가장 좋은 방식은?

① 고정형 어레이
② 반고정형 어레이
③ 추적형 어레이
④ 건축물 일체형

해설 **지지방식에 따른 효율**
추적형 > 반고정형 > 고정형 > 건축물 일체형

정답 19 ② 20 ② 21 ① 22 ③

23 실리콘형 태양전지의 재료 중 P형 반도체의 다수 캐리어는?

① 전자 ② 정공
③ 도너 ④ 억셉터

해설 **P형 반도체**
진성반도체에 3개의 가전자를 가진 물질(Ga : 갈륨, In : 인듐, B : 붕소)을 도핑(첨가)하여 만든다. 이 첨가하는 물질을 억셉터라 한다.
N형 반도체
진성반도체에 5개의 외각 전자를 가진 물질(P : 인, As : 비소, Sb : 안티몬)을 도핑(첨가)하여 만든다. 이러한 불순물을 도너라 한다.

24 태양전지에 효율을 높이기 위해 광학적 손실을 줄이는 대책으로 틀린 것은?

① 표면 반사방지 코팅
② 전극 면적의 최소화
③ 표면 요철 형성
④ 웨이퍼 두께 감소

해설 **태양전지효율 개선방법**
- 광학적 손실 줄이기 위한 대책 : 표면 반사방지 코팅, 전극 면적의 최소화, 표면 요철 형성
- 전기적 손실 줄이기 위한 대책 : PN 접합 개선, 표면과 계면의 패시베이션(보호막) 형성, 결정 품질의 개선, 전극의 저항손실 저감

25 태양전지 표준모듈의 프레임 구조의 구성요소가 아닌 것은?

① 충진재(EVA)
② 인터 커넥터
③ 표면재(강화유리)
④ 역류방지 다이오드

해설 모듈의 구성요소 : 충진재, 셀, 인터 커넥터, 표면재 등

26 부분 음영 공간이 있는 곳에서도 높은 시스템 효율을 얻기 위해 주로 사용되는 인버터는?

① 중앙집중식 인버터 ② 마스터 슬래브 제어형 인버터
③ 스트링 인버터 ④ 모듈(AC 모듈) 인버터

해설 모듈 인버터 : 주로 소형 태양광발전시스템에 사용된다.

23 ② 24 ④ 25 ④ 26 ④ 정답

27 태양전지 어레이를 설치할 때 인버터의 동작전압에 의해 결정되는 요소는?

① 태양전지 어레이의 용량
② 태양전지 모듈의 직렬 결선수
③ 태양전지 모듈의 스트링 병렬수
④ 어레이 간 간선의 굵기

해설
- 어레이 용량 : 설치면적에 따라 결정
- 직렬 결선 : 인버터의 동작전압에 따라 결정
- 병렬수 : 어레이 직렬 결선수에 따라 정수배의 병렬수가 설치면적 내
- 어레이 간 간선 : 모듈 1장의 최대전류(I_{mp})가 전선의 허용전류 내

28 접속함으로부터 인버터까지의 배선은 전압강하율은 몇 % 이하로 하는가?

① 1 ② 2
③ 3 ④ 5

해설 접속함으로부터 인버터까지의 배선은 전압강하율을 2% 이하로 상정한다.

29 태양광발전시스템의 지중전선로의 최소 매설 깊이(m)는?(단, 중량물의 압력을 받을 우려가 없는 경우)

① 0.6 ② 1
③ 1.2 ④ 1.5

해설 1.0m 이상(중량물의 압력을 받을 우려가 없는 곳은 0.6m 이상) 지중매설관은 배선용 탄소강관, 내충격성 경질 염화비닐관을 사용한다. 단, 공사상 부득이하게 후강전선관에 방수·방습처리를 시행한 경우는 이에 한정되지 않는다.

30 태양전지 셀, 모듈, 패널, 어레이에 대한 외관검사를 할 때 몇 lx 이상의 조도 아래에서 육안점검을 하는가?

① 100 ② 300
③ 500 ④ 1,000

해설 태양전지 셀의 제작, 운송 및 설치과정에서의 변색, 파손, 오염 등의 결함 여부를 1,000lx 이상의 조도에서 육안 점검하고 단자대의 누수, 부식 및 절연재의 이상을 확인한다.

정답 27 ② 28 ② 29 ① 30 ④

31 개방전압과 단락전류와의 곱에 대한 최대출력의 비를 무엇이라고 하는가?

① 최대출력

② 조사율

③ 전력변환 효율

④ 충진율

해설 충진율(FF) = $\frac{\text{최대출력}}{\text{개방전압} \times \text{단락전류}}$

32 볼트를 일정한 힘으로 죄는 공구는?

① 드라이버

② 스패너

③ 펜치

④ 토크렌치

해설
- 토크렌치(torque wrench) : 볼트를 특정한 힘(토크)으로 정확하게 죄는 공구이다. 사용자는 원하는 토크(힘)로 설정한 후, 토크렌치를 사용하여 볼트를 일정한 힘으로 죌 수 있다. 이는 과도한 조임으로 인한 손상을 방지한다.
- 드라이버 : 나사를 조이거나 푸는 데 사용되는 공구이다.
- 스패너 : 볼트나 너트를 조이거나 푸는 데 사용되는 공구이다. 일정한 힘으로 조절할 수는 없다.
- 펜치 : 주로 전선을 잡고, 구부리고, 자르고, 벗기는 등의 작업에 사용되는 공구이다.

33 기계기구 외함 및 직류전로의 접지에 대한 설명이다. 틀린 것은?

① 태양광발전설비는 태양전지 모듈, 지지대, 접속함, 인버터의 외함, 금속배관 등의 노출 비충전 부분은 누전에 의한 감전과 화재 등을 방지하기 위해 접지공사를 한다.

② 태양전지 어레이에서 인버터까지의 직류전로는 반드시 접지공사를 실시해야 한다.

③ 수상에 시설하는 태양전지 모듈 등의 금속제도 접지를 해야 한다.

④ 태양광발전설비의 접지는 태양전지 모듈이나 패널을 하나 제거하더라도 태양광 전원회로에 접속된 접지도체의 연속성에 영향을 주지 말아야 한다.

해설 태양전지 어레이에서 인버터까지의 직류전로는 원칙적으로 접지공사를 실시하지 않는다.

31 ④ 32 ④ 33 ② 정답

34 태양광발전설비가 작동되지 않아 긴급하게 점검할 경우 차단기와 인버터의 개방과 투입 동작순서는?

㉠ 접속함 차단기 투입(on)	㉡ 접속함 차단기 개방(off)
㉢ 인버터 투입(on)	㉣ 인버터 개방(off)
㉤ 태양광설비 점검	

① ㉠ → ㉡ → ㉤ → ㉣ → ㉢
② ㉡ → ㉣ → ㉤ → ㉠ → ㉢
③ ㉡ → ㉣ → ㉤ → ㉢ → ㉠
④ ㉣ → ㉡ → ㉤ → ㉢ → ㉠

해설 **차단기와 인버터의 개방과 투입 순서**
접속함 내부차단기 개방(off) → 인버터 개방(off) 후 점검 → 점검 후에는 역으로 인버터(on) → 차단기의 순서로 투입(on)

35 검출된 데이터를 컴퓨터 및 먼 거리에 설치된 표시장치에 전송하는 경우에 사용되는 장치는?

① 검출기(센서)
② 신호변환기(트랜스듀서)
③ 연산장치
④ 기억장치

36 태양전지 모듈의 최대출력 80W, 태양의 입사 강도는 700W/m^2, 모듈의 면적이 0.6m^{2}일 때 변환 효율은?

① 약 15%
② 약 17%
③ 약 19%
④ 약 21%

해설 $\eta = \frac{P_{max}}{E \times S} \times 100 = \frac{80}{700 \times 0.6} \times 100 \fallingdotseq 19.05\%$

여기서, P_{max} : 최대출력
E : 입사광 강도(W/m^2)
S : 수광면적(m^2)

37 **태양광발전시스템 장애나 실패 원인 중 가장 발생빈도가 높은 원인은?**

① 인버터 고장
② 느슨한 결선
③ 스트링 퓨즈의 결함
④ 서지 전압 보호기 결함

해설 태양광발전시스템의 고장원인 중 가장 큰 요인은 인버터의 고장이다.

38 **태양광발전시스템 준공 시의 점검사항이 아닌 것은?**

① 절연저항 측정
② 태양전지 어레이의 개방전압 측정
③ 태양전지 어레이의 최대전력 측정
④ 접지저항

해설 시스템 준공 시의 점검사항은 육안점검 외에 태양전지 어레이의 개방전압, 각 부의 절연저항, 접지저항 등을 측정한다.

39 **태양광발전시스템에서 정기점검 중, 태양전지와 접지선 간의 절연저항값은 몇 MΩ 이상 나와야 하는가?**

① 0.1 ② 0.5
③ 1.0 ④ 5.0

해설 **전기설비기술기준 제52조(저압전로의 절연성능)**

사용전압(V)	DC시험전압(V)	절연저항(MΩ)
SELV 및 PELV	250	0.5
FELV, 500V 이하	500	1.0
500V 초과	1,000	1.0

※ 특별저압(Extra Low Voltage : 2차 전압이 AC 50V, DC 120V 이하)으로 SELV(비접지회로 구성) 및 PELV(접지회로 구성)는 1차와 2차가 전기적으로 절연된 회로, FELV는 1차와 2차가 전기적으로 절연되지 않은 회로

다만, 전선 상호 간의 절연저항은 기계기구를 쉽게 분리가 곤란한 분기회로의 경우 기기 접속 전에 측정할 수 있다. 또한, 측정 시 영향을 주거나 손상을 받을 수 있는 SPD 또는 기타 기기 등은 측정 전에 분리시켜야 하고, 부득이하게 분리가 어려운 경우에는 시험전압을 250V DC로 낮추어 측정할 수 있지만 절연저항값은 1MΩ 이상이어야 한다.

37 ① 38 ③ 39 ③ 정답

40 점검작업 시 주의사항으로 잘못된 것은?

① 안전사고 예방조치 후 2인 1조로 보수점검에 임한다.
② 콘덴서나 케이블의 접속부 점검 시 전류전하를 충전시키고 개방한다.
③ 점검 후 안전을 위해 설치한 접지선은 반드시 제거한다.
④ 점검 후 반드시 점검 및 수리한 요점 및 고장상황, 일자를 기록한다.

해설 **점검작업 시 주의사항**
- 안전사고 예방조치 후 2인 1조로 보수점검에 임한다.
- 응급처치 방법 및 설비 기계의 안전을 확인한다.
- 무전압 상태 확인 및 안전조치
  - 관련된 차단기, 단로기를 열어 무전압 상태로 만든다.
  - 검전기를 사용하여 무전압 상태를 확인하고 필요한 개소는 접지를 실시한다.
  - 특고압 및 고압 차단기는 개방하여 테스트 포지션 위치로 인출하고, '점검 중'이라는 표찰을 부착한다.
  - 단로기는 쇄정시킨 후 '점검 중' 표찰을 부착한다.
  - 수배전반 또는 모선 연락반은 전원이 되돌아와서 살아있는 경우가 있으므로 차단기나 단로기를 꼭 차단하고 '점검 중'이라는 표찰을 부착한다.
- 잔류 전압에 주의한다(콘덴서나 케이블의 접속부 점검 시 전류전하를 방전시키고 접지한다).
- 절연용 보호기구 준비한다.
- 점검 후 안전을 위해 설치한 접지선은 반드시 제거한다.
- 점검 후 반드시 점검 및 수리한 요점 및 고장상황, 일자를 기록한다.

41 한전과 발전사업자 간의 책임분계점 기기는?

① LBS
② MOF
③ COS
④ LA

해설 ③ COS : 책임분계점(과전류로 기기 보호와 개폐에 이용함)
① LBS : 부하개폐기(선로의 부하차단 등 회로 차단)
② MOF : 계기용 변성기(고전압 회로의 전압이나 전류, 대전류를 측정 시 사용)
④ LA : 피뢰기(개폐 시 이상전압, 낙뢰로부터 보호)

42 전기안전규칙 준수사항에 대한 설명 중 틀린 것은?

① 접지선 확보
② 한 손보다 가능하면 양손 작업
③ 바닥이 젖은 상태에서는 작업불가
④ 혼자 작업 불가

해설 전기작업은 양손을 사용하지 말고 가능하면 한 손으로 작업한다.

정답 40 ② 41 ③ 42 ②

43 신재생에너지발전사업자가 생산한 전력을 전력시장에서 거래하지 않고 직접 전기판매사업자와 거래할 수 있는 발전설비용량은?

① 1,000kW 이하
② 2,000kW 이하
③ 3,000kW 이하
④ 4,000kW 이하

해설 **전기사업법 시행령 제19조(전력거래)**
신재생에너지발전사업자가 발전설비용량이 1,000kW 이하인 발전설비를 이용하여 생산한 전력을 거래하는 경우에는 전력시장에서 전력을 거래하지 않을 수 있다.

44 태양광발전설비공사의 철근콘크리트 또는 철골구조부를 제외한 시설공사의 하자담보책임기간은?

① 1년 ② 3년
③ 5년 ④ 7년

해설 **신재생에너지 설비의 지원 등에 관한 규정 별표 1(신재생에너지설비의 하자이행보증기간)**

원별	하자이행보증기간
태양광발전설비	3년
풍력발전설비	3년
소수력발전설비	3년
지열이용설비	3년
태양열이용설비	3년
기타 신재생에너지설비	3년

45 신에너지 및 재생에너지 개발 · 이용 · 보급 촉진법에서 정한 신재생에너지 공급의무자가 아닌 것은?

① 한국중부발전주식회사
② 한국수자원공사
③ 한국가스공사
④ 한국지역난방공사

해설 **신에너지 및 재생에너지 개발 · 이용 · 보급 촉진법 시행령 제18조의3(신재생에너지 공급의무자)**
- 신재생에너지 설비를 제외한 50만kW 이상의 발전설비를 보유하는 자
  예 한국수력원자력, 남동발전, 중부발전, 서부발전, 동서발전, 남부발전, 지역난방공사, 수자원공사, 포스코파워, SK E&S, GS 파워, 씨지앤율촌 등
- 한국수자원공사법에 따른 한국수자원공사
- 집단에너지사업법에 따른 한국지역난방공사

43 ① 44 ② 45 ③ 정답

46 다음 중 온실가스가 아닌 것은?

① 메탄　　② 과불화탄소
③ 이산화탄소　　④ 과산화수소

해설 **기후위기 대응을 위한 탄소중립 · 녹색성장 기본법 제2조(정의)**
"온실가스"란 적외선 복사열을 흡수하거나 재방출하여 온실효과를 유발하는 대기 중의 가스 상태의 물질로서 이산화탄소(CO_2), 메탄(CH_4), 아산화질소(N_2O), 수소불화탄소(HFCs), 과불화탄소(PFCs), 육불화황(SF_6) 및 그 밖에 대통령령으로 정하는 물질을 말한다.

47 낙뢰에 의한 충격성 과전압에 대하여 전기설비의 단자전압을 규정치 이내로 저감시켜 정전을 일으키지 않고 원상태로 회귀하는 장치는?

① 서지업서버　　② 내뢰 트랜스
③ 어레스터　　④ 바이패스 다이오드

해설 **피뢰 대책기기**
- 어레스터 : 낙뢰에 의한 충격성 과전압에 대하여 전기설비의 단자전압을 규정치 이내로 저감시켜 정전을 일으키지 않고 원상태로 회귀하는 장치이다.
- 서지업서버 : 전선로에 침입하는 이상전압의 높이를 완화하고 파고치를 저하시키는 장치이다.
- 내뢰 트랜스 : 실드부착 절연트랜스를 주체로 이에 어레스터 및 콘덴서를 부가시킨 것으로, 절연 트랜스에 의해 뇌서지의 흐름을 완전히 차단할 수 있도록 한 장치이다.

48 인버터의 효율 중에서 모듈 출력이 최대가 되는 최대전력점(MPP ; Maximum Power Point)을 찾는 기술에 대한 효율은 무엇인가?

① 변환효율　　② 추적효율
③ 유로효율　　④ 최대효율

해설 인버터는 태양전지 출력(최대전력)의 크기가 시시각각(온도, 일사량) 변함에 따라 태양전지 최대전력점을 추적제어한다. 이때의 태양전지의 효율을 추적효율이라고 한다.
- 최대효율 : 전력변환(AC → DC, DC → AC)을 시행할 때, 최고의 변환효율을 나타내는 단위를 말한다(일반적으로 75%에서 최고의 변환효율).

$$\eta_{\max} = \frac{P_{\mathrm{AC}}}{P_{\mathrm{DC}}} \times 100\%$$

- European효율
0.03 × (5% 부하에서의 효율) + 0.06 × (10% 부하에서의 효율) + 0.13 × (20% 부하에서의 효율)
+ 0.1 × (30% 부하에서의 효율) + 0.48 × (50% 부하에서의 효율) + 0.2 × (100% 부하에서의 효율)

정답 46 ④ 47 ③ 48 ②

49 용량 100Ah의 납축전지는 2A의 전류로 몇 시간을 사용할 수 있는가?

① 20시간
② 40시간
③ 50시간
④ 100시간

해설 사용시간 = 100 ÷ 2 = 50h

50 발전소 상호 간 전압 5만V 이상의 송전선로를 연결하거나 차단하기 위한 전기설비는?

① 급전소
② 발전소
③ 변전소
④ 개폐소

해설 **전기사업법 시행규칙 제2조(정의)**
- "변전소"란 변전소의 밖으로부터 전압 5만V 이상의 전기를 전송받아 이를 변성하여 변전소 밖의 장소로 전송할 목적으로 설치하는 변압기와 그 밖의 전기설비 전체를 말한다.
- "개폐소"란 다음의 곳의 전압 5만V 이상의 송전선로를 연결하거나 차단하기 위한 전기설비를 말한다.
  - 발전소 상호 간
  - 변전소 상호 간
  - 발전소와 변전소 간

51 특고압 22.9kV로 태양광발전시스템을 한전선로에 계통연계할 때 순서로 옳은 것은?

① 인버터 → 저압반 → 변압기 → 고압반 → MOF → LBS
② 인버터 → 저압반 → LBS → MOF → 변압기 → 고압반
③ 인버터 → 변압기 → 저압반 → 고압반 → MOF → LBS
④ 인버터 → LBS → MOF → 저압반 → 변압기 → 고압반

해설 **계통연계 순서**
태양전지 → 인버터 → 저압반 → 변압기 → 고압반 → MOF → LBS
※ 부하개폐기 : LBS, 계기용 변성기 : MOF, PCT

49 ③ 50 ④ 51 ① 정답

52 태양전지 또는 태양광발전시스템의 성능을 시험할 때 표준시험조건(Standard Test Condition)에서 적용되는 기준온도는?

① 18℃

② 20℃

③ 22℃

④ 25℃

해설 **태양전지 표준시험조건(STC)**

입사조도 1,000W/m^2, 온도 25℃, 대기질량정수 AM1.5

53 태양전지 모듈 뒷면에 기재된 전기적 출력 특성으로 틀린 것은?

① 온도계수(T_0)

② 개방전압(V_{oc})

③ 단락전류(I_{sc})

④ 최대출력($P_{\max}$)

해설 **태양전지 모듈의 전기적 출력 특성 기재**

- 최대출력($P_{\max}$) : 최대출력 동작전압($V_{\max}$)×최대출력 동작전압($I_{\max}$)
- 개방전압(V_{oc}) : 태양전지 양극 간을 개방한 상태의 전압
- 단락전류(I_{sc}) : 태양전지 양극 간을 단락한 상태에서 흐르는 전류
- 최대출력 동작전압($V_{\max}$) : 최대출력 시 동작전압
- 최대출력 동작전류($I_{\max}$) : 최대출력 시 동작전류

54 태양전지 모듈이 충분히 절연되었는지 확인하기 위한 습도 조건은?

① 상대습도 75% 미만

② 상대습도 80% 미만

③ 상대습도 85% 미만

④ 상대습도 90% 미만

해설

- 절연 시험 : 태양광발전 모듈에서 전류가 흐르는 부품과 모듈 테두리나 또는 모듈 외부와의 사이가 충분히 절연되어 있는지를 보기 위한 시험으로, 상대습도가 75%를 넘지 않는 조건에서 시험해야 한다.
- 내습성 시험 : 고온고습 상태에서 사용 및 저장하는 경우의 태양전지 모듈의 적성을 시험한다. 태양전지 모듈의 출력단자를 개방상태로 유지하고 방수를 위하여 염화비닐제의 절연테이프로 피복하여, 온도 85±2℃, 상대습도 85±5%로 1,000시간 시험한다. 최소 회복 시간은 2~4시간 이내이며, 외관검사, 발전성능시험, 절연저항시험을 반복한다.

정답 52 ④ 53 ① 54 ①

55 **전기설비기준에 의한 전선의 접속 방법으로 틀린 것은?**

① 접속부분의 전기저항을 감소시키지 말 것
② 전선의 인장하중을 20% 이상 감소시키지 말 것
③ 접속부분에 전기적 부식이 생기지 않도록 할 것
④ 접속부분은 접속 기구를 사용하거나 납땜을 할 것

해설 KEC 123(전선의 접속)
전선 접속 시 접속부분의 전기저항을 증가시키지 말아야 한다.

56 **계측 표시 시스템에 없는 장치는?**

① 검출기(센서)
② 신호변환기(트랜스듀서)
③ 연산장치
④ 녹음장치

해설 계측·표시장치에는 검출기(센서), 신호변환기(트랜스듀서), 연산장치, 기억장치, 표시장치 등이 있다.

57 **태양광발전시스템의 설치를 완료하였지만, 현장에서 직류아크가 발생하는 경우가 있는데 아크발생의 원인이 아닌 것은?**

① 태양전지 모듈이 용량 이상으로 발전하기 때문에 아크가 발생한다.
② 전선 상호 간의 절연불량으로 아크가 발생할 수가 있다.
③ 케이블 접속단자의 접속불량으로 인하여 아크가 발생할 수가 있다.
④ 절연불량으로 단락되어 아크가 발생할 수가 있다.

해설 태양전지의 설치용량은 사업계획서상에 제시된 설계용량 이상이어야 하며, 설계용량의 110%를 초과하지 않아야 한다. 보통 순간 최대발전을 할 때도 설치용량의 전력을 초과하는 경우는 없다.

※ KEC(한국전기설비규정) 적용 및 관련 법령 개정으로 삭제된 문제가 있어 60문항이 되지 않음을 알려드립니다.

55 ① 56 ④ 57 ① **정답**

2019년 제 2 회 과년도 기출복원문제

01 절연보호구의 정기점검 관리 보관 요령에 대한 설명 중 잘못된 것은?

① 청결하고 습기가 없는 장소에 보관한다.
② 보호구 사용 후에는 손질하여 항상 깨끗이 보관한다.
③ 세척한 후에는 완전히 건조시켜 보관한다.
④ 1분기(3개월)마다 한 번 책임 있는 감독자가 점검을 한다.

해설 한 달에 한 번 이상 책임 있는 감독자가 점검한다.

02 정전 시 작업 전 조치사항에 대한 설명이다. 잘못된 것은?

① 전로의 개로개폐기에 시건장치 및 통전금지 표지판 설치
② 전력 케이블, 전력 콘덴서 등의 잔류전하의 충전
③ 검전기로 개로된 전로의 충전 여부 확인
④ 단락접지기구로 단락접지

해설 전력 케이블, 전력 콘덴서 등의 잔류전하의 방전시킨다.

03 직류 120V를 사용하는 공장의 전선과 대지 사이의 절연저항은 몇 MΩ 이상이어야 하는가?

① 0.1 ② 0.5
③ 1.0 ④ 5.0

해설 전기설비기술기준 제52조(저압전로의 절연성능)

사용전압(V)	DC시험전압(V)	절연저항(MΩ)
SELV 및 PELV	250	0.5
FELV, 500V 이하	500	1.0
500V 초과	1,000	1.0

※ 특별저압(Extra Low Voltage : 2차 전압이 AC 50V, DC 120V 이하)으로 SELV(비접지회로 구성) 및 PELV(접지회로 구성)는 1차와 2차가 전기적으로 절연된 회로, FELV는 1차와 2차가 전기적으로 절연되지 않은 회로

정답 1 ④ 2 ② 3 ②

04 **태양광설비에 시설하여야 하는 계측기의 계측대상에 해당하는 것은?**

① 주파수와 역률 ② 전력과 역률

③ 전류와 역률 ④ 전압과 전류

해설 KEC 522.3.6(태양광설비의 계측장치)
태양광설비에는 전압과 전류 또는 전압과 전력을 계측하는 장치를 시설하여야 한다.

05 **태양전지 모듈 1장의 출력이 250W일 경우 이것을 4직렬, 2병렬로 구성할 경우 출력값은?**

① 500W ② 1,000W

③ 1,500W ④ 2,000W

해설 출력값 = 250 × 4 × 2 = 2,000W

06 **태양광발전설비의 고장 요인이 가장 많은 곳은?**

① 인버터 ② 모듈

③ 전선 ④ 구조물

해설 태양광발전설비 중 고장빈도가 가장 높은 설비는 인버터이다. 인버터 부품 중 알루미늄 전해 콘덴서가 고장의 주된 원인이 된다.

07 **가공전선로의 지지물에 하중이 가하여지는 경우에 그 하중을 받는 지지물의 기초의 안전율은 얼마 이상인가?**

① 2 ② 2.5

③ 3 ④ 3.5

해설 KEC 331.7(가공전선로 지지물의 기초의 안전율)
가공전선로의 지지물에 하중이 가하여지는 경우에 그 하중을 받는 지지물의 기초의 안전율은 2 이상이어야 한다.

4 ④ 5 ④ 6 ① 7 ① 정답

08 저압 가공인입선에 사용해서는 안 되는 전선은?

① 케이블 ② 나전선
③ 절연전선 ④ 다심형 전선

해설 나전선은 송전용이나 접지선으로 사용된다.
※ KEC(한국전기설비규정)의 적용으로 저압 가공인입선에 사용가능한 전선이 케이블 또는 절연전선으로 변경됨 〈2021.01.01〉

09 OP앰프를 이용한 인버터 제어부에서 ㉠에 나타나는 신호로 옳은 것은?

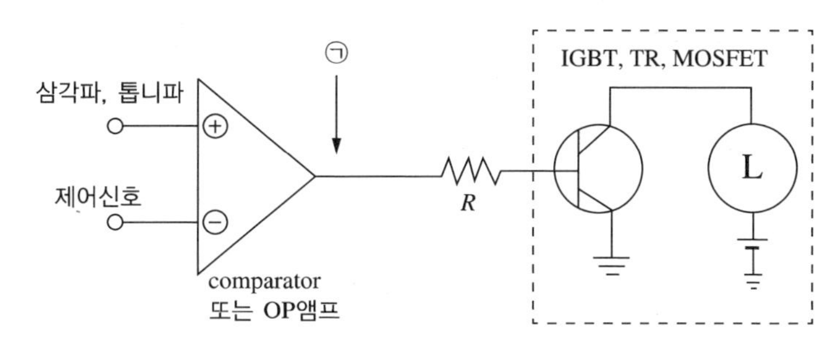

① PWM ② PAM
③ PCM ④ PNM

해설 문제의 그림은 PWM 펄스의 폭 변조를 하기 위한 회로이다.
인버터의 스위칭 방식에 의한 분류
- PAM 제어 : 낮은 스위칭 주파수, 컨버터부에서는 전압이 제어되고, 인버터부에서 주파수를 제어한다.
- PWM 제어 : 가청주파수 이상의 스위칭, DC전압을 인버터부에서 전압과 주파수를 동시에 제어한다.

10 태양전지 모듈에 다른 태양전지 회로 및 축전지의 전류가 유입되는 것을 방지하기 위하여 설치하는 것은?

① 바이패스 소자 ② 역류방지 소자
③ 접속함 ④ 피뢰 소자

해설
- 역류방지 소자 : 태양전지 모듈에서 다른 태양전지 회로나 축전지에서의 전류가 돌아 들어가는 것을 저지하기 위해 설치하는 것으로서 일반적으로 다이오드가 사용된다.
- 바이패스 소자 : 모듈의 셀 일부분에 음영이 발생한 경우 전류 집중으로 인한 열점(hot spot)으로 셀의 소손이 발생할 수 있다. 이를 방지하기 위하여 설치한다.
- 피뢰 소자 : 뇌서지 등의 피해로부터 PV시스템을 보호하기 위해 설치한다. 어레스터, 서지업서버 등이 있다.
- 접속함 : 접속함은 여러 개의 태양전지 모듈 접속을 효율적으로 하고, 보수점검 시에 회로를 분리하여 점검 작업을 용이하게 한다. 접속함에 역류방지 다이오드, 차단기, T/D, CT, DT, 단자대 등을 설치한다.

정답 8 ② 9 ① 10 ②

11 태양의 위치에 따라 태양의 직사광선이 항상 태양전지판의 전면에 수직으로 입사할 수 있도록 어레이의 경사각을 움직이는 방식은?

① 추적식 태양광발전시스템
② 고정식 태양광발전시스템
③ 기둥식 태양광발전시스템
④ 가대식 태양광발전시스템

해설 **경사각 고정방식에 따른 분류**
경사 고정식, 경사가변형의 반고정식, 단축 추적식, 양축 추적식

12 태양전지 모듈에 수직으로 빛이 입사하여 발전 단자의 출력전압이 40V, 전류가 4.5A의 출력값을 나타내고 있다. 표준시험 조건에서 태양전지 모듈에 입사한 태양에너지가 1,000W/m^{2}일 때 모듈의 효율은 몇 %인가?(단, 1m^{2}이다)

① 8.9 ② 11.3
③ 18.0 ④ 19.8

해설 변환효율 $\eta = \frac{P}{E \times S} \times 100 = \frac{40 \times 4.5}{1{,}000 \times 1} \times 100 = 18\%$

13 태양전지모듈에 입사된 빛 에너지가 변환되어 발생하는 전기적 출력의 특성을 전류-전압특성이라고 한다. 이의 표시사항으로 틀린 것은?

① 단락전류 ② 개방전압
③ 최대출력 동작전류 ④ 최소출력 동작전압

해설 **태양전지모듈의 $I-V$ 특성곡선**

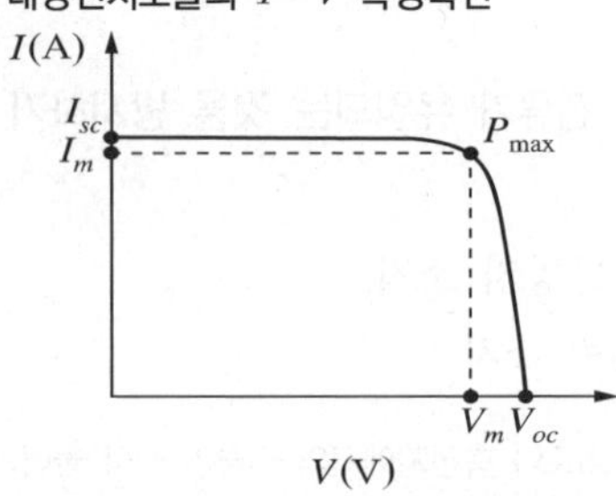

- 최대출력($P_{\max}$) : 최대출력 동작전압($V_{\max}$) × 최대출력 동작전류($I_{\max}$)
- 개방전압(V_{oc}) : 태양전지 양극 간을 개방한 상태의 전압
- 단락전류(I_{oc}) : 태양전지 양극 간을 단락한 상태에서 흐르는 전류
- 최대출력 동작전압($V_{\max}$) : 최대출력 시 동작전압
- 최대출력 동작전류($I_{\max}$) : 최대출력 시 동작전류

11 ① 12 ③ 13 ④ 정답

14 다음 그림에서 태양전지 모듈의 접속함 내부에 다이오드를 연결한 것이다. 다이오드의 명칭은 무엇인가?

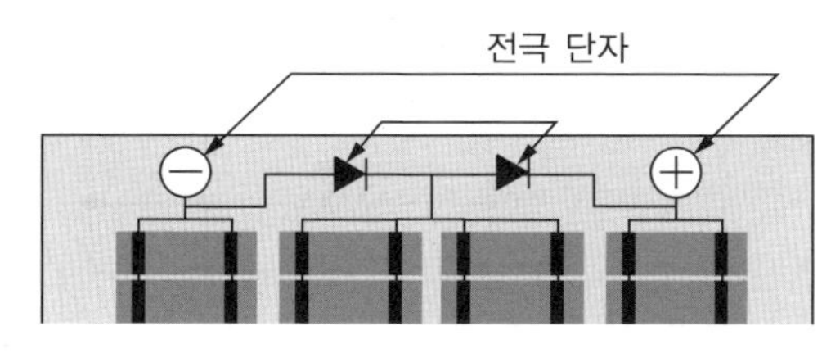

① 정류 다이오드　　② 제어 다이오드
③ 바이패스 다이오드　　④ 역전압 방지 다이오드

해설 • 바이패스 소자는 일반적으로 태양전지모듈 이면단자함 출력단자의 정부극 간에 설치한다.
• 바이패스 소자를 스트링마다 설치하는 경우 공칭 최대출력 동작전압의 1.5배 이상의 역내압을 가지는 다이오드를 사용한다.

15 태양광발전시스템의 장점으로 옳지 않은 것은?

① 햇빛이 있는 곳이면 어느 곳에서나 간단히 설치할 수 있다.
② 한 번 설치해 놓으면 유지비용이 거의 들지 않는다.
③ 낮은 에너지 밀도로 다량의 전기를 생산할 때는 많은 공간을 차지한다.
④ 무소음 및 무진동으로 환경오염을 일으키지 않는다.

해설 ③은 태양광발전설비시스템의 단점이다.

16 태양광발전소의 정기검사는 몇 년마다 받아야 하는가?

① 2　　② 3
③ 4　　④ 5

해설 전기사업용 및 자가용 태양광발전소의 태양전지, 전기설비 계통은 4년마다 정기검사를 시행해야 한다.

17 신축·증축 또는 개축하는 건축물로서 신재생에너지 공급의무 비율에 해당하는 최소 연면적(m^2)은?

① 500　　② 1,000
③ 1,500　　④ 2,000

해설 **신에너지 및 재생에너지 개발·이용·보급 촉진법 시행령 제15조(신재생에너지 공급의무 비율 등)**
공공기관이 신축·증축·개축하는 연면적 1,000m^2 이상의 건축물에 대하여 예상에너지 사용량의 일정수준 이상을 신재생에너지 설비 설치에 투자하도록 의무화하는 제도

정답 14 ③ 15 ③ 16 ③ 17 ②

18 다음은 2.4Ω 의 저항 부하를 갖는 단상 반파브리지 인버터이다. 직류 입력전압(V_S)이 48V이면 출력은 몇 W인가?

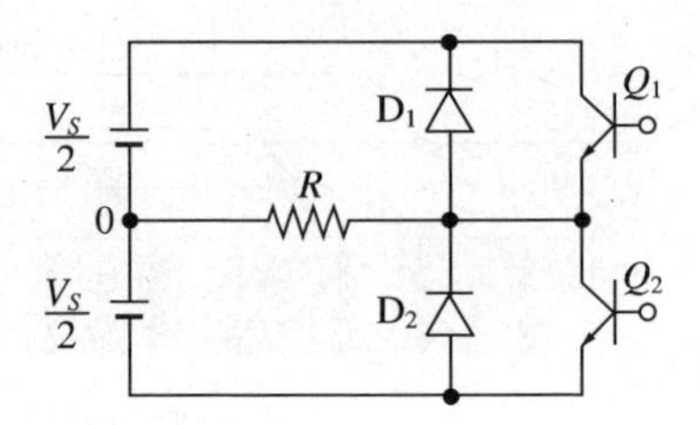

① 240
② 480
③ 720
④ 960

해설 단상 반파브리지 인버터의 회로에 전압 $\frac{V_S}{2}$, 부하저항 R, 다이오드 D_1, D_2, 트랜지스터 Q_1, Q_2로 이루어져 있다.

여기에 흐르는 전류 $I=\frac{\frac{V_S}{2}}{R}=\frac{24}{2.4}=10\text{A}$ 인데, 반주기만 전류가 흐르므로

출력 $\frac{1}{2}P=\frac{1}{2}(V\times I)=\frac{1}{2}\times 24\times 10=120\text{W}$이다.

회로의 아랫부분의 반주기를 더하면 전체 출력은 120 + 120 = 240W이다.

19 태양광 발전량의 제한요인에 관한 설명으로 옳은 것은?

① 우리나라 일사량은 전 지역이 동일하다.
② 태양전지 어레이를 정남향으로 배치 시 발전량이 최대이다.
③ 계절 중 겨울에 발전량이 가장 많다.
④ 태양광이 모듈표면에 20°로 쬘 때 발전량이 최대이다.

해설 ① 일사량은 지역에 따라 다르다.
③ 계절 중 봄, 가을의 발전량이 가장 많다.
④ 태양의 고도에 따라 발전량이 최대가 되는 모듈의 경사각도는 달라진다.

18 ① 19 ② 정답

20 경사형 지붕에 태양전지 모듈을 설치할 때 유의하여야 할 사항으로 옳지 않은 것은?

① 태양전지 모듈을 지붕에 밀착시켜 부착해야 한다.
② 모듈 고정용 볼트, 너트 등은 상부에서 조일 수 있어야 한다.
③ 가대나 지지철물 등의 노출부는 미관과 안전을 고려 최대한 적게 한다.
④ 태양전지 모듈은 한 장씩 쉽게 교체할 수 있어야 한다.

해설 **태양전지 모듈의 일반적인 설치 시 유의사항**

- 정남향이고, 경사각은 30~45°가 적절하다.
- 태양전지모듈의 온도가 1℃ 상승함에 따라 변환효율은 약 0.3~0.5% 감소한다.
- 후면 환기가 없는 경우 10%의 발전량 손실, 자연통풍 시 이격거리는 10~15cm이다.
- 모듈 고정용 볼트, 너트 등은 상부에서 조일 수 있어야 한다.
- 가대나 지지철물 등의 노출부는 미관과 안전을 고려 최대한 적게 한다.
- 태양전지 모듈은 한 장씩 쉽게 교체할 수 있어야 한다.

21 태양광발전설비의 모니터링 항목으로 옳은 것은?

① 전력소비량
② 일일발전량
③ 일일열생산량
④ 에너지소비량

해설 태양광발전소 종합모니터링시스템은 발전소의 현재 발전량 및 누적량, 각 장비별 경보 현황 등을 실시간 모니터링하여 체계적이고 효율적으로 관리하기 위한 설비이다.

22 접속함 육안점검 항목이 아닌 것은?

① 외함의 부식 및 파손
② 방수처리 상태
③ 절연저항 측정
④ 단자대 나사의 풀림

해설

구분		항목
접속함 (중간단자함)	육안점검	외함의 부식 및 파손
		방수처리
		배선의 극성
		단자대 나사의 풀림
	측정	절연저항(태양전지–접지선)
		절연저항(출력단자–접지 간)
		개방전압 및 극성

정답 20 ① 21 ② 22 ③

23 다음 중 추락방지를 위해 사용하여야 할 안전복장은?

① 안전모 착용
② 안전대 착용
③ 안전화 착용
④ 안전허리띠 착용

해설 **안전장구 착용**
- 안전모
- 안전대 착용 : 추락방지
- 안전화 : 중량물에 의한 발 보호 및 미끄럼 방지용
- 안전허리띠 착용 : 공구, 공사 부재 낙하 방지

24 태양전지 모듈의 시각적 결함을 찾아내기 위한 육안 검사에서 조도는 몇 lx 이상인가?

① 500 ② 600
③ 800 ④ 1,000

해설 설비인증 심사기준에 따르면 결정계 실리콘 태양전지의 외관검사 시 1,000lx 이상의 광 조사상태에서 모듈외관, 태양전지 셀 등에 크랙, 구부러짐, 갈라짐이 없는지 확인하고, 셀 간 접속 및 다른 접속부분의 결함, 접착 결함, 기포나 박리 등의 이상을 검사한다.

25 저압 연접인입선은 폭 몇 m를 초과하는 도로를 횡단하지 않아야 하는가?

① 3 ② 4
③ 5 ④ 6

해설 KEC 221.1.2(이웃 연결 인입선의 시설)
- 인입선에서 분기하는 점으로부터 100m를 넘는 지역에 미치지 아니할 것
- 폭 5m를 넘는 도로를 횡단하지 아니할 것
- 옥내를 통과하지 아니할 것

26 태양전지 모듈의 배선작업 완료 후 시행하는 검사항목이 아닌 것은?

① 일사량 측정
② 비접지 확인
③ 단락전류 측정
④ 전압·극성 확인

해설 태양전지 모듈의 배선이 끝나면 각 모듈 극성 확인, 전압 확인, 단락전류 확인, 비접지 여부 등을 확인한다.

23 ② 24 ④ 25 ③ 26 ① 정답

27 **태양전지 모듈의 운영매뉴얼로 틀린 것은?**

① 황사나 먼지 등에 의해서 발전효율이 저하된다.
② 풍압에 의해 모듈과 형강의 체결부위가 느슨해질 수 있다.
③ 고압분사기를 이용하여 모듈표면에 정기적으로 물을 뿌려 준다.
④ 모듈표면은 강화유리로 제작되어 외부충격에 파손되지 않는다.

해설 태양전지 모듈의 표면은 강화유리로 제작되어 있어 외부충격에 강하지만 파손이 안 되는 것은 아니다.

28 **조석간만의 차를 동력원으로 해수면의 상승하강운동을 이용하여 전기를 생산하는 기술은?**

① 수력발전
② 지열발전
③ 조력발전
④ 바이오발전

해설 해양에너지는 해양의 조수・파도・해류・온도차 등을 변환시켜 전기 또는 열을 생산하는 기술로서 전기를 생산하는 방식은 조력・파력・조류・온도차 발전 등이 있다.

29 **태양광발전소의 최대개방전압이 1,000V인 경우 지표면과 울타리・담 등의 하단 사이의 간격은 몇 m 이하로 하여야 하는가?**

① 0.05 ② 0.1
③ 0.15 ④ 0.2

해설 **태양광발전소 울타리・담 시설**
- 태양광발전소의 최대개방전압이 직류 750V 초과 1,500V 이하인 경우 높이 2m 이상의 울타리 설치
- 울타리 하단과 지표면 사이의 간격은 0.15m 이하로 설치

30 **전기안전규칙 준수사항으로 틀린 것은?**

① 단전시켰을 때는 편안하게 작업한다.
② 현장 조건과 위험요소를 사전에 확인한다.
③ 접지선을 확보한다.
④ 안전장치의 고장을 대비한다.

해설 항상 통전 중이라 생각하고 작업한다.

정답 27 ④ 28 ③ 29 ③ 30 ①

31 신에너지 및 재생에너지 개발 · 이용 · 보급 촉진법에서 정한 재생에너지가 아닌 것은?

① 태양광
② 수소에너지
③ 바이오에너지
④ 폐기물에너지

해설
- 신에너지 : 수소에너지, 연료전지, 석탄을 액화 · 가스화한 에너지 및 중질잔사유를 가스화한 에너지
- 재생에너지 : 태양에너지(태양광, 태양열), 풍력, 수력, 해양에너지, 지열에너지, 바이오에너지, 폐기물에너지, 수열에너지

32 태양광을 이용한 발전시스템의 특징 및 구성에서 태양광발전의 장점이 아닌 것은?

① 에너지원이 무한하다.
② 설비의 보수가 간단하고 고장이 적다.
③ 장수명으로 20년 이상 활용이 가능하다.
④ 넓은 설치면적이 필요하다.

해설

장점	단점
• 에너지원이 깨끗하고, 무한함 • 유지보수가 쉽고, 유지비용이 거의 들지 않음 • 무인화가 가능 • 긴 수명(20년 이상)	• 전기생산량이 일사량에 의존 • 에너지밀도가 낮아 큰 설치면적 필요 • 설치장소가 한정적이고 제한적 • 비싼 반도체를 사용한 태양전지를 사용 • 초기투자비가 많이 들어 발전단가가 높음

33 결정형 태양광모듈의 일반적인 구조의 순서는?

① 유리 / EVA / 셀 / EVA / back sheet
② 유리 / 셀 / EVA / back sheet
③ EVA / 유리 / 셀 / EVA / back sheet
④ EVA / 셀 / 유리 / EVA / back sheet

해설 결정형 태양광모듈은 일반적으로 유리 / EVA(투명수지) / 셀 / EVA / back sheet의 구조로 만들어진다.

31 ② 32 ④ 33 ① 정답

34 **태양광발전시스템의 인버터에서 태양전지 동작점을 항상 최대가 되도록 하는 기능은 무엇인가?**

① 단독운전 방지기능
② 자동운전 정지기능
③ 최대전력 추종기능
④ 자동전압 조정기능

해설 ③ 최대전력 추종기능(MPPT ; Maximum Power Point Tracking) : 외부의 환경변화(일사강도, 온도)에 따라 태양전지의 동작점이 항상 최대출력점을 추종하도록 변화시켜 태양전지에서 최대출력을 얻을 수 있는 제어이다.
① 단독운전 방지기능 : 태양광발전시스템이 계통과 연계되어 있는 상태에서 계통 측에 정전이 발생할 경우 보수점검자 및 계통의 보호를 위해 정지한다.
② 자동운전 정지기능 : 일출과 더불어 일사강도가 증대하여 출력을 얻을 수 있는 조건이 되면 자동적으로 운전을 시작하는 기능으로 흐린 날이나 비 오는 날에도 운전을 계속할 수 있지만, 태양전지의 출력이 적어 인버터의 출력이 거의 0이 되면, 대기상태가 된다.
④ 자동전압 조정기능 : 계통에 접속하여 역송전 운전을 하는 경우 수전점의 전압이 상승하여 전력회사 운영범위를 넘을 가능성을 피하기 위한 자동전압 조정기능이다.

35 **태양전지 모듈 설치 시 감전방지 대책에서 틀린 것은?**

① 저압절연 장갑을 착용한다.
② 절연 처리된 공구를 사용한다.
③ 강우 시에는 태양광이 없기 때문에 작업을 해도 괜찮다.
④ 작업 전 태양전지 모듈의 표면에 차광시트를 붙여 태양광을 차폐한다.

해설 강우 시에는 감전 사고뿐만 아니라 미끄러짐으로 인한 추락사고로 이어질 우려가 있으므로 작업을 금지한다.

36 **옥상 또는 지붕 위에 설치한 태양전지 어레이로부터 접속함으로 배선할 경우 처마 밑 배선을 실시한다. 물의 침입을 방지하기 위한 케이블의 차수 처리 지름은 케이블 지름의 몇 배인가?**

① 4
② 5
③ 6
④ 10

해설 케이블의 차수 처리는 케이블 지름의 6배 이상인 반경으로 배선한다.

정답 34 ③ 35 ③ 36 ③

37 **태양전지 모듈에서 인버터 입력단 간 및 인버터 출력단과 계통연계점 간의 전압강하는 몇 %를 초과하지 말아야 하는가?(단, 상호거리 150m)**

① 2 ② 3
③ 5 ④ 6

해설 전선 길이에 따른 전압강하 허용치

전선의 길이	전압강하
60m 이하	3%
120m 이하	5%
200m 이하	6%
200m 초과	7%

38 **개방전압과 단락전류와의 곱에 대한 최대출력의 비를 무엇이라고 하는가?**

① 최대출력
② 조사율
③ 전력변환 효율
④ 충진율

해설

$$충진율(FF) = \frac{최대출력}{개방전압 \times 단락전류}$$

39 **태양광발전시스템 운영방법 중 태양전지 모듈의 운영방법에 관한 설명으로 틀린 것은?**

① 황사나 먼지 및 공해물질은 발전량 감소의 주요인으로 작용한다.
② 모듈 표면은 특수 처리된 강화유리로 되어 있어 강한 충격이 있을 시 파손될 수 있다.
③ 모듈 표면에 그늘이 지거나 나뭇잎 등이 떨어져 있는 경우 전체적인 발전효율은 변화가 없다.
④ 풍압이나 진동으로 인하여 모듈과 형강의 체결 부위가 느슨해지는 경우가 있으므로 정기적으로 점검해야 한다.

해설 태양전지에 그늘이 생기면 그 부위가 저항 역할을 하게 되어 열 발생으로 모듈에 악영향을 미치므로 바이패스 다이오드를 태양전지 모듈 후면에 설치한다.

37 ④ 38 ④ 39 ③ 정답

40 인버터 변환효율을 구하는 식은?(단, P_{AC}는 교류 입력전력, P_{DC}는 직류 입력전력이다)

① $\frac{P_{AC}}{P_{DC}} \times 100$

② $\frac{P_{DC}}{P_{AC}} \times 100$

③ $\frac{P_{DC}}{P_{AC} + P_{DC}} \times 100$

④ $\frac{P_{AC}}{P_{AC} + P_{DC}} \times 100$

해설 **최대효율** : 전력변환(AC → DC, DC → AC)을 시행할 때, 최고의 변환효율을 나타내는 단위를 말한다(일반적으로 75%에서 최고의 변환효율).

$$\eta_{max} = \frac{P_{AC}}{P_{DC}} \times 100\%$$

41 인버터의 육안점검 항목이 아닌 것은?

① 통풍 확인

② 축전지 변색

③ 외부배선의 손상

④ 외함의 부식 및 파손

해설 인버터

육안점검	외함의 부식 및 손상	부식 및 녹이 없고 충전부가 노출되지 않을 것
	외부배선(접속 케이블)의 손상	인버터에 접속된 배선에 손상이 없을 것
	환기 확인(환기구멍, 환기필터)	환기구를 막고 있지 않을 것
	이상음, 악취, 이상과열	운전 시 이상음, 악취, 이상과열이 없을 것
	표시부의 이상표시	표시부에 이상표시가 없을 것
	발전현황	표시부의 발전상황에 이상이 없을 것

정답 40 ① 41 ②

42 점검작업 시 주의사항으로 잘못된 것은?

① 안전사고 예방조치 후 2인 1조로 보수점검에 임한다.
② 콘덴서나 케이블의 접속부 점검 시 전류전하를 충전시키고 개방한다.
③ 점검 후 안전을 위해 설치한 접지선은 반드시 제거한다.
④ 점검 후 반드시 점검 및 수리한 요점 및 고장상황, 일자를 기록한다.

해설 점검 작업 시 주의사항
- 안전사고 예방조치 후 2인 1조로 보수점검에 임한다.
- 응급처치 방법 및 설비 기계의 안전을 확인한다.
- 무전압 상태 확인 및 안전조치
  - 관련된 차단기, 단로기를 열어 무전압 상태로 만든다.
  - 검전기를 사용하여 무전압 상태를 확인하고 필요한 개소는 접지를 실시한다.
  - 특고압 및 고압 차단기는 개방하여 테스트 포지션 위치로 인출하고, '점검 중'이라는 표찰을 부착한다.
  - 단로기는 쇄정시킨 후 '점검 중' 표찰을 부착한다.
  - 수배전반 또는 모선 연락반은 전원이 되돌아와서 살아있는 경우가 있으므로 차단기나 단로기를 꼭 차단하고 '점검 중'이라는 표찰을 부착한다.
- 잔류전압에 주의한다(콘덴서나 케이블의 접속부 점검 시 전류전하를 방전시키고 접지한다).
- 절연용 보호기구 준비한다.
- 점검 후 안전을 위해 설치한 접지선은 반드시 제거한다.
- 점검 후 반드시 점검 및 수리한 요점 및 고장상황, 일자를 기록한다.

43 전기안전규칙 준수사항에 대한 설명 중 틀린 것은?

① 접지선 확보
② 한 손보다 가능하면 양손 작업
③ 바닥이 젖은 상태에서는 작업불가
④ 혼자 작업 불가

해설 전기작업은 양손을 사용하지 말고 가능하면 한 손으로 작업한다.

44 교류에서 저압은 몇 kV 이하인가?

① 0.6 ② 0.75
③ 1 ④ 1.5

해설 KEC 111.1(적용범위)
- 저압 : 직류 1.5kV 이하, 교류 1kV 이하
- 고압 : 직류 1.5kV 초과 7kV 이하, 교류 1kV를 초과 7kV 이하
- 특고압 : 7kV 초과

42 ② 43 ② 44 ③ 정답

45 태양전지 모듈의 절연내력을 시험할 때 사용하는 직류전압은 최대사용전압의 몇 배에 견뎌야 하는가?

① 0.92 ② 1.25
③ 1.5 ④ 2.0

해설 KEC 134(연료전지 및 태양전지 모듈의 절연내력)
태양전지 모듈은 최대사용전압의 1.5배의 직류전압 또는 1배의 교류전압(500V 미만으로 되는 경우에는 500V)을 충전부분과 대지 사이에 연속하여 10분간 가하여 절연내력을 시험하였을 때 이에 견디는 것이어야 한다.

46 전기설비기준에 의한 전선의 접속 방법으로 틀린 것은?

① 접속부분의 전기저항을 감소시키지 말 것
② 전선의 인장하중을 20% 이상 감소시키지 말 것
③ 접속부분에 전기적 부식이 생기지 않도록 할 것
④ 접속부분은 접속 기구를 사용하거나 납땜을 할 것

해설 KEC 123(전선의 접속)
전선접속 시 접속부분의 전기저항을 증가시키지 말아야 한다.

47 낙뢰에 의한 충격성 과전압에 대하여 전기설비의 단자전압을 규정치 이내로 저감시켜 정전을 일으키지 않고 원상태로 회귀하는 장치는?

① 역류방지 다이오드
② 내뢰 트랜스
③ 어레스터
④ 바이패스 다이오드

해설 피뢰 대책기기
- 어레스터 : 낙뢰에 의한 충격성 과전압에 대하여 전기설비의 단자전압을 규정치 이내로 저감시켜 정전을 일으키지 않고 원상태로 회귀하는 장치이다.
- 서지업서버 : 전선로에 침입하는 이상전압의 높이를 완화하고 파고치를 저하시키는 장치이다.
- 내뢰 트랜스 : 실드부착 절연트랜스를 주체로 이에 어레스터 및 콘덴서를 부가시킨 것으로, 절연 트랜스에 의해 뇌서지의 흐름을 완전히 차단할 수 있도록 한 장치이다.

정답 45 ③ 46 ① 47 ③

48 **태양광발전시스템의 인버터 설치 시공 전에 확인 사항이 아닌 것은?**

① 입력 허용전류 및 입력 전압범위
② 배선접속방법 및 설치위치
③ 접속가능 전선 굵기 및 회선 수
④ 효율 및 수명

해설 인버터의 효율 및 수명은 인버터 선정 시 고려해야 한다.

49 **태양광발전에 이용되는 태양전지 구성요소 중 최소단위는?**

① 셀
② 모듈
③ 어레이
④ 파워컨디셔너

해설 셀 < 모듈 < 어레이

50 **태양광발전설비의 하자보수기간은?**

① 1년 ② 3년
③ 5년 ④ 7년

해설 태양광발전설비의 하자보수는 보통 3년이고, 정기검사는 4년마다 정기적으로 검사한다.

51 **신에너지 및 재생에너지 개발 · 이용 · 보급 촉진법에서 연차별 실행계획 수립에 해당하지 않는 것은?**

① 신재생에너지 발전에 의한 전기의 공급에 관한 실행 계획을 2년마다 수립 · 시행한다.
② 신재생에너지의 기술개발 및 이용 · 보급을 매년 수립 · 시행한다.
③ 산업통상자원부장관은 관계 중앙행정기관의 장과 협의하여 수립 · 시행하여야 한다.
④ 산업통상자원부장관은 실행계획을 수립하였을 때에는 이를 공고하여야 한다.

해설 **신에너지 및 재생에너지 개발 · 이용 · 보급 촉진법 제6조(연차별 실행계획)**
산업통상자원부장관은 기본계획에서 정한 목표를 달성하기 위하여 신재생에너지의 종류별로 신재생에너지의 기술개발 및 이용 · 보급과 신재생에너지 발전에 의한 전기의 공급에 관한 실행계획을 매년 수립 · 시행하여야 한다.

48 ④ 49 ① 50 ② 51 ① 정답

52 태양전지 어레이와 인버터의 접속방식이 아닌 것은?

① 중앙 집중형 인버터 방식
② 스트링 인버터 방식
③ 마스터-슬레이브 방식
④ 다중접속 인버터 방식

해설
- 중앙 집중형 인버터 방식 : 많은 수의 모듈을 직·병렬 연결하여 하나의 인버터와 연결하는 중앙 집중 방식을 많이 구축하였으나 단위 모듈마다 출력이 달라 최대 추종 효율성이 떨어진다.
- 스트링 인버터 방식 : 중앙 집중형 인버터 방식의 단점을 보완하기 위하여 하나의 직렬군은 하나의 인버터와 결합(String 방식)하여 시스템의 효율을 증가시키고 있다. 그러나 다수의 인버터로 인해 투자비가 증가하는 단점이 발생한다.
- 마스터-슬레이브(Master-Slave) 방식 : 대규모 태양광발전시스템은 마스터-슬레이브 제어방식을 주로 이용한다. 특징으로는 중앙 집중식의 인버터를 2~3개 결합하여 총 출력의 크기에 따라 몇 개의 인버터로 분리함으로써 한 개의 인버터로 중앙 집중식으로 운전하는 것보다 효율은 향상된다.
- 모듈 인버터 방식(AC 모듈) : 부분 음영이 있는 곳에서도 높은 시스템 효율을 얻기 위해서는 모듈마다 제각기 연결하는 방식으로 모든 모듈이 제각기 최대출력점에서 작동하는 것으로 가장 유리하다.

53 단결정 실리콘과 다결정 실리콘에 대한 설명이다. 다음 중 옳은 것은?

① 단결정에 비해 다결정의 순도가 높다.
② 단결정에 비해 다결정의 효율이 낮다.
③ 단결정에 비해 다결정의 원가가 높다.
④ 단결정에 비해 다결정의 제조공정이 복잡하다.

해설

구분	단결정 실리콘 태양전지	다결정 실리콘 태양전지
효율	17~21%	13~17%
두께	200~300μm	200~300μm
제조온도	1,400℃	800~1,000℃
표면색깔	흑색	청색
잉곳 모양	원기둥	직육면체

정답 52 ④ 53 ②

54 다음 괄호 안에 들어갈 내용으로 옳은 것은?

> 태양광발전인버터는 어레이에서 발생한 직류 전기를 교류 전기로 바꾸어 외부 전기시스템의 (㉠), (㉡)에 맞게 조정한다.

① ㉠ 역률 ㉡ 전압
② ㉠ 부하 ㉡ 전류
③ ㉠ 주파수 ㉡ 전압
④ ㉠ 주파수 ㉡ 전류

해설 인버터는 태양전지에서 생산된 직류 전기를 교류 전기로 변환하는 장치이다. 여기서 인버터는 상용주파수 60Hz로 변환하고, 사용하기에 알맞은 전압(220V)으로 변환한다.

55 태양전지 배선을 지중배관을 통하여 직접 매설하여 시설하는 경우 중량물의 압력을 받을 우려가 있는 경우에 몇 m 이상의 깊이로 매설해야 하는가?

① 0.5 ② 1
③ 1.2 ④ 1.5

해설 1.0m 이상(중량물의 압력을 받을 우려가 없는 곳은 0.6m 이상) 지중매설관은 배선용 탄소강관, 내충격성 경질염화비닐관을 사용한다. 단, 공사상 부득이하여 후강전선관에 방수·방습처리를 시행한 경우는 이에 한정되지 않는다.

56 태양광발전시스템의 계측에서 검출기로 검출된 데이터를 컴퓨터 및 먼 거리에 설치한 표시장치에 전송하는 경우 사용하는 것은?

① 검출기 ② 신호변환기
③ 연산장치 ④ 기억장치

해설 ② 신호변환기(트랜스듀서) : 검출기에서 검출된 데이터를 컴퓨터 및 먼 거리에 설치된 표시장치에 전송하는 경우에 사용한다.
① 검출기(센서) : 직류회로의 전압, 전류 검출, 일사강도, 기온, 태양전지 어레이의 온도, 풍향, 습도 등의 검출기를 필요에 따라 설치한다.
③ 연산장치 : 직류전력처럼 검출 데이터를 연산해야 하고, 짧은 시간의 계측 데이터를 적산하여 평균값을 얻는 데 사용한다.
④ 기억장치 : 계측장치 자체에 기억장치가 있는 것이 있고, 컴퓨터를 이용하지 않고 메모리 카드를 사용하기도 한다.

54 ③ 55 ② 56 ② 정답

57 태양광 전기설비 화재의 원인으로 가장 거리가 먼 것은?

① 누전 ② 단락
③ 저전압 ④ 접촉부 과열

해설 전기설비 화재의 원인 중 발생별로 보면 스파크(단락) 24%, 누전 15%, 접촉부의 과열 12%, 절연 열화에 의한 발열 11%, 과전류 8% 정도의 비율로 원인이 되고 있다.

58 신재생에너지의 기술개발 및 이용·보급을 촉진하기 위한 기본계획에 포함되어야 할 사항이 아닌 것은?

① 총전력생산량 중 신재생에너지 발전량이 차지하는 비율의 목표
② 신재생에너지원별 기술개발 및 이용·보급의 목표
③ 시장기능 활성화를 위해 정부주도의 저탄소녹색성장 추진
④ 신재생에너지 분야 전문인력 양성계획

해설 **신에너지 및 재생에너지 개발·이용·보급 촉진법 제5조(기본계획의 수립)**
기본계획의 계획기간은 10년 이상으로 하며, 기본계획에는 다음의 사항이 포함되어야 한다.
- 기본계획의 목표 및 기간
- 신·재생에너지원별 기술개발 및 이용·보급의 목표
- 총전력생산량 중 신·재생에너지 발전량이 차지하는 비율의 목표
- 온실가스의 배출 감소 목표
- 기본계획의 추진방법
- 신·재생에너지 기술수준의 평가와 보급전망 및 기대효과
- 신·재생에너지 기술개발 및 이용·보급에 관한 지원 방안
- 신·재생에너지 분야 전문인력 양성계획
- 직전 기본계획에 대한 평가

정답 57 ③ 58 ③

59 MOSFET의 회로소자 기호는?

① 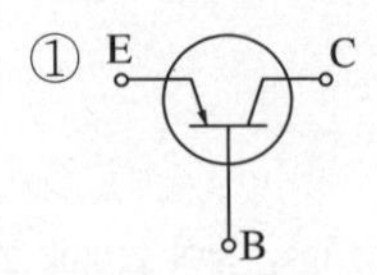

② 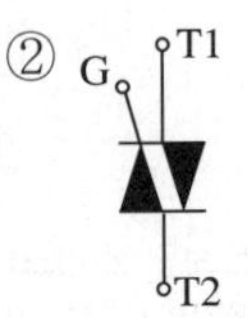

③ 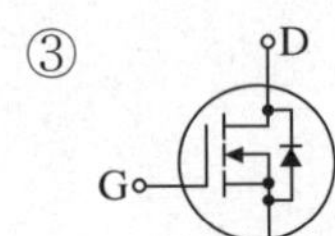

④ 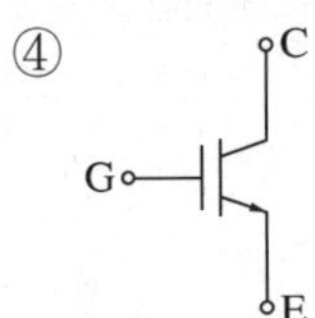

해설 ① 트랜지스터(PNP형)
② 트라이액(TRIAC)
④ IGBT

참고 다른 기호들

JFET	사이리스터(SCR)	태양전지 셀
D G S	Anode Gate Cathode	+ −

※ KEC(한국전기설비규정) 적용 및 관련 법령 개정으로 삭제된 문제가 있어 60문항이 되지 않음을 알려드립니다.

59 ③ 정답

2019년 제 3 회

과년도 기출복원문제

01 태양광발전설비의 정기검사 기간은?

① 1년　　② 3년
③ 4년　　④ 5년

해설 태양광발전설비의 정기검사는 최초 사용 전 검사 후 4년마다 정기적으로 해야 한다.
태양광발전설비의 하자유지보수 기간은 보통 3년이다.

02 태양전지 가대의 녹 방지를 위하여 비교적 저렴하고 장기적 사용이 가능한 방법은?

① 불소계 도장
② 용융아연도금
③ 에폭시계 도장
④ 폴리우레탄계 도장

해설 태양전지 어레이용 가대 시공 시 체결용 볼트, 너트, 와셔 등은 용융아연도금처리 또는 동등 이상의 녹방지 처리를 해야 하며 앵커 볼트의 돌출부분은 볼트캡을 사용해야 한다.

03 가공전선로의 지지물에 하중이 가하여지는 경우에 그 하중을 받는 지지물의 기초의 안전율은 얼마 이상인가?

① 2　　② 2.5
③ 3　　④ 3.5

해설 KEC 331.7(가공전선로 지지물의 기초의 안전율)
가공전선로의 지지물에 하중이 가하여지는 경우에 그 하중을 받는 지지물의 기초의 안전율은 2 이상이어야 한다.

정답 1 ③ 2 ② 3 ①

04 금속표면에 파장이 짧은 빛을 비추면 전자가 튀어나오는 현상을 무엇이라 하는가?

① 제베크효과

② 펠티에효과

③ 광전효과

④ 열전효과

해설 ① 제베크효과 : 서로 다른 종류의 금속으로 이루어진 폐회로에서 양 접점의 온도가 다르면 전류가 흐르는 현상
② 펠티에효과 : 두 종류의 도체를 결합하고 전류를 흐르도록 할 때, 한쪽의 접점은 발열하여 온도가 상승하고 다른 쪽의 접점에서는 흡열하여 온도가 낮아지는 현상
④ 열전효과 : 열전 현상이라고도 하며, 제베크효과, 펠티에효과, 톰슨효과의 세 가지 열과 전기의 상관현상

05 태양전지 어레이의 육안점검 항목이 아닌 것은?

① 표면의 오염 및 파손

② 지붕재의 파손

③ 접지저항 측정

④ 가대의 고정

해설 **태양전지 어레이 점검항목**

육안점검

- 오염 및 파손의 유무
- 파손 및 두드러진 변형이 없을 것
- 부식 및 녹이 없을 것
- 볼트 및 너트의 풀림이 없을 것
- 배선공사 및 접지접속이 확실할 것
- 코킹의 망가짐 및 불량이 없을 것
- 지붕재의 파손, 어긋남, 뒤틀림, 균열이 없을 것

06 결정질 실리콘 태양광발전 모듈의 성능 시험 중 외관검사 시 몇 lx 이상의 광 조사상태에서 검사를 해야 하는가?

① 100

② 250

③ 500

④ 1,000

해설 검사자가 태양광전지를 육안으로 외관검사 할 때에는 1,000lx 이상의 밝은 조명 아래에서 점검을 해야 한다.

4 ③ 5 ③ 6 ④ 정답

07 신재생에너지의 교육, 홍보 및 전문인력 양성에 관한 설명으로 틀린 것은?

① 신재생에너지 분야 전문인력의 양성을 위하여 시・도지사의 협력이 반드시 필요
② 교육・홍보 등을 통하여 신재생에너지의 기술개발 및 이용・보급에 관한 국민의 이해와 협력을 구하도록 노력
③ 신재생에너지 분야 전문인력의 양성을 위하여 신재생에너지 분야 특성화대학을 지정하여 육성・지원
④ 신재생에너지 분야 전문인력의 양성을 위하여 신재생에너지 분야 핵심기술연구센터를 지정하여 육성・지원

해설 **신에너지 및 재생에너지 개발・이용・보급 촉진법 제30조(신재생에너지의 교육・홍보 및 전문인력 양성)**

- 정부는 교육・홍보 등을 통하여 신재생에너지의 기술개발 및 이용・보급에 관한 국민의 이해와 협력을 구하도록 노력하여야 한다.
- 산업통상자원부장관은 신재생에너지 분야 전문인력의 양성을 위하여 신재생에너지 분야 특성화 대학 및 핵심기술연구센터를 지정하여 육성・지원할 수 있다.

08 인버터 단독운전 방지기능 중 능동적 검출방법이 아닌 것은?

① 부하 변동방식
② 주파수 변화율 검출방식
③ 유효전력 변동방식
④ 무효전력 변동방식

해설 **인버터 단독운전 방지기능의 능동적 검출방법**

- 부하 변동방식
- 주파수 시프트방식
- 유효전력 변동방식
- 무효전력 변동방식

수동적 검출방법

- 전압위상 도약검출방식
- 제3차 고조파 전압급증 검출방식
- 주파수 변화율 검출방식

09 주택의 태양전지 모듈에 접속하는 부하 측 옥내배선을 전로에 지락이 생겼을 때 자동적으로 전로를 차단하는 장치를 시설할 경우 주택의 옥내전로의 대지전압은 직류 몇 V 이하이어야 하는가?

① 200
② 400
③ 600
④ 800

해설 KEC 521.3(옥내전로의 대지전압의 제한)

주택의 태양전지 모듈에 접속하는 부하 측의 옥내배선(복수의 태양전지 모듈을 시설한 경우는 그 집합체에 접속하는 부하 측의 배선)은 다음에 의해 시설하는 경우에 주택 옥내전로의 대지전압이 직류 600V 이하이어야 한다.

- 전로에 지락이 발생하였을 경우에 자동적으로 전로를 차단하는 장치를 시설할 것
- 사람이 접촉할 우려가 없는 은폐된 장소에 합성수지관공사, 금속관공사 및 케이블공사에 의하여 시설하거나, 사람이 접촉할 우려가 없도록 케이블공사에 의하여 시설하고 전선은 방호장치를 시설할 것

정답 7 ① 8 ② 9 ③

10 **신축 · 증축 또는 개축하는 건축물로서 신재생에너지 공급의무 비율에 해당하는 최소 연면적(m^2)은?**

① 500 ② 1,000
③ 1,500 ④ 2,000

해설 **신에너지 및 재생에너지 개발 · 이용 · 보급 촉진법 시행령 제15조(신재생에너지 공급의무 비율 등)**
공공기관이 신축 · 증축 · 개축하는 연면적 1,000m^2 이상의 건축물에 대하여 예상에너지 사용량의 일정수준 이상을 신재생에너지 설비 설치에 투자하도록 의무화하는 제도

11 **태양광발전시스템의 단결정 모듈을 다결정 모듈과 비교하였을 때 특징으로 틀린 것은?**

① 제조공정이 간단하다.
② 발전효율이 더 높다.
③ 제조 온도가 높다.
④ 가격이 더 비싸다.

해설 단결정 모듈은 다결정 모듈에 비해 제조공정이 복잡하고, 제조 온도도 높기 때문에 가격도 비싸다. 하지만 발전효율은 더 높다.
태양전지 모듈의 특성
- 단결정 실리콘 태양전지 : 17~21%, 고효율, 두께는 200~300μm, 1,400℃의 제조 온도, 흑색
- 다결정 실리콘 태양전지 : 13~17%, 고효율, 두께는 200~300μm, 800~1,000℃의 제조 온도, 청색

12 **태양전지 모듈의 일부 셀에 음영이 발생하면 그 부분은 발전량 저하와 동시에 저항에 의한 발열을 일으킨다. 이러한 출력저하 및 발열을 방지하기 위해 설치하는 다이오드는?**

① 역저지 다이오드
② 발광 다이오드
③ 바이패스 다이오드
④ 정류 다이오드

해설
- 바이패스 다이오드 : 오염이 생긴 셀은 전기적으로 부하가 되어 역전류 방향의 전류를 소비한다. 또한 셀의 재료가 손상되는 한계까지 가열되어 열점(Hot Spot)을 만들고 이때 오염된 모듈의 셀을 통해 역전류가 순간적으로 흐른다. 이러한 현상으로 셀이 파괴되면 그 셀에 직렬 연결된 스트링은 모두 발전을 못하게 된다. 만약 모듈마다 바이패스 다이오드를 설치한다면 고장이 난 모듈을 우회하여 나머지 모듈들은 정상적으로 발전을 하게 된다.
- 역전류 방지 다이오드 : 발전된 전기나 축전지 혹은 계통상의 전기가 태양전지 모듈로 거꾸로 들어오는 것을 방지할 목적으로 설치한다.

10 ② 11 ① 12 ③ 정답

13 태양광발전시스템의 시공절차의 순서를 옳게 나타낸 것은?

㉠ 어레이 기초공사	㉡ 배선공사
㉢ 어레이 가대공사	㉣ 인버터 기초·설치공사
㉤ 점검 및 검사	

① ㉠ → ㉣ → ㉡ → ㉢ → ㉤
② ㉢ → ㉠ → ㉡ → ㉣ → ㉤
③ ㉠ → ㉢ → ㉣ → ㉡ → ㉤
④ ㉢ → ㉣ → ㉠ → ㉡ → ㉤

해설 기초공사 → 가대설치 → 모듈설치, 인버터 및 접속함 설치 → 배선공사 → 점검 및 검사

14 태양광발전소 유지 정비 시 감전방지책으로 가장 거리가 먼 것은?

① 강우 시에는 작업을 중지한다.
② 저압 선로용 절연장갑을 착용한다.
③ 절연처리된 공구들을 사용한다.
④ 태양전지 모듈표면을 대기로 노출한다.

해설 **감전방지 대책**
- 모듈에 차광막을 씌워 태양광을 차폐
- 저압 절연장갑을 착용
- 절연공구 사용
- 강우 시에는 감전사고뿐만 아니라 미끄러짐으로 인한 추락사고로 이어질 우려가 있으므로 작업을 금지한다.

15 태양전지 모듈 및 어레이 설치 배선이 끝난 후 확인·점검사항이 아닌 것은?

① 전압·극성의 확인
② 단락전류의 측정
③ 모듈의 최대출력점 확인
④ 비접지의 확인

해설 **배선이 끝난 후 확인·점검사항**
- 전압·극성의 확인 : 태양전지 모듈이 바르게 시공되어, 설명서로 전압이 나오고 있는지 양극, 음극의 극성이 바른지의 여부 등을 테스터, 직류전압계로 확인한다.
- 단락전류의 측정 : 태양전지 모듈의 설명서에 기재된 단락전류가 흐르는지 직류전류계로 측정한다. 타 모듈과 비교해 측정치가 현저히 다른 경우에는 배선을 재차 점검한다.
- 비접지의 확인 : 태양광발전설비 중 인버터는 절연변압기를 시설하는 경우가 드물기 때문에 일반적으로 직류 측 회로를 비접지로 하고 있다.
- 접지의 연속성 확인 : 모듈의 구조는 설치로 인해 접지의 연속성이 훼손되지 않은 것을 사용해야 한다.

정답 13 ③ 14 ④ 15 ③

16 OP앰프를 이용한 인버터 제어부에서 ㉠에 나타나는 신호로 옳은 것은?

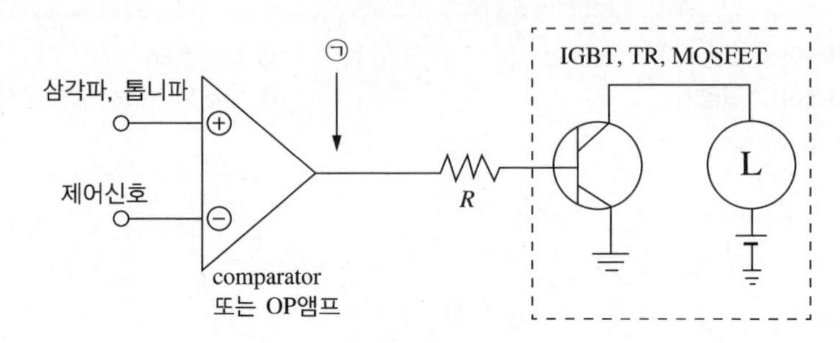

① PWM
② PAM
③ PCM
④ PNM

해설 문제의 그림은 PWM 펄스의 폭 변조를 하기 한 회로이다.

인버터의 스위칭 방식에 의한 분류

- PAM 제어 : 낮은 스위칭 주파수, 컨버터부에서는 전압이 제어되고, 인버터부에서 주파수를 제어한다.
- PWM 제어 : 가청주파수 이상의 스위칭, DC전압을 인버터부에서 전압과 주파수를 동시에 제어한다.

17 태양광발전시스템의 계측 · 표시의 목적에 해당하지 않는 것은?

① 시스템의 운전상태 감시를 위한 계측 또는 표시
② 시스템의 운전상황 및 홍보를 위한 계측 또는 표시
③ 시스템의 부하사용 전력량을 알기 위한 계측
④ 시스템 기기 및 시스템 종합평가를 위한 계측

해설 **계측기구 · 표시장치의 설치 목적**

- 시스템의 운전상태를 감시하기 위한 계측 및 표시
- 시스템에 이전 발전 전력량을 알기 위한 계측
- 시스템 기기 또는 시스템 종합평가를 위한 계측
- 시스템의 운전상황을 견학하는 사람 등에게 보여주고, 시스템의 홍보를 위한 계측 또는 표시

18 태양광발전시스템의 계측기구나 표시장치의 구성요소가 아닌 것은?

① 검출기
② 차단장치
③ 연산장치
④ 신호변환기

해설 차단장치는 계측기구나 표시장치에 해당하지 않는다.

계측기구 및 표시장치

검출기(센서), 신호변환기(트랜스듀서), 연산장치, 기억장치, 표시장치 등으로 구성

16 ① 17 ③ 18 ② 정답

19 태양광발전시스템 유지보수 계획 시 고려사항으로 틀린 것은?

① 환경조건
② 설비의 단가
③ 설비의 중요도
④ 설비의 사용기간

해설 설비의 단가는 태양광발전시스템 시공 전 사업계획서에서 고려해야 할 사항이다.

20 기본파의 5%인 제5고조파와 4%인 제7고조파, 5%인 제11고조파를 포함하는 전압파의 왜형률은?

① 약 5.1%
② 약 6.1%
③ 약 7.1%
④ 약 8.1%

해설

$$\text{왜형률} = \frac{\text{전고조파의 실횻값}}{\text{기본파의 실횻값}} \times 100\%$$

$$D = \frac{\sqrt{V_5^2 + V_7^2 + V_{11}^2}}{V} = \frac{\sqrt{5^2 + 4^2 + 5^2}}{100} \times 100 ≒ 8.1\%$$

21 고압 또는 특고압의 기계기구 · 모선 등을 옥외에 시설하는 발전소 · 변전소 · 개폐소 또는 이에 준하는 곳에는 울타리나 담을 설치할 시 울타리 · 담 등의 높이는 (㉠)m 이상으로 하고 지표면과 울타리 · 담 등의 하단 사이의 간격은 (㉡)m 이하로 해야 한다. (㉠)과 (㉡)에 들어갈 알맞은 숫자는?

① ㉠ 3 ㉡ 0.15
② ㉠ 3 ㉡ 0.20
③ ㉠ 2 ㉡ 0.15
④ ㉠ 2 ㉡ 0.20

해설 KEC 351.1(발전소 등의 울타리 · 담 등의 시설)
울타리 · 담 등의 높이는 2m 이상으로 하고 지표면과 울타리 · 담 등의 하단 사이의 간격은 0.15m 이하로 할 것

정답 19 ② 20 ④ 21 ③

22 태양광발전시스템의 성능평가를 위한 측정요소가 아닌 것은?

① 구성요인의 성능
② 응용성
③ 발전성능
④ 신뢰성

해설 성능평가는 태양광발전시스템의 전반적인 설치장소의 개요, 설치가격, 발전성능, 신뢰성 등으로 분류하여 평가 분석할 필요가 있으며, 발전성능은 시스템의 전체적 성능과 구성요소의 성능으로 분류하여 평가 분석할 필요가 있다.

23 한국전기설비규정에서 지중전선로를 직접 매설식에 의하여 시설하는 경우 차량 기타 중량물의 압력을 받을 우려가 있는 장소의 매설 깊이는 몇 m 이상인가?

① 0.6
② 1.0
③ 1.2
④ 1.5

해설 **KEC 223.1/334.1(지중전선로의 시설)**
지중전선로를 직접 매설식에 의하여 시설하는 경우에는 매설 깊이를 차량 기타 중량물의 압력을 받을 우려가 있는 장소에는 1.0m 이상, 기타 장소에는 0.6m 이상으로 하고 또한 지중 전선을 견고한 트로프 기타 방호물에 넣어 시설하여야 한다.

24 정기점검 실시 중 절연저항을 측정해야 할 개소가 아닌 것은?

① 접속함의 태양전지 모듈과 접지선
② 축전지 전극
③ 인버터 입출력 단자와 접지
④ 태양광발전용 개폐기

해설 정기점검 중 측정해야 할 개소는 크게 접속함, 모듈, 인버터 세 부분이다.
접속함의 절연저항 측정
- 태양전지 모듈–접지선 : 0.2MΩ 이상, 측정전압 직류 500V
- 출력단자–접지 간 : 1MΩ 이상, 측정전압 직류 500V

22 ② 23 ② 24 ② 정답

25 태양전지 모듈에 다른 태양전지 회로 및 축전지의 전류가 유입되는 것을 방지하기 위하여 설치하는 것은?

① 바이패스 소자 ② 역류방지 소자
③ 접속함 ④ 피뢰 소자

해설
- 역류방지 소자 : 태양전지 모듈에서 다른 태양전지 회로나 축전지에서의 전류가 돌아 들어가는 것을 저지하기 위해 설치하는 것으로서 일반적으로 다이오드가 사용된다.
- 바이패스 다이오드 : 태양전지를 직렬 접속할 때 전류의 우회로를 만드는 다이오드를 말한다.

26 태양광발전에 이용되는 태양전지 구성요소 중 최소단위는?

① 셀 ② 모듈
③ 어레이 ④ 파워컨디셔너

해설 셀 < 모듈 < 어레이

27 태양광발전설비가 작동되지 않을 때 응급조치 순서로 옳은 것은?

① 접속함 내부 차단기 개방 → 인버터 개방 → 설비점검
② 접속함 내부 차단기 개방 → 인버터 투입 → 설비점검
③ 접속함 내부 차단기 투입 → 인버터 개방 → 설비점검
④ 접속함 내부 차단기 투입 → 인버터 투입 → 설비점검

해설 접속함 내부차단기 개방(off) → 인버터 개방(off) 후 점검 → 점검 후에는 역으로 인버터(on) → 차단기의 순서로 투입(on)

28 저압 옥내배선 시 전원 측에서 분기점 사이에 다른 분기회로 또는 콘센트의 접속이 없고, 단락의 위험과 화재 및 인체에 대한 위험성이 최소화 되도록 시설된 경우 분기회로의 과전류차단기는 분기회로의 분기점으로부터 몇 m까지 이동하여 설치할 수 있는가?

① 3 ② 5
③ 7 ④ 9

해설 KEC 212.4.2(과부하 보호장치의 설치 위치)
- 분기회로의 과부하 보호장치의 전원 측에 다른 분기회로 또는 콘센트의 접속이 없고 분기회로에 대한 단락보호가 이루어지고 있는 경우, 과부하 보호장치는 분기회로의 분기점으로부터 부하 측으로 거리에 구애 받지 않고 이동하여 설치할 수 있다.
- 분기회로의 보호장치는 과부하 보호장치의 전원 측에서 분기점 사이에 다른 분기회로 또는 콘센트의 접속이 없고, 단락의 위험과 화재 및 인체에 대한 위험성이 최소화 되도록 시설된 경우, 분기회로의 보호장치는 분기회로의 분기점으로부터 3m까지 이동하여 설치할 수 있다.

정답 25 ② 26 ① 27 ① 28 ①

29 다음 중 회전축 방향에 따른 수직축 풍력발전시스템은?

① 프로펠러형 ② 다리우스형
③ geared형 ④ gearless형

해설 풍력발전시스템의 분류

구분	내용
분구조상분류 (회전축 방향)	수평축 풍력시스템(HAWT) : 프로펠러형
	수직축 풍력시스템(VAWT) : 다리우스형, 사보 니우스형
출력제어방식	pitch(날개각) control
	stall control(한계풍속 이상이 될 때 양력 이 회전날개에 작용하지 못하도록 날개의 공기 역학적 형상에 의한 제어)
전력사용방식	독립전원(동기발전기, 직류발전기)
	계통연계(유도발전기, 동기발전기)
운전방식	정속운전(fixed roter speed type) : 통상 geared형
	가변속운전(variable roter speed type) : 통상 gearless형
공기역학적 방식	양력식(lift type) 풍력발전기
	항력식(drag type) 풍력발전기

30 가교폴리에틸렌 절연 비닐시스 케이블 단말처리를 위해 사용하는 절연테이프로 적합한 것은?

① 비닐 절연테이프 ② 고무 절연테이프
③ 종이 절연테이프 ④ 자기융착 절연테이프

해설 XLPE 케이블의 XLPE 절연체는 내후성이 약하므로, 비닐시스가 벗겨져 절연체가 노출된 채로 장기간 사용하면 절연체에 균열이 생겨 절연불량의 원인이 된다. 이것을 방지하기 위해 자기융착테이프 및 보호테이프를 절연체에 감아 내후성을 향상시켜야 한다.

31 태양전지 어레이의 측정 점검사항 설명으로 옳은 것은?

① 접지저항 및 접지 ② 나사의 풀림 여부
③ 유리 등 표면의 오염 및 파손 ④ 가대의 부식 및 녹 발생 유무

해설 태양전지 어레이 점검사항

구분	점검사항
육안점검	표면의 오염 및 파손
	프레임 파손 및 변형
	가대의 부식 및 녹 발생
	가대의 고정
	가대접지
	코킹
	지붕재의 파손
측정	접지저항

29 ② 30 ④ 31 ① 정답

32 태양전지 모듈의 절연내력시험을 교류로 실시할 경우 최대사용전압이 400V이면 몇 V로 해야 하는가?

① 380　　② 400

③ 500　　④ 570

해설 **KEC 134(연료전지 및 태양전지 모듈의 절연내력)**
절연내력 측정은 최대 사용전압의 1.5배의 직류전압이나 1배의 교류전압(500V 미만일 때는 500V)을 충전부분과 대지 사이에 연속하여 10분간 가하여 절연내력을 시험하였을 때에 이에 견디는 것이어야 한다.

33 다음 중 접속함 내부의 구성기기가 아닌 것은?

① 단자대

② 주개폐기

③ 바이패스 소자

④ 역류방지 소자

해설 **접속함의 구성요소**

- 양전지 어레이 측 개폐기
- 주개폐기
- 서지보호장치(SPD ; Surge Protected Device)
- 역류방지 소자
- 출력용 단자대
- multi power transducer
- 감시용 DCCT, DCPT(shunt), T/D(transducer)

34 중대형 태양광발전용 인버터의 효율시험에서 교류전원을 정격전압 및 정격주파수로 운전하고, 운전 시작 후 최소한 몇 시간 이후에 측정하여야 하는가?

① 1　　② 2

③ 3　　④ 4

해설 중형 태양광발전용 인버터의 효율시험에서 교류전원을 정격전압 및 정격주파수로 운전하고 운전시작 후 최소한 2시간 이후에 측정하여야 한다.

정답 32 ③ 33 ③ 34 ②

35 **건축물에 설치된 태양광설비를 직접적인 낙뢰로부터 보호하기 위한 외부 뇌보호 시스템이 아닌 것은?**

① 접지 시스템
② SPD 시스템
③ 수뢰부 시스템
④ 인하도선 시스템

해설 서지보호장치(SPD)는 내부 뇌보호 시스템이다. 외부 뇌보호 뇌전류를 신속하고 효과적으로 대지로 방류하기 위한 시스템이다.

- 접지극 : 낙뢰전류를 대지로 흘려보내는 것으로서 동판, 접지선과 접지봉을 건축물의 가장 꼭대기에 설치하여 기초접지로 설치하는 것을 말한다.
- 인하도선 : 직격뢰를 받은 수뢰부로부터 대지까지 뇌전류가 통전하는 경로이며, 도선과 건축물의 철골과 철근 등을 인하도선으로 사용한다.
- 수뢰부 : 피뢰침, 돌침 등 직격뢰를 받아서 대지로 분류하는 금속체이다.
- 안전이격거리
- 차폐

36 **태양전지 5개를 직렬로 접속하고, 10개를 병렬로 접속할 때, 전압과 전류는 각각 어떻게 되는가?**

① 전압 5배 증가, 전류 5배 증가
② 전압 5배 증가, 전류 10배 감소
③ 전류 10배 증가, 전압 5배 증가
④ 전류 10배 감소, 전압 10배 증가

해설 태양전지를 건전지라고 생각하면 직렬접속의 경우 전압이 증가하고, 병렬접속일 경우 전류가 증가한다.

37 **신에너지 및 재생에너지 개발 · 이용 · 보급 촉진법령에 따라 건축물을 신축 · 증축 또는 개축하려는 경우 신재생에너지 설비의 설치계획서를 해당 건축물에 대한 건축허가를 신청하기 전에 누구에게 제출하여야 하는가?**

① 산업통상자원부장관
② 행정안전부장관
③ 국토교통부장관
④ 기획재정부장관

해설 **신에너지 및 재생에너지 개발 · 이용 · 보급 촉진법 시행령 제17조(신재생에너지 설비의 설치계획서 제출 등)**
건축물을 신축 · 증축 또는 개축하려는 경우에는 신 · 재생에너지 설비의 설치계획서를 해당 건축물에 대한 건축허가를 신청하기 전에 산업통상자원부장관에게 제출하여야 한다.

35 ② 36 ③ 37 ① 정답

38 **기후위기 대응을 위한 탄소중립 · 녹색성장 기본법에 의해 정부는 국가 탄소중립 녹색성장 기본계획을 몇 년마다 수립 · 시행하여야 하는가?**

① 3
② 4
③ 5
④ 7

해설 ※ 관련법 폐지 및 제정으로 문제를 재구성함
기후위기 대응을 위한 탄소중립 · 녹색성장 기본법 제10조(에너지기본계획의 수립)
정부는 제3조의 기본원칙에 따라 국가비전 및 중장기감축목표등의 달성을 위하여 20년을 계획기간으로 하는 국가 탄소중립 녹색성장 기본계획을 5년마다 수립 · 시행하여야 한다.

39 **태양전지 모듈의 바이패스 다이오드 소자는 대상 스트링 공칭 최대출력 동작전압의 몇 배 이상 역내압을 가져야 하는가?**

① 1.5
② 2
③ 2.5
④ 3

해설 스트링의 공칭 최대출력 동작전압의 1.5배 이상의 역내압을 가진, 단락전류를 충분히 바이패스할 수 있는 소자를 사용한다.

40 **안전보호구 관리요령으로 틀린 것은?**

① 사용 후 세척하여 보관할 것
② 세척 후에는 건조시켜 보관할 것
③ 정기적으로 점검 · 관리하여 보관할 것
④ 청결하고 습기가 있는 곳에 보관할 것

해설 **안전보호구 관리요령**
- 한 달에 한 번 이상 책임있는 감독자가 점검을 할 것
- 사용 후 세척하여 보관할 것
- 세척 후에는 건조시켜 보관할 것
- 정기적으로 점검 · 관리하여 보관할 것

정답 38 ③ 39 ① 40 ④

41 **다음은 어느 신재생에너지에 대한 설명으로 적합한 발전 방식은?**

> 바닷물이 가장 높이 올라왔을 때 댐에 물을 가두었다가, 물이 빠지는 힘을 이용하여 발전기기를 돌리는 방식이다.

① 조력발전
② 파력발전
③ 조류발전
④ 해류발전

해설 해양에너지 해양의 조수·파도·해류·온도차 등을 변환시켜 전기 또는 열을 생산하는 기술로서 전기를 생산하는 방식은 조력·파력·조류·온도차 발전 등이 있다.
- 조력발전 : 조석간만의 차를 동력원으로 해수면의 상승하강운동을 이용하여 전기를 생산하는 기술이다.
- 파력발전 : 연안 또는 심해의 파랑에너지를 이용하여 전기를 생산하는 기술이다.
- 조류발전 : 해수의 유동에 의한 운동에너지를 이용하여 전기를 생산하는 발전기술이다.

42 **송전선로의 선로정수가 아닌 것은?**

① 저항
② 리액턴스
③ 정전용량
④ 누설 컨덕턴스

해설 송전선로의 선로정수는 저항(R), 인덕턴스(L), 정전용량(C), 누설 컨덕턴스(G)가 균일하게 분포되어 있는 등가회로로 표현할 수 있다.

43 **시스템 성능평가 분류 중 사이트 평가항목으로 틀린 것은?**

① 설치용량
② 설치형태
③ 설치단가
④ 설치대상기관

해설 **사이트 평가항목**
- 설치대상기관
- 설치시설의 분류
- 설치시설의 지역
- 설치형태
- 설치용량
- 설치각도와 범위
- 시공업자
- 기기 제조사

41 ① 42 ② 43 ③ 정답

44 **태양전지는 일사량 및 온도에 따라 출력특성이 변화하여 최대전력을 얻을 수 있도록 하는 기능을 무엇이라 하는가?**

① 계통연계 보호장치
② 자동운전 정지기능
③ 단독운전 방지기능
④ MPPT

해설
- 자동운전 정지 기능 : 일사량이 증대되어 출력 가능한 조건이 되면 자동으로 운전을 시작, 일사량 감소 시 자동으로 운전이 정지된다.
- 최대전력 추종제어 기능(MPPT : Maximum Power Point Tracking) : 태양전지 출력은 일사량, 태양전지 셀 온도에 따라 변동하는데 이런 변동에 대해 항상 최대 동작점을 추종하도록 하여 최대출력을 얻을 수 있도록 한다.
- 단독운전 방지 기능 : 계통 전원이 정전될 때 단독운전을 방지하는 기능이 작동되어 시스템이 안전하게 정지할 수 있도록 한다.
- 계통연계 보호장치 : 태양광발전 운영 도중 고장 또는 계통 사고 시 인버터는 운전을 정지하고 계통과 분리하여 계통과 시스템을 보호한다.

45 **다음에서 설명하는 절연방식의 인버터는?**

이 방식은 구조가 간단하고 절연이 가능하며 회로구성이 간단한 장점이 있다. 그러나 효율이 낮고 중량이 무거우며 부피가 크다는 단점이 있다. 소형 경량화가 불가능하여 소용량 PCS에는 사용하지 않지만, 절연이 된다는 장점 때문에 중대용량 시스템에서는 많이 채용하고 있다.

① 상용주파 변압기형
② 고주파 변압기형
③ 무변압기형
④ 트랜스리스형

해설 **상용주파 변압기형 인버터의 특징**
- 절연이 가능하여 안전성이 높다.
- 회로구성이 간단하다.
- 소용량의 경우 고효율화가 어렵다.
- 중량이 무겁고 부피가 크다.
- 대용량에 일반적으로 구성되는 방식이다.

정답 44 ④ 45 ①

46 **다음과 같은 특징을 가지는 태양광인버터 설치 방식은?**

> 인버터 사용으로 계통보호가 유리하며, 유지보수 비용이 적다는 장점은 있으나 단일 인버터를 사용하므로 인버터 고장 시 전체 시스템이 작동하지 못하는 단점을 가지고 있다.

① AC 모듈

② 스트링(String) 방식

③ 멀티-스트링 방식

④ 센트럴 방식

해설 ① AC 모듈 : 각 모듈별 인버터를 부착하는 형태로 최대 에너지 수확이 가능하다는 장점이 있으나 대용량 구현 시 비용 부담이 크다는 단점이 있다.

② 스트링(String) 방식 : 모듈 직렬군당 DC/AC 인버터를 사용하는 방식으로 스트링별 MPPT 제어가 가능하며, 부분적인 그늘에 대해 효과적으로 에너지 수확은 좋은 편이다.

③ 멀티-스트링 방식 : 모듈 직렬군당 인버터 또는 DC/DC 컨버터를 사용하는 방식으로 스트링 방식과 센트럴 방식의 장점을 모아놓은 형태이나 2중의 전력변환기를 사용하므로 시스템의 효율이 다소 낮다는 단점이 있다.

47 **기후가 급변할 때나 계통부하가 급변할 때는 축전지를 방전하고, 태양전지 출력이 증대하여 계통 전압이 상승하도록 할 때에는 축전지를 충전하여 역류를 줄이고 전압의 상승을 방지하는 역할을 하는 계통연계 시스템은?**

① 방재 대응형

② 계통 안정화 대응형

③ 부하 평준화 대응형

④ 독립형

해설 • 방재 대응형 : 재해 시 인버터를 자립운전으로 전환하고 특정 재해대응 부하로 전력을 공급한다.

• 부하 평준화 대응형(피크 시프트형, 야간전력 저장형) : 태양전지 출력과 축전지 출력을 병용하여 부하의 피크 시에 인버터를 필요 출력으로 운전하여 수전전력의 증대를 막고 기본전력요금을 절감하려는 시스템이다.

48 **독립형 전원시스템 축전지는 매일 충·방전을 반복해야 한다. 이 경우 축전지의 수명에 직접적으로 영향을 미치는 것은?**

① 보수율

② 용량환산계수

③ 평균 방전전류

④ 방전심도

해설 방전심도가 클수록 축전지 수명은 급격히 감소한다.

46 ④ 47 ② 48 ④ 정답

49 피뢰 대책용 장비가 아닌 것은?

① 어레스터
② 바이패스 다이오드
③ 내뢰 트랜스
④ 서지업서버

해설 **피뢰대책용 부품**

- 어레스터 : 낙뢰에 의한 충격성 과전압에 대하여 전기설비의 단자전압을 규정치 이내로 저감시켜 정전을 일으키지 않고 원상태로 회귀하는 장치이다.
- 서지업서버 : 전선로에 침입하는 이상전압의 높이를 완화하고 파고치를 저하시키는 장치이다.
- 내뢰 트랜스 : 실드부착 절연 트랜스를 주체로 이에 어레스터 및 콘덴서를 부가시킨 것으로, 절연 트랜스에 의해 뇌서지의 흐름을 완전히 차단할 수 있도록 한 장치이다.

50 다음 공사 중 시공절차에 따라 가장 늦게 해야 하는 공사는?

① 지반공사 및 구조물 공사
② 어레이설치 공사
③ 어레이와 접속함의 배선공사
④ 접속함 설치공사

해설 **시공절차 순서**

토목공사	→	반입자재검수	→	기기설치공사	→	전기배관배선공사	→	점검 및 검사
지반공사 및 구조물 공사				어레이설치 공사		어레이와 접속함의 배선공사		

51 안전한 작업을 위해 안전장구를 반드시 착용해야 한다. 높은 곳에서 추락을 방지하기 위해 착용해야 하는 장비는?

① 안전모
② 안전대
③ 안전화
④ 안전허리띠

해설 **안전장구 착용**

- 안전모
- 안전대 : 추락방지
- 안전화 : 중량물에 의한 발 보호 및 미끄럼방지용
- 안전허리띠 : 공구, 공사 부재 낙하 방지

정답 49 ② 50 ③ 51 ②

52 태양전지 어레이를 설치할 때 인버터의 동작전압에 의해 결정되는 요소는?

① 태양전지 어레이의 용량
② 태양전지 모듈의 직렬 결선수
③ 태양전지 모듈의 스트링 병렬수
④ 어레이 간 간선의 굵기

해설
- 어레이 용량 : 설치면적에 따라 결정
- 직렬 결선 : 인버터의 동작전압에 따라 결정
- 병렬수 : 어레이 직렬 결선수에 따라 정수배의 병렬수가 설치면적 내
- 어레이 간 간선 : 모듈 1장의 최대전류(I_{mp})가 전선의 허용전류 내

53 태양전지 어레이를 지상에 설치하는 경우 지중배선 또는 지중배관 길이가 몇 m를 초과하는 경우에 중간개소에 지중함을 설치하는가?

① 10　　② 30
③ 50　　④ 100

해설 지중배선 또는 지중배관인 경우, 중량물의 압력을 받을 우려가 없도록 하고 그 길이가 30m를 초과하는 경우는 중간개소에 지중함을 설치할 수 있다.

54 태양전지 모듈에서 인버터 입력단 간 및 인버터 출력단과 계통연계점 간의 전압강하는 몇 %를 초과하지 말아야 하는가?(단, 상호거리 100m)

① 3　　② 4
③ 5　　④ 6

해설 전선 길이에 따른 전압강하 허용치

전선의 길이	전압강하
60m 이하	3%
120m 이하	5%
200m 이하	6%
200m 초과	7%

52 ② 53 ② 54 ③ 정답

55 볼트를 일정한 힘으로 죄는 공구는?

① 드라이버　　② 스패너
③ 펜치　　④ 토크렌치

해설
- 드라이버 : 나사를 돌릴 때 사용한다.
- 스패너 : 볼트, 너트를 조일 때 사용한다.
- 펜치 : 전선의 절단, 접속, 바인드 등에 사용한다.

56 안전공사 및 대행사업자에게 안전관리업무를 대행시킬 수 있는 태양에너지발전설비의 용량은 몇 kW 미만인가?

① 500　　② 800
③ 1,000　　④ 1,500

해설 **전기안전관리법 시행규칙 제26조(전기안전관리업무 대행 규모)**
안전공사 및 대행사업자는 다음의 어느 하나에 해당하는 전기설비(둘 이상의 전기설비 용량의 합계가 4,500kW 미만인 경우로 한정)를 대행할 수 있다.
- 전기수용설비 : 용량 1,000kW 미만인 것
- 신에너지 및 재생에너지 개발·이용·보급 촉진법 제2조제1호 및 제2호에 따른 신에너지와 재생에너지를 이용하여 전기를 생산하는 발전설비(신재생에너지 발전설비) 중 태양광발전설비 : 용량 1,000kW(원격감시·제어기능을 갖춘 경우 용량 3,000kW) 미만인 것
- 전기사업용 신재생에너지 발전설비 중 연료전지발전설비(원격감시·제어기능을 갖춘 것으로 한정) : 용량 500kW 미만인 것
- 그 밖의 발전설비(전기사업용 신재생에너지 발전설비의 경우 원격감시·제어기능을 갖춘 것으로 한정) : 용량 300kW(비상용 예비발전설비의 경우에는 용량 500kW) 미만인 것

57 전기사업 인·허가권자가 산업통상자원부 장관인 태양광발전설비의 발전설비용량 기준은 얼마인가?

① 1,000kW 이상　　② 2,000kW 초과
③ 2,500kW 초과　　④ 3,000kW 초과

해설 **전기사업법 시행규칙 제4조(사업허가의 신청)**
전기사업 인허가권자
- 3,000kW 초과 설비 : 산업통상자원부 장관(전기위원회)
- 3,000kW 이하 설비 : 특별시장, 광역시장, 특별자치시장, 도지사, 특별자치도지사

정답 55 ④ 56 ③ 57 ④

58 **태양광발전시스템의 점검을 위해 1개월마다 주로 육안에 의해 실시하는 점검은?**

① 준공점검　　② 일상점검
③ 정기점검　　④ 특별점검

해설 **일상점검**
1개월마다 일상점검하며, 주로 육안에 의해 실시한다. 권장하는 점검 중 이상이 발견되면 전문기술자와 상담한다.

※ KEC(한국전기설비규정) 적용 및 관련 법령 개정으로 삭제된 문제가 있어 60문항이 되지 않음을 알려드립니다.

58 ② 정답

2020년 제 2 회 과년도 기출복원문제

01 태양전지 모듈에 다른 태양전지 회로나 축전지에서 전류가 돌아 들어가는 것을 방지하기 위해 설치하는 것은?

① 바이패스 다이오드
② 제너 다이오드
③ 역류방지 다이오드
④ 환류 다이오드

해설
- 역류방지 다이오드 : 병렬로 이루어진 스트링으로 구성된 회로에서 다른 태양전지회로나 축전지에서 전류가 돌아 들어가는 것을 방지하기 위해 주로 접속함에 설치한다.
- 바이패스 다이오드 : 셀 음영 시 출력저감 방지와 열점방지 목적으로 모듈 후면 단자함에 설치한다.
- 제너 다이오드 : 다이오드와 유사한 PN접합 구조이나 다른 점은 매우 낮고 일정한 항복전압 특성을 갖고 있어, 역방향으로 어느 일정값 이상의 항복전압이 가해졌을 때 전류가 흐른다.
- 환류 다이오드 : 기기의 손상을 방지하기 위해 부하와 병렬로 연결된 다이오드를 말한다.

02 태양광발전시스템이 계통과 연계 시 계통 측에 정전이 발생한 경우 계통 측으로 전력이 공급되는 것을 방지하는 인버터의 기능은?

① 자동운전 정지기능
② 최대전력 추종제어기능
③ 단독운전 방지기능
④ 자동전류 조정기능

해설 **단독운전 방지기능**
계통시스템에 정전이 발생한 경우 단독운전을 방지하여 시스템이 안전하게 정지할 수 있도록 하는 기능
- 수동적 방식 : 전압위상 도약검출, 제3고조파 전압급증 검출, 주파수 변화율 검출
- 능동적 방식 : 무효전력 변동, 주파수 시프트 방식, 유효전력 변동방식, 부하 변동방식

정답 1 ③ 2 ③

03 태양전지의 직류출력을 상용주파수의 교류로 변환한 후 변압기에서 절연하는 방식은?

① 상용주파 변압기 절연방식

② 고주파 변압기 절연방식

③ 무변압기 방식

④ PWM 방식

해설

- 상용주파 절연방식(저주파 변압기형) : 태양광모듈 및 인버터 후단 출력단에 60Hz 변압기가 연결되어 있는 형태이다.
- 고주파 절연방식(고주파 변압기형) : 인버터 전단에 DC/DC 컨버터가 위치하고, 출력단에는 변압기가 없는 형태이다. 태양전지 어레이의 직류전압을 고주파 교류로 변환하고, 고주파 변압기를 통한 고주파 교류를 직류로 변환한 다음, 인버터에 직류를 공급하여 다시 상용교류로 변환하는 방식이다.
- 무변압기형(트랜스리스형) : 입력에 승압형 컨버터가 있고, 인버터를 거쳐 교류로 변환하는 방식으로 출력단에 변압기가 없는 회로구성 방식이다.

04 태양전지 모듈에 입사된 빛에너지가 변환되어 발생하는 전기적 출력을 특성곡선으로 나타낸 것은?

① 전류-저항 특성

② 전압-저항 특성

③ 전류-온도 특성

④ 전류-전압 특성

해설 태양전지의 $I-V$ 특성곡선

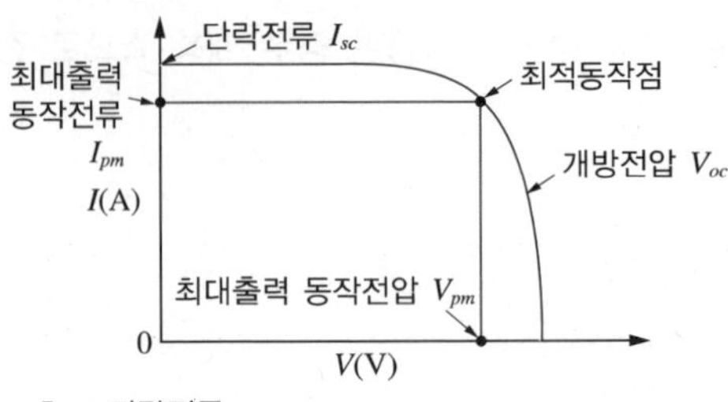

- I_{sc} : 단락전류
- V_{oc} : 개방전압
- $P_m = V_m I_m$: 최대출력, 태양전지의 일반적인 동작지점
- 충진율 FF(Fill Factor)$= \dfrac{V_m I_m}{V_{oc} I_{sc}}$

3 ① 4 ④ 정답

05 다결정 실리콘 태양전지의 제조되는 공정순서가 바르게 나열된 것은?

① 실리콘 입자 → 웨이퍼 슬라이스 → 잉곳 → 셀 → 태양전지 모듈
② 실리콘 입자 → 잉곳 → 웨이퍼 슬라이스 → 셀 → 태양전지 모듈
③ 잉곳 → 실리콘 입자 → 셀 → 웨이퍼 슬라이스 → 태양전지 모듈
④ 잉곳 → 실리콘 입자 → 웨이퍼 슬라이스 → 셀 → 태양전지 모듈

06 태양전지 어레이의 변환효율을 산출하는 계산식으로 옳은 것은?

P : 태양전지 어레이 출력전력(kW)
G : 일사량(kW/m^2)
A : 태양전지 어레이 면적(m^2)

① $\eta = \frac{P}{G \times A} \times 100\%$
② $\eta = \frac{G}{P \times A} \times 100\%$
③ $\eta = \frac{P \times G}{A} \times 100\%$
④ $\eta = \frac{G \times A}{P} \times 100\%$

07 굵기가 다른 케이블을 배선할 경우 전선관의 두께는 전선의 피복절연물을 포함한 단면적이 전선관의 몇 % 이하가 되어야 하는가?

① 25
② 33
③ 48
④ 55

해설 전선의 절연체 및 피복을 포함한 단면적의 총합이 관의 굵기의 $\frac{1}{3}$(≒33%)을 넘지 않아야 한다.

08 태양전지 모듈의 배선공사가 끝나고 확인할 사항이 아닌 것은?

① 극성확인
② 전압확인
③ 단락전류확인
④ 양극접지확인

해설
- 태양전지 모듈의 배선공사 후 확인사항 : 각 모듈 극성확인, 전압확인, 단락전류확인, 양극과의 접지 여부(비접지) 확인
- 태양광발전설비 중 파워컨디셔너(PCS)는 절연변압기를 시설하는 경우를 제외하고 일반적으로 직류 측 회로를 비접지로 한다.

정답 5 ② 6 ① 7 ② 8 ④

09 태양전지 모듈에서 인버터까지 전압강하 계산식은?

① $\frac{17.8 \times L \times I}{1,000 \times A}$

② $\frac{30.8 \times L \times I}{1,000 \times A}$

③ $\frac{35.6 \times L \times I}{1,000 \times A}$

④ $\frac{38.8 \times L \times I}{1,000 \times A}$

해설 **전기방식별 전압강하 계산식**

회로의 전기방식	전압강하	전선의 단면적
직류 2선식 교류 2선식	$e = \frac{35.6 \times L \times I}{1,000 \times A}$	$A = \frac{35.6 \times L \times I}{1,000 \times e}$
3상 3선식	$e = \frac{30.8 \times L \times I}{1,000 \times A}$	$A = \frac{30.8 \times L \times I}{1,000 \times e}$

여기서, e : 선간의 전압강하(V), L : 도체 1선의 길이(m), I : 전류(A), A : 전선의 단면적(mm^2)

10 태양광발전시스템의 전기배선에 관한 설명으로 옳지 않는 것은?

① 태양전지에서 옥내에 이르는 배선에 쓰이는 전선은 모듈전용선을 사용하여야 한다.
② 전선이 지면을 통과하는 경우에는 피복에 손상이 발생되지 않도록 조치를 취하여야 한다.
③ 인버터 출력단과 계통연계점 간의 전압강하는 5% 이하로 하여야 한다.
④ 태양전지판의 출력배선은 군별, 극성별로 확인할 수 있도록 표시하여야 한다.

해설 **전압강하**

- 태양전지 모듈에서 인버터 입력단 및 인버터 출력단과 계통연계점 간의 전압강하는 각 3%를 초과하지 말아야 한다(60m 이하).
- 전선 길이에 따른 전압강하 허용치는 다음과 같다(전선의 길이가 60m를 초과하는 경우).

전선의 길이	전압강하
120m 이하	5%
200m 이하	6%
200m 초과	7%

9 ③ 10 ③ 정답

11 **파워컨디셔너의 단독운전방지기능에서 능동적 방식에 속하지 않는 것은?**

① 유효전력 변동방식
② 무효전력 변동방식
③ 주파수 시프트방식
④ 주파수 변화율 검출방식

해설 **단독운전 방지기능**
계통시스템에 정전이 발생한 경우 단독운전을 방지하여 시스템이 안전하게 정지할 수 있도록 하는 기능
• 수동적 방식 : 전압위상 도약검출, 제3고조파 전압급증 검출, 주파수 변화율 검출
• 능동적 방식 : 무효전력 변동, 주파수 시프트 방식, 유효전력 변동방식, 부하 변동방식

12 **다음은 태양전지의 원리를 설명한 것이다. 괄호 안에 들어갈 적당한 용어는?**

태양전지는 금속 등 물질의 표면에 특정한 진동수의 빛을 쪼여주면 전자가 방출되는 현상인 (　　)의 원리를 이용한 것으로 빛에너지를 전기에너지로 전환시켜준다.

① 전자기 유도 효과　　② 압전 효과
③ 열기전 효과　　④ 광기전 효과

해설 **광기전 효과** : 광전 효과의 일종으로 광자 에너지를 흡수하여 반도체의 P-N 접합이나 반도체와 금속의 접합면에 전위차를 발생시키는 효과

13 **태양전지 모듈의 크기가 가로 0.53m, 세로 1.19m이며, 최대출력 80W인 이 모듈의 에너지 변환효율(%)은?(단, 표준시험 조건일 때)**

① 15.68　　② 14.25
③ 13.65　　④ 12.68

해설 변환효율 $\eta = \dfrac{P}{E \times S} \times 100 = \dfrac{80}{1{,}000 \times 0.53 \times 1.19} \times 100 \fallingdotseq 12.68\%$

정답 11 ④ 12 ④ 13 ④

14 인버터 고장 시 공장부분 점검 후 정상동작 시 5분 후에 재기동하지 않아도 되는 경우는?

① 과전압　　② 저전압
③ 저주파수　　④ 전자접촉기

해설　태양전지의 전압, 전류 이상 또는 한전계통의 정전, 전압, 주파수 이상일 때는 태양전지나 계통점검 후 정상 시 5분 후 재기동한다. 다만 인버터의 전자접촉기 고장 시는 교체 점검 후 운전한다.

15 30°의 고정식 태양광발전소 운전 시 우리나라의 남해안에서 연중대비 5~6월에 발생하는 현상으로 가장 옳은 설명은?

① 태양의 고도가 연중 제일 높아 출력이 가장 높다.
② 온도 상승에 의한 출력 감소가 연중 제일 높다.
③ 일사량(시간)에 의한 발전은 7, 8월 대비 두 번째로 높다.
④ 양축식 대비 단축식의 출력이 연중 가장 높다.

해설
- 태양광발전소의 계절별 발전량은 일반적으로 봄, 가을이 높고 여름, 겨울이 낮다.
- 온도 상승에 의한 출력 감소가 더운 여름이 제일 높다.
- 고정식보다는 단축식의 출력이 높고, 단축식보다는 양축식의 출력이 높다.

16 태양광발전설비공사의 철근콘크리트 또는 철골구조부를 제외한 시설공사의 하자담보책임기간은?

① 1년　　② 3년
③ 5년　　④ 7년

해설　신재생에너지설비의 하자보증기간은 일반적으로 3년이다(지열이용설비 중 개방형의 경우는 5년).

14 ④　15 ①　16 ②　정답

17 **태양광발전설비가 개방된 곳에 설치되어 있다면 낙뢰로부터 보호하기 위해 설치하는 것은?**

① 피뢰침 ② 역류방지장치
③ 바이패스장치 ④ 발광다이오드

해설 피뢰침은 낙뢰 우려가 있는 곳에 설치하여 낙뢰로부터 보호한다.

18 **태양광발전설비 중 태양전지 어레이의 육안점검 항목이 아닌 것은?**

① 표면의 오염 및 파손상태
② 접속 케이블의 손상 여부
③ 지지대의 부식 여부
④ 표시부의 이상상태

해설 표시부의 이상상태는 일상점검의 인버터 육안점검 항목이다.

19 **다음은 2.4Ω의 저항 부하를 갖는 단상 반파브리지 인버터이다. 직류 입력전압(V_S)이 48V이면 출력은 몇 W인가?**

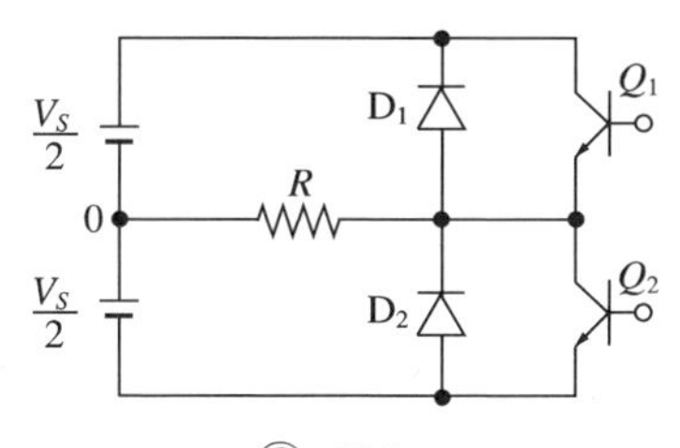

① 240 ② 480
③ 720 ④ 960

해설 단상 반파브리지 인버터의 회로에 전압 $\frac{V_S}{2}$, 부하저항 R, 다이오드 D_1, D_2 트랜지스터 Q_1, Q_2로 이루어져 있다.

여기에 흐르는 전류 $I = \frac{\frac{V_S}{2}}{R} = \frac{24}{2.4} = 10\text{A}$ 인데, 반주기만 전류가 흐르므로

출력 $\frac{1}{2}P = \frac{1}{2}V \times I = \frac{1}{2} \times 24 \times 10 = 120\text{W}$이다.

회로의 아랫부분의 반주기를 더하면 전체 출력은 $120 + 120 = 240\text{W}$이다.

정답 17 ① 18 ④ 19 ①

20 **태양전지 어레이를 지상에 설치하여 배선 케이블을 매설할 때는 케이블을 보호처리하고, 그 길이가 몇 m를 넘는 경우에 지중함을 설치하는가?**

① 10　　② 15
③ 30　　④ 50

해설 **태양전지 어레이를 지상에 설치하는 경우**

- 지중배선 또는 지중배관인 경우, 중량물의 압력을 받을 우려가 없도록 하고 그 길이가 30m를 초과하는 경우는 중간개소에 지중함을 설치할 수 있다.
- 지반 침하 등이 발생해도 배관이 도중에 손상, 절단되지 않도록 배관 도중에 조인트가 없는 시공을 하고 또한 지중함 내에는 케이블 길이에 여유를 둔다.
- 지중전선로 매입개소에는 필요에 따라 매설깊이, 전선의 방향 등 지상으로부터 용이하게 확인할 수 있도록 표식 등을 시설하는 것이 바람직하다.
- 지중배관과 지표면의 중간에 매설 표시막을 포설한다.

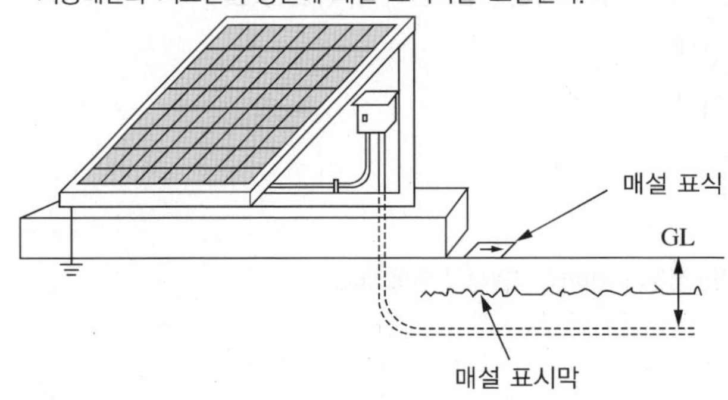

[지중배선의 시설]

21 **전기안전관리 대행 범위가 700kW 초과인 전기설비 규모인 경우의 점검 주기로 옳은 것은?**

① 월 1회 이상
② 월 2회 이상
③ 월 3회 이상
④ 월 4회 이상

해설 **전기안전관리법 시행규칙 제31조(전기안전관리업의 대행범위 등)**

용량별	300kW 이하	500kW 이하	700kW 이하	1,500kW 이하	2,000kW 이하	4,500kW 미만	공사 중인 전기설비
횟수	월 1회 이상	월 2회 이상	월 3회 이상	월 4회 이상	월 5회 이상	월 6회 이상	매주 1회 이상

20 ③　21 ④ 정답

22 **태양광발전 설계에 AM = 1.5가 적용되는 경우 태양과 지표와의 각도는 몇 도(°)인가?**

① 30°　　② 42°

③ 60°　　④ 90°

해설 태양과 지표의 각도 $= \sin^{-1}\left(\dfrac{1}{AM}\right) = \sin^{-1}\left(\dfrac{1}{1.5}\right) \fallingdotseq 41.8 \fallingdotseq 42°$

23 **전압계가 일반적으로 가지고 있어야 하는 특성은?**

① 높은 내부저항

② 낮은 외부저항

③ 높은 강도

④ 큰 전류를 잘 견딜 능력

해설
- 전압계 : 회로에 병렬연결 측정, 이상적으로는 내부저항이 무한대(∞)
- 전류계 : 회로에 직렬연결 측정, 이상적으로는 내부저항이 영(0)

24 **독립형 태양광발전시스템은 매일 충·방전을 반복해야 한다. 이 경우 축전지의 수명에 직접적으로 영향을 미치는 것은?**

① 용량환산계수

② 보수율

③ 평균 방전전류

④ 방전심도

해설 축전지의 수명은 방전심도, 방전횟수, 사용온도에 영향을 받으며, 이 중 수명에 직접적으로 영향을 미치는 것은 방전심도이다.

정답 22 ② 23 ① 24 ④

25 **태양광발전시스템의 계측에서 검출기로 검출된 데이터를 컴퓨터 및 먼 거리에 설치한 표시장치에 전송하는 경우 사용하는 것은?**

① 검출기
② 신호변환기
③ 연산장치
④ 기억장치

해설 ② 신호변환기(트랜스듀서) : 검출기에서 검출된 데이터를 컴퓨터 및 먼 거리에 설치된 표시장치에 전송하는 경우에 사용한다.
① 검출기(센서) : 직류회로의 전압, 전류 검출, 일사강도, 기온, 태양전지 어레이의 온도, 풍향, 습도 등의 검출기를 필요에 따라 설치한다.
③ 연산장치 : 직류전력처럼 검출 데이터를 연산해야 하고, 짧은 시간의 계측 데이터를 적산하여 평균값을 얻는 데 사용한다.
④ 기억장치 : 계측장치 자체에 기억장치가 있는 것이 있고, 컴퓨터를 이용하지 않고 메모리 카드를 사용하기도 한다.

26 **발전소에서 생산된 전기를 배전사업자에게 송전하는 데 필요한 전기설비를 설치·관리하는 것을 주된 사업으로 하는 것은?**

① 배전사업
② 발전사업
③ 송전사업
④ 전기사업

27 **피뢰기가 구비해야 할 조건으로 잘못 설명한 것은?**

① 속류의 차단능력이 충분할 것
② 상용주파 방전개시전압이 높을 것
③ 충격 방전개시전압이 낮을 것
④ 방전내량이 작으면서 제한전압이 높을 것

해설 **피뢰기(LA) 구비조건** : 충격 방전개시전압이 낮고, 상용주파 방전개시전압이 높을 것, 속류의 차단능력이 충분할 것, 방전내량이 크고 제한전압이 낮을 것

25 ② 26 ③ 27 ④ 정답

28 **합성수지관공사에서 관의 지지점 간의 거리는 몇 m 이하로 하여야 하는가?**

① 1.0　　② 1.5
③ 2.0　　④ 2.5

해설 **KEC 232.11.3(합성수지관 및 부속품의 시설)**
- 관 상호 간 및 박스와는 관을 삽입하는 깊이를 관의 바깥지름의 1.2배(접착제를 사용하는 경우에는 0.8배) 이상으로 하고 또한 꽂음 접속에 의하여 견고하게 접속할 것
- 관의 지지점 간의 거리는 1.5m 이하로 하고, 또한 그 지지점은 관의 끝·관과 박스의 접속점 및 관 상호 간의 접속점 등에 가까운 곳에 시설할 것

29 **송변전 설비의 유지관리를 위한 점검의 분류와 점검주기의 방법이 틀린 것은?**

① 무정전 상태에서는 점검하지 않는다.
② 점검주기는 일상순시점검, 정기점검, 일시점검 등이 있다.
③ 모선정전의 심각한 사고방지를 위해 3년에 1번 정도 점검하는 것이 좋다.
④ 무정전 상태에서도 문을 열고 점검할 수 있으며, 1개월에 1회 정도는 문을 열고 점검하는 것이 좋다.

해설 **송변전 설비의 유지관리**
- 점검주기는 대상기기의 환경조건, 운전조건, 설비의 중요성, 경과연수 등에 의하여 영향을 받는다. 이를 고려하여 점검주기를 선정한다.
- 무정전의 상태에서도 문을 열고 점검할 수 있으며, 1개월에 1회 정도는 문을 열고 점검하는 것이 좋다.
- 모선정전의 기회는 별로 없으나 심각한 사고를 방지하기 위해 3년에 1번 정도 점검하는 것이 좋다.

30 **태양전지 모듈의 표준시험조건에서 전지온도는 25℃를 기준으로 하고 있다. 허용오차 범위로 옳은 것은?**

① 25±0.5℃　　② 25±1℃
③ 25±2℃　　④ 25±3℃

해설 **태양전지 모듈의 성능평가를 위한 표준검사조건(STC ; Standard Test Condition)**
- 1,000W/m^2 세기의 수직 복사 에너지
- 허용 오차 ±2℃의 25℃의 태양전지 표면온도
- 대기질량정수 AM = 1.5

정답 28 ② 29 ① 30 ③

31 태양전지 어레이 회로의 절연내력 측정 시 최대 사용전압의 몇 배의 직류전압을 인가하는가?

① 1.5 ② 2.5
③ 3.5 ④ 4.5

해설 **KEC 134(연료전지 및 태양전지 모듈의 절연내력)**
태양전지 모듈은 최대사용전압 1.5배의 직류전압 또는 1배의 교류전압(500V 미만 경우 500V)을 충전부분과 대지 사이에 연속하여 10분간 가하여 절연내력을 시험하였을 때에 이에 견디는 것이어야 한다.

32 인버터의 직류동작전압을 일정시간 간격으로 약간 변동시켜 그때의 태양전지 출력전력을 계측하여 사전에 발생한 부분과 비교를 하게 되고 항상 전력이 크게 되는 방향으로 인버터의 직류전압을 변화시키는 기능은?

① 자동운전 정지제어기능
② 직류 검출제어기능
③ 최대전력 추종제어기능
④ 자동전압 조정기능

해설
- 최대전력 추종제어기능 : 태양전지 출력은 일사량, 태양전지 셀 온도에 따라 변동하는데 이런 변동에 대해 항상 최대출력점을 추종하도록 하여 최대출력을 얻을 수 있도록 한다.
- 자동운전 정지기능 : 일사량이 증대되어 출력 가능한 조건이 되면 자동으로 운전을 시작, 일사량 감소 시 자동으로 운전이 정지된다.
- 직류 검출제어기능 : 인버터출력이 직접계통 접속으로 이어지기 때문에 직류전압이 있으면 계통에 좋지 않은 영향을 미친다. 따라서 직류성분을 검출 및 제어하는 기능을 한다.
- 자동전압 조정기능 : 변압기를 사용하지 않고 계통연계된 태양광발전시스템에서 자동전압 조정기능을 설치하여 전압 상승을 방지한다.
- 단독운전 방지기능 : 계통시스템이 정전될 때 단독운전을 방지하는 기능이 작동되어 시스템이 안전하게 정지할 수 있도록 한다.

33 분산형 전원 계통연계기술기준에서 전력품질에 들어가지 않는 항목은?

① 전압관리 ② 주파수관리
③ 역률관리 ④ 발전량관리

해설 **분산형 전원 배전계통연계기술기준**
- 직류 유입 제한(0.5% 이하)
- 역률 90% 이상
- 플리커
- 고조파

31 ① 32 ③ 33 ④ 정답

34 태양전지어레이 점검 시 가장 먼저 점검해야 하는 것은?

① 단락전류　　② 정격전류
③ 개방전압　　④ 단락전압

해설 태양전지어레이 점검 시 시험성적서와 실제 측정값이 동일한지를 확인하는 것이 최우선이므로 가장 먼저 점검해야 하는 것은 개방전압이다.

35 태양광발전설비의 모니터링 항목으로 옳은 것은?

① 전력소비량　　② 일일발전량
③ 일일열생산량　　④ 에너지소비량

해설 태양광발전소 종합모니터링 시스템은 발전소의 현재 발전량 및 누적량, 각 장비별 경보 현황 등을 실시간 모니터링하여 체계적이고 효율적으로 관리하기 위한 설비이다.

36 태양광발전시스템 모니터링 프로그램의 기본기능이 아닌 것은?

① 데이터 수집기능　　② 데이터 저장기능
③ 데이터 정정기능　　④ 데이터 분석기능

해설 태양광발전시스템의 모니터링 프로그램의 기본기능은 데이터 수집, 저장, 분석이다.

37 태양광발전시스템의 장점으로 옳지 않은 것은?

① 햇빛이 있는 곳이면 어느 곳에서나 간단히 설치할 수 있다.
② 한 번 설치해 놓으면 유지비용이 거의 들지 않는다.
③ 무소음 및 무진동으로 환경오염을 일으키지 않는다.
④ 낮은 에너지 밀도로 다량의 전기를 생산할 때는 많은 공간을 차지한다.

해설 ④는 태양광발전설비시스템의 단점이다.

정답 34 ③ 35 ② 36 ③ 37 ④

38 **태양광발전시스템의 유지보수를 위한 고려사항으로 틀린 것은?**

① 태양광시스템의 발전량을 정기적으로 기록 및 확인한다.
② 태양광시스템의 낙뢰 보호를 위해 비가 오면 강제 정지시킨다.
③ 태양전지 모듈의 오염을 제거하기 위해 정기적으로 모듈 청소를 한다.
④ 태양전지 모듈에 발생하는 음영을 정기적으로 조사하여 원인을 제거한다.

해설 태양광 시스템은 비가 와도 강제로 정지하지 않는다.

39 **점검 계획의 수립에 있어서 고려해야 할 사항이 아닌 것은?**

① 환경조건
② 설비의 중요도
③ 정상 가동시간
④ 설비의 사용기간

해설 **점검 계획의 수립에 있어서 고려해야 할 사항**
설비의 사용기간, 설비의 중요도, 환경조건, 고장이력, 부하상태

40 **인버터 이상신호 조치방법 중 태양전지의 전압 이상으로 전압 점검 후 정상이 되면 몇 분 후에 재기동하여야 하는가?**

① 5 ② 7
③ 9 ④ 10

해설 전압 이상 시 투입저지 시한 타이머에 의해 인버터가 정지하며 5분 후 자동 기동한다.

41 **축전지 과충전 시 발생하는 현상이 아닌 것은?**

① 축전지의 부식 ② 가스 발생
③ 전해액 감소 ④ 침전물 발생

해설 **축전지의 충·방전 시 일어나는 현상**
• 과충전 : 부식이 일어나고 가스가 발생하여 전해액이 감소
• 과방전 : 일정전압 이하로 감소하면 축전지에서 침전물이 생기고 성능이 저하

38 ② 39 ③ 40 ① 41 ④ 정답

42 **최대출력이 102W이고 동작전압이 34V인 태양전지 모듈을 사용하여 필요용량이 3kW이고 필요전압이 200V인 태양광발전시스템을 구성하기 위한 모듈수는 몇 개가 필요한가?**

① 25 ② 30
③ 35 ④ 40

해설 필요한 태양전지의 모듈수는 $\frac{\text{전체시설용량}}{\text{1개의 모듈용량}} = \frac{3,000}{102} \fallingdotseq 29.412$개 올림하여 30개의 태양전지 모듈이 필요하다.

43 **바이패스 소자의 역내 전압은 셀의 최대 출력전압의 몇 배 이상이 되도록 선정해야 하는가?**

① 0.7 ② 1.5
③ 2.0 ④ 3.5

해설
- 바이패스 다이오드는 스트링의 공칭 최대출력 동작전압의 1.5배 이상의 역내압을 가진 소자를 사용한다.
- 접속함 내에 역류방지 다이오드가 설치되는 경우 역류방지 다이오드 용량은 접속함 회로의 정격전류보다 1.4배 이상의 전류정격과 정격전압보다 1.2배 이상의 전압정격을 가져야 한다.

44 **특고압 22.9kV로 태양광발전시스템을 한전선로에 계통연계할 때 순서로 옳은 것은?**

① 인버터 → 저압반 → 변압기 → 고압반 → MOF → LBS
② 인버터 → 저압반 → LBS → MOF → 변압기 → 고압반
③ 인버터 → 변압기 → 저압반 → 고압반 → MOF → LBS
④ 인버터 → LBS → MOF → 저압반 → 변압기 → 고압반

해설 **계통연계 순서**
태양전지 → 인버터 → 저압반 → 변압기 → 고압반 → MOF → LBS
※ 부하개폐기 : LBS, 계기용 변성기 : MOF, PCT

45 **한전과 발전사업자 간의 책임분계점 기기는?**

① LBS ② PT
③ COS ④ 피뢰기

해설 ③ COS : 책임분계점
① LBS : 부하개폐기
② PT : 계기용 변압기

정답 42 ② 43 ② 44 ① 45 ③

46 **피뢰시스템의 구성 중 내부 피뢰시스템으로 옳은 것은?**

① 수뢰부시스템　② 접지극시스템
③ 피뢰등전위본딩　④ 인하도선시스템

해설 **피뢰시스템(뇌보호시스템)**
- 외부 뇌보호 : 수뢰부, 인하도선, 접지극, 차폐, 안전이격거리
- 내부 뇌보호 : 등전위본딩, 차폐, 안전이격거리, 서지보호장치(SPD), 접지

47 **주택용 태양광발전시스템 시공 순서 중 빈칸에 알맞은 것은?**

토목공사 → (　　　　) → 기기설치공사 → 전기배관배선공사 → 점검 및 검사

① 지반공사　② 어레이 설치 공사
③ 반입자재검수　④ 접속함 배선공사

48 **기본파의 3%인 제3고조파와 4%인 제5고조파, 1%인 제7고조파를 포함하는 전압파의 왜형률은?**

① 약 2.7%　② 약 5.1%
③ 약 7.7%　④ 약 14.1%

해설 $\text{왜형률} = \dfrac{\text{전 고조파의 실횻값}}{\text{기본파의 실횻값}} \times 100\%$

$$D = \frac{\sqrt{V_3^2 + V_5^2 + V_7^2}}{V} = \frac{\sqrt{3^2 + 4^2 + 1^2}}{100} \times 100 \fallingdotseq 5.1\%$$

49 **태양광발전시스템 구조물의 상정하중 계산 시 고려사항이 아닌 것은?**

① 적설하중　② 지진하중
③ 고정하중　④ 전단하중

해설 상정하중은 수직하중(고정하중, 적설하중, 활하중)과 수평하중(풍하중, 지진하중)으로 구분한다.

46 ③　47 ③　48 ②　49 ④ 정답

50 태양광발전설비의 고장 요인이 가장 많은 곳은?

① 전선
② 모듈
③ 인버터
④ 구조물

해설 태양광발전설비의 대부분의 고장 요인은 인버터이다.

51 볼트를 일정한 힘으로 죄는 공구는?

① 드라이버
② 스패너
③ 펜치
④ 토크렌치

해설
- 드라이버 : 나사를 돌릴 때
- 스패너 : 볼트, 너트를 조일 때
- 펜치 : 전선의 절단, 접속, 바인드 등에 사용

52 태양전지 모듈 뒷면에 기재된 전기적 출력 특성으로 틀린 것은?

① 온도계수(T_0)
② 개방전압(V_{oc})
③ 단락전류(I_{sc})
④ 최대출력($P_{\max}$)

해설 **태양전지 모듈의 전기적 출력 특성 기재**
- 최대출력($P_{\max}$) : 최대출력 동작전압($V_{\max}$)×최대출력 동작전압($I_{\max}$)
- 개방전압(V_{oc}) : 태양전지 양극 간을 개방한 상태의 전압
- 단락전류(I_{sc}) : 태양전지 양극 간을 단락한 상태에서 흐르는 전류
- 최대출력 동작전압($V_{\max}$) : 최대출력 시 동작전압
- 최대출력 동작전류($I_{\max}$) : 최대출력 시 동작전류

정답 50 ③ 51 ④ 52 ①

53 **태양광 전기설비 화재의 원인으로 가장 거리가 먼 것은?**

① 누전
② 단락
③ 저전압
④ 접촉부 과열

해설 전기설비 화재의 원인 중 발생별로 보면 스파크(단락) 24%, 누전 15%, 접촉부의 과열 12%, 절연 열화에 의한 발열 11%, 과전류 8% 정도의 비율로 원인이 되고 있다.

54 **태양광발전시스템의 인버터 설치 시공 전에 확인 사항이 아닌 것은?**

① 입력 허용전류 및 입력 전압범위
② 배선접속방법 및 설치위치
③ 접속가능 전선 굵기 및 회선 수
④ 효율 및 수명

해설 인버터의 효율 및 수명은 인버터 선정 시 고려해야 한다.

55 **태양광발전소의 최대개방전압이 1,200V인 경우 지표면과 울타리·담 등의 하단 사이의 간격은 몇 m 이하로 하여야 하는가?**

① 0.05
② 0.1
③ 0.15
④ 0.2

해설 **태양광발전소 울타리·담 시설**
- 태양광발전소의 최대개방전압이 직류 750V 초과 1,500V 이하인 경우 높이 2m 이상의 울타리 설치
- 울타리 하단과 지표면 사이의 간격은 0.15m 이하로 설치

53 ③ 54 ④ 55 ③ 정답

56 전기안전관리업무를 개인대행자가 대행할 수 있는 태양광발전설비의 용량은?

① 200kW 미만
② 250kW 미만
③ 300kW 미만
④ 350kW 미만

해설 **전기안전관리법 시행규칙 제26조(전기안전관리업무 대행 규모)**
개인대행자는 다음의 어느 하나에 해당하는 전기설비(둘 이상의 용량의 합계가 1,550kW 미만인 전기설비로 한정)를 대행할 수 있다.

- 전기수용설비 : 용량 500kW 미만인 것
- 신재생에너지 발전설비 중 태양광발전설비 : 용량 250kW(원격감시 · 제어기능을 갖춘 경우 용량 750kW) 미만인 것
- 전기사업용 신재생에너지 발전설비 중 연료전지발전설비(원격감시 · 제어기능을 갖춘 것으로 한정) : 용량 250kW 미만인 것
- 그 밖의 발전설비(전기사업용 신재생에너지 발전설비의 경우 원격감시 · 제어기능을 갖춘 것으로 한정한다) : 용량 150kW(비상용 예비발전설비의 경우에는 용량 300kW) 미만인 것

57 신재생에너지발전사업자가 생산한 전력을 전력시장에서 거래하지 않고 직접 전기판매사업자와 거래할 수 있는 발전설비용량은?

① 1,000kW 이하
② 2,000kW 이하
③ 3,000kW 이하
④ 4,000kW 이하

해설 **전기사업법 시행령 제19조(전력거래)**
신재생에너지발전사업자가 1,000kW 이하의 발전설비용량을 이용하여 생산한 전력을 거래하는 경우에는 전력시장에서 전력을 거래하지 않을 수 있다.

58 태양광발전시스템의 유지보수 관점에서의 점검의 종류가 아닌 것은?

① 사용 전 점검
② 일상점검
③ 정기점검
④ 임시점검

해설 유지보수 관점에서의 점검의 종류는 일상점검, 정기점검, 임시점검이 있다.

※ KEC(한국전기설비규정) 적용 및 관련 법령 개정으로 삭제된 문제가 있어 60문항이 되지 않음을 알려드립니다.

정답 56 ② 57 ① 58 ①

2020년 제 3 회 과년도 기출복원문제

01 태양전지의 변화효율을 높이기 위한 방법으로 틀린 것은?

① 많은 빛이 반도체 내부에서 흡수되도록 하여야 한다.
② 태양광 입사량을 높이고 온도를 높게 유지해야 한다.
③ 빛에 의해 생성된 전자와 정공쌍이 소멸되지 않고 외부회로까지 전달되도록 해야 한다.
④ PN 접합부에 큰 전기장이 발생하도록 소재 및 공정을 설계해야 한다.

해설 태양전지의 온도가 상승하면 출력이 감소하여 효율이 떨어진다.

02 화석연료, 즉 천연가스, 메탄올, 석유 등으로부터 수소를 추출하여 수소를 많이 포함하는 가스로 변화시키는 장치는?

① 셀 ② 스택
③ 개질기 ④ 인버터

해설
- 연료 개질기 : 화학적으로 수소를 함유하는 일반 연료(LPG, LNG, 메탄, 석탄가스, 메탄올 등)로부터 연료전지가 요구하는 수소를 많이 포함하는 가스로 변환하는 장치이다.
- 스택(stack) : 연료전지의 핵심 장치로 원하는 전기출력을 얻기 위해 단위전지를 수십장, 수백장 직렬로 쌓아 올린 본체
- 인버터(inverter) : 직류(DC)를 우리가 사용하는 교류(AC)로 변환시키는 장치

03 수소와 산소의 화학반응으로 생기는 화학에너지를 직접 전기에너지로 변환시키는 신재생에너지는?

① 태양광
② 연료전지
③ 바이오에너지
④ 석탄을 가스화한 에너지

해설 연료전지는 수소와 산소의 화학반응으로 생기는 화학에너지를 직접 전기에너지로 변환시키는 기술이다. 발전효율은 전기에너지 30~40%, 열효율 40% 이상으로 총 70~80%의 효율을 갖는 신에너지 기술이다.

1 ② 2 ③ 3 ② 정답

04 **태양광 인버터의 이상적 설치 장소가 아닌 것은?**

① 옥외 습도가 높은 장소
② 시원하고 건조한 장소
③ 통풍이 잘 되는 장소
④ 먼지 또는 유독가스가 발생되지 않는 장소

해설 전기설비에는 습기가 좋지 않다.

05 **용량 30Ah의 납축전지는 2A의 전류로 몇 시간을 사용할 수 있는가?**

① 3시간
② 15시간
③ 7시간
④ 30시간

해설 사용시간 = 30 ÷ 2 = 15h

06 **태양전지 어레이와 인버터의 접속방식이 아닌 것은?**

① 중앙 집중형 인버터 방식
② 스트링 인버터 방식
③ 마스터-슬레이브 방식
④ 다중접속 인버터 방식

해설
- 중앙 집중형 인버터 방식 : 많은 수의 모듈을 직·병렬 연결하여 하나의 인버터와 연결하는 중앙 집중 방식을 많이 구축하였으나 단위 모듈마다 출력이 달라 최대 추종 효율성이 떨어진다.
- 스트링 인버터 방식 : 중앙 집중형 인버터 방식의 단점을 보완하기 위하여 하나의 직렬군은 하나의 인버터와 결합(String 방식)하여 시스템의 효율을 증가시키고 있다. 그러나 다수의 인버터로 인해 투자비가 증가하는 단점이 발생한다.
- 마스터-슬레이브 방식(Master-Slave) : 대규모 태양광발전시스템은 마스터-슬레이브 제어방식을 주로 이용한다. 특징으로는 중앙 집중식의 인버터를 2~3개 결합하여 총출력의 크기에 따라 몇 개의 인버터로 분리함으로써 한 개의 인버터로 중앙 집중식으로 운전하는 것보다 효율은 향상된다.
- 모듈 인버터 방식(AC 모듈) : 부분 음영이 있는 곳에서도 높은 시스템 효율을 얻기 위해서는 모듈마다 제각기 연결하는 방식으로 모든 모듈이 제각기 최대출력점에서 작동하는 것으로 가장 유리하다.

정답 4 ① 5 ② 6 ④

07 인버터의 스위칭 주기가 10ms이면 주파수는 몇 Hz인가?

① 10

② 20

③ 60

④ 100

해설 주파수 $f = \frac{1}{T} = \frac{1}{10 \times 10^{-3}} = 100\text{Hz}$

08 트랜스리스 방식 인버터 제어회로의 주요 기능이 아닌 것은?

① 전압·전류 제어기능

② MPPT 제어기능

③ 전력변환 기능

④ 계통연계 보호기능

해설
- 인버터의 역할 : 직류전력을 교류전력으로 변환
- 인버터의 주요기능 : 자동운전정지, 최대전력추종, 단독운전방지, 자동전압조정, 직류검출, 직류지락검출, 계통연계 보호기능 등

09 역류방지 다이오드의 용량은 접속함 회로의 정격전류의 몇 배 이상으로 설계하는가?

① 1.25

② 1.4

③ 1.5

④ 2

해설 접속함 내에 역류방지 다이오드가 설치되는 경우 역류방지 다이오드 용량은 접속함 회로의 정격전류보다 1.4배 이상의 전류정격과 정격전압보다 1.2배 이상의 전압정격을 가져야 한다.

7 ④ 8 ③ 9 ② 정답

10 태양광발전시스템을 계통에 접속하여 역송전운전을 하는 경우에 전력전송을 위한 수전점의 전압이 상승하여 전력회사의 운용범위를 넘지 못하게 하는 인버터의 기능은?

① 자동운전 정지기능
② 계통연계 보호기능
③ 단독운전 방지기능
④ 자동전압 조정기능

해설 **인버터의 기능**

- 자동운전 정지기능 : 일사량이 증대되어 출력 가능한 조건이 되면 자동으로 운전을 시작, 일사량 감소 시 자동으로 운전이 정지된다.
- 최대전력 추종제어기능 : 태양전지 출력은 일사량, 태양전지 셀 온도에 따라 변동하는데 이런 변동에 대해 항상 최대출력점을 추종하도록 하여 최대출력을 얻을 수 있도록 한다.
- 단독운전 방지기능 : 계통시스템이 정전될 때 단독운전을 방지하는 기능이 작동되어 시스템이 안전하게 정지할 수 있도록 한다.
- 자동전압 조정기능 : 변압기를 사용하지 않고 계통연계된 태양광발전시스템에서 자동전압 조정기능을 설치하여 전압 상승을 방지한다.
- 직류 검출제어기능 : 인버터 출력이 직접계통접속으로 이어지기 때문에 직류전압이 있으면 계통에 좋지 않은 영향을 미친다. 따라서 직류성분을 검출 및 제어하는 기능을 한다.

11 태양에너지의 장점으로 옳은 것은?

① 청정에너지로 석유나 석탄 같이 환경오염이 없다.
② 에너지 밀도가 낮다.
③ 에너지 생산이 날씨에 영향을 많이 받는다.
④ 모든 지역에서 발전량이 일정하다.

해설 **태양에너지의 장점**

환경오염이 없고, 설치가 간단하고 유지비용이 작고, 무소음, 무진동으로 수명이 길다.

12 태양광발전시스템에 사용하는 인버터는 전력을 변화시키는 것뿐만 아니라 태양전지의 성능을 최대한으로 끌어내기 위한 여러 가지 기능이 있는데, 다음 중 그 기능에 해당하지 않는 것은?

① 자동운전 정지기능
② 단독운전 방지기능
③ 역률제어 기능
④ 최대전력 추종제어기능

해설 **태양광발전용 인버터의 기능**

자동운전 정지기능, 최대전력 추종제어기능, 단독운전 방지기능, 자동전압 제어기능, 직류검출기능, 직류지락검출기능 등이 있다.

정답 10 ④ 11 ① 12 ③

13 n개의 태양전지를 직·병렬로 접속한 경우의 설명으로 옳은 것은?

① 태양전지를 직렬로 접속하면 전압은 n배로 높아진다.
② 태양전지를 직렬로 접속하면 전류는 n배로 높아진다.
③ 태양전지를 병렬로 접속하면 전압은 n배로 높아진다.
④ 태양전지를 병렬로 접속하면 전류는 변하지 않는다.

해설
- 태양전지 n개를 직렬로 연결하면 전압은 n배로 높아지고, 전류는 일정(1배)하다.
- 태양전지 n개를 병렬로 연결하면 전압은 일정(1배)하고, 전류는 n배로 높아진다.

14 무변압기형 인버터의 장점이 아닌 것은?

① 높은 효율
② 무게 감소
③ 크기 감소
④ 전자기 간섭 감소

해설 무변압기형 인버터는 소형, 경량, 고효율의 장점을 갖고 있지만, 고주파 스위칭에 의한 전자기 간섭이 커지는 단점이 있다.

15 수력발전에서 사용되는 수차가 아닌 것은?

① 카플란
② 허브로터
③ 프란시스
④ 펠턴

해설 **수력발전에 사용하는 수차의 종류**
- 저낙차 : 2~20m(카플란, 프란시스 수차)
- 중낙차 : 20~150m(프로펠러, 카플란, 프란시스 수차)
- 고낙차 : 150m 이상(펠턴 수차)

13 ① 14 ④ 15 ② 정답

16 2,000kW, 역률 75%인 부하를 역률 95%까지 개선하는 데 필요한 콘덴서의 용량은 약 몇 kVA 인가?

① 916

② 1,106

③ 1,306

④ 1,506

해설 **콘덴서 용량**

$$Q_C = P\tan\theta_1 - P\tan\theta_2 = P(\tan\theta_1 - \tan\theta_2)$$

$$= P\left(\frac{\sin\theta_1}{\cos\theta_1} - \frac{\sin\theta_2}{\cos\theta_2}\right)$$

$$= P\left(\frac{\sqrt{1-\cos^2\theta_1}}{\cos\theta_1} - \frac{\sqrt{1-\cos^2\theta_2}}{\cos\theta_2}\right)$$

$\cos\theta_1$: 개선 전 역률, $\cos\theta_2$: 개선 후 역률

$$Q_C = P\left(\frac{\sqrt{1-\cos^2\theta_1}}{\cos\theta_1} - \frac{\sqrt{1-\cos^2\theta_2}}{\cos\theta_2}\right)$$

$$= 2{,}000\left(\frac{\sqrt{1-0.75^2}}{0.75} - \frac{\sqrt{1-0.95^2}}{0.95}\right)$$

$$\fallingdotseq 2{,}000(0.882-0.329) = 1{,}106\text{kVA}$$

17 피뢰시스템의 구성 중 내부 피뢰시스템으로 옳은 것은?

① 수뢰부시스템

② 접지극시스템

③ 피뢰등전위본딩

④ 인하도선시스템

해설 **피뢰시스템(뇌보호시스템)**

- 외부 뇌보호 : 수뢰부, 인하도선, 접지극, 차폐, 안전이격거리
- 내부 뇌보호 : 등전위본딩, 차폐, 안전이격거리, 서지보호장치(SPD), 접지

정답 16 ② 17 ③

18 다음 그림과 같이 지붕 위에 설치한 태양전지 어레이에서 접속함으로 복수의 케이블을 배선하는 경우 케이블은 반드시 물빼기를 하여야 한다. 그림에서 P점의 케이블은 외경의 몇 배 이상으로 구부려 설치하여야 하는가?

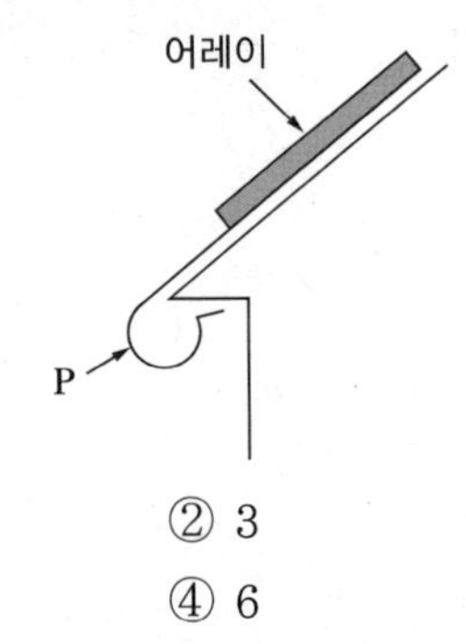

① 2
② 3
③ 4
④ 6

해설 문제의 그림과 같이 물의 침입을 방지하기 위한 차수처리를 해야 한다. 원칙적으로 케이블 지름의 6배 이상인 반경으로 배선한다.

19 케이블트레이 시공방식의 장점이 아닌 것은?

① 방열특성이 좋다.
② 허용전류가 크다.
③ 장래부하 증설 시 대응력이 좋다.
④ 재해의 영향을 거의 받지 않는다.

해설 케이블트레이는 금속제로 만들어지며, 보통 사다리 모양으로 개방되어 있는 재해의 영향을 받기 쉽다.

20 분산형 전원 배전계통 연계기술기준 중 단독운전방지를 위한 가압중지시간은 몇 초 이내로 하여야 하는가?

① 0.1
② 0.2
③ 0.5
④ 1

해설 단독운전상태가 발생할 경우 해당 분산형 연계시스템은 이를 감지하여 0.5초 이내에 한전계통에 대한 가압을 중지해야 한다.

18 ④ 19 ④ 20 ③ 정답

21 장거리 전력송전에 고전압이 사용되는 이유는?

① 저전압보다 조절하기가 더 쉽다.
② 손실이 감소한다.
③ 전자기장이 크다.
④ 작은 변압기가 사용된다.

해설 전력손실($P_l = I^2 \times R$)을 줄이기 위해 전압을 높여 전류를 낮추면 전력손실이 감소한다.

22 태양광발전시스템과 분산전원의 전력계통 연계 시 장점이 아닌 것은?

① 배전선로 이용률이 향상된다.
② 공급 신뢰도가 향상된다.
③ 고장 시의 단락용량이 줄어든다.
④ 부하율이 향상된다.

해설 **분산형 전원의 전력계통 연계 시 장단점**

- 장점 : 배전선로 이용률이 높아짐, 공급 신뢰도 향상, 부하율이 높아짐, 백업설비 불필요
- 단점 : 고장 시 단락용량이 커짐, 계통의 전력품질(전압, 주파수)이 저하, 고조파 유입

23 강우 시 태양전지 모듈 표면으로 흙탕물이 튀는 것을 방지하기 위해서 지면으로부터 몇 m 이상의 높이에 설치하는가?

① 0.4　　② 0.6
③ 0.8　　④ 1.0

해설 **표준 모듈 설치 환경**

- 방향 및 경사각 : 모듈 전면이 정남을 향하고, 경사각은 수평면 기준으로 45±5°
- 높이 : 지면이나 기준 평면으로부터 0.6m 이상의 높이에 설치

정답 21 ② 22 ③ 23 ②

24 태양광발전시스템의 접속함 설치 시공 시 확인하여야 할 사항이 아닌 것은?

① 설치장소가 설계도면과 일치하는지를 확인한다.
② 설계의 적정성과 제조사가 건전한 회사인지를 확인한다.
③ 유지관리의 편리성을 고려한 설치방법인지를 확인한다.
④ 접속함의 사양과 실제 설치한 접속함이 일치하는지를 확인한다.

해설 접속함 설치 시공 시에는 설계의 적정성과 제조사가 건전한 회사인지를 확인하는 것은 계획(설계감리) 단계에서 해야 하는 부분이다.

25 인버터의 효율 중에서 모듈 출력이 최대가 되는 최대전력점(MPP ; Maximum Power Point)을 찾는 기술에 대한 효율은 무엇인가?

① 변환효율　② 추적효율
③ 유로효율　④ 최대효율

해설 인버터는 태양전지 출력(최대전력)의 크기가 시시각각(온도, 일사량) 변함에 따라 태양전지 최대전력점을 추적제어한다. 이때의 태양전지의 효율을 추적효율이라고 한다.

- 최대효율 : 전력변환(AC → DC, DC → AC)을 시행할 때, 최고의 변환효율을 나타내는 단위를 말한다(일반적으로 75%에서 최고의 변환효율).

$$\eta_{\max} = \frac{P_{AC}}{P_{DC}} \times 100\%$$

- European 효율
  0.03 × (5% 부하에서의 효율) + 0.06 × (10% 부하에서의 효율) + 0.13 × (20% 부하에서의 효율) + 0.1 × (30% 부하에서의 효율) + 0.48 × (50% 부하에서의 효율) + 0.2 × (100% 부하에서의 효율)

26 신축 · 증축 또는 개축하는 건축물로서 신재생에너지 공급의무 비율에 해당하는 최소 연면적(m^2)은?

① 500　② 1,000
③ 1,500　④ 2,000

해설 **신에너지 및 재생에너지 개발 · 이용 · 보급 촉진법 시행령 제15조(신재생에너지 공급의무 비율 등)**
공공기관이 신축 · 증축 · 개축하는 연면적 1,000m^2 이상의 건축물에 대하여 예상에너지 사용량의 일정수준 이상을 신재생에너지 설비 설치에 투자하도록 의무화하는 제도

해당연도	2020~2021	2022~2023	2024~2025	2026~2027	2028~2029	2030 이후
공급의무비율(%)	30	32	34	36	38	40

24 ② 25 ② 26 ② 정답

27 설치용량은 사업계획서상에 제시된 설계용량 이상이어야 하는데 설계용량의 몇 %를 초과하지 않아야 하는가?

① 100
② 103
③ 105
④ 110

해설 **태양광설비 시공기준**
- 설치용량 : 설치용량은 사업계획서상에 제시된 설계용량 이상이어야 하며, 설계용량의 110%를 초과하지 않아야 한다.
- 방위각 : 정남향 설치
- 경사각 : 현장여건에 따라 조정
- 일조시간 : 일사시간은 1일 5시간(춘분, 추분 기준) 이상

28 태양전지 어레이 육안점검 항목이 아닌 것은?

① 파손 유무
② 개방전압
③ 부식 및 녹이 없을 것
④ 볼트 및 너트의 풀림이 없을 것

해설 **태양전지 어레이**

구분	항목	
육안점검	오염 및 파손의 유무	
	파손 및 두드러진 변형이 없을 것	
	부식 및 녹이 없을 것	
	볼트 및 너트의 풀림이 없을 것	
	배선공사 및 접지접속이 확실할 것	
	코킹의 망가짐 및 불량이 없을 것	
	지붕재의 파손, 어긋남, 뒤틀림, 균열이 없을 것	
측정	접지저항	보호접지

※ 보호접지 : 고장 시 감전에 대한 보호를 목적으로 기기의 한 점 또는 여러 점을 접지하는 것

정답 27 ④ 28 ②

29 **태양광발전시스템의 모니터링시스템 프로그램 기능이 아닌 것은?**

① 데이터 수집기능
② 데이터 저장기능
③ 데이터 분석기능
④ 데이터 예측기능

해설 태양광발전시스템 모니터링시스템의 주요기능은 데이터 수집기능, 데이터 저장기능, 데이터 분석기능, 데이터 통계기능 등 4가지이다.

30 **태양전지 접속함에 설치되는 커넥터, 단자대, 개폐기 등 관련부품은 회로의 몇 배 이상의 출력전압에 견디어야 하는가?**

① 1.1 ② 1.3
③ 1.5 ④ 2

해설 절연내력시험에 근거하여 최대사용전압의 1.5배의 직류전압을 10분간 인가하여 이상이 없어야 한다.

31 **태양광발전시스템 중 접속반에 설치되어야 하는 주요 부품이 아닌 것은?**

① 역류방지 다이오드
② 직류출력 개폐기
③ 서지보호장치
④ 전력량계

해설 **접속반**
어레이 측 개폐기, 역류방지 다이오드, 직류출력 개폐기, 서지보호장치, 단자대 등이다.

29 ④ 30 ③ 31 ④ 정답

32 정기점검에서 접속함의 절연저항 측정 시 출력단자와 접지 간의 절연저항은?(단, 측정전압은 직류 500V이다)

① 10Ω 이상
② 100Ω 이상
③ 0.2MΩ 이상
④ 1MΩ 이상

해설
- 절연저항(태양전지-접지선) : 0.2MΩ 이상 측정전압 DC 500V 메거 사용
- 절연저항(각 출력단자-접지 간) : 1MΩ 이상 측정전압 DC 500V 메거 사용

33 태양전지 모듈 및 어레이 설치 배선이 끝난 후 확인·점검사항이 아닌 것은?

① 전압·극성의 확인
② 단락전류의 측정
③ 모듈의 최대출력점 확인
④ 비접지의 확인

해설
- 전압·극성의 확인 : 태양전지 모듈이 바르게 시공되어, 설명서대로 전압이 나오고 있는지 양극, 음극의 극성이 바른지의 여부 등을 테스터, 직류전압계로 확인한다.
- 단락전류의 측정 : 태양전지 모듈의 설명서에 기재된 단락전류가 흐르는지 직류전류계로 측정한다. 타 모듈과 비교해 측정치가 현저히 다른 경우에는 배선을 재차 점검한다.
- 비접지의 확인 : 태양광발전설비 중 인버터는 절연변압기를 시설하는 경우가 드물기 때문에 일반적으로 직류 측 회로를 비접지로 하고 있다.
- 접지의 연속성 확인 : 모듈의 구조는 설치로 인해 접지의 연속성이 훼손되지 않은 것을 사용해야 한다.

34 중대형 태양광발전용 인버터의 절연성능 시험항목이 아닌 것은?

① 내전압 시험
② 절연저항 시험
③ 단락전류 시험
④ 감전보호 시험

해설 **중대형 태양광발전용 인버터의 절연성능 시험항목**
절연저항 시험, 내전압 시험, 감전보호 시험, 절연거리 시험

정답 32 ④ 33 ③ 34 ③

35 **태양전지 모듈이 충분히 절연되었는지 확인하기 위한 습도 조건은?**

① 상대습도 75% 미만
② 상대습도 80% 미만
③ 상대습도 85% 미만
④ 상대습도 90% 미만

해설
- 절연 시험 : 태양광발전 모듈에서 전류가 흐르는 부품과 모듈 테두리나 또는 모듈 외부와의 사이가 충분히 절연되어 있는지를 보기 위한 시험으로, 상대 습도가 75%를 넘지 않는 조건에서 시험해야 한다.
- 내습성 시험 : 고온고습 상태에서 사용 및 저장하는 경우의 태양전지 모듈의 적성을 시험한다. 태양전지 모듈의 출력단자를 개방상태로 유지하고 방수를 위하여 염화비닐제의 절연테이프로 피복하여, 온도 85±2℃, 상대습도 85±5%로 1,000시간 시험한다. 최소 회복 시간은 2~4시간 이내이며, 외관검사, 발전성능시험, 절연저항시험을 반복한다.

36 **태양광발전시스템 구조물의 상정하중 계산 시 고려사항이 아닌 것은?**

① 적설하중
② 지진하중
③ 고정하중
④ 전단하중

해설 상정하중은 수직하중(고정하중, 적설하중, 활하중)과 수평하중(풍하중, 지진하중)으로 구분한다.

37 **태양전지 모듈 간 연결전선은 몇 mm^2 이상의 전선을 사용하여야 하는가?**

① 4.0
② 2.5
③ 0.75
④ 0.4

해설 **전선의 일반적 설치 기준**
기계기구의 구조상 그 내부에 안전하게 시설할 수 있을 경우를 제외하고, 모든 전선은 공칭단면적 $2.5mm^2$ 이상의 연동선 또는 이와 동등 이상의 세기 및 굵기의 것이어야 한다.

35 ① 36 ④ 37 ② 정답

38 보수점검 작업 후 최종점검 유의사항으로 틀린 것은?

① 작업자가 반 내에 있는지 확인한다.
② 회로도에 의한 검토를 했는지 확인한다.
③ 공구 및 장비가 버려져 있는지 확인한다.
④ 볼트 조임 작업을 완벽하게 했는지 확인한다.

해설 ②번 사항은 보수점검 전에 해야 한다.

보수점검 전 유의사항

- 준비철저 : 응급처치방법 및 작업 주변의 정리, 설비 및 기계의 안전을 확인한다.
- 회로도에 대한 검토 : 전원 계통이 역으로 돌아 나오는 경우 반내 각종 전원을 확인하고, 차단기 1차 측이 살아있는가의 유무와 접지선을 확인한다.
- 연락 : 관련 회사의 관련부서와 긴밀하고, 신속, 정확하게 연락할 수 있는지 확인한다.
- 무전압 상태를 확인하고 안전조치를 한다.

39 태양전지 어레이 회로의 절연내압 측정에 대한 설명으로 옳은 것은?

① 최대사용전압의 1.5배 직류전압을 10분간 인가하여 절연파괴 등 이상 확인
② 최대사용전압의 2.5배 직류전압을 10분간 인가하여 절연파괴 등 이상 확인
③ 최대사용전압의 3.5배 직류전압을 10분간 인가하여 절연파괴 등 이상 확인
④ 최대사용전압의 4.5배 직류전압을 10분간 인가하여 절연파괴 등 이상 확인

해설 KEC 132(전로의 절연저항 및 절연내력)

전로의 종류	시험전압
최대사용전압 7kV 이하인 전로	최대사용전압의 1.5배의 전압

40 인버터 모니터링 시 태양전지의 전압이 "Solar Cell 0V Fault"라고 표시되는 경우의 조치사항으로 맞는 것은?

① 태양전지 전압 점검 후 정상 시 3분 후 재기동
② 태양전지 전압 점검 후 정상 시 5분 후 재기동
③ 태양전지 전압 점검 후 정상 시 7분 후 재기동
④ 태양전지 전압 점검 후 정상 시 10분 후 재기동

해설 투입저지 시한 타이머에 의해 태양전지 전압 점검 후 정상 시 5분 후 자동 기동한다.

정답 38 ② 39 ① 40 ②

41 다음 중 추락방지를 위해 사용하여야 할 안전복장은?

① 안전모 착용
② 안전대 착용
③ 안전화 착용
④ 안전허리띠 착용

해설 **안전장구 착용**
- 안전모
- 안전대 착용 : 추락방지
- 안전화 : 중량물에 의한 발 보호 및 미끄럼 방지용
- 안전허리띠 착용 : 공구, 공사 부재 낙하 방지

42 태양전지 배선을 지중배관을 통하여 직접 매설하여 시설하는 경우 중량물의 압력을 받을 우려가 있는 경우에 몇 m 이상의 깊이로 매설해야 하는가?

① 0.5m ② 1m
③ 1.2m ④ 1.5m

해설 1.0m 이상(중량물의 압력을 받을 우려가 없는 곳은 0.6m 이상) 지중매설관은 배선용 탄소강관, 내충격성 경질 염화비닐관을 사용한다. 단, 공사상 부득이하여 후강전선관에 방수·방습처리를 시행한 경우는 이에 한정되지 않는다.

43 태양광발전설비가 작동되지 않을 때 응급조치 순서로 옳은 것은?

① 접속함 내부 차단기 개방 → 인버터 개방 → 설비점검
② 접속함 내부 차단기 개방 → 인버터 투입 → 설비점검
③ 접속함 내부 차단기 투입 → 인버터 개방 → 설비점검
④ 접속함 내부 차단기 투입 → 인버터 투입 → 설비점검

해설 접속함 내부차단기 개방(off) → 인버터 개방(off) 후 점검 → 점검 후에는 역으로 인버터(on) → 차단기의 순서로 투입(on)

41 ② 42 ② 43 ① 정답

44 다음이 설명하는 기초 공법은?

(   )공법은 콘크리트 기초와 다르게 토지에 직접 나선형 구조물을 삽입하는 공법이다.

① 스파이럴 공법
② 스크루 공법
③ 레이밍 파일 공법
④ 보링그라우팅 공법

해설
- 스파이럴(spiral) 공법 : 콘크리트 기초와 다르게 토지에 직접 스파이럴 파일(나선형 구조물)을 삽입하는 공법
- 스크루(screw) 공법 : 토지에 직접 스크루 파일을 삽입하는 공법
- 레이밍 파일(ramming pile) 공법 : 토지에 직접 U형, C형, H형 단면 등의 파일 기초를 삽입하는 공법
- 보링그라우팅 공법 : 지반이 연약하여 흙과 흙 사이에 시멘트풀을 넣어서 지반을 튼튼하게 하는 공법
  - 보링(boring) : 땅에 기계로 구멍을 내면서 땅의 지질 상태를 조사하는 것
  - 그라우팅(grouting) : 자갈과 자갈 사이 또는 흙의 공극을 시멘트풀로 채워주는 것

45 수상형 태양광설비 시공 시 모듈에서 접속함 사이에 사용되는 케이블의 종류는?

① FR-CV　　② TFR-CV
③ F-CV　　④ FW

해설 **전기배선**
- 수상형을 제외한 모든 유형의 경우 모듈에서 인버터에 이르는 배선에 사용되는 케이블은 모듈 전용선 또는 단심(1C) 난연성 케이블(TFR-CV, F-CV, FR-CV 등)을 사용하여야 한다.
- 수상형 태양광설비에서는 난연차수케이블(FW)을 사용하여야 한다.

46 태양광설비 설치유형 중에서 건축물 경사 지붕 또는 외벽 등에 밀착하여 설치하는 태양광설비의 유형의 명칭은?

① 건물설치형　　② 건물일체형
③ 건물부착형　　④ 일반지상형

해설 **태양광설비 설치구분**
- 지상형 : 지표면에 태양광설비를 설치하는 형태
  - 일반지상형, 산지형, 농지형
- 건물형 : 건축물에 태양광설비를 설치하는 형태
  - 건물설치형 : 건축물 옥상 등에 설치하는 태양광설비의 유형
  - 건물부착형(BAPV형) : 건축물 경사 지붕 또는 외벽 등에 밀착하여 설치하는 태양광설비의 유형
  - 건물일체형(BIPV형) : 태양전지 모듈을 건축물에 설치하여 건축 부자재의 역할 및 기능과 전력생산을 동시에 할 수 있는 태양광설비
- 수상형

정답 44 ① 45 ④ 46 ③

47 **모듈의 일조면이 정남향으로 설치가 불가능할 경우에 한하여 정남향을 기준으로 동쪽 또는 서쪽 방향으로 몇 도(°) 이내로 설치해야 하는가?**

① 30°　　② 45°
③ 60°　　④ 90°

해설 모듈의 일조면은 원칙적으로 정남향 방향으로 설치하여야 한다. 정남향으로 설치가 불가능할 경우에 한하여 정남향을 기준으로 동쪽 또는 서쪽 방향으로 45° 이내(RPS의 경우 60° 이내)로 설치하여야 한다. 다만, BIPV, 방음벽 태양광 등의 경우에는 정남향을 기준으로 동쪽 또는 서쪽 방향으로 90° 이내에 설치할 수 있다.

48 **태양광발전용 인버터에 대한 설명이다. (　) 안에 알맞은 것은?**

인버터의 용량이 (　)kW를 초과하는 경우에는 품질기준(KS C 8565)에 따라 절연성능, 보호기능, 정상특성 등을 만족하는 시험결과가 포함된 시험성적서를 설비(설치)확인 신청 시 센터에 제출할 경우에는 사용할 수 있다.

① 30　　② 100
③ 250　　④ 1,000

해설 **태양광발전용 인버터**

- 인버터의 용량이 250kW를 초과하는 경우에는 품질기준(KS C 8565)에 따라 절연성능, 보호기능, 정상특성 등을 만족하는 시험결과가 포함된 시험성적서를 설비(설치)확인 신청 시 센터에 제출할 경우에는 사용할 수 있다.
- 인버터에 연결된 모듈의 설치용량은 인버터 설치용량의 105% 이내이어야 하며 각 직렬군의 태양전지 개방전압은 인버터 입력전압 범위 안에 있어야 한다.

49 **건물부착형(BAPV형)으로 태양전지 모듈 설치 시 배면환기를 위해 모듈의 프레임 밑면부터 가장 가까운 지붕면 및 외벽의 이격거리는 몇 cm 이상이어야 하는가?**

① 10　　② 15
③ 20　　④ 30

해설 **BAPV형 설치 시 준수사항**

- 모듈 배면의 배선이 배수 또는 이물질에 노출될 수 있으므로 경사 지붕 및 외벽 표면에 전선이 닿지 않도록 견고하게 고정하여야 하며 태양광설비 부착 시 경사 지붕 및 외벽 표면에 크랙이 생기지 않도록 하고 방수 등에 문제가 없도록 설치하여야 한다.
- 배면환기를 위해 모듈의 프레임 밑면(프레임 없는 방식은 모듈의 가장 밑면)부터 가장 가까운 지붕면 및 외벽의 이격거리는 10cm 이상이어야 하며 배선처리는 바닥에 닿지 않도록 단단하게 고정해야 한다.

47 ② 48 ③ 49 ① 정답

50 **접지저항 저감 대책이 아닌 것은?**

① 접지봉의 연결 개수를 증가시킨다.
② 접지판의 면적을 감소시킨다.
③ 접지극을 깊게 매설한다.
④ 토양의 고유저항을 화학적으로 저감시킨다.

해설 **접지극의 접지저항 감소시키는 방법**
- 접지극의 길이를 길게 한다.
- 접지극을 병렬접속한다.
- 매설 깊이를 깊게 한다.
- 심타공법 : 접지봉을 지표에서 타입하는 방법으로 접지봉을 직렬접속한다.

51 **발전사업자 등에게 총전력생산량의 일부를 의무적으로 신재생에너지로 공급하게 하는 제도에서 정하고 있는 2021년도 신재생에너지 의무공급량 비율은?**

① 7.0%
② 8.0%
③ 9.0%
④ 10.0%

해설 신에너지 및 재생에너지 개발 · 이용 · 보급 촉진법 시행령 별표 3(연도별 의무공급량의 비율)

해당연도	비율(%)	해당연도	비율(%)
2012	2.0	2022	12.5
2013	2.5	2023	13.0
2014	3.0	2024	13.5
2015	3.0	2025	14.0
2016	3.5	2026	15.0
2017	4.0	2027	17.0
2018	5.0	2028	19.0
2019	6.0	2029	22.5
2020	7.0	2030 이후	25.0
2021	9.0		

정답 50 ② 51 ③

52 태양광발전시스템 트러블 중 계측 트러블인 것은?

① 인버터의 정지
② RCD 트립
③ 컴퓨터의 조작오류
④ 계통 지락

해설 태양광발전시스템의 트러블에는 시스템 트러블과 계측 트러블 두 가지로 나눌 수 있다.
시스템 트러블에 관련된 것에는 인버터 정지, 직류 지락, 계통 지락, RCD 트립, 원인불명 등에 의한 시스템 운전정지 등이 있다.
RCD(Residual Current Device) 접지이상차단기
전류, 전압, 전력 등의 계측하거나 계측자료를 수집, 처리하는 과정에서의 트러블을 계측 트러블이라 하고 구체적으로 컴퓨터 전원의 차단, 컴퓨터의 조작 오류, 계측오차에 따른 원인불명의 트러블 등이 있다.

53 태양광발전설비의 변압기 보수 정기점검 개소로 틀린 것은?

① 유면계　　② 온도계
③ 기록계　　④ 가스압력계

해설
- 변압기는 유입형(→ 유면계, 가스압력계 필요)과 건식형 타입이 있다.
- 변압기는 주위 온도가 상승함에 따라 절연저항값이 낮아진다(→ 온도계 필수).

54 다음에서 설명하는 태양전지의 종류는?

> ㉠ 색소가 붙은 산화티타늄 등의 나노입자를 한쪽의 전극에 칠하고 또 다른 쪽 전극과의 사이에 전해액을 넣은 구조이다.
> ㉡ 색이나 형상을 다양하게 할 수 있어 패션, 인테리어 분야에도 이용할 수 있다.

① 유기 박막 태양전지
② 구형 실리콘 태양전지
③ 갈륨 비소계 태양전지
④ 염료 감응형 태양전지

해설
- 염료 감응형 태양전지 : 산화환원 전해질로 구성되어 있으며, 표면에 화학적으로 흡착된 염료 분자가 태양빛을 받아 전자를 냄으로써 전기를 생산하는 전지이다.
- 유기 박막 태양전지 : 태양전지의 재료로는 일반적으로 실리콘 같은 무기 반도체가 사용되지만, 가공성이 뛰어나고 원가가 싼 유기 재료를 사용하여 태양전지를 만든다. 재료로는 가시광을 강력히 흡수하는 유기 색소라는 물질이 사용되며, 얇은 막으로 태양광의 대부분을 흡수할 수 있다.

52 ③　53 ③　54 ④ **정답**

55 **태양전지 모듈의 크기가 가로 0.53m, 세로 1.19m이며 최대출력 80W인 모듈의 에너지 변환효율은 약 몇 %인가?(단, 표준시험조건일 때이다)**

① 15.68　　② 14.25
③ 13.65　　④ 12.68

해설 표준시험조건은 1,000W/m^2, 온도 25℃, AM1.5이다.
여기서, 모듈의 크기 = 0.53 × 1.19 = 0.6307m^2에서 최대출력 80W이므로

$$1m^2\text{에서의 출력} = \frac{80}{0.6307} \fallingdotseq 126.84W$$

$$\text{변환효율} = \frac{1m^2\text{에서의 최대출력}}{\text{표준시험조건에서의 출력}} = \frac{126.84}{1,000} \times 100 \fallingdotseq 12.684\%$$

56 **산업통상자원부장관이 수립하는 신재생에너지의 기술개발 및 이용·보급을 촉진하기 위한 기본계획의 계획기간은 몇 년 이상인가?**

① 1　　② 3
③ 5　　④ 10

해설 **신에너지 및 재생에너지 개발·이용·보급 촉진법 제5조(기본계획의 수립)**
- 산업통상자원부장관은 관계 중앙행정기관의 장과 협의를 한 후 신재생에너지정책심의회의 심의를 거쳐 신재생에너지의 기술개발 및 이용·보급을 촉진하기 위한 기본계획을 5년마다 수립하여야 한다.
- 기본계획의 계획기간은 10년 이상으로 한다.

57 **공공기관이 신축 또는 증축하는 경우 건물의 총 에너지 사용량의 일정비율을 신재생에너지로 대체해야 한다. 2030년 이후 공급의무화 비율은?**

① 25%　　② 30%
③ 36%　　④ 40%

해설 **신재생에너지 설치 의무화제도**
2011년부터 시행된 공공기관 신재생에너지 설치의무화제도는 일정 면적 이상의 지자체, 정부 투자기관 및 출자기관 등 공공기관 건축물을 신축·증축·개축하는 경우 건물의 총 에너지 사용량의 일정비율을 신재생에너지로 대체해야 하는 제도다.

해당연도	2020~2021	2022~2023	2024~2025	2026~2027	2028~2029	2030 이후
공급의무비율(%)	30	32	34	36	38	40

정답 55 ④ 56 ④ 57 ④

58 **신재생에너지설비 중 수소와 산소의 전기화학 반응을 통하여 전기 또는 열을 생산하는 설비는 무엇인가?**

① 연료전지설비 ② 산소에너지설비
③ 전기에너지설비 ④ 수소에너지설비

해설 **연료전지설비** : 수소와 산소의 전기화학 반응을 통하여 전기 또는 열을 생산하는 설비

59 **신재생에너지의 기술개발 및 이용·보급에 관한 중요 사항을 심의하기 위하여 산업통상자원부에 신재생에너지 정책심의회를 둔다. 심의회의 심의사항이 아닌 것은?**

① 기본 계획의 수립 및 변경에 관한 사항
② 신재생에너지 발전사업자의 허가에 관한 사항
③ 신재생에너지의 기술개발 및 이용·보급 촉진에 관한 중요사항
④ 신재생에너지 발전에 의하여 공급되는 전기의 기준가격 및 그 변경에 관한 사항

해설 **신에너지 및 재생에너지 개발·이용·보급 촉진법 제5조(기본계획의 수립)**
신재생에너지 정책심의회의 심의를 거쳐 신재생에너지의 기술개발 및 이용·보급을 하기 위한 기본계획을 수립해야 하며, 기본계획 계획기간은 10년이다.
신에너지 및 재생에너지 개발·이용·보급 촉진법 제8조(신재생에너지 정책심의회)
- 신재생에너지의 기술개발 및 이용·보급에 관한 중요 사항
- 공급되는 전기의 기준가격, 가격변경 사항
- 산업통상자원부장관이 필요하다고 인정하는 사항
- 심의회의 구성·운영과 그 밖에 필요한 사항은 대통령령

전기사업법 시행규칙 제4조(사업허가의 신청)
신재생에너지 발전사업자의 허가권자
3,000kW 초과 : 산업통상자원부 장관, 3,000kW 이하 : 특별시장, 광역시장, 특별자치시장, 도지사, 특별자치도지사

※ KEC(한국전기설비규정) 적용 및 관련 법령 개정으로 삭제된 문제가 있어 60문항이 되지 않음을 알려드립니다.

58 ① 59 ② 정답

2021년 제3회 과년도 기출복원문제

01 다결정 실리콘 태양전지의 제조되는 공정순서가 바르게 나열된 것은?

① 실리콘 입자 → 웨이퍼 슬라이스 → 잉곳 → 셀 → 태양전지 모듈
② 실리콘 입자 → 잉곳 → 웨이퍼 슬라이스 → 셀 → 태양전지 모듈
③ 잉곳 → 실리콘 입자 → 셀 → 웨이퍼 슬라이스 → 태양전지 모듈
④ 잉곳 → 실리콘 입자 → 웨이퍼 슬라이스 → 셀 → 태양전지 모듈

02 태양광을 이용한 발전시스템의 특징 및 구성에서 태양광발전의 장점이 아닌 것은?

① 에너지원이 무한하다.
② 설비의 보수가 간단하고 고장이 적다.
③ 장수명으로 20년 이상 활용이 가능하다.
④ 넓은 설치면적이 필요하다.

해설

장점	단점
• 에너지원이 깨끗하고, 무한함 • 유지보수가 쉽고, 유지비용이 거의 들지 않음 • 무인화가 가능 • 긴 수명(20년 이상)	• 전기생산량이 일사량에 의존 • 에너지밀도가 낮아 큰 설치면적 필요 • 설치장소가 한정적이고 제한적 • 비싼 반도체를 사용한 태양전지를 사용 • 초기투자비가 많이 들어 발전단가가 높음

03 특고압 22.9kV로 태양광발전시스템을 한전선로에 계통연계할 때 순서로 옳은 것은?

① 인버터 → 저압반 → 변압기 → 고압반 → MOF → LBS
② 인버터 → 저압반 → LBS → MOF → 변압기 → 고압반
③ 인버터 → 변압기 → 저압반 → 고압반 → MOF → LBS
④ 인버터 → LBS → MOF → 저압반 → 변압기 → 고압반

해설 **계통연계 순서**
태양전지 → 인버터 → 저압반 → 변압기 → 고압반 → MOF → LBS
※ 부하개폐기 : LBS, 계기용 변성기 : MOF, PCT

정답 1 ② 2 ④ 3 ①

04 **낙뢰에 의한 충격성 과전압에 대하여 전기설비의 단자전압을 규정치 이내로 저감시켜 정전을 일으키지 않고 원상태로 회귀하는 장치는?**

① 역류방지 다이오드
② 내뢰 트랜스
③ 어레스터
④ 바이패스 다이오드

해설 **피뢰 대책기기**
- 어레스터 : 낙뢰에 의한 충격성 과전압에 대하여 전기설비의 단자전압을 규정치 이내로 저감시켜 정전을 일으키지 않고 원상태로 회귀하는 장치이다.
- 서지업서버 : 전선로에 침입하는 이상전압의 높이를 완화하고 파고치를 저하시키는 장치이다.
- 내뢰 트랜스 : 실드부착 절연트랜스를 주체로 이에 어레스터 및 콘덴서를 부가시킨 것으로, 절연 트랜스에 의해 뇌서지의 흐름을 완전히 차단할 수 있도록 한 장치이다.

05 **계통연계형 태양광발전용 인버터의 기능으로 틀린 것은?**

① 직류지락 검출기능
② 자동전압 조정기능
③ 최대 전력 추종제어기능
④ 교류를 직류로 변환하는 기능

해설 인버터의 주요 기능은 직류를 교류로 변환하는 기능이다.

06 **역류방지 다이오드의 역할에 대한 설명으로 옳은 것은?**

① 과전류가 흐를 때 회로를 차단한다.
② 태양광발전 모듈의 최적 운전점을 추적한다.
③ 태양광발전시스템이 외함을 접지하는 데 사용한다.
④ 태양광이 없을 때 축전지로부터 태양전지를 보호한다.

해설 ① 차단기 또는 퓨즈에 대한 설명이다.
② 파워 인버터의 최대전력추종기능에 대한 설명이다.
③ 보통 외함 접지는 보호접지이다.

4 ③ 5 ④ 6 ④ **정답**

07 신재생발전기 계통연계기준에 따라 배전계통의 일부가 배전계통의 전원과 전기적으로 분리된 상태에서 신재생발전기에 의해서만 가압되는 상태를 말하는 것은?

① 단독운전 ② 전압요동
③ 출력 증가율 ④ 역송 병렬운전

해설 단독운전에 대한 설명이다.

08 태양광발전시스템 연결점에서 최대 정격 출력전류의 몇 %를 초과하는 직류 전류를 배전계통으로 유입시켜서는 안 되는가?

① 0.3 ② 0.5
③ 0.7 ④ 1

해설
- 분산형전원 및 그 연계 시스템은 분산형전원 연결점에서 최대 정격 출력전류의 0.5%를 초과하는 직류 전류를 계통으로 유입시켜서는 안 된다.
- 분산형전원의 역률은 90% 이상으로 유지함을 원칙으로 한다.

09 전선을 접속하는 경우 전선의 세기를 몇 % 이상 감소시키지 않아야 하는가?

① 10 ② 20
③ 25 ④ 30

해설 KEC 123(전선의 접속)
전선을 접속하는 경우에는 전선의 전기저항을 증가시키지 아니하도록 접속해야 하며 전선의 세기를 20% 이상 감소시키지 아니할 것. 다만, 점퍼선을 접속하는 경우와 기타 전선에 가하여지는 장력이 전선의 세기에 비하여 현저히 작을 경우에는 적용하지 않는다.

10 태양광발전시스템 출력이 38,500W, 모듈 최대 출력이 175W, 모듈의 직렬개수가 20장일 때, 병렬회로수는?

① 10 ② 11
③ 12 ④ 13

해설
- 직렬회로 용량 = 175W × 20장 = 3,500W
- 병렬회로 수 = 전체 출력 ÷ 직렬회로 용량
  = 38,500W ÷ 3,500W
  = 11

정답 7 ① 8 ② 9 ② 10 ②

11 [보기]에서 태양광발전설비 인버터 출력회로의 절연저항 측정 순서를 옳게 연결한 것은?

보기

㉠ 태양전지 회로를 접속함에서 분리한다.
㉡ 분전반 내의 분기차단기를 개방한다.
㉢ 직류측의 모든 입력단자 및 교류측의 전체 출력단자를 각각 단락한다.
㉣ 교류단자와 대지 간의 절연저항을 측정한다.

① ㉠ → ㉡ → ㉢ → ㉣
② ㉡ → ㉠ → ㉢ → ㉣
③ ㉢ → ㉡ → ㉠ → ㉣
④ ㉠ → ㉢ → ㉡ → ㉣

12 계통의 사고에 대해 보호대상물을 보호하고 사고의 파급을 최소화해주는 보호협조 기기는?

① 개폐기
② 변압기
③ 보호계전기
④ 한전계량기

해설 **보호계전**

- 전력계통에 사고가 발생했을 때 상태를 검출하고 사고 확대를 방지하기 위하여 해당 부분을 신속하게 계통에서 분리시키는 용도로 설치된다. 계전기 자체에서 차단하는 기능이 있는 것은 아니지만, 차단기로 신호를 보내서 동작하게 한다.
- 종류에는 과전류 계전기(OCR), 과전압 계전기(OVR), 부족전압 계전기(UVR), 지락계전기(GR) 등이 있다.

13 태양광발전시스템의 점검계획 시 고려해야 할 사항이 아닌 것은?

① 고장이력
② 설비의 중요도
③ 설비의 사용기간
④ 설비의 운영비용

해설 점검계획 시 고려 사항은 고장이력, 설비의 중요도, 설비의 사용기간이다.

11 ① 12 ③ 13 ④ 정답

14 태양광발전시스템의 점검 시 감전 방지 대책으로 틀린 것은?

① 저압 절연장갑을 착용한다.
② 작업 전 접지선을 제거한다.
③ 절연 처리된 공구를 사용한다.
④ 모듈 표면에 차광시트를 씌워 태양광을 차단한다.

해설 작업 전에 접지선으로 접지를 한다.

15 태양광발전용 인버터의 일상점검에 대한 설명으로 틀린 것은?

① 통풍구가 막혀 있지 않은지를 점검한다.
② 외함의 부식 및 파손이 없는지를 점검한다.
③ 육안점검에 의해서 매년 1회 정도 실시한다.
④ 외부배선(접속케이블)의 손상 여부를 점검한다.

해설 인버터의 일상점검은 용량에 따라 100kW 미만은 연 2회, 100kW 이상 연 6회 점검한다.

16 전기안전관리법령에 따른 태양광발전소의 태양광 · 전기설비 계통의 정기검사 시기는?

① 1년 이내
② 2년 이내
③ 3년 이내
④ 4년 이내

해설
- 정기검사 시기 : 태양광 · 전기설비계통(4년)+부지 · 구조물(2년)
- 태양광 설비 부지 및 구조물의 안전성 확보를 위해 부지 및 구조물에 대해서도 정기검사 실시한다.

17 태양광발전시스템의 상태를 파악하기 위하여 설치하는 계측기기로 틀린 것은?

① 전류계
② 전압계
③ 전력량계
④ 조도계

해설 태양광발전시스템의 상태는 출력 전압, 전류, 전력량 등으로 파악할 수 있다.

정답 14 ② 15 ③ 16 ④ 17 ④

18 **태양광발전 어레이 개방전압 측정 시 주의사항으로 틀린 것은?**

① 측정은 직류전류계로 측정한다.
② 태양광발전 어레이의 표면을 청소하는 것이 필요하다.
③ 각 스트링의 측정은 안정된 일사강도가 얻어질 때 실시한다.
④ 태양광발전 어레이는 비오는 날에도 미세한 전압을 발생하고 있으니 주의한다.

해설 개방전압 측정에는 직류전압계로 측정한다.

19 **태양광발전 모듈의 정기점검 시 육안점검 항목으로 옳은 것은?**

① 표시부의 이상 표시
② 역류방지 다이오드의 손상
③ 프레임 간의 접지 접속상태
④ 투입저지 시한 타이머 동작시험

해설 **모듈 정기점검 시 육안점검 항목** : 표면의 오염 및 파손, 프레임 파손 및 변형, 가대의 부식 및 녹 발생, 가대의 고정, 가대접지, 코킹, 지붕재의 파손

20 **태양광발전용 모니터링 프로그램의 기능이 아닌 것은?**

① 데이터 수집기능
② 데이터 분석기능
③ 데이터 예측기능
④ 데이터 통계기능

해설 **모니터링 프로그램의 기능** : 수집, 분석, 저장, 통계

18 ① 19 ③ 20 ③ **정답**

21 **자가용 전기설비 중 태양광발전시스템의 정기검사 시 태양광전지의 검사 세부항목이 아닌 것은?**

① 절연저항
② 외관검사
③ 규격확인
④ 절연내력

해설 **태양광전지의 검사 세부항목**
- 규격확인
- 외관검사
- 전지 전기적 특성시험 : 최대 출력, 개방전압, 단락전류, 최대출력전압 및 전류, 충진율, 전력변환효율
- array : 절연저항, 접지저항

22 **태양광발전 접속함에 중 소형(3회로 이하) 접속함의 경우 실외에 설치 시 보호등급(IP)으로 옳은 것은?**

① IP25 이상
② IP44 이상
③ IP54 이상
④ IP55 이상

해설 **태양광발전용 접속함**

병렬 스트링 수에 의한 분류	설치장소에 의한 분류
소형(3회로 이하)	실내형 : IP54 이상
	실외형 : IP54 이상
중대형(4회로 이하)	실내형 : IP20 이상
	실외형 : IP54 이상

23 **태양광발전시스템의 일상점검 시 태양광발전 어레이의 육안점검 항목이 아닌 것은?**

① 접지저항
② 지지대의 부식
③ 표면의 오염 및 파손
④ 외부 배선의 손상

해설 접지저항은 측정 항목이다.

정답 21 ④ 22 ③ 23 ①

24 배전반 외부에서 이상한 소리, 냄새, 손상 등을 점검항목에 따라 점검하며, 이상상태 발견 시 배전반 문을 열고 이상 정도를 확인하는 점검은?

① 일상점검
② 정기점검
③ 특별점검
④ 사용전점검

해설 육안점검만 하는 점검은 일상점검이다.

25 고장원인을 예방하기 위해 사전에 점검계획 수립 시 고려사항을 모두 고른 것은?

㉠ 설비의 사용기간	㉡ 설비의 중요도
㉢ 환경조건	㉣ 고장이력
㉤ 부하상태	

① ㉠, ㉣, ㉤
② ㉠, ㉡, ㉣, ㉤
③ ㉡, ㉢, ㉣, ㉤
④ ㉠, ㉡, ㉢, ㉣, ㉤

해설 고장원인을 예방하기 위해 사전에 점검계획 수립 시 설비의 사용기간, 설비의 중요도, 환경조건, 고장이력, 부하상태 등을 고려해야 한다.

26 신재생에너지 공급인증서를 뜻하는 용어는?

① SMP ② REC
③ RPS ④ REP

해설 ② REC(Renewable Energy Certificates) : '신재생에너지 발전을 통해 에너지 발전을 했다는 증명서'라는 의미이다.
① SMP(계통한계가격) : 전력량에 대해 전력거래 시간대별로 적용되는 전력시장가격이다.
③ RPS(Renewable Portfolio Standards) : 500MW 이상의 발전설비를 보유한 발전사업자에 발전량의 일정 비율 이상을 신재생에너지로 채우도록 강제하는 제도다.

24 ① 25 ④ 26 ② 정답

27 **태양광발전 모듈과 인버터가 통합된 형태로서 태양광발전시스템 확장이 유리한 인버터 운전 방식은?**

① 모듈 인버터 방식
② 스트링 인버터 방식
③ 병렬운전 인버터 방식
④ 중앙 집중형 인버터 방식

해설 **모듈 인버터 방식** : PV시스템 확장이 쉽지만 다른 방식에 비하여 상대적으로 비싸다.

28 **태양광발전시스템용 인버터의 단독운전 방지 기능에서 능동적인 검출방식이 아닌 것은?**

① 주파수 시프트 방식
② 유효전력 변동방식
③ 무효전력 변동방식
④ 전압위상 도약 검출방식

해설 **인버터 단독운전 방지를 위한 능동적 검출방식 종류** : 주파수 시프트 방식, 유효전력 변동방식, 무효전력 변동방식, 부하 변동방식

29 **전기를 생산하는 발전에는 여러 방식이 있고, 각각의 에너지 변환효율이 다르다. 다음 설명 중 가장 옳은 것은?**

① 수력발전이 화력발전보다 효율이 높다.
② 풍력발전이 화력발전보다 효율이 높다.
③ 지열발전이 태양광발전보다 효율이 높다.
④ 바이오에너지발전이 원자력발전보다 효율이 높다.

해설 **발전 효율**

- 수력발전 : 약 80%
- 화력발전 : 약 40%
- 풍력발전 : 약 20~40%
- 태양광발전 : 약 15~20%
- 바이오매스발전, 지열발전 : 약 10~20%
- 원자력발전 : 약 30%

정답 27 ① 28 ④ 29 ①

30 **태양광발전 모듈의 지락에 대한 안전대책에 가장 필요한 인버터 회로방식은?**

① 부하 변동방식
② 트랜스리스 방식
③ 고주파 변압기 절연방식
④ 상용주파 변압기 절연방식

해설 트랜스리스 방식은 변압기가 없어 소형이며 효율이 높고 가격도 저렴하지만 절연을 위한 부가적인 보호장치가 필요하다.

31 **태양광발전 전지를 사용한 발전방식의 장점이 아닌 것은?**

① 친환경 발전이다.
② 유지관리가 용이하다.
③ 확산광도 이용할 수 있다.
④ 급격한 전력 수요에 대응이 가능하다.

해설 태양광발전은 일조량에 따라 전력 생산의 변동이 커 급격한 전력 수요에 대응이 어렵다.

32 **독립형 태양광발전용 축전지의 기대수명에 큰 영향을 주는 요소가 아닌 것은?**

① 습도
② 온도
③ 방전심도
④ 방전횟수

해설 **축전지의 기대수명 요소** : 온도, 방전심도, 방전횟수

33 **피뢰기가 구비해야 할 조건으로 틀린 것은?**

① 제한전압이 낮을 것
② 충격방전 개시전압이 낮을 것
③ 속류의 차단능력이 충분할 것
④ 상용주파방전 개시전압이 낮을 것

해설 정상적인 상용주파 시에는 개시전압이 높아야 한다.

30 ② 31 ④ 32 ① 33 ④ 정답

34 **변압기에서 1차 전압이 120V, 2차 전압이 12V일 때 1차 권선 수가 400회라면 2차 권선 수는 몇 회인가?**

① 10　　② 40
③ 400　　④ 4,000

해설 $\frac{V_1}{V_2}=\frac{n_1}{n_2}$ 이므로 $\frac{120}{12}=\frac{400}{n_2}$

$n_2=\frac{12}{120}\times 400=40$

35 **케이블 등이 방호구획을 관통할 경우 관통부분에 되메우기 충전재 등을 사용하여 관통부 처리를 하여야 한다. 방화구획 관통부 처리 목적이 아닌 것은?**

① 화열의 제한
② 연기 확산방지
③ 인명 안전대피
④ 전선의 절연강도 향상

해설 전선의 절연강도와 케이블 방호구획과는 관계가 없다.

36 **태양광발전용 인버터에 'Solar Cell UV Fault'라고 표시된 경우 현상 설명으로 옳은 것은?**

① 계통 전압이 규정 초과일 때 발생
② 계통 전압이 규정 이하일 때 발생
③ 태양전지 전압이 규정 초과일 때 발생
④ 태양전지 전압이 규정 이하일 때 발생

해설 **모니터링 상의 표현**
- Solar Cell UV Fault : 태양전지 저전압
- Solar Cell OV Fault : 태양전지 과전압

정답 34 ② 35 ④ 36 ④

37 **태양광발전시스템의 사용전압이 저압인 전로에서 정전이 어려운 경우 등 절연저항 측정이 곤란한 경우에는 누설전류를 최대 몇 mA 이하로 유지하여야 하는가?**

① 0.5　　② 1
③ 2　　④ 4

해설 사용전압이 저압인 전로에서 정전이 어려운 경우 등 절연저항 측정이 곤란한 경우에는 누설전류를 1mA 이하로 유지하여야 한다.

38 **다음과 같이 축전지 회로가 구성되어 있을 때, 단자 A, B 사이에 나타나는 출력전압과 축전지 용량은?**

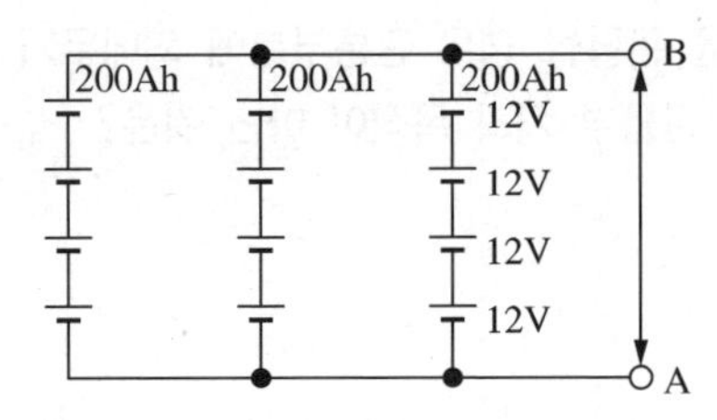

① DC 12V, 200Ah
② DC 12V, 600Ah
③ DC 48V, 200Ah
④ DC 48V, 600Ah

해설 출력전압 = 12 × 4 = 48V
축전지 용량 = 200 × 3 = 600Ah

39 **전기도면 관련 기호 중 전동기를 나타내는 기호는?**

① Ⓜ　　② Ⓗ
③ Ⓖ　　④ Ⓥ

해설 Ⓗ : 히터, Ⓖ : 발전기, Ⓥ : 전압계

37 ② 38 ④ 39 ① 정답

40 다음은 태양전지의 원리를 설명한 것이다. 괄호 안에 들어갈 적당한 용어는?

> 태양전지는 금속 등 물질의 표면에 특정한 진동수의 빛을 쪼여주면 전자가 방출되는 현상인 (   )의 원리를 이용한 것으로 빛에너지를 전기에너지로 전환시켜준다.

① 전자기 유도 효과
② 압전 효과
③ 열기전 효과
④ 광기전 효과

해설 **광기전 효과** : 광전 효과의 일종으로 광자에너지를 흡수하여 반도체의 PN 접합이나 반도체와 금속의 접합면에 전위차를 발생시키는 효과

41 태양전지 모듈의 크기가 가로 0.53m, 세로 1.19m이며, 최대출력 80W인 이 모듈의 에너지 변환효율(%)은?(단, 표준시험 조건일 때)

① 15.68
② 14.25
③ 13.65
④ 12.68

해설 변환효율 $\eta = \frac{P}{E \times S} \times 100 = \frac{80}{1,000 \times 0.53 \times 1.19} \times 100 \fallingdotseq 12.68\%$

42 태양광발전시스템의 인버터 설치 시공 전에 확인사항이 아닌 것은?

① 입력 허용전류 및 입력 전압범위
② 배선접속방법 및 설치위치
③ 접속가능 전선 굵기 및 회선 수
④ 효율 및 수명

해설 인버터의 효율 및 수명은 인버터 선정 시 고려해야 한다.

정답 40 ④ 41 ④ 42 ④

43 사용전압 350V인 전력설비의 주회로 및 분기회로 배선과 대지 간의 절연저항은?

① 0.1MΩ 이상
② 0.5MΩ 이상
③ 1.0MΩ 이상
④ 5.0MΩ 이상

해설 **전기설비기술기준 제52조(저압전로의 절연성능)**

사용전압(V)	DC시험전압(V)	절연저항(MΩ)
SELV 및 PELV	250	0.5
FELV, 500V 이하	500	1.0
500V 초과	1,000	1.0

※ 특별저압(Extra Low Voltage : 2차 전압이 AC 50V, DC 120V 이하)으로 SELV(비접지회로 구성) 및 PELV(접지회로 구성)는 1차와 2차가 전기적으로 절연된 회로, FELV는 1차와 2차가 전기적으로 절연되지 않은 회로

다만, 전선 상호 간의 절연저항은 기계기구를 쉽게 분리가 곤란한 분기회로의 경우 기기 접속 전에 측정할 수 있다. 또한, 측정 시 영향을 주거나 손상을 받을 수 있는 SPD 또는 기타 기기 등은 측정 전에 분리시켜야 하고, 부득이하게 분리가 어려운 경우에는 시험전압을 250V DC로 낮추어 측정할 수 있지만 절연저항값은 1MΩ 이상이어야 한다.

44 태양광발전시스템의 인버터 출력이 380V인 경우 외함에 실시하는 접지로 적합한 것은?

① 계통접지
② 보호접지
③ 변압기 중성점접지
④ 피뢰시스템접지

해설 ② 보호접지 : 감전보호를 목적으로 기기의 한 점 이상을 접지
① 계통접지 : 전력계통의 이상 현상에 대비하여 대지와 계통을 접속
③ 변압기 중성점접지 : 변압기의 2차측 중성점을 접지하는 것
④ 피뢰시스템접지 : 뇌격전류를 안전하게 대지로 방류하기 위한 접지

45 태양광전지 모듈 간의 배선에서 단락전류를 충분히 견딜 수 있는 전선의 최소 굵기로 적당한 것은?

① $6mm^2$ 이상
② $4mm^2$ 이상
③ $2.5mm^2$ 이상
④ $0.75mm^2$ 이상

해설 **전선의 일반적 설치 기준**
기계기구의 구조상 그 내부에 안전하게 시설할 수 있는 경우를 제외하면 모든 전선은 공칭단면적 $2.5mm^2$ 이상의 연동선 또는 이와 동등 이상의 세기 및 굵기의 것이어야 한다.

43 ③ 44 ② 45 ③ 정답

46 **태양광발전에 이용되는 태양전지 구성요소 중 최소단위는?**

① 셀
② 모듈
③ 어레이
④ 파워컨디셔너

해설 셀 < 모듈 < 어레이

47 **태양전지 모듈의 방위각은 그림자의 영향을 받지 않는 곳에 어느 방향 설치가 가장 우수한가?**

① 정남향
② 정북향
③ 정동향
④ 정서향

해설 모듈의 방위각은 정남향으로 경사각은 위도에 따라 결정된다.

48 **백열전등 또는 방전등에 전기를 공급하는 옥내전로의 대지전압은 몇 V 이하인가?**

① 100 ② 200
③ 300 ④ 400

해설 KEC 231.6(옥내전로의 대지전압의 제한)
백열전등 또는 방전등에 전기를 공급하는 옥내전로의 대지전압은 300V 이하이어야 한다.

49 **스트링(string)이란?**

① 단위시간당 표면의 단위면적에 입사되는 태양에너지
② 태양전지 모듈이 전기적으로 접속된 하나의 직렬군
③ 태양전지 모듈이 전기적으로 접속된 하나의 병렬군
④ 단위시간당 표면의 총면적에 입사되는 태양에너지

정답 46 ① 47 ① 48 ③ 49 ②

50 일반용 전기설비의 점검 서류에 기록하는 내용이 아닌 것은?

① 점검 연월일
② 점검의 결과
③ 점검의 비용
④ 점검자의 성명

해설 전기설비 점검 서류에는 비용을 기재하지 않는다.

51 전기사업법에서 정의하는 송전선로란 어느 부분을 연결하는 전선로와 이에 속하는 전기설비를 말하는가?

① 발전소와 변전소 간
② 전기수용설비 상호 간
③ 변전소와 전기수용설비 간
④ 발전소와 전기수용설비 간

해설
- 송전선로 : 발전소로부터 변전소까지 전력을 보내는 선로(154kV, 345kV, 765kV)
- 배전선로 : 변전소로부터 각 가정에 이르는 선로(전주 위의 선로, 배전전압은 22.9kV)

52 신에너지 및 재생에너지 개발·이용·보급 촉진법에 따른 신재생에너지 통계 전문기관은?

① 통계청
② 한국전력거래소
③ 신재생에너지센터
④ 한국에너지기술연구원

해설 신재생에너지센터는 한국에너지공단의 부속기관으로 신재생에너지 공급 목표를 달성하기 위해 신재생에너지 개발·보급 및 산업화를 전문적이고 효율적으로 지원하고 있다.

50 ③ 51 ① 52 ③ 정답

53 **태양전지 모듈의 바이패스 다이오드 소자는 대상 스트링 공칭 최대출력 동작전압의 몇 배 이상 역내압을 가져야 하는가?**

① 1.5 ② 2
③ 2.5 ④ 3

해설 스트링의 공칭 최대출력 동작전압의 1.5배 이상의 역내압을 가진, 단락전류를 충분히 바이패스할 수 있는 소자를 사용한다.

54 **인버터의 스위칭 주기가 10ms이면 주파수는 몇 Hz인가?**

① 10 ② 20
③ 60 ④ 100

해설 주파수 $f = \frac{1}{T} = \frac{1}{10 \times 10^{-3}} = 100\text{Hz}$

55 **태양전지 또는 태양광발전시스템의 성능을 시험할 때 표준시험조건(Standard Test Condition)에서 적용되는 기준온도는?**

① 18℃ ② 20℃
③ 22℃ ④ 25℃

해설 태양전지 표준시험조건(STC)
입사조도 1,000W/m^2, 온도 25℃, 대기질량정수 AM1.5

정답 53 ① 54 ④ 55 ④

56 태양전지 모듈 뒷면에 기재된 전기적 출력 특성으로 틀린 것은?

① 온도계수(T_0)
② 개방전압(V_{oc})
③ 단락전류(I_{sc})
④ 최대출력(P_{mpp})

해설 **태양전지 모듈의 전기적 출력 특성 기재**
- 최대출력($P_{\max}$) : 최대출력 동작전압($V_{\max}$)×최대출력 동작전류($I_{\max}$)
- 개방전압(V_{oc}) : 태양전지 양극 간을 개방한 상태의 전압
- 단락전류(I_{sc}) : 태양전지 양극 간을 단락한 상태에서 흐르는 전류
- 최대출력 동작전압($V_{\max}$) : 최대출력 시 동작전압
- 최대출력 동작전류($I_{\max}$) : 최대출력 시 동작전류

57 태양광발전시스템의 계측에서 검출기로 검출된 데이터를 컴퓨터 및 먼 거리에 설치한 표시장치에 전송하는 경우 사용하는 것은?

① 검출기
② 신호변환기
③ 연산장치
④ 기억장치

해설 ② 신호변환기(트랜스듀서) : 검출기에서 검출된 데이터를 컴퓨터 및 먼 거리에 설치된 표시장치에 전송하는 경우에 사용한다.
① 검출기(센서) : 직류회로의 전압, 전류 검출, 일사강도, 기온, 태양전지 어레이의 온도, 풍향, 습도 등의 검출기를 필요에 따라 설치한다.
③ 연산장치 : 직류전력처럼 검출 데이터를 연산해야 하고, 짧은 시간의 계측 데이터를 적산하여 평균값을 얻는 데 사용한다.
④ 기억장치 : 계측장치 자체에 기억장치가 있는 것이 있고, 컴퓨터를 이용하지 않고 메모리 카드를 사용하기도 한다.

58 다음 중 추락방지를 위해 사용하여야 할 안전복장은?

① 안전모 착용
② 안전대 착용
③ 안전화 착용
④ 안전허리띠 착용

해설 **안전장구 착용**
- 안전모
- 안전대 착용 : 추락방지
- 안전화 : 중량물에 의한 발 보호 및 미끄럼 방지용
- 안전허리띠 착용 : 공구, 공사 부재 낙하 방지

56 ① 57 ② 58 ② 정답

59 신에너지 및 재생에너지 개발 · 이용 · 보급 촉진법에서 정한 신재생에너지 설비가 아닌 것은?

① 석유에너지 설비
② 태양에너지 설비
③ 바이오에너지 설비
④ 폐기물에너지 설비

해설 신재생에너지는 신에너지와 재생에너지 두 가지로 나누어진다.
- 신에너지 : 수소에너지, 연료전지, 석탄을 액화 · 가스화한 에너지 및 중질잔사유를 가스화한 에너지
- 재생에너지 : 태양에너지, 풍력, 수력, 해양에너지, 지열에너지, 바이오에너지, 폐기물에너지, 수열에너지

60 분산형 전원 발전설비를 연계하고자 하는 지점의 계통전압은 몇 % 이상 변동되지 않도록 계통에 연계해야 하는가?

① ±4　　② ±8
③ ±12　　④ ±16

해설 **분산형 전원 발전설비**
연계 공통사항
- 발전설비의 전기방식은 연계계통과 동일
- 공급전압 안정성 유지
- 계통접지
- 동기화 : 분산형 전원 발전설비는 연계하고자 하는 지점의 계통전압이 ±4% 이상 변동되지 않도록 연계
- 측정 감시
- 계통 운영상 필요시 쉽게 접근하고 잠금장치가 가능하며 육안 식별이 가능한 분리장치를 분산형 전원 발전설비와 계통연계 지점 사이에 설치
- 전자장 장해 및 서지 보호기능
- 계통 이상 시 분산형 전원 발전설비 분리
- 전력품질
  - 발전기용량 정격 최대전류의 0.5% 이상인 직류 전류가 유입 제한
  - 역률은 연계지점에서 90% 이상으로 유지
  - 플리커 가혹도 지수 제한 및 고조파 전류 제한

정답 59 ① 60 ①

2022년 제 3 회 과년도 기출복원문제

01 **신에너지 및 재생에너지 개발 · 이용 · 보급 촉진법에서 정한 재생에너지는?**

① 수소에너지
② 연료전지
③ 바이오에너지
④ 석탄을 액화 · 가스화한 에너지

해설
- 재생에너지 : 태양, 풍력, 수력, 해양, 지열, 바이오, 폐기물, 수열(8개 분야)
- 신에너지 : 수소에너지, 연료전지, 석탄을 액화 · 가스화한 에너지 및 중질잔사유를 가스화한 에너지(3개 분야)

02 **태양전지는 전기적 성질이 다른 두 반도체를 접합시킨 구조를 하고 있다. 2개의 반도체 경계 부분을 무엇이라고 하는가?**

① 양공
② PN 접합
③ 도너
④ 에너지밴드

해설
- 양공(정공) : 반도체(혹은 절연체)에 대하여 원자가 띠의 전자가 부족한 상태. 예를 들어 빛이나 열로서 원자가 띠가 전이되어서 원자가 띠의 전자가 부족한 상태가 된다. 양공은 이 전자의 부족으로부터 생기는 구멍(상대적으로 양의 전하를 가지고 있는 것처럼 보임)이다.
- 도너 : 반도체는 불순물의 종류에 의하여 결정되어서 P형 반도체가 되는 경우를 억셉터 준위, N형 반도체가 되는 경우를 도너 준위라고 한다.
- 에너지밴드 : 결정 속 전자가 존재할 수 있는 에너지 영역을 에너지밴드라고 부르고, 전자가 취할 수 없는 에너지 영역을 에너지 갭이라고 한다.

03 **풍력발전에서 바람방향으로 향하도록 날개를 움직이는 제어장치는?**

① yaw control
② pitch control
③ stall control
④ gearbox

해설
- yaw control : 바람방향으로 향하도록 블레이드의 방향조절
- pitch control : 날개의 경사각(pitch) 조절로 출력을 능동적으로 제어
- stall control : 한계풍속 이상이 될 때 양력이 회전날개에 작용하지 못하도록 날개의 공기역학적 형상에 의한 제어

1 ③ 2 ② 3 ① 정답

04 **태양전지의 이론적 배경이 된 것으로 "빛의 진동수가 어떤 한계 진동수보다 높은 빛이 금속에 흡수되어 전자가 생성되는 현상"을 뜻하는 것은?**

① 열기전력효과
② 정전유도효과
③ 광전효과
④ 광기전력 효과

해설
- 광전효과 : 한계 진동수보다 높은 진동수를 가진 빛이 금속에 흡수될 때 전자가 생성되는 현상
- 광기전력 효과 : 어떤 종류의 반도체에 빛을 조사하면, 조사된 부분과 조사되지 않은 부분 사이에 전위차(광기전력)를 발생시키는 현상

05 **태양광발전설비의 계통연계설비 용량이 200kW일 때 사용되는 연계전압은?**

① 220V ② 380V
③ 22.9kV ④ 154kV

해설

연계구분	사용선로 및 연계설비 용량		전기방식
저압 배전선로	일반 또는 전용선로	100kW 미만	단상 220V 또는 380V
특별 고압 배전선로	일반 또는 전용선로	100kW 이상~20,000kW 미만	3상 22.9kV
송전선로	전용선로	20,000kW 이상	3상 154kV

06 **셀의 변환효율 테스트를 위한 표준시험조건 중 틀린 것은?**

① 에너지양 1,000W/m^2
② 모듈온도 25℃
③ 풍속 1m/s
④ 스펙트럼 AM1.5

해설
- 표준시험조건(STC) : 일사량(1,000W/m^2), 모듈의 온도 25℃, 대기질량 1.5
- 일반적인 운전상태(정상 작동 조건, NOCT) : 일사량(800W/m^2), 외기온도 20℃, 풍속 1m/s, 모듈의 후면개방

정답 4 ③ 5 ③ 6 ③

07 **실리콘 태양전지의 제조되는 공정순서가 바르게 나열된 것은?**

① 실리콘 입자 → 웨이퍼 슬라이스 → 잉곳 → 셀 → 태양전지 모듈
② 실리콘 입자 → 잉곳 → 웨이퍼 슬라이스 → 셀 → 태양전지 모듈
③ 잉곳 → 실리콘 입자 → 셀 → 웨이퍼 슬라이스 → 태양전지 모듈
④ 잉곳 → 실리콘 입자 → 웨이퍼 슬라이스 → 셀 → 태양전지 모듈

해설 잉곳은 분말 상태의 실리콘 입자(폴리실리콘)를 화학적으로 처리하여 원통(또는 정육면체) 모양으로 만든 실리콘 덩어리이다.

08 **태양광발전시스템이 계통과 연계운전 중 계통 측에서 정전이 발생한 경우 시스템에서 계통으로 전력공급을 차단하는 기능은?**

① 단독운전 방지기능
② 최대출력 추종제어기능
③ 자동운전 정지기능
④ 자동전압 조정기능

해설 상용전원이 정전되면 신속히 이를 검출하여 PCS를 정지시켜야 한다. 이를 단독운전 방지기능이라 한다.

09 **낙뢰에 의한 충격성 과전압에 대하여 전기설비의 단자전압을 규정치 이내로 저감시켜 정전을 일으키지 않고 원상태로 회귀하는 장치는?**

① 역류방지 다이오드
② 내뢰 트랜스
③ 어레스터
④ 바이패스 다이오드

해설 **피뢰 대책기기**

- 어레스터 : 낙뢰에 의한 충격성 과전압에 대하여 전기설비의 단자전압을 규정치 이내로 저감시켜 정전을 일으키지 않고 원상태로 회귀하는 장치이다.
- 서지업서버 : 전선로에 침입하는 이상전압의 높이를 완화하고 파고치를 저하시키는 장치이다.
- 내뢰 트랜스 : 실드부착 절연 트랜스를 주체로 이에 어레스터 및 콘덴서를 부가시킨 것으로, 절연 트랜스에 의해 뇌서지의 흐름을 완전히 차단할 수 있도록 한 장치이다.

7 ② 8 ① 9 ③ 정답

10 태양전지 모듈의 사양이 다음과 같을 때 모듈의 효율(%)은?

• 최대출력전압 30V	• 최대출력전류 8A
• 모듈 출력 240W	• 모듈의 크기 면적 1.5m^2
• 일사량 1,000W/m^2	

① 13　　② 14
③ 15　　④ 16

해설 태양광모듈의 효율 $\eta = \frac{\text{모듈의 출력}}{\text{모듈에 일사되는 에너지양}} \times 100$

모듈 출력 : 최대출력전압 × 최대출력전류

모듈에 일사되는 에너지양 : 기준 일사량(1,000W/m^2) × 면적(1.5)

태양전지 모듈의 효율 $\eta = \frac{P}{E \times S} \times 100 = \frac{240}{1,000 \times 1.5} \times 100 = 16(\%)$

11 태양광발전시스템에 사용하는 축전지가 갖추어야 할 조건으로 틀린 것은?

① 긴 수명
② 유지보수 비용이 저렴
③ 낮은 충전전류로 충전 가능
④ 높은 자기방전 성능

해설 축전지는 대기상태에서 자연적으로 소모되는 자기방전은 낮아야 한다.

12 결정형 태양전지 모듈의 일반적인 구조의 순서는?

① 유리 / EVA / 셀 / EVA / back sheet
② 유리 / 셀 / EVA / back sheet
③ EVA / 유리 / 셀 / EVA / back sheet
④ EVA / 셀 / 유리 / EVA / back sheet

해설 결정형 태양과 모듈의 일반적으로 유리 / EVA(투명수지) / 셀 / EVA / back sheet의 구조로 만들어진다.

정답 10 ④ 11 ④ 12 ①

13 태양광발전설비가 작동되지 않을 때 응급조치 순서로 옳은 것은?

① 접속함 내부 차단기 개방 → 인버터 개방 → 설비점검
② 접속함 내부 차단기 개방 → 인버터 투입 → 설비점검
③ 접속함 내부 차단기 투입 → 인버터 개방 → 설비점검
④ 접속함 내부 차단기 투입 → 인버터 투입 → 설비점검

해설 접속함 내부차단기 개방(off) → 인버터 개방(off) 후 점검 → 점검 후에는 역으로 인버터(on) → 차단기의 순서로 투입(on)

14 건축물의 외장 자재의 일부 기능을 변경하여 전기생산과 건축자재 역할 및 기능을 하는 태양전지 모듈은?

① 농지형
② 건물설치형
③ 건물부착형(BAPV)
④ 건물일체형(BIPV)

해설
- 건물일체형(BIPV) : 태양광모듈을 건축물에 설치하여 건축 부자재의 역할 및 기능과 전력생산을 동시에 할 수 있는 태양광설비
- 건물부착형(BAPV) : 건축물 경사 지붕 또는 외벽 등에 밀착하여 설치하는 태양광설비의 유형

15 다음에서 설명하는 방식의 인버터는?

> 이 방식은 구조가 간단하고 절연이 가능하며 회로구성이 간단한 장점이 있다. 그러나 효율이 낮고 중량이 무거우며 부피가 크다는 단점이 있다. 소형 경량화가 불가능하여 소용량 PCS에는 사용하지 않지만, 절연이 된다는 장점 때문에 중대용량 시스템에서는 모두 이 방식을 채용하고 있다.

① 상용주파 변압기형
② 고주파 변압기형
③ 무변압기형
④ 트랜스리스형

해설 **저주파 변압기형 인버터의 특징**
- 절연이 가능하여 안전성이 높다.
- 회로구성이 간단하다.
- 소용량의 경우 고효율화가 어렵다.
- 중량이 무겁고 부피가 크다.
- 대용량에 일반적으로 구성되는 방식이다.

13 ① 14 ④ 15 ① 정답

16 다음 중 인버터의 주요기능이 아닌 것은?

① 자동운전 정지기능 ② 자동전압 조정기능
③ 교류 지락 검출기능 ④ 단독운전 방지기능

해설 교류 지락 검출기능은 트랜스리스 방식의 인버터에서 태양전지와 계통측이 절연되어 있지 않기 때문에 태양전지의 지락에 대한 안전대책으로 필요한 기능이다.

인버터의 주요기능

- 일반적으로 인버터는 파워컨디셔너(PCS)를 통칭하여 쓴다.
- 파워컨디셔너의 역할
  - 전압 · 전류 제어기능
  - 최대전력 추종(MPPT)기능
  - 계통연계 보호기능
  - 단독운전 검출기능
- 인버터의 전력변환부는 소용량에서는 MOSFET 소자를 적용하고, 중 · 대용량에서는 IGBT소자를 이용하여 PWM 제어방식의 스위칭을 통해 직류를 교류로 변환한다.

17 그늘이나 셀의 일부분 고장으로 태양전지 모듈의 안에서 그 일부의 태양전지 셀이 발전이 되지 않을 경우 전류의 우회로를 목적으로 설치하는 것은?

① 접속반 ② 바이패스 다이오드
③ 역류방지 다이오드 ④ 주개폐기

해설

- 바이패스 다이오드 : 태양전지를 직렬접속할 때 전류의 우회로를 만드는 다이오드이다.
- 역류방지 소자 : 태양전지 모듈에서 다른 태양전지 회로나 축전지에서의 전류가 돌아 들어가는 것을 저지하기 위해 설치하는 것으로서 일반적으로 다이오드가 사용된다.

18 태양전지 어레이와 인버터의 접속방식이 아닌 것은?

① 중앙 집중형 인버터 방식 ② 스트링 인버터 방식
③ 마스터-슬레이브 방식 ④ 다중접속 인버터 방식

해설

- 중앙 집중형 인버터 방식 : 많은 수의 모듈을 직 · 병렬 연결하여 하나의 인버터와 연결하는 중앙 집중 방식을 많이 구축하였으나 단위 모듈마다 출력이 달라 최대 추종 효율성이 떨어진다.
- 스트링 인버터 방식 : 중앙 집중형 인버터 방식의 단점을 보완하기 위하여 하나의 직렬군은 하나의 인버터와 결합(String 방식)하여 시스템의 효율을 증가시키고 있다. 그러나 다수의 인버터로 인해 투자비가 증가하는 단점이 발생한다.
- 마스터-슬레이브 방식(Master-Slave) : 대규모 태양광발전시스템은 마스터-슬레이브 제어방식을 주로 이용한다. 특징으로는 중앙 집중식의 인버터를 2~3개 결합하여 총출력의 크기에 따라 몇 개의 인버터로 분리함으로써 한 개의 인버터로 중앙 집중식으로 운전하는 것보다 효율은 향상된다.
- 모듈 인버터 방식(AC 모듈) : 부분 음영이 있는 곳에서도 높은 시스템 효율을 얻기 위해서는 모듈마다 제각기 연결하는 방식으로 모든 모듈이 제각기 최대출력점에서 작동하는 것으로 가장 유리하다.

정답 16 ③ 17 ② 18 ④

19 **태양전지 모듈의 음영이 그림과 같이 생겼을 경우 얻을 수 있는 출력(W)은?**

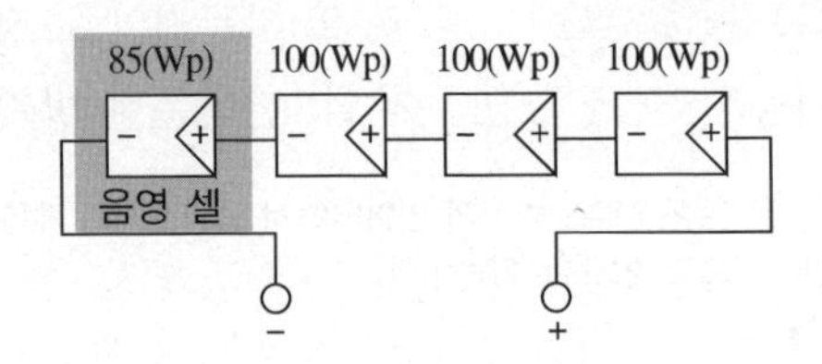

① 0
② 300
③ 340
④ 385

해설 음영이 생긴 모듈의 출력만큼의 전류만 흐르므로 $85 \times 4 = 340$W

20 **접속함 내부의 구성기기가 아닌 것은?**

① 직류개폐기
② 인버터
③ 역류방지 소자
④ 피뢰 소자

해설 **접속함의 구성기기** : 직류개폐기(주개폐기, 태양전지 어레이 측 개폐기), 피뢰 소자, 단자대, 역류방지 소자

21 **낙뢰나 스위칭 개폐 등에 의해 발생되는 순간 과전압은 태양광발전설비의 기기들을 순식간에 손상시킬 수 있다. 이를 방지하기 위해 설치하는 것은?**

① 주개폐기
② 인버터
③ 역류방지 소자
④ 피뢰 소자(SPD)

해설 저압 전기설비의 피뢰 소자를 보통 서지보호장치(SPD ; Surge Protective Device)라고 한다.

19 ③ 20 ② 21 ④ **정답**

22 다음은 태양광발전시스템의 시공 순서로 옳은 것은?

① 반입자재검수 → 기기설치공사 → 전기배관배선공사 → 점검 및 검사 → 토목공사
② 반입자재검수 → 점검 및 검사 → 전기배관배선공사 → 기기설치공사 → 토목공사
③ 토목공사 → 반입자재검수 → 기기설치공사 → 점검 및 검사 → 전기배관배선공사
④ 토목공사 → 반입자재검수 → 기기설치공사 → 전기배관배선공사 → 점검 및 검사

23 안전한 작업을 위해 안전장구를 반드시 착용해야 한다. 높은 곳에서 추락을 방지하기 위해 착용해야 하는 장비는?

① 안전모
② 안전대
③ 안전화
④ 안전허리띠

해설 **안전장구 착용**
- 안전모
- 안전대 : 추락방지
- 안전화 : 중량물에 의한 발 보호 및 미끄럼방지용
- 안전허리띠 : 공구, 공사 부재 낙하 방지

24 지반의 지내력으로 기초 설치가 어려운 경우 파일을 지반의 암반층까지 내려 지지하도록 시공하는 기초공사는?

① 파일기초
② 온통기초
③ 독립기초
④ 연속기초

해설
- 온통기초(매트기초) : 지층에 설치되는 모든 구조를 지지하는 두꺼운 슬래브 구조로 지반에 지내력이 약해 독립기초나 말뚝기초로 적당하지 않을 때 사용된다.
- 독립기초 : 개개의 기둥을 독립적으로 지지하는 형식으로 기초판과 기둥으로 형성되어 있으며, 기둥과 보로 구성되어 있는 건축물에 적용되는 기초이다.
- 연속기초(줄기초) : 내력벽 또는 조적벽을 지지하는 기초공사로 벽체 양옆에 캔틸레버 작용으로 하중을 분산시킨다.

정답 22 ④ 23 ② 24 ①

25 **태양전지 어레이를 설치할 때 인버터의 동작전압에 의해 결정되는 요소는?**

① 태양전지 어레이의 용량
② 태양전지 모듈의 직렬 결선수
③ 태양전지 모듈의 스트링 병렬수
④ 어레이 간 간선의 굵기

해설
- 어레이 용량 : 설치면적에 따라 결정
- 직렬 결선 : 인버터의 동작전압에 따라 결정
- 병렬수 : 어레이 직렬 결선수에 따라 정수배의 병렬수가 설치면적 내
- 어레이 간 간선 : 모듈 1장의 최대전류(I_{mp})가 전선의 허용전류 내

26 **옥상 또는 지붕 위에 설치한 태양전지 어레이로부터 접속함으로 배선할 경우 처마 밑 배선을 실시한다. 물의 침입을 방지하기 위한 케이블의 차수 처리 지름은 케이블 지름의 몇 배인가?**

① 4 ② 5
③ 6 ④ 10

해설 원칙적으로 케이블 지름의 6배 이상인 반경으로 배선한다.

27 **태양전지 모듈에서 인버터 입력단 간 및 인버터 출력단과 계통연계점 간의 전압강하는 몇 %를 초과하지 말아야 하는가?(단, 상호거리 200m)**

① 2 ② 3
③ 5 ④ 6

해설 전선 길이에 따른 전압강하 허용치

전선의 길이	전압강하
60m 이하	3%
120m 이하	5%
200m 이하	6%
200m 초과	7%

25 ② 26 ③ 27 ④ 정답

28 볼트를 일정한 힘으로 죄는 공구는?

① 드라이버
② 스패너
③ 펜치
④ 토크렌치

해설
- 토크렌치(torque wrench) : 볼트를 특정한 힘(토크)으로 정확하게 죄는 공구이다. 사용자는 원하는 토크(힘)로 설정한 후, 토크렌치를 사용하여 볼트를 일정한 힘으로 죌 수 있다. 이는 과도한 조임으로 인한 손상을 방지한다.
- 드라이버 : 나사를 조이거나 푸는 데 사용되는 공구이다.
- 스패너 : 볼트나 너트를 조이거나 푸는 데 사용되는 공구이다. 일정한 힘으로 조절할 수는 없다.
- 펜치 : 주로 전선을 잡고, 구부리고, 자르고, 벗기는 등의 작업에 사용되는 공구이다.

29 파워컨디셔너의 단독운전 방지기능에서 능동적 방식에 속하지 않는 것은?

① 유효전력 변동방식
② 무효전력 변동방식
③ 주파수 시프트방식
④ 주파수 변화율 검출방식

해설
- 수동적 방식(검출시간 0.5초 이내, 유지시간 5~10초)
  전압위상 도약검출방식, 제3고조파 전압급증 검출방식, 주파수 변화율 검출방식
- 능동적 방식(검출시한 0.5~1초)
  주파수 시프트방식, 유효전력 변동방식, 무효전력 변동방식, 부하 변동방식

30 태양전지 모듈이 태양광에 노출되는 경우에 따라서 유기되는 열화 정도를 시험하기 위한 장치는?

① 항온항습장치
② 염수수분장치
③ 온도사이클시험장치
④ UV시험장치

해설 UV시험은 태양전지 모듈의 열화 정도를 시험한다.

정답 28 ④ 29 ④ 30 ④

31 한전과 발전사업자 간의 책임분계점 기기는?

① LBS
② PT
③ COS
④ 피뢰기

해설
- COS : 책임분계점
- LBS : 부하개폐기
- PT : 계기용 변압기

32 3상 전원 중 L1 상에 해당하는 전선의 색상은?

① 갈색 ② 흑색
③ 회색 ④ 청색

해설 전선 식별 규정

교류(AC)도체		직류(DC)도체	
상(문자)	색상	극	색상
L1	갈색	L+	빨간색
L2	검은색	L−	흰색
L3	회색	중점선	파란색
N	파란색	N	파란색
보호도체	녹색-노란색	보호도체	녹색-노란색

[참고] KS C IEC 60445

33 금속체 수도관로를 각종 접지공사의 접지극으로 사용하려면 대지와의 전기저항 값이 몇 Ω 이하의 값을 유지하여야 하는가?

① 2 ② 3
③ 4 ④ 5

해설 수도관 등을 접지극으로 사용하는 경우
- 지중에 매설되어 있고 대지와의 전기저항 값이 3Ω 이하 값을 유지하고 있는 금속제 수도관로는 접지극으로 사용할 수 있다.
- 접지도체와 금속제 수도관로의 접속은 수도관의 안지름이 0.75m 이상인 부분 또는 여기에서 분기한 안지름 0.75m 미만인 분기점으로 부터 5m 이내의 부분에서 하여야 한다. 다만, 금속제 수도관로와 대지 사이의 전기저항 값이 2Ω 이하인 경우에는 분기점으로부터의 거리는 5m를 넘을 수 있다.

31 ③ 32 ① 33 ② 정답

34 접지극은 지하 몇 m 이상의 깊이에 매설해야 하는가?

① 0.5 ② 0.75

③ 1 ④ 1.2

해설 KEC 142.2(접지극의 시설 및 접지저항), 142.3(접지도체 · 보호도체)

- 접지극은 동결 깊이를 고려하여 시설하되 고압 이상의 전기설비와 변압기 중성점접지에 의하여 시설하는 접지극의 매설깊이는 지표면으로부터 지하 0.75m 이상으로 한다.
- 접지도체를 철주 기타의 금속체를 따라서 시설하는 경우에는 접지극을 철주의 밑면으로부터 0.3m 이상의 깊이에 매설하는 경우 이외에는 접지극을 지중에서 그 금속체로부터 1m 이상 떼어 매설하여야 한다.
- 접지도체는 절연전선(옥외용 비닐절연전선은 제외) 또는 케이블(통신용 케이블은 제외)을 사용하여야 한다. 다만, 접지도체를 철주 기타의 금속체를 따라서 시설하는 경우 이외의 경우에는 접지도체의 지표상 0.6m를 초과하는 부분에 대하여는 절연전선을 사용하지 않을 수 있다.
- 접지도체는 지하 0.75m부터 지표상 2m까지 부분은 합성수지관(두께 2mm 미만의 합성수지제 전선관 및 가연성 콤바인덕트관은 제외한다) 또는 이와 동등 이상의 절연효과와 강도를 가지는 몰드로 덮어야 한다.

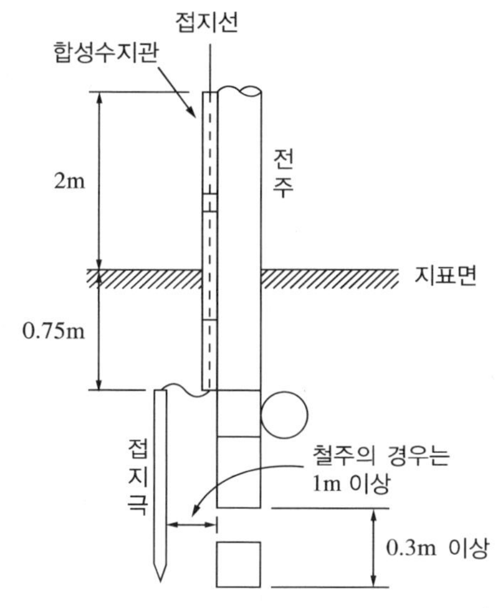

35 태양광 인버터의 이상적 설치 장소가 아닌 것은?

① 옥외 습도가 높은 장소

② 시원하고 건조한 장소

③ 통풍이 잘 되는 장소

④ 먼지 또는 유독가스가 발생되지 않는 장소

해설 전기설비에는 습기가 좋지 않다.

정답 34 ② 35 ①

36 **접지시스템의 구분에 해당하지 않는 것은?**

① 계통접지
② 보호접지
③ 변압기 접지
④ 피뢰시스템 접지

해설 **접지시스템의 종류**
- 계통접지 : 전력계통의 이상 현상에 대비하여 대지와 계통(변압기 포함)을 접속
- 보호접지 : 인체 감전보호를 목적으로 전기설비의 한 지점(외함=노출도전부) 이상을 접지
- 피뢰시스템 접지 : 뇌격 전류를 안전하게 대지로 방류하기 위한 접지

37 **태양전지 n개를 직렬로 접속하고, m줄 병렬로 접속할 때, 전압과 전류는 각각 어떻게 되는가?**

① 전압 n배 증가, 전류 n배 증가
② 전압 n배 증가, 전류 m배 감소
③ 전류 m배 증가, 전압 n배 증가
④ 전류 m배 감소, 전압 m배 증가

해설 태양전지를 건전지라고 생각하면 직렬의 경우 전압이 증가하고, 병렬일 경우 전류가 증가한다.

38 **용량 100Ah의 납축전지는 4A의 전류로 몇 시간을 사용할 수 있는가?**

① 10 ② 15
③ 25 ④ 40

해설 사용시간 = 100 ÷ 4 = 25h

39 **태양전지 모듈의 최적 동작점을 나타내는 특성곡선에서 일사량의 변화에 따라 변화하는 요소는 무엇인가?**

① 전류-저항 ② 전압-전류
③ 전류-온도 ④ 전압-저항

해설 전류-전압곡선에 따라 최적의 동작점을 찾을 수 있다.

36 ③ 37 ③ 38 ③ 39 ② 정답

40 **태양광발전시스템의 장점으로 옳지 않은 것은?**

① 햇빛이 있는 곳이면 어느 곳에서나 간단히 설치할 수 있다.
② 한 번 설치해 놓으면 유지비용이 거의 들지 않는다.
③ 무소음 및 무진동으로 환경오염을 일으키지 않는다.
④ 낮은 에너지 밀도로 다량의 전기를 생산할 때는 많은 공간을 차지한다.

해설 ④는 태양광발전설비시스템의 단점이다.

41 **사용전압 350V인 전력설비의 주회로 및 분기회로 배선과 대지 간의 절연저항은?**

① 0.1MΩ 이상
② 0.5MΩ 이상
③ 1.0MΩ 이상
④ 5.0MΩ 이상

해설 **전기설비기술기준 제52조(저압전로의 절연성능)**

사용전압(V)	DC시험전압(V)	절연저항(MΩ)
SELV 및 PELV	250	0.5
FELV, 500V 이하	500	1.0
500V 초과	1,000	1.0

※ 특별저압(Extra Low Voltage : 2차 전압이 AC 50V, DC 120V 이하)으로 SELV(비접지회로 구성) 및 PELV(접지회로 구성)는 1차와 2차가 전기적으로 절연된 회로, FELV는 1차와 2차가 전기적으로 절연되지 않은 회로

다만, 전선 상호 간의 절연저항은 기계기구를 쉽게 분리가 곤란한 분기회로의 경우 기기 접속 전에 측정할 수 있다. 또한, 측정 시 영향을 주거나 손상을 받을 수 있는 SPD 또는 기타 기기 등은 측정 전에 분리시켜야 하고, 부득이하게 분리가 어려운 경우에는 시험전압을 250V DC로 낮추어 측정할 수 있지만 절연저항값은 1MΩ 이상이어야 한다.

42 **태양전지 모듈 설치 시 감전방지 대책에서 틀린 것은?**

① 작업 전 태양전지 모듈의 표면에 차광시트를 붙여 태양광을 차단한다.
② 강우 시에는 태양광이 없기 때문에 작업을 해도 괜찮다.
③ 절연 처리된 공구를 사용한다.
④ 저압절연 장갑을 사용한다.

해설 강우 시에는 안전사고(감전, 미끄럼) 등의 문제로 작업을 하지 않는다.

정답 40 ④ 41 ③ 42 ②

43 **태양전지 모듈의 온도상승으로 인한 효율저하를 방지하기 위해 지붕 바닥면은 최소 몇 cm 이상의 간격을 두는 것이 좋은가?**

① 10 ② 20
③ 30 ④ 40

해설 배면환기를 위해 모듈의 프레임 밑면(프레임 없는 방식은 모듈의 가장 밑면)부터 가장 가까운 지붕면 및 외벽의 이격거리는 10cm 이상이어야 하며 배선처리는 바닥에 닿지 않도록 단단하게 고정해야 한다.

44 **태양광발전시스템 구조물의 상정하중 계산 시 고려사항이 아닌 것은?**

① 적설하중
② 지진하중
③ 고정하중
④ 전단하중

해설 구조설계 단계에서 검토하는 상정하중 4가지는 고정하중, 풍하중, 적설하중, 지진하중이다.
전단하중 : 구조물에 가로 방향으로 크기가 같고 방향이 서로 다른 외부의 힘이 작용하여 미끄럼을 일으키는 하중

45 **태양광 전지 모듈 간의 배선에서 단락전류를 충분히 견딜 수 있는 전선의 최소 굵기로 적당한 것은?**

① $6mm^2$ 이상 ② $4mm^2$ 이상
③ $2.5mm^2$ 이상 ④ $0.75mm^2$ 이상

해설 **전선의 일반적 설치 기준**
기계기구의 구조상 그 내부에 안전하게 시설할 수 있는 경우를 제외하면 모든 전선은 공칭단면적 $2.5mm^2$ 이상의 연동선 또는 이와 동등 이상의 세기 및 굵기의 것이어야 한다.

43 ① 44 ④ 45 ③ 정답

46 태양광발전설비 중 태양전지 어레이의 육안점검 항목이 아닌 것은?

① 표면의 오염 및 파손상태
② 접속 케이블의 손상 여부
③ 지지대의 부식 여부
④ 표시부의 이상상태

해설 표시부의 이상상태는 일상점검의 인버터 육안점검 항목이다.

47 스트링(string)이란?

① 단위시간당 표면의 단위면적에 입사되는 태양에너지
② 태양전지 모듈이 전기적으로 접속된 하나의 직렬군
③ 태양전지 모듈이 전기적으로 접속된 하나의 병렬군
④ 단위시간당 표면의 총면적에 입사되는 태양에너지

48 태양광발전설비 설치 시 설명으로 틀린 것은?

① 태양전지 모듈의 극성이 바른지 여부를 테스터 직류 전압계로 확인한다.
② 태양광발전설비 중 인버터는 절연변압기를 시설하는 경우가 드물어 직류 측 회로를 접지로 한다.
③ 태양전지 모듈의 설명서에 기재된 단락전류가 흐르는지 직류 전류계로 측정한다.
④ 태양전지 모듈 구조는 설치로 인해 다른 접지의 연접성이 훼손되지 않는 것을 사용해야 한다.

해설 인버터 출력 측에 절연변압기를 시설하지 않는 경우에는 일반적으로 직류회로를 비접지로 한다.

정답 46 ④ 47 ② 48 ②

49 **태양전지 접속함(분전함) 점검항목에서 육안검사 점검요령으로 잘못된 것은?**

① 외형의 파손 및 부식이 없을 것
② 전선 인입구가 실리콘 등으로 방수처리 되어 있을 것
③ 태양전지에서 배선의 극성이 바뀌어 있지 않을 것
④ 개방전압은 규정전압이어야 하고 극성은 올바를 것

해설 개방전압은 태양전지(셀, 모듈, 어레이)의 측정 점검항목이다.

50 **태양광발전설비의 유지 보수 시 설비의 운전 중 주로 육안에 의해서 실시하는 점검은?**

① 운전점검
② 일상점검
③ 정기점검
④ 임시점검

해설 일상점검은 육안점검으로 이루어지고, 정기점검은 육안점검과 시험 및 측정으로 이루어진다.

51 **인버터 측정 점검항목이 아닌 것은?**

① 개방전압
② 수전전압
③ 접지저항
④ 절연저항

해설 **인버터 측정**

절연저항(태양전지–접지 간)	1MΩ 이상, 측정전압 DC 500V
접지저항	보호접지
수전전압	주회로 단자대 U–O, O–W 간은 AC 200±13V일 것

49 ④ 50 ② 51 ① 정답

52 안전공사 및 대행사업자가 안전관리의 업무를 대행할 수 있는 태양광발전설비 용량은 몇 kW 미만인가?

① 1,000　　② 1,500
③ 2,000　　④ 2,500

해설 **전기안전관리법 시행규칙 제26조(전기안전관리업무 대행 규모)**
- 1,000kW(원격감시・제어기능을 갖춘 경우 용량 3,000kW) 미만의 태양광발전설비 : 안전공사 및 대행사업자에게 대행가능
- 250kW(원격감시・제어기능을 갖춘 경우 용량 750kW) 미만의 태양광발전설비 : 개인대행자에게 대행가능

53 신재생에너지설비를 설치한 시공자는 설비의 소유자에게 법으로 정한 하자보증기간 중에는 성실하게 무상으로 하자보증을 실시하여야 한다. 태양광발전설비의 경우 하자보증기간은?

① 1년　　② 2년
③ 3년　　④ 4년

해설 **신재생에너지설비의 지원 등에 관한 규정 별표 1(하자이행보증기간)**

원별	하자이행보증기간
태양광발전설비	3년
풍력발전설비	3년
소수력발전설비	3년
지열이용설비	3년
태양열이용설비	3년
기타 신・재생에너지설비	3년

※ 제35조의 사업으로 설치한 신재생에너지설비의 하자이행보증기간은 5년으로 한다.

54 바이패스 소자의 역내 전압은 셀의 최대 출력전압의 몇 배 이상이 되도록 선정해야 하는가?

① 0.7　　② 1.5
③ 2.0　　④ 3.5

해설
- 바이패스 다이오드는 스트링의 공칭 최대출력 동작전압의 1.5배 이상의 역내압을 가진 소자를 사용한다.
- 접속함 내에 역류방지 다이오드가 설치되는 경우 역류방지 다이오드 용량은 접속함 회로의 정격전류보다 1.4배 이상의 전류정격과 정격전압보다 1.2배 이상의 전압정격을 가져야 한다.

정답 52 ① 53 ③ 54 ②

55 저압 옥내배선 시 전원 측에서 분기점 사이에 다른 분기회로 또는 콘센트의 접속이 없고, 단락의 위험과 화재 및 인체에 대한 위험성이 최소화 되도록 시설된 경우 분기회로의 과전류차단기는 분기회로의 분기점으로부터 몇 m까지 이동하여 설치할 수 있는가?

① 3 ② 5
③ 7 ④ 9

해설 KEC 212.4.2(과부하 보호장치의 설치 위치)

- 분기회로 보호장치의 전원 측에 다른 분기회로 또는 콘센트의 접속이 없고 분기회로에 대한 단락보호가 이루어지고 있는 경우, 과부하보호장치는 분기회로의 분기점으로부터 부하 측으로 거리에 구애 받지 않고 이동하여 설치할 수 있다.
- 분기회로 보호장치는 과부하보호장치의 전원 측에서 분기점 사이에 다른 분기회로 또는 콘센트의 접속이 없고, 단락의 위험과 화재 및 인체에 대한 위험성이 최소화 되도록 시설된 경우, 분기회로의 보호장치는 분기회로의 분기점으로부터 3m까지 이동하여 설치할 수 있다.

56 저압 가공인입선에 사용해서는 안 되는 전선은?

① 케이블 ② 나전선
③ 절연전선 ④ 다심형 전선

해설 나전선은 송전용이나 접지선으로 사용된다.

57 지상형 태양전지 어레이의 기초 공법에 대한 설명이다. 알맞은 것은?

지반이 연약하여 흙과 흙 사이에 시멘트풀을 넣어서 지반을 튼튼하게 하는 공법으로 기계로 구멍을 내면서 땅의 지질 상태를 조사하여 자갈과 자갈 사이 또는 흙의 공극을 시멘트풀로 채워주는 것을 말한다.

① 스파이럴 공법
② 스크루 공법
③ 레이밍 파일 공법
④ 보링그라우팅 공법

해설
- 스파이럴(spiral) 공법 : 콘크리트 기초와 다르게 토지에 직접 스파이럴 파일(나선형 구조물)을 삽입하는 공법
- 스크루(screw) 공법 : 토지에 직접 스크루 파일을 삽입하는 공법
- 레이밍 파일(ramming pile) 공법 : 토지에 직접 U형, C형, H형 단면 등의 파일 기초를 삽입하는 공법

55 ① 56 ② 57 ④ 정답

58 **태양전지 어레이의 단락전류를 측정함으로써 알 수 있는 것은?**

① 태양전지 모듈의 이상 유무
② 인버터의 이상 유무
③ 전력용 축전지의 이상 유무
④ 전력계통의 이상 유무

해설 태양전지 어레이의 단락전류를 측정함으로써 태양전지 모듈의 이상 유무를 검출할 수 있다.

59 **기후위기 대응을 위한 탄소중립 · 녹색성장 기본법에 고시된 공공기관의 기후위기 적응대책을 몇 년마다 수립해야 하는가?**

① 1 ② 3
③ 5 ④ 10

해설 **기후위기 대응을 위한 탄소중립 · 녹색성장 기본법 제41조(공공기관의 기후위기 적응대책)**
기후위기 영향에 취약한 시설을 보유 · 관리하는 공공기관 등 대통령령으로 정하는 기관은 기후위기 적응대책과 관할 시설의 특성 등을 고려하여 공공기관의 기후위기 적응에 관한 대책을 5년마다 수립 · 시행하고 매년 이행실적을 작성하여야 한다.

60 **신에너지 및 재생에너지 개발 · 이용 · 보급 촉진법에서 정한 공급의무자가 아닌 것은?**

① 한국중부발전주식회사 ② 한국수자원공사
③ 한국가스공사 ④ 한국지역난방공사

해설 **신에너지 및 재생에너지 개발 · 이용 · 보급 촉진법 시행령 제18조의3(신재생에너지 공급의무자)**
- 신재생에너지 설비를 제외한 50만kW 이상의 발전설비를 보유하는 자
  예 한국수력원자력, 남동발전, 중부발전, 서부발전, 동서발전, 남부발전, 지역난방공사, 수자원공사, 포스코파워, SK E&S, GS 파워, 씨지앤율촌
- 한국수자원공사법에 따른 한국수자원공사
- 집단에너지사업법에 따른 한국지역난방공사

정답 58 ① 59 ③ 60 ③

2023년 제 3 회 과년도 기출복원문제

01 태양전지는 전기적 성질이 다른 두 반도체를 접합시킨 구조를 하고 있다. 2개의 반도체 경계 부분을 무엇이라고 하는가?

① 정공
② PN 접합
③ 도너
④ 전도대

해설
- 정공(양공) : 반도체의 전자 부족으로부터 생기는 구멍(상대적으로 양의 전하를 가지고 있는 것처럼 보임)이다.
- 도너 : N형 반도체의 불순물이다. P형 반도체의 불순물은 억셉터라 한다.
- 전도대 : 전자가 자유로이 이동할 수 있는 밴드이며, 전도대에 있는 전자를 자유전자라 한다.

02 풍력발전에서 바람방향으로 향하도록 날개를 움직이는 제어장치는?

① yaw control
② pitch control
③ stall control
④ gearbox

해설
- yaw control : 바람방향으로 향하도록 블레이드의 방향조절
- pitch control : 날개의 경사각(pitch) 조절로 출력을 능동적 제어
- stall control : 한계풍속 이상이 될 때 양력이 회전날개에 작용하지 못하도록 날개의 공기역학적 형상에 의한 제어

03 물의 전기분해로 가장 쉽게 제조할 수 있으나 입력에너지에 비해 생성되는 에너지의 경제성이 낮은 에너지원은?

① 태양광
② 연료전지
③ 수력
④ 수소에너지

해설 에너지 보존법칙상 입력에너지(전기분해)가 출력에너지(수소생산)보다 큰 근본적인 문제가 있다.

1 ② 2 ① 3 ④ 정답

04 **태양의 광에너지(h_v)와 에너지 밴드갭(E_g)의 관계식으로 적합한 것은?**

① $h_v = \frac{E_g}{1.24}$

② $h_v = \frac{2.14}{E_g}$

③ $h_v = \frac{E_g}{2.14}$

④ $h_v = \frac{1.24}{E_g}$

해설 빛에너지(빛의 파장)와 에너지 밴드갭(E_g)의 관계식은 $h_v = \frac{1.24}{E_g}$ 이다.

05 **계통연계형 태양광발전시스템의 일반적인 특징이 아닌 것은?**

① 야간에도 발전량 저하를 고려할 필요가 없고 설비가 간단하다.

② 일반적으로 태양광발전설비는 계통연계형을 채택한다.

③ 독립형 발전설비보다 가격이 비싸며, 유지보수 비용이 높다.

④ 설비용량에 따라 전력망에 영향을 주지 않도록 연계방식에 제약을 받는다.

해설 독립형 발전설비보다 계통연계형 발전설비가 가격이 싸며, 유지보수 비용이 낮다.

06 **다결정 실리콘 태양전지에 대한 설명이다. 틀린 것은?**

① 공정이 단결정 실리콘 태양전지보다 간단하여 제조비용이 낮다.

② 변환효율이 단결정에 비하여 조금 낮다.

③ 잉곳의 모양이 원통형이다.

④ 셀의 모양은 사각형이다.

해설 다결정 실리콘 태양전지는 사각형 틀에 넣어서 잉곳을 만든다.
단결정 실리콘 태양전지는 원통형 잉곳으로 만든다.

정답 4 ④ 5 ③ 6 ③

07 실제 다결정 태양광 셀의 전기적 사양이 다음과 같을 때 태양전지 셀의 최대출력(W)은?

최대전압(V_{mp})	최대전류(I_{mp})	개방전압(V_{oc})	단락전류(I_{sc})
0.5V	7.7A	0.6V	8.0A

① 3.85　　② 4.8
③ 0.635　　④ 4.62

해설 셀의 최대출력 = 최대전압 × 최대전류
= 0.5 × 7.7 = 3.85(W)

08 태양광발전시스템에 사용하는 축전지가 갖추어야 할 조건으로 틀린 것은?

① 긴 수명
② 유지보수 비용이 저렴
③ 낮은 충전전류로 충전 가능
④ 높은 자기방전 성능

해설 축전지는 대기상태에서 자연적으로 소모되는 자기방전은 낮아야 한다.

09 태양전지 모듈의 직병렬저항 요소의 특성에 대한 설명이다. 틀린 것은?

① 태양전지 모듈의 직렬저항 요소에는 기판 자체 저항, 표면층의 면 저항, 금속 전극 자체의 저항 등이 있다.
② 태양전지 모듈의 병렬저항 요소에는 측면의 표면 누설저항, 접합의 결함에 의한 누설저항, 결정립계에 따라 발생하는 누설저항 등이 있다.
③ 병렬저항보다는 직렬저항으로 인하여 큰 출력 손실이 발생한다.
④ 태양전지 모듈의 직렬저항은 일반적으로 0.5Ω 이하이다.

해설 직렬저항보다는 병렬저항으로 인하여 큰 출력 손실이 발생한다.

7 ① 8 ④ 9 ③ 정답

10 태양전지 모듈 뒷면에 표시되는 내용이 아닌 것은?

① 공칭 단락전류
② 공칭 개방전압
③ 공칭 절연저항
④ 공칭 최대출력

해설 태양전지 모듈은 태양빛을 받아 전력을 생산하는 반도체 소자로서 단락전류(I_{SC}), 개방전압(V_{OC}), 최대 동작전류, 최대 동작전압, 최대 출력(P_M), 충진률(FF), 변환 효율(η) 등의 지표를 표시하고 또한 태양전지의 성능 및 시장에서의 거래 가격을 결정하는 주요 요소이다. 그 밖에 제조자 및 제조연월일, 내풍압 등급, 공칭 질량, 최대시스템 전압 등을 표시한다.

11 인버터의 회로 방식 중 무변압기형 방식의 특징으로 틀린 것은?

① 소형경량화가 가능하다.
② 타 방식에 비해 효율이 높다.
③ 가격이 타 방식에 비해 저렴하다.
④ 상용전원과 절연되어 있다.

해설 무변압기형 방식 인버터의 단점은 변압기를 사용하지 않기 때문에 상용전원과 절연측면에서 불완전하다. 따라서 전류의 직류성분이 계통에 유입되지 않도록 하기 위하여 정밀한 제어가 요구된다.

12 인버터의 단독운전 방지기능 중 수동적 방식은?

① 무효전력 변동방식
② 주파수 변화율 검출방식
③ 주파수 이동방식
④ 부하 변동방식

해설
- 수동적 검출 방식 : 전압 위상 도약 검출 방식, 제3고조파 전압 급등 검출 방식, 주파수 변화율 검출방식
- 능동적 검출 방식 : 무효전력 변동방식, 유효전력 변동방식, 주파수 이동방식, 부하 변동방식

정답 10 ③ 11 ④ 12 ②

13 **태양전지 어레이에서 바이패스 소자를 이용할 필요가 있는 경우는 보호하도록 하는 스트링의 공칭 최대출력 동작전압의 보통 몇 배 이상의 역내압을 가진 소자를 사용하는가?**

① 1.1　　② 1.2
③ 1.5　　④ 2

해설 바이패스 소자를 이용할 필요가 있는 경우는 보호하도록 하는 스트링의 공칭 최대출력 동작전압의 1.5배 이상의 역내압을 가진 소자 또는 스트링의 단락전류를 충분히 바이패스 할 수 있는 정격전류를 가지고 있는 소자를 사용한다.

14 **태양전지 모듈에서 다른 태양전지 회로나 축전지에서의 전류가 돌아 들어가는 것을 저지하기 위해서 설치하는 것은?**

① 접속반　　② 바이패스 소자
③ 역류방지 소자　　④ 주개폐기

해설 **역류방지 소자** : 태양전지 모듈에서 다른 태양전지 회로나 축전지에서의 전류가 돌아 들어가는 것을 저지하기 위해 설치하는 것으로서 일반적으로 다이오드가 사용된다.

15 **서지보호장치(SPD)의 구비 조건으로 틀린 것은?**

① 동작전압이 높아야 한다.
② 응답시간이 빨라야 한다.
③ 정전용량이 작아야 한다.
④ 서지내량이 커야 한다.

해설 동작전압이 낮아야 한다.

13 ③ 14 ③ 15 ① 정답

16 다음 기기 중 교류 측 기기인 것은?

① 서지보호장치
② 주개폐기
③ 적산전력량계
④ 태양전지 어레이 측 개폐기

해설 교류 측 기기에는 대표적으로 분전반과 적산전력량계가 있다.

17 독립형 전원시스템용 축전지 용량을 산출하는 식은?

① $C=\dfrac{1\text{일소비전력량}\times\text{보수율}\times\text{불일조일수}}{\text{방전심도}\times\text{방전종지전압}}\,(\text{Ah})$

② $C=\dfrac{1\text{일소비전력량}\times\text{불일조일수}\times\text{방전심도}}{\text{보수율}\times\text{방전종지전압}}\,(\text{Ah})$

③ $C=\dfrac{1\text{일소비전력량}\times\text{불일조일수}}{\text{보수율}\times\text{방전심도}\times\text{방전종지전압}}\,(\text{Ah})$

④ $C=\dfrac{\text{보수율}\times\text{방전심도}}{1\text{일소비전력량}\times\text{불일조일수}\times\text{방전종지전압}}\,(\text{Ah})$

해설
- 방전심도 : 용량이 1,000mAh라고 하면, 1,000mAh를 100% 다 소진하고 충전할 때 방전심도는 1이고, 80% 사용하고 충전을 한다면 방전심도는 0.8이 된다.
- 불일조일수 : 기상 상태의 변화로 발전을 할 수 없을 때의 일 수
- 보수율 : 축전지는 사용연수 경과 및 사용조건에 따라 용량이 변화하므로 보통 0.8을 적용한다.

18 피뢰 대책용 장비가 아닌 것은?

① 어레스터
② 바이패스 다이오드
③ 내뢰 트랜스
④ 서지업서버

해설
- 어레스터 : 낙뢰에 의한 충격성 과전압에 대하여 전기설비의 단자전압을 규정치 이내로 저감시켜 정전을 일으키지 않고 원상태로 회귀하는 장치이다.
- 내뢰 트랜스 : 실드부착 절연 트랜스를 주체로 이에 어레스터 및 콘덴서를 부가시킨 것으로, 뇌서지의 흐름을 완전히 차단할 수 있도록 한 장치이다.
- 서지업서버 : 전선로에 침입하는 이상 전압의 높이를 완화하고 파고치를 저하시키는 장치이다.

정답 16 ③ 17 ③ 18 ②

19 다음 태양광발전설비의 전기공사 중 가장 마지막에 시행되는 공사는?

① 접속함 설치
② 접속함과 인버터 간 배선
③ 잉여전력 계량용 전력량계 설치
④ 접지공사

해설 **공사순서**
접지공사 → 접속함 설치 → 접속함과 인버터 간 배선 → 전력량계 설치

20 안전한 작업을 위해 안전장구를 반드시 착용해야 한다. 높은 곳에서 추락을 방지하기 위해 착용해야 하는 장비는?

① 안전모
② 안전대
③ 안전화
④ 안전허리띠

해설 **안전장구 착용**
- 안전모
- 안전대 : 추락방지
- 안전화 : 중량물에 의한 발 보호 및 미끄럼방지용
- 안전허리띠 : 공구, 공사 부재 낙하 방지

21 지반의 지내력으로 기초 설치가 어려운 경우 파일을 지반의 암반층까지 내려 지지하도록 시공하는 기초공사는?

① 파일기초　　② 온통기초
③ 독립기초　　④ 연속기초

해설
- 온통기초(매트기초) : 지층에 설치되는 모든 구조를 지지하는 두꺼운 슬래브 구조로 지반에 지내력이 약해 독립기초나 말뚝기초로 적당하지 않을 때 사용된다.
- 독립기초 : 개개의 기둥을 독립적으로 지지하는 형식으로 기초판과 기둥으로 형성되어 있으며, 기둥과 보로 구성되어 있는 건축물에 적용되는 기초이다.
- 연속기초(줄기초) : 내력벽 또는 조적벽을 지지하는 기초공사로 벽체 양옆에 캔틸레버 작용으로 하중을 분산시킨다.

19 ③ 20 ② 21 ① 정답

22 태양전지 어레이를 설치할 때 인버터의 동작전압에 의해 결정되는 요소는?

① 태양전지 어레이의 용량

② 태양전지 모듈의 직렬 결선수

③ 태양전지 모듈의 스트링 병렬수

④ 어레이 간 간선의 굵기

해설
- 어레이 용량 : 설치면적에 따라 결정
- 직렬 결선 : 인버터의 동작전압에 따라 결정
- 병렬수 : 어레이 직렬 결선수에 따라 정수배의 병렬수가 설치면적 내
- 어레이 간 간선 : 모듈 1장의 최대전류(I_{mp})가 전선의 허용전류 내

23 태양전지 모듈 및 어레이 설치 배선이 끝난 후 확인·점검사항이 아닌 것은?

① 전압·극성의 확인

② 단락전류의 측정

③ 모듈의 최대출력점 확인

④ 접지의 연속성 확인

해설
- 전압·극성의 확인 : 태양전지 모듈이 바르게 시공되어, 설명서대로 전압이 나오고 있는지 양극, 음극의 극성이 바른지의 여부 등을 테스터, 직류전압계로 확인한다.
- 단락전류의 측정 : 태양전지 모듈의 설명서에 기재된 단락전류가 흐르는지 직류전류계로 측정한다. 타 모듈과 비교해 측정치가 현저히 다른 경우에는 배선을 재차 점검한다.
- 비접지의 확인 : 태양광발전설비 중 인버터는 절연변압기를 시설하는 경우가 드물기 때문에 일반적으로 직류측 회로를 비접지로 하고 있다.
- 접지의 연속성 확인 : 모듈의 구조는 설치로 인해 접지의 연속성이 훼손되지 않은 것을 사용해야 한다.

24 옥상 또는 지붕 위에 설치한 태양전지 어레이로부터 접속함으로 배선할 경우 처마 밑 배선을 실시한다. 물의 침입을 방지하기 위한 케이블의 차수 처리 지름은 케이블 지름의 몇 배인가?

① 4　　② 5

③ 6　　④ 10

해설 원칙적으로 케이블 지름의 6배 이상인 반경으로 배선한다.

정답 22 ② 23 ③ 24 ③

25 **태양전지 어레이를 지상에 설치하는 경우 지중배선 또는 지중배관 길이가 몇 m를 초과하는 경우에 중간개소에 지중함을 설치하는가?**

① 10　　② 30
③ 50　　④ 100

해설 지중배선 또는 지중배관인 경우, 중량물의 압력을 받을 우려가 없도록 하고 그 길이가 30m를 초과하는 경우는 중간개소에 지중함을 설치할 수 있다.

26 **지중전선로의 최소 매설 깊이(m)는?**

① 0.6　　② 1
③ 1.2　　④ 1.5

해설 1.0m 이상(중량물의 압력을 받을 우려가 없는 곳은 0.6m 이상) 지중매설관은 배선용 탄소강관, 내충격성 경질 염화비닐관을 사용한다. 단, 공사상 부득이하게 후강전선관에 방수·방습처리를 시행한 경우는 이에 한정되지 않는다.

27 **태양전지 모듈에서 인버터 입력단 간 및 인버터 출력단과 계통연계점 간의 전압강하는 몇 %를 초과하지 말아야 하는가?(단, 상호거리 200m)**

① 2　　② 3
③ 5　　④ 6

해설 전선 길이에 따른 전압강하 허용치

전선의 길이	전압강하
60m 이하	3%
120m 이하	5%
200m 이하	6%
200m 초과	7%

25 ② 26 ② 27 ④ 정답

28 볼트를 일정한 힘으로 죄는 공구는?

① 드라이버　　② 스패너
③ 펜치　　④ 토크렌치

해설
- 토크렌치 : 볼트·너트 등 나사의 체결 토크를 재거나 정해진 토크 값으로 죄는 경우에 사용하는 공구
- 드라이버 : 나사를 돌릴 때
- 스패너 : 물체(대부분 암나사, 수나사 같은 잠금장치)에 회전력을 가해주는 공구
- 펜치 : 무엇을 집거나 끊거나 구부리기 위해 쇠로 만든 집게 모양의 공구

29 발전사업자 및 자가용 발전설비 설치자는 발전설비용량 몇 kW 이하의 생산한 전력을 전력시장(한국전력거래소)을 통하지 아니하고 전기판매사업자(한국전력공사)와 거래할 수 있는가?

① 500　　② 1,000
③ 1,500　　④ 2,000

해설 자가용발전설비 설치자는 발전설비 용량이 1,000kW 이하일 때 전력시장을 통하지 아니하고 한국전력공사와 직접 거래할 수 있다.

30 안전공사 및 대행사업자에게 안전관리업무를 대행시킬 수 있는 전기설비는?

① 용량 2,000kW 미만의 전기수용설비
② 용량 500kW 미만의 발전설비
③ 비상용 예비발전설비로 용량 500kW 미만인 것
④ 태양에너지를 이용하는 발전설비로서 용량 2,000kW 미만인 것

해설 **전기안전관리법 시행규칙 제26조(안전관리업무 대행 규모)**
안전공사 및 대행사업자는 다음의 어느 하나에 해당하는 전기설비(둘 이상의 전기설비 용량의 합계가 4,500kW 미만인 경우로 한정)를 대행할 수 있다.
- 전기수용설비 : 용량 1,000kW 미만인 것
- 신에너지 및 재생에너지 개발·이용·보급 촉진법 제2조제1호 및 제2호에 따른 신에너지와 재생에너지를 이용하여 전기를 생산하는 발전설비(신재생에너지 발전설비) 중 태양광발전설비 : 용량 1,000kW(원격감시·제어기능을 갖춘 경우 용량 3,000kW) 미만인 것
- 전기사업용 신재생에너지 발전설비 중 연료전지발전설비(원격감시·제어기능을 갖춘 것으로 한정) : 용량 500kW 미만인 것
- 그 밖의 발전설비(전기사업용 신재생에너지 발전설비의 경우 원격감시·제어기능을 갖춘 것으로 한정) : 용량 300kW(비상용 예비발전설비의 경우에는 용량 500kW) 미만인 것

정답 28 ④ 29 ② 30 ③

31 발전사업자가 전력생산량의 일정비율을 신재생에너지로 공급하도록 하는 신재생에너지 활성화 제도를 무엇이라 하는가?

① FIT ② RPS
③ REC ④ IEC

해설 ② RPS(Renewable Portfolio Standard) : 신재생에너지 공급의무화제도
① FIT(Feed In Tariff) : 발전차액지원제도
③ REC(Renewable Energy Certificate) : 신재생에너지인증서
④ IEC(International Electrotechnical Commission) : 국제전기기술회의

32 태양광발전설비가 작동되지 않아 긴급하게 점검할 경우 차단기와 인버터의 개방과 투입 동작순서는?

㉠ 접속함 차단기 투입(on)	㉡ 접속함 차단기 개방(off)
㉢ 인버터 투입(on)	㉣ 인버터 개방(off)
㉤ 태양광설비 점검	

① ㉠ → ㉡ → ㉤ → ㉣ → ㉢
② ㉡ → ㉣ → ㉤ → ㉠ → ㉢
③ ㉡ → ㉣ → ㉤ → ㉢ → ㉠
④ ㉣ → ㉡ → ㉤ → ㉢ → ㉠

해설 **차단기와 인버터의 개방과 투입 순서**
접속함 내부차단기 개방(off) → 인버터 개방(off) 후 점검 → 점검 후에는 역으로 인버터(on) → 차단기의 순서로 투입(on)

33 태양광발전시스템의 점검을 위해 1개월마다 주로 육안에 의해 실시하는 점검은?

① 준공점검 ② 일상점검
③ 정기점검 ④ 특별점검

해설 **일상점검**
1개월마다 일상점검하며, 주로 육안에 의해 실시한다. 권장하는 점검 중 이상이 발견되면 전문기술자와 상담한다.

31 ② 32 ③ 33 ② 정답

34 태양전지 모듈의 발전성능시험은 옥외에서의 자연광원법으로 시험해야 하나 기상조건에 의해 일반적으로는 인공광원법을 채택하여 시험을 한다. 이때 기준 조건으로 바르게 짝지어진 것은?

① AM(대기질량정수) 1.0, 방사조도 $1kW/m^2$, 온도 25℃
② AM(대기질량정수) 1.0, 방사조도 $1,000W/m^2$, 온도 20℃
③ AM(대기질량정수) 1.5, 방사조도 $1,000W/m^2$, 온도 20℃
④ AM(대기질량정수) 1.5, 방사조도 $1kW/m^2$, 온도 25℃

35 태양광발전시스템에서 단독운전 검출 후, 몇 초 이내에 개폐기 개방 또는 게이트 블록 기능이 동작해야 하는가?

① 0.1 ② 0.3
③ 0.5 ④ 1

해설 단독운전 발생 후 최대 0.5초 이내에 배전계통에서 분리되어야 한다.

36 태양광발전소의 정기검사는 몇 년마다 받아야 하는가?

① 2 ② 3
③ 4 ④ 5

해설 전기사업용 및 자가용 태양광발전소의 태양전지, 전기설비 계통은 4년마다 정기검사를 시행해야 한다.

37 태양광 인버터의 이상신호를 해결한 후에 재기동시킬 때, 인버터를 on한 후 몇 분 후에 재기동시켜야 하는가?

① 즉시 기동 ② 1분 후
③ 3분 후 ④ 5분 후

해설 **투입저지 시한타이머 동작시험** : 인버터가 정지하여 5분 후 자동기동할 것

정답 34 ④ 35 ③ 36 ③ 37 ④

38 **태양광발전시스템에 있어 운전 정지 후에 해야 하는 점검 사항은?**

① 부하 전류 확인
② 단자의 조임상태 확인
③ 계기류의 이상 유무 확인
④ 각 선간전압 확인

해설 단자의 조임상태 확인은 감전의 위험이 있고 단선될 수 있으므로 발전시스템을 정지시킨 후에 점검해야 한다. 또한 선지의 다른 항목들은 운전 정지 후에는 측정할 수 없는 항목들이다.

39 **인버터 변환효율을 구하는 식은?(단, P_{AC}는 교류 입력 전력, P_{DC}는 직류 입력 전력이다)**

① $\dfrac{P_{\mathrm{AC}}}{P_{\mathrm{DC}}} \times 100$
② $\dfrac{P_{\mathrm{DC}}}{P_{\mathrm{AC}}} \times 100$
③ $\dfrac{P_{\mathrm{DC}}}{P_{\mathrm{AC}} + P_{\mathrm{DC}}} \times 100$
④ $\dfrac{P_{\mathrm{AC}}}{P_{\mathrm{AC}} + P_{\mathrm{DC}}} \times 100$

해설 **최고 효율** : 전력변환(직류 → 교류, 교류 → 직류)을 시행할 때, 최고의 변환효율이다(일반적으로 부하 70%에서 최고의 변환효율을 가짐).

$$\eta_{\max} = \frac{P_{\mathrm{AC}}}{P_{\mathrm{DC}}} \times 100\%$$

40 **일상점검에서 인버터의 육안점검사항이 아닌 것은?**

① 외함의 부식 및 손상확인
② 외부배선(접속 케이블)의 손상확인
③ 환기확인
④ 표시부의 동작확인

해설 표시부의 동작확인은 정기점검 시 점검해야 하는 시험 및 측정사항이다.

인버터의 일상점검

육안점검	부식 및 녹이 없고 충전부가 노출되지 않을 것
	인버터에 접속된 배선에 손상이 없을 것
	환기구를 막고 있지 않을 것
	운전 시 이상음, 악취, 이상과열이 없을 것
	표시부에 이상표시가 없을 것
	표시부의 발전상황에 이상이 없을 것

38 ② 39 ① 40 ④ 정답

41 점검작업 시 주의사항으로 잘못된 것은?

① 안전사고 예방조치 후 2인 1조로 보수점검에 임한다.
② 콘덴서나 케이블의 접속부 점검 시 전류전하를 충전시키고 개방한다.
③ 점검 후 안전을 위해 설치한 접지선은 반드시 제거한다.
④ 점검 후 반드시 점검 및 수리한 요점 및 고장상황, 일자를 기록한다.

해설 **점검작업 시 주의사항**

- 안전사고 예방조치 후 2인 1조로 보수점검에 임한다.
- 응급처치 방법 및 설비 기계의 안전을 확인한다.
- 무전압 상태 확인 및 안전조치
  - 관련된 차단기, 단로기를 열어 무전압 상태로 만든다.
  - 검전기를 사용하여 무전압 상태를 확인하고 필요한 개소는 접지를 실시한다.
  - 특고압 및 고압 차단기는 개방하여 테스트 포지션 위치로 인출하고, '점검 중'이라는 표찰을 부착한다.
  - 단로기는 쇄정시킨 후 '점검 중' 표찰을 부착한다.
  - 수배전반 또는 모선 연락반은 전원이 되돌아와서 살아있는 경우가 있으므로 차단기나 단로기를 꼭 차단하고 '점검 중'이라는 표찰을 부착한다.
- 잔류 전압에 주의(콘덴서나 케이블의 접속부 점검 시 전류전하를 방전시키고 접지한다).
- 절연용 보호기구 준비한다.
- 점검 후 안전을 위해 설치한 접지선은 반드시 제거한다.
- 점검 후 반드시 점검 및 수리한 요점 및 고장상황, 일자를 기록한다.

42 한전과 발전사업자 간의 책임분계점 기기는?

① LBS ② MOF
③ COS ④ LA

해설 ③ COS : 책임분계점(과전류로 기기 보호와 개폐에 이용함)
① LBS : 부하개폐기(선로의 부하차단 등 회로 차단)
② MOF : 계기용 변성기(고전압 회로의 전압이나 전류, 대전류를 측정 시 사용)
④ LA : 피뢰기(개폐 시 이상전압, 낙뢰로부터 보호)

43 절연용 방호구는 최대 몇 V 이하의 전로의 활선작업에 사용되는가?

① 7,000 ② 10,000
③ 20,000 ④ 25,000

해설 절연용 방호구는 25,000V 이하 전로의 활선작업이나 활선근접 작업에 사용한다.

정답 41 ② 42 ③ 43 ④

44 직류에서 저압은 몇 kV 이하인가?

① 0.6　　② 0.75
③ 1　　④ 1.5

해설 KEC 111.1(적용범위)
- 저압 : 직류 1.5kV 이하, 교류 1kV 이하
- 고압 : 직류 1.5kV 초과 7kV 이하, 교류 1kV를 초과 7kV 이하
- 특고압 : 7kV 초과

45 전기사업법령상 3,000kW 이하의 발전설비용량의 발전사업허가를 받으려는 자는 누구에게 전기사업 허가신청서를 제출해야 하는가?

① 행정안전부 장관
② 대통령
③ 산업통상자원부 장관
④ 해당 특별시장 · 광역시장 · 도지사

해설 전기사업법 시행규칙 제4조(사업허가의 신청)
- 3,000kW 초과 설비 : 산업통상자원부 장관(전기위원회)
- 3,000kW 이하 설비 : 특별시장 · 광역시장 · 특별자치시장 · 도지사 또는 특별자치도지사

46 태양전지 모듈의 절연내력을 시험할 때 사용하는 직류전압은 최대사용전압의 몇 배에 견뎌야 하는가?

① 0.92　　② 1
③ 1.25　　④ 1.5

해설 KEC 134(연료전지 및 태양전지 모듈의 절연내력)
태양전지 모듈은 최대사용전압의 1.5배의 직류전압 또는 1배의 교류전압(500V 미만으로 되는 경우에는 500V)을 충전부분과 대지 사이에 연속하여 10분간 가하여 절연내력을 시험하였을 때 이에 견디는 것이어야 한다.

47 다음 중 신재생에너지 통계전문기관은?

① 신재생에너지협회　　② 신재생에너지센터
③ 통계청　　④ 한국에너지기술연구원

해설 신에너지 및 재생에너지 개발 · 이용 · 보급 촉진법 시행규칙 제14조(신재생에너지 통계의 전문기관)
신재생에너지 관련 시책을 효과적으로 수립 · 시행하기 위하여 필요한 국내외 신재생에너지의 수요 · 공급에 관한 통계에 관한 업무를 수행하는 전문성이 있는 기관은 신재생에너지센터로 한다.

44 ④ 45 ④ 46 ④ 47 ② 정답

48 태양광발전시스템 모니터링 프로그램의 기본기능이 아닌 것은?

① 데이터 수집기능
② 데이터 저장기능
③ 데이터 정정기능
④ 데이터 분석기능

해설 태양광발전시스템의 모니터링 프로그램의 기본기능은 데이터 수집, 저장, 분석이다.

49 태양전지 모듈의 절연내력 시험을 교류로 실시할 경우 최대사용전압이 380V이면 몇 V로 해야 하는가?

① 380　　② 418
③ 500　　④ 570

해설 KEC 134(연료전지 및 태양전지 모듈의 절연내력)
절연내력 측정은 최대 사용전압의 1.5배의 직류전압이나 1배의 교류전압(500V 미만일 때는 500V)을 충전부분과 대지 사이에 연속하여 10분간 가하여 절연내력을 시험하였을 때에 이에 견디는 것이어야 한다.

50 유지관리비의 구성요소로 틀린 것은?

① 유지비
② 보수비
③ 개량비
④ 건설비

해설 유지관리비는 유용성을 적정하게 유지 회복하기 위한 필요한 비용이며, 일반적인 보수비(수선비), 유지비, 관리비, 개량비, 운용지원비로 구분된다.

51 태양광발전시스템의 계측기나 표시장치의 구성요소가 아닌 것은?

① 연산장치
② 차단장치
③ 표시장치
④ 신호변환기

해설 차단장치는 개폐기에 해당하는 주변장치에 해당된다. 태양광발전 모듈을 제외한 가대, 개폐기, 축전지, 출력조절기, 계측기 등의 주변기기 모두를 주변장치라 부른다.

정답 48 ③　49 ③　50 ④　51 ②

52 다음 그림과 같이 지붕 위에 설치한 태양전지 어레이에서 접속함으로 복수의 케이블을 배선하는 경우 케이블은 반드시 물빼기를 하여야 한다. 그림에서 P점의 케이블은 외경의 몇 배 이상으로 구부려 설치하여야 하는가?

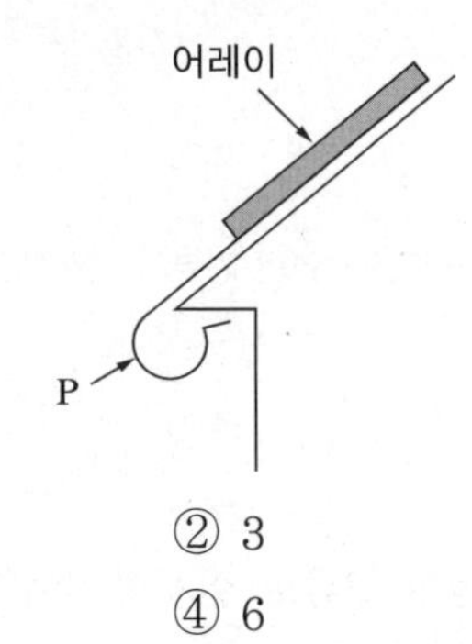

① 2 ② 3
③ 4 ④ 6

해설 문제의 그림과 같이 물의 침입을 방지하기 위한 차수처리를 해야 한다. 원칙적으로 케이블 지름의 6배 이상인 반경으로 배선한다.

53 태양광모듈 설치 시 정남향으로 설치가 불가능할 경우 정남향을 기준으로 동쪽 또는 서쪽 방향으로 몇 도 이내에 설치해야 하는가?

① 30° ② 45°
③ 60° ④ 75°

해설 모듈의 일조면은 정남향 방향으로 설치되어야 한다. 정남향으로 설치가 불가능할 경우에 한하여 정남향을 기준으로 동쪽 또는 서쪽 방향으로 45° 이내에 설치하여야 한다.

54 발전소 상호 간 전압 5만V 이상의 송전선로를 연결하거나 차단하기 위한 전기설비는?

① 급전소
② 발전소
③ 변전소
④ 개폐소

해설 전기사업법 시행규칙 제2조(정의)
- "변전소"란 변전소의 밖으로부터 전압 5만V 이상의 전기를 전송받아 이를 변성하여 변전소 밖의 장소로 전송할 목적으로 설치하는 변압기와 그 밖의 전기설비 전체를 말한다.
- "개폐소"란 다음의 곳의 전압 5만V 이상의 송전선로를 연결하거나 차단하기 위한 전기설비를 말한다.
  - 발전소 상호 간
  - 변전소 상호 간
  - 발전소와 변전소 간

52 ④ 53 ② 54 ④ 정답

55 태양광 전기설비 화재의 원인으로 가장 거리가 먼 것은?

① 누전　　② 단락

③ 저전압　　④ 접촉부 과열

해설 전기설비 화재의 원인 중 발생별로 보면 스파크(단락) 24%, 누전 15%, 접촉부의 과열 12%, 절연 열화에 의한 발열 11%, 과전류 8% 정도의 비율로 원인이 되고 있다.

56 MOSFET의 회로소자 기호는?

①
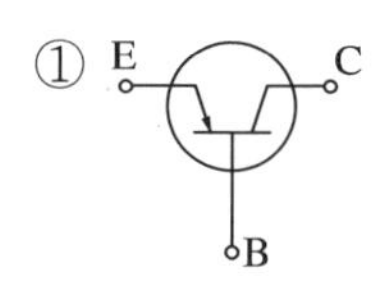

②
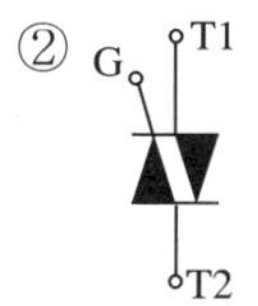

③
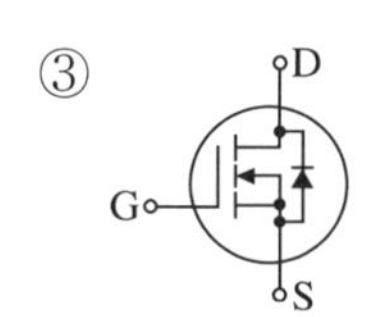

④
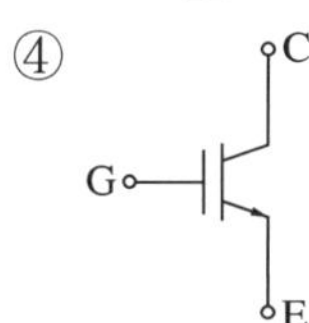

해설 ① 트랜지스터(PNP형)
② 트라이액(TRIAC)
④ IGBT

참고 다른 기호들

JFET	사이리스터(SCR)	태양전지 셀
D, G, S	Anode, Gate, Cathode	+, −

57 태양전지 5개를 직렬로 접속하고, 10개를 병렬로 접속할 때, 전압과 전류는 각각 어떻게 되는가?

① 전압 5배 증가, 전류 5배 증가

② 전압 5배 증가, 전류 10배 감소

③ 전류 10배 증가, 전압 5배 증가

④ 전류 10배 감소, 전압 10배 증가

해설 태양전지를 건전지라고 생각하면 직렬접속의 경우 전압이 증가하고, 병렬접속일 경우 전류가 증가한다.

정답 55 ③ 56 ③ 57 ③

58 **태양전지 모듈 가대에 실시하는 접지공사의 접지선을 지하 0.75m부터 지표상 2m까지 보호하는 데 사용 가능한 전선관은?(단, 두께 2mm 미만 및 난연성이 없는 것은 제외한다)**

① 금속전선관
② 금속가요관
③ 콤바인덕트관
④ 합성수지관

해설 **KEC 142.3(접지도체 · 보호도체)**
접지도체의 지하 0.75m부터 지표상 2m까지의 부분은 합성수지관(두께 2mm 미만의 합성수지제 전선관 및 가연성 콤바인덕트관은 제외한다) 또는 이와 동등 이상의 절연효과와 강도를 가지는 몰드로 덮어야 한다.

59 **다선식 옥내배선 회로에서 중성선의 전선 색상으로 옳은 것은?**

① 갈색　　② 빨간색
③ 파란색　　④ 녹색

해설 **전선의 식별**

상(문자)	색상
L1	갈색
L2	검은색
L3	회색
N	파란색
보호도체(PE)	녹색-노란색

60 **신재생에너지 설비 성능검사기관 지정서를 신청인에게 발급하고 공고해야 할 사항이 아닌 것은?**

① 지정일　　② 지정번호
③ 대표자 성명　　④ 업무 계획서

해설 업무 계획서는 설비 성능검사 신청 첨부서류이다.
신재생에너지 설비 성능검사기관 지정서를 신청인에게 발급하고, 공고하여야 할 사항은 다음과 같다.
- 성능검사기관의 명칭
- 대표자 성명
- 사무소(주된 사무소 및 지방사무소 등 모든 사무소를 말한다)의 주소
- 지정일
- 지정번호
- 성능검사 대상에 해당하는 신재생에너지 설비의 범위
- 업무 개시일

58 ④ 59 ③ 60 ④ 정답

2024년 제 3 회 최근 기출복원문제

01 **태양광 인버터와 연결된 태양전지 어레이들의 스트링 사이의 출력전압 불균형을 방지하기 위해 접속함이나 모듈의 단자함에 설치하는 것은?**

① 바이패스 다이오드
② 배선용 차단기
③ 역전류방지 다이오드
④ 서지 흡수기

해설 ③ 역전류방지 다이오드 : 태양전지 모듈에 다른 태양전지 회로와 축전지의 전류가 유입되는 것을 방지하기 위한 다이오드
① 바이패스 다이오드 : 열점이 있는 셀 또는 모듈에 전류가 흐르지 않고 옆으로 지나가게 만드는 다이오드
② 배선용 차단기 : 전기회로가 단락되어 대전류가 흐르거나, 접촉저항 등으로 전선로에 열이 발생하거나, 2차측 부하에 일정량 이상의 과부하가 걸려 과전류가 흐르면 차단되는 장치
④ 서지 흡수기 : 서지 흡수기는 개폐서지 보호용으로 주로 사용되고 있고, 피뢰기는 낙뢰 보호용으로 주로 사용

02 **특고압 22.9kV로 태양광발전시스템을 한전선로에 계통연계할 때 순서로 옳은 것은?**

① 인버터 → 저압반 → 변압기 → 고압반 → MOF → LBS
② 인버터 → 저압반 → LBS → MOF → 변압기 → 고압반
③ 인버터 → 변압기 → 저압반 → 고압반 → MOF → LBS
④ 인버터 → LBS → MOF → 저압반 → 변압기 → 고압반

해설 **계통연계 순서**
태양전지 → 인버터 → 저압반 → 변압기 → 고압반 → MOF → LBS
※ 부하개폐기 : LBS, 계기용 변성기 : MOF, PCT

정답 1 ③ 2 ①

03 다음은 2.4Ω의 저항 부하를 갖는 단상 반파브리지 인버터이다. 직류 입력전압(V_S)이 48V이면 출력은 몇 W인가?

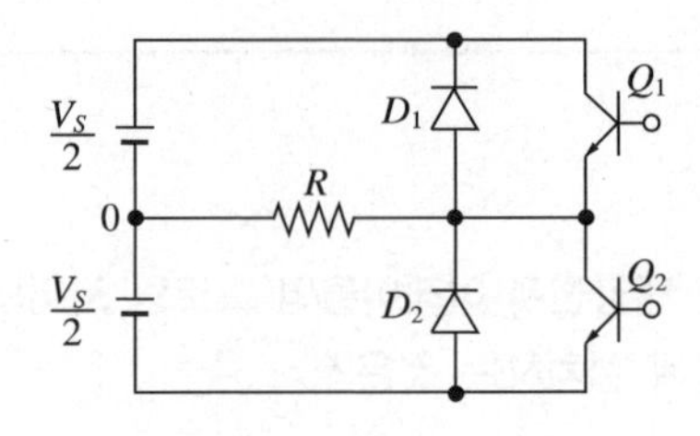

① 240　② 480
③ 720　④ 960

해설
단상 반파브리지 인버터의 회로에 전압 $\frac{V_S}{2}$, 부하저항 R, 다이오드 D_1, D_2 트랜지스터 Q_1, Q_2로 이루어져 있다.

여기에 흐르는 전류 $I=\frac{\frac{V_S}{2}}{R}=\frac{24}{2.4}=10\text{A}$인데, 반주기만 전류가 흐르므로

출력 $\frac{1}{2}P=\frac{1}{2}V\times I=\frac{1}{2}\times 24\times 10=120\text{W}$이다.

회로의 아랫부분의 반주기를 더하면 전체 출력은 $120+120=240\text{W}$이다.

04 전압형 단상 인버터의 기본회로의 설명으로 틀린 것은?

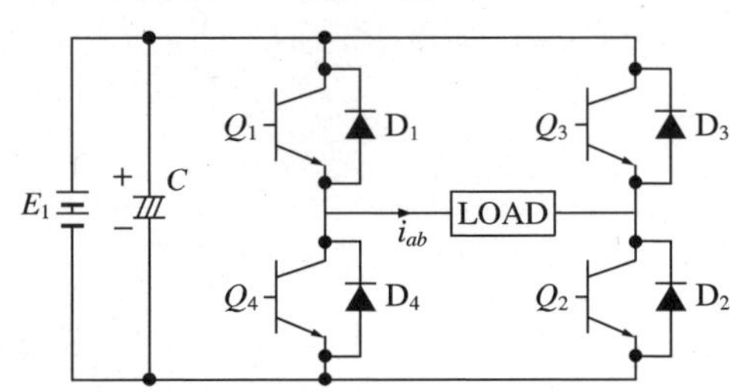

① 작은 용량의 C를 달아준다.
② 직류전압을 교류전압으로 출력한다.
③ 부하의 역률에 따라 위상이 변화한다.
④ D_1~D_4는 트랜지스터의 파손을 방지하는 역할이다.

해설 **전압형 단상 인버터**
- 직류전압을 평활용 콘덴서(C)를 이용하여 평활시킨다.
- 정류된 직류 전압을 PWM 제어방식을 이용하여 인버터부에서 전압과 주파수를 동시에 제어한다.
- 인버터의 주소자를 turn-off 시간이 짧은 IGBT, FET 및 트랜지스터를 사용한다.

전류형 인버터
전류형 인버터는 평활용 콘덴서 대신에 리액터를 사용하는데, 인버터 측에서 보면 고 임피던스 직류 전류원으로 볼 수 있으므로 전류형 인버터라 한다.

3 ① 4 ① 정답

05 기초의 분류에서 얕은 기초와 관련이 없는 것은?

① 연속기초
② 독립기초
③ 복합기초
④ 말뚝기초

해설
• 얕은 기초 : 근입 깊이와 최소 폭의 비가 1 미만인 것
예 독립기초, 연속기초, 온통기초
• 깊은 기초 : 근입 깊이와 최소 폭의 비가 1 이상인 것
예 말뚝기초(파일기초), 피어기초, 케이슨기초

06 MOSFET의 회로소자 기호는?

①
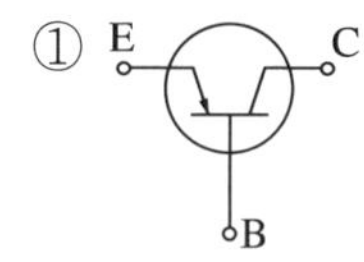

②
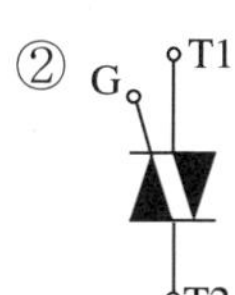

③
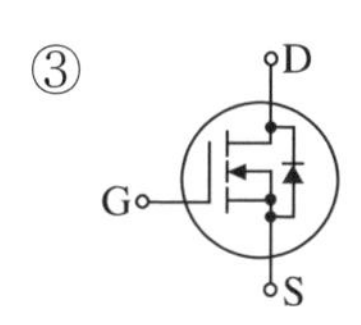

④
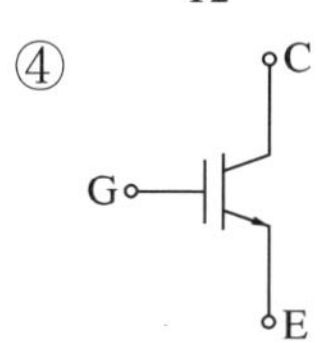

해설
① 트랜지스터(PNP형)
② 트라이액(TRIAC)
④ IGBT

참고 다른 기호들

JFET	사이리스터(SCR)	태양전지 셀
D, G, S	Anode, Gate, Cathode	+, −

07 **다음은 직·병렬 어레이 회로를 나타내고 있다. 그림에서 음영 발생으로 흑색 부분 모듈 출력 값이 85W를 나타내고 있을 때 각 회로에서의 총 출력 값은 얼마인가?**

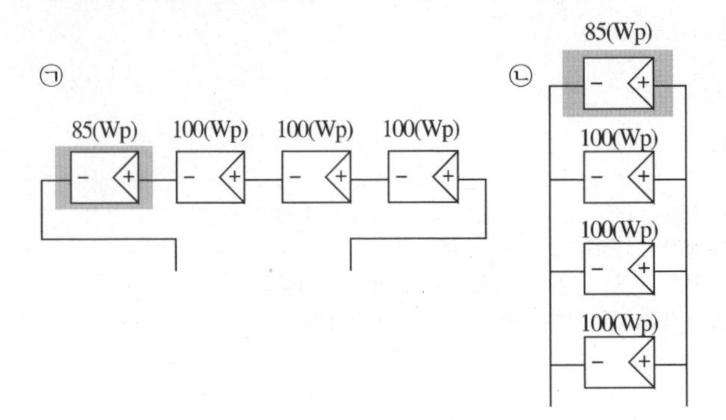

① ㉠ 385W　　㉡ 385W
② ㉠ 340W　　㉡ 385W
③ ㉠ 385W　　㉡ 340W
④ ㉠ 85W　　㉡ 385W

해설 ㉠ 직렬연결모듈 : 음영이 생긴 모듈의 출력만큼의 전류만 흐른다. 85×4=340W
㉡ 병렬연결모듈 : 모듈별 출력이 발전된다. 85+100+100+100=385W

08 **경사형 지붕에 태양전지 모듈을 설치할 때 유의하여야 할 사항으로 옳지 않은 것은?**

① 태양전지 모듈을 지붕에 밀착시켜 부착해야 한다.
② 모듈 고정용 볼트, 너트 등은 상부에서 조일 수 있어야 한다.
③ 가대나 지지철물 등의 노출부는 미관과 안전을 고려 최대한 적게 한다.
④ 태양전지 모듈은 한 장씩 쉽게 교체할 수 있어야 한다.

해설 **태양전지 모듈의 일반적인 설치 시 유의사항**
- 정남향이고, 경사각은 30~45°가 적절하다.
- 태양전지 모듈의 온도가 1℃ 상승함에 따라 변환효율은 약 0.3~0.5% 감소한다.
- 후면 환기가 없는 경우 10%의 발전량 손실, 자연통풍 시 이격거리는 10~15cm이다.
- 모듈 고정용 볼트, 너트 등은 상부에서 조일 수 있어야 한다.
- 가대나 지지철물 등의 노출부는 미관과 안전을 고려 최대한 적게 한다.
- 태양전지 모듈은 한 장씩 쉽게 교체할 수 있어야 한다.

7 ② 8 ① **정답**

09 태양전지 모듈의 설치방법으로 적합하지 않은 것은?

① 태양전지 모듈의 설치는 가대의 하단에서 상단으로 순차적으로 조립한다.
② 태양전지 모듈의 이동 시 2인 1조로 한다.
③ 태양전지 모듈의 직렬매수는 직류 사용전압 또는 인버터의 입력전압 범위에서 선정한다.
④ 태양전지 모듈과 가대의 접합 시 불필요한 개스킷 등은 사용하지 않는다.

해설

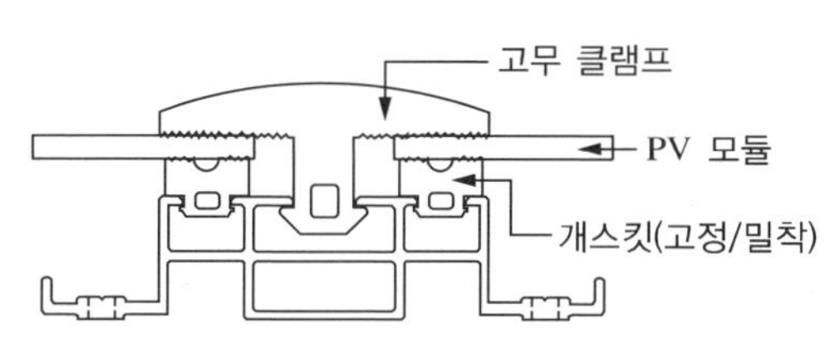

상부에 모듈 밀착을 위한 개스킷을 끼워 넣고 frameless 모듈을 안착시킨 후, 개스킷을 끼워 넣어 마감한다. 또한 모듈의 상하로 개스킷을 사용하여 한 번 더 밀착성을 확보한다.

10 태양전지 모듈이 충분히 절연되었는지 확인하기 위한 습도 조건은?

① 상대습도 75% 미만
② 상대습도 80% 미만
③ 상대습도 85% 미만
④ 상대습도 90% 미만

해설

- 절연 시험 : 태양광발전 모듈에서 전류가 흐르는 부품과 모듈 테두리나 또는 모듈 외부와의 사이가 충분히 절연되어 있는지를 보기 위한 시험으로, 상대 습도가 75%를 넘지 않는 조건에서 시험해야 한다.
- 내습성 시험 : 고온고습 상태에서 사용 및 저장하는 경우의 태양전지 모듈의 적성을 시험한다. 태양전지 모듈의 출력단자를 개방상태로 유지하고 방수를 위하여 염화비닐제의 절연테이프로 피복하여, 온도 85±2℃, 상대습도 85±5%로 1,000시간 시험한다. 최소 회복 시간은 2~4시간 이내이며, 외관검사, 발전성능시험, 절연저항시험을 반복한다.

11 태양광발전설비로서 용량이 1,000kW 미만인 경우 안전관리업무를 외부에 대행시킬 수 있는 점검은?

① 일상점검　　② 정기점검
③ 임시점검　　④ 사용 전 검사

해설

전기안전관리자 역할

- 전기 생산량 분석
- 배전반, 파워컨디셔너, 감시제어시스템 건전성 유지
- 태양광발전소 시설 감시
- 정기점검 및 긴급 출동
- 안전진단 및 효율 이상 유무 확인

정답 9 ④ 10 ① 11 ②

12 인버터의 정상특성시험에 해당하지 않는 것은?

① 교류전압, 주파수추종시험
② 인버터 전력급변시험
③ 누설전류시험
④ 자동기동・정지시험

해설 ② 인버터의 입력 전력급변시험은 과도응답시험의 항목이다.
인버터의 정상특성시험 : 교류전압, 주파수추종범위시험, 교류출력전류 변형률시험, 누설전류시험, 온도상승시험, 효율시험, 대기손실시험, 자동기동・정지시험, 최대전력 추종시험, 출력전류 직류분 검출 시험이 있다.

13 태양광발전시스템의 절연저항 측정을 위해 절연저항계를 가지고 측정할 때 측정값이 틀린 것은?

① 사용전압 800V인 경우 1.0MΩ 이상
② 대지전압 480V인 경우 1.0MΩ 이상(DC 시험전압 500V)
③ 사용전압 220V인 경우 0.5MΩ 이상(DC 시험전압 500V)
④ 대지전압 SELV인 경우 0.5MΩ 이상(DC 시험전압 250V)

해설

사용전압(V)	DC시험전압(V)	절연저항(MΩ)
SELV 및 PELV	250	0.5
FELV, 500V 이하	500	1.0
500V 초과	1,000	1.0

※ 특별저압(Extra Low Voltage : 2차 전압이 AC 50V, DC 120V 이하)으로 SELV(비접지회로 구성) 및 PELV(접지회로 구성)는 1차와 2차가 전기적으로 절연된 회로, FELV는 1차와 2차가 전기적으로 절연되지 않은 회로

14 다음 중 추락방지를 위해 사용하여야 할 안전복장은?

① 안전모 착용
② 안전대 착용
③ 안전화 착용
④ 안전허리띠 착용

해설 **안전장구 착용**
- 안전모
- 안전대 착용 : 추락방지
- 안전화 : 중량물에 의한 발 보호 및 미끄럼 방지용
- 안전허리띠 착용 : 공구, 공사 부재 낙하 방지

12 ② 13 ③ 14 ② 정답

15 **발전소에서 생산된 전기를 배전사업자에게 송전하는 데 필요한 전기설비를 설치·관리하는 것을 주된 사업으로 하는 것은?**

① 배전사업
② 발전사업
③ 송전사업
④ 전기사업

16 **신재생에너지의 기술개발 및 이용·보급을 촉진하기 위한 기본계획에 포함되어야 할 사항이 아닌 것은?**

① 총전력생산량 중 신재생에너지 발전량이 차지하는 비율의 목표
② 신재생에너지원별 기술개발 및 이용·보급의 목표
③ 시장기능 활성화를 위해 정부주도의 저탄소녹색성장 추진
④ 신재생에너지 분야 전문인력 양성계획

해설 **신에너지 및 재생에너지 개발·이용·보급 촉진법 제5조(기본계획의 수립)**
기본계획의 계획기간은 10년 이상으로 하며, 기본계획에는 다음의 사항이 포함되어야 한다.
- 기본계획의 목표 및 기간
- 신·재생에너지원별 기술개발 및 이용·보급의 목표
- 총전력생산량 중 신·재생에너지 발전량이 차지하는 비율의 목표
- 온실가스의 배출 감소 목표
- 기본계획의 추진방법
- 신·재생에너지 기술수준의 평가와 보급전망 및 기대효과
- 신·재생에너지 기술개발 및 이용·보급에 관한 지원 방안
- 신·재생에너지 분야 전문인력 양성계획
- 직전 기본계획에 대한 평가

17 **수력발전에서 사용되는 수차가 아닌 것은?**

① 카플란
② 허브로터
③ 프란시스
④ 펠턴

해설 **수력발전에 사용하는 수차의 종류**
- 저낙차 : 2~20m(카플란, 프란시스 수차)
- 중낙차 : 20~150m(프로펠러, 카플란, 프란시스 수차)
- 고낙차 : 150m 이상(펠턴 수차)

정답 15 ③ 16 ③ 17 ②

18 **태양광발전시스템에 사용하는 피뢰소자 중 전선로에 침입하는 이상전압의 높이를 완화하고 파고치를 저하시키는 장치는?**

① 역류방지 소자
② 전압조정장치
③ 내뢰 트랜스
④ 서지업서버

해설 피뢰대책용 부품에는 크게 피뢰소자와 내뢰트랜스 2가지가 있으며, 태양광발전시스템에는 일반적으로 피뢰소자인 어레스터 또는 서지업서버를 사용한다.
- 어레스터 : 낙뢰에 의한 충격성 과전압에 대하여 전기설비의 단자전압을 규정치 이내로 저감시켜 정전을 일으키지 않고 원상태로 회귀하는 장치이다.
- 서지업서버 : 전선로에 침입하는 이상 전압의 높이를 완화하고 파고치를 저하시키는 장치이다.
- 내뢰 트랜스 : 실드부착 절연트랜스를 주체로 이에 어레스터 및 콘덴서를 부가시킨 장치로 뇌서지가 침입한 경우 내부에 넣은 어레스터에서의 제어 및 1차 측과 2차 측 간의 고절연화, 실드에 의한 뇌서지 흐름을 완전히 차단할 수 있도록 한 변압기이다.

19 **태양전지 모듈의 표준시험조건에서 전지온도는 25℃를 기준으로 하고 있다. 허용오차 범위로 옳은 것은?**

① 25±0.5℃
② 25±1℃
③ 25±2℃
④ 25±3℃

해설 **태양전지 모듈의 성능평가를 위한 표준검사조건(STC ; Standard Test Condition)**
- 1,000W/m^2 세기의 수직 복사 에너지
- 허용 오차 ±2℃의 25℃의 태양전지 표면온도
- 대기질량정수 AM = 1.5

20 **태양전지 모듈의 단락전류를 측정하는 계측기는?**

① 저항계
② 전력량계
③ 직류전류계
④ 교류전류계

해설 **태양전지 모듈 검사 내용**
- 전압 극성 확인 : 멀티테스터, 직류전압계로 확인
- 단락전류 측정 : 직류전류계로 측정
- 비접지 확인(어레이)

18 ④ 19 ③ 20 ③ 정답

21 합성수지관공사에서 관의 지지점 간의 거리는 몇 m 이하로 하여야 하는가?

① 1.0
② 1.5
③ 2.0
④ 2.5

해설 KEC 232.11.3(합성수지관 및 부속품의 시설)
- 관 상호 간 및 박스와는 관을 삽입하는 깊이를 관의 바깥지름의 1.2배(접착제를 사용하는 경우에는 0.8배) 이상으로 하고 또한 꽂음 접속에 의하여 견고하게 접속할 것
- 관의 지지점 간의 거리는 1.5m 이하로 하고, 또한 그 지지점은 관의 끝·관과 박스의 접속점 및 관 상호 간의 접속점 등에 가까운 곳에 시설할 것

22 케이블의 단말처리 방법으로 가장 적절한 방법은?

① 면 테이프로 단단하게 감는다.
② 비닐 절연테이프를 단단하게 감는다.
③ 자기융착 절연테이프만 여러 번 당기면서 겹쳐 감는다.
④ 자기융착 절연테이프를 겹쳐서 감고 그 위에 다시 보호테이프로 감는다.

해설 케이블 단말처리
- 모듈전용선(XLPE 케이블)은 내후성이 약하므로, 비닐시스가 벗겨져 절연체가 노출된 채로 장기간 사용하면 절연불량이 야기된다.
- 자기융착테이프 및 보호테이프로 내후성을 증가시킨다.
- 자기융착테이프의 열화를 방지하기 위해 자기융착테이프 위에 다시 한 번 보호테이프를 감는다.

23 태양광발전시스템의 인버터 회로에 절연내력시험을 실시하는 경우 시험전압을 몇 분간 인가하여 절연파괴 등의 이상 유무를 확인하여야 하는가?

① 1 ② 3
③ 5 ④ 10

해설 KEC 133(회전기 및 정류기의 절연내력), 134(연료전지 및 태양전지 모듈의 절연내력)
- 태양전지 모듈은 최대사용전압 1.5배의 직류전압 또는 1배의 교류전압(500V 미만 경우 500V)을 충전부분과 대지 사이에 연속하여 10분간 가하여 견디어야 한다.
- 정류기(최대사용전압이 60kV 이하)의 직류 측의 최대사용전압의 1배의 교류전압(500V 미만으로 되는 경우에는 500V)으로 충전부분과 외함 간에 연속하여 10분간 가하여 견디어야 한다.

정답 21 ② 22 ④ 23 ④

24 태양전지 모듈의 시각적 결함을 찾아내기 위한 육안 검사에서 조도는 몇 lx 이상인가?

① 500
② 600
③ 800
④ 1,000

해설 설비인증 심사기준에 따르면 결정계 실리콘 태양전지의 외관검사 시 1,000lx 이상의 광 조사상태에서 모듈외관, 태양전지 셀 등에 크랙, 구부러짐, 갈라짐이 없는지 확인하고, 셀 간 접속 및 다른 접속부분의 결함, 접착 결함, 기포나 박리 등의 이상을 검사한다.

25 태양광발전시스템의 인버터에 과온 발생 시 조치사항으로 옳은 것은?

① 인버터 팬 점검 후 운전
② 퓨즈 교체 후 운전
③ 계통전압 점검 후 운전
④ 전자 접촉기 교체 점검 후 운전

해설 인버터에 과온 발생 시 인버터 팬을 점검 후 재운전을 시도한다.

26 태양전지 어레이 개방전압 측정 목적이 아닌 것은?

① 스트링 동작불량 검출
② 모듈 동작불량 검출
③ 배선 접속불량 검출
④ 어레이 접지불량 검출

해설 **태양전지 어레이의 개방전압 측정 목적**
태양전지 어레이의 각 스트링의 개방전압을 측정하여 개방전압의 불균일에 따라 동작 불량의 스트링이나 태양전지 모듈의 검출 및 직렬 접속선의 결선 누락사고 등을 검출하기 위해 측정해야 한다.

27 인버터 출력단자에서 배전반 간 배선의 길이가 200m를 초과하는 경우 허용전압강하는 몇 % 이내로 하여야 하는가?

① 5　　② 6
③ 7　　④ 8

해설 태양전지 모듈에서 PCS 입력단 간 및 PCS 출력단과 계통 연계점 간의 전압강하는 3%를 초과하지 말아야 한다(단, 전선의 길이가 60m 초과 120m 이하는 5%, 200m 이하 6%, 200m 초과 7%).

24 ④　25 ①　26 ④　27 ③ 정답

28 **분산형 전원 발전설비를 연계하고자 하는 지점의 계통전압은 몇 % 이상 변동되지 않도록 계통에 연계해야 하는가?**

① ±4

② ±8

③ ±12

④ ±16

해설 **분산형 전원 발전설비**

연계 공통사항

• 발전설비의 전기방식은 연계계통과 동일
• 공급전압 안정성 유지
• 계통접지
• 동기화 : 분산형 전원 발전설비는 연계하고자 하는 지점의 계통전압이 ±4% 이상 변동되지 않도록 연계
• 측정 감시
• 계통 운영상 필요시 쉽게 접근하고 잠금장치가 가능하며 육안 식별이 가능한 분리장치를 분산형 전원 발전설비와 계통연계 지점 사이에 설치
• 전자장 장해 및 서지 보호기능
• 계통 이상 시 분산형 전원 발전설비 분리
• 전력품질
  – 발전기용량 정격 최대전류의 0.5% 이상인 직류 전류가 유입 제한
  – 역률은 연계지점에서 90% 이상으로 유지
  – 플리커 가혹도 지수 제한 및 고조파 전류 제한

29 **신재생에너지설비를 설치한 시공자는 설비의 소유자에게 법으로 정한 하자보증기간 중에는 성실하게 무상으로 하자보증을 실시하여야 한다. 태양광발전설비의 경우 하자보증기간은?**

① 1년 ② 2년

③ 3년 ④ 4년

해설 **신재생에너지설비의 지원 등에 관한 규정 별표 1(하자이행보증기간)**

원별	하자이행보증기간
태양광발전설비	3년
풍력발전설비	3년
소수력발전설비	3년
지열이용설비	3년
태양열이용설비	3년
기타 신・재생에너지설비	3년

※ 제35조의 사업으로 설치한 신재생에너지설비의 하자이행보증기간은 5년으로 한다.

정답 28 ① 29 ③

30 2,000kW, 역률 75%인 부하를 역률 95%까지 개선하는 데 필요한 콘덴서의 용량은 약 몇 kVA인가?

① 916
② 1,106
③ 1,306
④ 1,506

해설 콘덴서 용량

$$Q_C = P\tan\theta_1 - P\tan\theta_2 = P(\tan\theta_1 - \tan\theta_2)$$
$$= P\left(\frac{\sin\theta_1}{\cos\theta_1} - \frac{\sin\theta_2}{\cos\theta_2}\right)$$
$$= P\left(\frac{\sqrt{1-\cos^2\theta_1}}{\cos\theta_1} - \frac{\sqrt{1-\cos^2\theta_2}}{\cos\theta_2}\right)$$

$\cos\theta_1$: 개선 전 역률, $\cos\theta_2$: 개선 후 역률

$$Q_C = P\left(\frac{\sqrt{1-\cos^2\theta_1}}{\cos\theta_1} - \frac{\sqrt{1-\cos^2\theta_2}}{\cos\theta_2}\right)$$
$$= 2,000\left(\frac{\sqrt{1-0.75^2}}{0.75} - \frac{\sqrt{1-0.95^2}}{0.95}\right)$$
$$\fallingdotseq 2,000(0.882 - 0.329) = 1,106\text{kVA}$$

31 그림은 태양광발전설비 단위를 나타낸 것이다. 올바른 것은?

㉠	㉡	㉢

① ㉠ 셀 ㉡ 모듈 ㉢ 어레이
② ㉠ 모듈 ㉡ 어레이 ㉢ 셀
③ ㉠ 모듈 ㉡ 셀 ㉢ 어레이
④ ㉠ 셀 ㉡ 어레이 ㉢ 모듈

해설
- 셀(solar cell) : 태양전지의 가장 기본 소자로 보통 실리콘 계열의 태양전지 셀 1개에서 약 0.5~0.6V의 전압과 4~8A의 전류를 생산한다.
- 모듈 : 셀을 직·병렬로 연결하여 태양광 아래서 일정한 전압과 전류를 발생시키는 장치이다.
- 어레이 : 필요한 만큼의 전력을 얻기 위하여 1장 또는 여러 장의 태양전지 모듈을 최상의 조건(경사각, 방위각)을 고려하여 거치대를 설치하여 사용여건에 맞게 연결시켜 놓은 장치를 말한다.

30 ② 31 ① **정답**

32 뇌서지 방지를 위한 SPD 설치 시 접속도체의 전체 길이는 몇 m 이하로 하여야 하는가?

① 0.1
② 0.3
③ 0.5
④ 1.0

해설 SPD의 설치방법에서 SPD의 접속도체가 길어지는 것은 뇌서지 회로의 임피던스를 증가시켜 과전압 보호효과를 감소시키기 때문에 가능한 짧게 0.5m 이하로 하도록 규정하고 있다.

33 배터리 DC 12V, 변환효율 90%, 부하용량 220V, 440W일 때 인버터 입력전류(A)는?

① 20.42
② 32.65
③ 36.87
④ 40.74

해설 **변환효율**

$$\eta_{\max} = \frac{P_{AC}}{P_{DC}} \times 100\%$$

$$90 = \frac{440}{12 \times I} \times 100$$

$$I = \frac{44,000}{12 \times 90} \fallingdotseq 40.74\text{A}$$

34 태양광 인버터의 직류 및 교류회로에 갖추어야 할 보호 기능이 아닌 것은?

① 과전압 보호
② 과전류 보호
③ 극성 오류 보호
④ 전기적 데이터의 보호

해설 **인버터의 보호 기능**

- 계통 사고(과전압, 과전류)로부터 인버터 보호
- 태양광발전시스템 고장으로부터 계통 보호
- 과부하 보호 및 단락 보호

정답 32 ③ 33 ④ 34 ④

35 **피뢰시스템의 구성 중 내부 피뢰시스템으로 옳은 것은?**

① 수뢰부시스템
② 접지극시스템
③ 피뢰등전위본딩
④ 인하도선시스템

해설 **피뢰시스템(뇌보호시스템)**
- 외부 뇌보호 : 수뇌부, 인하도선, 접지극, 차폐, 안전이격거리
- 내부 뇌보호 : 등전위본딩, 차폐, 안전이격거리, 서지보호장치(SPD), 접지

36 **접속반에 입력되는 태양전지 모듈의 공칭스트링 전압이 512V이고 모듈의 공칭전압은 32V이다. 이때 하나의 스트링에는 몇 개의 모듈이 직렬로 연결되어야 하는가?**

① 8
② 12
③ 16
④ 32

해설 **모듈수**

$$\frac{\text{스트링 전압}}{\text{모듈 전압}} = \frac{512}{32} = 16\text{개}$$

37 **결정계 태양전지 모듈의 온도가 상승될 때 나타나는 특성은?**

① 최대출력이 저하한다.
② 개방전압이 상승한다.
③ 방사조도가 감소한다.
④ 바이패스전압이 감소한다.

해설 **온도 변동에 따른 태양전지 출력 특성**

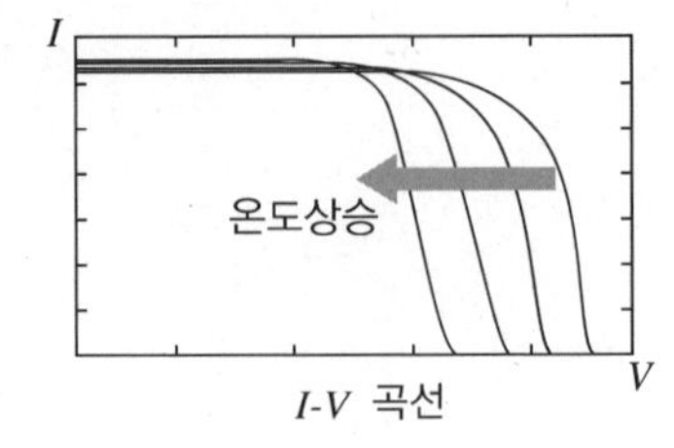

I-V 곡선

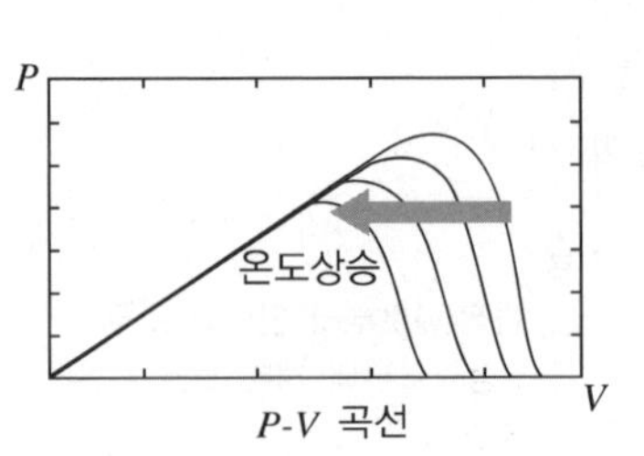

P-V 곡선

35 ③ 36 ③ 37 ① 정답

38 역조류를 허용하지 않는 연계에서 설치하여야 하는 계전기로 옳은 것은?

① 과전류계전기
② 과전압계전기
③ 역전력계전기
④ 부족전압계전기

해설 **KEC 503.2.4(계통연계용 보호장치의 시설)**
전기사용 부하의 수전 계약전력이 분산형 전원 용량을 초과하는 경우 용량 50kW 이하의 소규모 분산형 전원은 역전력계전기 설치를 생략할 수 있으나 발전설비 50kW 초과 설비에 대하여는 역전력계전기를 설치하여야 한다.

39 OP앰프를 이용한 인버터 제어부에서 ㉠에 나타나는 신호로 옳은 것은?

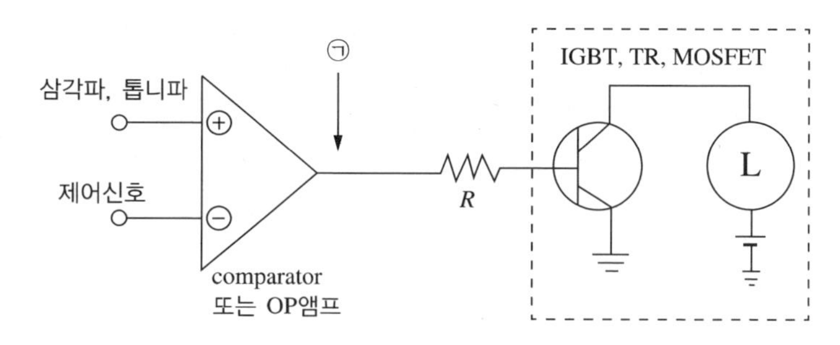

① PWM ② PAM
③ PCM ④ PNM

해설 문제의 그림은 PWM 펄스의 폭 변조를 하기 위한 회로이다.
인버터의 스위칭 방식에 의한 분류
- PAM 제어 : 낮은 스위칭 주파수, 컨버터부에서는 전압이 제어되고, 인버터부에서 주파수를 제어한다.
- PWM 제어 : 가청주파수 이상의 스위칭, DC전압을 인버터부에서 전압과 주파수를 동시에 제어한다.

40 설치공사 단계 중 어레이 방수공사는 어느 설치공사에 포함되는가?

① 어레이 기초공사
② 어레이 가대공사
③ 어레이 설치공사
④ 어레이 접지공사

정답 38 ③ 39 ① 40 ①

41 태양광발전시스템 구조물의 상정하중 계산 시 고려사항이 아닌 것은?

① 적설하중 ② 지진하중
③ 고정하중 ④ 전단하중

해설 상정하중은 수직하중(고정하중, 적설하중, 활하중)과 수평하중(풍하중, 지진하중)으로 구분한다.

42 무전압 상태인 주회로를 보수 점검할 때 점검 전 유의사항으로 틀린 것은?

① 접지선을 제거한다.
② 잔류전압을 방전시킨다.
③ 차단기는 단로상태로 한다.
④ 단로기 조작은 쇄정시킨다.

해설 ① 점검 시 안전을 위해 접지를 반드시하고 점검 후에는 제거한다.

주회로 점검 시 유의사항

- 원격지의 무인감시 제어시스템의 경우 원격지에서 차단기가 투입되지 않도록 연동장치를 쇄정한다.
- 관련된 차단기, 단로기를 열고 주회로에 무전압이 되게 한다.
- 검전기로서 무전압 상태를 확인하고 필요개소에 접지한다.
- 차단기는 단로 상태가 되도록 인출하고 '점검 중'이라는 표시판을 부착한다.
- 단로기 조작은 쇄정(쇄정장치가 없는 경우 '점검 중'이라는 표시판을 부착한다)
- 콘덴서 및 케이블의 접속부를 점검할 경우에는 잔류전압을 방전시키고 접지를 한다.
- 전원의 쇄정 및 주의 표지를 부착한다.
- 절연용 보호기구를 준비한다.
- 쥐, 곤충류 등이 배전반에 침입할 수 없도록 대책을 세운다.

43 다음 괄호 안에 들어갈 내용으로 옳은 것은?

> 태양광발전 인버터는 어레이에서 발생한 직류 전기를 교류 전기로 바꾸어 외부 전기 시스템의 (㉠), (㉡) 에 맞게 조정한다.

① ㉠ 역률 ㉡ 전압
② ㉠ 부하 ㉡ 전류
③ ㉠ 주파수 ㉡ 전압
④ ㉠ 주파수 ㉡ 전류

해설 인버터는 태양전지에서 생산된 직류 전기를 교류 전기로 변환하는 장치이다. 여기서 인버터는 상용주파수 60Hz로 변환하고, 사용하기에 알맞은 전압(220V)으로 변환한다.

41 ④ 42 ① 43 ③ 정답

44 **태양광발전시스템의 설치를 완료하였지만, 현장에서 직류아크가 발생하는 경우가 있는데 아크발생의 원인이 아닌 것은?**

① 태양전지 모듈이 용량 이상으로 발전하기 때문에 아크가 발생한다.
② 전선 상호 간의 절연불량으로 아크가 발생할 수가 있다.
③ 케이블 접속단자의 접속불량으로 인하여 아크가 발생할 수가 있다.
④ 절연불량으로 단락되어 아크가 발생할 수가 있다.

해설 태양전지의 설치용량은 사업계획서상에 제시된 설계용량 이상이어야 하며, 설계용량의 110%를 초과하지 않아야 한다. 보통 순간 최대발전을 할 때도 설치용량의 전력을 초과하는 경우는 없다.

45 **인버터 측정 점검항목이 아닌 것은?**

① 절연저항
② 접지저항
③ 수전전압
④ 개방전압

해설 인버터 점검항목

육안점검	측정
• 외함의 부식 및 파손 • 취부 • 배선의 극성 • 단자대 나사의 풀림 • 접지단자와의 접속	• 절연저항(태양전지-접지 간) • 접지저항 • 수전전압

46 **주택에 시설하는 전기저장장치는 이차전지에서 전력변환장치에 이르는 옥내 직류 전로를 사람이 접촉할 우려가 없도록 케이블공사에 의하여 시설하고 전선에 방호장치를 시설한 경우, 주택의 옥내전로의 대지전압은 직류 몇 V까지 적용할 수 있는가?(단, 전로에 지락이 생겼을 때 자동적으로 전로를 차단하는 장치를 시설한 경우이다)**

① 150 ② 300
③ 400 ④ 600

해설 주택에 시설하는 전기저장장치는 이차전지에서 전력변환장치에 이르는 옥내 직류 전로를 다음에 따라 실시하는 경우에 옥내전로의 대지전압은 직류 600V까지 적용할 수 있다.
• 전로에 지락이 생겼을 때 자동적으로 전로를 차단하는 장치를 시설할 것
• 사람이 접촉할 우려가 없는 은폐된 장소에 합성수지관공사, 금속관공사 및 케이블공사에 의하여 시설하거나, 사람이 접촉할 우려가 없도록 케이블공사에 의하여 시설하고 전선에 방호장치를 시설할 것

정답 44 ① 45 ④ 46 ④

47 **어레이의 고장발생 범위 최소화와 태양전지 모듈의 보수점검을 용이하게 하기 위하여 설치하는 것은?**

① 접속함
② 축전지
③ 보호계전기
④ 서지보호장치

해설 접속함은 여러 개의 태양전지 모듈 접속을 효율적으로 하고, 보수점검 시에 회로를 분리하여 점검 작업을 용이하게 한다. 또한 태양전지 어레이에 고장이 발생하여도 고장범위를 최소화한다.

48 **태양전지 모듈 간 연결전선은 몇 mm^2 이상의 전선을 사용하여야 하는가?**

① 4.0 ② 2.5
③ 0.75 ④ 0.4

해설 **전선의 일반적 설치 기준**
기계기구의 구조상 그 내부에 안전하게 시설할 수 있을 경우를 제외하고, 모든 전선은 공칭단면적 $2.5mm^2$ 이상의 연동선 또는 이와 동등 이상의 세기 및 굵기의 것이어야 한다.

49 **태양전지 모듈과 인버터 간의 배선공사 내용 중 틀린 것은?**

① 전선관의 두께는 전선 피복절연물을 포함하는 단면적의 총합이 관의 54% 이하로 한다.
② 접속함에서 인버터까지의 배선은 전압강하율을 1~2%로 할 것을 권장한다.
③ 케이블을 매설할 시 중량물의 압력을 받을 염려가 없는 경우에는 60cm 이상으로 한다.
④ 케이블을 매설할 때에는 케이블 보호처리를 하고 그 총 길이가 30m를 넘는 경우에는 지중함을 설치하는 것이 바람직하다.

해설 전선의 절연체 및 피복을 포함한 단면적의 총합이 관의 굵기의 $\frac{1}{3}$(≒33%)을 넘지 않아야 한다.

50 **태양광발전시스템 트러블 중 계측 트러블인 것은?**

① 인버터의 정지
② RCD 트립
③ 컴퓨터의 조작 오류
④ 계통 지락

해설 태양광발전시스템의 트러블에는 시스템 트러블과 계측 트러블 두 가지로 나눌 수 있다.
시스템 트러블에 관련된 것에는 인버터 정지, 직류 지락, 계통 지락, RCD 트립, 원인불명 등에 의한 시스템 운전정지 등이 있다.
RCD(Residual Current Device) 접지이상차단기
전류, 전압, 전력 등의 계측하거나 계측자료를 수집, 처리하는 과정에서의 트러블을 계측 트러블이라 하고 구체적으로 컴퓨터 전원의 차단, 컴퓨터의 조작 오류, 계측오차에 따른 원인불명의 트러블 등이 있다.

47 ① 48 ② 49 ① 50 ③ 정답

51 인버터에 표시되는 사항과 현상이 잘못 연결된 것은?

① Solar Cell 0(V) Fault : 태양전지 전압이 규정 이상일 때
② Line R Phase Sequence Fault : R상 결상 시 발생
③ Utility Line Fault : 인버터 전류가 규정 이상일 때
④ Line Over Frequency Fault : 계통 주파수가 규정 이상일 때

해설 ③ 공급전원선의 이상일 때

52 저압 및 고압용 검전기 사용 시 주의사항에 대한 설명 중 틀린 것은?

① 검전기의 대용으로 활선접근경보기를 사용할 것
② 검전기의 정격전압을 초과하여 사용하는 것을 금지
③ 검전기의 사용이 부적당한 경우에는 조작봉으로 대용
④ 습기가 있는 장소로서 위험이 예상되는 경우에는 고압 고무장갑을 착용

해설 검전기의 대용으로 활선접근경보기를 사용할 수 없다.

53 절연변압기 부착형 인버터 입력회로의 경우 절연저항 측정순서로 맞는 것은?

① 분전반 내의 분기 차단기를 개방 → 태양전지회로를 접속함에서 분리 → 직류 측의 모든 입력단자 및 교류 측의 전체 출력단자를 각각 단락 → 직류단자와 대지 간의 절연저항을 측정
② 태양전지 회로를 접속함에서 분리 → 분전반 내의 분기 차단기를 개방 → 직류 측의 모든 입력단자 및 교류 측의 전체 출력단자를 각각 단락 → 직류단자와 대지 간의 절연저항을 측정
③ 직류 측의 모든 입력단자 및 교류 측의 전체 출력단자를 각각 단락 → 태양전지 회로를 접속함에서 분리 → 분전반 내의 분기 차단기를 개방 → 직류단자와 대지 간의 절연저항을 측정
④ 태양전지 회로를 접속함에서 분리 → 직류 측의 모든 입력단자 및 교류 측의 전체 출력단자를 각각 단락 → 분전반 내의 분기 차단기를 개방 → 직류단자와 대지 간의 절연저항을 측정

해설 **인버터의 입력회로의 절연저항 방법 및 순서**

- 태양전지 회로를 접속함에서 분리하여 인버터의 입력단자 및 출력단자를 각각 단락하면서 입력단자와 대지 간의 절연저항을 측정한다.
- 접속함까지의 전로를 포함하여 절연저항을 측정하는 것으로 한다.
- 측정을 할 경우에는 항상 차단기를 개방하고 난 후에 다른 입·출력단자를 단락시킨다.

정답 51 ③ 52 ① 53 ②

54 태양전지 모듈의 절연내력 시험을 교류로 실시할 경우 최대사용전압이 380V이면 몇 V로 해야 하는가?

① 380　　② 418
③ 500　　④ 570

해설 KEC 134(연료전지 및 태양전지 모듈의 절연내력)
절연내력 측정은 최대 사용전압의 1.5배의 직류전압이나 1배의 교류전압(500V 미만일 때는 500V)을 충전부분과 대지 사이에 연속하여 10분간 가하여 절연내력을 시험하였을 때에 이에 견디는 것이어야 한다.

55 저압 연접인입선은 폭 몇 m를 초과하는 도로를 횡단하지 않아야 하는가?

① 3　　② 4
③ 5　　④ 6

해설 KEC 221.1.2(이웃 연결 인입선의 시설)
- 인입선에서 분기하는 점으로부터 100m를 넘는 지역에 미치지 아니할 것
- 폭 5m를 넘는 도로를 횡단하지 아니할 것
- 옥내를 통과하지 아니할 것

56 두 개 이상의 전선을 병렬로 사용하는 경우 전선의 접속법에 맞지 않는 것은?

① 병렬로 사용하는 전선에는 각각에 퓨즈를 설치할 것
② 같은 극의 각 전선은 동일한 터미널러그에 완전히 접속할 것
③ 교류회로에서 병렬로 사용하는 전선은 금속관 안에 전자적 불평형이 생기지 않도록 시설할 것
④ 병렬로 사용하는 각 전선의 굵기는 동선 $50mm^2$ 이상 또는 알루미늄 $70mm^2$ 이상으로 하고, 전선은 같은 도체, 같은 재료, 같은 길이 및 같은 굵기의 것을 사용할 것

해설 KEC 123(전선의 접속)
두 개 이상의 전선을 병렬로 사용하는 경우
- 병렬로 사용하는 각 전선의 굵기는 구리선 $50mm^2$ 이상 또는 알루미늄 $70mm^2$ 이상으로 하고, 전선은 같은 도체, 같은 재료, 같은 길이 및 같은 굵기의 것을 사용할 것
- 같은 극의 각 전선은 동일한 터미널러그에 완전히 접속할 것
- 같은 극인 각 전선의 터미널러그는 동일한 도체에 2개 이상의 리벳 또는 2개 이상의 나사로 접속할 것
- 병렬로 사용하는 전선에는 각각에 퓨즈를 설치하지 말 것
- 교류회로에서 병렬로 사용하는 전선은 금속관 안에 전자적 불평형이 생기지 않도록 시설할 것

54 ③ 55 ③ 56 ① 정답

57 **신재생에너지 설비인증 심사기준을 재확인하는 경우가 아닌 것은?**

① 성능에 문제가 발생한 경우
② 품질에 문제가 발생한 경우
③ 설비에 대한 단가에 변동의 경우
④ 생산공장의 이전 등 기술표준원장이 신재생에너지 설비의 품질 유지를 위하여 사후관리가 필요하다고 인정하는 사유가 발생한 경우

해설 **신에너지 및 재생에너지 개발·이용·보급 촉진법 시행령 제19조(신재생에너지 이용·보급의 촉진)**
신재생에너지 설비인증
- 신재생에너지 설비 생산업체에서 인버터, 태양전지 모듈, 셀 등의 제품을 공인인증기관으로부터 제품의 성능 및 품질을 평가받는 제도이다.
- 신재생에너지 설비에 대한 소비자의 신뢰성 제고를 통한 신재생에너지설비의 보급촉진 및 신재생에너지산업의 성장기반 조성을 위하여 신재생에너지 설비인증을 한다.
- 산업통상자원부장관은 신재생에너지 설비 설치자에게 인증설비를 사용토록 요청할 수 있다.

58 **신재생에너지의 기술개발 및 이용·보급에 관한 중요 사항을 심의하기 위하여 산업통상자원부에 신재생에너지 정책심의회를 둔다. 심의회의 심의사항이 아닌 것은?**

① 기본 계획의 수립 및 변경에 관한 사항
② 신재생에너지 발전사업자의 허가에 관한 사항
③ 신재생에너지의 기술개발 및 이용·보급 촉진에 관한 중요사항
④ 신재생에너지 발전에 의하여 공급되는 전기의 기준가격 및 그 변경에 관한 사항

해설 **신에너지 및 재생에너지 개발·이용·보급 촉진법 제5조(기본계획의 수립)**
신재생에너지 정책심의회의 심의를 거쳐 신재생에너지의 기술개발 및 이용·보급을 하기 위한 기본계획을 수립해야 하며, 기본계획 계획기간은 10년이다.
신에너지 및 재생에너지 개발·이용·보급 촉진법 제8조(신재생에너지 정책심의회)
- 신재생에너지의 기술개발 및 이용·보급에 관한 중요 사항
- 공급되는 전기의 기준가격, 가격변경 사항
- 산업통상자원부장관이 필요하다고 인정하는 사항
- 심의회의 구성·운영과 그 밖에 필요한 사항은 대통령령

전기사업법 시행규칙 제4조(사업허가의 신청)
신재생에너지 발전사업자의 허가권자
3,000kW 초과 : 산업통상자원부 장관, 3,000kW 이하 : 특별시장, 광역시장, 특별자치시장, 도지사, 특별자치도지사

정답 57 ③ 58 ②

59 **산업통상자원부장관은 공급의무자가 의무공급량에 부족하게 신재생에너지를 이용하여 공급한 경우 얼마의 범위에서 과징금을 부과할 수 있는가?**

① 해당 연도 평균 거래가격 $\times \frac{50}{100}$

② 해당 연도 평균 거래가격 $\times \frac{100}{100}$

③ 해당 연도 평균 거래가격 $\times \frac{150}{100}$

④ 해당 연도 평균 거래가격 $\times \frac{200}{100}$

해설 **신재생에너지 개발 · 이용 · 보급 촉진법 제12조의6(신재생에너지 공급 불이행에 대한 과징금)**
산업통상자원부장관은 공급의무자가 의무공급량에 부족하면 그 부족분에 신재생에너지 공급인증서의 해당 연도 평균거래 가격의 100분의 150을 곱한 금액의 범위에서 과징금을 부과할 수 있다.

60 **시공 과정에서 요구되는 기술적인 사항을 설명한 문서로서 구체적으로 사용할 재료의 품질, 작업 순서, 마무리 정도 등 도면상 기재가 곤란한 기술적 사항을 표시해 놓은 시방서는?**

① 일반시방서
② 표준시방서
③ 특기시방서
④ 기술시방서

해설 **공사시방서**
- 일반시방서 : 비기술적인 사항을 규정한 시방서
- 표준시방서 : 모든 공사의 공통적인 사항을 규정한 시방서
- 특기시방서 : 공사 특징에 따라 특기 사항 등을 규정한 시방서
- 기술시방서 : 비기술적인 사항을 규정한 시방서

59 ③ 60 ④ 정답

PART 05

출제예상문제

제 1 회 출제예상문제

01 태양광발전시스템의 손실요인이 아닌 것은?

① 음영
② 효율
③ 모듈의 온도
④ 모듈의 오염

해설 태양광발전시스템의 주요 손실요인은 음영, 모듈의 온도, 모듈의 오염 등이 있다.

02 모듈의 $I-V$ 특성곡선에서 일사량의 변화에 따라 변화가 가장 큰 것은?

① 전류
② 전압
③ 온도
④ 출력

해설 **일사량 변화에 따른 $I-V$ 특성곡선의 변화**

- 전류 증가 : 일사량이 증가하면 모듈이 생성하는 전류가 크게 증가한다. 특성곡선에서 전류 축(y축)의 변화가 크며, 더 많은 전류를 위쪽으로 밀어 올린다.
- 전압 변화 : 전압은 온도변화에 더 큰 영향을 받지만, 일사량 변화에 따라 약간의 변화를 보일 수 있다. 그러나 변화의 폭은 전류에 비해 상대적으로 적다.

이를 정리하면, 일사량의 변화에 따라 전류 변화가 가장 크게 나타난다.

03 전기사업법에 따라 전기사업자가 전기사업용 전기설비의 설치공사 또는 변경공사로서 산업통상자원부령으로 정하는 공사를 하려는 경우 그 공사계획에 대하여 누구에게 인가를 받아야 하는가?

① 대통령
② 산업통상자원부장관
③ 시・도지사
④ 전기위원회

해설 산업통상자원부장관은 해당 계획이 법 제67조에 따른 기술기준에 적합한 경우에 인가한다.

정답 1 ② 2 ① 3 ②

04 **인버터의 효율을 나타내는 방법 중에서 모듈 출력이 최대가 되는 최대전력점(MPP)을 찾는 기술에 대한 효율은 무엇인가?**

① 추적효율
② 변환효율
③ 유로효율
④ 최대효율

해설 • 추적효율 : MPPT(Maximum Power Point Tracking) 효율을 말한다. MPPT는 태양광 패널의 출력이 최대가 되는 지점을 실시간으로 추적해 그에 맞춰 인버터가 동작하도록 한다. 이 효율이 높을수록 태양광 패널에서 얻는 전기를 최대한 활용할 수 있다.
• 변환효율 : DC 전기를 AC 전기로 변환하는 과정에서 발생하는 효율이다. 변환효율이 높을수록 변환과정에서 에너지 손실이 적다.
• 유로효율 : 인버터 내부의 전력 흐름 경로에서 발생하는 손실을 최소화하는 효율을 의미한다. 적절한 회로설계와 구성 요소를 통해 인버터에서 발생하는 전력손실을 줄일 수 있다.
• 최대효율 : 인버터가 최적의 조건에서 운전될 때 달성할 수 있는 최대의 효율을 의미한다. 이 효율은 인버터가 갖춘 기술적 성능을 보여준다. 예를 들어, 최적의 조건에서 최대효율이 98%인 인버터는 그만큼 성능이 우수함을 의미한다.
• CEC(California Energy Commission) 효율 : 미국 캘리포니아 에너지 위원회에서 정의한 효율로, 실제 사용 환경을 반영한 보다 현실적인 효율 지표이다. 다양한 조건에서의 인버터 성능을 평가하는 데 사용된다.

05 **태양광발전소 공사 시 사용 전 검사를 받는 시기는?**

① 공사 착공 시
② 전체 공사 완료 시
③ 내압시험을 할 수 있는 상태
④ 태양전지 어레이 공사 완료 시

해설 태양광발전소의 공사가 완료된 후, 안전성을 확인하기 위해 지역 관할 전기안전공사를 통해 사용 전 검사를 받아야 한다. 일반적으로 다음과 같은 상황에서 사용 전 검사를 받는다.
• 설치 완료 시점 : 태양광발전소의 설치가 모두 완료된 때
• 시운전 전 : 설비 가동을 시작하기 전
• 공사 완료 후 : 모든 공사가 마무리된 직후
이 검사를 통해 설비가 안전하게 작동하는지 여부를 확인하며, 설비의 전기적 안전성을 확보한다. 필요한 모든 법적 요구사항과 안전기준을 충족해야 한다.

4 ① 5 ② 정답

06 **발전 또는 구역전기 사업허가증의 사업규모에 작성되는 내용으로 틀린 것은?**

① 발전용량
② 설비유형
③ 공급단가
④ 공급전압

해설 발전 및 구역전기 사업허가증의 사업규모 항목에는 다음과 같은 내용이 작성된다.
• 발전용량(MW) : 설치되는 발전소의 총 발전용량(주파수, 공급전압, 설비용량)
• 설비유형 : 태양광, 풍력, 수력 등의 발전설비 유형을 명시
• 발전시설 위치 : 발전소가 위치한 장소
• 발전사업 유형 : 산업용, 상업용, 주거용 등 발전사업의 유형을 명시
• 적정규모 전기 생산 계획 : 발전소의 연간 예상 전기생산량 등을 기술
• 투자규모 : 사업에 투입될 자본금 및 재정 계획을 명시
• 허가범위 : 허가된 전력량, 공급 지역 등을 포함
이러한 항목들을 통해 사업의 규모와 범위를 구체적으로 명시하며, 사업허가를 받을 수 있다.

07 **축전지의 성능에 영향을 미치는 요소가 아닌 것은?**

① 온도
② 충전/방전 사이클
③ 전해액 상태
④ 충전기 유형

해설 ① 온도 : 배터리는 온도 변화에 매우 민감하다. 높은 온도는 배터리의 화학반응을 가속화하여 효율을 일시적으로 높일 수 있지만, 장기적으로는 배터리 수명을 단축시킨다. 낮은 온도는 화학반응 속도를 줄여 배터리 용량을 감소시킨다.
② 충전/방전 사이클 : 배터리의 충전과 방전을 반복하는 횟수는 배터리 성능에 큰 영향을 준다. 반복적인 충전/방전은 배터리의 용량 감소와 수명 단축을 초래할 수 있다.
③ 전해액 상태 : 액체 전해질을 사용하는 배터리에서는 전해액의 상태와 양이 매우 중요하다. 전해액이 부족하거나 오염되면 배터리 성능이 저하될 수 있다.
④ 충전기 유형 : 충전기 유형은 배터리의 성능에 직접적인 영향을 미치지 않는다. 중요한 것은 충전기의 전류와 전압이 배터리의 요구사항에 맞는지 여부이다.

정답 6 ③ 7 ④

08 다음 중 분산에너지특화지역 내 전기사용자의 공급자 선택에 대한 설명으로 맞지 않는 것은?

① 분산에너지사업자는 전력시장을 거치지 않고 전기를 직접 공급할 수 있다.
② 전기판매사업자는 전력시장과 거래할 수 없다.
③ 전기사용자는 분산에너지사업자나 전기판매사업자로부터 전기를 공급받을 수 있다.
④ 전력거래 시 잉여 전기는 전력시장에서 거래하거나 전기판매사업자와 거래할 수 있다.

해설 **분산에너지사업자와 전기판매사업자의 전력거래**
- 직접 공급 : 분산에너지사업자는 전력시장을 거치지 않고 전기사용자에게 직접 전기를 공급할 수 있다.
- 전기 거래는 전기 부족 시 : 전기판매사업자와 거래 가능
- 전기 잉여 시 : 전력시장에서 거래하거나 전기판매사업자와 거래 가능
- 분산에너지특화지역 내 전기사용자는 분산에너지사업자나 전기판매사업자로부터 전기를 공급받을 수 있다.
- 지역별 전기요금 전기판매사업자는 송전·배전 비용 등을 고려하여 지역별로 상이한 전기요금을 정할 수 있다.

09 분산형 전원 배전계통 연계 기술기준에 따라 저압계통의 경우, 계통 병입 시 돌입전류를 필요로 하는 발전원에 대한 순시전압변동률은, 몇 %를 초과하지 않아야 하는가?

① 1.0
② 2.0
③ 4.0
④ 6.0

해설 분산형 전원 배전계통 연계 기술기준에 따라 저압계통의 경우, 계통 병입 시 돌입전류를 필요로 하는 발전원에 대해서 계통 병입에 의한 순시전압변동률이 6%를 초과하지 않아야 한다.

10 설비규정에 따라 모듈을 병렬로 접속하는 전로에 설치하는 단락전류가 발생할 경우에 전로를 보호하는 기기는?

① 단로기
② 개폐기
③ 계기용 변성기
④ 과전류차단기

해설 ④ 과전류차단기 : 과부하나 단락 상태에서 발생하는 과전류를 차단하는 역할을 한다. 모듈을 병렬로 접속하는 전로에서는 단락전류가 발생할 수 있다. 이러한 상황에서 과전류차단기는 전류를 즉시 차단하여 전기 시스템과 모듈을 보호한다. 이 장치는 전체 전기 회로의 안전성을 보장하고, 과부하나 단락으로 인한 손상과 화재를 방지하는 데 중요한 역할을 한다.
① 단로기 : 전기 회로를 물리적으로 분리하여 전기를 차단한다. 주로 유지보수나 안전한 작업을 위해 사용되지만, 과전류 차단 기능은 없다.
② 개폐기 : 전기 회로를 연결하거나 끊는 역할을 한다. 주로 전류 흐름을 제어하는 데 사용되지만, 과전류를 차단하는 기능은 없다.
③ 계기용 변성기 : 전류나 전압을 측정하기 위한 기기이다. 주로 계기와 보호장치에 신호를 전달하는 역할을 한다.

8 ② 9 ④ 10 ④ 정답

11 다음 중 연료전지 발전시스템의 주요 구성요소가 아닌 것은?

① 개질기
② 스택
③ 증기터빈
④ 전력변환장치(인버터)

해설 ③ 증기터빈 : 증기터빈은 주로 화력발전이나 원자력발전에 사용되는 장비이다.
① 개질기(reformer) : 연료전지 발전에 사용될 수소를 생성하기 위해 연료(보통 천연가스)를 개질하는 장비로, 연료전지 시스템의 핵심 구성요소이다.
② 스택(stack) : 연료전지의 핵심 부분으로, 여러 개의 셀을 쌓아 올려 전기를 생산하는 단위이다. 각 셀에서 화학반응이 일어나 전기를 생성한다.
④ 전력변환장치(인버터) : 연료전지에서 생성된 직류 전기를 교류 전기로 변환하여, 실제 전력망에 연결하거나 사용한다.

12 태양광발전 모듈 연결공사에 대한 설명으로 틀린 것은?

① 모듈을 병렬로 연결할 때는 전압이 동일하다.
② 모듈을 직렬로 연결할 때는 전류가 더해진다.
③ 과전류 방지를 위해 회로 보호장치를 설치한다.
④ 모듈 연결 시 접속부위를 청결하게 한다.

해설
- 모듈의 병렬연결 시 : 모듈을 병렬로 연결하면 각각의 전압은 동일하다. 하지만 병렬연결의 경우 전류가 증가한다.
- 모듈의 직렬연결 시 : 모듈을 직렬로 연결하면 각각의 전류는 동일하다. 하지만 직렬연결의 경우 전압이 증가한다.
- 회로 보호장치 : 과전류 방지를 위해 회로 보호장치(과전류 차단기 등)를 설치하는 것은 필수적이다. 이는 안전한 시스템 운용을 위해 필요하다.
- 접속부위 청결 유지 : 접속부위가 청결하지 않으면 전기저항이 증가하고, 효율이 감소할 수 있다.

13 진공차단기의 특징이 아닌 것은?

① 소형화 및 경량화가 용이하다.
② 아크 소멸 시간이 길다.
③ 유지보수가 비교적 용이하다.
④ 내구성이 뛰어나다.

해설 진공차단기(VCB)는 고전압 및 고전류 상태에서 아크를 소멸시키기 위한 장비로 여러 가지 특징이 있다.
① 소형화 및 경량화가 용이하다 : 진공차단기는 다른 유형의 차단기에 비해 소형화 및 경량화가 쉽다. 이러한 특성으로 인해 설치 및 운반이 용이하다.
② 아크 소멸 시간이 짧다 : 진공차단기의 주요 장점 중 하나는 아크 소멸 시간이 매우 짧다는 것으로 진공 상태에서 아크가 발생하게 되면 순간적으로 소멸되어, 전기 시스템의 보호 및 안정성이 높다.
③ 유지보수가 비교적 용이하다 : 진공차단기는 설계상 간단하고, 외부요소로부터 영향을 덜 받기 때문에 유지보수가 상대적으로 쉽다.
④ 내구성이 뛰어나다 : 진공차단기는 내구성이 뛰어나고, 수명이 길다.

정답 11 ③ 12 ② 13 ②

14 브리지 정류회로에서 필요한 다이오드의 수는?

① 1개
② 2개
③ 3개
④ 4개

해설 브리지 정류회로

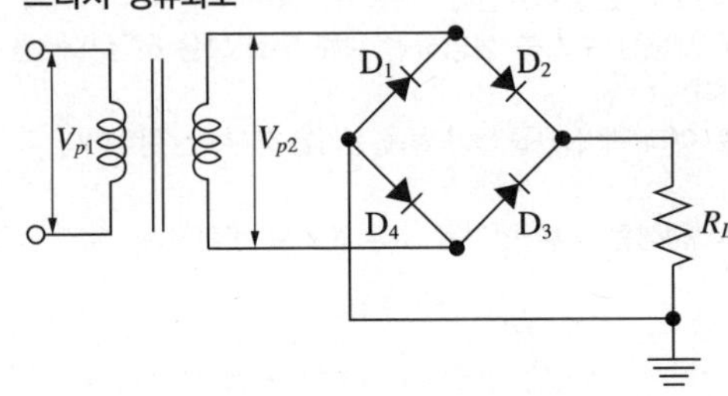

15 독립형 태양광발전시스템에서 부조일수에 대한 설명 중 올바른 것은?

① 하루 동안 태양광발전의 생산량이 최대치에 도달하는 일수
② 태양광발전의 필요전력 이상으로 생산되는 일수
③ 태양광발전으로 생산되는 전력이 필요전력에 미치지 못하는 일수
④ 태양광발전의 효율이 90% 이상에 도달하는 일수

해설 부조일수는 독립형 태양광발전시스템에서 태양광발전으로 생산되는 전력이 시스템의 필요 전력에 미치지 못하는 일수를 의미한다. 이 지표를 통해 태양광발전만으로 충분히 전력을 공급할 수 없는 기간 동안의 전력 부족을 예방하고, 적절한 저장 시스템을 설계하는 데 도움이 된다.

16 다음 중 도체의 저항, 두 점 사이의 전압(저압) 및 직류 전류(10A 이하)를 측정할 수 있는 검사 장비는?

① 검전기
② 절연저항계
③ 디지털 멀티미터
④ 접지저항계

해설 디지털 멀티미터는 도체의 저항, 두 점 사이의 전압(저압), 그리고 직류 전류(10A 이하)를 측정할 수 있는 다목적 검사 장비다.

14 ④ 15 ③ 16 ③ 정답

17 태양전지 모듈의 검사 시 성능평가 요소가 아닌 것은?

① 개방전압
② 충진율
③ 방전종지전압
④ 전력변환효율

해설 ③ 방전종지전압은 배터리 사용 시 특정 전압 이하로 방전되면 배터리를 보호하기 위해 종료되는 전압이다.
태양전지 모듈의 성능평가 요소
- 개방전압 : 태양전지 모듈이 전류를 흐르지 않을 때의 최대 전압
- 단락전류 : 모듈의 출력을 단락시킬 때 흐르는 최대 전류
- 최대 출력 전력 : 태양전지 모듈이 생성할 수 있는 최대 전력
- 충진율(FF) : 최대 출력 전력을 개방전압과 단락전류의 곱으로 나눈 값으로, 태양전지의 품질을 나타낸다. 충진율이 높을수록 태양전지의 효율이 좋다.
- 전력변환효율(η) : 태양광 에너지를 전기 에너지로 변환하는 비율을 의미한다.
- 온도 계수 : 태양전지 모듈의 출력이 온도 변화에 따라 어떻게 변하는지를 나타낸 값으로 온도가 올라갈수록 출력이 감소하는 경향이 있다.

18 산업통상자원부장관이 수립하는 분산에너지 활성화를 위한 기본계획의 계획기간은 몇 년 이상인가?

① 5
② 10
③ 12
④ 15

해설 **분산에너지 활성화 기본계획 등**
산업통상자원부 장관은 분산에너지 활성화 특별법의 목적을 효율적으로 달성하기 위해 10년 이상의 계획기간으로 하는 5년 단위의 기본계획 및 연도별 시행계획을 수립 및 시행해야 한다.

19 다음 설명에 해당하는 기구는?

- 전력 시스템에서 고장이 발생하면 고장 구간을 자동으로 검출하고, 전력을 차단하여 시스템의 나머지 부분을 보호한다.
- 고장 구간이 복구되면 자동으로 고장 구간을 구분하여 재투입하는 기능도 가지고 있다.

① 부하차단기(LBS)
② 선로개폐기(LS)
③ 자동고장 구분개폐기(ASS)
④ 자동부하 전환개폐기(ALTS)

해설 ① 부하차단기(LBS) : 부하 전류를 차단하는 데 사용되는 기구로 배전 시스템과 같은 곳에서 사용된다.
② 선로개폐기(LS) : 주로 전력선(특고압)의 전류를 차단하거나 연결하는 기능을 한다. 고장 구간을 자동으로 검출하거나 재투입하는 기능이 없다.
④ 자동부하 전환개폐기(ALTS) : 하나의 전력 계통에서 다른 계통으로 부하를 자동으로 전환하는 기능을 한다.

정답 17 ③ 18 ② 19 ③

20 **유지관리비의 구성요소가 아닌 것은?**

① 정기점검 및 검사비용

② 부지매각비용

③ 운영비용

④ 수리 및 교체비용

해설 • 유지관리비 : 시설이나 장치의 지속적이고 원활한 운영을 위해 필요한 다양한 비용 요소로 구성된다.
• 부지매각비용 : 유지관리비의 구성 요소와는 다소 구별되는 비용으로 이는 시설이나 장치의 운영과 유지보수를 위한 비용이 아니라, 자산의 처분과 관련된 비용에 해당한다.

21 **태양광발전에 사용되는 태양전지 중 PN 접합에 의해 발전되는 발전원리의 순서로 적합한 것은?**

① 광흡수 → 전하생성 → 전하수집 → 전하분리

② 광흡수 → 전하생성 → 전하분리 → 전하수집

③ 전하생성 → 광흡수 → 전하분리 → 전하수집

④ 전하생성 → 전하분리 → 광흡수 → 전하수집

해설 태양광발전원리 순서는 광흡수 → 전하생성 → 전하분리 → 전하수집이다.

22 **화석연료, 즉 천연가스, 메탄올, 석유 등으로부터 수소가스를 발생시키는 장치는?**

① 주변보조기

② 스택

③ 개질기

④ 인버터

해설 ③ 개질기(reformer) : 화석연료(천연가스, 메탄올, 석유 등)로부터 수소를 발생시키는 장치
① 주변보조기기(BOP ; Balance of Plant) : 연료, 공기, 열회수 등을 위한 펌프류, bower, 센서 등
② 스택(stack) : 원하는 전기출력을 얻기 위해 단위전지를 수십장, 수백장 직렬로 쌓아 올린 본체
④ 전력변환기(inverter) : 연료전지에서 나오는 직류(DC)를 우리가 사용하는 교류(AC)로 변환시키는 장치

20 ② 21 ② 22 ③ 정답

23 다음은 반도체에 대한 설명이다. 틀린 것은?

① P형 반도체의 정공 수를 증가시키기 위해서는 알루미늄, 붕소, 갈륨 등 3가 원소를 첨가한다.
② P형 반도체의 불순물 원자를 억셉터라 한다.
③ N형 반도체의 자유전자 밀도를 높게 하기 위해서는 인, 비소, 안티몬과 같은 5가 원자를 첨가한다.
④ N형 반도체의 불순물 원자를 도핑이라 한다.

해설 실리콘이나 게르마늄에 불순물(dopant)을 첨가하여 저항을 감소시키는 것을 도핑(doping)이라고 하고, N형 반도체의 불순물 원자를 도너(donor)라 한다.

24 실제 16인치(156mm×156mm) 다결정 태양광 셀의 최대출력이 4.5W일 때 태양광 셀의 효율은?

① 16.5%
② 17.3%
③ 18.5%
④ 19%

해설 먼저 표준조건에서 입사되는 에너지양을 계산하면
16인치 태양광 셀에 입사된 에너지양 = 셀의 넓이 × 일사량
0.024336m^2(156×156 : 셀 넓이) × 1,000W/m^2 = 24.336W
셀 변환효율(%) = 셀의 최대출력 ÷ 태양광 셀에 입사된 에너지 × 100(%)
= 4.5W ÷ 24.336W × 100 ≒ 18.5%

25 옥내에서 태양전지 소자의 발전성능을 시험하기 위한 것으로, 자연 태양광과 유사한 강도와 스펙트럼 분포를 가진 인공광원이 있는 시험장치는?

① 분광 복사계
② 스펙트럼 응답 측정장치
③ 기준 태양전지
④ 솔라 시뮬레이터

해설 ④ 솔라 시뮬레이터(solar simulator) : 옥내에서 태양전지 소자의 발전성능을 시험하기 위한 장비로, 자연 태양광과 유사한 강도와 스펙트럼 분포를 가진 인공광원을 제공한다.
① 분광 복사계(spectroradiometer) : 주로 빛의 스펙트럼을 측정하는 장비이다.
② 스펙트럼 응답 측정장치 : 특정 파장 대역에서 태양전지의 응답을 측정하는 장비로 태양전지의 스펙트럼 응답 특성을 분석하는 데 사용된다.
③ 기준 태양전지 : 태양전지 전류–전압 특성을 측정할 때 인공광원의 조사 강도를 기준 태양광의 조사 강도 1,000W/m^2에 맞추기 위해 특별히 교정한 태양전지이다.

정답 23 ④ 24 ③ 25 ④

26 **전극의 부식이나 황산화 반응 등을 가속하여 축전지의 수명과 충전용량을 감소시키며, 전극의 높이가 높아질수록 심각해지는 현상은?**

① 전해액 층리화
② 전해액 유동화
③ 전해액 고체화
④ 전해액 기화

해설 **전해액 층리화 현상**
- 전극의 부식이나 황산화 반응 등을 가속하여 축전지의 수명과 충전용량을 감소시키며, 전극의 높이가 높아질수록 이 문제는 심각해진다.
- 일반 배기형 납축전지의 경우에는 전해액 층리화를 사용 중 전해액 순환 또는 주기적인 과충전을 통해 방지할 수 있다.
- 납축전지가 가지는 이러한 문제점을 해결하기 위한 대안이 밀폐형 납축전지이다.

27 **셀이나 모듈을 필요한 전압의 크기만큼 직렬로 접속한 것을 무엇이라고 하는가?**

① 어레이
② 스트링
③ 탠덤
④ 인터 커넥트

해설 ② 스트링(string) : 여러 개의 태양광 셀이나 모듈을 필요한 전압의 크기만큼 직렬로 연결한 것을 말한다. 태양광 시스템에서 전압을 높이기 위해 사용하며, 여러 스트링을 병렬로 연결하여 더 큰 전력을 얻을 수도 있다.
① 어레이(array) : 다수의 태양전지 모듈을 직렬 또는 병렬로 연결한 시스템 전체를 의미한다.
③ 탠덤(tandem) : 다양한 광학 소재를 겹겹이 쌓아 만든 다접합 태양전지이다.
④ 인터 커넥트(interconnect) : 태양광 셀 또는 모듈 간의 전류를 전달하기 위한 연결선이나 연결 장치를 의미한다.

28 **건축물의 외장 자재의 일부 기능을 변경하여 전기생산과 건축자재 역할 및 기능을 하는 태양전지 모듈은?**

① 농지형
② 건물설치형
③ 건물부착형(BAPV)
④ 건물일체형(BIPV)

해설
- 건물일체형(BIPV) : 태양광모듈을 건축물에 설치하여 건축 부자재의 역할 및 기능과 전력생산을 동시에 할 수 있는 태양광설비
- 건물부착형(BAPV) : 건축물 경사지붕 또는 외벽 등에 밀착하여 설치하는 태양광설비의 유형

26 ① 27 ② 28 ④ 정답

29 인버터의 회로 방식 중 무변압기형 방식의 특징으로 틀린 것은?

① 소형경량화가 가능하다.
② 타 방식에 비해 효율이 높다.
③ 타 방식에 비해 가격이 저렴하다.
④ 상용전원과 절연되어 있다.

해설 무변압기형 방식 인버터의 단점은 변압기를 사용하지 않기 때문에 상용전원과 절연측면에서 불완전하다. 따라서 전류의 직류성분이 계통에 유입되지 않도록 하기 위하여 정밀한 제어가 요구된다.

30 인버터의 단독운전 방지기능 중 수동적 방식은?

① 무효전력 변동방식
② 주파수 변화율 검출방식
③ 주파수 이동방식
④ 부하 변동방식

해설
- 수동적 방식 : 전압파형이나 위상 등의 변화를 잡아서 단독운전을 검출
  - 전압위상 도약검출방식
  - 제3차 고조파 전압급증 검출방식
  - 주파수 변화율 검출방식
- 능동적 방식 : 항상 인버터에 변동요인을 부여하여 두고 연계운전 시에는 변동요인이 나타나지 않고, 단독운전 시에만 나타나도록 하여 이상을 검출하는 방식
  - 무효전력 변동방식
  - 주파수 시프트 방식
  - 유효전력 변동방식
  - 부하 변동방식

31 바이패스 소자에 대한 설명이다. 틀린 것은?

① 발전되지 않은 부분의 셀은 저항이 작아진다.
② 음영이 발생한 셀에 직렬접속 되어있는 스트링회로의 전전압이 인가되어 음영이 발생한 셀에 전류가 흘러서 발열한다.
③ 바이패스 다이오드 사용 시 온도를 추정하여 여유를 가지고 안전하게 바이패스될 수 있는 정격전류의 다이오드를 선정할 필요가 있다.
④ 태양전지 어레이를 구성하는 태양전지 모듈마다 바이패스 소자를 설치하는 것이 일반적이다.

해설 발전되지 않은 부분의 셀은 저항이 커진다.

정답 29 ④ 30 ② 31 ①

32 다음은 접속함에 대한 설명이다. 틀린 것은?

① 접속함에는 직류개폐기, 피뢰 소자, 단자대, 전력량계, 인버터 등을 설치한다.
② 보수점검 시에 회로를 분리하여 점검 작업을 용이하게 한다.
③ 태양전지 어레이에 고장이 발생하여도 고장범위를 최소화한다.
④ 여러 개의 태양전지 모듈 접속을 효율적으로 설치하는 데 편리하다.

해설 접속함에는 직류개폐기, 피뢰 소자, 단자대, 역류방지 소자 등을 설치한다.

33 태양광 발전 시스템에 설치는 기기 중 교류 측 기기인 것은?

① 서지보호장치
② 주개폐기
③ 적산전력량계
④ 태양전지 어레이 측 개폐기

해설 교류 측 기기에는 대표적으로 분전반과 적산전력량계가 있다.

34 피뢰 대책용 장비가 아닌 것은?

① 어레스트
② 바이패스 다이오드
③ 내뢰 트랜스
④ 서지업서버

해설 ② 바이패스 다이오드는 태양광 발전 시스템에서 특정 셀이 음영이나 고장으로 인해 발전하지 않을 때, 전류의 흐름을 우회하여 발전 효율 저하를 줄이는 역할을 한다.

피뢰 대책용 장비

- 어레스트(arrester) : 낙뢰 또는 서지 전압으로부터 전기 시스템을 보호하는 장치로, 피뢰 대책용으로 널리 사용된다. 피크전압를 억제하여 장비를 보호하는 역할을 한다.
- 내뢰 트랜스 : 전기 시스템 및 장비를 낙뢰로 인한 과전압으로부터 보호하기 위해 사용되는 특수한 변압기로, 피뢰 대책용으로 사용된다.
- 서지업서버(surge absorber) : 서지전압을 흡수하여 전기 시스템의 손상을 방지하기 위한 장치로, 피뢰 대책용으로 사용된다.

32 ① 33 ③ 34 ② **정답**

35 전선의 길이를 2배로 늘이면 저항은 처음의 몇 배가 되는가?(단, 전선의 체적은 일정하다)

① 2

② 4

③ 8

④ 16

해설 **전선의 저항**

$R=\rho\frac{l}{A}$

여기서, ρ : 물체의 고유저항, l : 길이, A : 단면적

전선의 체적이 일정할 때 길이를 2배로 하면 단면적은 1/2배가 된다.

이것을 적용하여 새로운 저항(R')을 구하면

$R'=\rho\frac{l'}{A'}=\rho\frac{2l}{\frac{1}{2}A}=\rho\frac{l}{A}\times 4=4R$

36 그림과 같이 R_1, R_2, R_3의 저항 3개가 직병렬 접속된 경우 합성저항은?

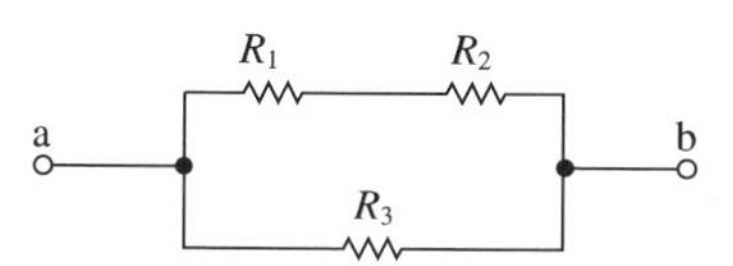

① $R=\frac{(R_1+R_2)R_3}{R_1+R_2+R_3}$

② $R=\frac{(R_2+R_3)R_1}{R_1+R_2+R_3}$

③ $R=\frac{(R_1+R_3)R_2}{R_1+R_2+R_3}$

④ $R=\frac{R_1R_2R_3}{R_1+R_2+R_3}$

해설 먼저 직렬 저항 R_1+R_2를 더하고 병렬 $(R_1+R_2)//R_3$를 구하면 된다.

병렬저항 공식은 $A//B=\frac{AB}{A+B}$이므로 $R=\frac{(R_1+R_2)R_3}{R_1+R_2+R_3}$이다.

정답 35 ② 36 ①

37 **다음은 직류 전원회로를 구성하는 회로에 대한 설명이다. 이 회로의 명칭은?**

맥류를 직류로 만드는 동시에 맥류 속에 포함된 잡음을 제거하는 회로

① 변압회로
② 정류회로
③ 평활회로
④ 전원공급장치

해설 ③ 평활회로 : 정류된 직류 전압의 리플(ripple)을 감소시켜 안정적인 직류 전압을 만드는 역할을 한다. 이는 정류회로와 함께 작동하여 깨끗한 직류 전압을 제공한다.
① 변압회로 : 교류전압의 크기를 변환하는 회로이다.
② 정류회로 : 교류(AC)를 직류(DC)로 변환하는 역할을 한다. 그러나 정류과정에서 리플이 발생한다.
④ 전원공급장치 : 직류 전원회로를 포함하여 전원을 공급하는 전체 장치를 의미한다.

38 **케이블트레이공사에 사용하는 케이블트레이에 적합하지 않은 것은?**

① 비금속제 케이블트레이는 난연성 재료가 아니어도 된다.
② 금속제의 것은 적절한 방식처리를 한 것이거나 내식성 재료의 것이어야 한다.
③ 금속제 케이블트레이계통은 기계적 및 전기적으로 완전하게 접속하여야 한다.
④ 케이블트레이가 방화구획의 벽 등을 관통하는 경우에 관통부는 불연성의 물질로 충전하여야 한다.

해설 KEC 232.41(**케이블트레이공사**)
• 비금속제 케이블트레이는 난연성 재료일 것
• 케이블트레이의 안전율은 1.5 이상일 것
• 금속제 케이블트레이의 종류 : 사다리형, 펀칭형, 그물망형, 바닥밀폐형

37 ③ 38 ① **정답**

39 다음이 나타내는 변압기의 결선방식은?

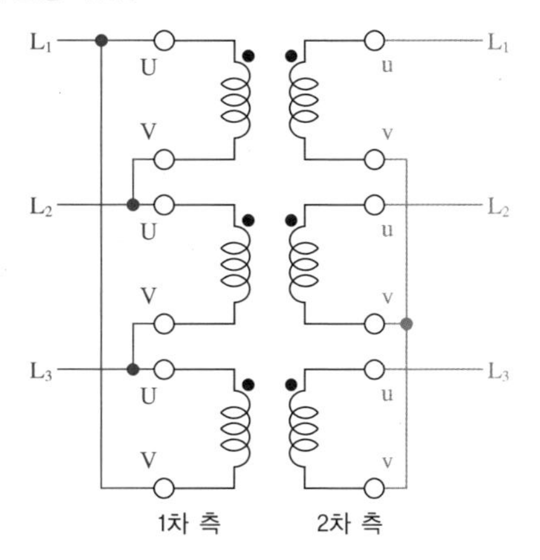

① △-△
② Y-Y
③ △-Y
④ V-V

해설 그림은 △-Y 결선방식이다.

40 다음 설명이 나타내는 계전기는?

일정한 값 이상의 전류가 흐르면 부하를 차단시키는 계전기

① OVR
② GR
③ UVR
④ OCR

해설 ④ OCR(Over Current Relay, 과전류 계전기) : 일정한 값 이상의 전류가 흐를 때 작동하여 부하를 차단하는 계전기
① OVR(Over Voltage Relay, 과전압 계전기) : 지정된 전압 이상으로 전압이 상승하는 경우 작동하는 계전기
② GR(Ground Relay, 지락 계전기) : 접지(지락) 결함이 발생한 경우 작동하는 계전기
③ UVR(Under Voltage Relay, 부족전압 계전기) : 지정된 전압 이하로 전압이 감소하는 경우 작동하는 계전기

정답 39 ③ 40 ④

41 **다음 공사 중 시공절차에 따라 가장 늦게 해야 하는 공사는?**

① 지반공사 및 구조물 공사
② 어레이설치 공사
③ 어레이와 접속함의 배선공사
④ 접속함 설치공사

해설 시공절차 순서

토목공사	→	반입자재검수	→	기기설치공사	→	전기배관배선공사	→	점검 및 검사
지반공사 및 구조물 공사				어레이설치 공사		어레이와 접속함의 배선공사		

42 **지반의 지내력으로 기초 설치가 어려운 경우 파일을 지반의 암반층까지 내려 지지하도록 시공하는 기초공사는?**

① 파일기초
② 온통기초
③ 독립기초
④ 연속기초

해설
- 온통기초(매트기초) : 지층에 설치되는 모든 구조를 지지하는 두꺼운 슬래브 구조로 지반에 지내력이 약해 독립기초나 말뚝기초로 적당하지 않을 때 사용된다.
- 독립기초 : 개개의 기둥을 독립적으로 지지하는 형식으로 기초판과 기둥으로 형성되어 있으며, 기둥과 보로 구성되어 있는 건축물에 적용되는 기초이다.
- 연속기초(줄기초) : 내력벽 또는 조적벽을 지지하는 기초공사로 벽체 양옆에 캔틸레버 작용으로 하중을 분산시킨다.

43 **계통연계형 태양광발전시스템에서의 일반적인 직류 배선공사 범위는 태양전지 어레이에서 어디까지인가?**

① 축전지
② 인버터 입력 측
③ 인버터 출력 측
④ 전력량계

해설 일반적으로 배선공사의 순서에 따라 태양전지 어레이로부터 인버터 입력 측까지의 직류 배선공사, 인버터 출력 측으로부터 계통연계점에 이르는 교류 배선공사로 시공한다.

41 ③ 42 ① 43 ② 정답

44 **분산에너지법에 따른 분산에너지특화지역 지정신청은 누구에게 신청해야 하는가?**

① 시장, 군수, 구청장
② 시・도지사
③ 산업통상자원부장관
④ 대통령

해설 **분산에너지특화지역 지정신청**
- 신청 절차 : 특별시장, 광역시장, 특별자치시장, 도지사, 특별자치도지사(시・도지사)는 분산에너지특화지역계획을 수립하여 산업통상자원부 장관에게 지정을 신청해야 한다.
- 절차 규정 : 지정신청 절차 등에 관한 사항은 대통령령으로 정한다.
- 민간기업 또는 시장, 군수, 구청장 등은 시・도지사에게 분산에너지특화지역계획을 제안할 수 있다.

45 **저압 전기설비용 접지도체 연동연선 1개 도체의 최소 단면적(mm^2)은?**

① 1.5
② 2.5
③ 4
④ 6

해설 KEC 142.3.1(접지도체)
- 접지도체의 최소 단면적
  - 구리는 $6mm^2$ 이상
  - 철제는 $50mm^2$ 이상
- 저압 전기설비용 접지도체 경우 : 다심 코드 또는 다심 캡타이어케이블의 1개 도체의 단면적이 $0.75mm^2$ 이상, 유연성이 있는 연동연선은 1개 도체의 단면적이 $1.5mm^2$ 이상인 것 사용

46 **발전사업자가 전력생산량의 일정비율을 신재생에너지로 공급하도록 하는 신재생에너지 활성화 제도를 무엇이라 하는가?**

① FIT
② RPS
③ REC
④ IEC

해설 ② RPS(Renewable Portfolio Standard) : 신재생에너지 공급의무화제도
① FIT(Feed In Tariff) : 발전차액지원제도
③ REC(Renewable Energy Certificate) : 신재생에너지인증서
④ IEC(International Electrotechnical Commission) : 국제전기기술회의

정답 44 ③ 45 ① 46 ②

47 **태양광발전설비가 작동되지 않아 긴급하게 점검할 경우 차단기와 인버터의 개방과 투입 동작순서는?**

㉠ 접속함 차단기 투입(on)	㉡ 접속함 차단기 개방(off)
㉢ 인버터 투입(on)	㉣ 인버터 개방(off)
㉤ 태양광설비 점검	

① ㉠ → ㉡ → ㉤ → ㉣ → ㉢
② ㉡ → ㉣ → ㉤ → ㉠ → ㉢
③ ㉡ → ㉣ → ㉤ → ㉢ → ㉠
④ ㉣ → ㉡ → ㉤ → ㉢ → ㉠

해설 **차단기와 인버터의 개방과 투입 순서**
접속함 내부차단기 개방(off) → 인버터 개방(off) 후 점검 → 점검 후에는 역으로 인버터(on) → 차단기의 순서로 투입(on)

48 **정기점검 실시 중 절연저항을 측정해야 할 개소가 아닌 것은?**

① 접속함의 태양전지 모듈과 접지선
② 축전지 전극
③ 인버터 입출력 단자와 접지
④ 태양광발전용 개폐기

해설 정기점검 중 측정해야 할 개소는 크게 접속함, 모듈, 인버터 세 부분이다.
절연저항 측정기준
• 태양전지 모듈 – 접지선 : 0.2MΩ 이상, 측정전압 직류 500V
• 출력단자 – 접지 간 : 1MΩ 이상, 측정전압 직류 500V

49 **환경온도의 불규칙한 반복에서, 구조나 재료 간의 열전도나 열팽창률의 차이에 의한 스트레스로 내구성을 시험할 때 발전성능은 시험 전의 몇 % 이상이 되어야 하는가?**

① 80
② 90
③ 95
④ 99

해설 발전성능은 시험 전의 95% 이상이면 합격으로 본다.

47 ③ 48 ② 49 ③ 정답

50 태양광발전시스템을 시험하기 위한 측정기는 아날로그 계기와 디지털 계기 중 어느 한쪽을 사용하거나, 또는 두 가지 기기를 병용한다. 이 측정기의 정확도는 몇 급 이상으로 하는가?

① 0.2 ② 0.5
③ 1.0 ④ 1.5

해설 측정기의 정확도는 파형 기록장치를 제외하고 0.5급 이상으로 한다. 파형 기록장치는 1급 이상으로 한다.
정밀도에 따른 분류 : 0.2, 0.5, 1.0, 1.5, 2.5급으로 나뉜다. 급의 수치는 최댓값에 대한 허용차의 한계를 %로 나타낸 것이다. 1.0급은 허용차 1.0%를 뜻한다.

51 태양광발전소의 정기검사는 몇 년마다 받아야 하는가?

① 2
② 3
③ 4
④ 5

해설 전기사업용 및 자가용 태양광발전소의 태양전지, 전기설비 계통은 4년마다 정기검사를 시행해야 한다.

52 준공 시 태양전지 어레이의 점검항목이 아닌 것은?

① 프레임 파손 및 변형 유무
③ 가대접지 상태
③ 표면의 오염 및 파손상태
④ 전력량계 설치 유무

해설 **준공 시 점검항목**

설비	점검항목		점검요령
태양전지 어레이	육안점검	표면의 오염 및 파손	오염 및 파손의 유무
		프레임 파손 및 변형	파손 및 두드러진 변형이 없을 것
		가대의 부식 및 녹 발생	부식 및 녹이 없을 것
		가대의 고정	볼트 및 너트의 풀림이 없을 것
		가대접지	배선공사 및 접지접속이 확실할 것
		코킹	코킹의 망가짐 및 불량이 없을 것
		지붕재의 파손	지붕재의 파손, 어긋남, 뒤틀림, 균열이 없을 것
	측정	접지저항	보호접지

정답 50 ② 51 ③ 52 ④

53 태양광발전시스템도 전기설비에 포함되므로 안전관리자가 선임되어야 한다. 상주 안전관리자를 배치해야 하는 최소 전력용량(kW)은?

① 500

② 1,000

③ 2,000

④ 10,000

해설 전력용량 1,000kW 이상인 경우 상주 안전관리자를 배치해야 한다.

54 사용전압이 22.9kV인 경우의 접근한계거리(cm)는 얼마인가?

① 30

② 45

③ 60

④ 90

해설 사용전압에 따른 접근한계거리

충전전로의 선간전압(kV)	충전전로에 대한 접근한계거리(cm)
0.3 이하	접촉금지
0.3 초과 0.75 이하	30
0.75 초과 2 이하	45
2 초과 15 이하	60
15 초과 37 이하	90
37 초과 88 이하	110
88 초과 121 이하	130
121 초과 145 이하	150
145 초과 169 이하	170
169 초과 242 이하	230
242 초과 362 이하	380
362 초과 550 이하	550
550 초과 800 이하	790

53 ② 54 ④ 정답

55 수평 트레이에 다심케이블을 포설할 때 다음 중 적합하지 않은 기준은?

① 사다리형, 바닥밀폐형, 펀칭형, 그물망형 케이블트레이 내에 다심케이블의 지름 합계가 트레이의 내측 폭 이하이어야 한다.

② 케이블은 트레이 내에 단층으로만 포설할 수 있다.

③ 벽면과의 간격은 20mm 이상으로 이격하여 설치한다.

④ 트레이 간 수직간격은 200mm 이상으로 이격하여 설치한다.

해설 수평 트레이에 다심케이블을 포설 시 다음에 적합하여야 한다.

- 사다리형, 바닥밀폐형, 펀칭형, 그물망형 케이블트레이 내에 다심케이블을 포설하는 경우 이들 케이블의 지름(케이블의 완성품의 바깥지름)의 합계는 트레이의 내측 폭 이하로 하고 단층으로 포설하여야 한다.
- 벽면과의 간격은 20mm 이상, 트레이 간 수직간격은 300mm 이상 이격하여 설치하여야 한다. 단, 이보다 간격이 좁을 경우 저감계수를 적용하여야 한다.

56 버스덕트공사 시 준수해야 할 시설 조건이 아닌 것은?

① 덕트 상호 간 및 전선 상호 간은 견고하고 또한 전기적으로 완전하게 접속할 것

② 덕트를 조영재에 붙이는 경우, 덕트의 지지점 간의 거리는 3m 이하로 하고, 견고하게 부착할 것

③ 환기용 덕트의 끝부분은 막을 것

④ 덕트 내부에 먼지가 침입하지 않도록 할 것

해설 **버스덕트공사 시설 조건**

- 덕트 상호 간 및 전선 상호 간은 견고하고 또한 전기적으로 완전하게 접속할 것
- 덕트를 조영재에 붙이는 경우에는 덕트의 지지점 간의 거리를 3m(취급자 이외의 자가 출입할 수 없도록 설비한 곳에서 수직으로 붙이는 경우에는 6m) 이하로 하고 또한 견고하게 붙일 것
- 덕트(환기형의 것을 제외)의 끝부분은 막을 것
- 덕트(환기형의 것을 제외)의 내부에 먼지가 침입하지 아니하도록 할 것

57 접지도체는 지하 0.75m부터 지표상 몇 m까지 합성수지관으로 덮어야 하는가?

① 0.5

② 1

③ 1.5

④ 2

해설 접지도체는 지하 0.75m부터 지표상 2m까지 부분은 합성수지관(두께 2mm 미만의 합성수지제 전선관 및 가연성 콤바인덕트관은 제외) 또는 이와 동등 이상의 절연효과와 강도를 가지는 몰드로 덮어야 한다.

정답 55 ④ 56 ③ 57 ④

58 태양광발전 모듈의 NOCT 측정조건에 대한 설명으로 틀린 것은?

① 일조량 : 1,000W/m^2

② 풍속 : 1m/s

③ 공기온도 : 20℃

④ 모듈의 뒷면이 열려있는 설치환경

해설 NOCT 측정 조건

- 일조량 : 800W/m^2
- 풍속 : 1m/s
- 공기온도(ambient temperature) : 20℃
- 모듈의 뒷면이 열려있는 설치환경 : 모듈의 뒷면은 차폐되지 않고 완전히 개방된 상태에서 측정한다.

NOCT는 태양광발전 모듈의 일반적인 작동조건을 반영하여, 모듈의 성능을 평가하는 데 중요한 지표로 사용된다.

59 다음 중 역률개선의 효과로 틀린 것은?

① 전력손실을 줄여 에너지 효율성을 향상시킨다.

② 역률개선으로 인해 전기요금이 증가한다.

③ 배전설비의 용량을 개선하여 더 많은 유효전력을 전달할 수 있다.

④ 전압강하를 감소시켜 전력 사용자의 전압 안정성을 높인다.

해설 역률개선 효과

- 에너지 효율성 : 전력 손실 감소
- 전기요금 절감 : 유효전력 증가, 요금 절감
- 배전 설비 활용도 향상 : 용량 개선
- 전압 강하 감소 : 안정적인 전압 제공
- 설비 수명 연장 : 열 발생 감소, 유지보수 비용 절감

이러한 이유로 역률개선은 전력 시스템의 경제성과 안정성을 높이는 중요한 방법이다.

60 태양광발전의 단가가 화석연료의 전력요금과 같아지는 시점을 무엇이라고 하는가?

① 스마트 패리티

② 그리드 패리티

③ 나노 패리티

④ 피코 패리티

해설 그리드 패리티(grid parity)는 신재생 에너지를 포함한 발전 단가가 기존 화석연료 기반 전력 공급의 단가와 같아지는 지점을 의미한다. 이는 태양광 발전의 경제적 효율성이 기존 화석연료 기반 발전과 비슷해진다는 중요한 의미를 지니며, 신재생 에너지의 확대와 보급에 있어 중요한 기준이다.

58 ① 59 ② 60 ② 정답

교육이란 사람이 학교에서 배운 것을 잊어버린 후에 남은 것을 말한다.

– 알버트 아인슈타인 –

참 / 고 / 문 / 헌

◉ 박종화 저, 알기 쉬운 태양광발전, 문운당, 2013

◉ 산업통상자원부, 한국전기설비규정, 2024

◉ 신재생에너지 발전시스템 연구회, 신재생에너지발전설비(태양광)기사・산업기사 필기, 엔트미디어, 2013

◉ 신재생에너지센터, 일반건축물 신재생에너지 설비시스템 표준설계 가이드라인

◉ 에너지관리공단, 신재생에너지 발전사업 안내서, 2008

◉ 윤경훈 옮김, PV CDROM 태양광개론, 한국에너지기술연구원

◉ 이봉섭 외, 신재생에너지 기술, 강원도교육청

◉ 이준신 저, 고급 태양 전지 공학, 그린, 2014

◉ 일본태양광발전협회 저, 태양광발전시스템 설계 및 시공, 성안당, 2013

◉ 지식경제부 기술표준원, 태양광발전용어모음, 2010

◉ 지식경제부・에너지관리공단 신재생에너지센터, 신재생에너지 백서, 2012

◉ 한국도로공사, 태양광 발전사업 도로시설물 전수조사 보고서, 2012

◉ 한국전기안전공사, 태양광 발전시스템 점검・검사 기술지침(ESG-4002)

◉ 한국전력공사, 분산형전원 배전계통 연계 기술기준, 2012

◉ 한국전력기술인 협회, 전력기술인, 2010.01~2014.2

참 / 고 / 사 / 이 / 트

◉ e-나라표준인증(http://www.standard.go.kr)

◉ 국가법령정보센터(http://www.law.go.kr)

◉ 신재생에너지발전설비 자격증 협의회(http://cafe.daum.net/rnenergy)

◉ 한국에너지공단 신재생에너지센터(http://www.knrec.or.kr)

신재생에너지발전설비기능사(태양광) 필기

개정11판1쇄 발행	2025년 03월 05일 (인쇄 2025년 01월 13일)
초 판 발 행	2014년 08월 05일 (인쇄 2014년 07월 04일)
발 행 인	박영일
책 임 편 집	이해욱
편 저	김대범
편 집 진 행	윤진영 · 김경숙
표지디자인	권은경 · 길전홍선
편집디자인	정경일 · 이현진
발 행 처	(주)시대고시기획
출 판 등 록	제10-1521호
주 소	서울시 마포구 큰우물로 75 [도화동 538 성지 B/D] 9F
전 화	1600-3600
팩 스	02-701-8823
홈 페 이 지	www.sdedu.co.kr
I S B N	979-11-383-8648-7(13560)
정 가	30,000원

한눈에 이해할 수 있도록
체계적으로 정리한 **핵심이론**

철저한 시험유형 파악으로
만든 **필수확인문제**

국가직 · 지방직 등
최신 기출문제와 상세 해설

기술직 공무원 건축계획
별판 | 30,000원

기술직 공무원 전기이론
별판 | 23,000원

기술직 공무원 전기기기
별판 | 23,000원

기술직 공무원 생물
별판 | 20,000원

기술직 공무원 임업경영
별판 | 20,000원

기술직 공무원 조림
별판 | 20,000원

※도서의 이미지와 가격은 변경될 수 있습니다.